फसल सुरक्षा
समस्याएँ एवं निदान

लेखक परिचय

डॉ0 सुनील कुमार मंडल का जन्म बिहार प्रान्त में बांका जिला के एक ग्रामीण परिवेश में हुआ। डॉ0 मंडल ने डॉक्टर राजेन्द्र प्रसाद केन्द्रीय कृषि विश्वविद्यालय, पूसा, बिहार से कृषि कीट एवं जन्तु विज्ञान में पी0एच0डी0 की उपाधि प्राप्त की। इन्होंने अपने सेवा काल में फसल सुरक्षा से संबंधित लगभग 50 लोकप्रीय तकनीकी लेख, 55 शोध–पत्र, 12 हिन्दी एवं अंग्रेजी की पुस्तकीय अध्याय एवं 6 पुस्तकें लिख चूके हैं। प्रमुख पुस्तकों में प्राथमिक फसल सुरक्षा, आधुनिक मधुमक्खी पालन एवं मशरूम उत्पादन प्रमुख है । वर्तमान में डॉ0 मंडल कृषि विज्ञान केन्द्र, गोपालगंज, बिहार में विषय विशेषज्ञ (पादप संरक्षण) के पद पर कार्यरत रहकर कृषकों की फसल सुरक्षा से संबंधित समस्याओं का निदान, अग्रिम पंक्ति प्रत्यक्षण, कृषक प्रक्षेत्रीय परीक्षण, प्रशिक्षण तथा किसानों के खेतों पर जाकर पादप सुरक्षा से संबंधित नयी तकनीकों की जानकारियां दे रहे हैं।

फसल सुरक्षा
समस्याएँ एवं निदान

भाग–2

लेखक:

डा. सुनील कुमार मंडल

BIOTECH

2018

BIOTECH BOOKS

प्रकाशन एवम् वितरक
बायोटेक बुक्स
4762—63/23, अंसारी रोड़, दरियागंज
नई दिल्ली—110002
दूरभाष: +91—11—23262132
E-mail: biotechbooks@yahoo.co.in

प्रथम संस्करण 2018

ISBN: 978-81-7622-433-8 (Set)

भारत में मुद्रित।

विषय सूची

भाग–2

प्राक्कथन

भारत में हरित क्रान्ति के बाद कृषि उत्पादन में चौगुनी वृद्धि हुई है। विविध तकनीकों, समन्वित विकास और प्रसार के फलस्वरूप देश में खाद्यान्न उत्पादन की आत्मर्निभरता का गौरव प्राप्त हुआ। परन्तु जनसंख्या विस्फोट के कारण भूमि पर दबाव बढ़ा जिससे अनाज का उत्पादन और अधिक बढ़ाना आवश्यक हो गया। इस क्रम में नयी किस्मों से अधिक उपज लेने के लिए उर्वरकों, पीड़कनाशकों, खरपतवारनाशकों एवं मृदा सुधारकों का बिना सोचे–बिचारे उपयोग किया गया, जिसके परिणामस्वरूप न केवल मृदा स्वस्थ्य और कृषि उत्पादन पर ही प्रतिकूल प्रभाव पड़ा, बल्कि पर्यावरण भी प्रदूषित हुआ, अनेक कीट, रोग व खरपतवार के समस्याओं ने जन्म लिया। इससे स्पष्ट होता है कि फसलों की पैदावार बढ़ाने तथा पर्यावरण की सुरक्षा के लिए ऐसे उपाय अपनाये जाएं कि कीटों, रोगों एवं खरपतवारों का सफल नियंत्रण हो और पर्यावरण भी प्रदूषित न हों।

नाशीजीव नियंत्रण के लिए परम्परागत सस्य और यांत्रिक विधियों से लेकर आधुनिक उपगमनों का उपयोग किया गया है जिसमें विभिन्न स्तरों की सफलताएँ मिली हैं। लेकिन नाशीजीवों ने मनुष्य के इन प्रयासों को भी काफी हद तक विफल कर दिया है। आज यह विचार अग्रणी हो गया है कि परम्परागत और आधुनिक प्रौद्योगिकियों में से उत्तम नाशीजीव नियंत्रण उपगमनों का संगतरूप से इस प्रकार उपयोग किया जाय कि आधुनिकतम फसल सुरक्षा पद्दति का विकास हो सके। इस दिशा में कई नवीन उपगमनों का विकास किया गया है, जिनके बड़े पैमाने पर उपयोग होना है। फसल सुरक्षा की यह व्यूह रचना है जिसके विकास में ये निवीन राहे उपयोगी सिद्ध होगी और जिसका उद्धेश्य आर्थिक, सामाजिक और पर्यावरण मूल्यों को ध्यान में रखते हुए नाशक जीवों की संख्या को उस स्तर

तक कम करना है, जहाँ उनसे आर्थिक क्षति न पहुँचे। इस संदर्भ में 'फसल सुरक्षा : समस्यायें एवं निदान नामक पुसतक जो डा0 सुनील कुमार मंडल, पादप संरक्षण विशेषज्ञ, कृषि विज्ञान केन्द्र, गोपालगंज, बिहार द्वारा लिखी गई है, बहुत समयोचित है। यह पुस्तक फसल सुरक्षा के सभी पक्षों पर महत्वपूर्ण सूचना का भंडार है। लेखक द्वारा प्रथम बार फसल से संबंधित सभी उपगमनों को एक साथ सामने लाना एक महत्वपूर्ण उपलब्धि है। आशा है कि यह पुस्तक अपने उद्येश्यों में सफल होगी तथा पाठकों में जिज्ञासा उत्पन्न करेगी।

मुझे पुर्ण विश्वास है कि पुस्तक उन सभी के लिए उपयोगी सिद्ध होगी जो पादप सुरक्षा, कृषि प्रसार और पर्यावरण के क्षेत्र में अध्ययनरत और कार्यशील है।

डॉ0 आर0 सी0 श्रीवास्तव
कुलपति
डॉ0 राजेन्द्र प्रसाद केन्द्रीय कृषि विश्वविद्यालय
पूसा, समस्तीपुर, बिहार

प्रस्तावना

अपनी लगातार बढ़ती हुई कृषि पैदावार द्वारा भारत कृषि प्रधान देश होने का दावा स्पष्ट करते हुए विश्व में कृषि विकास के क्षेत्र में प्रमुख स्थान प्राप्त कर चुका है, फिर भी राष्ट्रीय आय का लगभग 33 प्रतिशत हिस्सा कृषि से प्राप्त हो पाता है और यह सच है कि अपने देश की लगभग 70 प्रतिशत जनसंख्या कृषि से जुड़ी हुई है। कृषि के बढ़ते चरण के साथ अधिक उपजदायी नयी उन्नत कृषि किस्मों के प्रार्दूभाव से देश में हरित क्रान्ति आयी। अधिक उपजदायी उन्नत किस्में भरपुर फसल देने हेतु रासायनिक उर्वरकों एवं जल का अधिकाधिक उपभोग करती है। नेत्रजनीय उर्वरक और जल की अधिक मात्रा में उपभोग करने से फसलों की वानस्पतिक वृद्धि अधिक होती है और पौधे कोमल हो जाते हैं। परिणास्वरूप पौधे कीट–पतंगों और बीमारियों के प्रति सहनशील नहीं रह पाते। इतना ही नहीं बढ़ती हुई फसल सघनता के कारण एक के बाद दुसरी फसलें अल्प अन्तराल के बाद बोयी जाती है, जिससे कीड़ों एवं बीमारियों के लिए सत्त भोजन सामग्री और अनुकूल वातावरण मिलता रहता है। ऐसी स्थिति में कीट एवं रोग का प्रकोप भी बढ़ा है। आलू के झूलसा रोग के कारण पूरी फसल ही नष्ट हो जाती है। कपास पर कीट के प्रकोप ने किसानों को आत्म हत्या करने पर मजबूर कर दिया है। गन्ने की लाल सड़न रोग तथा अनेक बेधक कीटों के प्रकोप से फसल की पैदावार के साथ–साथ चीनी की मात्रा में भारी गिरावट आ जाती है। धान की झूलसा व टुंगरु बीमारी तथा गन्धी बग व सैनिक कीट कभी–कभी पूरी की पुरी फसल को नष्ट कर देते हैं। अरहर, चना एवं मटर के फली बेधक दलहन की पैदावार बढ़ाने में बाधक बनी हुई है। सरसों की आरा मक्खी एवं मांहू कीट पुरी फसल को ही चौपट कर देती है। बाजरा की अरगट बीमारी उपज ही कम नहीं करती,

बल्कि खाने वाले मुनष्यों व पशुओं के लिए भी घातक होती है। आम का फुदका और मिली बग कीटें तथा चूर्णिल आसिता रोग फसल को भारी हानि पहुँचाती है। दीमक तथा चूहे खड़ी फसल को ही क्षति नहीं पहुँचाते, बल्कि भण्डारित अनाज को भी नष्ट कर देते हैं। इसके अतिरिक्त भण्डारित अनाज के अनेक कीट कृषि उत्पाद को घर में आने के बाद भी नष्ट करते रहते हैं। फसलों के कीटों एवं रोगों से क्षति होने के अतिरिक्त खरपतवार भी काफी हद तक नुकसान पहुँचाते हैं। खरीफ फसलों में विशेषकर सीधे बोयी गयी धान में यदि खरपतवार नियंत्रण में थोड़ी सी चूक हो जाय तो उपज में भारी गिरावट आती है अथवा पैदावार नही ंके बराबर भी मिल सकती है। इस प्रकार हमारे देश में कीटों एवं रोगों से फसलों को लगभग छः सौ करोड़ रूपये की वार्षिक क्षति होने का अनुमान लगाया गया है।

प्रस्तुत पुस्तक में फसलों, सब्जियों, बागानों, खेत खलिहानों एवं भण्डारों में लगने वाले सभी कीटों, बीमारियों तथा खरपतवारों की पहचान तथा उनके नियंत्रण के लिए समुचित उपचारों व निदानों का सविस्तार उल्लेख किया गया है। साथ–साथ पादप सुरक्षा रासायनों, फसल सुरक्षा उपकरणों एवं पीड़कनाशकों के विष प्रभाव के बारे में भी समुचित जानकारी दी गयी है, ताकि किसान तथा कृषि से जुड़े व्यक्ति अपने समस्याओं का निदान स्वंय कर सके।

इस पुस्तक को पूर्ण करने में अनेक ग्रन्थों, पूस्तकों, पुस्तिकाओं, पत्रिकाओं एवं प्रसार सामग्रियों की सहायता ली गयी है। अतः मैं उन सभी मूल लेखकों, विद्वानों एवं प्रकाशकों का अनुगृहित हूँ। साथ ही पत्नी श्रीमति आभा रानी चौधरी एवं आत्मजा कुमारी श्रेया आनन्द के स्नेह और प्रेरणा के बल पर ही मैंने यह पुस्तक लिखी है। अन्त में टंकक श्री दिनेश प्रसाद जी और प्रकाशक श्री सुनील मित्तल जी एवं उनकी पूरी टीम का आभार प्रकट करता हूँ जिनके सक्रिय सहयोग से पुस्तक को इस प्रभावशाली तरीके से प्रकाशित किया जा सका।

आशा है कि फसल सुरक्षा के क्षेत्र में हुयी प्रगतियों को सामने रखने का हमारा प्रयास छात्रों, कृषि कार्यकर्त्ताओं, प्रसार कार्यकर्त्ताओं एवं कृषि विज्ञान की जानकारी रखने वाले नवागन्तुकों के लिए समान रूप से उपयोगी होगी। सुधार हेतु सुझाव सदैव आभप्रित है।

डॉ0 सुनील कुमार मंडल
विषय विशेषज्ञ (पादप संरक्षण)
कृषि विज्ञान केन्द्र, सिपाया, गोपालगंज
(बिहार)

अध्याय 18

फसलों के नाशक कीट एवं नियंत्रण

भारत की जलवायु में विविधता होने के कारण विभिन्न फसलों की खेती वर्ष भर की जाती है। फसलों में नाशक कीट अपने स्वभाव के अनुसार पौधों के विभिन्न भागों को विशेष अवस्थाओं में नुकसान पहुँचाते हैं। एक अनुमान के अनुसार नाशक कीटों के द्वारा लगभग 10–30 प्रतिशत तक उपज में क्षति होती है। फसलों में नाशक कीटों से क्षति होने की सम्भावना के अनुसार उपयुक्त समय पर नियंत्रण के उपाय किये जाते हैं।

(1) धान्य फसलें
(2) दलहनी फसलें
(3) तिलहनी फसलें
(4) नकदी फसलें
(5) सब्जियां
(6) फल
(7) फूल
(8) मशाला फसलें
(9) कन्दमूल फसलें
(10) औषधीय एवं सगंध पौधें
(11) रेशा फसलें
(12) मखाना एवं सिंघाड़ा

धान्य फसलें (Cereal crops)

फसल	प्रमुख कीट
धान (Paddy)	तना बेधक (Stem borer)
	पत्ती मरोड़क (Leaf folder)
	बकया (Case worm)
	वभनी (Hispa)
	टिड्डा (Grass hopper)
	पत्ती का हरा फुदका (Green leaf hopper)
	भूरा पौध फुदका (Brown plant hopper)
	सफेद पीठ वाला फुदका (White backed plant hopper)
	साँढा कीट (Gall midge or Gall fly)
	गन्धी वग (Gundhi bug)
	दहिया कीट (Mealy bug)
	आरोहक कीट या सैनिक कीट (Army worm/ cut worm)
	माहूँ मक्खी (Whorl maggot)
	प्रतिगामी कीट (Swarming caterpillar)
	जड़ भृंग (Root weevil)
	मोल क्रीकेट (Mole criket)
गेहूँ (wheat)	तना बेधक (Stem borer)
	टिड्डा (Grass hopper)
	सैन्य कीट (Army worm)
	मोयला (Wheat aphid)
	प्ररोह मक्खी (Shoot fly)
	रसाद कीट (Thrips)
	गुजिया घुन (Gujhia weevil)
	दीमक (Termite)

मक्का, बाजरा एवं ज्वार (Maize, Millet and Sorghum)	तना बेधक (Stem borer)
	टिड्डा (Grass hopper)
	लाल भुड़ली (Red hairy caterpillar)
	माहूँ (Aphid)
	सफेद गिडार (White grub)
	गुजिया घुन (Gujhia weevil)
	प्ररोह मक्खी (Shoot fly)
	सैनिक कीट (Army worm)
	पत्ती लपेटक (Leaf roller)
	ब्लीस्टर भृंग (Blister beetle)

1. धान का टिड्डा (Rice grass hopper)

वैज्ञानिक नाम : हाइरोग्लिफस नाइग्रोरिप्लेटस (*Hieroglyphus nigroreplotis*) यह एक बहु बनस्पति (Polyphagous) कीट है।

पहचान : यह कीट हरे या कुछ पीलापन लिए हुए हरे रंग का एवं 3.0–4.0 सें0मी0 लम्बा होता है। इसके गर्दन (Neck) के पास वक्ष के किनारे काली धारियां होती है। इसके शिशु (Nymph) पीले रंग के एवं उनके शरीर पर लाल–भूरे धब्बे होते हैं। जब ये शिशु कुछ बड़े हो जाते हैं तो इनके पंखों पर हरे धब्बे बन जाते हैं।

क्षति प्रकृति : इस कीट के शिशु एवं व्यस्क दोनों ही पत्तियों एवं कोमल तनों को खाते हैं। कभी–कभी धान की फसल को भारी मात्रा में क्षति पहुंचाते हैं। व्यस्क कीट की अपेक्षा शिशु कीट अधिक नुकसान पहुँचाते हैं। यह कीट अगस्त–सितम्बर माह में सक्रिय रहता है।

नियंत्रण के उपाय

- फसल काटाई के उपरान्त खेतों की गहरी जुताई कर देनी चाहिए विशेषकर मेढ़ो के पास ताकि दिये हुए अण्ड–पिण्डो को नष्ट किया जा सके।
- खेत में उपस्थित खरपतवारों को नष्ट कर देना चाहिए।
- इस कीट को मैना, कौवे, चील तथा अन्य चिड़िया खाते हैं। अतः इन पक्षियों का सरंक्षण करना चाहिए। इस कीट के अधिक प्रकोप की स्थिति में मिथाइल

पैरथियान 2 प्रतिशत चूर्ण 20–25 किलोग्राम प्रति हेक्टेयर की दर से बुरकाव करें, आवश्यकतानुसार इसे 15–20 दिनों बाद पुनः बुरकाव कर सकते हैं।

धान का भूरा फुदका (Brown plant hopper)

वैज्ञानिक नाम : नीलापर्वता ल्गेन्स (*Nilaparvata lugens*) है।

पहचान : यह कीट हल्के या गहरे भूरे रंग का होता है। इसके शरीर की लम्बाई लगभग 3 मि0मी0 होती है। इस कीट का नर लगभग 2.5 मि0मी0 लम्बा और मादा 3.3 मि0मी0 लम्बी होती है।

क्षति प्रकृति : यह कीट धान के पौधे के तने से रस चूसकर फ्लोएम एवं जायलम को बन्द कर देता है। तने के बीच के पिथ को खा जाता है जिससे पत्तियां सूखी हुई एवं भूरी हो जाती है और इस अवस्था को ''फुदका झुलसा (Hopper burn)'' कहा जाता है। फसल की छोटी अवस्था में इस कीट का प्रकोप होने पर सम्पूर्ण फसल नष्ट हो जाती है। नम मौसम में तथा अधिक नाइट्रोजन युक्त उवर्रकों का प्रयोग करने पर भी इस कीट का प्रकोप अधिक होता है। ये कीट विषाणु बीमारी भी फैलाता है।

नियंत्रण के उपाय

- कीट प्रतिरोधी धान की किसमों का प्रयोग करना चाहिए जैसे– चैतन्य, प्रतिभा आदि।
- संक्रमित पौधों को भूमि में दबाने के लिए ठूंठ सहित जुताई करके इस कीट के संक्रमण के सभी स्त्रातों तथा वैकल्पिक परपोषियों (Alternate host) को नष्ट कर देना चाहिए।
- आक्रान्त फसलों में निम्न उल्लेखित कीटनाशकों में से किसी एक का प्रति हेक्टेयर की दर से छिड़काव करना चाहिए –

इमिडाक्लोप्रिड 17.8 एस0एल0	–	100–125 मि0ली0
एसीटामिप्रिड 20 एस0पी0	–	250–300 ग्राम
एसेफेट 75 एस0पी0	–	750–1000 ग्राम
थियोमेथोक्जाम 25 डब्लू एस जी0	–	100–125 ग्राम
मोनोक्रोटोफास 36 एस0एल0	–	1.5 लीटर
फिप्रोनिल 5 एस0 सी0	–	1.0–1.5 लीटर

धान का तना बेधक (Rice stem borer)

वैज्ञानिक नाम : ट्राइपोराइजा इन्सटुलैस (*Tryporyza incertulus*) है।

पहचान : व्यस्क कीट द्विरूपता (Dimorphism) दिखाता है जिसके कारण भ्रमवश इसे दुसरा कीट समझ लिया जाता है। मादा कीट 13–16 मि0मी0 लम्बी व तिनके के रंग की होती है। इसके अगले पंख पीले रंग के होते हैं जिन पर काला धब्बा होता है। नर कीट हल्के भूरे रंग का होता है जिसके शरीर पर छोटे भूरे रंग के धब्बे होते हैं।

क्षति प्रकृति : इस कीट की सूंडी आरम्भ में पत्ती के उपर धारी–सी बनाती हुई खाती है। बाद में वह लगभग एक सप्ताह बाद पत्ती से होती हुई तने में छेद कर अन्दर प्रवेश कर जाती है और तने के मध्य में रहती है तथा अन्दर ही अन्दर खाती रहती है। यदि इसका प्रकोप पौधे की वानस्पतिक बढ़वार के दौरान हुआ तो उपर की पत्तियाँ खुलती नही है एवं यदि खुलती भी है तो पीली पड़ जाती है अर्थात् भूरापन लेकर सूख जाती है, परन्तु निचली पत्तियाँ हरी बनी रहती है। इस परिस्थिति को मृत केन्द्र (Dead heart) कहते हैं। जिन पौधों पर इसका प्रकोप होता है तो उन पर बालियाँ नहीं बनती है। यदि वालियां निकलती भी है तो उजली निकलती है जिसे उजली वाली (White year head) कहते हैं।

नियंत्रण के उपाय

- इस कीट के अण्डे पत्ती के किनारे के पास दिये जाते हैं, यदि इन किनारों को कुछ काट कर पौध की रोपाई की जाय तो ये अण्डे खेतों तक नहीं पहुँच पाएँगे।
- प्रायः यह देखा गया है कि यदि खेत में फसल भूमि से लगाकर काटी जाय और ठुठें नहीं छोड़े जाय तो ये कीट अगली फसल को कम सक्रंमित करेगा।
- खेत के ठूंठ जलाकर, खेत जोतकर, पानी भरकर इस कीट की संख्या को कम किया जा सकता है।
- फसल–चक्र अपनाकर धान की फसल के साथ–साथ कुछ समय के लिए अन्य फसलें जैसे – दालें आदि लेकर इस कीट की संख्या को कम किया जा सकता है।
- कीट प्रतिरोधी किस्में जैसे – रत्ना, राजश्री, साकेत, बिजेता आदि का प्रायोग करना चाहिए।

- आक्रान्त फसलों में निम्न उल्लेखित कीटनाशकों में से किसी एक का प्रति हेक्टेयर की दर से छिड़काव करना चाहिए –

इन्डोक्साकार्ब 15.8 ई0सी0	–	200 मि0ली0
कारटाप हाइड्रोक्लोराईड 50 एस0पी0	–	1.0 कि0ग्रा0
एसेफेट 75 एस0पी0	–	1.0 कि0ग्रा0
क्वीनालफास 25 ई0सी0	–	1.0 ली0
कार्बोसल्फान 25 ईसी	–	800–1000 मि0ली0
फिप्रोनील 5 एस0सी0	–	1.0–1.5 कि0ग्रा0

गन्धी बग (Gundhi bug)

वैज्ञानिक नाम : लेप्टोकोराइजा एक्यूटा (*Leptocorisa acuta*)

पहचान : यह कीट व्यस्क रूप में बेलनाकार, थोड़ा हरापन लिए भूरा 14–17 मि0मी0 लम्बा तथा 3–4.5 मि0मी0 चौड़ा होता है। इसके शिशु आरंम्भ में लम्बे एव पीलापन लिए हुए हरे रंग के होते हैं। इस समय ये पंखरहित होते हैं। जैसे–जैसे इनकी बढ़वार होती है, वैसे–वैसे पंखों का भी विकास होने लगता है एवं इसका रंग भी गहरा होने लगता है। मादा कीट आकार में नर की अपेक्षा बड़ी होती है। व्यस्क कीट एक प्रकार की तीव्र दुर्गन्ध छोड़ते हैं, इसी कारण इसे गन्धी बग कहते हैं।

क्षति प्रकृति : इस कीट की मादा बरसात का मौसम आरम्भ होते ही धान की फसल, घास तथा अन्य पोषी पौधों पर अण्डे देती है तथा उनकी पत्तियों का रस चूसकर जीवन निर्वाह करता है एवं बाद में धान की फसल पर आक्रमण करता है। आरंम्भिक अवस्था में ये धान की पत्तियों का रस चूसते है जिसके कारण पत्तियां पीली पड़ने लगती है और उनमें भूरे रंग लिये पीले धब्बे दिखाई देते है। फलस्वरूप पौधों की बढ़वार में रूकावट आ जाती है। जब बाली दुधिया अवस्था में होती है तो व्यस्क बालियों का रस चूसते हैं जिसके कारण बालियां खाली रह जाती है और उनमें दाना नहीं बनता है एवं उनमें छोटे–छोटे भूरे धब्बे पड़ जाते हैं। इस प्रकार पूरी बाली सिकुड़ जाती है और सुखने लगती है। इस कीट का शिशु एवं व्यस्क दोनों ही पत्तियों तथा बालियां आने पर दाना का रस चूसते हैं। इस कीट से धान की उपज में 5–12 प्रतिशत तक की कमी होती है।

नियंत्रण के उपाय

- धान के खेतों के आस–पास खड़ी घास तथा खरपतवार को नष्ट कर देना चाहिए जिससे इन पर पनपने वाला कीट धान पर आक्रमण नहीं कर सके।

- ये कीट प्रकाश की ओर आकर्षित होते हैं। अतः इन्हें प्रकाश के चारो ओर एकत्रित करके नष्ट करने की विधि का प्रयोग अधिकतर खेतों में वाली बनने से पूर्व करना लाभप्रद रहता है।
- धान का कीट प्रतिरोधी किस्मों का चयन करना चाहिए।
- इस कीट के नियंत्रण के लिए कीटनाशक का प्रयोग करने से पूर्व खेत के चारो तरफ लगी जंगली घास आदि को हटा देना चाहिए। फसल पर 20–25 किलोग्राम 2 प्रतिशत मैलाथियान चूर्ण अथवा मिथाइल पैराथियान चूर्ण प्रति हेक्टेयर की दर से बुरकाव करना चाहिए।

साँढा कीट (Gall midge)

वैज्ञानिक नाम : ओर्सिओलिया ओरीजी (*Orsialia oryzae*)

पहचानः पूर्ण विकसित कीट मच्छर के समान होता है जो कि रात (Leaf hopper) के रोशनी में उड़ता हुआ दिखाई देता है। मादा कीट का उदर भाग चमकीला होता है, जबकि नर इससे गहरे रंग का होता है। फसल में साधारणतया 4:1 के अनुपात में नर एवं मादा कीट पाये जाते है। नर कीट लगभग 3 मि0मी0 लम्बा होता है और इनके शरीर पीले भूरे रंग के बालों से भरी होती है। मादा लगभग 3.5 मि0मी0 लम्बी होती है एवं इसकी देह चमकीले लाल–भूरे रंग की और बालो से भरी होती है। व्यस्क कीट एक से पाँच दिनों तक जीवित रहता है। मादा नर की अपेक्षा अधिक समय तक जीवित रहती है।

क्षति प्रकृति : इस कीट के नवजात डिंभक (Maggot) पत्ती के भीतरी भाग से होते हुए कोमल तने या कलिका द्वारा छेद करके तने में अन्दर प्रवेश करते है और तने के भीतरी भाग को खाते है जिससे पौधे की बढ़वार रूक जाती है और दौजिया नलिकाकार पिटिका का रूप धारण कर लेती है। ये पिटिकाएँ खोखली होती है एवं इनका रंग रूपहला हो जाता है। इस प्रकार के पौधों पर बालियाँ नहीं लगती है।

नियंत्रण के उपाय

धान की यथा सम्भव समय से व जल्दी रोपाई की जानी चाहिए, ताकि जब कीट जंगली परपोशियों से धान की फसल पर पहुँचे, तब तक पौधे की पर्याप्त बढ़वार हो चुकी हो।

यदि खेत में इस कीट का प्रकोप हो और खेत मे पानी भरा हो तो पानी को खेत से बाहर निकाल देना चाहिए, क्योंकि इस कीट का प्रकोप पानी भरे खेत में अधिक होता है।

धान की प्रतिरोधी किस्मों को लगाना चाहिए।

धान के आक्रान्त फसलों में निम्न उल्लेखित कीटनाशकों में से किसी एक का प्रति हेक्टेयर की दर से छिड़काव करना चाहिए।

कार्बोसल्फान 25 ई0सी0	–	800–1000 मि0ली0
फिप्रोनील 5 एस0सी0	–	1000–1500 मि0ली0
इण्डोक्साकार्ब 15.8 ई0सी0	–	200 मिली0

पत्ती का हरा फुदका (Green leaf hopper)

वैज्ञानिक नाम : नेफोटेटिक्स भाइरीसेन्स (*Nephotettix virescens*)

पहचान : इसके प्रौढ़ कीट छोटे (2–5 मि0मी0 लम्बे) एवं हरे रंग के हाते हैं। नर प्रौढ़ में दोनों पंख पर एक–एक काला बिन्दु दिखलाई पड़ता है। इसके शिशु बिना पंख के होते हैं। ये कीट दिन में पत्तियों की निचली सतह पर छिपे रहते हैं और रात्रि के समय पूरी पत्तियों पर फैल जाते है। बरसात के मौसम में कीट प्रचुर संख्या में रोशनी की ओर आकर्षित होते हैं।

क्षति प्रकृति : शिशु एवं व्यस्क दोनों ही पत्तियों से रस चूसते हैं। फलस्वरूप पौधों की वृद्धि में कमी आ जाती है तथा पौधे छोटे एवं पीले पड़ जाते हैं। शुरू में पीलापन पत्तियों के किनारों पर यहाँ–वहाँ तथा पत्तियों के सिरे पर दिखाई देता है। बाद में पूरी पत्ती पीली पड़ जाती है। यह कीट विषाणु जनित रोग ''दूंग्रोवायरस'' और ''पीला बौना वायरस'' को भी फैलाता है। इसप्रकार यह धान की फसल को दो तरह से क्षति पहुँचाता है।

नियंत्रण के उपाय

- अधिक जानकारी के लिए भूरा फूदका कीट में देखें।

गेहूँ की प्ररोह मक्खी (Shoot fly)

वैज्ञानिक नाम : एथेरीगोना नेक्विआई (*Atherigona naquii*)

पहचान : व्यस्क कीट हल्के धुसर रंग का 4.8–9.14 मि0मी0 तक लम्बा होता है। इसके नर का पंख विस्तार 2.7–3.5 मि0मी0 होता है तथा मादा का 3.2–3.5 मि0मी0 होता है।

क्षति प्रकृति : इस कीट की सूंडियाँ अंकुरण के 10–20 दिन बाद पौधे के पत्तियों को खाकर तने में सुरंग बना देती है तथा उत्तक एवं कोशिका को खाकर नष्ट कर देती है, जिसके फलस्वरूप मृत केन्द्र (Dead heart) बन जाता है। प्रभावित पौधा पीला पड़ जाता है और अन्ततः सूख जाता है।

नियंत्रण के उपाय

- खेत में पर्याप्त सिंचाई करने पर इस कीट का प्रकोप कम होता है।
- गेहूँ की बुवाई 15 नवम्बर के बाद करनी चाहिए।
- कीटग्रस्त पौधों को उखाड़कर जला देना चाहिए।
- उचित फसल चक्र अपनाना चाहिए।
- अंकूरण के 3–4 दिन बाद मोनोक्रोटोफास 36 एस0एल0 या क्लोरपायरीफास 20 ई0सी0 का 500–600 मि0ली0/400–500 लीटर पानी में घोल बनाकर प्रति हेक्टेयर की दर से छिड़काव करना चाहिए।

गेहूँ का मोयला (Wheat aphid)

वैज्ञानिक नाम : माइक्रोसाइफम मिसकैन्थाई (*Microsiphum miscanthiy*)

पहचान : व्यस्क हरे रंग का जूँ के समान होता है। इस कीट के शिशु एवं व्यस्क लगभग एक समान ही दिखाई पड़ते हैं। ये पत्तियों पर पाए जाते हैं। इसके पंखयुक्त कीट केवल ग्रीष्म मौसम में ही निकलते हैं।

क्षति प्रकृति : शिशु एवं व्यस्क दोनों ही कोमल पत्तियों व बालियों का रस चूसते हैं जिसके कारण फसल की उपज में काफी कमी आ जाती है। इस कीट का प्रकोप जाड़े के मौसम में जब बादल छाए रहते हैं, तब अधिक होता है और जब फसल में अधिक उर्वरक एवं पानी दिया जाता है तो उस समय भी इस कीट का प्रकोप काफी बढ़ जाता है।

नियंत्रण के उपाय

आक्रान्त फसल पर डाइमेथोएट 30 ई0सी0 या मोनोक्रोटोफस 36 एस0एल0 का 1.5–2.0 मिली0/ली पानी की दर से घोल बनाकर छिड़काव करना चाहिए।

सैन्य कीट (Army worm)

वैज्ञानिक नाम : मिथेमना सेपरेटा (*Mythimna separata*)

पहचान : इस कीट का व्यस्क बदामी (Pale broom) रंग का पुष्ट (Stout) पतंगा होता है। इसका शरीर बालों से भरी होती है।

क्षति प्रकृति : इस कीट की सूंडी गेहूँ की पत्तियों तथा तनों को काटकर क्षति पहुँचाती है। ये भूमि की सतह के उपर के हिस्से से पौधे की पत्तियों को खाती है और उनमें सिर्फ मोटी शिरा ही शेष रह जाती है। यह कीट प्रायः रात्रि के समय बाहर निकलता है तथा दिन में दरारों अथवा ढ़ेलों में छिपा रहता है।

नियंत्रण के उपाय

- फसल कटाई के उपरान्त ठूंठों एवं फसल अवषेष को जला देना चाहिए।
- इस कीट के एकान्तर परपोषी घास (Alternative hosts) व खरपतवारों को नष्ट कर देना चाहिए।
- फसल की कटाई के बाद खेत की जुताई कर देना चाहिए। इससे भूमि के अन्दर छिपे लार्वा एवं प्यूपा बाहर आ जाते हैं एवं चिड़ियाँ द्वारा नष्ट कर दिये जाते हैं।
- खेत में पानी भरकर कैटरपीलर व प्यूपा को नष्ट किया जा सकता है।
- अत्यधिक प्रकोप की स्थिति में मिथाइल पैराथियान 2 प्रतिशत चूर्ण 25 किलोग्राम प्रति हेक्टेयर की दर से बुरकाव करना चाहिए।

दीमक (Termite)

अधिक जानकारी के सर्वभक्षी कीटों के अध्याय में देखें।

मक्का का तना बेधक (Maize stem borer)

वैज्ञानिक नाम : काइलो पार्टेलस (*Chilo partellus*)

पहचान : व्यस्क पतंगा हल्का पीलापन लिए हुए भूरे रंग का होता है। इसके पंखों की चौड़ाई 2.5 सें0मी0 होती है तथा इसके अगले पंख तिनके के रंग के होते हैं जिनके अंत में बाहर की ओर दो पंक्तियों में काले बिन्दु पाये जाते हैं। नर कीट के पिछले पंखों का रंग कुछ धुंएदार (Smoky) होता है और मादा में सफेद होता है। मादा के उदर के पीछे की तरफ अन्तिम भाग में एक बालों का गुच्छा होता है और वह थोड़ा सा चौड़ा होता है, परन्तु नर में यह थोड़ा–सा नुकीला होता है।

क्षति प्रकृति : इस कीट की सूंडियां प्रारंम्भ में पत्तियों को खुरच–खुरच कर खाती है और बाद में इसप्रकार के छिद्र कर देती है कि यदि पत्तियों को देखा जाय तो उसमें सूई से किये गये छेद (Pin holes) दिखाई पड़ते है। इसके बाद सूंडी तने में छेद करके अन्दर प्रवेश करती है और उसे खाती है। यदि इस कीट का प्रकोप अंकुरण के तुरन्त बाद ही पौध अवस्था में हो जाता है तो उस समय उपर की पत्तियां सूख जाती है और अन्त में पूरा पौधा सूख जाता है। इस परिस्थिति

में मृत केन्द्र (Dead heart) का निर्माण हो जाता है। यदि पौधा बड़ा हो गया तो वह कमजोर हो जाता है तथा तेज हवा चलने पर टूट कर गिर जाता है।

नियंत्रण के उपाय

- फसल कटाई के बाद खेत में पड़ी मक्का की सूखी पत्तियों व अन्य अवशेषों को नष्ट कर देना चाहिए। मई माह में खेत की गहरी जुताई करनी चाहिए।
- कीटग्रस्त पौधों को उखाड़ कर नष्ट कर देना चाहिए।
- मक्का की तना बेधक से प्रतिरोधी किस्में का उपयोग करना चाहिए।
- बुआई के 15–20 दिन के अन्दर कार्बोफ्यूरान 3 जी का कण (Granule) 7–10 प्रति पौधे की दर से कूड़ों (Furrow) में डालें।
- कीटग्रस्त फसलों में क्लीनालफास 25 ई0सी या मोनोक्रोटोफास 36 एस0एल0 500–600 मि0ली0 प्रति हेक्टेयर की दर से छिड़काव करें तथा आवश्यकतानुसार दुसरा व तीसरा छिड़काव 10–15 दिनों के अन्तराल पर कर सकते हैं।

गुलाबी तना बेधक (Pink stem borer)

वैज्ञानिक नाम : सेसामिया इनफरेन्स (*Sesamia inferens*)

पहचान : इस कीट का पतंगा (Moth) तिनके के रंग का होता है जिसपर भूरे चिन्ह होते हैं। अगले पंख के मध्य भाग में एक काली भूरी धारी पंख के किनारे की ओर बढ़ती हुई दिखाई देती है। यह धारी अन्त में छोटे काले धब्बों के रूप में समाप्त हो जाती है। इसके पिछले पंख सफेद रंग के होते हैं। यह 14–17 मि0मी0 लम्बा होता है एवं पंख बिस्तार 3.3 मि0मी0 होता है।

क्षति प्रकृति : इस कीट की सूंडी अण्डों से बाहर निकलकर भूमि के पास पर्णच्छद में छेदकर तने में प्रवेश करके उसे खाती है। जिस स्थान से यह सूंडी प्रवेश करती है, वहाँ इस सूंडी का मल एकत्रित हो जाता है। तने में प्रवेश करके ये पिथ (Pith) को खाती है जिसके फलस्वरूप पौधे पीले पड़ जाते हैं एवं पौधे की बढ़वार रूक जाती है।

नियंत्रण के उपाय

- इस कीट का लार्वा व प्यूपा शीतकाल में तने व फसल अवशेषों में रहते हैं। अतः फसल कटते ही इन्हें नष्ट कर देना चाहिए।
- खेत के आस–पास या खेत में बचे पौधों को जला देना चाहिए।
- खेत के आस–पास कांस घास आदि के पौधों को भी नष्ट कर देना चाहिए।

- इसके नियंत्रण के लिए मिथाइल पाराथियान 2 प्रतिशत चूर्ण 25 किलोग्राम प्रति हेक्टेयर की दर से भुरकाव करना चाहिए।

ज्वार का प्ररोह मक्खी (Sorghum shoot borer)

वैज्ञानिक नाम : ऐथेरीगोना सोकैटा (*Atherigona socata*)

पहचान : यह कीट घरेलू मक्खी से छोटे आकार का होता है। सिर वक्ष से चौड़ा नहीं होता है, स्कुटेलम में शूल (Spins) नहीं होते हैं, परन्तु शूक (Bristles) पाये जाते हैं। नर स्पर्शिका पीली होती है और आधार पर थोड़ा गहरा हो जाता है।

क्षति प्रकृति : इस कीट के डिंभक (Maggot) पहले तने में छेद करते हैं एवं मुख्य प्ररोह (Shoot) को काट देते हैं। इस प्रकार बड़े पौधों में मृत केन्द्र (Dead heart) बन जाता है। वे सूख जाते हैं। इस कीट से कभी–कभी 60–70 प्रतिशत तक नुकसान हो जाता है। इस कीट का आक्रमण बादल घिरे दिनों में अधिक होता है एवं इसका प्रकोप सिंचित क्षेत्रों में भी अधिक होता है। अधिक उपज देने वाली किस्मों में इस कीट का प्रकोप अधिक देखा जाता है।

नियंत्रण के उपाय

- फसल की समय पर बुआई करना चाहिए।
- बीज दर सामान्य से थोड़ी अधिक रखना चाहिए।
- आक्रान्त फसलों में मोनोक्रोटोफास 36 एस0एल0 का 600 मि0ली0 प्रति हेक्टेयर की दर से छिड़काव करना चाहिए।

दलहनी फसलें (Pulse crops)

फसल	प्रमुख कीट
चना **(Bengal gram)**	फली बेधक (Gram caterpillar, Gram pod borer)
	कटुआ सूंडी (Cut worm)
	अर्धकुण्डलक कीट (Semilooper)
	तम्बाकू की सूंडी (Tobacco caterpillar)
	दीमक (Termite)
	मोयला (Aphid)
मटर **(Pea)**	फली बेधक (Gram caterpillar, Gram pod borer)
	मटर फली बेधक (Pea pod borer)
	पर्ण सुरंगक (Leaf miner)
	तना मक्खी (Stem fly)
उरद एवं मूंग **(Black gram and green gram)**	फली बेधक (Gram pod borer)
	बिहार रोमिल सूंडी (Bihar hairy caterpillar)
	पर्ण फुदका (Leaf hopper)
	लाल रोमिल सूंडी (Red hairy caterpillar)
	सफेद मक्खी (White fly)
	कटुआ कीट (Cut worm)
	फली बेधक (Pod borer)
	गलेरूसीड भृंग (Galerucid beetle)
	हरा तेला या जैसिड (Jassids)
	मोयला या माहूँ (Aphids)
	थ्रीप्स (Thrips)
	चित्रित बग (Pentatomid bug)

अरहर (Red gram)	फली बेधक (Gram pod borer) पिच्छ की शलभ (Plume moth) फली मक्खी (Tur pod fly) तना मक्खी (Stem fly) फली बग (Tur pod bug) पत्ती एवं प्ररोह मोड़क (Sphinx caterpillar) दीमक (Termite) पत्ती का फुदका (Leaf hopper) गलेरूसीड भृंग (Galerucid beetle)
मसूर (Lentil)	फली बेधक (Lentil pod borer) रोमिल सूंडी (Hairy caterpillar) अर्धकुण्डलक कीट (Semilooper) मोयला या माहूँ (Aphids)
लोविया (Cow pea)	रोयेंदार सूंडी (Hairy caterpillar) फली बेधक (Pod borer) तम्बाकू की सूंडी (Tobacco caterpillar) तना बेधक (Stem borer) सफेद मक्खी (White fly) तना मक्खी (Stem fly) मोयला (Aphid) फली वग (Pod bug) फूल भृंग (Flower beetle) पत्ती फुदका (Leaf hopper) हरा तेला या जैसिड (Jassids) हरी पत्ती काटने वाली सूंडी (Green leaf caterpillar) नीली तितली की सूंडी (Blue butter fly)

सेम एवं फ्रांसिसी सेम (Beans and French bean)	फली बेधक (Pod borer)
	बिहार रोमिल सूंडी (Bihar hairy caterpillar)
	पर्ण सुरंगक (Leaf miner)
	पर्ण सुरंगक (Leaf miner)
	पत्ती एवं प्ररोह मोड़क (Hawk moth/ Sphinx caterpillar)
	फली बेधक (Pod borer)
	मोयला (Aphids)
	तना बेधक (Stem borer)
	तना का घून (Stem weevil)
	तना मक्खी (Stem fly)
सोयाबीन (Soyabean)	फली बेधक (Gram pod borer)
	कटुआ सूंडी (Cut worm)
	अर्धकुण्डलक कीट (Semilooper)
	बिहार रोमिल सूंडी (Bihar hairy caterpillar)
	फली बेधक (Pod borer)
	पर्ण सुरंगक (Leaf miner)
	मोयला (Aphids)
	दीमक (Termite)
	तना मक्खी (Stem fly)
	तना बेधक (Stem borer)
	मिली बग (Mealy bug)
	गर्डल भृंग (Girdle beetle)
	तम्बाकू की सूंडी (Tobacco caterpillar)
	पत्र लपेटक (Leaf roller)
	सफेद मक्खी (White fly)

कटुआ सूंडी (Cut worm)

वैज्ञानिक नाम : एग्रोटिस इप्सिलान (*Agrotis ipsilon*)

पहचान : व्यस्क शलभ धूसर भूरे रंग का होता है जिसका आकार 4–6 सें0मी0 पंख बिस्तार सहित होता है। अगले पंखों पर विशेष प्रकार के चिन्ह होते हैं। लगभग दो–तिहाई पंख क्षेत्र फीके रंग का होता है। इस फीके क्षेत्र में वृक्काकार धब्बे पाये जाते हैं। पंख के आघार पर दो काली अंतस्थ धारियां होती है। यह अधिक उड़ने वाला कीट है। यह ग्रीस की तरह चमकदार होता है।

क्षति प्रकृति : यह एक प्रकार से विविधभक्षी (Polyphagous) कीट है। यह मुख्यतः चने का कीट है, परन्तु यह मक्का, ज्वार, बाजरा, मूंगफली, मटर, आलू इत्यादि को भी भारी नुकसान पहुँचाता है। इसकी सूंडी भूरे रंग की होती है। यह भूमि के अन्दर दरारों में छिपी रहती है एवं शाम के समय जब अंधेरा होने लगता है, निकलकर पौधों को जमीन के पास से काटकर गिरा देती है एवं फिर उसे खाती है। यह कीट खाता कम है, परन्तु नुकसान अधिक पहुँचाता है, क्योंकि इसके द्वारा काटा गया पौधा सूख जाता है। यह कीट नवम्बर–दिसम्बर माह में अधिक सक्रिय रहता है।

नियंत्रण के उपाय

- छोटे खेतों में प्रकोप होने पर सूंडी (Larva) को हाथों से पकड़कर नष्ट कर देना चाहिए।
- अधिक मात्रा में सिंचाई करने से सूंडी मर जाती है।
- खेतों में प्रकाश पाश (Light trap) लगाकर भी व्यस्क पंतगों को आकर्षित करके नष्ट किया जा सकता है।
- इस कीट के प्रभावी नियंत्रण के लिए क्यूनालफॉस 1.5 प्रतिशत या मिथाइल पैराथियान 2 प्रतिशत चूर्ण 25 किलोग्राम प्रति हेक्टेयर की दर से आखिरी जुताई के समय बुरक कर भूमि में मिलाना चाहिए।

चने का फली बेधक (Gram pod borer)

वैज्ञानिक नाम : हैलियोथिस आर्मीजेरा (*Heliothis armigera*)।

पहचान : व्यस्क शलभ मजबूत एवं हल्के भूरे रंग का होता है, जिसकी लम्बाई पंखो सहित लगभग 35 मि0मी0 होता है। मादा कीट का पंख विस्तार 40 मि0मी0 होता है। इसके अगले जोड़ी पंखों पर भूरे बिन्दु होते हैं जो कि धारीदार रेखायें बनाते हैं तथा उपर की तरफ काले धब्बे होते हैं। नीचे वृक्काकार धब्बा पाया जाता

है। पिछली जोड़ी पंख सफेद हल्के रंग के होते हैं तथा बाहरी सिरे पर काली धारी की किनारी होती है।

क्षति प्रकृति : इस कीट की सूंडी अण्डों से निकलकर पत्तियों के हरे पदार्थ (Chlorophil) को खुरचकर खाती है तथा बाद में फूल, कली व फल में पहुँचकर उनमें छिद्रकर उनको खाती है। इस प्रकार इस कीट से चने की फसल को भारी नुकसान होता है। एक सूंडी लगभग 30–40 फलियों में छेद करके खाती है। जब ये सूंडी बड़ी हो जाती है, तब उसका आधा भाग फली के अन्दर एवं आधा भाग बाहर निकालकर खाते हुए देखा जा सकता है। इस कीट से प्रभावित फलियां खोखली होकर व सुखकर पीली पड़ जाती है। फली में सूंडी का मल (Excreta) भी पाया जाता है। इसका प्रकोप नवम्बर से मार्च तक अधिक रहता है।

नियंत्रण के उपाय

- छोटे खेतों में सूडियों को हाथ से पकड़कर नष्ट कर देना चाहिए।
- फसल की अक्टूबर माह के अंत तक बुआई कर देना चाहिए। समय से बुआई करने पर इन कीटों का प्रकोप कम होता है।
- चने की फसल कटते ही खेत की गहरी जुताई कर देना चाहिए, ताकी प्यूपा तेज धूप में मर जाय।
- उचित फसल–चक्र अपनाना चाहिए जैसे – धान–चना, मक्का–चना, बाजरा–चना एवं ज्वार–चना।
- कीट अवरोधी फसल बोनी चाहिए जैसे – आई0सी0सी0–506।
- प्रकाश प्रपंच एवं फेरोमोन ट्रैप की सहायता से व्यस्क पतंगों को एकत्रित करके नष्ट किया जा सकता है।
- नीम की पत्ती या निम्बोली के रस का 10 प्रतिशत घोल (10 किलोग्राम नीम की पत्ती / 100 लीटर पानी) बनाकर फसल पर अंकुरण के 20 दिन बाद, 50 दिन बाद (फूल आने पर) व 70 दिन बाद (फली बनने पर) छिड़काव करना लाभप्रद रहता है।
- चना के साथ धनियाँ की मिश्रित खेती करने पर फली बेधक कीटों का आक्रमण रोका जा सकता है। धनियाँ ट्रैप का काम करती है तथा मित्र कीटों को आकर्षित करती है।
- फली बेधक कीटों का आक्रमण कम करने के लिए चना + तीसी, चना + सरसों, चना + जौ एवं चना + गेहूँ की मिश्रित खेती व अंतर्वती खेती करना चाहिए।

- एन0पी0वी0 का 1.5 ग्राम प्रति लीटर पानी का घोल बनाकर छिड़काव करना चाहिए।
- आर्थिक क्षति स्तर (1 विकसित सूंडी / पौधा) से कीटों की संख्या अधिक होने पर निम्न उल्लेखित कीटनाशकों में से किसी एक का 400–500 लीटर पानी प्रति हेक्टेयर की दर से छिड़काव करना चाहिए। आवश्यकतानुसार दुसरा व तिसरा छिड़काव 10–15 दिनों के अन्तराल पर कीटनाशकों को बदल–बदल कर करना चाहिए।

नोबाल्यूरान 10 ई0सी0	–	750–1000 मि0ली0
इन्डोक्साकार्ब 14.5 ई0सी0	–	400–500 ग्राम
थायोडीकार्ब 75 डब्लू0पी0	–	600–750 ग्राम
लुफेन्युरान 5.4 ई0सी0	–	600 मि0ली0
क्वीनालफास 25 ई0सी0	–	1250 मि0ली0

मटर का पर्ण सुरंगक (Pea leaf miner)

वैज्ञानिक नाम : क्रोमेटोमिइया हार्टिकोला (*Chromatomyia horticola*)

पहचान : व्यस्क कीट हल्के पीले एवं गहरे धात्विक हरे रंग के होते हैं जिनकी लम्बाई 2.2–2.6 मि0मी0 होती है। इसकी श्रृंगिकाएँ छोटी–छोटी होती है। जिसका तीसरा खण्ड स्पर्शक काले रंग के होते हें। संयुक्त नेत्र बड़े व उन्नत होते हैं।

क्षति प्रकृति : मादा कीट आहार ग्रहण करने एवं अण्डे देने के लिए पत्तियों में छेद करती है। मैगट (सूंडी) पत्तियों में सुरंग बनाकर भोजन करता है। मैगट द्वारा सुरंग बनाकर आहार ग्रहण करने के कारण पत्ती झुलसी हुई–सी प्रतीत होती है और समय से पूर्व गिर जाती है।

नियंत्रण के उपाय

- ग्रसित पत्तियों को तोड़कर नष्ट कर देना चाहिए।
- यह कीट सूखी भूमि पर अधिक सक्रिय रहता है। अतः खेत मे नमी की कमी रहने पर समय–समय पर सिंचाई करना अत्यन्त आवश्यक हो जाता है।

आक्रान्त फसलों में निम्न उल्लेखित कीटनाशकों में से किसी एक का छिड़काव प्रति हेक्टेयर की दर से 400–500 लीटर पानी में घोल बनाकर करना चाहिए –

मोनोक्रोटोफास 36 एस0एल0	–	1000 लीटर
इथियान 50 ई0सी0	–	1000–1500 मि0ली0
नोवाल्यूरान 10 ई0सी0	–	750 मि0ली0
मेथोमिल 40 एस0पी0	–	750–1000 ग्राम

मटर फली बेधक (Pea pod borer)

वैज्ञानिक नाम : इटिएला जिन्किनैला (*Etiella zinckenella*)

पहचान : व्यस्क कीट धूसर रंग का शलभ है। विश्राम अवस्था में यह 15–20 मि0मी0 लम्बा और 3–5 मि0मी0 चौड़ा होता है परन्तु पंख विस्तार 24–27 मि0मी0 होता है। इसके अगले पंख के अग्र भाग के किनारे के साथ–साथ फीकी पट्टी और आधार के समीप उभरे हुए शल्कों का अनुप्रस्थ कटक होता है। सिर के अन्त में एक प्रोथ (Snout) होता है। इस कीट की सूंडी आरम्भ में हरा एवं बड़ा होते–होते गुलाबी रंग में बदल जाता है।

क्षति प्रकृति : सूंडी ही फली बेधक की ऐसी अवस्था है जो फलियों को क्षतिग्रस्त करती है। सूंडी फलियों में जाली बनाने के उपरान्त छेद करके भीतर पहुँचकर बीजों पर आक्रमण करती है। फली के अन्दर पहुँचकर यह पहले जाइलम भाग को क्षति पहुँचाती है, फिर फली को और अन्त में दाना को नष्ट कर देती है। फलस्वरूप दाना खुरदरा व अनियमित रूप से कटा हुआ बन जाता है। क्षतिग्रस्त फली में जालों के साथ कीट का मल भी गुँथा हुआ होता है। सूंडी एक फली के दानों को समाप्त करके दूसरी फली में पहुँच जाती है। प्रभावित फलियां गिर जाती है एवं उपज में भारी कमी होती है।

नियंत्रण के उपाय

- समय पर (अक्टूबर के मध्य) फसल की बुआई करें।
- क्षतिग्रस्त फलियों को तोड़कर नष्ट कर देना चाहिए।
- कीटों का आक्रमण होने पर निम्न कीटनाशकों का प्रयोग प्रति हेक्टेयर की दर से 400–500 लीटर पानी में घोल कर छिड़काव करना चाहिए।

क्वीनालफास 25 ई0सी0	–	600 मि0मी0
क्लोरपायरीफास 20 ई0सी0	–	750–1000 मि0ली0
प्रोफेनोफास 50 ई0सी0	–	500–600 मि0ली0

मटर का तना मक्खी (Pea stem fly)

वैज्ञानिक नाम : ओफियोमाइया फैजिओलाई (*Ophiomyia phaseoli*)

पहचान : यह कीट काली एवं चमकदार छोटी मक्खी होती है जिसकी लम्बाई 2–3 मि0मी0 तक होती है। इसका पंख विस्तार 1.8 से 2.2 मि0मी0 होता है। इसके मध्य वक्ष पृष्ठक और उदर चमकदार काले रंग के होते है तथा इनके किनारे धारीदार काले होते हैं।

क्षति प्रकृति : सर्वप्रथम इस कीट के मैगट (Larva) पत्ती में सुरंग बनाकर आहार (Food) ग्रहण करता है फिर मोटी शिरा के साथ वक्ष द्वारा उपर तने की ओर बढ़ता है। इस प्रकार दो दिन के बाद यह तने के उपर और नीचे (भूमि की ओर) सुरंग बनाता है। छोटे पौधों में ये नीचे की ओर खाता है व कभी–कभी जड़ों में भी प्रवेश कर जाता है। इस कीट का जब अधिक प्रकोप होता है तो वह तने को भीतर ही भीतर गहराई तक खाता है और उपर की ओर बढ़ जाता है। प्रभावित पौधों की पत्तियां पीली पड़ जाती है। यह कीट अक्टूबर–नवम्बर माह में अत्यन्त सक्रिय रहता है। इस कीट से प्रभावित फसल झूलसा हुआ दिखाई देता है।

नियंत्रण के उपाय

- फसल की बुआई से पूर्व जमीन में कार्बोफ्यूरान (3 जी) 25 किलोग्राम या कारटाप (4 जी) का 15 किलोग्राम प्रति हेक्टेयर की दर से प्रयोग करना चाहिए।
- खड़ी फसल में कीट का प्रकोप होने पर निम्न कीटनाशकों का 400–500 लीटर पानी में घोलकर प्रति हेक्टेयर की दर से छिड़काव करना चाहिए।

डायक्लोरभास 76 ई0सी0	–	500–600 मि0ली0
मोनोक्रोटाफास 36 एस0एल0	–	800–1000 मि0ली0
लूफेन्यूरान 5.4 ई0सी0	–	600 मि0ली0

अरहर के पिच्छकी शलभ (Tur plume moth)

वैज्ञानिक नाम : एक्जेलटिस अटमोसा (*Exelastis atmosa*)

पहचान : इस कीट का पूर्ण विकसित सूंडी हरापन लिए हुए भुरा होता है। इसकी लम्बाई 1.25 से0मी0 के साथ शरीर पर छोटे–छोटे बाल होते हैं। इस कीट का शलभ आकार में छोटा तथा हल्का पांडुवर्जी होता है। इसके अगले पंख पिच्छकी (Plume) होते हैं तथा प्रत्येक पंख पर दो–दो गहरे धब्बे पाये जाते हैं। पिछली जोड़ी पंखों पर बीच में कांटे जैसे शक्ल पाये जाते हैं।

क्षति प्रकृति : सूंडियां पहले पत्तियों को खाती है, तत्पश्चात फलियों में छिद्र कर उनके बीजों को खाती है। यह कीट वर्ष भर सक्रिय रहता है, परन्तु सर्वाधिक क्षति बरसात में पहूँचाता है।

नियंत्रण के उपाय

आक्रान्त फसलों में मोनोक्रोटोफास 36 एस0एल0 या क्लोरपायरिफास 20 ई0सी0 या 600–700 मि0मी0 को 400–500 लीटर पानी में घोल बनाकर प्रति हेक्टेयर की दर से छिड़काव करना चाहिए।

अरहर की फल मक्खी (Red gram pod fly/Tur pod fly)

वैज्ञानिक नाम : मेलानग्रोमाइजा ओबटुसा (*Melanagromyza obtusa*)

पहचान : यह एक ऐसा मक्खी है जो कि चमकदार एवं गहरे हरे रंग की होती है। पूर्ण विकसित मैगॉट (Larva) 3–4 सें0मी0 लम्बा होता है।

क्षति प्रकृति : मादा मक्खी अपने अण्डे फली बेधक से आक्रांत बीज में देती है। इन अण्डों से निकलने वाले मैगॉट अपने रेशमी धागों द्वारा बीज को चिपका लेते हैं और उनको खुरच–खुरच कर खाते हैं तथा बाद में सुरंग बनाकर खाते हैं। यह कीट मार्च–अप्रैल में अधिक सक्रिय रहता है। इन कीटों से व्यापक आक्रमण की स्थिति में 40 प्रतिशत फली एवं 60 प्रतिशत दाना की क्षति होती है।

अरहर की फली बग (Tur pod bug)

वैज्ञानिक नाम : क्लाभीग्रल्ला गीब्बोसा (*Clavigralla gibbosa*)

पहचान : व्यस्क बग हरे–भूरे रंग का लगभग 2 सें0मी0 लम्बा होता है। इसके शीर्ष पर एक फूली हुई (Spine) उर्विका (Pronotum) होती है। अण्डों से निकली अर्भक (Nymph) कुछ लाल रंग के होते हैं जो बाद में भूरे रंग के हो जाते हैं।

क्षति प्रकृति : इस कीट के शिशु (अर्भक) एवं व्यस्क (Maggot) दोनो ही पौधो के तने, पत्तियों एवं पुष्पों से रस चूसकर नुकसान पहुँचाते हैं, परन्तु मुख्यतः यह फलियों पर आक्रमण करते हैं जिससे फलियों पर हल्के पीले रंग के धब्बे उत्पन्न हो जाते हैं। आक्रमण अधिक होने पर फलियां सिकुड़ जाती है जिससे दाने छोटे रह जाते हैं।

पत्ती एवं प्ररोह मोड़क (Tur sphin moth)

वैज्ञानिक नाम : सायडिया क्रीटिका (*Cydia critica*)

पहचान : इस कीट का प्रौढ़ गहरे भूरे रंग का होता है। इसकी सूंडियां (Caterpillar) लगभग 9 मि0मी0 लम्बी, चिकनी तथा हल्के पीले रंग की होती है।

क्षति प्रकृति : इस कीट की सूंडियां प्रारंम्भ में पत्तियों की वाह्‌य परत को खूरचकर खाती है तथा बाद में पत्तियों को मोड़कर उसके अन्दर खाती है। इस प्रकार आक्रांन्त पौधों की वृद्धि रूक जाती है, उनमें बहुत कम फलियां आती है। इस कीट से लगभग 40–50 प्रतिशत पौधे क्षतिग्रस्त हो सकते हैं तथा इसका सर्वाधिक प्रकोप जुलाई–अगस्त में होता है।

चित्तीदार फली बेधक (Spoted boll worm)

वैज्ञानिक नाम : हेलिकोवर्पा आर्मिजेरा (*Helicoverpa armigera*)

पहचान : इस कीट का शलभ (पंतगा) भूरे रंग का होता है। इसके अगले पंख में दो सफेद धब्बे होते हैं एवं पिछले पंख कुछ–कुछ पीले होते हैं तथा किनारे पर भूरे लछदार धब्बे होते हैं। इसके पूर्ण विकसित सूंडी हरे रंग की एवं 2 सें0मी0 लम्बी होती है।

क्षति प्रकृति : इस कीट की सूंडियां जुलाई–अगस्त माह में उपर की कोमल पत्तियों को जाले में बांधकर उपर से खरोंचकर खाती है फिर जब पुष्पगुच्छ खिलते हैं तो उन्हें भी रेशमी जालों में बांधकर खाती है। इसके बाद जब कलियां निकल आती है तो यह कलियों को भी जाले में बांधकर एवं उसके अन्दर प्रवेश करके खाती है। जब पौधों में फलियां लग जाती है तो फली के अन्दर प्रवेश करके बीजों को खाती है। कभी–कभी इस कीट के आक्रमण से 35–40 प्रतिशत तक पौधे क्षतिग्रात हो जाते हैं।

नियंत्रण के उपाय

- उपरोक्त सभी कीटों के नियंत्रण के लिए गर्मियों में खेत की गहरी जुताई करना चाहिए ताकि जमीन में छिपी हुई कीटों की अण्डे व प्यूपे आदि धूप में सुखकर नष्ट हो जाय।
- फसलों से खरपतवारों को निकाल देना चाहिए, जिससे कि ये कीड़े उनमें छिप नहीं पाते और इनकी संख्यां नहीं बढ़ पाती।

- अरहर को बाजरा, मक्का एवं ज्वार के साथ अन्तः वर्ती फसल लगाने से फली के मक्खी एवं फली बेधक कीटों की संख्या में कमी लायी जा सकती है।
- फसल के अगेती किस्म की अपेक्षा मध्यम पिछात एवं पिछात वाली किस्मों में फली के मक्खी का आक्रमण अधिक पाया गया है। अतः इन कीटों के क्षति से बचने के लिए अगात किस्मों की खेती करना चाहिए।
- फसलों की बुआई–समय के प्रबन्धन से कीटों के द्वारा क्षति होने से बचाया जा सकता है। जैसे अप्रैल माह में फसलों के पकने से फली बेधक कीटों का आक्रमण कम होता है। उसी तरह फरवरी माह में फसल तैयार होने वाले फसल की फली मक्खी एवं फली बेधक कीटों के द्वारा नुकसान होने से बचाया जा सकता है।
- रसायनिक कीटनाशकों से नियंत्रण के लिए चना फली बेधक नियंत्रण को देखें।

ग्लेरूसीड भृंग (Galerucid beetle)

वैज्ञानिक नाम : मदुरसिया ओबसकुरेल्ला (*Madurasia obscurella*)

यह मूँग का एक प्रमुख कीट है। यह कीट सूर्य के प्रकाश से बचती है। इसलिए यह भृंग सायंकाल और रात्रि में अधिक नुकसान पहुँचाता है। दिन में यह मिट्टी के ढेलों के अन्दर छिप जाती है। व्यस्क कीट पत्तियों में बेद कर छोटा और गोलाकार छिद्र बनाती है।

नियंत्रण के उपाय

फसल की बुआई के समय कार्बोफ्यूरान 3 जी का 30 किलोग्राम या कारटाप 4 जी का 10 किलोग्राम प्रति हेक्टेयर की दर से मिट्टी में मिलाना चाहिए।

सोयाबीन का तना मक्खी (Soyabean stem fly)

वैज्ञानिक नाम : मेलानग्रोमाइजा सोजी (*Melanagromyza phaseoli*)

पहचान : व्यस्क मक्खी गहरे घात्विक काले रंग की होती है। काचाम पंखों पर पशुर्क क्षेत्रों में बिल्कुल अलग–अलग खांचे होते हैं। यह पंख फैलाकर 1.8 से 2.1 मि0मी0 होती है।

क्षति प्रकृति : इस कीट की सूंडी (Maggot) बुआई के 15–20 दिनों के बाद सक्रिय होती हैं। प्रारंम्भिक अवस्था के पहली दो पत्तियों की अवस्था में यह कीट

नुकसान पहुँचाती है। आक्रांत पौधा सुख कर गिरने लगता है। सूंडी तने को भीतर ही भीतर खाती रहती है तथा तनों में दरार उत्पन्न कर देती है। चाकू से काटने पर आक्रान्त तनों में सुरंग दिखाई पड़ता है।

नियंत्रण के उपाय

- ग्रसित पौधों को उखाड़ कर नष्ट कर देना चाहिए।
- बुआई के समय कार्बोफ्यूरान 3 जी का 30 किलोग्राम प्रति हेक्टेयर की दर से भूमि में मिलाना चाहिए।
- अंकूरण के 3–4 दिनों के बाद मोनोक्रोटोफास (36 एस0एल0) 500 मि0मी0 या ऐसीफेट (75 एस0पी0) 400 ग्राम प्रति हेक्टेयर की दर से छिड़काव करना चाहिए।

सोयाबीन का गर्डल भृंग (Girdle beetle)

वैज्ञानिक नाम : ओबेरिया ब्रेविस (*Oberea brevis*)

पहचान : इस कीट की मादा भृंग मध्यम आकार की होती है तथा नर भृंग लम्बे होते हैं। पक्षवर्म के अगले भाग भूरे लाल तथा पिछले भाग गहरे लाल रंग के होते हैं। इस कीट की श्रृंगिकाएं (Antannae) शरीर से बड़ी होती है।

क्षति प्रकृति : मादा कीट डंठल में से वलय या मेखलाएँ खाती है जो 2–3 दिन में भूरे रंग की हो जाती है। इस प्रकार मादा पौधों में बहुत से छेद करती है तथा उनमें अण्डे देती है। इस तरह से अण्डे देने की क्रिया से पौधों को बहुत नुकसान होता है। अण्डे से निकलने के बाद ग्रब तने में छेद बनाते हैं और भीतर ही भीतर उसे खाते रहते हैं। तने को चाकू से काटने पर उनमें सुरंगे दिखाई देती है। इन सुरंगों के अन्दर भूरे रंग का मल भी पाया जाता है। इस कीट के प्रकोप से पत्तियां और प्ररोह सुख जाते हैं। खेतों में टुटे हुए तनों से भी इस कीट की क्षति को आसानी से पहचाना जा सकता है।

नियंत्रण के उपाय

- इस कीट का प्रकोप दिखाई देने पर इन्डोक्साकार्ब (15.8 ई0सी0) 350 मि0ली0 या इथियान (50 ई0सी0) या मोनोक्रोटोफास (36 एस0एल0) 1.0 लीटर 400–500 लीटर पानी का घोल बनाकर प्रति हेक्टेयर की दर से छिड़काव करना चाहिए। आवश्यकतानुसार 15–20 दिन बाद इसे पुनः दोहरायें।

सेम व तिल का पत्ती एवं प्ररोह मोड़क (Hawk moth/Sphinx caterpillar)

वैज्ञानिक नाम : ऐकेरॉन्शिया स्टिक्स (*Acherontia styx*)

पहचान : इस कीट का व्यस्क शलभ बड़ा सुगठित शरीर वाला होता है। इसका पंख विस्तार लगभग 10–12 सें0मी0 तक होता है। इसका रंग लाली लिये हुए भूरा होता है। प्रत्येक पंख पर एक पीले रंग का धब्बा दिखाई देता है। शलभ कम उड़ने वाला होता है।

क्षति प्रकृति : इस कीट की सूंडी पत्तियों को खाती है तथा कभी–कभी पूरी की पूरी पत्तियों को खा जाती है। भारत में यह कीट तील व सेम को भारी नुकसान पहुँचाता है।

नियंत्रण के उपाय

- कीट से ग्रसित पौधों को उखाड़ कर जला देना चाहिए।
- क्षतिग्रस्त फसल पर क्लीनालफास 25 ई0सी0 या डायक्लोरभास 76 ई0सी0 या लूफेन्यूरान 5.4 ई0सी0 का 500–600 मि0ली0 का 400–500 लीटर पानी में घोलकर प्रति हेक्टेयर की दर से फसलों पर छिड़काव करना चाहिए। आवश्यकतानुसार 15–20 दिन के अनतराल पर दुसरा छिड़काव करना चाहिए।

तिलहनी फसलें (Oilseed crops)

फसल	प्रमुख कीट
सरसों (Mustard)	आरा मक्खी (Saw fly)
	चितकबरा बग/चित्तित बग (Painted bug)
	मोयला/माहूँ (Aphid)
	फुदका (Jassid)
	गोंभी की तितली (Cabbage butter fly)
	पर्ण सुरंगक (Leaf miner)
मूंगफली (Graundnut)	मोयला (Aphid)
	हरा तेला (Jassid)
	रसाद कीट (Thrips)
	पर्ण सुरंगक (Leaf miner)
	फल बेधक (Pod borer)
	पर्ण जालक (Leaf webber)
	तना बेधक (Stem borer)
	लाल भुडली (Red hairy caterpillar)
	तम्बाकू की सूंडी (Tobacco caterpillar)
	सफेद लट (White grub)
	दीमक (Termite)
अलसी (Linseed)	गॉल मिज (Gall midge)
	बिहार भुड़ली (Bihar hairy caterpillar)
	मोयला (Aphid)
	हरा तेला (Jassid)
	पर्ण सुरंगक (Leaf minor)
	अर्धकुण्डलक (Semilooper)
	ल्यूसर्न भुडली (Lucerne caterpillar)
	फली बेधक (Gram catperpillar)
	कटुआ सूंडी (Cut worm)
तिल (Sesam)	फल/संपुट बेधक (Capsule borer)
	पत्ती का फूदका (Leaf hopper/jassid)

	पत्ती एवं प्ररोह बेधक (Hawk moth or Sphinx caterpillar)
	पत्ती लपेटक (Leaf roller)
	पर्ण सुरंगक (Leaf minor)
	बिहार भुड़ली (Bihar hairy caterpillar)
	सफेद मक्खी (White fly)
अरण्डी (Castor)	अर्धकुण्डलक (Semilooper)
	प्ररोह एवं फल/सम्पुट बेधक (Capsule and shoot borer)
	बलदार सूंडी (Hairy caterpillar)
	पत्ती फूदका (Leaf hopper/jassid)
	सफेद मक्खी (White fly)
	वरूथी (Mite)
	पत्ती का फूदका (Jassid)
कुसुम (Safflower)	कुसुम का मोयला (Safflower aphid)
	कुसुम का मक्खी (Safflower fly)
	कुसुम का तना मक्खी (Safflower stem fly)
	कुसुम की सूंडी (Safflower caterpillar)
सुर्यमुखी (Sunflower)	बिहार रोमिल सूंडी (Bihar hairy caterpillar)
	सूंडी (Caterpillar)
	अर्धकुण्डलक (Semilooper)
	जैसिड (Jassid)
	सफेद मक्खी (White fly)
	थ्रिप्स (Thrips)

सरसों का आरा मक्खी (Mustard saw fly)

वैज्ञानिक नाम : ऐथिलिया ल्यूगेन्स प्रोक्सीमा (*Athalia Lugens* proxima)

पहचान : प्रौढ़ कीट के शरीर पर नारंगी–पीले रंग के चिन्ह होते हैं तथा पंखों का रंग गहरा लाल–भूरा होता है। इस कीट के दो जोड़ी पंख होते हैं। यह 1.5 सें0मी0 लम्बा होता है। इसका अण्डनिक्षेपक (Ovipositor) काफी विकसित एवं आरी के समान होता है जिससे छेद करके ये पत्तियों पर अण्डे देती है। अण्डों से

निकला ग्रव हरे रंग का होता है एवं रोये रहित होता है। बढ़वार के साथ इसका रंग और गहरा होता जाता है।

क्षति प्रकृति : इस कीट का हानिकारक अवस्था केवल भृंगक (Grub) है। इस अवस्था में यह पत्तियों में छिद्र कर खाता है। इस प्रकार पत्तियों में सिर्फ जाल बच जाता है। कभी–कभी प्ररोह की पूरी बाहरी त्वाचा (Epidermis) भी खा जाता है। इस प्रकार आक्रान्त पौधों पर फलियां नहीं लगती है।

नियंत्रण के उपाय

- फसल की निराई–गुड़ाई करना चाहिए, ताकि मिट्‌टी के ढेलों में छिपे ग्रव नष्ट हो जाय।
- आक्रान्त फसलों पर मिथाइल पैराथियान 2 प्रतिशत चूर्ण 20–25 किलोग्राम प्रति हेक्टेयर की दर से बुरकाव करना चाहिए। आवश्यकतानुसार इसे 15–20 दिन बाद पुनः दोहराना चाहिए।

सरसों का चितकबरा बग (Mustard painted bug)

वैज्ञानिक नाम : ब्रग्राडा क्रूसिफेरेरम (*Bagrada cruciferarum*)

पहचान : प्रौढ़ कीट चपटा, लगभग 3.7 मि0मी0 लम्बा और 3.34 मि0मी0 चौड़ा होता है। इसका रंग चमकीला काला एवं शरीर पर नारंगी या भूरे रंग के धब्बे पाये जाते हैं। इस कीट का स्कूलेटम काफी लम्बा होता है।

क्षति प्रकृति : यह कीट मार्च से दिसम्बर तक सक्रिय रहता है। सरसों की फसल को इस कीट के शिशु (Nymph) एवं प्रौढ़ (Adult) दोनों ही क्षति पहुँचाते हैं जो पौधों की पत्तियों एवं कोमल तनो का रस चूसते हैं। इस कीट से ग्रस्त पौधे रोगी पौधों के समान हो जाते हैं। प्रभावित पौधों की बढ़वार रूक–सी जाती है तथा उपज पर काफी प्रतिकूल प्रभाव पड़ता है।

नियंत्रण के उपाय

- समय पर (अक्टूबर माह के अन्त तक) फसल की बुवाई करना चाहिए।
- गेहूँ एवं सरसों की मिश्रित खेती करने पर इस कीट का प्रकोप कम होता है।
- फसल अंकूरण के 2–3 सप्ताह बाद मिथाइल पैराथियान 2 प्रतिशत चूर्ण 20–25 किलोग्राम प्रति हेक्टेयर की दर से बूरकाव करना चाहिए। जरूरत पड़ने पर बूरकाव 15–20 दिन के पश्चात् पुनः करना चाहिए।

- आक्रान्त फसलों पर निम्न उल्लेखित कीटनाशकों में से किसी एक का छिड़काव 400–500 लीटर पानी में घोल बनाकर प्रति हेक्टेयर की दर से करना चाहिए।

डायक्लोरभास 76 ई0सी0	– 600–750 मि0ली0
इमिडाक्लोप्रिड 17.8 एस0एल0	– 100–125 मि0ली0
क्लोरपायरीफास 20 ई0सी0	– 1000 मि0ली0
मैलाथियान 50 ई0सी0	– 1000–1500 मि0ली0

सरसों का मोयला (Mustard aphid)

वैज्ञानिक नाम : लिफाफीस ईरेसिमाई (*Lipaphis erysimi*)

पहचान : ये कीट आकार में छोटे लगभग 2 मि0मी0 लम्बे एवं गोलाकार होते हैं। इस कीट के मुखांग चुभाने एवं चूसने वाले होते हैं। इस कीट के शरीर के आखिरी सिरे पर दो छोटी नलिकाएँ होती है जिन्हें विनाल (Cornicles) कहते है। इस कीट में पंखदार एवं पंखहीन दो अवस्थायें पायी जाती है।

क्षति प्रकृति : इस कीट के शिशु एवं व्यस्क अवस्थाएँ फसल की पत्तियों, तने, फूलों तथा कलिकाओं का रस चूसते हैं। परिणामतः पौधे बदरंग एवं कमजोर हो जाते हैं तथा उनमें फलियां नहीं लगती है। यह कीट एक प्रकार का द्रव्य उत्सर्जित करता है जिसे मधुरस (Honey dew) कहते हैं। ये मधुरस मीटा होता है तथा चीटिंयों एवं काली फफूंद को आकर्शित करता है। इस प्रकार, पत्तियों पर काली फफूंद भी उग जाती है तथा प्रकाश संष्लेशण क्रिया में बाधा उत्पन्न करती है। यह कीट दिसम्बर से फरवरी तक अत्यधिक सक्रिय रहता है। इस कीट से लगभग 15–20 प्रतिशत तक क्षति होती है।

नियंत्रण के उपाय

- फसल की बुआई 15 अक्टूबर तक कर देनी चाहिए। देर से बोई गयी फसल पर इस कीट का भीषण प्रकोप होता है।
- कीट प्रतिरोधी किस्मों की बुआई के काम में लेना चाहिए।
- खेत में उपस्थित प्राकृतिक शत्रु जैसे परभक्षी क्रायसोपा, लेडी बर्ड भृंग आदि इसका भक्षण कर संख्या को कम करते हैं। अतः इनका संरक्षण पर ध्यान देना चाहिए।
- नीम बीज सत् के 5 प्रतिशत घोल का छिड़काव करना काफी प्रभावी होता है।

- आक्रान्त फसल पर निम्न कीटनाशकों में से किसी एक का 400–500 लीटर पानी में घोल बनाकर प्रति हेक्टेयर की दर से छिड़काव करना चाहिए।

डाइमेथोएट 30 ई0सी0	–	750–1000 मि0ली0
मोनोक्रोटोफास 30 एस0एल0	–	500 मि0ली0
थियोमेथोक्जाम 25 डब्लू0एस0जी0	–	100–125 ग्राम
मैलाथियान 50 ई0सी0	–	1000 मि0ली0
क्लोरपायरीफास 20 ई0सी0	–	600 मि0ली0

मूंगफली का मोयला (Groundnut aphid)

वैज्ञानिक नाम : एफिस क्रेक्सीवोरा (*Aphis craccivora*)

पहचान : यह मोयला आकार में छोटा तथा काले रंग के पंखयुक्त होता है।

क्षति प्रकृति : इस कीट के शिशु एवं व्यस्क दोनों ही पत्तियों का रस चूसते हैं। प्रारंम्भ में तो रस चूसने के कारण पौधों की बढ़वार रूक जाती है तथा बाद में फूल आते हैं तो ये इनका भी रस चूसते हैं जिससे मुंगफली के उपज में भारी कमी आ जाती है। इस प्रकार यह कीट मूंगफली का बड़ा शत्रु है। यह कीट मूंगफली में विषाणु (virus) रोग का संचरण भी करता है।

नियंत्रण के उपाय

इस कीट के नियंत्रण के बारे में जानकारी के लिए ''सरसों का मोयला'' कीट देंखें।

पर्ण सुरंगक कीट (Leaf miner)

वैज्ञानिक नाम : स्टोमॉप्टेरिक्स सब्सेसिकेला (*Stomopteryxe subsecivella*)

पहचान : इस कीट के व्यस्क पतंगे आकार में छोटे एवं कांस्य रंग के होते हैं। पंखों के विस्तार सहित इसकी लम्बाई 1 सें0मी0 से भी कम होती है।

क्षति प्रकृति : इस कीट की सूंडिया पत्तियों में सुरंग बनाती है। इस प्रकार पत्तियों पर सफेद भूरी धारियाँ बन जाती है। ये इनमें जाला भी बनाती है। बाद में पत्तियाँ बिल्कुल झिल्लीदार हो जाती है। केवल पौधा शेष रह जाता है एवं शुष्क स्थानों में सूख जाता है।

नियंत्रण के उपाय

- खेतों में प्रकाश पाश (Light trap) लगाने चाहिए जिससे वयस्क पतंगें आर्कषित होकर मारे जा सकते हैं।
- जब लगातार मूंगफली बोई जाती है तो इस कीट का प्रकोप बढ़ जाता है। अतः इसके प्रकोप को कम करने के लिए फसल–चक्र के अन्तर्गत फलीदार फसलों के अतिरिक्त अन्य फसलें भी बोनी चाहिए।
- पर्णसुरंगक कीट से प्रतिरोधी किस्मों का प्रयोग करना चाहिए।
- फसल पर इस कीट की उपस्थिति के लक्षण दिखाई देते ही क्लोरपायरीफास 20 ई0सी0 अथवा क्वीनालफास 25 ई0सी0 का 1.0 ली0 400–500 लीटर पानी में घोलकर प्रति हेक्टेयर की दर से छिड़काव करना चाहिए।

सफेद लट (White grub)

इस कीट की विस्तार से जानकारी ''विविधभक्षी कीटों'' शीर्षक के अन्तर्गत देंखें।

तिल का संपुट बेधक (Sesam capsule borer)

वैज्ञानिक नाम : एन्टीगैस्ट्रा कैटेलानेलिस (*Antigastra catalaunalis*)

पहचान : इस कीट का शलभ मध्यम आकार का होता है। अगले पंख लाल–पीले रंग के होते हैं तथा उन पर लाल रंग के टेढ़े–मेढ़े निशान होते हैं। यह पंख फैलाकर 16 मि0मी0 लम्बा होता है।

क्षति प्रकृति : इस कीट की सूंडियां कोमल तने एवं पत्तियों को खाती है। बाद में नयी फली में भी छेद कर देती है तथा अपरिपक्व बीजों को खाती है। सूंडी (Larva) कोमल पत्तियों को रेशमी तंतु से मोड़ देती है तथा उनके अन्दर रहकर पत्तियों को खाती है। इस कीट का प्रकोप जुलाई से अक्टूबर तक रहता है।

नियंत्रण के उपाय

- ग्रसित पत्तियों, तनों एवं फलियों को तोड़कर नष्ट करें।
- तिल की वी0एस0–350 एवं टी0के0सी0–21 किस्में इस कीट के प्रति प्रतिरोधक क्षमता रखती है। अतः इन किस्मों की बुआई के कार्य में लाना चाहिए।
- आक्रान्त फसलों पर मोनोक्रोटोफास 36 एस0एल0 1.0 लीटर या क्वीनालफास 25 ई0सी0 1.5 लीटर को 400–500 लीटर पानी में घोलकर प्रति हेक्टेयर की दर से छिड़काव करना चाहिए। आवश्यकता पड़ने पर 15–20 दिनों के बाद इसे पुनः दोहरायें।

तिल का पत्ती एवं प्ररोह बेधक (Hawk moth/sphinx caterpillar)

वैज्ञानिक नाम : ऐकेरॉन्शिया स्टिक्स (*Acherontia styx*)

पहचान : इस कीट का प्रौढ़ शलभ बड़ा सुगठित शरीर वाला होता है। इसका पंख विस्तार लगभग 10–12 सें0मी0 तक होता है। इसका रंग लालीपन लिए हुए भूरा होता है। प्रत्येक पंख पर एक पीले रंग का धब्बा दिखाई देता है। शलभ कम उड़ने वाला होता है।

क्षति प्रकृति : इस कीट की सूंडिया पत्तियों को खाती है तथा कभी–कभी पूरी की पुरी पत्तियों को खा जाती है। प्ररोह को खाकर नुकसान पहुँचाती है। यह कीट तिल की फसल को भरी क्षति पहुँचाती है।

नियंत्रण के उपाय

- आक्रान्त पौधों को कीट सहित उखाड़ कर जला देना चाहिए।
- प्रभावित फसल पर डायक्लोराभास 76 ई0सी0 500 मि0ली0 या क्वीनालफास 25 ई0सी0 750 मि0ली0 को 400–500 लीटर पानी में घोलकर प्रति हेक्टेयर की दर से छिड़काव करें।

अलसी का गाल मिज (Linseed gall midge)

वैज्ञानिक नाम : डैसीन्यूरा लाइनाई (*Dasyneura lini*)

पहचान : इस कीट की प्रौढ़ मक्खी आकार में छोटी होती है। यह मक्खी नारंगी रंग की होती है।

क्षति प्रकृति : इस कीट की हानिकारक अवस्था सूंडी (Maggot) है जो कि कलियों एवं फूलों को खाती है। परिणामतः क्षतिग्रस्त कलियों एवं फूलों में दानें नही बनते हैं। इस कीट के द्वारा फसल में 20–25 प्रतिशत तक हानि होती है।

नियंत्रण के उपाय

- खेतों में प्रकाश प्रपंच (Light trap) लगाने चाहिए जिससे वयस्क मक्खियों को आकर्षित कर नष्ट किया जा सके।
- अलसी की कीट प्रतिरोधी किस्में, जैसे आर–552, आर–958, आर–156, जवाहर–1, एल0सी0–103 एवं नीला की बुआई के काम में लेना चाहिए।
- मैथाइल पाराथियान 2 प्रतिशत चूर्ण 20–25 किलोग्राम प्रति हेक्टेयर की दर से आक्रांत फसलों पर बुरकाव करना चाहिए।

अरण्डी का सेमीलूपर (Castor semilooper)

वैज्ञानिक नाम : ऐकिया जेनेटा (*Achaea Janata*)

पहचान : व्यस्क शलभ हल्के लाल भूरे रंग का होता है जिसका पंख विस्तार 60–70 मि0मी0 होता है। अग्र एवं पश्च दोनों पंखों पर टेढ़ी–मेढ़ी हल्की और गहरी रेखायें पायी जाती है।

क्षति प्रकृति : इस कीट की सूंडी (Larva) अवस्था हानिकारक होती है जो अरंडी की पत्तियों को खाती है। ये एक सिरे से पत्ती को खाना प्रारंम्भ करके पूरी पत्ती को खा जाता है। प्रथम निर्मोक (Moult) रूप की सूंडी केवल पत्ती को किनारे से खाती है। दुसरे निर्मोक रूप का लार्वा पूरी पत्ती को चट कर जाती है। इस कीट का व्यस्क शलभ फलों का रस चूसता है। कभी–कभी इस कीट के द्वारा अरंडी की फसल को इतनी क्षति पहुँचायी जाती है कि पत्तियों तथा फलों को खाने के उपरान्त ये कीट तनों को भी खाने लगता है।

नियंत्रण के उपाय

- प्रकाश प्रपंच (Light trap) को खेतों में लगाकर व्यस्क कीटों को आकर्षित करके नष्ट करना चाहिए।
- अण्ड परजीवी ट्राइकोग्रामा का प्रयोग करके इसकी संख्या को कम किया जा सकता है।
- कीटग्रस्त फसल पर क्वीनालफास 25 ई0सी0 या प्रोफेनोफास 50 ई0सी0 1.0 लीटर को 400–500 लीटर पानी में घोलकर प्रति हेक्टेयर की दर से छिड़काव करना चाहिए।

अरण्डी का प्ररोह एवं सम्पुट बेधक (Stem and capsule borer)

वैज्ञानिक नाम : डाइकोक्रोसिस पंक्टीफिरेलिस (*Dihocrosis punctiferalis*)

पहचान : व्यस्क शलभ आकार में छोटे, चकमीले पीले रंग के होते हैं। इसके पंखों पर छोटे–छोटे काले धब्बे पाये जाते हैं।

क्षति प्रकृति : इस कीट की सूंडी (Caterpillar) पहले प्ररोह को बेधती है एवं बाद में बीज संपुट (Capsule) को बेध कर उसमें स्थित बीजों को भी खाती है। इस कीट के द्वारा 16.4–82.6 प्रतिशत तक फल–फूल क्षतिग्रस्त हो जाते हैं। इस कीट की हानियों का पता इसलिए लगाया जा सकता है कि प्ररोह के आधार पर एक गुच्छे में गुँथा पदार्थ पाया जाता है। इस तरह फसल की उपज में आधी कमी आ जाती है।

नियंत्रण के उपाय

- प्रभावित पौधों के भागों को काटकर जला देना चाहिए।
- गर्मियों में खेत की गहरी जुताई करना चाहिए।
- आक्रान्त पौधों पर इन्डोक्साकार्ब 14.5 एस0सी0 या मोनोक्रोमेफास 36 एस0एल0 500–600 मि0ली0 का 400–500 लीटर पानी में घोलकर प्रति हेक्टेयर की दर से छिड़काव करना चाहिए।

कुसुम की मक्खी (Safflower fly)

वैज्ञानिक नाम : एकेन्थियोफिलस हेलियनथि (*Acanthiophilus helianthi*)

पहचान : व्यस्क मक्खी राख (Ash) रंग के साथ हल्का भूरा रंग के पैर बाला होता है। सूंडी (Maggot) का शरीर 12 खण्डों में विभक्त होता है।

क्षति प्रकृति : इस कीट का लार्वा (Maggot) पुष्प गुच्छों के प्रमुख भाग को खाता है। ये कलियों एवं फूलों को क्षतिग्रस्त करते हैं और उसी के अन्दर प्यूपा में बदल जाते हैं। क्षतिग्रस्त कलियाँ सड़ने लगती है। फूलों के शिखर से एक प्रकार का रस स्त्रावित होता है जो दुर्गन्ध करता है।

नियंत्रण के उपाय

- आक्रन्त पुष्प गूच्छों एवं कलियों को काट कर जला देना चाहिए।
- प्रभावित फसलों पर डाइमेथोएट 30 ई0सी0 1.5 लीटर या फेनथियान 50 ई0सी0 1.0 लीटर का 400–500 लीटर पानी में घोलकर प्रति हेक्टेयर की दर से छिड़काव करना चाहिए।

नकदी फसलें (Cash crops)

फसल	प्रमुख कीट
गन्ना (Sugarcane)	
(अ) बेधक कीट	शीर्ष बेधक (Top borer)
	पोरी बेधक / प्लासी बेधक (Plassy borer/ Internode borer)
	गुरदासपुर बेधक (Gurdaspur borer)
	तना बेधक / कल्ला बेधक (Shoot borer)
	स्तम्भ बेधक (Stalk borer)
	गुलाबी बेधक (Pink borer)
(ब) पत्ती खाने वाला कीट	टिड्डा (Grass hopper)
	भृंग (Sugar cane beetle)
	सैनिक कीट (Army worm)
(स) रस चूसक कीट	पायरिला (Sugarcane leaf hopper)
	मोयला (Sugarcane aphid)
	सफेद मक्खी (Sugarcane white fly)
	दहिया कीट (Mealy bug)
	काला मत्कुण / काला चिकटा (Black bug)
	शल्क कीट (Scale insect)
(द) जड़ खाने वाला कीट	मूल बेधक (Root borer)
	सफेद गिडार (White grub)
	दीमक (Termite/white ant)
तम्बाकू (Tobacco)	सफेद मक्खी (White fly)
	मोयला / माहूँ (Aphid)
	थ्रिप्स (Thrips)
	टिड्डा (Grass hopper)
	तना बेधक (Stem borer)
	अर्धकुण्डलक (Semilooper)
	आधार भृंग (Ground beetle)
	सिगरेट भृंग (Cigarate beetle)
	पत्र बेधक सूंडी (Tobacco caterpillar)

सम्पुट/फल बेधक (Capsule borer)
चना की सूंडी (Gram caterpillar)
लूर्सन की सूंडी (Lucerne caterpillar)
बालदार सूंडी (Hairy caterpillar)
कटुआ सूंडी (Cut worm)
झीगुंर (Molecricate)

शीर्ष बेधक (Top borer)

वैज्ञानिक नाम : ट्राइपोराइजा (सरपोफेगा) निवेला (*Tryporyza (Scirpophaga) nivella*)।

पहचान : इस कीट का पतंगा सफेद रंग का और लगभग 25 मि0मी0 लम्बा एवं पंख विस्तार 30 मि0मी0 होता है। सिर छोटा, आँख काली तथा धागादार (Filiform) श्रृंगिका (Antennae) होता है। वक्ष पर सफेद बाल होते हैं। इसके नर का उदर बेलनाकार एवं नुकीला होता है। मादा का आकार चपटा और अन्त में पीला–लाल बालों का गुच्छा लिए होता है। नर मादा से आकार में कुछ छोटा होता है। नवजात सूंडी सफेद रंग की जिसका सिर काला तथा लगभग 22 मि0मी0 लम्बी होती है। पूर्ण विकसित होने पर 28 मि0मी0 लम्बी और 45 मि0मी0 मोटी होती है। इसके मुखांग काले, सिर हल्का पीला–भूरा तथा बदन पीताभी–सफेद रंग का होता है। इसके पीठ के मध्य में एक लम्बाकार मटमैली घारी होती है।

आक्रमण काल का समय : इस कीट की प्रथम पीढ़ी का आक्रमण काल मार्च–अप्रैल, दुसरी पीढ़ी अप्रैल–मई, तीसरी पीढ़ी का मई–जून तथा चौथी पीढ़ी का आक्रमण जुलाई–अगस्त में उस समय अधिक होता है, जब वातावरण में तापमान 38 डिग्री सेल्सियस और आर्द्रता 70–80 प्रतिशत हो जाता है।

क्षति प्रकृति : सूंडी पत्तियों की मध्य शिरा (Mid rib) से सुरंग बनाती हुई पौधों के उपरी भाग में पहुँच जाती है तथा पौधों के उपरी शिरे से नीचे की ओर 3 से 5 पोरों (Internode) तक सुरंग बना लेती है। सूंडी मध्य कलिका को काट डालती है जिससे यह सुख जाती है। इस सुखी हुई मध्य कलिका को मृत केन्द्र (Dead heart) कहते हैं। मृत केन्द्र बनने से पौघों की बढ़वार रूक जाती है तथा बगल से कई पत्तियां निकल आती है जिससे इनका शीर्श गुच्छेदार अथवा शीर्श शाखाओं का झून्ड बन जाता है। इसे गुच्छा शीर्श (Bunchy top) कहते है।

नियंत्रण के उपाय

- खेतों के पास प्रकाश प्रपंच (Light trap) लगाकर प्रौढ़ कीट को आकर्शित करकें नष्ट कर देना चाहिए।
- अण्डे वाली पत्तियों को एकत्रित कर नष्ट करना चाहिए।
- पेड़ी फसल नहीं लेना चाहिए।
- निम्न किटनाशकों का व्यवहार प्रति हेक्टेयर की दर से करना चाहिए।

क्लोरान्ट्रानिलिप्रोले 18.5 एस0सी0	–	400 मि0ली0
कार्बोफ्यूरान 3 जी	–	32 कि0ग्रा0
मोनोक्रोटोफास 36 एस0एल0	–	1.5–2.0 ली0
क्लोरपायरिफास 20 ई0सी0	–	1.25–1.5 ली0

तना बेधक (Stem borer/shoot borer)

वैज्ञानिक नाम : काइलो इनफस्काटेलस (*Chilo infuscatellus*)।

पहचान : नवजात सूंडी का सिर काला तथा शरीर अर्द्ध–पारदर्शक (Semi-transparent) होता है। पूर्ण विकसित सूंडी लगभग 25 मि0मी0 लम्बी व मटमैले रंग की होती है तथा इसके पृष्ठ तल पर बादामी रंग की 5 धारियां पायी जाती है। प्रौढ़ कीट का रंग भूरा तथा पंख विस्तार लगभग 40 मि0मी0 होता है। अगली जोड़ी पंखों पर गहरे निशान तथा पिछली जोड़ी पंख भूरे–सफेद रंग के होते हैं। उदर का पिछला भाग कुछ नुकीला होता है।

आक्रमण काल का समय : इस कीट की सक्रियता वर्षा के पूर्व अप्रैल–मई में अधिक होता है। वर्षा होने पर इस कीट के आक्रमण में कमी आ जाती है। उच्च तापमान और निम्न आर्द्रता में इस कीट का प्रकोप अधिक होता है।

क्षति प्रकृति : सूंडी जमीन की सतह के सहारे पौधों में छिद्र करके तने के अन्दर मुलायम तन्तुओं (Tissues) को खाते हुए नीचे से उपर तक सुरंग बनाती है, जिसके कारण मध्य कलिकायें सूख जाती है और मृत केन्द्र (Dead heart) बन जाता है जो कि खींचने पर आसानी से निकल आता है। फसल पर इस कीट की उपस्थिति पौधों के छिद्रों और मृत गोभ के दुर्गन्ध से मालूम पड़ जाती है।

नियंत्रण के उपाय

- गन्ने की कटाई के उपरान्त जड़ के अवशेषों को जला देना चाहिए।
- पौधों की जड़ों पर हल्की मिट्टी चढ़ानी चाहिए।
- पत्तियों का निरीक्षण करके अण्डे को नष्ट कर देना चाहिए।

- निम्नलिखित कीटनाशकों में से किसी एक का प्रति हेक्टेयर प्रयोग करना चाहिए।

फिप्रोनिल 0.3 जी0आर0	–	20–25 कि0ग्रा0
क्लोरान्ट्रानिलिप्रोले 0.4 जी0आर0	–	20 कि0ग्रा0
क्लोरपायरिफास 20 ई0सी0	–	1.25–1.5 ली0
प्रोफेनोफास 50 ई0सी0	–	1.0 ली0

गुरदासपुर बेधक (Gurdaspur borer)

वैज्ञानिक नाम : एकीगोना (बिसेसिया) स्टेनाइला (*Acigona* (*Bissetia*) *steniella*)।

पहचान : प्रारंम्भ में सूंडी लगभग 2.5 मि0मी0 लम्बी गुलाबी रंग लिए हुए होती है। पूर्ण विकसित सूंडी का रंग गुलाबीपन लिए हुए हल्की भूरी तथा 30–35 मि0मी0 लम्बी होती है। इसके शरीर पर बैंगनी रंग की चार धारियां पायी जाती है। प्रौढ़ कीट भूरे रंग का लगभग 10 मि0मी0 लम्बा तथा 3.5 मि0मी0 मोटा होता है। इसके अगले पंख पीलापन लिए हुए भूरे रंग के होते हैं जिसके किनारे पर छोटे–छोटे धब्बे पाये जाते हैं।

आक्रमण काल का समय : इस कीट का आक्रमण जुलाई से अक्टूबर माह तक अधिक होता है। लम्बी अवधि तक आर्द्रता रहने, खेत में जल जमाव की समस्या, फसल में अधिक नाइट्रोजन खाद की मात्रा देने पर भी आक्रमण अधिक होता है।

क्षति प्रकृति : सुडियां समूह में एक ही पोरी (Internode) में टेड़ी–मेढ़ी (Spiral) सुरंगें बनाती हुई नीचे से उपर की ओर जाती है। लगभग 1.0–1.5 सप्ताह बाद ये सुडियां अलग–अलग गन्नों पर चली जाती है, परन्तु कभी–कभी एक पोरी में 2–3 सुडियां भी घुस जाती है। प्रारंम्भ में गन्ने की निचली पत्तियां ही सूखती है एवं कुछ दिन बाद पूरी मध्यम कलिका ही सुखकर मृत केन्द्र (Dead heart) बनाती है जो जरा सी भी खींचने पर निकल आता है।

नियंत्रण के उपाय

- प्रभावित क्षेत्रों में गन्ने के टुकड़ों को 0.2 प्रतिशत ट्राइक्लोफान (एण्टरेक्स) के घोल में 2 घंटे डुबाने के पश्चात् बुआई करना चाहिए।
- इस कीट का रसायनिक नियंत्रण तना बेधक की तरह करें।

स्तम्भ बेधक (Stalk borer)

वैज्ञानिक नाम : काइलो ओरीसिलिस (*Chilo auricilius*)।

पहचान : सूंडी हल्का पीलापन लिए हुए सफेद रंग की होती है तथा शरीर पर पाँच लम्बी धारियां होती है। प्रौढ़ कीट का शरीर तथा पंख पुआल रंग के होते है। नर मादा कीट की तुलना में थोड़ा गहरा और लालपन लिए हुए होता है।

क्षति प्रकृति : सूंडी पौधों के तने में छेद कर भीतरी भाग को खा जाती है जिससे पौधों की बढ़वार रूक जाती है। सुंडियों का तना से बाहर निकलने के लिए बने छिद्रों से इसके आक्रमण का पता चलता है। छिद्रों के चारो ओर अनेक संख्या में सूंडी तथा पर्याप्त मात्रा में अनपचा पदार्थ चिपका रहता है।

नियंत्रण के उपाय

- इस कीट का नियंत्रण तना बेधक की तरह ही करें।

पोरी बेधक/प्लासी बेधक (Plassey borer/Internode borer)

वैज्ञानिक नाम : काइलो ट्यूमेडीकोस्टेलिस (*Chilo tumidicostalis*)।

पहचान : इस कीट का नर, मादा की अपेक्षा छोटा होता है। नर कीट के अगले पंख भूरे रंग एवं पिछले सफेदी लिए हुए होते हैं जो लाल या गहरे भूरे रंग की झिल्ली से ढंके होते हैं। मादा में भी पिछले पंख सफेद होते हैं जिनके भूरे रंग के रोआँ कम होते हैं।

आक्रमण काल का समय : जून माह में भारी वर्षा इस कीट के आक्रमण में उपयोगी होता है तथा इसका आक्रमण सितम्बर माह तक रहता है।

क्षति प्रकृति : खेत में इस कीट के उपस्थिति की पहचान उपरी सूखी पत्तियों द्वारा लगायी जा सकती है। ग्रसित पौधों के तनों को निकट से देखने पर दो प्रकार के अलग–अलग आक्रमण का स्पष्ट रूप से पता चलता है जिसको प्राथमिक तथा द्वितीय आक्रमण कहते हैं जो निम्न प्रकार से उल्लेखित है –

प्राथमिक आक्रमण : इस प्रकार का आक्रमण नवजात सुंडियों द्वारा किया जाता है जो उपर की चार से पाँच पोरियों में छेदकर ग्रसित करते हैं। ऐसी पोरियों को चीरकर देखने पर 10–15 सूंडी एक ही स्थान पर पाये जा सकते हैं। ताजा कीट का मल गीला तथा भूरे रंग का होता है जो पोरियों में बने छिद्रों से बाहर निकलता हुआ नजर आता है। ग्रसित गुल्लियां इस प्रकार छिद्रित हो जाती है कि थोड़ी हवा चलने पर या झटका देने पर उपर से पौधे टुट जाते है।

द्वितीय आक्रमण : विकसित सुंडियों द्वारा आस–पास के स्वस्थ पौधों या प्राथमिक ग्रसित पौधों के निचले स्वस्थ भागों को दुबारा ग्रसन किया जाता है। इसमें ग्रसित पौधों के अगोले (Top) नहीं सूखते हैं। द्वितीय आक्रमण की स्थिति का जायजा निम्न लक्षणों से स्पष्ट रूप से देखा जा सकता है।

1. सुंडियों का मल लकड़ी के बुरादे के आकार में प्रचुर मात्रा में ग्रसित पौधों के छिद्रों से निकलता दिखाई देता है।
2. पौधे हरे रंग के दिखाई देते हैं।
3. अत्यधिक आक्रान्त पौधों का उपरी भाग हवा के झोंकों से सरलतापूर्वक नहीं टूटता है और पौधों का अगोला भी नहीं सूखता है।
4. सुंडियों के अधिक संख्या में एक स्थान पर एकत्रित होकर पौधों को ग्रसित करने से कई प्रवेश छिद्र (6–10) एक ही पोरी में पाये जाते हैं।

नियंत्रण के उपाय

- तना बेधक कीटों की तरह नियंत्रण करें।

मूल बेधक (Root borer)

वैज्ञानिक नाम : इम्मेलोसेरा डेप्रेसिला (*Emmalocera depressella*)।

पहचान : नवजात सूंडी हल्के पीले रंग की लगभग 2 मि0मी0 लम्बी होती है। नर कीट मटमैले गेरूए रंग का 17–20 मि0मी0 लम्बा तथा पंख विस्तार 27 मि0मी0 होता है। अगली जोड़ी पंखों के बीच में हल्की काली बादामी लम्बी धारी होती है एवं बाहरी किनारे गोल होते हैं। पिछली जोड़ी पंख सफेद, चौड़े एवं झिल्लीदार होते हैं। नर कीट, मादा से आकार में छोटा होता है। मादा भूरी अथवा सूखी घास के रंग की होती है।

आक्रमण काल का समय : इस कीट का प्रकोप मार्च से जून माह तक होता है। उच्च तापक्रम प्रकोप में सहायक होता है। इसकी 4–5 पीढ़ियां एक वर्ष में पायी जाती है।

क्षति प्रकृति : सूंडी गन्ने के तने में जमीन की सतह से नीचे वाले भाग में छिद्र करके अन्दर घुस जाती है तथा नीचे के भाग को अन्दर ही अन्दर खाकर खोखला कर देती है। फलस्वरूप पौधे की मध्य कलिका के साथ पूरा पौघा ही सूख जाता है। यह वस्तुतः जड़ का कीट नहीं है मगर साधारणतया प्रयोग में इसे मूल बेधक कहते हैं। यह छोटे गन्ने के पौधों को नुकसान पहुँचाता है जिससे केन्द्रीय पर्ण–चक्र सूख जाता है और मृत केन्द्र (Dead heart) बन जाता है। इसकी सूंडी

अधिकतर गन्ने के निचले भाग में पायी जाती है। आक्रान्त पौधे को यदि पकड़कर खींचा जाय तो नीचे से ही पूरा पौधा टूट जाता है। इस कीट का प्रकोप प्रायः शुष्क मौसम में अधिक होता है। यह मार्च से अगस्त माह तक सक्रिय रहता है।

नियंत्रण के उपाय

- बुआई के लिए स्वस्थ गन्ने के टुकड़ों का चयन करना चाहिए।
- प्रभावित पौधों को तत्काल उखाड़ कर नष्ट कर देना चाहिए।
- फसल की कटाई जमीन के नीचे से करें तथा पेड़ी की फसल न लें।
- फसल के अवशेषों को नष्ट करें।
- प्रकाश पाश (Light trap) से पतंगों को नष्ट करें।
- कीटों के अधिक आक्रमण की स्थिति में सिंचाई जल्दी–जल्दी करें।
- बुआई के समय गन्ने के टुकड़े को क्लोरपायरीफास (20 ई0सी0) 8 मि0ली0 प्रति लीटर पानी के घोल में उचारित करें।
- आक्रान्त फसलों में निम्न उल्लेखित कीटनाशकों में से किसी एक का प्रति हेक्टेयर भूमि में प्रयोग करना चाहिए –

फिप्रोनिल 0.3 जी0आर0	–	25–30 कि0ग्रा0
फ्यूराडान 3 जी0	–	32 कि0ग्रा0
क्लोरान्ट्रानिलिप्रोले 0.4 जी0आर0	–	20 कि0ग्रा0
करटाप 4 जी0	–	10 कि0ग्रा0
फोरेट 10 जी0	–	10 कि0ग्रा0

पायरिला (Sugarcane leaf hopper)

वैज्ञानिक नाम : पायरिला पर्पूसिला (*Pyrilla perpusilla*)।

पहचान : शिशु बादामी या मटमैले सफेद रंग का लगभग 1.3 मि0मी0 लम्बा होता है। व्यस्क का रंग गन्ने की सूखी पत्तियों के जैसा होता है। परन्तु कुछ प्रौढ़ हल्के हरे रंग के तथा पंखों के किनारे काले रंग के होते हैं। रंग की यह असमानता वातावरण के अनुसार होती है। प्रौढ़ की लम्बाई 10 मि0मी0 और पंख विस्तार सहित 22 मि0मी0 तक होता है। इसके सिर के आगे एक नोकदार नाक निकली होती है जिसे प्रोथ (Snout) कहते हैं। सिर तथा वक्ष सटा होता है। वक्ष पर दो जोड़ी पंख होते हैं। उदर पर पंख छत की तरह ढाल बनाए उदर से कुछ बाहर निकले रहते हैं।

आक्रमण काल का समय : इस कीट के आक्रमण का समय वर्ष मे दो बार गन्ना के पौधों पर पायी जाती है पहला मई से जून तक तथा दूसरा सितम्बर से अक्टूबर तक।

क्षति प्रकृति : इस कीट के शिशु एवं प्रौढ़ दोनों ही हानिकारक होते हैं। इनमें बेधन एवं चूषण प्रकार के मुखांग होते हैं। इसका प्रकोप पत्तियों पर होता है। ये पत्तियों के निम्न तल से रस चूसते हैं। फलस्वरूप पत्तियां पीली, सुखी हुई (Wilted) और कमजोर हो जाती है जिससे पौधों की बढ़वार रूक जाती है तथा रस में शर्करा अंश की कमी भी हो जाती है। प्रौढ़ की अपेक्षा शिशु अधिक नुकसान पहुंचाते हैं। जहाँ इस कीट का प्रकोप होता है, वहाँ पर छोटे–छोटे धब्बे पड़ जाते हैं, जिनसे एक प्रकार का चिपचिपा पदार्थ निकलता है, जिस पर काली फफूंद उग आती है, जो कि प्रकाश संष्लेशण में बाधा उत्पन्न करती है। कभी–कभी तो पत्तियों का सम्पूर्ण सतह काले आवरण से ढक जाती हैं। इस कीट के अत्यधिक आक्रमण की स्थिति में लगभग 35 प्रतिशत शर्करा के अंश में कमी आ जाती है।

नियंत्रण के उपाय

- जिन पत्तियों पर इस कीट के अण्डे हो, उन्हें तोड़कर जला देना चाहिए।
- फसल की पेड़ी को जहाँ तक हो सके नहीं लेना चाहिए।
- फसल को नाइट्रोजन युक्त उर्वरक अधिक मात्रा में नहीं देना चाहिए।
- कठोर व संकरी पत्तियों वाली कीट प्रतिरोधक प्रजातियां की बुआई करें।
- फसल की कटाई के उपरान्त फसल अवशेषों को नष्ट करें।
- खेतों में तथा आस–पास घास और जंगली पौधों को नष्ट कर देना चाहिए।
- आक्रान्त फसलों में निम्न उल्लेखित कीटनाशकों में से किसी एक का प्रति हेक्टेयर छिड़काव करना चाहिए –

डायमेथोएट 30 ई0सी0	– 1.5–2.0 ली0
मोनोक्रोटोफास 36 एस0एल0	– 500–600 मी0ली0
डायक्लोरभास 76 ई0सी0	– 1.25 ली0

सफेद/श्वेत मक्खी (White fly)

वैज्ञानिक नाम : ऐल्यूरोलोबस बेरोडेन्सिस (*Aleurolobus berodensis*)।

पहचान : शिशु प्रारंभ में अण्डाकार, चकमदार पीले रंग के लगभग 0.31 मि0मी0 लम्बा होता हैं। पूर्ण विकसित होने पर लगभग 2 मि0मी0 लम्बा होता है। प्रौढ़ कीट लगभग 2.5 मि0मी0 लम्बा तथा 1 मि0मी0 मोटा पीले रंग का होता है।

इसका पंख विस्तार 3 मि0मी0 होता है जिसमें दो जोड़ी छोटी–छोटी सफेद मोम जैसे पदार्थ से ढ़ंकी होती है।

क्षति प्रकृति : शिशु एवं प्रौढ़ दोनों ही पत्तियों से रस चूसते है। फलस्वरूप पत्तियां पीली एवं कमजोर पड़ जाती है जिससे गन्ने की बढ़वार मारी जाती है तथा पौधे छोटे रह जाते हैं। चूँकि ये अपनी चोंच से जिस स्थान पर रस चूसते हैं, वहाँ पत्तियों पर घाव बन जाते हैं और उन पर कवकों का आक्रमण हो जाता है। कवकों का प्रकोप होने पर पत्तियों के निम्न तल पर जगह–जगह काले धब्बे दिखाई पड़ते हैं।

आक्रमण काल का समय : इस कीट का प्रकोप गन्ना के पौधों पर अगस्त से अक्टूबर तक पाया जाता है। इसका ज्यादा प्रकोप खूंटी फसल (Ratoon crop) पर पाया जाता है।

शल्क कीट (Scale insect)

वैज्ञानिक नाम : मेनलेनोसिस ग्लोमेरैली (*Malanasis glomeralle*)।

पहचान : इस कीट के शिशु पीले तथा सुनहले रंग के होते हैं और अधिकांशतः स्तम्भ पर पाये जाते हें। इसका प्रकोप ज्यादा होने पर गन्ना के सभी अर्न्तगाठ (Internode) इससे ढक जाते हैं।

क्षति प्रकृति : इस कीट के शिशु स्तम्भ से रस चूसते रहते है। फलस्वरूप स्तम्भ सूख जाता है। अधिक प्रकोप होने पर गन्ना का पूरा पौधा सूख जाता है। इसके प्रकोप के कारण गन्ना के रस में चीनी की मात्रा बहुत कम जाती है। साथ ही साथ उपज में भारी कमी आती है। इस कीट का प्रकोप जून से दिसम्बर माह तक गन्ना के पौधों पर पाया गया है। खूंटी फसल पर इस कीट का प्रकोप अधिक होता है।

दहिया कीट (Mealy bug)

वैज्ञानिक नाम : सैकेरिकॉकस सैकेराई (*Saccharicoces sacchari*)।

पहचान : ये कीट गुच्छे के रूप में गन्ने की गांठों के पास पाए जाते हैं। शिशु कीट एवं पंख रहित मादा पत्तियों एव तनों का रस चूसती है। पंखरहित मादा गुलाबी रंग की होती है। इसका शरीर गोल एवं खंडों में विभाजित होता है तथा पूरा शरीर सफेद चूर्ण से ढका रहता है। नर एकदम सुस्त होते हैं और उन पर एक जोड़ी पंख होते हैं। ये कुछ समय तक ही जीवित रहते हैं। इनका कार्य केवल निषेचन करना होता है।

क्षति प्रकृति : इस कीट का प्रकोप सुखाग्रस्त फसल पर सबसे अधिक होता है। यह कीट पत्तियों एवं तने का रस चूसता हैं और अपने मुँह से एक प्रकार का मधु (Honey dew) स्त्राव निकालती है जिसपर फफूंद विकसित हो जाती है, जिसे कज्जली फफूंद कहते हैं। इस कीट की पंख रहित मादा नुकसान पहुँचाती है। यह कीट पूरी फसल अवधि तक सक्रिय रहता है।

काला चिकटा (Black bug)

वैज्ञानिक नाम : कैस्टेरियस एक्सेवेटस (*Careterious excavates*)।

पहचान : प्रौढ़ 6–7 मि0मी0 लम्बा तथा काले पंखों पर उजला धब्बा लिए होता हैं, शिशुओं का रंग प्रौढ़ के सदृश्य ही होता है, लेकिन आकार में छोटा होता है।

क्षति प्रकृति : इसके शिशु एवं प्रौढ़ बीच की पत्तियों में रहकर रस चूसते हैं जिसके फलस्वरूप पत्तियां पीली होने लगती है और सूख जाती है। आक्रान्त पौधों की बढ़बार रूक जाती है तथा बाद में सुख जाते हैं। इसका प्रकोप गर्मी में मई से जून माह तक रहता है तथा खूंटी फसल पर इसका प्रकोप ज्यादा होता है।

माइट (Mite)

वैज्ञानिक नाम : ओलिगेनिकस इंडिकम एवं शाजोटेट्रानिकस एन्ड्रोजोगोनाई।

पहचान : यह हरे रंग का होता है। सामान्य आकार लगभग 0.9 मि0मी0 लम्बा एवं कोमल होता है।

क्षति प्रकृति : यह कीट पत्तियों के निचली सतह से रस चूसती है। इनके प्रकोप से पत्तियों में कुरूपता आ जाती है और उनमें लाल एवं सफेद रंग के धब्बे बन जाते हैं। अन्त में पत्तियां सूखने लगती है।

रस चूसक कीटों का नियंत्रण के उपाय

- जहाँ तक सम्भव हो पेड़ी फसल नहीं लेना चाहिए।
- खेत से जल निकास की अच्छी व्यवस्था हो।
- नेत्रजनीय उर्वरक की संतुलित मात्रा में प्रयोग करना चाहिए।
- गन्ना के फसलों में अधिक प्रकोप होन पर निम्न उल्लेखित कीटनाशकों में से किसी एक का प्रति हेक्टेयर की दर से छिड़काव करें:–

इमीडाक्लोप्रिड 17.8 एस0एल0	–	100–125 मि0ली0
डायक्लोराभास 76 ई0सी0	–	1.25 ली0
क्लोरपायरीफास 20 ई0सी0	–	1.0 ली0.
मोनोक्रोटोफास 36 एस0एल0	–	750 मि0ली0

पत्र छेदक सूंडी (Tobacco caterpillar)

वैज्ञानिक नाम : स्पोडोप्टरा ल्यूटेरा (Spodoptera leutra)।

पहचान : नव विकसित सूंडी का मुँह काला तथा शरीर पारदर्शी होता है। इनके झूण्ड में रहने की प्रवृति के कारण एक ही पत्ती में कोमल कोशिकाओं पर 200–300 की संख्या में देखे जा सकते हैं। सूंडी विकसित होते ही नर्सरी व मुख्य फसल में फैलना शुरू करते हैं और अपना रंग काला धब्बा के साथ हल्का हरा में परिणत कर लेते हैं। लेकिन अन्त में गन्दा हरा या लीसलीसा काला रंग में बदल जाते हैं। यह अंग्रेजी अक्षर के 'V' आकार में रहते हैं। इनकी लम्बाई 28–32 मि0मी0 होती है। पूर्ण विकसित सूंडी के अग्र भाग में काला मूँह पर उजला निशान रहता है। प्रौढ़ कीट सशक्त लगभग 22 मि0मी0 तथा पंख विस्तार 40 मि0मी0 होता है। इसके अगले जोड़ी पंख हल्के धुसर से गहरे रंग के होते हैं जिन पर आड़ी, तिरछी सफेद धारियां होती है। पिछले पंख सफेद होते हैं। यह एक बहुभक्षी (Polyphagous) कीट के श्रेणी में आता है जो तम्बाकू, आलू, चना, अलसी, मूँगफली, ज्वार, मक्का, टमाटर, बैगन तथा सरसों कूल की सब्जियों में आक्रमण कर नुकसान पहुँचाता है।

क्षति प्रकृति : ये कीट मुख्यतः सूंडी अवस्था में ही फसलों को नुकसान पहुँचाते हैं। सूंडिया (गिडारें) प्रारंम्भ में झुण्ड के रूप में पत्तियों के उत्तकों को खाती है तथा अत्यधिक क्षति पहुँचाती है। सूंडिया जब बड़ी हो जाती है तो वे अलग–अलग हो जाती है और पत्तियों को काट–काट कर खाती है। ये प्रायः रात्रि के समय अधिक सक्रिय रहती है। उत्तरी भारत में यह गोभी की पत्तियों को छेद कर खाती है जिससे पौधों की बढ़बार रूक जाती है तथा कभी–कभी सारी फसल नष्ट हो जाती है। इस कीटों से तम्बाकू को 16.9 प्रतिषत तक क्षति होती है।

नियंत्रण के उपाय

- गर्मी के दिनों (अप्रैल–मई) में खेत की गहरी जुताई करना चाहिए।
- प्रारंम्भिक अवस्था में अण्डों के समूह तथा सूंडियों को एकत्रित करके नष्ट किया जा सकता है।
- आक्रान्त फसलों पर निम्नलिखित कीटनाशकों में किसी एक का 400–500 लीटर पानी में घोलकर प्रति हेक्टेयर की दर से छिड़काव करना चाहिए।

इमामेक्टिन बेन्जोएट 5 एस0जी0	–	200 मि0ली0
थियाक्लोप्रिड 21.7 एस0सी0	–	750 मि0ली0
थियोडीकार्ब 75 डब्लू0पी0	–	750–1000 ग्राम

ट्राइजोफास 40 ई0सी0	–	1.5 ली0
साइपरमेथ्रिन 25 ई0सी0	–	200–250 मि0ली0

सम्पुट बेधक (Capsule borer)

वैज्ञानिक नाम : *हेलिकोर्वपा आर्मिजेरा* (*Helivoverpa armigera*)।

पहचान : इस कीट का नव विकसित सूंडी हल्का हरा या पीला भूरा रंग का होता है। इसके शरीर पर गहरा–भूरा रंग का धारी (लकीर) होता है। पूर्ण विकसित होने पर प्रायः यह हरा रंग का होता है। इनकी लम्बाई 3–5 से0मी0 होती है।

क्षति प्रकृति : सूंडी पहले नई कोमल टहनियों एवं फूलों को खाती है तथा बाद में विकसित हो रहे फलों में छेदकर अपरिपक्व बीज को खाती है। अधिक प्रकोप होने पर पौधों की उपरी पत्तियों को भी खाती है। देर से रोपनी की गयी फसलों में इस कीट का प्रकोप अधिक होता है।

नियंत्रण के उपाय

- फूलों का मूढ़नी करने से इस कीट के प्रकोप में कमी लाने में विशेष रूप से सहायता मिलती है।
- अगर तम्बाकू की फसल में फूलों का मुढ़नी नहीं किया गया हो तो पाइरीडेलिल 10 ई0सी0 500–750 मि0ली0 या थायोडीकार्ब 75 डब्लू0पी0 750–100 ग्राम प्रति हेक्टेयर की दर से फसलों में छिड़काव करें।

सिगरेट भृंग (Cigarate beetle)

वैज्ञानिक नाम : *लासियोडर्मा सेरिकोम* (*Lasioderma serricome*)।

पहचान : वयस्क भृंग छोटा एवं गहरा भूरा रंग का होता है। इसकी लम्बाई 2–3 मि0मी0 होती है। इस कीट के सूंडी अवस्था ही तम्बाकू को क्षति पहुँचाती है। सूंडी का मुँह काला तथा शरीर बालों से ढ़का रहता है। धूल में सूंडी मुड़ा हुआ गोलाकार अवस्था में देखा जा सकता है।

क्षति प्रकृति : प्रायः यह कीट झींगुर के नाम से जाना जाता है। यह भंडारित तम्बाकू का प्रमुख कीट है तथा शोधित पत्तियों को गोदाम में क्षति करता है। सिगरेट, सिगार, खाने एवं सूँघने वाले तम्बाकू पर इस कीट का प्रकोप अधिक होता है। कभी–कभी वर्ली एवं मेरीलेण्ड तम्बाकू को भी क्षति करता है। प्रधुमित शोधित तम्बाकू की स्थिति में यह कीट मध्यम या निम्न श्रेणी के तम्बाकू की अपेक्षा शुद्ध तम्बाकू की श्रेणी को अधिक पसन्द करता है।

गलियारा बनाकर सूंडी शोधित पत्तियों को खाती है। अधिक प्रकोप की स्थिति में पत्तियां धूल में परिणत हो जाती है।

नियंत्रण के उपाय

- तम्बाकू की थोड़ी मात्रा के व्यर्थ टुकड़ों एवं धूलों में भृंग प्रजनन का कार्य कर सकती है। इसलिए गोदाम एवं उसके आस–पास के स्थान को तम्बाकू की छोटी–छोटी टुकड़ियां एवं धूल से मुक्त रखना चाहिए।
- गोदाम का दिवार, दरार से मुक्त एवं चूना से बारम्बार पोताई होना चाहिए।
- तम्बाकू का भंडारण वातानुकूलित कमरों में 16–18 डिग्री सेण्टीग्रेड तापमान पर करना चाहिए।
- तम्बाकू को पुनः सुखाना चाहिए तथा पत्तियों में नमी की मात्रा 10–11.5 प्रतिशत रखना चाहिए। इस क्रिया में उच्च तापक्रम (57 डिग्री सेन्टीग्रेड) के सम्पर्क होने के कारण कीटों की सभी अवस्थाएँ नष्ट हो जाती है।
- गोदाम के खिड़की एवं दरवाजा में 20 नम्बर की जाली लगाना चाहिए।
- गोदाम में प्रकाश पाश (Light trap) लगाकर व्यस्क कीटों का नियंत्रण कर सकते हैं।
- गोदाम को अल्यूमिनियम फास्फाईड (सैल्फास) की 20–30 गोली प्रति 100 घन फीट की दर से 96 घंटों तक प्रधुमन करने से कीटों की सभी अवस्थाएँ नष्ट हो जाती है।
- प्रधुमित तम्बाकू की पत्तियों का भंडारण उचित तरीके से नहीं करने पर कीटों का आक्रमण दुबारा भी हो सकता है।
- हमेशा ध्यान रहे कि भंडारित तम्बाकू की पत्तियों पर कीटनाशक का छिड़काव न हो।
- तम्बाकू का भण्डारण से पहले गोदाम का दिवार एवं भीतरी छतों पर मालाथियान (50 ई0सी0) 4.5 मि0ली0 प्रति 4.5 लीटर पानी में घोलकर प्रति 1000 वर्ग फीट की दर से छिड़काव करना चाहिए।

सब्जियाँ (Vegetables Crops)

सब्जियाँ	प्रमुख कीट
टमाटर (Tomato)	फल बेधक (Fruit borer)
	तम्बाकू की सूंडी (Tobacco caterpiller)
	तना बेधक (Stem borer)
	सफेद मक्खी (White fly)
	पर्ण सुरंगक (Leaf miner)
	हड्डा भृंग (Hadda beetle)
	हरा तेला (Jassid)
	वरूथी (Mite)
बैगन (Brinjal)	फल एवं प्ररोह बेधक (Fruit and shoot borer)
	तना बेधक (Stem borer)
	हरा तेला (Jassid)
	फीता–पंखी बग (Lace wing bug)
	मोयला (Aphid)
	बिहार भुडली (Bihar hairy caterpiller)
	सफेद मक्खी (White fly)
	तम्बाकू की सूंडी (Tobacco caterpiller)
	एपिलैकना भृंग (Hadda beetle)
	मिली बग (Mealy bug)
	रसाद कीट (Thrips)
	वरूथी (Mite)
	पत्र लपेटक (Leaf roller)
	दीमक (Termite)
	कली बेधक (Bud worm)
भिण्डी (Okra)	प्ररोह एवं फल बेधक (Shoot and fruit borer)
	हरा फुदका (Jassid)
	कपास का लाल मत्कुण (Red cotton bug)
	पत्ती लपेटक (Leaf roller)
	मोयला (Aphid)
	तना बेधक (Stem borer)

	सफेद मक्खी (White fly)
	लाल मकड़ी बरूथी (Red spider mite)
	अर्धकुण्डलक (Semilooper)
	कटुवा सूंडी (Cut worm)
मिर्च (Chillies)	सफेद मक्खी (White fly)
	रसाद कीट (Thrips)
	फल बेधक (Fruit borer)
	मोयला (Aphid)
	वरूथी (Mite)
	कटुवा सूंडी (Cut worm)
	सफेद गिडार (White grub)
	लूर्सन सूंडी (Lucerne caterpillar)
आलू (Potato)	आलू का कन्द शलभ (Potato tuber moth)
	तना बेधक (Stem borer)
	बिहार भुडली (Bihar hairy caterpiller)
	एपिलैकना भृंग (Epilachna beetle)
	पिसू भृंग (Flea beetle)
	मोयला (Aphid)
	हरा तेला (Jassid)
	पर्णजीवी (Thrips)
	कटुवा सूंडी (Cut worm)
कदुवर्गीय सब्जियां (Cucurbit crops)	लाल कद्दु भृंग (Red pumpkin beetle)
	पत्ती खानेवाला भृंग (Epilachna beetle)
	वरूथी (Mite)
	मोयला (Aphid)
	रसाद कीट (Thrips)
	फफोला भृंग (Blister beetle)
	अर्धकुण्डलक (Semilooper)
	पंख शलभ (Plume moth)
	चित्रित वग (Painted bug)
	फल मक्खी (Fruit fly)
	तना गॉल मक्खी (Stem gall fly)

गोभीवर्गीय सब्जियां (Cole crops)	हिरक पृष्ठ शलभ (Diamond back moth)
	गोभी की तितली (Cabbage butter fly)
	अर्धकुण्डलक (Semilooper)
	आरा मक्खी (Saw fly)
	मोयला (Aphid)
	तम्बाकू की सूंडी (Tobacco caterpiller)
	गोभी बेधक (Cabbage borer)
	बिहार भुडली (Bihar hairy caterpiller)
	चित्रित वग (Painted bug)
	पर्ण–जालक (Leaf webber)
	पिसू भृंग (Flea beetle)
	तना बेधक (Stem borer)

1. टमाटर (Tomato)

फल बेधक (Fruit borer)

वैज्ञानिक नाम : *हेलियोथिस आर्मिजेरा* (*Heliothis armigera*)।

पहचान : वयस्क कीट मध्यम आकार का पीले–भूरे रंग का होता है। इसकी लम्बाई 15 से 16 मि0मी0 और पंखों की फैली अवस्था में चौड़ाई 30 से 40 मि0मी0 होती है। अगले पंखों पर भूरे रंग की कई धारियां होती है और उन पर सेम के आकार के भिन्न–भिन्न नापों के काले धब्बे पाये जाते हैं। इसके निचले पंखों का रंग सफेद होता है, जिनकी शिराएं स्पष्ट रूप से काली दिखाई देती है और बाहरी किनारों पर चौड़ा धब्बा होता है। इसकी पूर्ण विकसित सूंडी लगभग 35 मि0मी0 लम्बी होती है और इसका रंग उपरी सतह पर हल्का हरा तथा निचली सतह पर चमकदार सफेद होता है।

क्षति प्रकृति : इस कीट की सूंडियां टमाटर को भारी क्षति (50–60 प्रतिशत तक) पहुँचाती है। ये कच्चे तथा पके टमाटरों के फलों में छेद करके उनके अन्दर का गूदा खा जाती है। ऐसे फल खाने योग्य नहीं रहते। सूंडी के मल–मूत्र के कारण उसमें सड़न उत्पन्न हो जाती है। फलों की परीक्षण क्षमता और बाजार मूल्य कम हो हाता है।

नियंत्रण के उपाय

1. फसल लेने के पश्चात् खेत की गहरी जुताई करने से भूमिगत प्यूपा बाहर आ जाने से जैविक व अजैविक कारकों के प्रभाव से नष्ट हो जाते हैं।
2. सीमित क्षेत्र में हाथ से पकड़कर सूंडी को नष्ट करना एक व्यवहारिक प्रयास है।
3. इस कीट का नियंत्रण पीले–नारंगी रंग की गेंदा की अफ्रीकन लम्बी प्रजाति (African Marigold) पाश फसल के रूप में उगाकर भी किया जा सकता है। टमाटर व गेंदा की 14:1 के अनुपात में कतारों में उगाकर इस कीट के द्वारा होने वाली क्षति को कम किया जा सकता है।
4. टमाटर की कीट प्रतिरोधक प्रजातियों का प्रयोग करना चाहिए।
5. फेरोमोन ट्रेप की सहायता से लगातार सर्वेक्षण करते रहना चाहिए।
6. न्यूक्लियर पोलीहेड्रोसिस वायरस (N.P.V.) का 250 एल0ई0 फल बेधक के विरूद्ध छिड़काव करना चाहिए।
7. कीट नियंत्रण के लिए निम्न उल्लेखित कीटनाशकों में से किसी एक का प्रति हेक्टेयर की दर से छिड़काव करना चाहिए –

इण्डोक्साकार्ब 14.5 एस0सी0	– 400–500 ग्राम
नोवाल्यूरान 10 ई0सी0	– 750 मि0ली0
फ्लूबेन्डियामाइड 480 एस0सी0	– 120 मि0ली0
क्लोराएन्ट्रानिलिप्रोले 18.5 एस0सी0	– 150 मि0ली0
क्लोरफेनापायर 10 एस0सी0	– 500–600 मि0ली0

सफेद मक्खी (White fly)

वैज्ञानिक नाम : बेमिसीया टैबेसाई (*Bemisia tabaci*)।

पहचान : इस कीट के शिशु जूँ की भांति मुलायम, पीले रंग के होते हैं जो पत्तियों की निचली सतह पर चिपके रहते हैं। वयस्क पंखदार, 1.0–1.5 मि0मी0 लम्बे तथा पीले रंग के होते हैं। इनके पंख चमकीले सफेद रंग के होते हैं। थोड़ी–सी आहट पाकर ये तुरन्त उड़ने लगते हैं।

क्षति प्रकृति : यह कीट पत्तियों से रस चूस कर पौधों को क्षति पहुँचाता है। शिशु एवं वयस्क दोनों ही अवस्थाओं में यह कीट नुकसानदायक होता है। रस चूसने से पौधों की वृद्धि मारी जाती है एवं पत्तियां पीली पड़ जाती है। इसके अतिरिक्त यह कीट टमाटर के पौधों में विषाणु रोग भी संचारित करता है। इस रोग के फलस्वरूप पौधों की पत्तियां छोटी रह जाती है और नीचे की ओर मुड़

जाती है। ऐसे पौधों में कोई फल नहीं लगता है। इस रोग को सामान्यतः ''माथा बंधना'' कहते हैं।

नियंत्रण के उपाय

- टमाटर में सफेद मक्खी का प्रकोप रोकने के लिए पौधशाला की क्यारियों को 40 मेश नयलोन की जाली (3 मीटर लम्बी, 1.2 मीटर चौड़ी व 0.3 मीटर उँची) का उपयोग किया जा सकता है। इस जाली की क्यारी/भूखण्ड में लगभग एक माह तक लगाए रखना चाहिए। फसल की रोपाई के पश्चात् 10–15 दिन के अन्तराल पर निम्नलिखित कीटनाशकों में से किसी एक का प्रति हेक्टेयर की दर से छिड़काव करने से टमाटर की ''माथा बंधना'' का सक्रमण 5 सप्ताह तक रोका जा सकता है।

स्पाईरोमेसिफेन 240 एस0सी0	–	600–750 मि0ली0
थियामेथोक्जाम 25 डब्लू0एस0जी0	–	200 ग्राम
इमिडाक्लोप्रिड 17.8 एस0एल0	–	150–175 मि0ली0
डायमेथोएट 30 ई0सी0	–	1.0–1.5 ली0

तम्बाकू की सूंडी (Tobacco caterpiller)

वैज्ञानिक नाम : *स्पोडोप्टेरा ल्यूटरा (Spodoptera liutra)*

पहचान : प्रौढ़ कीट 20 मि0मी0 लम्बा होता है तथा पंख फैलाने पर इसकी लम्बाई 25 मि0मी0 के करीब होता है। इसकी पिछली पंख सफेद रंग की होती है। सूंडी का रंग पीलापन लिए हुए गाढ़े हरे रंग का होता है। इनकी गर्दन पर दो काले धब्बे होते हैं जो अंग्रेजी के बी का आकार बनाते हैं।

क्षति प्रकृति : टमाटर के अलावा बैगन, फूलगोभी, भिण्डी को यह कीट नुकसान पहुँचाता है एवं मुख्य रूप से सूंडिया पत्तियों को खाती है। कभी–कभी फल एवं तनों को भी क्षति पहुँचाती है।

नियंत्रण के उपाय

1. पत्तियों के निचले हिस्से पर गुच्छों में मादा कीट अण्डे देती है। अतः उन पत्तियों को तोड़कर नष्ट कर देना चाहिए।
2. फेरोमोन ट्रेप लगाकर वयस्क नर को पकड़कर नष्ट कर देना चाहिए।
3. एस0एन0पी0बी0 (250–300 एल0ई0), एक कि0ग्रा0 गुड़ एवं 800 मि0ली0 टीपोल की 800 ली0 पानी में घोलकर 10 दिनों के अन्तराल पर छिड़काव करने से इस कीट के नियंत्रण में लाभकारी है।

4. निम्न उल्लेखित कीटनाशकों में से किसी एक का प्रति हेक्टेयर की दर से फसलों में 15 दिन के अन्तराल पर छिड़काव करना चाहिए।

ट्रायजोफास 40 ई0सी0	– 1.5 ली0
थियोडिकार्ब 75 डब्लू0पी0	– 800–1000 ग्राम
इन्डोक्साकार्ब 15.8 ई0सी0	– 500 मि0ली0

2. बैगन (Brinjal)

प्ररोह एवं फल बेधक (Shoot and fruit borer)

वैज्ञानिक नाम : *ल्सूसिनोडस आर्बोनालिस* (*Leucinodes orbonalis*)।

पहचान : वयस्क कीट मध्यम आकार की तितली होती है जिसकी लम्बाई 10 मि0मी0 तथा पंखों की फेली हुई दशा में यह कीट लगभग 20 मि0मी0 लम्बा होता है। इसके पंख सफेद होते हैं जिन पर कई बड़े भूरे–भूरे ध्ब्बे होते हैं। सिर तथा धड़ काले या भूरे रंग के होते हैं। व्यस्क सूंडी लगभग 15–18 मि0मी0 लम्बी, हल्की पीली तथा कुछ चिकनी गुलाबी आभा लिये हुए झुर्रीदार होती है। इसकी पीठ पर बैगनी रंग की धारियों पायी जाती है।

क्षति प्रकृति : इस कीट की सूंडी अण्डे से निकलने के बाद कोमल प्ररोहों, फूल के बाह्य दल (Calyx) एवं छोटे–छोटे फलों में प्रवेश कर जाती है और अन्दर ही अन्दर खाती रहती है। कीटग्रस्त कोमल प्ररोह मुरझाकर लटक जाती हैं। बड़ी अवस्था में प्रकोप होने पर नयी शाखाएँ मर जाती है और पौधों की बढ़वार पर कुप्रभाव पड़ता है तथा फूल और फल अपेक्षाकृत कम लगते हैं। जिन फलों में सुडिंया प्रवेश कर जाती है, उनका गूदा खराब हो जाता है। फल प्रायः टेढ़े–मेढ़े हो जाते हैं और खाने योग्य नहीं रहते हैं। जिन खेतों में इस कीट का प्रकोप होता है और उनमें समय पर उपचार नहीं किया जाय तो 75–100 प्रतिशत तक फल खराब हो जाते हैं।

नियंत्रण के उपाय

1. कीट द्वारा ग्रसित पौधे के भागों को तोड़कर जमीन की गहराई में दबा देना चाहिए।
2. फसल लेने के पश्चात् पौधों के अवशेष जलाकर या भूमि के नीचे गाड़कर नष्ट कर देने चाहिए। फसल लेने के पश्चात् सूखे पौधे जलाने के काम में भी लाए जा सकते हैं।

3. बैगन के लम्बे फलों वाली पंजाब बरसाती, एआरयू–2–सी एवं गोल फलों वाली पूसा पर्पल राउण्ड तथ पंजाब नीलम इस कीट के प्रति प्रतिरोधक क्षमता रखती है।
4. इस कीट के सफल नियन्त्रण के लिए ग्रसन देखते ही निम्न उल्लेखित कीटनाशकों में से किसी एक का 15 दिनों के अन्तारल पर बदल–बदल कर छिड़काव करना चाहिए–

क्लोरन्ट्रानिलिप्रोले 18.5 एस0सी0	– 200 मि0ली0
थियोडिकार्ब 75 डब्लू0पी0	– 850–1000 ग्राम
इन्डोक्साकार्ब 15.8 ई0सी0	– 300–400 मि0ली0
इमामेक्टिन बेन्जोएट 5 एस0जी0	– 200 ग्राम
ट्रायजोफास 40 ई0सी0	– 1.25–1.5 ली0
थियाक्लोप्रिड 21.7 एस0सी0	– 500–750 ग्राम
ट्रायजोफास 35 + डेल्टामेथ्रिन 1 ई0सी0	– 1.25–1.5 ली0
पाइरिप्रोक्सिफेन 5 + फेनप्रोपेथ्रिन 15 ई0सी0	– 750 मि0ली0

हाडा भृंग (Hadda beetle)

इस कीट की तीन प्रजातियां पायी जाती है जिनका वैज्ञानिक नाम निम्नलिखित है –

(i) *एपिलैक्ना विटिंशियोटोपंक्टेटा (Epilachna vigintioctopunctata)*
(ii) *एपिलैक्ना डोडेकास्टिग्मा (Epilachna dodlecastigma)*
(iii) *एपिलैक्ना डेमुरिली (Epilachna demurili)*

पहचान

(i) एपिलैक्ना विटिंशियोटोपंक्टेटा : ये गहरे लाल रंग के भृंग होते हैं जिसके प्रत्येक पंख में 7 से 14 काले धब्बे पाये जाते हैं।

(ii) एपिलैक्ना डोडेकास्टिग्मा : इसके भृंग गहरे ताम्र रंग के होते हैं तथा प्रत्येक पंख पर 6 काले धब्बे पाये जाते हैं जिनकी शीर्ष (Tip) लगभग गोल होती है।

(iii) एपिलैक्ना डेमुरिली : ये भृंग हल्के ताम्र रंग के होते हैं। इसके पंखों पर 6 काले धब्बे पाये जाते हैं। धब्बों के चारो ओर एक हल्के पीले रंग का गोला पाया जाता है।

क्षति प्रकृति : इस कीट के शिशु (Grub) एवं वयस्क भृंग दोनों ही पत्तियों को नुकसान पहुँचाते हैं। प्रथम अवस्था में भृंग पत्तियों को खरोंचते हैं, जिससे पत्ती पर हल्की हरे रंग की रेखा बन जाती है। वयस्क कीट तथा इसकी सूंडियां पत्ती का हरे भाग को खा जाते हैं और केवल नसों को छोड़ देते हैं। फलस्वरूप पूरी पत्ती एक जाल के कंकाल के रूप में दिखने लगती है। कुछ दिनों के बाद पत्तियां सूख कर गिर जाती है। इसका प्रतिकूल असर पौधों के भोजन बनाने की क्रिया पर पड़ता है तथा पैदावार कम हो जाती है।

नियंत्रण के उपाय

1. कीट प्रकोप की शुरूआती अवस्था में ग्रसित पत्तियों और भृंगों को हाथ से एकत्रित करके नष्ट कर देना चाहिए।
2. मिथाइल पैराथियान 2 प्रतिशत चूर्ण 25 कि0ग्रा0/हेक्टेयर की दर से बुरकाव करके भृंग का नियंत्रण किया जा सकता है अथवा
3. साइपरमेथ्रिन 25 ई0सी0 का 150–200 मि0ली0/हे0 या ट्राइजोफास 35 + डेल्टामेथ्रिन 1 ई0सी0 का 1250 मि0ली0/हे0 की दर से छिड़काव कर सकते हैं।

तना बेधक (Stem borer)

वैज्ञानिक नाम : *यूजोफेरा पर्टीसेला (Euzophera perticella)*

पहचान : इस कीट के पतंगे भूरे–कत्थई रंग के होते हैं। ये कीट मध्यम आकार के होते हैं। इसके पंखों की फैली हुई अवस्था में यह लगभग 18–22 मि0मी0 चौड़ा होता है और इसकी लम्बाई लगभग 10 मि0मी0 होती है। इसका अगला पंख लाल–भूरे रंग का होता है जिस पर अंग्रेजी 'ई' अक्षर के आकार का धब्बा होता है और किनारे पर टेढ़ी–मेढ़ी धारियां होती है। इसके निचले पंख भूरे रंग के होते हैं। इसकी सूंडी पीली सफेद, कड़ी और रोयेदार होती है।

क्षति प्रकृति : इस कीट की सूंडियां ही नुकसान पहुँचाती है। वयस्क कीट बैगन के लिए हानिकारक नहीं होता है। कीट की सूंडिया पौधों के तनों में प्रवेश कर उसके कोमल तन्तुओं को खाती है। फलतः पौधों में भोजन का प्रवाह रूक जाता है और पौधे मुरझा जाते हैं। अधिक प्रकोप होने पर पौधे मर भी जाते हैं। यह कीट सामान्यतः छोटे पौधों पर नहीं लगता है। इस कीट से 20–25 प्रतिशत तक क्षति होती है।

नियंत्रण के उपाय

1. इस कीट की सूंडिया चूंकि तने के अन्दर सुरंगे बनाकर रहती है। अतः इस कीट का रासायनिक कीटनाशकों से नियंत्रण करना कठिन होता है। अतः इनके नियंत्रण के लिए आक्रान्त पौधों को उखाड़कर भूमि में गहराई से गाड़कर या जलाकर नष्ट कर देना अधिक लाभकारी रहता है।
2. बैगन की पेड़ी फसल नहीं लेना चाहिए।
3. फसल लेने के बाद अवशेषों को नष्ट करना या जला देना चाहिए।
4. प्रोफेनोफास 40 ई0सी0 का 400–500 मि0ली0 अथवा क्वीनालफास 25 ई0सी0 600–750 मि0ली0 प्रति हेक्टेयर छिड़काव करना चाहिए।

फीता–पंखी बग (Lace wing bug)

वैज्ञानिक नाम : यूरेटिस सेंटिस (*Urentius sentis*)।

पहचान : यह कीट चपटा, पीले–गेरूई रंग का होता है और इसके शरीर पर कत्थई रंग के धब्बे होते हैं। इसके प्रवक्ष पृष्ठक (Pronotum), वक्ष व उदर पर नुकीले काँटे होते हैं। पूर्ण विकसित शिशु 2 मि0मी0 लम्बे और 1.35 मि0मी0 चौड़े होते हैं। वयस्क बग 3 मि0मी0 लम्बा होता है। यह उपर की ओर से भूसे के रंग का और नीचे की ओर से काले रंग का होता है। प्रवक्ष पृष्ठक और पंखों पर धब्बों व नसों का जाल–सा बना रहता है। इसी कारण इसका नाम फीता–पंखी बग (Lace wing bug) रखा गया है।

क्षति प्रकृति : इस कीट का शिशु एवं वयस्क दोनों ही क्षति पहूँचाते हैं। ये पत्तियों का रस चूसते हैं। फलतः पत्तियों पर पीले–पीले धब्बे बन जाते हैं। इन धब्बों के उपर कीट का मल–मूत्र जमा रहता है जो क्षतिग्रस्त स्थान को स्पष्ट बना देता है। इस कीट का प्रभाव अगस्त एवं दिसम्बर में अधिक रहता है। मगर क्षति ग्रीष्म मौसम में अधिक होती है।

नियंत्रण के उपाय

1. कीट द्वारा ग्रसित पौधे के नीचे की पत्तियों को एकत्र कर कीट सहित नष्ट कर देना चाहिए। यह प्रक्रिया छोटे क्षेत्र में पूर्ण प्रभावी और व्यावहारिक है।
2. इस कीट के नियंत्रण के लिए 1:55 के अनुपात में रोसिन साबुन (Rosin soap) एवं 1:800 के अनुपात में निकोटिन सल्फेट का मिश्रण बराबर मात्रा में मिलाकर छिड़काव करना बहुत अधिक प्रभावी पाया गया है। इसके अतिरिक्त

निम्न उल्लेखित कीटनाशकों में से किसी एक का प्रति हेक्टेयर की दर से फसलों में छिड़काव लाभकारी हो सकता है–

क्लोरपायरीफास 50 + साइपरमेथ्रिन 5 ई0सी0	–	400–500 मि0ली0
प्रोफेनोफास 40 + साइपरमेथ्रिन 4 ई0सी0	–	400–500 मि0ली0
कार्बोसल्फान 25 ई0सी0	–	400 मि0ली0

हरा तेला (Jassid)

वैज्ञानिक नाम : *एमरास्का बिगुटुला बिगुटुला* (*Amrasca biguttula biguttula*)

पहचान : इस कीट का वयस्क 3 मि0मी0 लम्बा होता है। इसका रंग भूरा लाली लिए तथा इसके पंखों पर छोटे–छोटे काले धब्बे होते हैं। इसके सिर पर दो काले रंग के धब्बे होते है।

क्षति प्रकृति : कपास की फसल का यह प्रमुख कीट है। परन्तु इसके अतिरिक्त बैगन, भिंडी, सेम, आलू, सूरजमुखी आदि की फसल को नुकसान पहुँचाती है। इस कीट के शिशु एवं वयस्क दोनों ही बैगन की पत्तियों की निचली सतह से रस चूसते हैं। साथ–साथ अपना जहरीला लार उसमें छोड़ते हैं। इनसे प्रभावित भाग पीला हो जाता है तथा पत्ती किनारे से अन्दर की ओर मुड़ने लगती है एवं प्यालानुमा आकार बनाती है। धीरे–धीरे पूरी पत्ती पीले धब्बों से भर जाती है और अन्त में सूखकर गिरने लगती है। बिलम्ब से बोयी गयी फसल पर इस कीट का प्रकोप अधिक होता है। इसके प्रकोप से पैदावार काफी धट जाती है।

नियंत्रण के उपाय

1. पौध की जड़ की रोपाई से पहले इमिडाक्लोप्रिड (17.8 एस0एल0 1) मि0ली0 प्रति लीटर पानी के घोल में एक घंटे तक डुबोकर उपचार करने के उपरान्त पौध की रोपाई करने से फसल को इस कीट से 30–35 दिन तक आक्रान्त होने से बचाया जा सकता है।
2. नीमगिरी 4 प्रतिशत का छिड़काव 10 दिन के अन्तराल पर भी लाभकारी देखा गया है।
3. निम्नलिखित कीटनाशकों में से किसी एक का प्रति हेक्टेयर की दर से फसलों पर छिड़काव प्रभावी पाया गया है–

इमिडाक्लोप्रिड 17.8 एस0एल0	–	100–125 मि0ली0
थियामेमेथोक्जाम 25 डब्लू0एस0जी0	–	100 ग्रा0
एसीटामिप्रिड 20 एस0पी0	–	200–300 ग्रा0
डाइफेनथ्यूरान 50 डब्लू0पी0	–	250 ग्रा0

3. भिण्डी (Okra)

प्ररोह एवं फल बेधक (Shoot and fruit borer)

वैज्ञानिक नाम : *ऐरियस वाइटेला* (*Earias vittella*) एवं *एरियस इनसुलाना* (*Earias insulana*)

पहचान : इन दोनों प्रजाति के कीटों की पहचान के लिए "कपास की चित्तिदार सूंडी" में देखें।

क्षति प्रकृति : इस कीट की सूंडी भिण्डी के फलों, कलियों एवं पौधों की कोमल टहनियों को नुकसान पहुँचाती है। फसल के प्रारंम्भिक अवस्था से ही जब पौधे दो–तीन सप्ताह के होते हैं, तभी से मादा कीट पौधों पर अण्डे देती है। इसमें से नवजात सूंडी (*Larva*) निकलती है, वे पौधों के प्ररोह में छिद्र करके उनमें प्रवेश कर जाती है। परिणामस्वरूप वे मुरझा जाते हैं। इस प्रकार से लगभग 60 प्रतिशत तक फसल नष्ट होती देखी गयी है। जब पौधे पर फूल, कलियां एवं फल आने लगते हैं, तो सूंडी उनमें प्रवेश कर जाती है। प्रवेश छिद्र कीट की मल से भरे हुए देखे जा सकते हैं। इसके प्रकोप से कलियां नहीं खिलती एवं फूल झड़ने लगते हैं, फल दूषित, छोटे, टेढ़े–मेढ़े तथा खाने के लिए अयोग्य होते हैं।

नियंत्रण के उपाय

1. कीट के प्रकोप की प्रारंभिक अवस्था में ही आक्रान्त प्ररोहों को चुनकर नष्ट कर देना चाहिए।
2. जमीन पर गिरी हुई कलिकाओं एवं क्षतिग्रस्त फलों को तोड़कर नष्ट कर देना चाहिए।
3. खेत के चारो ओर अन्य परपोषी पौधों को नष्ट कर देना चाहिए।
4. फसल समाप्त होने पर भिण्डी के पौघों को फलों सहित नष्ट कर देना चाहिए।
5. कीट प्रतिरोधी किस्मों का चयन करना चाहिए।
6. फूल आने पर निम्न उल्लेखित कीटनाशकों में से किसी एक का प्रति हेक्टेयर की दर से फसलों में छिड़काव करना चाहिए–

क्लोराएन्ट्रानिलिप्रोल 18.5 एस0सी0	– 125–150 मि0ली0
इमामेक्टिन बेन्जोएट 5 एस0जी0	– 170–180 ग्राम
फेनभोलेरेट 20 ई0सी0	– 400–500 मि0ली0
पाइरीडेलिल 10 ई0सी0	– 600–750 मि0ली0
पाइरिप्रोक्सिफेन 5 + फेनप्रोपेथ्रिन 15 ई0सी0	– 750 मि0ली0

हरा तेला (Jassid)

वैज्ञानिक नाम : *एमरास्का बिगुटुला बिगुटुला* (*Amrasca biguttula biguttula*)

पहचान : इस हेतु "बैगन के कीटों" में देखें।

क्षति प्रकृति : इस कीट के शिशु एवं वयस्क दोनों ही पत्तियों और पौधों के कोमल भागों का रस चूसकर नुकसान पहुँचाते हैं। प्रभावित पत्तियों का आकार छोटा तथा टेढ़ा–मेढ़ा हो जाता है और इनके किनारे लाल–पीले रंग के हो जाते हैं जिसे फुदका झूलसा (Hopper burn) के नाम से जाना जाता है। सम्भवतः पत्तियों का यह रंग तेला (भूदका) द्वारा स्त्रावित विष के कारण होता है। पौधों की आरंम्भिक अवस्था में इस कीट के प्रकोप से पौधों का पूर्ण विकास नहीं होता है एवं उपज पर प्रतिकूल प्रभाव पड़ता है।

नियंत्रण के उपाय

1. इमिडाक्लोप्रिड 70 डब्लू0एस0 का 2.5–3.0 ग्राम प्रति किलोग्राम बीज की दर से उपचारित बीज बोने से इस कीट का प्रकोप 40–45 दिनों तक नहीं होता है।
2. इमिडाक्लोप्रिड 17.8 एस0एल0 का 1 मि0ली0/3 लीटर पानी या थियामेथोक्जाम 25 डब्लू0एस0जी0 का 1 ग्रा0/3 लीटर पानी के घोल का छिड़काव फसल पर करने से 30 दिन तक इस कीट का प्रकोप नहीं होता है।
3. 5 प्रतिशत नीमगिरी को टीपोल (1 मि0ली0/ली0 पानी) के साथ मिलाकर छिड़काव से फुदका (Jassid) का प्रकोप कम हो जाता है।

लाल मकड़ी वरूथी (Red spider mite)

वैज्ञानिक नाम : *टेट्रानिकस टेलारियस* (*Tetranychus telarius*)

पहचान : यह अपेक्षाकृत बड़ी मकड़ी होती है। इसका शरीर गोलाकार, 1.0 मि0मी0 आकार का एवं पीला या ईंट के रंग जैसे गहरा लाल होता है। शिशु एवं व्यस्क दोनों को 4 जोड़ी पैर होता है।

क्षति प्रकृति : शिशु तथा प्रौढ़ दोनों ही पत्तियों के निचली सतह पर रहकर रस चूसते हैं और वहीं सिल्कनुमा जाल से ढँकी रहती है। इनके रस चूसने से पत्तियों की उपरी सतह पर पीली चित्तियां उभर आती है और धीरे–धीरे पत्तियाँ लाल होकर सूख जाती है।

नियंत्रण के उपाय

1. समय–समय पर पानी की फुहार करने से जाल नहीं बन पाती एवं पत्तियों पर जमी धूल घुल जाती है। इससे इनकी संख्या कम हो जाता है।
2. डायकोफाल 18.5 ई0सी0 का 2.5 मि0ली0 प्रति लीटर पानी में घोल बनाकर छिड़काव करें।
3. सल्फर (10 प्रतिशत) का 20–25 किलोग्राम प्रति हेक्टेयर की दर से पत्तियों पर बुरकाव, इस कीट को नियंत्रण के लिए प्रभावकारी देखा गया है।
4. क्वीनालफास 30 ई0सी0 का 1.25 मि0ली0 प्रति लीटर पानी में घोल बनाकर छिड़काव करने से कुछ हद तक माइट का नियंत्रण किया जा सकता है।

4. मिर्च (Chillies)

पर्णजीवी (Thrips)

वैज्ञानिक नाम : *सिर्टोथ्रिप्स डोर्सैलिस* (*Scirtothrips dorsalis*)

पहचान : व्यस्क कीट 1 मि0मी0 से कम लम्बा तथा कोमल हल्के पीले रंग का होता है। इसके पंख झालदार होते हैं जो सूक्ष्मदर्शी यंत्र में देखने पर स्पष्ट दिखाई देता हैं। इसके मुखांग चाटने वाले होते हैं। इस कीट के शिशु पंखरहित होते हैं। यह कीट सैकड़ों की संख्या में पौधों की पत्तियों की निचली सतह पर छिपे रहते हैं और कभी–कभी उपरी सतह पर भी पाये जाते हैं।

क्षति प्रकृति : शिशु एवं व्यस्क दोनों ही पौधों को नुकसान पहुँचाते हैं। यह कीट अपने मुखागों से पत्तियों की बाह्य त्वचा को खुरच–खुरचकर उनका रस चूसता है। जिन स्थानों से यह रस चूसता है, वे पीले, सफेद और बाद में भूरे हो जाते हैं। इस कीट के अधिक प्रकोप होने की स्थिति में पत्तियां सिकुड़ जाती है और पौधों की वृद्धि रूक जाती है। इस कीट से मिर्च में 25 से 75 प्रतिशत तक की क्षति पायी गयी है।

नियंत्रण के उपाय

1. पौधों की रोपाई के एक सप्ताह बाद फ्यूराडान 3 जी0 का 32 किलोग्राम प्रति हेक्टेयर की दर से पौधे के आस–पास कतारों में डालकर गुड़ाई करने से इस कीट का नियंत्रण हो जाता है।
2. कीट प्रतिरोधी किस्में जैसे एल0सी0ए0–235 तथा एल0सी0ए0–315 लगानी चाहिए।

3. मिर्च की 10–15 कतारों के बाद एक कतार में चंवले या सेम को लगाना चाहिए। ये प्राकृति शत्रुओं की बढ़वार में मदद करती है।
4. आक्रान्त फसलों में निम्न उल्लेखित कीटनाशकों में से किसी एक का प्रति हेक्टेयर की दर से छिड़काव करना चाहिए –

इमिडाक्लोप्रिड 17.8 एस0एल0	–	150–200 मि0ली0
एसीटामिप्रिड 20 एस0पी0	–	100–200 ग्राम
थायक्लोप्रिड 21.7 एस0सी0	–	250–300 मि0ली0
इन्डोक्साकार्ब 14.5 + एसीटामिप्रिड 7.7 एस0सी0	–	400–500 मि0ली0

5. थायोमेथोक्जाम 30 एफ0एस0 का 7 ग्राम/किलोग्राम बीज या इमिडाक्लोप्रिड 70 डब्लू0एस0 का 10 ग्राम/किलोग्राम बीज से बीजोपचार कर बुआई करने से 40–45 दिनों तक कीट का प्रकोप नहीं होता है।

फल बेधक (Fruit borer)

वैज्ञानिक नाम : *हैलियोथिस आर्मिजेरा (Heliothis armigera)*

पहचान : पहचान एवं नियंत्रण के उपाय हेतु ''टमाटर का फल बेधक'' कीट देखें।

क्षति प्रकृति : इस कीट की सूंडी शुरू की अवस्था में मिर्च की छोटी–छोटी मुलायम पत्तियां खाती है। बड़ी होने पर जब पौधों पर फल लग जाते हैं तो ये फलों में घुस जाती है और अन्दर से बीज और गुदा को खा जाती है जिससे मिर्च के फलों का रंग उड़ जाता है व फल सड़कर नीचे गिर जाते हैं।

बरूथी (Mite)

वैज्ञानिक नाम : *हेमिटारसोनेमस लैटस (Hemitarsonemus latus)*

पहचान : यह पीले रंग का आठ पैरों वाला जन्तु है। इसके पृष्ठ भाग पर सफेद धारियां पायी जाती है।

क्षति प्रकृति : यह मिर्च में पर्ण कुचन रोग फैलाता है। यह माइट प्रायः शाखाओं की अन्तिम पत्तियों पर पहले आक्रमण करती है। क्षतिग्रस्त पौधों की पत्तियां मुड़कर ऐंठ जाती है। पत्तियां आकार में छोटी हो जाती है और आपस में गुच्छा सा बना लेती है। क्षतिग्रस्त पौधों से जो नयी शाखाएँ निकलती है, उन पर भी इसका प्रकोप हो जाता है और देखते ही देखते पूरा खेत इसके प्रकोप में आ जाता

है। ऐसे पौधों में फूल कम आते हैं एवं जो आते भी हैं, वे झड़ जाते हैं। फल बहुत ही कम लगता हैं। पत्तियां ताम्रवत भूरी होकर झड़ जाती है।

नियंत्रण के उपाय

1. आक्रान्त फसलों में निम्नलिखित कीटनाशकों में से किसी एक का प्रति हेक्टेयर की दर से छिड़काव करना चाहिए

प्रोपरगाईट 57 ई0सी0	– 500–600 मि0ली0
डायकोफाल 18.5 ई0सी0	– 500–600 मि0ली0
क्लोरफेनापीर 10 एस0सी0	– 200 मि0ली0
अवमेक्टीन 1.9 ई0सी0	– 100–125 मि0ली0

2- सल्फर घूल (10 प्रतिशत) का 20–25 किलोग्राम प्रति हेक्टेयर की दर से 15 दिन के अन्तराल पर बुरकाव प्रभावकारी पाया गया है।

5. गोभीवर्गीय सब्जियाँ (Cole crops)

गोभी की तितली (Cabbage butter fly)

वैज्ञानिक नाम : *पिथेरीस ब्रैसिकी* (*Pieris brassicae*)

पहचान : व्यस्क कीट सफेद रंग की तितलियां होती है जिनके अगले पंखों के शीर्षरूप कोण (Apical angle) काले रंग के होते हैं। शेष पंख पीलापन लिए हुए सफेद होते हैं। अगले पंखों पर दो काले निशान होते हैं। पिछले पंखों के सीमांत भाग में एक काला धब्बा होता है। पंखों की फैली हुई अवस्था में मादा लगभग 6.5 सें0मी0 चौड़ी होती है। नर, मादा की अपेक्षा छोटा होता है और उसके दोनों अगले पंखों की सतह पर काले धब्बे होते हैं।

पूर्ण विकसित सूंडी लगभग 40–50 मि0मी0 लम्बी तथा प्रारंम्भ में पीली नारंगी रंग की होती है। बाद में उनका रंग हरापन लिए पीला हो जाता है। इनके शरीर पर हल्के–हल्के बाल होते हैं और सिर काला होता है।

क्षति प्रकृति : इस कीट की सूंडी ही पौधों को क्षति पहुँचाती है। प्रारंम्भिक अवस्था में वे पास–पास रहकर खाती है, परन्तु बाद में इधर–उधर फैल जाती है और एक पौधे पर आने के बाद दुसरे पौधे पर चली जाती है। अधिक प्रकोप होने पर पौधे पूर्णतया नष्ट हो जाते हैं। ये बड़े पौघों के शीर्ष के आस–पास वाले

पत्तों की शिराओं को छोड़कर सभी भागों को खा जाती है। ये बंधे हुए शीर्ष की उपरी पत्तियों को भी काटकर नष्ट कर देती है। इस प्रकार गोभी का बाजार भाव कम हो जाता है।

नियंत्रण के उपाय

1. प्रारम्भिक अवस्था में सूंडी एक साथ में रहकर खाती है। अतः उनको हाथ से पकड़कर नष्ट करने से इस कीट का नियंत्रण किया जा सकता है।
2. बड़ी सूंडी सुस्त होते हैं और आसानी से इधर–उधर चलती हुई दिखाई देती है। अतः इन्हें हाथ से पकड़कर कीटनाशक घोल में डालकर नष्ट किया जा सकता है।
3. कीट प्रतिरोधी किस्मों की खेती करना चाहिए।
4. प्रभावित फसल पर निम्नलिखित कीटनाशकों में से किसी एक का प्रति हेक्टेयर की दर से छिड़काव करना चाहिए –

क्वीनालफास 25 ई0सी0	– 400–500 मि0ली0
नोभाल्यूरान 10 ई0सी0	– 400–500 मि0ली0
डायक्लोभास 76 ई0सी0	– 400–500 मि0ली0
कारटाप हाइड्रोक्लोराइड 50 डब्लू0पी0	– 500 ग्राम

हिरक पृष्ठ शलभ (Diamond back moth)

वैज्ञानिक नाम : प्लूटैला जाइलोस्टेला (*Plutella xylostella*)

पहचान : व्यस्क कीट छोटा धूसर रंग का पतंगा होता है। जब यह बैठता है, तो इसके पृष्ठ भाग पर 3 हीरे की तरह के चमकीले चिन्ह दिखाई देते हैं। इसलिए इसे हिरक पृष्ठ शलभ (डी0वी0एम0) कहते हैं। यह लगभग 8 मि0मी0 लम्बा होता है। जब यह बैठा होता है, उस समय इसके पंख बाहर फैले हुए और दूरस्थ सिरे की ओर कुछ उठे हुए रहते हैं। पिछले पंखों में लम्बे–लम्बे बालों की धारियां होती है। इस कीट की सूंडी पीलापन लिए हुए हरे रंग की होती है। अगले सिरे पर ये भूरे रंग की होती है। पूर्ण विकसित सूंडी लगभग 8 मि0मी0 लम्बी होती है।

क्षति प्रकृति : इस कीट की छोटी सूंडी पत्तियों की निचली सतह को खाती हैं और उनमें छोटे–छोटे छिद्र बना देती हैं। तीव्र प्रकोप होने पर छोटे पौधे पूर्णतः पत्तियों रहित हो जाते है और मर जाते हैं। ये बड़े पौधों की शीर्षों में छिद्र बना देते हैं जिनमें इनका मल भरा रहता है। इस प्रकार बन्दगोभी का बाजार मूल्य कम हो जाता है तथा वह स्वास्थ्यप्रद भी नहीं रहती है।

नियंत्रण के उपाय

1. पत्तागोभी या फूलगोभी और सरसों की रोपाई एक साथ करने पर इस कीट की मादा गोभी के पौधों पर कम संख्या में अण्डे देती है। फसल लगाते समय इस बात का ध्यान रखना चाहिए कि गोभी की रोपाई सरसों की बुआई के 30 दिन बाद की जाए।
2. नासिक–1 किस्म की फूलगोभी इस कीट के प्रति प्रतिरोधी क्षमता रखती है।
3. गोभी की रोपाई के 10 दिन पश्चात् 0.5 ग्राम प्रति पौधे की दर से फ्यूराडान 3 जी से भूमि उपचारित करके हल्की सिंचाई करना कीट नियंत्रण में सहायक रहता है।
4. प्रभावित फसल पर निम्नलिखित कीटनाशकों में से किसी एक का छिड़काव प्रति हेक्टेयर की दर से करना चाहिए–

क्लोरन्ट्रानिलिप्रोले 18.5 ई0सी0	–	150 मि0ली0
इन्डोक्साकार्ब 14.5 एस0सी0	–	200–250 मि0ली0
इन्डोक्साकार्ब 15.8 ई0सी0	–	275 मि0ली0
स्पाइनोसेड 25 एस0सी0	–	600–700 मि0ली0
क्लोरफ्लूआजूरॉन 5.4 ई0सी0	–	1500 मि0ली0

गोभी अर्दकुण्डलक (Cabbage semilooper)

वैज्ञानिक नाम : *ट्राइकोप्लूसिया नी (Trichoplusia ni)*

पहचान : इस कीट का व्यस्क पतंगा सुदृढ़, भुरा होता है। इसके अगले पंखों का रंग भूरा होता है, जिन पर हल्के रंग के लहरदार निशान होते हैं और अंग्रेजी के 'वाई' अक्षर के आकार का एक निशान होता है।

क्षति प्रकृति : इस कीट की सूंडी ही क्षति पहुँचाती है। ये बड़ी संख्या में नर्सरी तथा मुख्य फसल के खेतों में दिखाई देती है और पत्तियों के हरे भाग को खा जाती है। परिणामस्वरूप पत्तियों पर केवल शिराएँ ही शेष रह जाती है। तीव्र प्रकोप होने पर फसल पूर्णतः नष्ट हो जाती है। इसके प्रकोप से लगभग 30–60 प्रतिशत तक उपज में कभी आ जाती है।

नियंत्रण के उपाय

1. जब सूंडी समूह में रहकर एक साथ खाती है तो उन्हें पकड़कर नष्ट किया जा सकता है।

2. आक्रन्त फसलों में निम्नलिखित कीटनाशकों में से किसी एक का छिड़काव प्रति हेक्टेयर की दर से कर सकते हैं –

क्यूनालफास 25 ई0सी0	–	400–500 मि0ली0
प्रोफेनोफास 40 ई0सी0	–	400 मि0ली0

आरा मक्खी (Saw fly)

वैज्ञानिक नाम : *एथेलिया ल्यूजेन्स प्रोक्जिमा (Athelia lugens proxima)*

पहचान : यह मध्यम आकार की मक्खी की तरह का कीट है जो लगभग 10 मि0मी0 लम्बा होता है। इसका शरीर नारंगी, सिर काला और पंख धुएँ के रंग के होते हैं। पंख झिल्लीदार होते है और उनकी नसे स्पष्ट दिखलाई देती है। अण्डे से निकली हुई सूंडियां हरी–स्लेटी तथा काले सिर वाली होती है। ये लगभग 2 मि0मी0 लम्बी होती है। पूर्ण विकसित ग्रव 15 से 18 मि0मी0 लम्बे हरे–काले होते हैं। इनके वक्ष पर 3 जोड़ी टागें तथा उदर पर 7 जोड़ी प्रपाद (Prolegs) होते हैं जो 2 से 9 वें खण्ड तक स्थित होते हैं। प्रारंभिंक अवस्था में ग्रव समूह में खाते हैं और बाद में अलग–अलग फैल जाते हैं। ये सूबह तथा शाम के समय पौधों पर दिखाई देते हैं और दिन में पत्तियों या सूखी मिट्टी या ढेलों के नीचे छिपे रहते हैं। जरा सा छेड़ने पर ये मुड़कर कुण्डलाकार बनकर जमीन पर गिर जाते हैं। इनके पृष्ठ भाग पर पाँच विन्दीदार धारियां स्पष्ट होती है।

क्षति प्रकृति : इस कीट के ग्रव गोभी वर्गीय सब्जियों को क्षति पहुँचाते हैं। ये पत्तियों को खाकर उनमें छेद कर देते हैं। तीव्र प्रकोप होने पर पत्तियों को पूर्णतः खा जाते हैं। फलतः पौधे मर जाते हैं। बड़े पौधों में प्रकोप होने पर शीर्ष (Head) का आकार छोटा रह जाता है।

नियंत्रण के उपाय

1. प्रातः तथा सायंकाल आरा मक्खी के ग्रबों को हाथ से एकत्रित कर नष्ट किया जा सकता है।
2. मालाथियान 5 प्रतिशत या मिथाइल पैराथियान 2 प्रतिशत या क्लीनालफास 1.5 प्रतिशत चूर्ण का 25 कि0ग्रा0 प्रति हेक्टेयर की दर से भुरकाव करना चाहिए।
3. एकोरस कैलेमस (Acorus calamus) 0.05 से 1.0 प्रतिशत ईथर सत (Ether extract) में आरा मक्खी के प्रति उच्च आविषालुता (Toxicity) पायी जाती है। अतः इसे उपयोग में लाना चाहिए।

4. इमिडाक्लोप्रिड 70 डब्लू0एस0 का 3.0 ग्राम प्रति किलोग्राम बीज की दर से बीजोपचार करना चाहिए।
5. निम्नलिखित कीटनाशकों में से किसी एक का छिड़काव करना चाहिए –

क्वीनालफास 25 ई0सी0	–	1000–1200 मि0ली0 / हे0
डायक्लोराभास 76 ई0सी0	–	800–1000 मि0ली0 / हे0
फिप्रोनील 5 एस0सी0	–	800–1000 मि0ली0 / हे0

मोयला (Aphid)

वैज्ञानिक नाम : ब्रेवोकोरयने ब्रैसिकी (*Brevocoryne brassicae*)

पहचान : यह हरे पीले रंग का होता है। कीट पंखदार और पंखरहित, दोनों ही तरह के होते हैं। ये सदैव चूर्णीमोम से ढ़के रहते हैं जो कि इनका हरा रंग छिपाये रखता है। इनकी कूणिकाएँ (Corniclas) छोटी और गहरे रंग की होती है। उदर पर टूटी–फूटी, गहरे रंग की धारियां होती है जो कि मोमी आवरण में छिपी रहती है।

क्षति प्रकृति : इस कीट के शिशु एवं व्यस्क, दोनों ही पत्तियों पर हजारों की संख्या में चिपक कर रस चूसते रहते हैं। फलस्वरूप पत्तियां पीली पड़ जाती है और शीर्षो का विकास रूक जाता है। माहूँ चिपके रहने तथा बाहरी पत्तियों के पीले पड़ जाने से गोभी का बाजार भाव भी कम हो जाता है।

नियंत्रण के उपाय

1. नीम की पत्ती या निबोली का 10 प्रतिशत सान्द्रता का घोल बनाकर छिड़काव करें।
2. क्राइसोपा 50,000 प्रति हेक्टेयर परभक्षी कीट को पौधों पर तीन बार छोड़े।
3. मिथाइल पैराथियान 2 प्रतिशत या मालाथियान 5 प्रतिशत चूर्ण 20–25 मिलोग्राम प्रति हेक्टेयर की दर से बुरकाव करें।
4. कीट से प्रभावित फसल पर निम्नलिखित कीटनाशकों में से किसी एक का छिड़काव प्रति हेक्टेयर की दर से करें।

डायमेथोएट 30 ई0सी0	–	800–1000 मि0ली0
सायपरमेथ्रिन 10 ई0सी0	–	500–600 मि0ली0
फेनेभोलेरेट 20 ई0सी0	–	400–500 मि0ली0

6. कद्दूवर्गीय सब्जियां (Cucurbit crops)

कद्दू भृंग (Pumpkin bettle)

इस कीट की तीन प्रजातियां पायी जाती है, जिनका वैज्ञानिक नाम निम्नलिखित है –

(I) *रेफिडोपाल्पा (एल्यूकोफोरा) फोविकोलिस (लाल भृंग) (Raphidopalpa (Aulacophora) fovrecollis)*

(II) *रेफिडोपाल्पा इन्टरमीडिया (नीला भृंग) (Raphidopalpa intermedia)*

(III) *रेफिडोपाल्पा सिन्कटा (काला भृंग) (Raphidopalpa cincta)*

लाल कद्दू भृंग (Red pumpkin beetle)

वैज्ञानिक नाम : रेफिडोपाल्पा (एल्यूकोफोरा) फोविकोलिस (Raphidopalpa (Aulacophora) foveicollis)

पहचान : यह भृंग बहुत ही तेज चमकीले नारंगी लाल रंग का होता है। यह लगभग 7 मि0मी0 लम्बा और 4.5 मि0मी0 चौड़ा होता है। इसका सिर, वक्ष तथा उदर का निचला भाग काला होता है। वक्ष एवं उदर के निचले हिस्से पर छोटे–छोटे रोम भी पाये जाते हैं। इसका ग्रब पीलापन लिए हुए सफेद होता है तथा सिर भूरे रंग का होता है। पूर्ण विकसित ग्रब लगभग 12 मि0मी0 लम्बा होता है तथा 3.5 से 4 मि0मी0 चौड़ा होता है।

क्षति प्रकृति : इस कीट का ग्रब और प्रौढ़ दोनो ही क्षति पहुँचाते हैं। ग्रब जमीन के नीचे रहते हैं और पौधों की जड़ों तथा तनों में छेद कर देते हैं जिससे वे मर जाते हैं। जो फल जमीन के सम्पर्क में आते हैं, ग्रब उनके अन्दर भी छेद करके उन्हें खराब कर देते हैं। प्रौढ़ कीट पत्तियां खाते हैं। प्रायः यह छोटे पौधों और कोमल पत्तियों को खाना पसन्द करते हैं। इस प्रकार नये आ रहे पौधों की पत्तियों में छेद करके उन्हे खा जाते हैं और नवजात पौधों को पत्ति रहित कर देते हैं। फलतः पौधे मर जाते हैं। इस कीट का आक्रमण फरवरी से अक्टूबर तक होता है।

नियंत्रण के उपाय

1. फसल की शीघ्र बुआई (जनवरी माह में) करने से पौधों की बीज पत्ती अवस्था (Cotyledonary stage) भृंगों के आक्रमण से बच जाती है, क्योंकि शीत् वातावरण के कारण लाल भृंग सक्रिय नहीं हो पाते हैं।
2. खरपतवार रहित स्वच्छ खेती कीट नियंत्रण में सहायक होती है।

3. फसल लेने के पश्चात् बेलों के अवशेष जलाकर नष्ट कर देना चाहिए जिससे जड़ों और बेल में उपस्थित कीट की अपरिक्व अवस्थाएँ नष्ट हो जाय।
4. फसल लेने के पश्चात् खेत की गहरी जुताई करने से भी भूमि में उपस्थित कीट की अपरिपक्व अवस्थाएँ (सूंडी, प्यूपा आदि) नष्ट हो जाती है।
5. कद्दू की 596–2 और 613 जनन द्रव्य (Germplasm) में भृंग के प्रति प्रतिरोधी क्षमता पायी जाती है। अतः इन प्रजातियों का उपयोग करना चाहिए।
6. फसल की प्रारंम्भिक अवस्था में या एक सीमित क्षेत्र में लगायी गयी फसल में भृंगों को हाथ से एकत्रित करके नष्ट किया जा सकता है। यह कार्य सुबह के समय करना चाहिए, क्योंकि इस समय भृंग सुस्त रहते हैं। भृंगों को केरोसिन युक्त पानी के बर्त्तन में डालकर मारा जा सकता है।
7. धतूरे की पत्तियों की राख से व्यस्क कीट मर जाते हैं। अतः इनका प्रयोग करना चाहिए।
8. गाय के गोबर की राख थोड़े मिट्टी के तेल में मिलाकर पौधों पर बुरकने से कीट पौधों पर कम आते हैं।
9. 5 प्रतिशत मालाथियान या 2 प्रतिशत मिथाइल पैराथियान का चूर्ण 20 किलोग्राम प्रति हेक्टेयर की दर से बुरकाव भी इस कीट का प्रभावी नियंत्रण किया जा सकता है।
10. निम्नलिखित कीटनाशकों में से किसी एक का छिड़काव प्रति हेक्टेयर की दर से करना चाहिए।

डायक्लोराभास 76 ई0सी0	–	600–750 मि0ली0
साइपरमेथ्रिन 10 ई0सी0	–	400–500 मि0ली0

फल मक्खी (Fruit fly)

वैज्ञानिक नाम : *डेकस कुकुरबिटी* (Dacus cucurbitae)

पहचान : यह मक्खी लाल–भूरे रंग की होती है। इसके सिर पर काले तथा सफेद धब्बे पाये जाते हैं। वक्ष पर हरापन लिए हुए पीले रंग की लम्बाकार मुड़ी हुई धारियां होती है। इसकी मादा 6–7 मि0मी0 लम्बी होती है। नर अपेक्षाकृत छोटा होता है। मादा का उदर शंक्वाकार होता है और नुकीले अण्डनिक्षेपक (Ovipositor) में समाप्त होता है। नर का उदर गोलाकार होता है तथा इसके पंख पारदर्शी होते हैं। पंखों के बाहरी सिरे पर भूरे रंग की धारियां व स्लेटी धब्बे

होते हैं। पिछले पंख हाल्टियर में बदल जाते हैं। जब मक्खी बैठती है या अण्डे देती है, तो पंख पूर्णतः फैले रहते है।

क्षति प्रकृति : इसका मैगट (पिल्लू) ही क्षति पहुँचाता है। यह फलों के अन्दर ही अन्दर गूदे को खाकर नष्ट कर देता है। क्षतिग्रस्त फल कीट के अण्डे देने के स्थान पर से टेढ़ा हो जाता है और आसानी से पहचाना जा सकता है। अधिक दिन हो जाने पर फल सड़ जाता है। कभी–कभी इस कीट से 90 प्रतिशत तक क्षति होती है। कुछ मैगट फूलों और कुछ बेल को भी खाते हैं। परिणामस्वरूप बेल में गाँठे बन जाती है। करेला, टिंडा, तोराई, लौकी, खरबूज, तरबूज आदि सब्जियों को यह मक्खी क्षति पहुँचाती है।

नियंत्रण के उपाय

1. क्षतिग्रस्त फलों को तोड़कर नष्ट कर देना चाहिए।
2. गरमी में खेत की गहरी जुताई करना चाहिए।
3. समय–समय पर बेलों के नीचे गुड़ाई करते रहना चाहिए, इससे भूमि में उपस्थित प्यूपा नष्ट हो जाते हैं।
4. तम्बाकू के चूर्ण या केरोसिन मिश्रित राख का बुरकाव करने से फल मक्खियां बेलों पर कम बैठती है।
5. 20 मि0ली0 मालाथियान (50 ई0सी0) + 200 ग्राम चीनी या गुड़ 20 लीटर पानी में मिलाकर कुछ चुने हुए पौधों पर छिड़काव करना चाहिए जिससे इनके व्यस्क आकर्षित होकर आते हैं एवं मर जाते हैं।
6. **विष चुग्गा रखना** : फल मक्खियों को आकर्षित करके मारने के लिए निम्नलिखित अवयव को मिलाकर घोल तैयार किया जा सकता है। घोल खेत में कई स्थानों में छिछले बर्त्तन में रखना लाभप्रद रहता है। एक प्रतिशत चीनी या मोलैसिस का घोल बनायें + 0.1 प्रतिशत मालाथियान मिश्रित करें + 1 प्रतिशत किण्वित (Fermented) ताड़ का रस मिलाएँ।
7. निम्नलिखित कीटनाशकों में से किसी एक का छिड़काव प्रति हेक्टेयर की दर से करना चाहिए, परन्तु रसायनिक दवा का छिड़काव फल तोड़कर ही करना चाहिए।

क्लोरपायरीफास 20 ई0सी0	–	400–500 मि0ली0
ऐसीफेट 75 एस0जी0	–	500–600 ग्रा0
डायक्लोरभास 76 ई0सी0	–	300–400 मि0ली0

कुकरबिट माइट (Cucurbit mite)

वैज्ञानिक नाम : *टेट्रानिकस निओक्लेडिनीकस (Tetranychus neocaledonicus)*

पहचान : ये माइट सूक्ष्मदर्शी जीव है जिसकी चार जोड़ी टांगे होती है। ये पत्तियों की निचली सतह पर पायी जाती है तथा उपर से जाला द्वारा सुरक्षित रहती है। ये जाला व्यस्क माइट के द्वारा बनाया जाता है।

क्षति प्रकृति : शिशु एवं व्यस्क, दोनों ही कोमल पत्तियों एवं टहनियों का रस चूसते हैं। फलतः पत्तियों पर पीली चित्तियां पड़ जाती है जिससे वह पीली पड़कर सूख जाती है। इस प्रकार से फूलों एवं फलों की संख्या भी कम हो जाती है। अधिक प्रकोप होने पर फल नहीं लगता है और पूरा पौधा मर जाता है।

नियंत्रण के उपाय

1. माइट का प्रकोप शुरू होते ही जालेदार पत्तियों को तोड़कर नष्ट कर देना चाहिए।
2. डाइकोफाल 18.5 ई0सी0 का 1.25 मि0ली0 / ली0 पानी या क्लोरफेनापीर 10 एस0सी0 का 1.0 मि0ली0 / ली0 पानी का छिड़काव करें तथा आवश्यकतानुसार 15–20 दिनों के बाद पुनः दोहरायें।

मोयला (Aphid)

वैज्ञानिक नाम : *ऐफिस गोसीपाई (Aphis gossypii)*

पहचान : वयस्क कीट पीले–हरे या काले होते है। ये लगभग 1.25 मि0मी0 लम्बे होते हैं। इसके पृष्ठ भाग पर दो नलिका सदृश्य संरचानाएँ होती है जिन्हें कार्निकल्स (Cornicles) कहते हैं। इसके शिशु तथा व्यस्क अधिकतर पंखहीन होते है। लेकिन फसल पकने पर या पौधों पर इनकी संख्या बढ़ जाने पर पंखदार वयस्क भी दिखाई देते हैं, जो उड़कर दुसरे पौधों पर चले जाते हैं। इनके पंख पारदर्शी होते है, जिनमें काली नसें दिखाई पड़ती है। शिशु भी वयस्क के समान होते है। ये केवल आकार में छोटे होते हैं।

क्षति प्रकृति : इस कीट के शिशु एवं वयस्क दोनों ही नुकसान पहुँचाते है। इनके मुखांग चुभाने व चूसने वाले होते है। जिन्हें ये पत्तियों की कोशिकाओं में चुभाकर उनका रस चूसते हैं। लगातार रस चूसने से पत्तियों का रंग पीला पड़ जाता है जो बाद में सूख जाती है। इसके अलावा ये एक चिपचिपा पदार्थ निकालते हैं जिसे मधु–स्त्राव (Honey dew) कहते हैं। यह पदार्थ पत्तियों पर गिर जाता है

जिसके ऊपर काला कवक लग जाता है। काले कवक की अधिकता से पत्तियों को प्रकाश संश्लेषण की क्रिया में कठिनाई उत्पन्न होती है। अतः पौधे कमजोर हो जाते हैं। छोटे पौधे प्रायः मर जाते हैं। यह कीट खीरे एवं तरबूज में विषाणु रोग फैलाते है। कद्दू में पर्ण कुंचन रोग भी इस कीट द्वारा फैलता है।

नियंत्रण के उपाय : इस कीट के नियंत्रण के लिए "गोभी का मोयला कीट" देखें।

7. आलू (Potato)

आलू का कन्द शलभ (Potato tuber moth)

वैज्ञानिक नाम : *फथोरिमोइया (ग्नोरिमोसकेमा) अपरकुलेला* (*Phthorimoea* (*Gnorimoschema*) *operculella*)

पहचान : प्रौढ़ कीट भूरे कत्थई रंग का 6 मि0मी0 लम्बा तथा पंख विस्तार लगभग 12 मि0मी0 होता है। इसकी श्रृंगिकाये (Antannae) धागाकार (Filiform) तथा बहुखण्डीय (Sagmented) होते हैं। अगले पंख संकरे भूरे रंग के जिन पर जहां–तहां काले धब्बे मिलते हैं तथा पिछले किनारे पर लम्बे भूरे बाल होते हैं। पिछले पंख कुछ चौड़े, नुकीले, संलेटी रंग के जिनके किनारे पर भूरे बाल होते हैं। ये रात्रिचर (Nocturnal) तथा प्रकाश की ओर आकर्षित होते हैं। अण्डे से निकलने के पश्चात् सूंड़ी 1.5 मि0मी0 लम्बी, सफेद रंग की तथा सिर काला होता है। यह अण्डे से निकलने के पश्चात् ही पत्तियों, टहनियों व आलुओं में छेद करके सुरंग बनाना शुरू कर देती है तथा अन्दर ही अन्दर खाकर खोखला कर देती है। पूर्ण विकसित होने पर सूंड़ी लगभग 22 मि0मी0 लम्बी होती है। इस समय इसका रंग हल्का हरा होता है और पीठ पर पीली लम्बाकार मध्य रेखा होती है।

क्षति प्रकृति : इस कीट की सूंड़ी ही केवल हानि पहुँचाती है जिसके काटने तथा चबाने वाले मुखांग होते हैं। यह कीट आलू के खेतों तथा भण्डारगृहों दोनों जगह नुकसान पहुँचाता है। परन्तु खेतों की अपेक्षा भंडारगृहों में अधिक क्षति होती है। यह कीट अक्टूबर के महीने से फरवरी–मार्च तक खेतों में तथा उसके बाद भण्डारगृहों में नुकसान करता है। खेतों में सूंडी सर्वप्रथम पत्तियों की मध्य शिरा के सहारे कोमल शाखाओं तथा तनों में सुरंगे बनाती है। अधिक प्रकोप होने पर पत्तियों को खाकर नष्ट कर देती है तथा खेत में खुले हुये आलूओं (Expend tubers) के अन्दर छेद करके यह घुस जाती है और अन्दर ही अन्दर गूदा खाकर नष्ट कर देती है, आलू सड़कर बदबू भी करने लगते हैं। इतना होने पर भी यह

खेतों में ज्यादा नुकसान नहीं कर पाती इससे बास्तविक क्षति गोदामों में होती है। जिस समय आलू भण्डारगृहों में रखते हैं तो उन्हीं के साथ खेतों से ही चली आती है। अन्दर जाने पर इसे उचित तापक्रम एवं नमी मिलने पर उसकी संख्या में अधिक वृद्धि हो जाती है तथा लगभग 30 से 70 प्रतिशत आलू इसके द्वारा क्षतिग्रस्त कर दिये जाते हैं जो कि न तो बोने के और न ही खाने के उपयुक्त होते हैं। सूंडी से ग्रसित आलूओं की सतह पर काले रंग की विष्ठा लगी रहती है तथा उनमें घाव हो जाने के कारण वैक्टीरिया तथा फफूंद का भी आक्रमण हो जाता है जिससे आलू सड़ने लगते हैं और भण्डारगृहों में एक विशेष प्रकार की दुर्गन्ध आने लगती है।

नियंत्रण के उपाय

1. आलू को भण्डारगृहों में रखने से पहले क्षतिग्रस्त आलुओं को छाँटकर नष्ट कर देना चाहिए।
2. आलुओं को बालू में खने पर उसके उपर रेत की 2.5 सें0मी0 मोटी तह विछानी चाहिए जिससे प्रौढ़ मादा आलुओं के उपर अण्डे न देने पायें।
3. बोने से पहले बीज वाले आलुओं को कुछ देर धूप में सुखा लेना चाहिए।
4. आलू के खेत में यदि प्रकोप दिखाई दे तो क्लोरपारीफास 20 ई0सी0 या क्वीनालफास 25 ई0सी की 1.5 लीटर मात्रा 750 लीटर पानी में घोलकर प्रति हेक्टेयर की दर से छिड़काव करना चाहिए।
5. आलू खोदने के बाद खुले नहीं छोड़ना चाहिए। उन्हें तुरन्त ही बोरियों आदि में बन्द करके रखना चाहिए। खुले रहने पर मादा कीट उनमें अण्डे दे देती है।
6. यदि आलू बीज के लिए रखा जा रहा हो तो उसमें 1.5 किलोग्राम मालाथियान धूल को प्रति मैट्रिक टन की दर से मिलाना चाहिए।

मोयला (Aphid)

आलू की फसल पर कई प्रकार के मोयला (माहूँ) पाये जाते हैं,

जैसे–(i) आलू की हरी माहूँ (Green peach aphid), *माइजस परसिकी*

(ii) कपास की माँहू (Cotton aphid), *एफिस गासीपाई*

(iii) सेम की माँहू (Been aphid), *एफिस फेबी*

ये सभी आर्थिक दृष्टिकोण से अपेक्षाकृत अधिक महत्वपूर्ण है। इनमें से पहली यानि आलू की हरी माँहू सबसे अधिक हानिकारक कीट है तथा विषाणु

की कई बीमारियों के संवाहक का कार्य करती है। इन विभिन्न प्रकार की एफिड में उपज की दृष्टिकोण से कोई असर पड़े या न पड़े, परन्तु आलू के बीजोत्पादन में ये अवश्य ही प्रमुख बाधक माने जाते हैं। इसलिए बीज के लिए उगाई जा रही आलू की फसल को माहूँ कीड़ों से बचाये रखना नितान्त आवश्यक है। इसके लिए फसल काल में एफिड कीटों की संख्या को क्रान्तिक स्तर (20 एफिड/100 संयुक्त पत्तियां) से नीचे रखना अनिवार्य होता है। यह कार्य तभी सम्भव हो सकता है, जबकि (1) आलू बीज की फसल उस समय में और उन स्थानों पर ही ली जाय जब/जहाँ इनकी संख्या फसल के दौरान क्रान्तिक स्तर/आर्थिक क्षति स्तर से नीचे पायी जाती हो। (2) समय पर पौध संरक्षण के उपायों का उपयोग किया जाय और (3) एफिड कीड़ों से ग्रष्ति वानस्पतिक भागों (पत्तियों एवं डंठलों) को काट कर हटा दिया जाय। माइजस परसिकी माहूं का प्रकोप प्रायः दिसम्बर के आरम्भ में शुरू होती है। इनकी संख्या क्रन्तिक सीमा तक जनवरी के अन्तिम सप्ताह में पहुँचती है, और प्रायः संख्या फरवरी और मार्च के महीनों में अधिकतम होती है, इसके पश्चात् इन कीड़ों की संख्या घटने लगती हे।

क्षति प्रकृति : एफिड कीट के शिशु एवं वयस्क दोनों ही पत्तियों की सतह, कोमल डंठलों एवं टहनियों से रस चूसते हैं। आक्रान्त पत्तियां पीली पड़कर मुरझा जाती है। इसके अतिरिक्त माहूँ पत्तियों पर मधुस्त्राव भी करता है जिससे काला–काला फफूंद का विकास होता है, परिणामतः प्रकाश–संश्लेशण की क्रिया में बाधा पहुंचती है। पंखयुक्त माहू विषाणु (Virus) रोग तिब्रता से फैलाता है।

लीफ हॉपर (Jassid)

वैज्ञानिक नाम : *ऐमरास्का बिगुटुला बिगुटुला* (*Amrasca bigutulla bigutulla*)

पहचान : यह कीट कोमल, छोटे शरीर वाले हरे रंग और चूस्त स्वभाव के होते हैं। इनके शरीर की बनावट शुण्डाकार होती है। इन कीटों द्वारा पौधों से रस चूसने के परिणामस्वरूप क्षतिग्रस्त पौधों की पत्तियां पीली पड़ जाती है। इन कीटों का प्रकोप तीब्र होने पर क्षतिग्रस्त पौधों की पत्तियां किनारों पर जल जाती हे। इस लक्षण को हॉपर वर्न के नाम से जाना जाता है।

क्षति प्रकृति : इस कीटों की कई प्रजातियां आलू की फसल पर पायी जाती है। इनके शिशु एवं प्रौढ़ दोनों ही आलू की पत्तियों से रस चूसकर फसल को नुकसान पहूँचाते है। अप्रत्यक्ष रूप से लीफ हॉपर की कुछ एक प्रजातियां ''माइकोप्लाज्मा'' की बीमारियां के संवाहक का कार्य भी करती है, जिसके फलस्वरूप बीज के लिए उगाई जा रही आलू की फसल पर गुणात्मक कुप्रभाव भी पड़ता है।

मोयला एवं जैसिड कीड़ों के नियंत्रण के उपाय

1. नाइट्रोजन, फसफोरस एवं पोटाश का संतुलित मात्रा में प्रयोग करें। अत्यधिक नाइट्रोजन के प्रयोग से पत्तियों की हरितमा बढ़ जाती है जिससे कीटों का आक्रमण अधिक हो जाता है।
2. रासायनिक कीटनाशकों का प्रयोग करने के लिए डाइमेथोएट 30 ई0सी0 का 2 मि0ली0 / ली0 पानी या ऐसीटामिप्रीड 20 एस0पी0 का 0.5 ग्रा0 / ली0 पानी की दर से घोल बनाकर आवश्यकतानुसार 10–15 दिन के अन्तराल पर 2–3 बार छिड़काव कर सकते हैं।

फल (Fruit crops)

फसल	प्रमुख कीट
1. आम (Mango)	आम का फुदका (Mango hoppers)
	तना बेधक (Stem borer)
	आम का चूर्णी मृत्कुण/दहिया कीट (Mango mealy bug)
	आम का साइला (Mango psylla/shoot gall)
	आम का लीफ गॉल (Mango leaf gall)
	गुठली का घून (Stone weevil)
	शाखा बेधक (Shoot borer)
	फल मक्खी (Fruit fly)
	शल्क कीट (Scale insect)
	पत्ती भक्षक घून (Leaf eating weevil)
	पर्ण जालक (Leaf webber)
	पुष्पक्रम मिज (Inflorescence midge)
	दीमक (Termite)
	छाल भक्षक सूंडी (Bark eating caterpillar)
	लाल चिंटी (Red ant)
2. लीची (Litchi)	फल एवं बीज बेधक (Fruit and seed borer)
	फल मक्खी (Fruit fly)
	लीची बरूथी (Litchi mite)
	कवच वाला सूंडी (Bag worm)
	सफेद मक्खी (White fly)
	छाल भक्षक सूंडी (Bark eating caterpillar)
	पत्ती काटने वाला घून (Leaf cutting weevil)
	पत्ती लपेटक (Leaf roller)
	पत्ती सुरंगक (Leaf miner)
	दहिया कीट (Mealy bug)
	लाल घून (Red weevil)
	अर्द्धकुण्डलक (Semilooper)

3. अमरूद (Guava)	फल मक्खी (Fruit fly) छाल भक्षक सूंडी (Bark eating caterpillar) अनार की तितली (Pomegranate butter fly) शल्क कीट (Scale insect) चूर्णी मृत्कुण/दहिया कीट (Mealy bug) अरण्डी का सम्पुट बेधक (Caster capsule borer) मोयला (Aphid)
4. केला (Banana)	प्रकन्द बेधक (Rhizome Borer) तना बेधक (Stem borer) चित्ती कारक भृंग (Banana beetle/ scaring beetle) फल मक्खी (Fruit fly) देहिका भृंग (Flea beetle) मोयला (Aphid)
5. नींबूवर्गीय फल (Citrus fruits)	नींबू की तितली (Lemon butter fly) संतरा का साइला (Citrus psylla) फल चूसक शलभ (Fruit sucking moth) संतरा का पर्ण सुरंगक (Citrus leaf miner) संतरा का काली मक्खी (Citrus black fly) संतरा का सफेद मक्खी (Citrus white fly) फल मक्खी (Fruit fly) छाल भक्षक सूंडी (Bark eating caterpillar) तना एवं प्ररोह बेधक (Stem and shoot borer) पत्ती सुरंगक (Leaf miner) शल्क कीट (Scale insect) संतरा का मोयला (Citrus aphid) पत्ती भक्षक इल्ली (Leaf eating caterpillar) संतरा का बरूथी (Citrus mite) काला रसाद कीट (Black thrips)

6. पपीता (Papaya)	तना बेधक (Stem borer)
	फल मक्खी (Fruit fly)
	आक का टिड्डा (Ak grass hopper)
	मोयला (Aphid)
	लाल मकड़ी मृत्कुण (Red spider mite)
	भूरा घून (Grey weevil)
	कपास का सफेद मक्खी (Cotton white fly)
7. बेर (Ber/Indian jujube)	फल मक्खी (Fruit fly)
	लाह कीट (Lac insect)
	फल बेधक (Fruit borer/Anar butter fly)
	पर्ण भक्षी सूंडी (Leaf eating caterpillar)
	बेर का भृंग (Ber beetle)
	छाल भक्षक सूंडी (Bark eating caterpillar)
	पर्ण जालक (Leaf webber)
	बेर का घूऩ (Ber weevil)
	दहिया कीट (Mealy bug)
	चित्रित मत्कुण (Painted bug)
	वरूथी (Mite)
8. बेल (Bael)	पर्ण भक्षी सूंडी (Leaf eating caterpillar)
9. कटहल (Jack fruit)	तना बेधक (Stem borer)
	जैन्ट दहिया कीट (Jaint mealy bug)
	फल बेधक (Fruit borer)
	गुलाबी मोमी शल्क कीट (Pink waxy scale)
	कली घुन/पर्ण भक्षी घून (Bud weevil/ Leaf eating weevil)
	कटहल का मोयला (Jack aphid)
	सफेद मक्खी (White fly)
	काली मक्खी (Black fly)
	पर्ण जालक (Leaf webber)
10. अनार (Pomegranate)	अनार की तितली/फल बेधक (Anar butterfly/fruit borer)
	सफेद मक्खी (White fly)

	रोयेंदार सूंडी (Hairy caterpillar)
	फल मक्खी (Fruit fly)
	अनार का मोयला (Pomegranate aphid)
	दहिया कीट (Mealy bug)
	छाल भक्षक सूंडी (Bark eating caterpillar)
	अनार का वरूथी (Pomegranate mite)
	फल चूसक शलभ (Fruit sucking moth)
11. जामुन (Black plum/ Black berry)	तना बेधक (Stem borer)
	शहतुत मृत्कुण (Mulberry bug)
	पत्ती मोड़क (Leaf roller)
	छाल भक्षक सूंडी (Bark eating caterpillar)
	रोयेंदार सूंडी (Hairy caterpillar)
	सफेद मक्खी (White fly)
	शल्क कीट (Scale insect)
	पर्णजीवी / रसाद कीट (Thrips)
12. बर (Plum)	बर का घून (Plum weevil)
	पर्ण भक्षक भृंग (Defoliating beetle)
	शल्क कीट (Scale insect)
	बर के फल का शलभ (Plum fruit moth)
	रोयेंदार सूंडी (Hairy caterpillar)
	चीता शलभ (Leopard moth)
	बर का केसवर्म (Plum caseworm)
13. अनानास (Pineapple)	दहिया कीट (Mealy bug)
	फल खाने वाला भृंग (Fruit eating beetle)
	दीमक (Termite)
	रोयेंदार सूंडी (Hairy caterpillar)
	तना बेधक (Stem borer)
14. सपोटा (Sapota/Chikoo)	पर्ण जालक (Leaf webber)
	दहिया कीट (Mealy bug)
	फूल जालक (Flower webber)
	फल बेधक (Fruit borer)
	शल्क कीट (Scale insect)

	सपोटा का शलभ (Chikoo moth)
	रसाद कीट (Thrips)
	फल मक्खी (Fruit fly)
	आनार की तितली (Anar butter fly)
	छाल भक्षक सूंडी (Bark eating caterpillar)
15. भारीफा (Custard apple)	दहिया कीट (Mealy bug)
	फल मक्खी (Fruit fly)
	फल बेधक (Fruit borer)
	शल्क कीट (Scale insect)
	लाल चींटी (Red ant)
16. नारियल (Coconut)	गैंडा भृंग (Rhinoceros beetle)
	कृष्ण शीर्ष इल्ली (Black headed caterpillar)
	लाल ताड़ घून (Red palm weevil)
	नारियल का शल्क कीट (Cocount scale)
	नारियल का सफेद गिड़ार (Coconut white brub)
	नारियल का घून (Coconut weevil)
	दहिया कीट (Mealy bug)
	पत्ती भक्षक सूंडी (Defoliating caterpillar)
	फल बेधक (Nut borer)
	वरूथी (Mite)
	दीमक (Termite)
	चूहा (Rat)
	कोरिड वग (Coreid bug)
17. ऑवला (Aonla)	प्ररोह पीटिका (Shoot gall)
	छाल भक्षक सूंडी (Bark eating caterpillar)
	फल बेधक (Fruit borer/Anar butter fly)
	मोयला / माहूँ (Aphid)
	लाल चींटी (Red ant)
	पर्ण भक्षी सूंडी (Leaf caterpillar)
	तना बेधक (Stem borer)

	दीमक (Termite)
	पत्ती लपेटक (Leaf roller)
18. अंगूर (Grape vine)	लता को मोड़ने वाला भृंग (Vine girdler beetle)
	अंगूर का भृंग (Grapevine beetle)
	दहिया कीट (Mealy bug)
	अंगूर का थ्रिप्स (Grapevine thrips)
	अंगूर का जैसिड (Grape vine jassid)
	अंगूर का पत्ती मोड़क (Grapevine leaf roller)
	देहिका भृंग (Flea beelt)
	पर्ण सुरंगक (Leaf minner)
	वरूथी (Mite)
	फल चूसक शलभ (Fruit sucking moth)
	पत्ती भक्षक भृंग (Leaf beetle/ Defoleating beetle)
	ग्रे भृंग (Grey beetle)
	शल्क कीट (Scale insect)
	कपास का मोयला (Cotton aphid)
	दीमक (Termite)
	पीला एवं लाल बर्रे (Yellow and red wasp.)
19. सेव (Apple)	सेन जोस स्केल (San jose scale)
	उली एफिस (Wooly aphis)
	घाव करने वाली सूंडी (Tent caterpillar)
	कोडलिंग शलभ (Codling moth)
	सेव का साइला (Apple psylla)
	पत्ती रहित एवं फल खाने वाला भृंग (Leaf defoliating and fruit eating beetle)
	सफेद शल्क (White scale)
	सेव का तना वेधक (Apple stem borer)
	लाल मकड़ी माइट (Red spider mite)
	सेव का जड़ वेधक (Apple root borer)

	फूल का थ्रिप्स (Blossom thrips)
	सेव फल का शलभ (Apple fruit moth)
	सेव का हॉक मॉथ (Apple hawk moth)
	वरूथी (Mite)
	खुवानी का माहूँ (Apricot aphid)
	रोमिल सूंडी (Hairy caterpillar)
	सेव का पर्ण सुरंगक (Apple leaf minor)
	इन्डियन जिप्सी मॉथ (Indian gypsy moth)
	यूरोपियन लाल माइट (European red mite)
	कॉकचाफर (Cockchaffers)
	पत्ती मोड़क एवं फल खुरचने वाला (Leaf roller and fruit scrapper)
	चीता शलभ (Leopard moth)
	फल मक्खी (Fruit fly)
20. अखरोट (Walnut)	अखरोट का घून (Walnut weevil)
	लम्बी–मूंछ वाली अखरोट का भृंग (Long horned walnut beetle)
	अखरोट का मोयला (Walnut aphid)
21. बादाम (Almond)	बादाम का घून (Almond weevil)
	बादाम का भृंग (Almond bettle)
	बादाम का मोयला (Almond aphid)
	चिपटा सिर वाली पेड़ का वेधक (Flat headed tree borer)
	सेन जोस स्केल (San jose scale)
	शल्क कीट (Scale insect)
22. सतालू (Peach)	सतालू की पत्ती ऐंठन मोयला (Peach leaf curl aphid)
	सतालू का मक्खी (Peach fruit fly)
	सतालू का टहनी वेधक (Peach twig borer)
	सतालू का तना वेधक (Peach stem borer)
	फूल का पर्णजीवी (Blossom thrips)
	चिपटा सिर वाली वेधक (Flat headed borer)

	सतालू का शल्क कीट (Peach scale) सतालू का पत्ती मोड़क (Peach leaf roller) छाल भक्षक सूंडी (Bark eating caterpillar) दीमक (Termite)
23. नाशपाती (Pear)	सेन जोस स्केल (San jose scale) टेन्ट सूंडी (Tent caterpillar) फल मक्खी (Fruit fly) नाशपाती का मोयला (Pear aphid) अनार की सफेद मक्खी (Anar white fly)
24. काजू (Cashew nut)	काजू का तना एवं जड़ वेधक (Cashew stem and root borer) काजू का पर्ण सुरंगक (Cashew leaf miner) काजू का मच्छर वग (Masquito bug of cashew) काजू का पत्ती काटने वाली सूंडी (Leaf caterpillar of cashew) काजू का थ्रिप्स (Cashew thrips) स्लग कैटरपीलर (Slug caterpillar) प्ररोह–शीर्ष एवं फूल की सूंडी (Shoot-tip and inflorescence caterpillar)
25. गुलर/अंजीर (Fig)	आम का तना वेधक (Mango stem borer) अनजीर मीज (Fig midge) अनजीर का शल्क कीट (Fig scales) पत्ती मोड़क (Leaf roller) वरूथी (Mite) पर्णजीवी (Thrips) फल मक्खी (Fruit fly)
26. लोक्वाट (Loquat)	फल मक्खी (Fruit fly) छाल भक्षक सूंडी (Bark eating caterpillar) पर्णजीवी (Thrips) शल्क कीट (Scale insect)

27. **जैतुन (Olive)**	जैतुन का शल्क कीट (Olive scale) काला शल्क कीट (Black scale) जैतुन का शायला (Olive psylla) फीता–पंखी बग (Lace-wing bug/ Black tingid)
28. **स्ट्राबेरि (Straw berry)**	सफेद लट (White grub) कटुआ सूंडी (Cut worm) रोमिल सूंडी (Hairy caterpillar)
29. **चेरी (Cherry)**	तना बेधक (Stem borer) जड़ बेधक (Root borer) चिपटा सिर वाली वेधक (Flat-headed borer) बर का शल्क कीट (Plum scale)
30. **खजूर (Date palm)**	खजूर का शल्क कीट (Date palm scale) काला ताड़ भृंग (Black palm beetle) लाल ताड़ घून (Red palm weevil)
31. **इमली (Tamarind)**	नारियल का शल्क कीट (Coconut scale) नींबू का मिली बग (Citrus mealy bug) इमली का फल बेधक (Tamarind fruit borer) अनार की तितली (Anar Butter fly) अरंण्डी का सम्पुट वेधक (Castor capsule borer) सफेद लट (White grub)
32. **फालसा (Falsa)**	बर का रोमिल सूंडी (Plum hairy caterpillar) आम का दहिया कीट (Mango mealy bug) छाल भक्षक सूंडी (Bark eating caterpillar) फालसा का सूंडी (Falsa caterpillar) पत्ती भक्षक भृंग (Leaf eating beetle) बदाम का भृंग (Almond beetle) फालसा का भृंग (Falsa beetle) कपास का सफेद मक्खी (Cotton white fly) पेन्टाटोमीड बग (Pentatomid bug)

	फालसा का मृत्कुण (Falsa bug) सफेद लट (White grub)
33. सुपाड़ी (Areca nut/ Betel nut palm)	सुपाड़ी का मिरिड बग (Areca nut mirid bug/spindle bug) दीमक (Termite) लाल ताड़ घून (Red palm weevil) थ्रीप्स (Thrips)

आम (Mango)

आम का फुदका (Mango leaf hopper)

वैज्ञानिक नाम : *अमैरीटोडस एटकिनसोनी* (*Amritodus atkinsoni* Leth.)

आक्रान्त पौधें – आम उपर्युक्त प्रजातियों के अतिरिक्त इस कीट की दो प्रजातियां और मिलती है –

ओडियोसेरस क्लाइपीएलिस (*Idioserus clypealis* Leth.)

ओडियोसेरस निभयोसपेरस (*Idioserus niveosparsus* Leth.)

पहचान : नवजात शिशु भूरे रंग का लगभग 1.0 मि0मी0 लम्बा होता है। यह शक्ल–सूरत में प्रौढ़ से मिलता–जुलता है, परन्तु आकार में छोटा तथा प्रजनन अंग एवं पंख नहीं होते। चूंकि यह फुदक कर चलता है। अतः इसे फुदका भी कहते हैं। छेड़ने पर पत्तियों पर तिरछा चलता है। इसके चूषने और चुभाने वाले मुखांग होते हैं, चूंकि इनके पंख नहीं होते है, इसलिए उसी स्थान पर रस चूषते रहते हैं तथा तेजी से बढ़ते हैं। शिशु फनाकार (Wedge shaped) सफेद रंग के होते हैं। प्रत्येक निर्मोचन के बाद इनका रंग बदल जाता है। ये पीले, पीले–हरे, हरे एवं अन्त में हरे–भूरे रंग में बदल जाते हैं। ये अपने जीवनकाल में 5 बार त्वचा निर्मोचन (Moulting) करते हैं। जीवनकाल प्रायः 3 से 4 सप्ताह का होता है। इसके पश्चात् ये शिशु अन्तिम बार त्वचा निर्मोचन करके प्रौढ़ कीटों में परिवर्तित हो जाते हैं।

वयस्क कीट का शरीर तिकोना, आगे की ओर चौड़ा तथा पिछला सिरा पतला होता है तथा ये भी आकार में फनाकार ही होते हैं। नर प्रायः 4.2 से 4.8 मि0मि0 तथा मादा 4.7 से 4.8 मि0मी0 लम्बे होते हैं तथा इनका रंग भी मटमैला भूरा होता है। इनका शीर्ष (Vertex) हल्के पीले रंग का होता है। सिर के अगले भाग पर एक जोड़ी शुण्डाकार श्रृंगिकाएं (Antannae) होती है। इसके अग्र पंख, पश्य पंखों

की अपेक्षा अधिक मोटे एंव कांस्य (Bronze) रंग के होते हैं। इनके तीन जोड़ी टांगे होती है। अगली जोड़ी छोटी तथा पिछली टांगे लम्बी होती है जिससे कि इनको उछलने में सहायता मिलती है। ये कीट नवम्बर के महीने से फरवरी माह तक पत्तियों की निचली सतह पर भूरे रंग के मुलायम धागों के जाल से शरीर को ढके हुए शीत् निष्क्रियता में रहते है। फरवरी के मध्य में जाड़ा कम होने पर पुनः सक्रिय हो जाते हैं। इन कीटों की विशेषता यह है कि ये अक्सर झुण्डों में रहते हैं तथा प्रकाश प्रेमी होते हैं, वर्षा प्रारम्भ होते ही ये रात्रि के समय रोशनी में काफी संख्या में आते हैं।

क्षति प्रकृति : आम की फसल को इस कीट से सर्वाधिक क्षति होती है। इनका प्रकोप आम में बौर (पुष्पक्रम) आने पर ही शुरू हो जाता है जो कि लगभग फरवरी के मध्य में होता है। इस कीट के शिशु (Nymph) एवं प्रौढ़ (Adult) दोनो ही फसल को नुकसान करते हैं, दोनो के ही चूषने तथा चुभाने वाले मुखांग होते हैं, प्रारंम्भ में ये कोमल पत्तियों तथा बाद में कोपलों और फूलों का रस चूषते हैं। प्रौढ़ की अपेक्षा शिशु अधिक नुकसान पहुँचाते हैं, क्योंकि उनको विकास के लिए अधिक भोजन की आवश्यकता पड़ती है तथा इसके साथ ही इनके पंख नहीं होते जिसके कारण ये एक ही स्थान पर रस चूषते हैं। इनके मलद्वार से मल के साथ एक प्रकार का मधुस्त्राव भी निकलता है जिसकी वजह से फूलों एवं पत्तियों में काला फफूंद भी लग जाता है, फलस्वरूप परागण क्रिया में बाधा पहुँचती है तथा फल नहीं लगते हैं। चूँकि यह पत्तियों तथा फलों का रस चूषते हैं, इसलिए पत्तियां पीली पड़ जाती है तथा फल झड़ने लगते हैं। फूलों में जो फल लगते हैं, वे कमजोर रह जाते हैं तथा जरा–सा हवा का झोंका लगने से गिर जाते हैं।

इस कीट के आक्रमण तथा सक्रिय रहने के वर्ष में दो समय हैं, पहला फरवरी से अप्रैल तथा दुसरा जून से सितम्बर तक। इस प्रकार पूरे साल में यह करीब–करीब फरवरी से लेकर नवम्बर तक सक्रिय रहता है। वैसे तो इनका प्रकोप प्रतयेक वर्ष थोड़ा बहुत रहता है, परन्तु तीसरे या चौथे वर्ष अधिक हो जाता है, इस कारण से इस कीट को सामयिक हानिकारक कीट (Periodic insect pest) कहते हैं। नये तथा उचित दूरी पर लगे पौधों की अपेक्षा पुराने तथा पास–पास (घने) लगे पौधों पर इस कीट का प्रकोप अधिक होता है।

नियंत्रण के उपाय

पौधों को अधिक सघनता से बचना चाहिए, क्योंकि अधिक सघनता के कारण इस कीट को वृद्धि व जनन के लिए अधिक उपयुक्त वातवावरण मिलता है। अतः पौधों

को अनुशंसित दूरी पर लगाना चाहिए तथा पुराने व घने पेड़ों की शाखाओं को काटकर दूर–दूर कर देना चाहिए।

बगीचे को सदैब स्वच्छ तथा खरपतवार से मुक्त रखना चाहिए।

पौधों को सही समय पर पानी देना चाहिए, क्योंकि अनियमित व बार–बार पानी देने से इस कीट का प्रकोप अधिक होता है।

उद्यान में जलप्लवन या पानी जमा होने की स्थिति से बचाना चाहिए।

पेड़ों पर निम्नलिखित कीटनाशकों में से किसी एक दवा की बताई हुई मात्रा को 10 लीटर पानी में मिलाकर प्रथम छिड़काव पुष्पक्रम निकलने के समय, दुसरा पुष्पक्रम के पूर्ण विकसित होने पर एवं तीसरा फल बनने के समय करना चाहिए।

इमिडाक्लोप्रिड 17.8 एस0एल0	–	3–4 मि0ली0 / 10 ली0 पानी
डायमेथोएट 30 ई0सी0	–	20 मि0ली0 / 10 ली0 पानी
प्रोफेनोफॉस 50 ई0सी0	–	15 लीटर / 10 ली0 पानी
डायक्लोरभॉस 76 ई0सी0	–	15 लीटर / 10 ली0 पानी

आम का तना बेधक (Mango stem borer)

वैज्ञानिक नाम : *बैटोसेरा रूफोमैकुलाटा (Bactocera rufomaculata)*

आक्रान्त पौधें – आम, अमरूद, अनार, नींबू, कटहल, सेव, शहतुत, अंजीर, लुकाट, शीशम आदि।

पहचान : इस कीट की पूर्ण विकसित ग्रब 90 मि0मी0 लम्बा, स्थूलकाय, हाथी दाँत जैसे रंग के स्पस्ट खण्ड युक्त होता है। वयस्क भृंग दीर्घ–श्रृंगी होता है जो 50–66 मि0मी0 लम्बा होता है। भृंग के अग्रवक्ष में नारंगी रंग के वृक्क के आकार के दो बड़े धब्बे तथा दोनों ओर शुकिका जैसी मोटी रचनाएँ पायी जाती है जो कि इस कीट की मुख्य पहचान है।

क्षति प्रकृति : इस कीट के भृंग और ग्रव दोनों ही क्षति पहुँचाते हैं, क्योंकि ये मुख्य तने एवं शाखाओं को सीधे खाकर उन्हें सुखा देते हैं तथा पूरा पौधा इसके ग्रसन के कारण सूख जाता है। ग्रब तने में टेढ़ी–मेढ़ी सुरंगे बना देती है एवं तने के द्रवीय भाग (Sap wood) को खाकर पौधों को सूखा कर मार देती है।

नियंत्रण के उपाय

1. प्रकाश प्रपंच द्वारा प्रौढ़ कीटों को आकर्षित कर नष्ट किया जा सकता है।
2. ग्रसित शाखाओं को काटकर ग्रब व प्यूपा सहित नष्ट कर देना चाहिए।

3. ग्रब द्वारा बनाये गये छिद्रों में तार डालकर उन्हें मारा जा सकता है।
4. कीटों के द्वारा बनाये गये छिद्रों में डायक्लोरभॉस 76 ई0सी0 की (4 मि0ली0 प्रति लीटर पानी का घोल) 5 मि0ली0 प्रति छिद्र की दर से इन्जेक्सन की सीरिंज द्वारा डालकर इसे गीली मिट्टी से बन्द कर देना चाहिए।
5. कीटनाशक दवाओं के अभाव में पेट्रोल की पिचकारी से छेद के अन्दर डालकर गीली मिट्टी से बन्द करके भी कीट नियंत्रित हो जाता है।
6. सेल्फास की आधी टिकिया प्रति छेद में डालकर गीली मिट्टी से छेद को बन्द कर देना चाहिए।
7. पैराडाईक्लोरो बैन्जीन के कुछ दानों को छेद में डालकर गीली मिट्टी से बन्द कर देने से कीट का नियंत्रण किया जा सकता है।

फल मक्खी (Fruit fly)

वैज्ञानिक नाम : *डेकस डोरसैलिस (Dacus dorsalis)*

आक्रान्त पौधें – आम, अमरूद, पपीता।

पहचान : वयस्क मक्खी की लंम्बाई 7 मि0मी0 होती है। इसका वक्ष लोहमय, पैर पीले, उदर शंकु के आकार का गहरा–भूरा एवं पंख से पंख की लम्बाई लगभग 14 मि0मी0 होती है। वयस्क मक्खियां बहुत अच्छी तरह से उड़ने की क्षमता रखती है तथा भोजन की तलाश में 2 किलोमीटर तक उड़ती है। मैगट सफेद, अल्पपारदर्शक होते हैं। ये पीले रंग के होते हैं तथा इनके सिर के आगे का भाग तीखा होता है।

क्षति प्रकृति : मादा अपने अण्डनिक्षेपक की मदद से आम के फल की त्वचा के अन्दर अपने अण्डे दे देती है जिस स्थानों पर ये अपने अण्डनिक्षेपक (Ovipositor) को घुसाती है, वहाँ पर काले रंग के धब्बे बन जाते हैं एवं वहाँ पर सूक्ष्मजीवों के आक्रमण से सड़न उत्पन्न हो जाती है। मैगट फल का गुदा खाकर उसे खराब करता है। यह आम का एक विध्वंसकारी कीट है।

नियंत्रण के उपाय

1. जमीन पर पड़े सड़े–गले आम के फलों को एकत्र कर नष्ट कर देना चाहिए।
2. इस कीट का प्रकोप दशहरी, लंगडा व बोम्बे ग्रीन किस्मों के आम पर कम होता है। अतः इन किस्मों को लगाना लाभकारी होता है।
3. इस कीट का वयस्क मक्खी दिखाई देते ही मिथाइल यूजीनाल ट्रेप की सहायता से इन्हें कम किया जा सकता है। (मिथाइल यूजीनाल 4 बूंदें +

डायक्लोरभास का 4 बूंदें के मिश्रण में डुबा रूई का टुकड़ा या स्पंज ट्रेप के रूप में काम में लाया जा सकता है)।

4. आम के बगीचे के आस–पास या अन्दर काली तुलसी उगा कर उस पर फेनीट्रोथियान 50 ई0सी0 का 1.0 मि0ली0 / ली0 पानी की दर से का प्रत्येक 15 दिन के अन्तराल पर छिड़काव कर नर मक्खियों को आकर्षित करके नष्ट किया जा सकता है।
5. विष चुग्गे का छिड़काव करना काफी लाभप्रद रहता है। विष चुग्गे को शीरा 150 ग्राम + मालाथियान 100 मि0ली0 + 100 लीटर पानी में घोलकर बनाया जा सकता है। इसे बड़ी–बड़ी बूंदों के रूप में पेड़ों पर व आसपास की उगी घास पर छिड़कना चाहिए।
6. निम्नलिखित कीटनाशक दवाओं का छिड़काव 10 लीटर पानी प्रति पेड़ के अनुसार 15 दिन के अन्तराल पर तीन छिड़काव दवाओं को बदल–बदल कर करना चाहिए।

क्वीनालफॉस 25 ई0सी0	–	15 मि0ली0
क्लोरपायरीफॉस 20 ई0सी0	–	12–15 मि0ली0
डायक्लोरभॉस 76 ई0सी0	–	15 मि0ली0

आम का चूर्णी मृत्कुण या दहिया कीट (Mango mealy bug)

वैज्ञानिक नाम : *ड्रोसिका मैन्जीफेरी (Drosicha mangiferae)*

आक्रान्त पौधें – आम, कटहल, जामून, अमरूद, नींबू, लीची।

पहचान : इस कीट के शिशु एवं वयस्क मोम की तरह सफेद, चपटे एवं अण्डाकार कीट होते हैं। इसे कई बार कवकजाल (*Fungal growth*) भी समझ लिया जाता है। मादा वयस्क पंख विहीन होती है जबकि नर दो पंखों वाले, गहरे लाल रंग के मृत्कुण होते हैं।

क्षति प्रकृति : शिशु एवं वयस्क मादा कीट पौधों को काफी नुकसान पहुँचाते हैं। ये पुष्पक्रमों, कोमल पत्तियों, शाखाओं व फलों पर चिपक कर उनसे रस चूसते हैं। अत्यधिक प्रकोप की स्थिति में प्रभावित भाग सूख जाता है, मुरझा जाते हैं व झड़ जाते हैं। रस चूसने के अतिरिक्त ये कीट मधुरस (Honey dew) भी उत्सर्जित करते है जो काली कवक को आकर्षित करता है। परिणामतः प्रकाश–संश्लेषण क्रिया में विघ्न उत्पन्न होती है।

नियंत्रण के उपाय

1. ग्रीष्म ऋतु में पौधों के आधार के पास गुड़ाई या जुताई करनी चाहिए जिससे कीट के प्यूपे एवं अण्डे बाहर आकर सूर्य की तेज धूप व ताप में नष्ट हो जाते हैं।
2. बाग के चारो ओर उगने वाले खरपतवारों व अन्य जंगली पौधों को जला देना चाहिए।
3. पौधों के तने के चारो ओर भूमि की सतह से 300 मि0मी0 की ऊँचाई पर 300 मि0मी0 चौड़ी अलकाथीन शीट (Alkathine sheet) बांधकर कीट का प्रभावी नियंत्रण किया जा सकता है। इस पट्टी को दिसम्बर के अन्तिम सप्ताह में लगानी चाहिए। इस पट्टी के कारण अण्डों से निकलने के बाद शिशु उपर नहीं चढ़ पाते है और पट्टी के नीचे ही एकत्रित हो जाते हैं। इनको हाथों से मारा जा सकता है या मानोक्रोटोफास 36 एस0एल0 (0.1 प्रतिशत) का छिड़काव करके नष्ट किया जा सकता है।
4. जब कभी भी पेड़ों के उपर शिशु दिखाई पड़े तो निम्नलिखित कीटनाशकों का छिड़काव करना चाहिए।

प्रोफेनोफॉस 50 ई0सी0	–	1 मि0ली0 / ली0 पानी
मोनोक्रोटोफॉस 36 एस0एल0	–	1.5 मि0ली0 / ली0 पानी
क्वीनालफॉस 25 ई0सी0	–	1.5 मि0ली0 / ली0 पानी

आम का साइला (Mango shoot gall)

वैज्ञानिक नाम : *साइला सिसटेल्लाटा* (*Apsylla cistellata* Busk)

आक्रान्त पौधा – आम।

पहचान : इस कीट के शिशु चपटे, गोलकार तथा हल्के पीले रंग के होते हैं। वयस्क कीट 3–4 मि0मी0 लम्बा होता है। इसका सिर तथा वक्ष काले रंग का तथा उदर हल्के भूरे रंग का होता है। प्रौढ़ कीट मार्च–अप्रैल माह में सक्रिय रहते हैं।

क्षति प्रकृति : यह आम के प्ररोहों पर घुंड़ी पैदा करने वाला कीट है। साइला के प्रकोप से मुलायम शाखाओं के सिरे तथा पत्तियों के कोष्ठों में हरी नुकीली पिटिकायें (Galls) बनती है। अगस्त के महीने में नवजात शिशु (Nymph) कोमल भागों का रस चूसना प्रारंभ करते हैं। प्रौढ़ तथा शिशु दोनों ही रस चूसते समय मुखागों से एक प्रकार का विषाक्त पदार्थ निकालते हैं जिससे कलियों में उत्तेजना पैदा होती है। परिणामस्वरूप वे छोटी–छोटी पत्तियों में बदल जाती है।

ग्रसित शाखायें सूख जाती है तथा उनपर नही के बराबर फल लगते हैं। इस कीट से अत्यधिक क्षति होती है, क्योंकि ग्रसित कलियों में फल नहीं बन पाते।

नियंत्रण के उपाय

1. कीट से ग्रसित शाखाओं तथा पिटिकाओं (Galls) में उपस्थित शिशुओं को एकत्रित करके जला देना चाहिए।
2. कई पत्तियों वाली शाखाओं पर पत्तियों के दोनों सतहों पर निम्न कीटनाशकों में से किसी एक का छिड़काव 15 दिन के अन्तराल पर तीन बार करना चाहिए।

इन्डोक्साकार्ब 14.5 एस0सी0	–	1 मि0ली0 / 1.5 ली0 पानी
मोनोक्रोटोफॉस 36 एस0एल0	–	1.25 मि0ली0 / ली0 पानी
क्वीनालफॉस 25 ई0सी0	–	1.5 मि0ली0 / ली0 पानी
डायमेथेएट 30 ई0सी0	–	2 मि0ली0 / ली0 पानी

छाल भक्षक सूंडी (Bark eating caterpiller)

वैज्ञानिक नाम : *इन्डरबेला क्वाड्रिनोटाटा* (*Indarbela quadrinotata* walker)

आक्रान्त पौधा – आम, ऑवला, अनार, लीची, नींबू, लोकाट, चीकू, बेल आदि।

पहचान : वयस्क कीट स्थूल मटमैले भूरे रंग का शलभ (Moth) होता है। जिस पर काले भूरे रंग के धब्बे होते हैं। अग्र पंख पर भूरे रंग के धब्बे होता है, जबकि पिछली जोड़ी पंखों का रंग धुयेंदार सफेद होता है। पंख विस्तार नर व मादा कीट में क्रमशः 35–38 एवं 46–50 मि0मी0 होता है। मादा कीट, प्रौढ़ नर की अपेक्षा बड़ी तथा रंग पीला होता है। पूर्ण विकसित सूंडी मटमैले भूरे रंग की 40–45 मि0मी0 लम्बी होती है। इनके शरीर पर छोटे–छोटे बाल होते हैं तथा शरीर के दोनों ओर गहरे भूरे दाग होते हैं।

क्षति प्रकृति : इस कीट की सूंडी अवस्था हारिकारक होती है। प्रारंम्भ में यह छाल को खरोच कर खाती है तथा बाद में तने, शाखाओं विशेषकर उनके जोड़ (Joint) बाले स्थानों से छेद करके अन्दर प्रवेश कर जाती है। यह दिन के समय तने पर बनी हुई सुरंगों या बुनी हुई जाल में छिपी रहती है तथा रात्रि के समय सक्रिय रहती है। सूंडी रात्रि के समय सुरंग अथवा छेद के पास छाल को खाती है तथा खाई हुई छाल के छोटे–छोटे टुकड़ों एवं विष्ठा तथा चिपचिपे पदार्थ से लगभग 20–30 सें0मी0 लम्बी तथा 2.5 से0मी0 चौड़ी भूरे रंग की रिबन की भांति जाली बनाती है। यह इन जालों के अन्दर छिपकर तने की कोमल लकड़ी तथा

खाद्य वाहिनियों को कुतर–कुतर कर खाती है जिससे सुरंग बनती है, फलस्वरूप तनों के उपरी भागों में पोषक तत्वों का प्रवाह रूक जाता है। तने कमजोर हो जाते हैं, शाखायें सूख जाती है तथा ग्रसित वृक्षों में फल कम लगते हैं। कीट का अधिक प्रकोप होने पर पूरा का पूरा पौधा ही सूख जाता है। इसका आक्रमण प्रायः पुराने वृक्षों पर अधिक होता है। यह देखा गया है कि इसका प्रकोप काली मिट्टी तथा वर्षा वाले क्षेत्रों में अधिक होता है और 42–46 प्रतिशत तक पौधे ग्रसित पाये गये हैं।

नियंत्रण के उपाय

1. बाग की स्वच्छता और पौधों की सघनता को सीमित रखकर कीट की संख्या वृद्धि को सीमित किया जा सकता है।
2. पौधों की दो शाखाओं के कक्ष में कीट द्वारा बनाये गये जाले इस कीट की उपस्थिति का आभास देते हैं। अतः छिद्र में लोहे के तार डालकर सूंडी को मार देना चाहिए। ये उपाय प्रायः छोटे–बागों व कम प्रकोप की दिशा में उपयुक्त होता है।
3. कीट द्वारा किये छिद्रों में डायक्लोरभास 76 ई0सी0 का 0.05 प्रतिशत घोल डालकर भी अन्दर उपस्थित सूंडी को नष्ट किया जा सकता है।
4. सुरंगों में पेट्रोल या ई0डी0सी0टी0 मिश्रण को रूई से भिंगोकर भर दें तथा उसे गीली मिट्टी से बन्द कर दें।

पर्ण जालक (Leaf webber)

वैज्ञानिक नाम : *ऑरथेगा युवाड्रसैलिस* (*Orthaga euadrusalis*)

आक्रान्त पौधा – आम।

पहचान : सूंडी (कैटरपीलर) लम्बे मटमैले रंग के धारीदार लगभग 3.0 सें0मी0 लम्बाई के होते हैं। छूने पर कूदकर सूंडी नीचे एक रेशमी जाल लटका कर गिरते हैं।

क्षति प्रकृति : जाला बनाने वाले इस कीट की सूंडी अपने लार को रेशम के धागे की तरह उपयोग करके पत्तियों को एक स्थान पर जोड़ कर घोंसला सा बनाती हैं। इस जाले के भीतर रह कर छोटी सूंडिया डण्ठल को छोड़ कर पत्तियों का सारा भाग खा जाती है। एक घोंसले (जाले) में कई सूंडिया हो सकती है। सूंडिया के बड़े होने के साथ ही जाले का आकार भी बढ़ता जाता है। इस घोंसलों को हाथ लगाते ही सूंडिया लार के धागे के सहारे नीचे लटकती दिखायी देती है।

कीट के प्रकोप से टहनियां सूखने लगती है। कभी–कभी इनका प्रभाव इतना भयानक देखा गया है कि सम्पूर्ण पेड़ की पत्तियां सूख जाती है और ऐसा लगने लगता है कि पूरा बाग जला दिया गया हो। पुराने घने बागों में इनका प्रकोप अधिक होता है। पूर्ण वयस्क सूंडिया या तो घोंसले के अन्दर ही या भूमि में घुस कर प्यूपा में बदल जाती है जो 11–14 दिनों में वयस्क का रूप धारण कर लेती है। इस कीट का प्रभाव अप्रैल से शुरू होकर दिसम्बर तक रहता है एवं छायादार और घने–घने बागों में अधिक होता है।

नियंत्रण के उपाय

1. इन कीटों की वृद्धि को रोकने के लिए प्रभावित प्ररोहों एवं पत्तियों को अप्रैल–जुलाई में तोड़ कर जला देना चाहिए।
2. नवम्बर–जनवरी माह में गहरी जुताई करने से मिट्टी के अन्दर उपस्थित कीड़े नष्ट हो जाते हैं।
3. घने और छायेदार बागों में इनका प्रकोप अधिक होता है। इसलिए पेड़ों को निश्चित दूरी पर लगाना चाहिए एवं अधिक घने होने पर समय–समय पर इसकी कटाई–छँटाई करते रहना चाहिए।
4. क्यूनालफॉस 25 ई0सी0 या मोनोक्रोटाफॉस 36 एस0एल0 की 1.5 मी0ली0 प्रति लीटर पानी की दर से जुलाई के अन्तिम सप्ताह में 15 दिनों के अन्तराल पर तीन छिड़काव करने से इस कीट का नियंत्रण किया जा सकता है।

आम के गुठली का घुन (Mango stone weevil)

वैज्ञानिक नाम : *क्रिप्टोरिंकस मैनजीफेरी (Cryptorhynchus mangiferae)*

आक्रान्त पौधा – आम।

पहचान : वयस्क कीट छोटा घुन होता है जिसकी लम्बाई 5–6 मि0मी0 होता है। इस कीट का शरीर पुष्ट और भूरे रंग का होता है।

क्षति प्रकृति : मदा कीट अपरिपक्व छोटे फलों अथवा पकने वाले फलों के छिलके की अन्दरूनी भाग में अण्डे देती है। ग्रब (सूंडी) गुदे में छेद करके गुठली को आहार बना कर अंत में गिरि को क्षति पहुँचाती हैं। बीज के अन्दर इस कीट का जीवन–चक्र चलता रहता है। कीट से प्रभावित गूदे का हिस्सा विवर्ण हो जाता है। ग्रसित फल बाहर से देखने में पूर्ण स्वस्थ लगता है।

दक्षिण भारत में इस कीट का प्रकोप अधिक देखा गया है। आसाम व बंगाल में इस कीट की दुसरी प्रजाति (*स्टरनोकीटस फ्रिजीडस*) पायी जाती है। इसका प्रकोप आम की मीठी किस्मों जैसे अल्फांसों, नीलम, आदि पर अधिक होता है।

नियंत्रण के उपाय

1. बाग की सफाई करना एवं कीटों से ग्रसित गिरे फलों को सप्ताहवार इकट्ठा कर नष्ट करना चाहिए।
2. अक्टूबर–नवम्बर एवं मार्च में पेड़ों के नीचे जमीन की गुड़ाई करने से भी इस कीट को सुसुप्तावस्था में फूल निकलने से पहले नवम्बर–दिसम्बर माह में नष्ट किया जा सकता है।
3. मुख्य तने एवं शाखाओं को डाएजिनान 20 ई0सी0 (1.5 मि0ली0 / ली0 पानी) या फेनथियान 50 ई0सी0 (1.0 मि0ली0 / ली0 पानी) का छिड़काव करने से भी इस कीट के वयस्क जो कि पेड़ की दरारों, छाल के नीचे छुपे होते हैं, की संख्या में कमी लायी जा सकती है। अगर प्रकोप अधिक हो तो, जब फल मटर अवस्था के हों, उस समय फेनथियान 50 ई0सी0 (1.25–1.5 मि0ली0 / ली0 पानी) का छिड़काव करें। दुसरा छिड़काव 15 दिनों के अन्तराल पर मोनोक्रोटोफॉस 36 एस0एल0 (1.0 मि0ली0 / ली0 पानी) करने से कीड़े को नियंत्रित किया जा सकता है।

आम के पत्ती की घुंडी (Mango leaf gall)

वैज्ञानिक नाम : *प्रोकोनटारिनिया मेटियाना* (*Procontarinia matteiana*)

एमरोडिफोसिम इडिनोगेलिपर्ड (*Amrodiphosis edinoglliperd*)

आक्रान्त पौधा – आम।

पहचान : वयस्क कीट मच्छर से छोटा होता है। ये गॉल के उपर छेद कर निकल आते हैं।

क्षति प्रकृति : कीट वसंत एवं गृष्म ऋतु में गॉल का निर्माण करते हैं। पत्तियों के निचले सतह पर मूंग से छोटे आकार के दाने निकल आते हैं जो प्रारंम्भ में हरे रंग के एवं बाद में काले रंग के हो जाते हैं। इससे पत्तियों को भोजन बनाने में बाधा होती है। इसके अतिरिक्त ये पत्तियों के मध्य सिराओं के अन्दर भी अण्डे डालती है। जिससे मैंगट (सूंडी) निकल कर सिराओं के अन्दर ही अन्दर खाते रहते हैं। फलस्वरूप इन सिराओं में सुरंग बन जाता है। इससे पत्तियां पूर्ण विकसित नहीं होती है, बल्कि उल्टी ऐंठ कर मुड़ जाती और छोटी रह जाती है।

वयस्क कीट सितम्बर–अक्टूबर माह में जब नयी पत्तियां निकलती है। इनके पिछले भाग पर अंडे डाल देती है जो कि बाद में चलकर गॉल (Gall) का रूप धारण कर लेता है।

नियंत्रण के उपाय

1. आक्रान्त पत्तियों को तोड़कर जला देना चाहिए।
2. सितम्बर–अक्टूबर माह में जब पत्तियां कोमल हो और कीटों का आक्रमण होने की सम्भावना हो तो निम्नलिखित कीटनाशकों में से किसी एक का छिड़काव करना चाहिए।

डायमेथेएट 20 ई0सी0	–	2 मि0ली0 / ली0 पानी
फेनीट्राथियान 50 ई0सी0	–	1 मि0ली0 / ली0 पानी
फेनवलेरेट 20 ई0सी0	–	1 मि0ली0 / ली0 पानी

पत्तियों को काटने वाली घुन (Leaf cutting weevil)

वैज्ञानिक नाम : *डिपोरॉस मार्जिनेटस* (*Deporaus marginatus*)

आक्रान्त पौधा – आम।

पहचान : इस कीट के पंख चमकीले काले रंग के होते हैं। यह सूड़ा (घून) जाति का कीट है, परन्तु आकार (6 मि0मी0) मधुमक्खी का होता है।

क्षति प्रकृति : मादा कीट अगस्त माह में मुलायम पत्तियों के बीच वाली नस (Vine) के पास अंडे देती है। अंडो से निकलते ही घून (Weevil) पत्तियों के डंठल के पास से कैंची की तरह काट देती है। कटी हुई पत्तियां अंडों व सूंडी के साथ पेड़ से नीचे गिर जाती है। एक सप्ताह के बाद अंडों से सूंडी निकलकर जमीन में चले जाते हैं जिससे पुनः दुसरे वर्ष बरसात में वयस्क कीट उत्पन्न होते हैं।

यह पत्तियों को काटकर पौधों को बहुत क्षति पहुँचाता है। यह छोटे पौधों पर विशेषतः मालदह किस्म को बहुत क्षति पहुँचाता है।

नियंत्रण के उपाय

1. पेड़ के नीचे गिरे पत्तियों को यथासम्भव प्रतिदिन एकत्र कर जला देना चाहिए, ताकि पत्तियों में उपस्थित अंडसमूह नष्ट हो जाय। विलम्ब करने पर अंडों से सूंडी निकल कर जमीन में चले जाते हैं, जहाँ उनका नियंत्रण करना कठिन हो जाता है।

2. पौधों के नीचे 200–300 ग्राम मिथाइल पैराथियान 2 प्रतिशत धूल का भुरकाव कर मिट्टी में मिला देना चाहिए। यह कार्य वर्षा के पहले एवं बाद दो बार करना चाहिए।
3. मोनोक्रोटोफॉस 36 एस0एल0 या क्लोरपायरीफॉस 20 ई0सी0 (1 मि0ली0/ ली0 पानी) को छिड़काव पेड़ो पर करना चाहिए।

शाखा बेधक (Shoot borer)

वैज्ञानिक नाम : *क्लूमेसिया ट्रांसवरसा* (*Chlumetia transvarsa*)

आक्रान्त पौधा – आम।

पहचान : वयस्क कीट छोटा एवं हल्का भूरा व भूरा रंग का शलभ (Moth) होता है।

क्षति प्रकृति : इस कीट की सूंडिया नई शाखाओं अथवा प्ररोहों को नुकसान पहुँचाती है। वयस्क मादा कीट पत्तियों पर अण्डे देती है। अण्डों से सूंडियां निकल कर मध्य नाड़ी में घुस कर अन्त में शाखा में उपर से नीचे की ओर छेद करना शुरू करती है और 10 से 15 सें0मी0 तक खोखला कर देती है। ग्रसित शाखायें मुरझा कर अन्त में सूख जाती है।

नियंत्रण के उपाय

1. अधिक प्रभावित प्ररोहों को काट कर नष्ट कर देना चाहिए।
2. मोनोक्रोटोफौस 36 एस0एल0 या क्वीनालफॉस 25 ई0सी0 का 1.0 मि0ली0 प्रति ली0 पानी का घोल बनाकर 2–3 छिड़काव 15 दिनों के अन्तराल पर करना चाहिए। नयी पत्तियों तथा शाखाओं के निकलने के समय ही पहला छिड़काव करना चाहिए।

फल चूसक शलभ (Fruit sucking moths)

वैज्ञानिक नाम : भारत में फलों का रस चूसने वाले शलभों की संख्या लगभग 20 है। इनमें से कुछ प्रमुख निम्न है –

(1) *ओफिडेरस प्रजातियां* (*Ophideres* spp.)

(2) *एकोरिया जनाटा* (*Achoea janata* Lin.)

(3) *केल्प इमरजिनाटा* (*Calpe emarginata*)

इनमें से भी दो पहली वाली प्रजातियां अधिक नुकसान पहुँचाती है। ओफिडेरस की निम्न प्रजातियां हैं –

(i) *ओफिडेरस कनजनक्टा* (*Ophiderus conjuncta*)
(ii) *ओफिडेरस मटारना* (*Ophiderus matarna*)
(iii) *ओफिडेरस ओनसिल्ला* (*Ophiderus oncilla*)

आक्रान्त पौधे – आम, अमरूद, अनार, लीची, सेव, नाशपाती, मीठे नीबूं, नारंगी, लोकाट आदि।

पहचान : प्रौढ़ 2.5 सें0मी0 लम्बा तथा पंख विसतार 9सें0मी0 होता है।

(i) ओफिडेरस कनजनक्टा के अगले पंख भूरे होते हैं तथा उसपर कुछ हरे रंग का मिश्रण भी होता है। जबकि पिछला पंख नारंगी या पीला रंग का होता है जिसपर काले धब्बे होते हैं। इनके मुखांग शक्तिशाली होते हैं जिससे कि फलों पर चुभाये जा सके।

(ii) ओफिडेरस मटराना के शरीर का हल्का नारंगी लिए हुए भूरा होता है। इसके अगली जोड़ी पंख गहरे भूरे रंग के साथ पिछली जोड़ी पंख नारंगी लाल रंग के, जिस पर दो काले रंग के धब्बे (Spot) होते हैं।

(iii) ओफिडेरस ओनसिल्ला के अगली जोड़ी पंख पीलापन लिये हुए रंग के होते हैं जिस पर सफेद रंग की धारियां (Markings) होती है तथा पिछली जोड़ी पंख नारंगी लिये हुए भूरे रंग के होते हैं जिसपर गहरी रंग की धारियां तथा सफेद धब्बे होते हैं।

अण्डे से निकलने के 24 घण्टे के अन्दर ही सूंडी पौधों की पत्तियों को खाना प्रारंम्भ कर देती है। यह सेमीलूपर कीट है जो कि कूबड़ (Loop) निकाल कर चलती है। इसके सिर पर विशेष प्रकार के आई स्पाट्स (Eye spots) होते हैं। शरीर के अन्तिम खण्ड पर पृष्ठ सतह के उपर पीले अथवा लाल रंग के धब्बे होते हैं। सूंडी 12–21 दिनों में पूर्ण विकसित होती है तथा इस समय यह अधिक मोटी एवं बेलनाकार हो जाती है एवं इसका रंग गहरा भूरा होता है। पूर्ण विकसित सूंडी 50 से 60 मि0मी0 लम्बी होती है।

क्षति प्रकृति : इस कीट के प्रौढ़ ही फलों का रस चूसते है तथा सूंडी जंगली पौधों पर जीवन निर्वाह करती है। प्रौढ़ कीट दिन में छिपे रहते हैं तथा रात्रि के समय निकलते हैं। पके फलों को सुगन्ध उन्हें आकर्षित करती है। ये अपने मुखांगों को पके फलों के अन्दर घुसाकर रस चूषते हैं। इस प्रकार बने हुए छिद्रों पर अन्य सूक्ष्म जीव जैसे बैक्टीरिया तथा फफूंद आदि का प्रकोप हो जाता है जिससे फल सड़ने लगते हैं तथा उससे दुर्गन्ध आने लगती है। ऐसी हालत में ये पेड़ों से टुट कर जमीन पर गिर पड़ते हैं। इनके द्वारा होने वाली क्षति का

अनुमान 20 से 50 प्रतिशत तक लगाया गया है, परन्तु प्रकोप अधिक होने पर कभी–कभी सारे फल ही नष्ट हो जाते हैं।

नियंत्रण के उपाय

1. सूंडी के पोषक पौधों को बागों के पास नहीं उगने देना चाहिए।
2. प्रौढ़ कीटों को प्रकाश प्रपंच (light trap) के द्वारा आकर्षित कर नष्ट किया जा सकता है।
3. फलों को पकने के बाद तुरन्त तोड़ लेना चाहिए।
4. सायंकाल बाग के पास धुआं करना चाहिए, ताकि फलों की महक से प्रौढ़ कीट आकर्षित न होने पाये।
5. निम्न बेट का प्रयोग कर कीट को नष्ट किया जा सकता है –
   (i) गुड़ का घोल 160 भाग
   (ii) लेड आर्मिनेट 1 भाग
   (iii) सिरके की कुछ बूंदे।

लाल चींटी या घोरन (Red Ants)

वैज्ञानिक नाम : *बाइकोफाइला स्मारडाइना* (*Oecophylla smaragdina*)

आक्रान्त पौधे – आम, जामून इत्यादि।

पहचान : यह चींटी लगभग 2.5 सें0मी0 लम्बी लाल–भूरे रंग की होती है जो छेड़ने पर काटती है। इस कीट की मादाएँ सफेद होती है तथा अंडे इन्हीं पत्तियों में बने घोसलों में देती है। नवविकसित सूंडी सफेद और 1.25 मि0मी0 लम्बी होती है। ये कीट सर्दी के मौसम को छोड़कर लगभग पूरे वर्ष सक्रिय रहते हैं।

क्षति प्रकृति : यह नयी पत्तियों को एक साथ बांधकर छत्ता बनाती है जिसे चिटीं का छत्ता भी कहते हैं। पत्तियों के बन्ध जाने के कारण प्रकाश–संश्लेशन की क्रिया में बाधा उत्पन्न होती है। यह कीट काक्सीड निम्फ (Coccid nymph) को एक पेड़ से दुसरे पेड़ पर ले जाता है। यह फल तोड़ने के समय आदमी को काटती है।

लाल चींटी भी कुछ सूंडी (Caterpiller), भृंग तथा मक्खियों आदि को भी खाती है तथा लाभप्रद भी है।

नियंत्रण के उपाय

1. छत्ता को तोड़कर नष्ट कर देना चाहिए।

आम की मकड़ी (Mango bud mite)

वैज्ञानिक नाम : *एसीरिया मैजीफेरी* (*Aceria mangiferae*)

आक्रान्त पौधा – आम।

पहचान : यह आर्थोपोड़ समुदाय की एक अत्यन्त सूक्ष्म जीव है जिसका शरीर बेलनाकार होता है। यह अष्टपदी (चार जोड़ी पैर) जन्तु होता है।

क्षति प्रकृति : यह मकड़ी आम के मंजरों पर आक्रमण करती है। इसकी संख्या फरवरी माह में सबसे अधिक होती है और फिर मई माह तक कम हो जाती है। जून–जुलाई में पुनः इसकी संख्या काफी हो जाती है। यह मकड़ी आम की कलियों का रस–चूस लेती है। अधिक प्रकोप होने पर कलियां सूख कर मर भी जाती है। यह आम की सभी किस्मों को आक्रान्त करती है। यह पंजाब में सबसे अधिक पायी जाती है।

नियंत्रण के उपाय

निम्नलिखित मकड़ीनाशक दवाओं में से किसी एक दवा का छिड़काव गर्मी में पत्तियों पर करना चाहिए।

प्रोपेरगाईट 57 ई0सी0	–	2.5–3.0 मि0ली0 / ली0 पानी
डायकोफाल 18.5 ई0सी0	–	2.0–2.5 मि0ली0 / ली0 पानी
फेनाजिक्वान 10 ई0सी0	–	2.0 मि0ली0 / ली0 पानी
स्पाईरोमेसिफेन 240 एस0सी0	–	1 मि0ली0 / ली0 पानी

लीची (Litchi)

लीची मकड़ी (Litchi mite)

वैज्ञानिक नाम : *अकेरिया लीची* (*Aceria litchi*)

आक्रान्त पौधें – लीची।

पहचान : यह 'आर्थोपोडा' समुदाय की एक अत्यन्त सूक्ष्म मकड़ी है जिसका शरीर बेलनाकार सफेद और चमकीला होता है। यह अष्टपदी यानी चार जोड़ी पैर वाला जन्तु होता हैं।

क्षति प्रकृति : इस सूक्ष्मदर्शी मकड़ी के नवजात शिशु एवं वयस्क दोनों ही कोमल पत्तियों की निचली सतह, टहनियों तथा पुष्पवृंत से चिपककर लगातार रस चूसते रहते हैं। रस चूसने से ग्रसित उत्तक उत्तेजित हो जाते हैं। फलस्वरूप पत्तियां मोटी और लेदरी होकर सिकुड़ जाती है एवं इनकी निचली सतह पर मखमली

रूअंसा (इरिनियम) निकल आता है जो बाद में भूरे या गहरे–भूरे–लाल रंग का हो जाता है। प्रभावित पत्तियों में गड्ढे बन जाते हैं। आक्रान्त पत्तियां मिलकर गुच्छे बना लेती है। पत्तियां परिपक्व होने के पूर्व गिरने लगती है। पौधे कमजोर हो जाते हैं और प्रभावित टहनियों में पुष्पन एवं फलन नहीं होता है या कम होता है। मखमली इरिनीयम उच्च ताप, वर्षा एवं आर्द्रता से वयस्क मकड़ी को सुरक्षा प्रदान करती है।

नियंत्रण के उपाय

1. जून के महीने में फल तुड़ाई के उपरान्त एवं दिसम्बर–जनवरी में प्रभावित टहनियों को कुछ स्वस्थ हिस्से के साथ सावधानीपूर्वक काट कर जला देना चाहिए।
2. सितम्बर–अक्टूबर में नये कोपलों के आगमन के समय डायकोफाल 18.5 ई0सी0 या प्रोपारगाईट 57 ई0सी0 (3.0 मि0ली0/ली0 पानी) के घोल का छिड़काव करना चाहिए।
3. दिसम्बर–जनवरी में कोपलों/पुष्पवृंतों के आने के पहले फिर से आक्रान्त टहनियों को काटकर जला देना चाहिए।
4. फरवरी के महीने में कोपलों/पृष्पवृंतों के आने के पहले उपरोक्त मकड़ीनाशक दवा का 7–10 दिनों के अन्तराल पर दो छिड़काव करना चाहिए।

फल एवं बीज बेधक (Fruit and seed borer)

वैज्ञानिक नाम : *कोनोपोमोरफा क्रैमेरेला* (*Conopomorpha cramerella*)

आक्रान्त पौधें – लीची, जामुन, अंजीर तथा ये बहुभक्षी कीट है और कई प्रकार के फलों व जंगली वृक्षों पर पलते हैं।

पहचान : इस कीट की सूंडी लीची के गूदे के रंग के होते हैं। ये अपनी विष्ठा फल के अन्दर जमा करते हैं जो ग्रसित फलों में डंठल के पास छिलने से दिखाई पड़ते हैं। इनकी अनुपस्थिति में इनके विष्ठा से जो काले रंग का बुरादा प्रतीत होता है, पता लगाया जा सकता है।

क्षति प्रकृति : ये लीची की सबसे अधिक हानिकारक कीट है जो व्यापक और बहुभक्षी है। एक साल में इस कीट की कई पीढ़ियाँ होती है, परन्तु फलन के समय की पीढ़ी अत्यधिक हानिकारक होती है। पहली पीढ़ी में जब लीची के फल लौंग दाने के आकार के होते हैं (अप्रैल प्रथम सप्ताह) तब मादा कीट पुष्पवृंत के डंठलों पर अंडे देती है जिनसे दो–तीन दिन में सूंडी (Larva) निकलकर विकसित

हो रहे फलों में प्रवेश कर बीजों को खाती है, जिसके कारण फल बाद में गिर जाते हैं। अगर ऐसे फलों को गौर से देखा जाए तो फलों पर छिद्र दिखाई देते हैं। दुसरी पीढ़ी फल परिपक्व होने के 15–20 दिन पहले (मई के प्रथम सप्ताह) होती है, जब इसके सूंडी डंठल के पास से फलों में प्रवेश करते हैं एवं फल के बीज और छिलके को खाकर नुकसान पहुँचाती है। ये अपनी विष्ठा फल के अन्दर जमा करते है जिससे फल की गुणवत्ता प्रभावित होती है और बाजार मूल्य भी कम हो जाता है।

नियंत्रण के उपाय

1. मंजर निकलने एवं फूल खिलने से पहले निम्बीसीडीन 5 मि0ली0 / ली0 पानी या नीम तेल या निम्बिन 4 मि0ली0 / ली0 पानी के छाल पर छिड़काव अवश्य ही करना चाहिए।
2. **प्रथम कीटनाशक का छिड़काव** : क्लोरपायरीफॉस 20 ई0सी0 या क्वीनालफॉस 25 ई0सी0 का 2.0 मि0ली0 / ली0 पानी के घोल का प्रयोग जब लीची का फल मटर के दाने के आकार के हो जाय तब करें।
3. जमीन पर गिरे सभी फलों को इकट्ठा कर जहाँ तक संभव हो नष्ट करें या गहरे गड्ढे में दबा दें।
4. **दुसरा कीटनाशक का छिड़काव** : फल पकने के 15–20 दिन पहले साइपरमेथ्रीन 10 ई0सी0 या 2 मि0ली0 / ली0 पानी या थायोडीकार्ब 75 डब्लू0पी0 या 2 ग्रा0 / ली0 पानी के घोल का प्रयोग करें।

छाल भक्षक सूंडी (Bark eating caterpillar)

अधिक जानकारी के लिए आम के कीटों में देंखे।

लीची बग (Litchi bug)

वैज्ञानिक नाम : *टेसरैटोमा जवानिका (Tessaratoma javanica)*
क्रायसोकोरिस स्टोली (Chrysocorsis stollii)

आक्रान्त पौधा – लीची।

पहचान : भूरे या लाल मटमैले रंग का यह कीट 10–12 मि0मी0 लम्बा और 6–8 मि0ली0 चौड़ा होता है।

क्षति प्रकृति : इस कीट के शिशु एवं वयस्क दोनों ही पत्तियों से रस चूसकर उन्हें नुकसान पहुँचाते हैं। इनका प्रकोप लीची पर फलों की परिपक्वता के समय

देखा जा सकता है। अधिक प्रकोप की अवस्था में पत्तियाँ पीली पड़ जाती है और अपरिपक्व अवस्था में ही अक्रांत पत्तियां गिरने लगती है। साथ ही फल भी रूग्न होकर गिर जाते हैं। जाड़े के मौसम को छोड़कर ये कीट अन्य प्रकार के मेजवान वृक्षों जैसे–मिरचैया, क्लेरोडेन्ड्रोन या कुसुम वृक्ष आदि पर सालों भर पलते हैं।

नियंत्रण के उपाय

1. लीची बाग को हर तरीके से साफ रखना चाहिए, अगर आस–पास में मेजवान पौधे हो तो उन्हें नष्ट कर देना चाहिए।
2. पत्तियों की निचली सतह पर झुण्ड में इस कीट के हल्के पीले रंग के अण्डो को यथासम्भव नष्ट कर नियंत्रण किया जा सकता है।
3. आक्रान्त वृक्षों में डायक्लोरभॉस 76 ई0सी0 या नेवाल्यूरान 10 ई0सी0 (1.5 मि0ली0 / ली0) पानी के घोल का छिड़काव 7–10 दिनों के अन्तराल पर दो बार करना चाहिए।

तना वेधक (Stem borer) और टहनी (शाखा) बेधक (Shoot borer)

अधिक जानकारी के लिए आम के कीटों में देखें।

अमरूद (Guava)

फल मक्खी (Fruit fly)

वैज्ञानिक नाम : *बेक्ट्रोसिरा डार्सेलिस (Bactrocera dorsalis)*

आक्रान्त पौधे – अमरूद एवं अन्य पौधें (बहुभक्षी कीट)।

पहचान : वयस्क मक्खी धुमैली भूरे रंग की होती है। नर व मादा वयस्कों की पंख से पंख की लम्बाई क्रमशः 9–11 एवं 10–14 मि0मी0 होती है। नर, मादा कीट से छोटा होता है। इस कीट के मैगट हल्के क्रीम, बेलनाकार, 5–8 मि0मी0 लम्बे होते हैं।

क्षति प्रकृति : मादा अपनी अण्डनिक्षेपक (Ovipositor) की मदद से पके हुए फलों में छिद्र बनाकर अण्डे देती है। अण्डों से मैगट निकलकर फलों में छिद्र करके कोमल गुदा खाते हैं। यह कीट कच्चे फलों में क्षति नहीं पहुँचा सकता, क्योंकि ये कच्चे फलों के कठोर छिलके में अण्डे देने के लिए छिद्र बनाने में असमर्थ होता है। प्रभावित फलों को काटकर देखने पर अन्दर मैगट (Larva) साफतौर पर दिखाई देते हैं। प्रभावित फल बाद में सड़कर गिर जाते हैं।

नियंत्रण के उपाय

अधिक जानकारी के लिए आम के फल मक्खी कीट में देखें।

सम्पुट बेधक (Capsule borer)

वैज्ञानिक नाम : *डाइकोक्रासिस पन्कटीफिरेलिस (Dichocrocis punctiferalis)*

आक्रान्त पौधे – अमरूद, अंडी।

पहचान : वयस्क शलभ आकार में छोटे, चमकीले पीले रंग के होते हैं। इसके पंखों पर छोटे–छोटे काले धब्बे पाये जाते हैं। इसके पूर्ण विकसित लार्वे (सूंडी) गुलाबी रंग के होते हैं जिसपर छोटे काले धब्बे होते हैं। ये लम्बाई में लगभग 1.5 सें0मी0 के होते हैं।

क्षति प्रकृति : इस कीट की लर्वा (सूंडी) पहले प्ररोह को बेधती है एवं बाद में बढ़ते हुए फल के गुदे और बीजों को खाती है जिससे फल पकने से पहले ही गिर जाते हैं। प्रभावित फल का रूप लार्वे के अन्दर जाने वाले छिद्र के पास से खराब हो जाता है। लार्बे द्वारा छिद्रों से विसर्जित मल निकलता हुआ देखा जा सकता है। ऐसे फल कमजोर हो जाते हैं, सड़ जाते हैं और अंत में गिर जाते हैं। इसके द्वारा 16.4–82.6 प्रतिशत तक फल–फूल क्षतिग्रस्त हो जाते हैं।

नियंत्रण के उपाय

1. अमरूद के बाग के पास अनार का बाग नहीं लगाना चाहिए, क्योंकि इस नाशककीट का सबसे अधिक पसंद का परपोषी है।
2. ग्रसित फलों को नियमित रूप से एकत्र कर नष्ट करना चाहिए, जिससे इनके प्रकोप को और फैलने एवं आगे बढ़ने से रोका जा सके।
3. गर्मियों में बागों की गहरी जुताई करना चाहिए।
4. फल के मौसम के प्रारंम्भ में और फलों के पकने से पहले मोनोक्रोटोफॉस 36 एस0एल0 या क्वीनालफॉस 25 ई0सी0 (1.5 मि0ली0 / ली0 पानी) का छिड़काव करना चाहिए। प्रकोप की अधिकता होने पर दुबारा छिड़काव 15 दिनों के अन्तराल पर किया जा सकता है।

चूर्णी बग (Mealy bug)

अधिक जानकारी के लिए आम के कीट में देखें।

शाल्क कीट (Scale insects)

वैज्ञानिक नाम : *पल्वीनेरिया साइडाई (Pulvinaria psidii)*

पल्वीनेरिया पॉलीगोनेटम (Pulvinaria polygonatum)
एस्पिडियोटस डिस्ट्रक्टर (Aspidiotus destructor)
चायोनेस्पिस विटीस (Chionaspis vitis)
लपिडोसेफीज ग्लोवरिल (Lepidosaphes gloverial)

आक्रान्त पौधे – आम, अमरूद, संतरा, चाय, काफी, गुलर, नारियल, ताड़।

पहचान : आम की फसल को कोमल तथा कठोर दो प्रकार के प्रमुख शल्क कीटों के द्वारा रस चूसकर नुकसान पहुँचाया जाता है।

कोमल शाल्क कीट (*Lecanium formicarae*) : यह कीट आकार में छोटे, चपटे और गतिहीन तथा पाउडरी आवरण से सुरक्षित होते हैं। साधारणतः ये अमरूद के भी हानिकारक कीट है, किन्तु आम, नींबू, लोकाट पर भी पाये जाते हैं। ये 3 मि0मी0 लम्बे और 1.5 मि0मी0 चौड़े होते हैं। प्रारंम्भ में ये पीलापन लिए हुए पारदर्शक लगते हैं जो बाद की अवस्थाओं में अपारदर्शक और भूरे रंग में बदल जाते हैं।

कठोर शल्क कीट (*Aspidiotus destructor*) : नर प्रौढ़ भूरे पीले तथा लम्बाई 1.7 मि0मी0 होते हैं, जबकि मादा कीट पीले से गहरे रंग में बदल जाती है। नर मुलायम पत्तियों पर पायी जाती है। मादा हमेशा पौधों की छाल पर पायी जाती है। ये नारियल, ताड़ एवं आम व अमरूद के पत्तियों का रस चूसकर नुकसान पहुँचाते हैं।

क्षति प्रकृति : शल्क कीट के निम्फ (शिशु) अण्डों से निकलने के पश्चात् पत्तियों एवं प्ररोहों का रस चूसते हैं। फलस्वरूप पत्तियां मुरझा जाती है। पत्तों की बाढ़ रूक जाती है तथा फल पकने के पहले गिर जाते हैं।

नियंत्रण के उपाय

मधुआ कीट के लिए अनुशंसित कीटनाशक रसायनों का छिड़काव, शाखाओं तथा पत्तियों के दोनों सतहों पर करना चाहिए।

केला (Banana)

तना बेधक (Stem weevil/stem borer)

वैज्ञानिक नाम : *ओडियोपोरस लोंगीकोल्लिस (Odioporus longicollis)*
ओडियोपोरस सोरडिडस (Odioporus sordidus)

आक्रान्त पौधा – केला।

पहचान : घुन (Weevil) मध्यम आकार का होता है जिसकी लम्बाई 10–12 मि0मी0 होती है। शिशु विभिल का रंग हल्का भूरा होता है, जबकि प्रौढ़ विभील का रंग काला–भूरा या प्रायः काला होता है।

क्षति प्रकृति : इस कीट की सूंडी शुरूआत में तने के बाहरी हिस्से को खाती है तथा आगे चलकर आभासी तने में छेद कर देती है। आभासी तनों पर छोटे–छोटे छेद देखे जा सकते है जिनसे पारदर्शी लसलसा पदार्थ निकलते रहता है। आक्रान्त आभासी तना को फाड़ने पर उसके अन्दर लम्बी सुरंग दिखाई पड़ती है। परवर्ती संक्रमण होने की वजह से सड़न होने लगती है जिससे मछली सड़ने जैसी गन्दी महक भी आती है। तना वीभिल के प्रकोप से पोषण का आवगमन अबरूध हो जाता है जिससे घौद का विकास या घौद में लगे फलों का विकास अवरूध हो जाता है। तना बहुत कमजोर हो जाता है और थोड़े हवा के झोंके से टुट भी जाता है।

नियंत्रण के उपाय

1. आक्रान्त पौधों को तुरन्त उखाड़कर जला देना चाहिए।
2. इस कीट को जहाँ पर अधिक संख्या हो, वहाँ कार्बोफ्यूरान (3 जी0) 3–4 ग्राम/पौधा भूमि में प्रयोग करना चाहिए।
3. इस कीट के आरंम्भिक आक्रमण की अवस्था में एलुमुनियम फास्फाइड (0.5 ग्रा0) के तीन टैबलेट प्रति पौधा की दर से तने के छिद्रों में डालने से भी इसके प्रकोप से पौधों को बचाया जा सकता है।
4. आभासी तने के पास सड़ी हुई मछली को रख देने मात्र से अधिकांश तना बेधक वहां एकट्ठा हो जाते हैं। जिन्हें एकत्र करके किसी कीटनाशक का प्रयोग करके मार देना चाहिए।

प्रकन्द बेधक (Root weevil/Rhizome weevil)

वैज्ञानिक नाम : *कोसमोपोलिटस सोरडिडस (Cosmopolites sordidus)*

आक्रान्त पौधा – केला।

पहचान : प्रौढ़ वीभिल की लम्बाई लगभग 13–20 मि0मी0 होती है जिसका शरीर लाल–भूरा और बाद में चमकीला काला हो जाता है।

क्षति प्रकृति : सूंडी (Larva) और वयस्क दोनों ही के द्वारा प्रकन्द का नुकसान होता है। मादा कीट तने के निचले भाग पर जमीन के पास तने अथवा प्रकन्द में छिद्र बनाकर अण्डे देती है। बाद में सूंडी प्रकन्द में ही सुरंग बनाकर प्यूपा में

बदल जाती है। प्यूपा से वयस्क कीट निकलता है जो रात्रि में प्रकन्द को खाता है। फलस्वरूप प्रकन्द सड़ने लगता है। इसका प्रकोप बरसात में अधिक होता है। इस कीट की सूंडियां उन केला के बागों में अधिक होता है जिनकी देखभाल समूचित नहीं होती है।

नियंत्रण के उपाय

1. स्वस्थ प्रकन्द/सकर का ही रोपण करना चाहिए।
2. बागों से पुराने एवं सड़े हुए प्रकेन्द को निकालते रहना चाहिए।
3. तीन से ज्यादा खुटी (Ratoon) फसल एक जगह नहीं लेना चाहिए।
4. रोपण से पूर्व प्रकन्द को 0.1 प्रतिशत क्यूनॉलफॉस 25 ई0सी0 के घोल में डुबो लेना चाहिए।
5. रोपण के समय प्रति गड्डा 100 ग्राम क्लोरपायरीफॉस 10 जी0 का प्रयोग करना चाहिए।
6. गहर (घौंद) की कटाई के बाद आभासी तना को काट कर बाग से बाहर फेक देना चाहिए।
7. सड़े हुए प्रकन्द या सड़ी हुई मछली का प्रयोग पौघों के आसपास करने से सभी प्रकन्द बेधक कीट एकत्र हो जाते हैं, जिन्हें आसानी से किसी कीटनाशक का प्रयोग करके मारा जा सकता है।

चित्तीकारक भृंग (Scaring beetle/Banana beetle)

वैज्ञानिक नाम : *बसिलेप्टा सबकोसटेटम (Basilepta subcastatum)*
नोडोसटोमा सबकोसटेटम (Nodostoma subcastatum)
नोडोसटोमा भिरिडिपेन्नीस (Nodostoma viridipennis)

आक्रान्त पौधा – केला।

पहचान : प्रौढ़ भृंग का रंग काला या ताम्र रंग का होता है। शरीर की लम्बाई लगभग 12 मि0मी0 होती है।

क्षति प्रकृति : भृंग मुलायम पत्तियों एवं नये फलों को खुरच कर खाते हैं जिससे पत्तियों और फलों पर खरोंच पड़ जाता है। इसके शिशु (Grub) भूमिगत जड़ों के पास मिलते हैं। इसके प्रकोप से पौधों के मध्य की पत्तियां जो अग्रभाग बनाती है, बुरी तरह क्षतिग्रस्त होती है। फल के छिलके छोटे–छोटे काले धब्बों से भर जाते हैं और उनका बाजार मूल्य काफी घट जाता है।

नियंत्रण के उपाय

1. केले की साफ–सुथरी खेती करना चाहिए जिससे इसकी उग्रता में कमी आती है।
2. इस कीट के प्रभावी नियंत्रण के लिए क्वीनालफॉस 25 ई0सी0 या क्लोरपायरीफास 20 ई0सी0 (2 मि0ली0 / ली0 पानी) के घोल का छिड़काव समय–समय पर 15 दिनों के अन्तराल पर करना चाहिए।
3. कार्बोफ्यूरान (3 जी0) 10–12 दाने केले के पत्तियों के मध्य डालने से भी इस भृंग की उग्रता में अप्रत्याशित कमी देखी गयी है।
4. घौद को छिद्रयुक्त पालीथिन से ढककर रखने से घौद इस भृंग (Beetle) के आक्रमण से बच जाती है, तथा घौद के केले की वजन एवं मोटाई भी सकारात्मक रूप से प्रभावित होता है। घौद देखने में सुन्दर दिखता है। घौद को ढकने से उपज, फल की गुणवत्ता तथा परिपक्वता अवधि सभी सकारात्मक रूप से प्रभावित होती है।

मोयला (Aphid)

वैज्ञानिक नाम : *पेन्टालोनिया नाइग्रोनरभोसा (Pentalonia nigronervosa)*

आक्रान्त पौधा – केला एवं अन्य पौधें (बहुभक्षी कीट)।

पहचान : भुरे रंग की माहूँ कीट आभासी तने के आसपास तथ नवजात पत्तियों के निचली सतह में चिपकी रहती है।

क्षति प्रकृति : शिशु एवं वयस्क कीट तना एवं पत्तियों का रस चूसती है जिससे "शीर्ष गुच्छा" विषाणु रोग (Bunchy top virus disease) उत्पन्न हो जाता है। परिणामतः पौधों की पत्तियां छोटी हो जाती है तथा फल के गुच्छे (Bunch) का विकास अवरूद्ध हो जाता है एवं उपज भी प्रभावित होती है।

नियंत्रण के उपाय

आक्रान्त पौधों को उखाड़कर जला देना चाहिए।

खूंटी फसल (Ratoon crop) 3 बार से अधिक नहीं लेना चाहिए।

डायमेथोएट 30 ई0सी0 (2 मि0ली0 / ली0 पानी) या फिप्रोनली 5 एस0सी0 (1.5 मि0ली0 / ली0 पानी) या इमिडाक्लोप्रिड 17.8 एस0एल0 (1 मि0ली0 / 4 ली0 पानी) को छिड़काव करने से एफिड मर जाता है।

पपीता (Papaya)

मोयला (Aphid)

वैज्ञानिक नाम : *अफीस गोसीपाई (Aphis gosspii)*

माइजस परसीकाई (Myzus persicae)

आक्रान्त पौधे – पपीता एवं अन्य पौधें (बहुभक्षी कीट)

पहचान : यह पपीता के पौधों को क्षति पहुँचाने वाला महत्वपूर्ण कीट है। शिशु एवं वयस्क दोनों ही हरे, भूरे या स्लेटी रंग के होते है। वयस्क कीट पंखदार या पंखहीना दोनों प्रकार के हो सकते हैं। यह कीट छोटा (2 मि0ली0 लम्बा) तथा कोमल शरीर वाला होता है।

क्षति प्रकृति : शिशु (अर्भक) एवं वयस्क कीट पत्तियों पर आक्रमण कर उनसे लगातार रस चूसते है। रस चूसने के साथ ही ये पपीता के पौधों में कई प्रकार के विषाणुजनित रोग जैसे–छोटी पत्ती, विकृति वलय चित्ती, मौजेक आदि को फैलाने में मदद करते हैं। फलस्वरूप आक्रान्त पौधों की वृद्धि रूक जाती है। फल कम लगता है तथा यदि फल लगता भी है तो वह छोटा टेढ़ा–मेढ़ा हो जाता है।

नियंत्रण के उपाय

विषाणुजनित रोग से आक्रान्त पौधों को खेत से निकालकर नष्ट कर दें, जिससे रोग का फैलाव न हो सके।

पपीता की रोपाई यदि अक्टूबर में किया जाय तो इन रोगों का प्रकोप कम होता है।

निम्नलिखित कीटनाशक रसायनों में से किसी एक दवा का छिड़काव कर सकते हैं

डायमेथोएट 30 ई0सी0	– 2.0 मि0ली0 / ली0 पानी
इमेडाक्लोप्रिड 17.8 एस0एल0	– 1 मि0ली0 / 4 ली0 पानी
थायोमेथोक्जाम 25 डब्लू0एस0जी0	– 1 ग्रा0 / 4 ली0 पानी

फल मक्खी (Fruit fly)

वैज्ञानिक नाम : *बक्ट्रोसेरा कुकुरबिटी (Bactrocera cucurbitae)*

टोक्सोट्रायपाना करवीकौडा (Toxotrypana curvicanda)

आक्रान्त पौधा – पपीता एवं अन्य पौघे (बहुभक्षी कीट)

पहचान : वयस्क मक्खी भूरे रंग की होती है। इसके सिर पर काले तथा सफेद धब्बे पाए जाते हैं। मादा मक्खी 6–7 मि0मी0 लम्बी होती है, जबकि नर कीट अपेक्षाकृत छोटा होता है। इसके पंख पारदर्शक तथा पीले होते हैं। पूर्ण विकसित शिशु कीट (Maggot) 10–12 मि0मी0 लम्बे होते हैं।

क्षति प्रकृति : मादा मक्खी पके हुए फलों के अन्दर अण्डे देती है। तीन से चार दिनों में अण्डों से पिल्लू निकलकर गुदे भाग को खाते हैं। ऐसे फल खाने योग्य नहीं रहता तथा इनका बाजार भाव भी कम हो जाता है।

नियंत्रण के उपाय

1. बगीचे में गिरे हुए व आक्रान्त फलों को चुनकर नष्ट कर दें, जिससे इस कीट का फैलाव न हो सके।
2. बगीचे में निकाई–गुड़ाई करते रहें, ताकि मिट्टी में पड़े हुए प्यूपा सूर्य की तेज धूप तथा पक्षियों द्वारा नष्ट हो जाय।
2. फल पकने से पूर्व डेल्टामेथ्रिन 28 ई0सी0 (1 मि0ली0/ली0 पानी) या डायमेथोएट 30 ई0सी0 (2 मि0ली0/ली0 पानी) के घोल का छिड़काव करें।

नीबूंवर्गीय फल (Citrus fruit)

नींबू की तितली (Lemon butterfly)

वैज्ञानिक नाम : *पैपिलियो डेमोलियस (Papilio demoleus)*
पैपिलियो पोलिटस (Papilio polytes)
पैपिलियो मैकोन (Papilio machaon)

आक्रान्त पौधे – नींबू प्रजाति फल।

पहचान : वयस्क तितलियां आकर्षक रूप से चित्रित होते हैं। ये नीले हरे रंग की होती है तथा अगले पंखों पर काले और पीले धब्बे होते हैं। तितली लगभग 20 मि0मी0 लम्बी होती है। नवजात सूंडी 3 मि0मी0 लम्बी होती है। सूंडी धीरे–धीरे बढ़ती हुई भूरे–काले और सफेद रंग के पक्षियों के मल के समान होती जाती है जिससे यह शत्रुओं से बची रहती है। पूर्ण विकसित सूंडी हरे–पीले रंग की होती है तथा शरीर के अन्तिम खंड के पृष्ठ सतह पर हार्न की तरह संरचना होती है। इस समय यह लगभग 40 मि0मी0 लम्बी तथा 6.5 मि0मी0 चौड़ी होती है। सूंडी अपनी रक्षा के लिए एक जोड़ी लाल सिंग के समान संरचना (Osmeterium) सिर के अगले भाग से निकालती है।

क्षति प्रकृति : सूंडी नींबू के पत्तियों को खाती हुई उन्हें अनियमित रूप से काटती है। नर्सरी में छोटे–छोटे पौधों के तो वह समस्त पत्तियां खा लेती है तथा केवल डंठल ही शेष रह जाते हैं। इससे पौधों की बढ़वार रूक जाती है तथा कभी–कभी तो संम्पूर्ण पौधे ही सूख जाते हैं। इनकी संख्या अधिक होने पर मुलायम टहनियों को भी खाती हुई पायी गयी है।

नियंत्रण के उपाय

1. अधिक संख्या होने पर सूंडियों को एकत्रित करके नष्ट कर देना चाहिए।
2. नीम का बीज सत् (3 प्रतिशत) का छिड़काव तितली नियंत्रण में प्रभावी होता है।
3. निम्न कीटनाशकों में से किसी एक दवा को 10 लीटर पानी में घोलकर प्रति पेड़ की दर से छिड़काव करना चाहिए–

क्वीनालफॉस 25 ई0सी0	–	15 मि0ली0
क्लोरपायरीफॉस 20 ई0सी0	–	15 मि0ली0
इन्डोक्साकार्ब 15.8 ई0सी0	–	10 मि0ली0

नीबूं का साइला (Citrus psylla)

वैज्ञानिक नाम : *डाइफोर्निया सिट्री* (*Diaphorina citri*)

आक्रान्त पौधों – नींबू प्रजाति ।

पहचान : नवजात शिशु हल्के पीले रंग के होते हैं। वयस्क कीट 3 मि0मी0 लम्बा, भूरे रंग का होता है जो कि पत्तियों के उपर पंख बन्द करके बैठता है। इसका पीछला हिस्सा उपर की ओर मुड़ा होता है। पंख झिल्लीदार अर्धपार्शक होते हैं तथा अगले पंख के एपीकल क्षेत्र में भूरी धारियां होती है।

क्षति प्रकृति : शिशु एवं वयस्क दोनो ही नुकसान करते हैं। ये कीट अलग–अलग समूहों में पत्तियों, पुष्पकलियों और टहनियों पर बैठकर पौधों का कोशिकाद्रव्य चूसते रहते हैं। इसमें पौधों की बढ़बार काफी प्रभावित होती है। आक्रान्त भाग सूख जाता है। यह कीट 'मधुरस (Honey dew)' उत्सर्जित करके अप्रत्यक्ष रूप से भी हानि पहुँचाते है। यह ग्रसन के अतिरिक्त विषाणुजन्य रोग 'सिट्रस डेक्लाइन (Citrus decline)' को भी पौधों में फैलाता है।

नियंत्रण के उपाय

आक्रान्त पौधों पर कीटों का प्रभावी नियंत्रण के लिए निम्नलिखित कीटनाशकों में से किसी एक दवा को 10 लीटर पानी में घोलकर प्रति पेड़ की दर से छिड़काव करना चाहिए –

इमिडाक्लोप्रिड 17.8 एस0एल0	–	2.5 मि0ली0
थियोमेथोक्जाम 25 डब्लू0एस0जी0	–	2.5 ग्रा0
डायमेथोएट 30 ई0सी0	–	20 मि0ली0
मोनोक्रोटोफॉस 36 एस0एल0	–	15 मि0ली0

कीटनाशक का प्रथम छिड़काव फरवरी माह में फूल खिलने से पूर्व और दुसरा छिड़काव 15 दिन के अन्तराल में फल बनने के पश्चात् करना चाहिए।

फल चूसक शलभ (Fruit sucking moth)

विस्तार से जानकारी के लिए आम के कीटों में देखें।

संतरा माहूँ (Citrus aphids)

वैज्ञानिक नाम : *टोक्सोप्टेरा सीट्रीसिडस* (*Toxoptera citricidus*)
टोक्सोप्टेरा औरंटी (*Toxoptera aurantii*)

आक्रान्त पौधों – नींबू प्रजाति ।

पहचान : इन कीटों की दो प्रजातियां है भूरे और काले रंग के एफिड्स। ये संतरों के पेड़ों पर नयी बहार के समय दिखाई देते हैं। वह कम समय में बिना नर मादा के संयोग के सैकड़ों की संख्या में तैयार होते हैं।

क्षति प्रकृति : विकसित प्रौढ़ और शिशु कोमल पत्तों और शाखाओं का रस चूसते हैं जिसके कारण वृक्ष की वृद्धि रूक जाती है। ये कीड़े चीपचीपे द्रव का स्त्राव करते हैं, जिससे काली फफूंद लगती है। ट्रिस्टजा नामक वायरस विषाणुयुक्त रोग के फैलाव में भूरे रंग के एफिड्स/मावा वायरस वाहक का कार्य करते हैं, जिससे संतरा बागों को काफी नुकसान होता है।

नियंत्रण के उपाय

इस कीट के नियंत्रण के लिए एक सप्ताह के अंतराल में क्विनालफास 25 ई0सी0, डायमेथोएट 30 ई0सी0 या मालाथियान 50 ई0सी का 1.5 मि0ली0/ली0 पानी की दर से घोल बनाकर छिड़काव करना चाहिए।

पत्ती सुरंगक (Leaf miner)

वैज्ञानिक नाम : *फायलोनिस्टिस सिट्रेला* (*Phyllocnistis citrella*)

क्षति प्रकृति : इन कीड़ों का प्रकोप नर्सरी में और छोटे पौधों के साथ–साथ बड़े पौधों में भी होता है। इस कीट के सूंडी पत्ती के निचली सतह पर टेढ़ी–मेढ़ी सफेद रेखाएं बनाती है। इस नलिका में हवा का प्रवेश न होने के कारण रंग चाँदी जैसा चमकदार दिखाई देता है। यह एक विशिष्ट पहचान/लक्षण है। प्रभावित पत्तियां किनारे से अंदर की तरफ मुड़ने लगती है और सूख जाती है। चूंकि कीटों का प्रकोप नयी पत्तियों पर होता है, इसलिए पेड़ों की वृद्धि रूक जाती है। यदि कीटों का प्रकोप छोटे पौधों की कोमल शाखाओं पर होता है तो 'डाइ–बैक रोग' का कारण बनता है। इन कीटों का प्रकोप पत्तियों के निचले भागों में होता है, परन्तु कीटों की संख्या अधिक होने पर ये पत्तियों के उपरी भाग में भी दिखाई देने लगते हैं। पत्ती सुरंगक कीट नींबू में 'कैंकर रोग' के फैलाव में भी सहायक होता है।

नियंत्रण के उपाय

1. नयी कलियों के फूटने के समय या क्विनालफॉस 25 ई0सी0 1.5 मि0ली0 या डायमेथोएट 30 ई0सी0 2.0 मि0ली0 प्रति लीटर पानी की दर से छिड़काव करना चाहिए।
2. पौधशाला या छोटे पौधों पर कीटों का प्रकोप अधिक मात्रा में दिखाई दे तो कीटों से ग्रसित पत्तियों को काटकर नष्ट कर देना चाहिए और उसके बाद उपरोक्त कीटनाशकों का छिड़काव करना चाहिए।

पत्ती भक्षक इल्ली (Leaf eating caterpillar)

वैज्ञानिक नाम : *इंडरबेला क्वाड्रीनोटाटा* (*Inderbela quadrinotata*)

पहचान : नवजात कत्थई लार्वा (सूंडी) 13 से 16 दिन में पूर्णविकसित हरी इल्ली का रूप धारण कर लेती है। इस लार्वा को स्पर्श करते ही वाई (Y) आकार के समान निकलता है जिसे आस्मोटेरीयम कहते हैं जो बाहरी खतरे के समय एक दुर्गंध भरा पदार्थ बाहर छोड़ता है।

क्षति प्रकृति : संतरे एवं नींबू के वृक्षों पर इन कीड़ों का प्रभाव वर्ष भर दिखाई देता है, लेकिन जुलाई–अगस्त में इसका प्रकोप अधिक होता है। इस कीट की लार्वा अवस्था से नयी पत्तियों को नुकसान पहुँचाती है, जिसके कारण पेड़ जल्द ही पत्ती विहीन हो जाते हैं।

नियंत्रण के उपाय

1. इन कीटों का नियंत्रण, डायमेथोएट (30 ई0सी0) 2.0 मि0ली0 या फेनिट्रोथियान (50 ई0सी0) 1.0 मि0ली0 में एक लीटर पानी की दर से घोल बनाकर छिड़काव करना चाहिए।
2. डाईपल (बी0टी0) का 1.0 ग्रा0 प्रति लीटर पानी की दर से घोल बनाकर छिड़काव करने से इस कीट की अच्छी रोकथाम होती है।

काली मक्खी और सफेद मक्खी (Black flies and white flies)

वैज्ञानिक नाम : *अल्यूरोकेन्थस ओगलुमी (Aleurocanthus woglumi) काली मक्खी*
डायल्यूरोडस सीटरी (Dialeurodes citri) सफेद मक्खी

काली एवं सफेद मक्खी संतरे पर हमेशा आने वाली कीट है। इसके वयस्क व शिशु कोमल पत्तियों के उत्तक द्रव्यों का शोषण करते हैं और शहद जैसे चिपचिपे पदार्थ का स्त्राव करते हैं जिसपर काली फफूंद (*कपनोडियम सिट्री*) पनपती है। इस कारण पेड़ के सभी पत्तियां काली हो जाती है और इसे 'कोल्शी' कहते है। कोल्शी के कारण पौधों के प्रकाश–संश्लेषण की प्रक्रिया प्रभावित होती है। फलस्वरूप पेड़ कमजोर हो जाता है और फल धारण क्षमता एवं फलों की गुणवत्ता में भारी कमी आती है। काली फफूंद के कारण फल काले पड़ने लगते हैं जिससे इन फलों को बाजार में उचित मूल्य नहीं मिल पाता।

संतरा फलन के लिए पत्तियों में 2.2 प्रतिशत कार्बनिक नाइट्रोजन होना आवश्यक है। पाँच से दस की संख्या में मक्खी प्रति वर्ग सें0मी0 या 50 से 100 प्रति पत्ती कीटों की संख्या पत्तियों में पोषक तत्वों की मात्रा को 2.2 प्रतिशत तक कम करने के लिए पर्याप्त होती है।

नियंत्रण के उपाय

1. इस कीट के नियंत्रण के लिए मोनोक्रोटोफॉस (36 एस0एल0) 1 मि0ली0 या एसीफेट (70 एस0पी0) 0.8 ग्रा0 या डायमेथोएट (30 ई0सी0) 2 मि0ली0 प्रति लीटर पानी की दर से पत्तियों की नीचली सतह के साथ संपूर्ण पेड़ पर छिड़काव करना चाहिए। दुसरा छिड़काव 15 दिनों के अनतराल पर उपरोक्त कीटनाशकों में से किसी एक को या नीम का तेल 10 मि0ली0 प्रति लीटर पानी की दर से छिड़कवा करना चाहिए।
2. जहाँ तक सम्भव हो अमरूद, अनार, चीकू को नींबूवर्गीय फलों के बगीचों में नहीं लगाना चाहिए, क्योंकि वे इन कीटों के परजीवी वृक्ष है।

छाल खाने वाली इल्ली (Berk eating caterpillar)

अधिक जानकारी के लिए आम के कीटों में देखें।

संतरा वरूथी (Citrus mite)

वैज्ञानिक नाम : *यूटेटूनिकस ओरिएंआलिस (Eutetranychus orientalis)*
यूटेटूनिकस बन्कसी (Eutetranychus banksi)

सिट्रस माइट पत्तियों और फलों का रस शोषण कर लेते हैं। पत्तियों पर धूल जमा होने के कारण पत्तों के उपर का भाग धूल भरा दिखाई देता है, जिसके कारण पत्तियों पर हल्के गोलाकार निशान पड़ते हैं जो नीचे के भाग में दिखाई नहीं देते। अधिक प्रकोप होने पर पत्तियों में बड़े, सफेद और काले रंग के निशान पड़ते हैं। जब हरे फल पकने लगते है और फलों का रंग पीला पड़ने लगता है तब ये निशान नही के बराबर होते हैं। पके हुए फलों पर अधिक प्रकोप होने पर ये निशान दिखाई देते हैं। बहुत से पत्तियां गलने लगती है और शाखायें उपर से सुखने लगती है। पके हुए फलों पर काले रंग के निशान होने से फलों की छटा बिगड़ती है, जिसके कारण यह समस्या काफी गंभीर होती है। वृक्षों पर पत्तियां मुड़ने में सहायक होती है। इनकी संख्या में निरंतर वृद्धि होने से सिट्रस माइट का अधिक अनुमान लगाया जा सकता है।

नियंत्रण के उपाय

1. सिट्रस माइट का प्रकोप दिखाई देते ही डायकोफॉल (18.5 ई0सी0) 1.5 मि0ली0 या मोनोक्रोटोफॉस (36 एस0एल0) 1.0 मि0ली0 या द्रव्य गंधक 3.0 ग्राम एक लीटर पानी की दर से घोल बनाकर छिड़काव करना चाहिए। आवश्यकतानुसार 15 दिनों में पुनः छिड़काव करना चाहिए।
2. पानी की कमी में सिट्रस माइट का प्रभाव अधिक दिखाई देता है। अतः पानी देते समय वृक्षों को पर्याप्त मात्रा में पानी मिले इसका ध्यान रखना चाहिए। विशेषतः ग्रीष्मकाल में यह आवश्यक है।

फल मक्खी (Fruit fly)

विशेष जानकारी के लिए आम के कीटों में देखें।

काला थ्रीप्स (Black thrips)

वैज्ञानिक नाम : *हेलिऑथ्रिप्स हीमोरेओडालिस (Heliothrips haemorrhoidalis)*

शिशु और प्रौढ़ कीड़े पत्तियां, कलियां और फलों के रस का शोषण करते हैं। पत्तियां अर्धगोलाकार मुड़ जाती है और मोटी हो जाती है। पत्तियों के मध्य शिराओं को समानान्तर मोटी दो सफेद रेखाऐं और फलों के उपरी भाग में चमकदार सफेद वृत्ताकार निशान थ्रिप्स के संक्रमण के विशेष लक्षण है।

नियंत्रण के उपाय

1. पत्तियों के मुरझाने की स्थिति में, कली फूटने की अवस्था में छोटे फलों और नीचे जमीन पर आसपास की घास पर भी डायमेथोएट (30 ई0सी0) या क्वीनालफॉस (25 ई0सी0) 1.25 मि0ली0 अथवा मोनोक्रोटोफॉस (36 एस0एल0) 1.0 मि0ली0 प्रति लीटर पानी की दर से छिड़काव करना चाहिए।

नारियल (Coconut)

गैंडा भृंग (Rhinoceros beetle)

वैज्ञानिक नाम : *ओरीस्टेस रहिनोकेरोस* (*Oryctes rhinoceros*)

आक्रन्त पौधे : नारियल, खजूर, ताड़।

यह नारियल तथा अन्य ताड़ के पेड़ों का प्रमुख कीट हैं तथा नारियल उत्पादक सभी राज्यों में यह सामान्य रूप से पाया जाता है। यह नारियल की फसल को बहुत अधिक हानि पहुँचाता है।

पहचान : प्रौढ़ भृंग नुकीला काला रंग का होता है। इसकी उपरी सतह लाल भूरे रंग का तथा उदर भूरा और रोमयुक्त होता है। इसकी लंम्बाई 35–50 मि0मी0 तथा चौड़ाई 14–21 मि0मी0 होती है। इसके पंख बहुत विकसित होते हैं तथा उड़ने की क्षमता भी काफी होती है। इसके मुख पर नुकीला–सा ऋृंग होता है जो कि नर में लम्बा होता है। इसका मुख गैंदा की सुरत से मिलता–जुलता है। इसका पूर्ण विकसित ग्रब काफी स्थुल और मांसल होता है। इसका रंग पीला–सफेद होता है। इसका डिम्बक काला (74–100 दिन) होता है। अधिकतर यह अर्धचन्द्राकार स्थिति में मुड़ हुआ पाया जाता है।

भृंग रात्रि में सक्रिय रहता है और रात्रि में प्रकाश की ओर आकर्षित होता है। प्रौढ़ लगभग 200 दिन जिवित रहता है। पूरे वर्ष भर में इसकी एक ही पीढ़ी पायी जाती है। मादा 3–4 माह तक जीवित रहती है। वयस्क भृंग दिन में विश्राम करते हैं और रात्रि में सक्रिय रहते हैं। इस कीट के भृंग जब वर्षा के दिनों में तापमान अधिक रहता है और आर्द्रता का अंश भी उँची होती है तो अधिक संख्या में निकलते देखे गये हैं। यह कीट बलूई भूमि एवं सूखी जलवायु में अधिक होता हैं।

क्षति प्रकृति : इस कीट की केवल प्रौढ़ अवस्था ही क्षति पहुँचाती है। भृंग पौधों के बिना खुली कलियों में पहले छिद्र करता है। इसके अन्दर का भाग खाकर खाली कर देता है और उसमें रेशेदार पदार्थ छोड़ देता है। इस कीट के प्रकोप होने के कारण विशेषतया जब फुनगी काट दी जाती है तो कभी–कभी पूरे पेड़ को ही दुबारा लगाना पड़ता है। बने हुए छोटे–छोटे छिद्रों में फफूंद और जीवाणु रोग लगने की संभवना रहती है तथा पूरा पौधा ही सड़ जाता है। छोटे पेड़ अधिक क्षतिग्रस्त होते हैं। इस कीट का प्रकोप ताड़ एवं खजूर के पेड़ पर भी होता है।

नियंत्रण के उपाय

1. इस कीट के सफल नियंत्रण के लिए सबसे पहले इसके प्रजनन स्थानों को नष्ट करना चाहिए। भृंग के ग्रब और प्यूपा जो कि खाद के गड्ढे के पास पाये जाते हैं, उन्हें एकत्रित करके नष्ट कर देना चाहिए।
2. वीटिल हुक द्वारा अन्दर घुसे हुए भृगों को निकालकर नष्ट कर देना चाहिए।
3. सड़ने वाले पदार्थों में फोरेट 10 जी या कार्बोफ्यूरान 3 जी को मिलाकर किसी गमले में खुला रख देना चाहिए या पेड़ पर लटकाना चाहिए, जिससे भृंग आकर्षित होकर इस पर आयेगें और खाकर मर जायेगें।
4. युवा पौधों के 3–4 पत्तियों को धूरी के बगल में सेभीडाल (8 जी) 25 ग्राम एवं नदी की स्वच्छ बालू 200 ग्राम के मिश्रण को प्रति पेड़ मई, सितम्बर एवं दिसम्बर के माहिनों मे डालना चाहिए।

कृष्ण शीर्श इल्ली (Black headed caterpillar)

वैज्ञानिक नाम : *ओपीसिना अरेनोसेल्ला (Opisina arenosella)*

आक्रन्त पौधे : नारियल।

तटीय तथा तट प्रदेशों में नारियल पेड़ का पत्तियां खाने वाला यह एक भयंकर हानिकारक कीट है जो वर्ष भर सक्रिय रहता है। यह अधिकतर जनवरी से मई तक पश्चिम भारत में तथा अप्रैल से जून तक पूर्वी समुन्द्री किनारे पर पाया जाता है।

पहचान : इस कीट का प्रौढ़ राख के रंग की तरह भूरे रंग का होता है। इस कीट के सिर और वक्ष हल्के धूसर रंग के होते हैं। अगले पंख लम्बे तथा फीका धूसर रंग के होते हैं। परन्तु कीट छोटे होते हैं और इनके पीछले पंखों पर बालों के गुच्छे होते हैं। पंख विस्तार सहित इसकी लंम्बार्द 20–30 मि0मी0 होती है।

गर्मियों में 3–4 दिन में निकली सूंडी लगभग 1.5 मि0मी0 लंम्बी एवं सफेद रंग की होती है। बाद में जैसे बढ़ती है तो हरे–पीले रंग में बदल जाती है। पूर्ण विकसित सूंडी हल्के हरे रंग की होती है और प्यूपा में बदलने से पहले इसकी लंम्बाई 15 मि0मी0 होती है। इसके शरीर पर खड़ी धारियां पायी जाती है। वयस्क कीट 3 से 15 दिन तक जीवित रहता है।

क्षति प्रकृति : इस कीट की सूंडी पत्तियों में गैलरी बनाकर रहती है और अन्दर ही अन्दर खाती रहती है। इसके खाने से पत्तियां सूखने लगती है। पेड़ों की पत्तियों पर सूखे टुकड़ों द्वारा इसकी क्षति को दूर से पहचाना जा सकता है। इस कीट के आक्रमण से उपज में भारी कमी आ जाती है।

नियंत्रण के उपाय

1. क्षतिग्रस्त पेड़ों की शाखाओं/भागों को काटकर जला देना चाहिए।
2. न्यूनतम अवशेष वाले कीटनाशक जैसे – डायक्लोरभास 76 ई0सी0 या मालाथियान 50 ई0सी0 का 1.5 मि0ली0 प्रति लीटर पानी की दर से घोल बनाकर आक्रान्त पेड़ों पर छिड़काव करने से लाभदायक पाया गया है।
3. मिथाइल पाराथियान 2 प्रतिशत धूल का भुरकाव आक्रान्त पेड़ों में करना सार्थक होता है।
4. परजीवी *ट्राइकोस्पिलस पुपीपोरा, ब्रेक्रान ब्रेमिकौरनीस* और *गोनियोजस नेफोनटिडिस* का प्रयोगशाला में पालकर छोड़ने से इस कीट का नियंत्रण हो जाता है।

लाल ताड़ घून (Red palm weevil)

वैज्ञानिक नाम : *रहीनकोपोरस फेरूगीनियस* (*Rhynchophorus ferrugineus*)

आक्रन्त पौधे : नारियल, ताड़ एवं खजूर।

यह नारियल पेड़ का सबसे खतरनाक नाशक कीट है। गैंड़ा भृंग की तरह इसका वयस्क कीट नारियल पेड़ को क्षति पहुँचाने में सशक्त हैं।

पहचान : यह भृंग वेलनाकार लाल–भूरे रंग का होता है। इसकी लंम्बाई 35 मि0मी0 तथा चौड़ाई 12 मि0मी0 होती है। नर भृंग पर छोटे भूरे रंग के बाल पाये जाते हैं। नर भृंग में बालों का गुच्छा होता है, जबकि मादा भृंग में बालों का गुच्छा नहीं होता है। पूर्ण विकसित ग्रब मांसल और वक्र होता है। इसकी लम्बाई 50 मि0मी0 और चौड़ाई 20 मि0मी0 होती है।

क्षति प्रकृति : अंडो से निकलने के बाद नवजात ग्रब धीरे–धीरे पेड़ की जड़ में छेद करता है। एक तना में लगभग 40–50 ग्रब पाये जाते हैं। इसका ग्रब कोमल पेड़ के उत्तकों को खाता है। जब अधिक मात्रा में प्रकोप होता है तो कोमल प्ररोह पर ये आक्रमण कर देते हैं। यह घून (weevil) के ताड़ के रस पर आकर्षित होता है। सबसे पहले यह कीट तने में छिद्र करता है तथा उनसे भूरे रंग का द्रब निकलता है और डंठल टूटकर पत्तियों के साथ गिर जाती है। यह तने में 1 मि0मी0 तक लम्बाई में छेद कर खाता है। इसके प्रकोप से कोशिकायें तुरन्त ही सड़ने लगती है, जिनसे बदबू भी आने लगती है। तने में नालियां बने होने के कारण तेज हवा में पेड़ गिर पड़ता है।

नियंत्रण के उपाय

1. अंडों को देने से बचाने के लिए पेड़ में घाव नहीं होने चाहिए।
2. मृत पेड़ों को नष्ट कर देना चाहिए।
3. ग्रब को शिखर से निकालकर क्षत (canopy) पर कोलतार या फिनाइल लगाया जाना चाहिए।
4. एलुमिनियम फास्फाइड की एक या दो टिकिया प्रत्येक छिद्र में डालकर कच्ची मिट्टी से उसको बन्द करना चाहिए। यह विधि प्रभावी कीट नियंत्रण का कार्य करती है।
5. पेड़ों की छिद्रों में साइपरमेथ्रीन 20 ई0सी0 का 1 मि0ली0 प्रति लीटर पानी में घोलकर डालने से इस कीट की हानि कों कम किया जा सकता है।
6. कीटों से सुरक्षात्मक नियंत्रण के लिए समय पर आक्रान्त पेड़ों पर डायक्लोरभास 76 ई0सी0 या क्वीनालफास 25 ई0सी0 का 1.5 मि0ली0 प्रति लीटर पानी की दर से घोल बनाकर पेड़ों पर छिड़काव करना चाहिए।

नारियल का शल्क कीट (Coconut scale)

वैज्ञानिक नाम : *असपिडियोटस डेसट्रक्टर (Aspidiotus destructor)*

आक्रन्त पौधे : नारियल, ताड़, खजूर, केला, कोका, नींबू प्रजाति, अदरख, अमरूद, पपीता, रबर, गन्ना आदि।

शल्क कीट नारियल उगाये जाने वाले क्षेत्रों में बहुत ही खतरनाक कीट है।

पहचान : मादा शल्क कीट का शरीर चमकीले पीले रंग का होता है तथा उसपर गोल रेखायें होती है। शरीर अर्धपारदर्शी सफेद चूर्ण से ढका रहता है। इसका

व्यास 15–20 मि0मी0 होता है। नर कीट मादा से काफी छोटा होता है। मादा कीट को एक जोड़ी पंख भी होते हैं।

मादा कीट अंडों को अपने शरीर के चारो ओर शल्क के अन्दर रखती है जो कि पीले रंग के होते हैं। फूटने पर छोटा–सा अर्भक शिशु मादा कीट को छोड़कर पत्तियों पर आ जाते हैं। अर्भक इसी अवस्था में पत्तियों पर जीवन भर रहते है। यदि मादा कीट होती है तो पूरे प्रौढ़काल तक वह इसी तरह रहते हैं। अधिक वर्षा वाले स्थानों में इस कीट का प्रकोप अत्यधिक होता है तथा जहाँ पर ताड़ या नारियल पास–पास लगाये जाते हैं, बहाँ पर भी अधिक प्रकोप पाया जाता है।

क्षति प्रकृति : यह कीट नारियल का महान शत्रु है। यह पत्तियों या तनों का रस चूसकर पत्तियों पर जगह–जगह पर सफेद मल–मूत्र पदार्थ (Excreta) छोड़ता है। बाद में यह पपड़ी के रूप में बदल जाता हैं। पत्तियों से रस चूसने से उनमें श्वास रंध्र बन्द हो जाते हैं और पत्तियां मर जाती है। पत्तियां का डंठल और फूलों के स्पाइक इस कीट से प्रभावित होते हैं। इस कीट का प्रकोप जब वर्षा अधिक होती है तो अत्यधिक होता है।

नियंत्रण के उपाय

1. इस कीट के प्रभावी नियंत्रण के लिए आक्रान्त पेड़ों पर निम्न कीटनाशकों में से किसी एक दवा का प्रति लीटर पानी की दर से घोल बनाकर छिड़काव करना चाहिए –

डायफेनथ्यूरान 50 डब्लू0पी0	–	1.0 ग्रा0
डायमेथेएट 30 ई0सी0	–	2.0 मि0ली0
एसीटामिप्रिड 20 एस0पी0	–	1.0 ग्रा0
इमिडाक्लोप्रिड 17.8 एस0एल0	–	0.25 मि0ली0

परजीवी लेडी बर्ड भृंग के प्रयोग से काफी लाभ मिलता है।

बेर (Ber/Jujube)

फल मक्खी (Fruit fly)

वैज्ञानिक नाम : *कारपोमिया वेसुवियाना* (*Carpomyia vesuviana*)

आक्रन्त पौघे : बेर

फल मक्खी बेर का सबसे घातक कीट है। कभी–कभी इस कीट से 70–80 प्रतिशत तक फल आक्रान्त हो जाते हैं। बेर का अधिक गूदे वाली तथा मीठे किस्मों पर इस कीट का अधिक प्रकोप होता है।

पहचान : पूर्ण विकसित लार्वा (Magoot) गदले सफेद रंग के होते हैं जिनके पैर नहीं होते। वयस्क मक्खी छोटी भुरापन लिए हुए पीले रंग की होती है जिसके वक्ष (Thorax) पर भूरे रंग की धारी के साथ किनारे पर धब्बे होते हें। पंख सुखी घास के रंग की तरह पारदर्शी के साथ पीलापन लिए हुए एक दुसरे को मिलाते हुए चार पट्यिां होती है।

क्षति प्रकृति : फूलों से फल बनने के समय से ही यह मक्खी सक्रिय हो जाती है तथा बढ़ रहे फलों में एक–एक करके अण्डे देती है। इन अण्डों से फल के अन्दर ही लार्वा निकलता है। यह फल का गुदा खाकर बढ़ता है जिससे फल के अन्दर कई नालियां भी बन जाती है, जिनमें लार्वा का मल–मूत्र एकत्रित होता है। प्रभावित फलें बेडोल होकर भूरा हो जाते हैं तथा फलें पकने के पहले ही सड़कर गिर जाते हैं।

नियंत्रण के उपाय

1. पेड़ के नीचे सभी गिरे हुए फलों को एकत्रित कर नष्ट कर देना चाहिए।
2. समय–समय पर विशेषकर मई–जून में बाग की जुताई करना चाहिए, ताकि जमीन के अन्दर पड़े प्यूपे सूर्य की गर्मी से नष्ट हो जाय।
3. भूमि में मिथाइल पाराथियान 2 प्रतिशत धूल या मालाथियान 5 प्रतिशत धूल के बुरकाव द्वारा प्यूपा को नष्ट किया जा सकता है।
4. मालाथियान (50 ई0सी0) 100 मि0ली0 + गुड़ 1 किलोग्राम + पानी 100 लीटर के घोल का छिड़काव एक सप्ताह के अन्तराल पर सितम्बर–अक्टूबर माह में 2–3 बार आवश्यकतानुसार करना चाहिए।

छाल भक्षक सूंडी (Bark eating caterpillar)

अधिक जानकारी के लिए आम के कीटो में देखें।

लाख कीट (Lac insect)

वैज्ञानिक नाम : *केरिया लाक्का (Kerria lacca)*

लक्कीफर लाक्का (Laccifer lacca)

आक्रन्त पौधे : बेर, कुसुम, पलास, खैर, अरहर, पीपल एवं बबूल।

पहचान : लाख कीट के नर एवं मादा विभिन्न प्रकार के होते हें। मादा आकार में नर से तीन गुणी बड़ी होती है। नर गुलाबी–लाल रंग के साथ पंखधारी एवं पंखवीहीन होते हें। पंखधारी नर में केवल अगली झिल्लीदार, पारदर्शक पंख होते

हैं। सिर बड़ा, स्पस्ट मुखांग तथा अक्रियाशील होते हैं। मादा भी गुलाबी रंग की लगभग 1.5 मि0मी0 लंम्बी होती है। इसका आधारतल (Ventral surface) चपटा तथा पृष्ठ तल (Dorsal suface) उभरा हुआ होता है। इसके आँख, टांग एवं पंख नहीं होते। मादा कीट का मुखांग चुभने एवं चूसने वाले होते हैं।

क्षति प्रकृति : गुलाबी रंग के शिशु एवं प्रौढ़ दोनों ही पौधों की मुलायम टहनियों में एक ही स्थान पर चिपकर लगातार रस चूसते रहते हैं और अपने शरीर की लाख से ढ़के रहते हें। फलस्वरूप आक्रान्त टहनियां सूख जाती है। इसप्रकार फल उत्पादन पर प्रतिकूल प्रभाव पड़ता है।

नियंत्रण के उपाय

1. क्षतिग्रस्त सुखी टहनियों को काटकर हटा देना चाहिए।
2. डायमेथोएट 30 ई0सी0 दवा 2 मि0ली0 प्रति लीटर पानी की दर से घोल बनाकर अप्रैल एवं सितम्बर माह में पेड़ों पर छिड़काव करना चाहिए।

बेर का भृंग (Ber beetle)

वैज्ञानिक नाम : *एडोरेटस पाल्लेन्स* (*Adoretus pallens*)

आक्रन्त पौघे : बेर, और अंगुर, लेकिन बहुभक्षी प्रकृति के होते हैं।

पहचान : वयस्क वीट्लि के शरीर का रंग चमकीला पीला के साथ पंख का रंग पीलापन लिए हुए भूरा रंग का होता है, जबकि पूर्ण विकसित ग्रब का रंग गंदला उजला के साथ 15 मि0मी0 लम्बा होता है।

क्षति प्रकृति : भृंग रात्रि के समय में पत्तियों को खाकर बड़ा छिद्र बना देता है। अधिक प्रकोप की स्थिति में पुरा पेड़ पत्तिविहीन हो जाती है जिससे आक्रान्त पेड़ में फल नहीं लगते। इस कीट का प्रकोप वसंत ऋतु से प्रारंम्भ होकर अगस्त माह तक होता है।

नियंत्रण के उपाय

1. प्रकाश प्रपंच द्वारा वयस्क भृंग को आकर्षित करके नष्ट करना प्रभावी पाया गया है।
2. पेड़ के चारो तरफ निकाई–गुड़ाई करें, ताकि मिट्‌टी के अन्दर छिपे ग्रब नष्ट हो जाय।

3. आक्रान्त पेड़ पर क्वीनालफॉस 25 ई0सी0 या मोनोक्रोटोफास 36 एस0एल0 की 1.5 मि0ली0 प्रति ली0 पानी की दर से घोल बनाकर एक सप्ताह के अन्तराल पर दो छिड़काव करना चाहिए।

पर्ण जालक (Leaf webber)

वैज्ञानिक नाम : *सिनक्लेरा अनीबोकल्लीस (Synclera univocallis)*

आक्रन्त पौधे : बेर

क्षति प्रकृति : नव विकसित सूंडी पत्तियों के हरे पदार्थ (Chlorophill) को खुरचकर खाती है जिससे प्रभावित पत्तियां लम्बाई में मुड़ जाती है। पूर्ण विकसित सुंडियां 2–3 जाल वाले पत्तियों में छिपकर खाती रहती है जिससे पत्तियों में सिर्फ शीरा और मध्य रीड़ ही शेष रह जाता है। अन्ततः सम्पूर्ण पौधे पत्तियां विहीन हो जाती है और फल नहीं लगते।

नियंत्रण के उपाय

आक्रान्त पौधों पर डायक्लोरभास 76 ई0सी0 या क्वीनालफास 25 ई0सी0 दवा का 1.5 मि0ली0 प्रति ली0 पानी की दर से घोल बनाकर छिड़काव करना चाहिए। आवश्यकतानुसार दुसरा छिड़काव 10 दिनों के बाद करना चाहिए।

बेल (Bael)

अधिक सहिष्णु व कीट प्रतिरोधी फल होने के कारण बेल के पौधों में विशेष क्षति पहुँचाने वाले कीटों का आक्रमण नहीं होते हैं। कभी–कभी पर्ण भक्षी कीट पेड़ की पत्तियों को काटकर नुकसान पहुँचाते हैं।

पर्ण भक्षी सूंडी (Leaf eating caterpillar)

वैज्ञानिक नाम : *यूप्रोक्टिस फ्रटेरना (Euprocitis fraterna)*
थाइकिडस पोसटिका (Thaicidas postica)

आक्रन्त पौधे : बेर एवं बेल

क्षति प्रकृति : नव विकसित सूंडियां खरोंच–खरोंच कर पत्तियों एवं छोटे फलों को खाते हैं। बाद में पूर्ण विकसित सूंडियाँ पत्तियों को खाकर पौधों को पत्तीविहीन कर देते हैं। फल एवं कोमल टहनियों को भी खाकर क्षति पहुंचाते हैं।

नियंत्रण के उपाय

अंडों एवं नवजात सूंडियों सहित पत्तियों को तोड़कर नष्ट कर देना चाहिए।

आक्रान्त पौधों पर क्लोरपायरीफास 20 ई0सी0 या मोनोक्रोटोफास 36 एस0एल0 दवा का 1.5 मि0ली0 प्रति लीटर पानी की दर से घोल बनाकर छिड़काव करना चाहिए।

कटहल (Jack-fruit)

दहिया कीट (Mearly bug)

वैज्ञानिक नाम : *फेरिसिया विरगाटा (Ferrisia virgata)*

आक्रन्त पौधे : बेर, आम, अमरूद, अंगुर, नीबूवर्गीय पौधे, शहतुत, इमली और गूलर (अंजीर)। अधिक जानकारी के लिए आम के कीटो में देखें।

पर्ण जालक (Leaf webber)

वैज्ञानिक नाम : *पेरिना नुडा (Perina nuda)*

आक्रन्त पौधे : कटहल, आम और गूलर (अंजीर)।

पहचान : वयस्क नर पतंगों का आधा पीला रंग एवं आधा पारदर्शी पंख के साथ फैलाव 33–36 मि0मी0 हाता है, जबकि मादा कीट का गदला पीलापन लिए हुए उजला पंख के साथ फैलाव 22–25 मि0मी0 लम्बा होता है। शरीर पर धुंधला–भूरा रंग का छोटा एवं सीधा बाल होता है।

क्षति प्रकृति : इस कीट की सूडियां पत्तियों को एक दूसरे के साथ मोड़कर उसके हरे पदार्थ को खुरचकर खाती है जिसके फलस्वरूप पत्तियों में जाला बन जाती है। अधिक प्रकोप की स्थिति में सम्पूर्ण पेड़ पत्तियां विहीन हो जाती है और फलन पर प्रतिकूल प्रभाव पड़ता है।

नियंत्रण के उपाय

1. आक्रान्त पौधों पर डायक्लोरभास 76 ई0सी0 या क्लोरपायरीफाम 20 ई0सी0 दवा का 1.5 मि0ली0 प्रति लीटर पानी की दर से घोल बनाकर एक सप्ताह के अन्तराल पर दो छिड़काव करना चाहिए।

छाल भक्षक सूंडी (Bark eating caterpillar) एवं तना वेधक (Stem borer)

अधिक जानकारी के लिए आम के कीटो में देखें।

गुलाबी मोमी–शल्क कीट (Pink waxy scale)

वैज्ञानिक नाम : *केरोप्लासटेस रूवेन्स (Ceroplastes rubens)*

आक्रन्त पौधे : कटहल, आम, गूलर, नाशपाती, नीबूंवर्गीय पौधे एवं अन्य फलें।

ये कीट पत्तियों की निचली सतह और मुलायम टहनियों पर चिपके रहते हैं और रस चूसकर चिपचिपा पदार्थ छोड़ते हैं और जिसपर काली फफूंद उत्पन्न हो जाती है।

अधिक जानकारी के लिए आम के कीटो में देखें।

अनार (Pomegranate)

अनार की तितली (Anar butterfly/fruit borer)

वैज्ञानिक नाम : *विरकोला आइसोक्रेटस* (*Virachola isocrates*)

आक्रन्त पौधे : अनार, ऑवला, सेब, वेर, नींबूवर्गीय पौधे, अमरूद, लीची, सपोटा, इमली, बर, नाशपाती।

यह अनार का प्रमुख कीट है। देश के अनार उत्पादन करने वाले क्षेत्रों में कभी–कभी इस कीट के द्वारा सम्पूर्ण फसल बर्बाद हो जाती है।

पहचान : पूर्ण विकसित सूंडी गहरे–भूरे रंग के साथ 17–20 मि0मी0 लम्बी होती है। इसके संम्पूर्ण शरीर पर छोटे–छोटे बालों के साथ उजला धब्बा होता है। वयस्क नर चमकीला–हल्का नीला–बैगनी रंग का होता है, जबकि मादा कीट भूरापन लिए हुए बैंगनी रंग की होती है तथा पंख पर नारंगी रंग के धब्बे होते हैं। इनके पंख का फैलाव 40–50 मि0मी0 होता है।

क्षति प्रकृति : सूडिंया फलों में छिद्र करके गुदा के साथ बीज को खाती है। फलों के छिद्र में सूंडियों का आधा शरीर घुसाकर लटकते हुए देखा जा सकता है। एक फल में आठ की संख्या में सूंडियां पायी जा सकती है। आक्रान्त फल में फफूंद और जीवाणु का आक्रमण हो जाता है जिससे फल सड़ने लगता है। प्रभावित फल काला होकर सड़न के साथ दुर्गन्ध आने लगती है और अन्त में गिर जाती है। इस कीट से 40–90 प्रतिशत तक फल क्षतिग्रस्त हो सकते हैं।

नियंत्रण के उपाय

1. फल को पकने से पहले कागज या पोलीथीन के बैग से ढ़क देने पर इन्हें क्षतिग्रस्त होने से बचाया जा सकता है।
2. पेड़ से गीरे हुए क्षतिग्रस्त फलों को इकठ्ठा करके नष्ट कर देना चाहिए।

3. फल पकने से पहले क्वीनालफॉस 25 ई0सी0 या नोभाल्यूरान 10 ई0सी0 दवा का 1.25 मि0ली0 प्रति लीटर पानी की दर से घोल बनाकर 15 दिनों के अन्तराल पर 4–5 छिड़काव करना चाहिए।

जामून (Black plum/Black barry/Rose apple)

छाल भक्षक सूंडी (Bark eating caterpillar) एवं तना वेधक (Stem borer)

अधिक जानकारी के लिए आम के कीटो में देखें।

रोयंदार सूंडी (Hairy caterpillar)

इस कीट की सूंडियां पत्तियों को काटकर गिरा देती है। साथ ही साथ खाता भी है। अधिक प्रकोप होने पर संम्पूर्ण पेड़ पत्ती रहित हो जाता है।

अधिक जानकारी के लिए सर्वभक्षी कीटो के अध्यायों में देखें।

सपोटा (Sapota/chikoo/sapodilla)

छाल भक्षक सूंडी (Bark eating caterpillar) एवं तना वेधक (Stem borer)

अधिक जानकारी के लिए आम के कीटो में देखें।

दहिया कीट (Mealy bug)

अधिक जानकारी के लिए आम के कीटो में देखें।

आँवला (Aonla)

आँवला कीट प्रतिरोधी फल है। बहुत कम ही कीटों का प्रकोप इसमें देखा गया है। परन्तु कीटों में खास तौर पर छाल खाने वाले सूंडी, शूट गॉल मेकर, पत्ती लपेटक एवं गुठली वेधक कीट कभी–कभी नुकसान पहुँचाते हैं।

छाल भक्षक सूंडी (Bark eating caterpillar)

वैज्ञानिक नाम : *इन्दरवेला टेट्राओनिस* (*Indarbela tetraonis*)

आक्रन्त पौधे : आँवला, आम, लींची, कटहल आदि बहुभक्षी कीट प्रकृति के।

सधारणतः जिन बागों की ठीक से देख–भाल नहीं होती, उनमें छालभक्षी कीट का प्रकोप अधिक होता है।

पहचान : इसके लिए "आम के कीटो" में देखें।

क्षति प्रकृति : इस कीट के लार्वा प्ररोहों, शाखाओं एवं मुख्य तने की छाल को खाते एवं उनमें छेद करते हैं। इसके प्रकोप की पहचान लार्वी द्वारा प्ररोहों, शाखाओं एवं तनों पर बनायी गयी अनियमित सुरंगों से होती है, जो रेशमी जालों, जिसमें चबायी हुई छाल के छोटे–छोटे बुरादे जैसे टुकड़े और इनके मल सम्मिलिति होते हैं, से ढ़की रहती है। इनके आवासीय छिद्र विशेषकर प्ररोहों एवं शाखाओं के जोड़ पर देखे जा सकते हैं। प्ररोह सूख कर मर जाते हैं, जिससे पेड़ बीमार सा दिखायी देता है।

नियंत्रण के उपाय

1. इस कीट के प्रकोप को रोकने के लिए शुरूआत में ही आवासीय छिद्रों को साफ कर, उनमें तार डाल कर लार्वी को नष्ट कर देना चाहिए।
2. अधिक प्रकोप होने पर सुरंगों एवं आवासीय छिद्रों को साफ कर रूई के फाये को डायक्लोरभास 76 ई0सी0 (4 मि0ली0 / ली0 पानी) के घोल में भिंगों कर गिली मिट्टी से बन्द कर देना चाहिए या मोनोक्रोटोफास 36 एस0एल0 या क्लोरपायसेफास 20 ई0सी0 (5 मि0ली0 / ली0 पानी) का घोल बनाकर छिद्रों में इन्जेक्शन वाली सूई द्वारा डाल कर गीली मिट्टी से बन्द कर देना चाहिए।

प्ररोह पीटिका (Shoot gall)

वैज्ञानिक नाम : *बेन्टसा स्टाइलोफोरा* (*Betanosa stylophora*)

आक्रन्त पौधे : आँवला

नर्सरी के पौधों एवं पुराने फलदार वृक्षों में शूट गॉल का प्रकोप अधिक होता है।

पहचान : वृक्ष के डालियों का अग्रस्थ भाग एक गांठ के रूप में फूल जाता है जिसमें काले रंग का कीट पाया जाता है।

क्षति प्रकृति : इस कीट की छोटी सूंडियां शाखा (प्ररोह) के शीर्ष भाग में जुलाई–अगस्त व सितम्बर माह में छेद करके अंदर घुसकर जगह बना लेती है जिससे वहां फूल कर गॉल (पीटिका) का आकार ले लेते हैं। प्रकोप की शुरूआत में तनों / प्ररोहों के अग्र भाग में सूजन सी आ जाती है जो समय के साथ–साथ बड़ी होकर पीटिका (गॉल) का आकार ले लेती है। इसके गम्भीर प्रकोप की अवस्था में पेड़ की वृद्धि रूक जाती है, जिससे पुष्पन और फलन पर प्रतिकूल प्रभाव पड़ता है।

नियंत्रण के उपाय

1. प्रभावित शाखाओं/प्ररोहों को काट कर कीड़ों सहित नष्ट कर देना चाहिए।
2. जिन बागों में इस कीट का प्रकोप लगातार होता है, उसमें मोनोक्रोटोफॉस 36 एस0एल0 दबा की 1.5 मि0ली0 प्रति लीटर पानी की दर से घोल बनाकर मौसम के शुरूआत में छिड़काव करें। आवश्यकता पड़ने पर इसका दुसरा छिड़काव 15 दिनों के बाद किया जा सकता है।

पत्ती लपेटक (Leaf roller)

वैज्ञानिक नाम : *गारसीलेरिया एसीड्यूला* (*Gracillaria acidula*)

टोनिका (सोरोस्टिका) जिजीफी (*Tonica (Sorosistaka ziziphii)*

आक्रन्त पौधे : आँवला

पहचान : वृक्षों में पत्तियों के जाले, मुर्झाने एवं गिरने को देख कर पत्ती लपेटक कीट की पहचान की जा सकती है।

क्षति प्रकृति : इस कीट के लार्वी मुलायल पत्तियों की रेशमी धागों से आपस में बाँध लेते हैं और अन्दर ही अन्दर पत्तियों को खाते रहते हैं। पत्तियों के जाले, मुर्झाने एवं गिरने को देखकर पत्ती लपेटक कीट की पहचान की जा सकती है। अधिक प्रकोप होने पर पत्तियों सूख कर गिर जाती है और नये प्ररोह एवं टहनियां सूखने लगती है।

नियंत्रण के उपाय

1. आक्रान्त पेड़ों पर मोनोक्रोटोफॉस 36 एस0एल0 या क्वीनालफॉस 25 ई0सी0 दवा 1.5 मि0ली0 प्रति लीटर पानी की दर से घोल बनाकर छिड़काव करना चाहिए।

गुठली भृंग/गुठली बेधक (Stone weevil)

वैज्ञानिक नाम : *करक्यूलिओ इम्बलिकई* (*Karkulio imblikai*)

जिजिफस मौरियाना (*Ziziphus mauritiana*)

औबियस हिमालियान्स (*Aubius himalayanus*)

आक्रन्त पौधे : आँवला

पहचान : इस कीट का वयस्क एक छोटा सा घून होता है।

क्षति प्रकृति : यह कीट जून से जनवरी माह तक सक्रिय रहता है। मादा घून जिस स्थान पर फल में अण्डे देती है, वहाँ एक छोटा, भूरा धब्बा सा दिखायी पड़ता है। इसके अतिरिक्त फलों में कीड़े के बाहर निकलने वाले छेदों को देख कर भी इसके प्रकोप की पहचान की जा सकती है। फल के अन्दर ही अण्डे से फुट कर सूंडी बन जाते हैं जो गूदा खाते हुए अन्दर चले जाते हैं और गुठली एवं फल को काटकर निकल जाते हैं।

नियंत्रण के उपाय

1. सभी ग्रसित गिरे हुए फलों को एकत्र कर नष्ट कर दें।
2. मोनोक्रोटोफॉस 36 एस0एल0 या क्वीनालफॉस 25 ई0सी0 या नोभाल्यूरान 10 ई0सी0 कीटनाशकों का 1.5–2.0 मि0ली0 प्रति लीटर पानी का घोल बनाकर छिड़काव फलों के मटर के दाने की अवस्था में करना चाहिए। यदि आवश्यकता हो तो दुसरा छिड़काव कीटनाशक बदल कर 15 दिनों के अन्तराल पर करना चाहिए।

अनानास (Pineapple)

अनानास बहुत ही सख्त पौधा होता है, जिसपर कीटों एवं बीमारियों का कम प्रकोप होता है। इनमें से मुख्यतः दहिया कीट का प्रकोप होने की संम्भावना रहती है।

दहिया कीट (Mealy bug)

वैज्ञानिक नाम : *डायसमिकोकस ब्रेभीपस* (*Dysmicoccus brevipus*)

पोशक पौधे : अनानास

पहचान : वयस्क कीट छोटे एवं लालीपन लिए हुए उजला रंग के होते हैं।

क्षति प्रकृति : ये कीट झून्ड में रहकर पौधों के जड़ों, क्राउनों, और फलों का लगातार रस चूसते रहते हैं। फलस्वरूप आक्रान्त पौधों के पत्तियों का रंग हरा से लाल या पीला हो जाता है। पत्तियों का किनारा मुड़ने लगती है और उनके नोक सुखना शुरू हो जाता है। अधिक प्रकोप होने पर पौधे बौने रह जाते हैं और फलों का आकार छोटा हो जाता है।

नियंत्रण के उपाय

1. स्वस्थ प्रकन्द का प्रयोग करना चाहिए।

2. रोपाई के समय प्रकन्द को फेनीट्रोथियान 50 ई0सी0 या फेनथियान 50 ई0सी0 (4 मि0ली0 / ली0 पानी) के घोल में 15 मिनट तक उपचारित करना चाहिए।
3. रोपाई के तीन महीनों के बाद फोरेट (10 जी0) 10 किलोग्राम / हे0 की दर से मिट्टी में प्रयोग करना चाहिए।
4. खेत से घास एवं अन्य खरपतवार को निकाल देना चाहिए जो कि मीली बग के लिए घोसलों का कार्य करते हैं।
5. चींटीं के झूण्डों एवं घोसलों को नष्ट करन देना चाहिए, ताकि मिली बग की संख्या को कम करने में सहायता मिल सके।

शरीफा (Custard apple)

दहिया कीट (Mealy bug)

वैज्ञानिक नाम : *फेरिसिया विरगाठा* (*Ferrisia virgata*)

आक्रान्त पौधे : ये कीट बहुभक्षी प्रकृति के होते हैं, जिनमें शरीफा, आँवला, नींबू प्रजाति के पौधे, भिंडी, कपास, बैंगन, गन्ना, क्रोटॉन, चीना गुलाब, आम, अनानास, शकरकन्द आदि प्रमुख है।

पहचान : इस कीट के नर को पंख होता है, जबकि मादा कीट पंख विहीन होती है और वह सिर्फ रेंगती है। मादाँए जिनके शरीर पर सफेद जैसा पदार्थ चिपका रहता है, अण्डाकार, चिपटा, मुलायम शरीर तथा मंथर गति से चलने वाली होती है।

क्षति प्रकृति : शिशु एवं मादा कीट पत्तियों के निचली सतह, मुलायम टहनियों, पुष्पक्रमों, फलों के डण्ठलों एवं छोटे फलों पर चिपके रहते हैं और इस भागों से लगातार रस चूसते रहते हैं। फलस्वरूप पौधे पीला होकर कमजोर हो जाते हैं और आक्रान्त भाग भी सूख जाते हैं। फल परिपक्व होने से पहले ही गिर जाते हैं।

नियंत्रण के उपाय

प्रभावित पत्तियों, टहनियों एवं फलों को काट कर मिली बग सहित नष्ट कर देना चाहिए।

1. कीट के प्रकोप की शुरूआती अवस्था में क्लोरपायरीफॉस 20 ई0सी0 या डायमेकोएट 30 ई0सी0 कीटनाशक का 1.5 मि0ली0 प्रति लीटर पानी की दर से पेड़ों पर छिड़काव करना चाहिए।
2. बाग में चिंटी के झूण्डों एवं घोसलों को नष्ट कर देना चाहिए।

अंगूर (Grape)

लता गर्डलर/गर्डलर भृंग (Vine girdler/girdler beetle)

वैज्ञानिक नाम : *इस्थेनियस ग्रिसेटर (Sthenias grisator)*

आक्रान्त पौधे : अंगूर, आम, कटहल, क्रोटोन, शहतूत, कपास, बौगबिलिया

पहचान : वयस्क भृंग मध्यम आकार के साथ स्थूल शरीर वाला होता है और इनके छोटे–छोटे पैर होते हैं। इस कीट का शरीर हल्का भूरा या गहरा भूरा रंग का होता है। इनके शरीर पर अनियमित आकार का उजला या भूरा निशान होता है। नवजात ग्रब की लंम्बाई 2–4 मि0मी0 होती है और इसका सिर छाल जैसा भूरा होता है। पूर्ण विकसित ग्रब की लंम्बाई 10–12 मि0मी0 होती है।

क्षति प्रकृति : प्रौढ़ मादा अण्डे देने के लिए हरी टहनियों पर एक वृत के आकार के चीरा लगाती है जिससे चीरा के उपर का भाग सूख जाता है। कभी–कभी टहनियों को काट कर अलग कर देती है। वृताकार चीरा पौधों पर 15 सें0मी0 से लेकर 3 मीटर की उँचाई तक लगाया जा सकता है। अण्डों से ग्रब निकलने के बाद सीधे तनों में छेद कर घूस जाता हैं और तना में चीरा (Girdle) लगाना शुरू कर देता है।

नियंत्रण के उपाय

1. चीरा से क्षतिग्रस्त शाखाओं को एकत्र कर नष्ट कर देना चाहिए।
2. रात्रि के समय में वयस्क कीटों को हाथ से पकड़ कर नष्ट कर देना चाहिए जिससे भृंग की संख्या को कम करने में सहायता मिलती है।
3. आक्रान्त फसलों के लताओं पर 1.5 लीटर मोनोक्रोटोफॉस 36 एस0एल0 या क्लोरपायरीफॉस 25 ई0सी0 को 1000 लीटर पानी में घोलकर प्रति हेक्टेयर की दर से छिड़काव करना चाहिए। जमीन की सतह से उपर छिड़काव करने से अधिक लाभ होता है।

अंगूर का भृंग (Grapevine beetle)

वैज्ञानिक नाम : *साइनोक्सीलान एनेल (Sinoxylon anale)*

आक्रान्त पौधे : अंगूर, साल (साखू), शिशम, सागवान

पहचान : इस कीट का वयस्क काफी मजबूत एवं भूरे रंग का होता है। भृंग की लंम्बाई और चौड़ाई क्रमशः 4–4.5 मि0मी0 और 1.8 मि0मी0 होती है। यह धीरे–धीरे चलता है और कभी–कभी ही उड़ता है। इसकी विशिष्ट पहचान यह है कि इसके श्रृंगिकाएँ (Antannae) में ब्लेड की तरह तीन संरचना होती है तथा

पिछले पंख में एक जोड़ा काठेनुमा संरचना होता है। पूर्ण विकसीत ग्रब मांसल, स्थूल, कुछ पीला–उजला रंग के मुड़ा हुआ शरीर होता है।

क्षति प्रकृति : प्रौढ़ और ग्रब तने व लता के अन्दर छिद्र बनाकर नुकसान पहुँचाते हैं। वयस्क भृंग तने के अन्दर खाकर लंम्बी गैलरी बनाते हुए बाहर निकलने के लिए गोलाकार छिद्र बना देते हैं। यह क्षति हमेशा जमीन की सतह से 30 सें0मी0 उपर पाया जाता है। पौधों के सभी आक्रान्त तना व लता सूख जाते हैं।

नियंत्रण के उपाय

1. क्षतिग्रस्त तना व लता के भाग को काट कर नष्ट कर देना चाहिए जिससे इनकी संख्या को कम करने में सहायता मिलती है।
2. आक्रान्त फसलों के लताओं पर क्वीनालफॉस 25 ई0सी0 या प्रोफेनोफॉस 50 ई0सी0 कीटनाशक का 1.25 मि0ली0 प्रति लीटर पानी की दर से घोल बनाकर छिड़काव करना चाहिए।

दहिया कीट (Mealy bug)

वैज्ञानिक नाम : *निपैकोकस विरिडिस* (*Nipaecoccus viridis*)

आक्रान्त पौधे : अंगूर, अमरूद, आम, बेर, नींबू प्रजाति एवं बहुभक्षी प्रवृति के कीट।

पहचान : वयस्क मादा काला रंग के साथ शरीर को उजला चिपचिपा–सा पदार्थ ढ़के रहती है। शिशु गहरा चौकलेट रंग का होता है जो अपने पीठ को पतला–सा सफेद पदार्थ से ढ़क कर रखता है।

क्षति प्रकृति : वयस्क मादा एवं शिशु शाखाओं के कोमल टहनियों एवं फलों से रस चूसते हैं तथा मधु का स्त्राव भी करते हैं जिससे आक्रान्त भागों पर शूटीमोल्ड फफूंद उत्पन्न हो जाता है और प्रकाश–संश्लेशन की क्रिया बाधित होती है। परिणमतः पत्तियां पीली होकर झड़ने लगती है और पौधों का विकास अवरूद्ध हो जाता है। फलों पर मधु का स्त्राव और शूटी मोल्ड फफूंद के कारण उनका बाजार मूल्य कम हो जाता है।

नियंत्रण के उपाय

1. लागातार निरिक्षण करके कीटों के आक्रान्त होने से बचाने के लिए पौधों के पत्तियों की निचली सतह, नयी तना, फल एवं शाखाओं को ध्यान से देख कर निगरानी करना चाहिए।
2. बाग को हमेशा साफ–सूथरा रखना चाहिए।

3. आक्रान्त शाखाओं को काटकर नष्ट कर देना चाहिए।
4. बाग में उपस्थित चिंटी के घोंसले को नष्ट कर देना चाहिए।
5. पौधों की शाखाओं को जमीन की सतह में नहीं सटने देना चाहिए।
6. आक्रांत पौधों पर क्लोरपायरीफास 20 ई0सी0 का 1.5 मि0ली0/ली0 पानी की दर से छिड़काव करना चाहिए।

अंगूर का थ्रिप्स (Grapevine thrips)

वैज्ञानिक नाम : *रिपीफोराथ्रिप्स क्रुनटेटस* (*Rhipiphorothrips cruentatus*)

आक्रान्त पौधे : अंगूर, जामून, अनार, गुलाब, काजू एवं इलायची।

पहचान : वयस्क नन्हा (1.4 मि0मी0 लम्बा) और विस्तृत पंख वाला कीट होता है, परन्तु पंख का शीघ्र व्यवहार नहीं करता है। मादा कीट चमकीली पीली होती है, जबकि नर गहरा–भूरा होता है। शरीर का अंतिम तीन उदरीय खण्ड चमकीला–पीला और धुंधला–पीला क्रमशः नर एवं मादा में होता है। शिशु का रंग धुधला–पीला के साथ उदर के किनारे का रंग लाल होता है, अन्यथा वयस्क के समान होता है। शिशु पास में मन्दगति से उड़ने वाला पंख रखता है।

क्षति प्रकृति : शिशु एवं प्रौढ़ दोनों ही पतितयों के निचली सतह और फूल के डण्ढल से रस चूसते हैं। आक्रान्त पत्तियों का भाग चाँदी के सदृश उजला रंग के साथ खरोज जैसे धब्बे उत्पन्न होते हैं और किनारा मुड़ जाता है। परिणामतः पत्तियां विकृत होकर गिर जाती है। फूलों के डण्ठलों पर आक्रमण होने पर फूलें मुरझा जाती है और अन्त में सूख कर गिर जाती है। इस कीट का अधिक आक्रमण मार्च से मई और फिर सितम्बर–अक्टूबर माह में होता है। अन्यथा मार्च से अक्टूबर तक सक्रिय रहता है।

नियंत्रण के उपाय

वानस्पतिक वृद्धि (Vegetative growth) के समय कीटों का प्रकोप होने पर डायमेथेएट 30 ई0सी0 या मोनोक्रोटोफॉस 36 एस0एल0 (800 मि0ली0/हे0) या फेनिट्रोथियान 50 ई0सी0 (600 मि0ली0/हे0) का छिड़काव करना चाहिए।

फलन के समय कीटों का आक्रमण होने पर सुरक्षित कीटनाशक जैसे मालाथियान 50 ई0सी0 (1000 मि0ली0/हे0) का छिड़काव करना चाहिए।

जैसिड (Jassid)

वैज्ञानिक नाम : *अरबोरिडिया विनिफेराटा (Arboridia viniferata)*

आक्रान्त पौधे : अंगूर

पहचान : वयस्क कीट छोटा, चिपटा आकार का एवं हल्का हरापन के साथ भुरा रंग का होता है। पूर्ण विकसित शिशु पीलापन लिए हुए भूरा रंग के साथ वयस्क के समान होता है। शिशु को पूर्ण विकसित धीरे–धीरे उड़ने वाला पंख होता है।

क्षति प्रकृति : शिशु एवं वयस्क दोनों ही पत्तियों की निचली सतह से रस चूसते हैं। प्रारम्भिक क्षति का लक्षण छितराई हुई छोटे–छोटे आकार में उजले रंग के धब्बे पत्तियों पर दिखाई पड़ती है। अधिक प्रकोप की स्थिति में पत्तियां पीला होकर क्रम से मुड़ना शुरू करती है और भूरा होकर अन्त में गिर जाती है। ये कीट मधु–स्त्राव (Hony dew) भी करते हैं जिससे पत्तियाँ एवं फलों पर सूटी–मोल्ड फफूंद का प्रकोप हो जाता है। परिणामतः फल के उत्पादन एवं गुणवत्ता पर प्रतिकूल असर पड़ता है। अधिक क्षति जुलाई–अगस्त के महीनों में होता है।

नियंत्रण के उपाय

1. आक्रांत फसलों के लताओं पर फेनीट्रोथियान 50 ई0सी0 / फेनथियान 50 ई0सी0 / डायमेथोएट 30 ई0सी0 कीटनाशकों का 500 मि0ली0 / 500 लीटर पानी प्रति एकड़ की दर से छिड़काव करना चाहिए।

अंगूर का पत्ती मोड़क (Grapevine leaf roller)

वैज्ञानिक नाम : *सायलेप्टा लूनलिस (Syllepta lunalis)*

आक्रान्त पौधे : अंगूर

पहचान : वयस्क कीट गदला–भूरा रंग के साथ इसके अगले एवं पिछले जोड़ी पंखों पर उजला धब्बा होता है। नर एवं मादा कीट के पंख का फैलाव क्रमशः 22–24 मि0मी0 एवं 25–28 मि0मी0 होते हैं। नर, मादा से कुछ छोटा होता है। इसके शरीर का उदर हल्का भूरा और उसके अन्तिम खण्ड का भाग गहरा भूरा होता है। पूर्ण विकसित सूंडी का शरीर गोलाकार और इसकी लम्बाई 26 मि0मी0 होती है। इसका सिर भूरापन लिए हुए काला रंग का होता है तथा शरीर बालों से ढ़का रहता है।

क्षति प्रकृति : नवजात सूंडी पत्तियों की निचली सतह को खाती है और उनके कंकाल ही शेष बची रहती है। पूर्ण विकसित सूंडी पत्तियों को किनारे से

मध्य–रीड़ की ओर मोड़कर उसमें रहती है और उसी में रहकर पत्तियों को खाती रहती है। पौधों के प्रत्येक मूड़ी हुई पत्तियों में एक सूंडी पायी जाती है।

नियंत्रण के उपाय

1. आक्रामण के प्रारंम्भिक अवस्था में मुड़ी हुई पत्तियों सहित सूंडी/प्यूपा को नष्ट कर देना चाहिए।
2. आक्रान्त फसलों में निम्नलिखित कीटनाशकों में से किसी एक का प्रति हेक्टेयर की दर से छिड़काव करना चाहिए।

   नोभाल्यूरान 10 ई0सी0 – 500 मि0ली0
   क्लोरपायरिफॉस 20 ई0सी0 – 600 मि0ली0
   डायक्लोरभॉस 76 ई0सी0 – 500 मि0ली0
   क्वीनालफॉस 25 ई0सी0 – 500 मि0ली0

पिसू भृंग (Flea beetle)

वैज्ञानिक नाम : *एसक्लोडोनटा स्ट्रीगीकोल्लिस (Scelodonta strigicollis)*

आक्रान्त पौधे : अंगूर

पहचान : वयस्क भृंग चमकीला धातुयी काँस रंग का होता है। इसके चमकीले पंखों पर छः काले धब्बे पाये जाते हैं। शरीर की लंम्बाई 4.5 मि0मी0 होती है।

क्षति प्रकृति : वयस्क अत्यन्त ही हानिकारक कीट होते हैं। ये पौधों की कटाई–छंटाई के बाद उग रहे नयी वानस्पतिक कली को खाते है और कली में छिद्र भी कर देते हैं। ये पत्तियों को कुतरते हैं तथा उनमें अनेकों छिद्र बनाते हैं। ये शाखाओं को भी खरौच कर खाते हैं, जबकि ग्रब जड़ के बाहरी सतह को खाकर नुकसान पहुँचाते हैं।

नियंत्रण के उपाय

आक्रान्त फसलों में इमिडाक्लोप्रिड 17.8 एस0एल0 (125–150 मि0ली0/हे0) या मोनोक्रोटोफॉस 36 एस0एल0 (800 मि0ली0/हे0) का छिड़काव करना चाहिए।

सेव (Apple)

सेन जोस स्केल (San jose scale)

वैज्ञानिक नाम : *क्वाड्रास्पाइडीओटस परनीसिओसस (Quadraspidiotus perniciosus)*

आक्रान्त पौधे : सेव और नाशपाती परन्तु पहाड़ी क्षेत्रों में दुसरे फल वृक्षों में भी जीवित रह सकता है।

पहचान : मादा कीट गोलाकार लगभग 2 मि0मी0 लंम्बी और पंखविहीन होती है। शरीर मोम जैसी भुरे रंग के पदार्थ से ढका रहता है तथा बीच में एक चूचुक/थूथन (Nipple) जैसी रचना होती है। नर अण्डाकार लगभग 1 मि0मी0 लम्बा और चार पंखों के बदले दो पंखें होते हैं। शिशु जब वयस्क होता है तो शरीर मुलायम के साथ पीला और दो पंख बाला होता है।

क्षति प्रकृति : वयस्क मादा और शिशु पौधों की नयी पत्तियों, कोमल टहनियों, शाखाओं और फलों का रस चूसते हैं। फलस्वरूप पौधें कमजोर हो जाते हैं और उनकी वृद्धि एवं विकास पर असर पड़ता है। नयी शाखायें मर जाती है और ग्रसित फलों का दाम भी बाजार में गिर जाता है। ये अप्रैल से दिसम्बर माह तक सक्रिय रहते हैं। हमारे देश में जहाँ–जहाँ पर सेव का पेड़ पाया जाता है, इन सभी जगहों पर इस कीट का आक्रमण होता है। मोम जैसे पदार्थ को स्त्रावित करके अपने शरीर को ढक लेने के कारण इन्हें शल्क कीट (Scale insect) या शल्क (Scale) भी कहते हैं।

नियंत्रण के उपाय

1. प्रभावित पेड़ों पर निम्न कीटनाशकों में से किसी एक का प्रति लीटर पानी की दर से छिड़काव करना चाहिए।

क्लोरपायरीफॉस 20 ई0सी0	–	1.25 मि0ली0
डायमेथोएट 30 ई0सी0	–	2 मि0ली0
फेनीट्रोथियान 50 ई0सी0	–	1.0 मि0ली0
मालाथियान 50 ई0सी0	–	1.25 मि0ली0

उली एफिस (Wooly aphis)

वैज्ञानिक नाम : *इराइसोमा लेनिजेरम (Eriosoma lanigerum)*

आक्रान्त पौधे : सेव एव नाशपाती

पहचान : यह कीट बहुत छोटा, 1.0 मि0मी0 लम्बा और थोड़ा बैंगनी रंग का होता है। इसका शरीर सफेद रूई जैसे पदार्थ से ढका रहता है और इसलिए इस कीट का नाम उली एफीस रखा गया है। यह अमेरिका देश का प्रमुख कीट है और इन्हें 1909 ई0 में भारत के शिमला में पहली बार पता लगाया गया था।

क्षति प्रकृति : पौधों के कोमल भागों से शिशु एवं वयस्क दोनों ही रस चूसते रहते हैं जिससे छोटे पौधे क्षतिग्रस्त होकर मर जाते हैं। जड़ों में इस कीट के आक्रमण से पौधों की जड़ों में सूजन (Swelling) और गाँठ (Knot) पड़ जाते हैं जिससे पौधों की वृद्धि रूक जाती है। नर्सरी में इस कीट का आक्रमण होने से टहनियां सिकुड़ जाती है और छोटे पौधे तुरन्त ही मर जाते हैं।

नियंत्रण के उपाय

1. सेन जोस स्केल कीट की तरह नियंत्रण किया जाता है।

टेंट सूंडी (Tent caterpillar)

वैज्ञानिक नाम : *मालाकोसोमा इन्डिकम* (*Malacosoma indicum*)

आक्रान्त पौधे : सेव, सतालू, नाशपाती, बदाम, खूवानी, चेरी एवं अखरोट

पहचान : ये मध्यम आकार का कीट होते हैं। नर कुछ लाल रंग के होते हैं, जबकि मादा हल्का भूरे रंग की होती है।

क्षति प्रकृति : इस कीट की सूंडिया दिन के समय टेंट में विश्राम करती है और रात्रि के समय पत्तियों को खाकर पूरे पेड़ को पत्ती विहीन कर देती है तथा सिर्फ मध्य शिरा और कठोर लता ही शेष बची रह जाती है।

नियंत्रण के उपाय

1. अण्ड समूह को दिसम्बर एवं जनवरी माह तथा सूंडियों को मार्च से मई माह में एकत्रित करके नष्ट करने से इस कीट के द्वारा क्षति होने में कमी लायी जा सकती है।
2. टेन्ट में लम्बा तार घुसाकर साफ करने के उपरान्त किरोसिन तेल को कपड़े में भिंगोकर अन्त तक डालकर उसे बन्द कर देना चाहिए।
3. स्वस्थ वृक्षों पर चपचपा पट्टा लगाना चाहिए, ताकि भ्रमणकारी सूंडियां प्रभावित वृक्षों से स्वस्थ वृक्षों पर न पहूँच सके।
4. कटाई–छंटाई के समय अण्ड समूह को अलग कर नष्ट करना चाहिए। टेन्ट के जाला को अप्रैल–मई में हाथों से नष्ट कर किरोसिन तेल लगा देना चाहिए।
5. आक्रान्त वृक्षों पर मालाथियान 50 ई0सी0 या क्लोरपायरीफास 20 ई0सी0 (1.25 मि0ली0/ली0 पानी) का छिड़काव करना चाहिए।

कोडलिंग मौथ (Codling moth)

वैज्ञानिक नाम : *सायडिया पोमोनेल्ला* (*Cydia pomonella*)

आक्रान्त पौधे : सेव, नाशपाती एवं अखरोट।

यह अमेरिका का प्रमुख कीट है, परन्तु अभी के समय में विश्व के सेव उगाये जाने वाले सभी क्षेत्रों में फैल गया है। यह सेव का अत्यन्त हानिकारक कीट है। भारत में यह कीट काश्मीर और लद्दाख में पाया जाता है।

पहचान : यह छोटा पतंगा, हल्का भूरा रंग का होता है। इसके पंखों के किनारे चोकलेट–भूरा रंग का धब्बा पाया जाता है जो वृक्ष में धड़ के छाल के अनुरूप होता है।

क्षति प्रकृति : हल्की गुलाबी रंग की सूंडिया पहले पत्तियों को खाती है और बाद में फलों में छिद्र करके गुदे को खाती है। आक्रान्त फलों का आकार बेडोल हो जाता है और पकने से पहले ही गिर जाता है। फल खाने योग्य नहीं रहते।

नियंत्रण के उपाय

1. बाग में सभी मलबों एवं घासों को हटा कर साफ सूथरा रखना चाहिए। पुराने वृक्ष के ढीले छाल को भी हटा देना चाहिए, ताकि सूंडियों के शीत् निष्क्रीयता अवस्था का आश्रय स्थल न बन सके।
2. प्रभावित फलों को वृक्षों से तोड़कर एवं गिरे हुए फलों को सूंडियों सहित जला देना चाहिए।
3. वृक्ष को जुट की बोरों से तीन–चार तहों में बांधना चाहिए, ताकि सूंडियां शीत् निष्क्रीयता अवस्था वाले सभी सूंडियों को फलन के समय दो से तीन बार एकत्र कर नष्ट कर सके।

इन्डियन जिप्सी मॉथ (Indian gypsy moth)

वैज्ञानिक नाम : *लायमनट्रिया ओवफ्यूस्काटा* (*Lymantria obfuscata*)

आक्रान्त पौधे : सेव, खुवानी एवं अखरोट का पश्चिमी हिमालय क्षेत्र में प्रमुख कीट है। परन्तु जंगली वृक्षों जैसे सरपत (Willow) पीम और पोपलर का मौलिक (Primarily) कीट है।

पहचान : इस कीट के सूंडी (Caterpillar) की लंम्बाई 40–50 मि0मी0 होती है और बालों के समूह से ढ़का रहता है। वयस्क मादा शलभ का रंग गहरा भूरा और उसके कठोर (Atrophied) पंख होते हैं। नर पतंगा मादा के समीप अपेक्षाकृत अधिक सक्रिय रहते है और मैथून (Mating) करते हैं।

क्षति प्रकृति : इस कीट की सूंडिया समूह में रहती है और रात्रि के समय में अतिलोलूप (Voraciously) होकर पत्तियों को खाती है। इस कीट का स्वभाव वृक्ष को पूर्णरूप से पत्तीविहीन कर देने का होता है। फलस्वरूप वृक्षों में फल नहीं लगते।

नियंत्रण के उपाय

1. अधिक जानकारी के लिए टेन्ट सूंडी (Tent caterpillar) में देखें।

सेव का तना बेधक (Apple stem borer)

वैज्ञानिक नाम : *एपरियोना सिनेरिया* (*Apriona cinerea*)

आक्रान्त पौधे : सेव, सतालू, अंजीर एवं अन्य फलदार वृक्ष।

पहचान : वयस्क भृंग 35–50 मि0मी0 लम्बा, रंग भूरा एवं इसका श्रृगिकाएँ (Antennae) शरीर से लम्बा होता है।

क्षति प्रकृति : इस कीट का ग्रब ही अत्यधिक हानिकारक होता है। ग्रब खाकर तने में स्थूल भाग के किनारे से सुरंग बनाता है। परिणामतः आक्रान्त पेड़ कई वर्षों तक नही मरता है, परन्तु वृक्ष की जीवन शक्ति और उत्पादकता बहुत कम हो जाती है। वयस्क भृंग छाल को खाता है और अपना असामान्य व्यवहार के कारण जितना खाता नहीं, उससे अधिक कुतर व काटकर क्षति पहूँचाता है।

नियंत्रण के उपाय

1. शरद् ॠतु में आक्रान्त तना एवं शाखाओं को ग्रब सहित काटकर जला देना चाहिए।
2. जीवित सुरंग में पिचकारी या इनजैक्शन के द्वारा कार्बनडायसल्फाइड या क्लोरोफार्म अथवा पेट्रोल डालकर गीली मिट्टी से बन्द कर देना चाहिए।

सेव का जड़ बेधक (Apple root borer)

वैज्ञानिक नाम : *डोरीथेन्स हुगली* (*Dorysthenes hugelii*)

आक्रान्त पौधे : सेव, नाशपाती, सतालू, चेरी, अखरोट।

पहचान : पुर्ण विकसित ग्रब गदला उजला रंग के साथ सिर और मेन्डीबुल्स काला होता है तथा इसकी लंम्बाई 75 मि0मी0 तक हो सकती है। वयस्क भृंग का रंग अखरोट की तरह होता है। इसके सिर और बक्ष का रंग पंख से अधिक काला होता है।

क्षति प्रकृति : ग्रब पैड़ों के जड़ पर आक्रमण करता है। जड़ को खाने से मुख और छोटा–छोटा आधार से अलग हो जाता है। यदि पेड़ छोटे हो तो वे तुरन्त मर जाते हैं, जबकि पुराना पेड़ कमजोर हो जाता है और एक हल्की हवा के झोंकों से गिर ज़ाता है।

नियंत्रण के उपाय

1. सूखी बलूई मिट्टी में सेब के बागों को लगाने से बचना चाहिए।
2. वृक्ष के नीचे मिट्टी में अन्तः सस्य क्रियायें (Inter-culturing) करने से ग्रब को मारने में सहायता मिलती हे।
3. आक्रान्त पेड़ों के आधार तल में फोरेट (10 जी0) या फ्यूराडान (3 जी0) का 100 ग्राम प्रति पेड़ की दर से प्रयोग करना चाहिए।

अखरोट (Walnut)

अखरोट का घून (Walnut weevil)

वैज्ञानिक नाम : *स्फेनोप्टेरा लफेरटई (Sphenoptra lafertei)*

अलसिडस पोरेक्टीरोसट्रीस (Alcides porrectirostris)

आक्रान्त पौधे : अखरोट।

यह घून अखरोट का बहुत हानिकारक कीट है। कुमाऊ, कूलू, घाटी, जम्मू एवं कश्मीर में बहुत बीनाशकारी कीट के नाम से जाना जाता है।

प्हचान : युवा अवस्था में वयस्क घून की लंम्बाई 10 मि0मी0 तथा गहरा काला रंग का होता है, परन्तु उम्र बढ़ने पर इसका रंग कुछ भूरा हो जाता है। इसके शरीर के सामने मुख्य तुंड (Snout) लगा रहता है। ग्रब पैर रहित, सीर का रंग पीला–भूरा तथा इसकी लंम्बाई 15 मि0मी0 होती है।

क्षति प्रकृति : वयस्क और ग्रब दोनों ही क्षति पहुँचाते हैं। ग्रब सिर्फ अखरोट फलों का गुद्दा ही खाता है और इसका व्यर्थ काला ढेर लगा देता है। वयस्क घून हरी टहनियां, डण्ठलें, फूल और तरूफ (Young) फल को खाकर क्षतिग्रस्त करता है। ग्रब, वयस्क कीट से अधिक हानिकारक होता है। इनके आक्रमण से 50–70 प्रतिशत फल पकने से पहले ही नीचे गीर जाती है। इस प्रकार वृक्ष के नीचे जमीन पर आक्रान्त फलों का ढ़ेर सामान्य रूप से देखा जा सकता है जो इस कीट के क्षति की मुख्य पहचान है।

नियंत्रण के उपाय

1. मई–जून के महीनों में गीरे हुए फलों को जमा करके नष्ट कर देना चाहिए।
2. पेड़ों पर निम्न कीटनाशकों में से किसी एक दवा का छिड़काव प्रति लीटर पानी का घोल बनाकर 15 दिनों के अन्तराल पर 2–3 छिड़काव करना चाहिए जब पेड़ों में तरूफ फल लग जाय।

क्वीनालाफॉस 25 ई0सी0	–	1.75 मि0ली0
थायोडीकार्ब 75 डब्लू0पी0	–	1.5 ग्रा0
स्पायनोसेड 2.5 एस0सी0	–	1.25 मि0ली0
नोवाल्यूरान 10 ई0सी0	–	1.5 मि0ली0

लम्बी–मूंछ वाली अखरोट की भृंग (Long horned walnut beetle)

वैज्ञानिक नाम : *बेक्ट्रोसिरा हार्सफाइलडी* (*Bactrocera horsfieldi*)

आक्रान्त पौधे : अखरोट।

यह अखरोट का बहुत ही हानिकारक कीट है जो दार्जलिंग, कुमाऊ पहाड़ी, कूलू घाटी एवं शिमला पहाड़ी में पाया गया है।

पहचान : ग्रब 90–150 मि0मी0 लम्बा और धुंधला–पीला रंग का होता है। वयस्क भृंग 45–65 मि0मी0 लम्बा, काला रंग एवं शरीर पर सुन्दर पीला–भूरा बाल होता है। इसके पंख के आधार पर अनेक चमकीला काला ग्रन्थियां होती है और अनेक गोलाकर उजला निशान मस्तक तक फैला हुआ रहता है।

क्षति प्रकृति : तरूण ग्रब पौधों के तनों को क्षति पहुँचाता है जो किनारे के छाल को खाकर टेढ़ी–मेढ़ी सुरंग बनाता है। बाद में ग्रब लकड़ी के सतह में छिद्र करके खाते हुए केन्द्र में पहुँच जाता है। इस प्रकार आक्रांत पेड़ के लकड़ी का टुकड़ा व्यर्थ हो जाता है, सिवाय जरावन की लकड़ी को छोड़कर।

नियंत्रण के उपाय

1. वयस्क एवं ग्रब को हाथ से पकड़ कर नष्ट करने से इनकी संख्या को कम करने में सहायता मिलती है।
2. कपड़े के टुकड़े को किरासन तेल/पैट्रोल/ई0डी0सी0टी0 के मिश्रण में भिंगोकर सजीव सुरंग में डालकर कच्ची मिट्टी से बंद कर देना चाहिए।

बादाम (Almond)

बादाम का घून (Almond weevil)

वैज्ञानिक नाम : *मायलोसेरस लेक्टीवीरेन्स* (*Myllocerus lactivirens*)

आक्रान्त पौधे : सेव, बेर, आम, बर, अनार, नींबू प्रजाति, खूबानी, नाशपाती, फालसा, आदि लेकिन बादाम और नाशपाती श्रेष्ट पौधा है।

पहचान : वीभिल छोटा, 3–4 मि0मी0 लम्बा और फीका धातुयी–हरा रंग का होता है। पूर्ण विकसित ग्रब मलाई के समान उजला, 4 मि0मी0 लम्बा और स्थूल शरीर का होता है जिसके पैर नहीं होते। उनको छोटा एवं सीधा सेटइ (Setae) होते है जो चलने में सहायता करता है।

क्षति प्रकृति : वीभिल पत्तियों के निचली सतह पर इकट्ठा होकर कुतरता है और अनियमित आकार का छिद्र बनाता है। ये क्रमिकता से पत्तियों की परत को खा जाता है और सिर्फ मध्य–शिरा ही शेष बच जाता है। ये पहले नयी पतितयों को खाते हैं और उसके बाद पुरानी पत्तियों को भी खाकर कंकाल के रूप में ला देते हैं। ये कीट बरसात के मौसम में पत्तियों को अधिक क्षति पहुँचाते हैं।

नियंत्रण के उपाय

1. आक्रान्त पौधों पर निम्न कीटनाशकों का छिड़काव प्रति लीटर पानी की दर से घोल बनाकर 15 दिनों अन्तराल पर दो–तीन छिड़काव करना चाहिए।

क्वीनालाफॉस 25 ई0सी0	–	1.5 मि0ली0
इन्डोक्साकार्ब 15.8 ई0सी0	–	1.25 मि0ली0
मोनोक्रोटोफॉस 36 एस0एल0	–	1.5 मि0ली0
फेनीट्रोथियान 50 ई0सी0	–	1.25 मि0ली0

बादाम का भृंग (Almond beetle)

वैज्ञानिक नाम : *मिमासट्रा साइनूरा* (*Mimastra cyanura*)

आक्रान्त पौधे : बादाम, बन वृक्ष के नर्सरी का पौधा, शोभाकारी पौधे एवं बहुभक्षी प्रकृति के।

पहचान : बादामी रंग का भृंग बहुत छोटा होता है और इसके चमकीले पंख के अन्त में पूंछ के नीचे काला धब्बा रहता है।

क्षति प्रकृति : मई माह में वयस्क भृंग झूण्ड में उपस्थित होते है। खाकर पेड़ को पत्ति रहित कर देते हैं जिससे उपज में कमी आती है। इस कीट की अधिक सक्रियता जुलाई–अगस्त माह में रहता है।

नियंत्रण के उपाय

1. इस कीट का नियंत्रण बादाम विभील की तरह कर सकते हैं।

आड़ू/सतालू (Peach)

सतालू का पत्ती ऐंठन मोयला (Peach leaf curl aphid)

वैज्ञानिक नाम : *ब्राकिकौडस हेलिक्राइसि* (*Brachycaudus helichrysi*)

आक्रान्त पौधे : सतालू, बर, बादाम एवं दुसरा समशीतोष्ण फल।

पहचान : यह कीट बहुत छोटा एवं प्रायः पीला रंग का होता है। इसके सिर पर उजला धारी होता है। इसका रंग भोज्य पौधा के साथ बदलता रहता है। जैसे सतालू के पौधों पर मोयला का रंग हल्का हरा, जबकि गोल्डेन–रोड के पौधों पर रहने से इसका रंग हल्का हरापन लिए हुए पीला होता है।

क्षति प्रकृति : शिशु एवं मादा नयी पत्तियों का रस चूसते हैं जिसके कारण पौधों की पत्तियों में ऐंठन (Curl) हो जाता है। प्रभावित पौधों में पोषक तत्व की कमी हो जाती, फलस्वरूप फलों का विकास रूक जाता है और वे पकने से पहले ही गिर जाते हैं। आक्रान्त पौधों की छोटी मुड़ी हुई पत्तियों से बहुत कम फल लगता है तथा *तफरीना डेफोरमन्स* नामक फफूंद भी उत्पन्न हो जाता है।

नियंत्रण के उपाय

1. बागों से खरपतवार/घास को हटा देना चाहिए। चूंकि ये कीटों के लिए घोंसला का कार्य करते हैं।
2. आक्रान्त पौधों पर निम्न कीटनाशकों मे से किसी एक दवा का प्रति लीटर पानी की दर से छिड़काव करना चाहिए–

इमिडाक्लोप्रिड 17.8 एस0एल0	–	1 मि0ली0/4 ली0 पानी
थायोमेथोक्जाम 25 डब्लू0एस0जी0	–	1 ग्राम/4 ली0 पानी
ऐसीटामिप्रिड 20 एस0पी0	–	1 ग्राम/ली0 पानी
डायमेथोएट 30 ई0सी0	–	2 मि0ली0/ली0 पानी

आडू का फल मक्खी (Peach fruit fly)

वैज्ञानिक नाम : *बेक्ट्रोसिरा जोनाटा* (*Bactrocera jonata*)

आक्रान्त पौधे : सतालू, गूलर, अमरूद, बेर, सेव, नाशपाती, नींबू प्रजाति के पौधे, लत्तरवर्गीय सब्जियां, टमाटर एवं बैंगन।

पहचान : इस कीट का सूंडी (Maggot) गदला उजला एवं बिना सिर और पैर का होता है। ये छटपटाने वाला जीव होते हैं और इनकी लंम्बाई लगभग 10 मि0मी0 होती है। वयस्क मक्खी छोटी और घरेलू मक्खी के बराबर आकार में होती है एवं कुछ लाल–भूरा रंग के साथ उदर में पीलापन लिए हुए काटा हुआ पट्टा होता है। इसका पंख पारर्दशी होता है और प्रत्येक पंख के किनारे भूरे रंग का छोटा–छोटा धब्बा होता है।

क्षति प्रकृति : मादा कीट फलों के भीतरी भाग में अण्डे देती है। अंडों से निकले नवजात सूंडी (Maggot) फलों के गुदे को खाना शुरू करती है। परिणामतः फल कोमल और उत्तेजित होकर गिर जाता है। आक्रान्त पेड़ों का उत्पादन कम हो जाता है और फलों की गुणवत्ता पर प्रतिकूल असर पड़ता है।

नियंत्रण के उपाय

1. विशेष जानकारी के लिएए आम के कीटों में देखें।

सतालू की टहनी बेधक (Peach twig borer)

वैज्ञानिक नाम : *अनारसिया लिनियाटेल्ला* (*Anarsia lineatella*)

आक्रान्त पौधे : सतालू एवं अन्य पहाड़ी फलें।

पहचान : इस कीट का शलभ (Moth) कठोर और भूरा रंग का होता है।

क्षति प्रकृति : मादा कीट पौधों की शाखाओं एवं फलों में अण्डे देती है। अंडों से निकली सूंडी (Caterpillar) टहनियों और फलों में छेद करती है। प्रभावित टहनियां सूख जाती है और फल सड़कर गिर जाता है। फलों में प्रवेश छिद्र के पास राल मिला हुआ स्वेतस्त्राव देखा जा सकता है और उस स्थान पर फफूंद और जीवाणु उत्पन्न हो जाता है।

नियंत्रण के उपाय

1. प्रभावित टहनियों एवं फलों को तोड़कर नष्ट कर देना चाहिए।

2. आक्रान्त पेंडों पर क्लोरपायरिफॉस 20 ई0सी0 या क्वीनालफास 25 ई0सी0 1.5 मि0ली0 प्रति ली0 पानी क दर से घोल बनाकर छिड़काव करना चाहिए।

सतालू का तना बेधक (Peach stem borer)

वैज्ञानिक नाम : *स्फेनोपटेरा लफेरटई (Sphenoptera lafertii)*

आक्रान्त पौधे : सतालू, बर, नाशपाती, बदाम, चेरी।

पहचान : भृंग का रंग काला–काँसा और 10–13 मि0मी0 लंम्बा होता है। ग्रब का रंग धुंधला काला या काला, सी 'C' का आकार और शरीर की लंम्बाई 18–24 मि0मी0 होती है।

क्षति प्रकृति : ग्रब छाल के अन्दर का भाग खाता है और लकड़ी में गहरा छिद्र बना देता है। छिद्र के प्रवेश स्थान से गोंद की गोली (Globules) का स्त्राव होने लगता है। प्रभावित पेड़ों के पत्तियों का रंग पीला हो जाता है और विकास/वृद्धि रूक जाती है। आक्रान्त शाखाएँ सुखने लगती है और उसमें फल नहीं लगते। लगातार क्षतिग्रस्त रहने पर पेड़ मर जाते हैं।

नियंत्रण के उपाय

1. अधिक गोंद के स्त्राव वाली शाखाएँ एवं मृत टहनियों को काट कर जला देना चाहिए।
2. पेड़ के सभी धड़ों एवं मुख्य शाखाओं के छिद्रों को झाडू या ब्रश से साफ कर क्लोरपायरफॉस 20 ई0सी0 (4 मि0मी0/ली0 पानी) का घोल डालना चाहिए।
3. क्लोरपायरीफास 20 ई0सी0 2.5 लीटर/1250 लीटर/हेक्टेयर की दर से भींगा (Drench) छिड़काव फरवरी–मार्च एवं सितम्बर'–अक्टूबर माह में करने से कीट का प्रभावी नियंत्रण पाया गया है।

नाशपाती (Pear)

नाशपाती का मोयला (Pear aphid)

वैज्ञानिक नाम : *टोक्सोप्टेरा स्पेसीज (Toxoptera* sp.)

स्कीजेफीस स्पेसीज (Schizaphis sp.)

हाल के समय में नाशपाती का पेड़ में फरवरी से अप्रैल माह तक बहुत अधिक तीब्रता से माहूँ (एफीड्स) का आक्रमण देखा गया है। अभी तक इस कीट की पहचान और जीवन का इतिहास के बारे में विस्तृत अध्ययन नहीं किया गया है।

क्षति प्रकृति : माहूँ पेड़ों के कोमल बढ़ने वाली प्ररोह, फूल की कली, फूल एवं फलों का रस चूसकर क्षति पहुँचाता है। ये कीट मधुरस का स्त्राव भी करते है जिसमें कजली फफूंद (Sooty mould) उत्पन्न हो जाती है जिससे पौधों में प्रकाश–संश्लेषण की क्रिया में बाधा उत्पन्न होती है। परिणमतः फलन पर प्रतिकूल प्रभाव पड़ता है।

नियंत्रण के उपाय

1. इमेडाक्लोप्रिड 200 एस0एल0 200 मि0ली0 या थायोमेथोक्जाम 25 डब्लू0एस0जी0 या 160 ग्रा0 या डायफेनथ्यूरान 50 डब्लू0पी0 या 500 ग्रा0 या डायमेथोएट 30 ई0सी0 1.0 ली0 को 500 ली0 पानी की दर से घोल बनाकर प्रथम छिड़काव पौधों के बढ़वार के समय (फरवरी के तीसरा–चौथा सप्ताह), दुसरा छिड़काव पूरा फूल निकलने पर (मार्च का पहला–दुसरा सप्ताह) और तृतीय छिड़काव फल बनते समय (मार्च के तीसरा–चौथा सप्ताह) करना प्रभावी रहता है।

काजू (Cashew nut)

काजू का तना एव जड़ बेधक (Cashew stem and root borer)

वैज्ञानिक नाम : *प्लोकेइडेरस फेरूजीनेयस* (*Plocaederus ferrugineus*)

आक्रान्त पौधे :काजू

पहचान : मध्यम आकार एवं गहरा–भूरा रंग का विटील होता है।

क्षति प्रकृति : तना एवं जड़ के ढीले छाल के अन्दर मादा कीट अण्डे देती है। अण्डों से निकले ग्रब पहले छाल में छेद करके अन्दर प्रवेश करता है और बाद में लकड़ी के अन्दर छेद कर सुरंग बनाता है। अधिक प्रकोप की स्थिति में पेड़ के आधार और जड़ में बड़ी सुरंग बनाती है जिसके फलस्वरूप पेड़ का रस बहता हुआ निकलता है और अन्त में पेड़ मर जाता है।

नियंत्रण के उपाय

1. अंडों को एकत्र करके जला देना चाहिए।
2. तना एवं जड़ के छिद्रों में कोई कीटनाशक का घोल डालकर कच्ची मिट्टी से बन्द कर देना चाहिए।

काजू का पर्ण सुरंगक (Cashew leaf miner)

वैज्ञानिक नाम : *एकरोकेरकोपस सायन्ग्राम्मा (Acrocercops syngramma)*

आक्रान्त पौधे :काजू

पहचान : इस कीट का शलभ छोटा, चाँदी के सदृश्य उजला–भूरा, जबकि सूंडी का रंग पीला–उजला एवं बाद में पूर्ण विकसित होने पर लाल–भूरा हो जाता है और इसकी लंम्बाई 6.25 मि0मी0 होती है।

क्षति प्रकृति : सूडिंया सुरंग बनाकर पत्तियों को क्षति पहुंचाती है। आठ की संख्या में सूंडियां एक पत्तियों को क्षतिग्रस्त करती पायी जाती है। प्रभावित स्थान पर सूक्ष्म वाह्य परत फूल जाता है और पत्तियों की सतह पर उजला–सा फफोला दिखाई पड़ने लगता है। क्षतिग्रस्त भाग सुखने और गिरने के कारण पुरानी पत्तियों में बड़ा–बड़ा छिद्र दिखाई पड़ने लगता है।

नियंत्रण के उपाय

1. आक्रान्त पेड़ों पर निम्न कीटनाशकों में से किसी एक दवा का प्रति लीटर पानी की दर से घोल बनाकर छिड़काव करना चाहिए –

क्वीनालाफॉस 25 ई0सी0	–	1.25 मि0ली0
फेनीट्रोथियान 50 ई0सी0	–	1.0 मि0ली0
नोभाल्यूरान 10 ई0सी0	–	1.0 मि0ली0

काजू का मच्छर बग (Mosquito-bug of cashew)

वैज्ञानिक नाम : *हेलोपेलटिस अनटोनी (Helopeltis antonii)*

आक्रान्त पौधे :काजू

पहचान : वयस्क कीट का सिर काला, बक्ष लाल और उजला एवं काला रंग उदर का होता है।

क्षति प्रकृति : शिशु एवं वयस्क दोनों ही पौधों के डण्ठलों, नये प्ररोहों एवं पत्तियों के शिरा से रस चूसते हैं। परिणास्वरूप ग्रसित स्थान पर निर्जीव सदृश्य क्षति पहुँचती है। चूभे हुए भाग से एक प्रकार का लसलसा रस (Rsin) धीरे–धीरे बहता (Exude) है और फूल का काला होना एवं उलटा सूखा रोग (Die-back) जैसे लक्षण दिखाई देते हैं। अत्यधिक प्रकोप की स्थिति में विस्तृत रूप से टहनियां और फूल सूख जाते हैं तथा फल (Nut) गिर जाते हैं जिससे 30 प्रतिशत तक उपज में हानि होती है।

नियंत्रण के उपाय

1. पेड़ों में नयी प्ररोहों एवं पत्तियों के आने के समय निम्न स्पर्शीय कीटनाशकों में से किसी एक दवा का छिड़काव करना चाहिए –

नोवाल्यूरान 10 ई0सी0	–	1.0 मि0ली0 / ली0 पानी
साइपरमेथ्रिन 10 ई0सी0	–	1.0 मि0ली0 / ली0 पानी
मालाथियान 50 ई0सी0	–	1.5 मि0ली0 / ली0 पानी
फेनवालरेट 20 ई0सी0	–	1.0 मि0ली0 / ली0 पानी

बाद में आवश्यकतानुसार 15 दिनों के अन्तराल पर इनमें से किसी कीटनाशकों का बदल–बदल कर दो–तीन छिड़काव करना चाहिए।

सुपाड़ी (Arecanut/Betelnut)

सुपारी का मिरिड बग (Arecanut mirid bug)

वैज्ञानिक नाम : *कारवालहोया अरेका* (*Carvalhoia areca*)

आक्रान्त पौधे :सुपाड़ी

पहचान : वयस्क बग लाल और काला रंग का होता है। इस बग की लंम्बाई 6 मि0मी0 और चौड़ाई 2.5 मि0मी0 होती है। शिशु थोड़ा हरे रंग के साथ हल्का लाल–भूरा धब्बा होता है।

क्षति प्रकृति : शिशु एवं वयस्क बग सुपारी के नयी पत्तियों से रस चूसते है। बग समूह में एक साथ उपरी पत्तियों के केन्द्र में रहता है। यदि अधिक आक्रमण होता है तो पत्तियां टुकड़े–टुकड़े (Shredded) में होकर सीधी हो जाती है। कुछ वर्षो तक लगातार आक्रमण होने पर पेड़ों की वृद्धि रूक जाती है और फल भी कम लगता है।

नियंत्रण के उपाय

1. मोनोक्रोटोफॉस 36 एस0एल0 या क्वीनालफॉस 25 ई0सी0 कीटनाशकों की 1.5 मि0ली0 प्रति लीटर पानी के दर से घोल बनाकर एक माह के अन्तराल पर नयी पत्तियों और धूरी (Spindles) पर छिड़काव करना चाहिए।

गुलर/अंजीर (Fig)

भारत में अंजीर की व्यवसायिक खेती अच्छी तरह विकसित नहीं हुई है और बहुत कठिनाई से लगभग एक हजार हेक्टेयर क्षेत्रफल में उगायी जाती है। अंजीर बहुत

अधिक पौष्टिक फल होता है, जिसमें अधिक मात्रा में चीनी एवं कम मात्रा में अम्ल रहता है। यह विटामिन 'ए' का अच्छा स्त्रोत है। अंजीर के पेड़ों को लगभग 50 से अधिक कीट की प्रजातियों से छति करते पाये गये हैं जिनमें कुछ कीटों का वर्णन किया गया है।

1. आम का तना बेधक (Mango stem borer)

वैज्ञानिक नाम : *बेक्ट्रोसेरा रूफोमाकुलाटा (Bactrocera rufomaculata)*

आक्रन्त पौधे : आम का तना बेधक अंजीर का बहुत ही हानिकारक कीट है और यह व्यापक रूप से भारत, श्रीलंका, मलेसिया और पूर्वी अफ्रिका में पाया जाता है। लगभग 30 पोषक पौधे जैसे – आम, अंजीर, अमरूद, कटहल, शहतूत, अनार, अखरोट आदि को क्षति पहुँचाता है। अंजीर का लकड़ी बहुत मुलायम होता है, इसलिए यह वृक्ष इस कीट से बहुत अधिक पीड़ित होता हैं।

क्षति प्रकृति : इस कीट का ग्रब वृक्ष के बाहरी छाल को बिना क्षति पहुँचाये मुख्य तनों और शाखाओं में छिद्र करता है। पहले भीतर की ओर वे टेड़ी–मेढ़ी लकड़ी में सुरंग बनाता है। इसके द्वारा बनाये गये छिद्र से लकड़ी का बुरादा और बिष्ठा निकलते देखा जा सकता है। ग्रसित टहनियों की पत्तियां सुखकर गिरने लगती है तथा बाद में टहनियां सूखकर गिर जाती है। यदि पेड़ों के धड़ पर आक्रमण होता है तो बढ़वार और फल उत्पन्न करने की क्षमता अधिक प्रभावित होती है। पेड़ में क्षतिग्रस्त स्थान के निचले भाग से अनेक नयी शाखाऐं निकलती है, परन्तु अन्त में मर जाती है।

नियंत्रण के उपाय

1. अधिक जानकारी के लिए आम के कीटों में देखें।

2. फल मक्खी (Fruit fly)

वैज्ञानिक नाम : *बेक्ट्रोसेरा डार्सेलिस (Bactrocera dorsalis)*
बेक्ट्रोसेरा जोनाटा (Bactrocera Zonaa)

आक्रान्त पौधे : इस कीट की दोनों प्रजातियां बहुभक्षी प्रकृति के होते हैं और अपना वंश अनेकों पोषक पौधों पर पालते हैं, जिनमें अनेक फलों के पेड़ और सब्जियाँ है।

क्षति प्रकृति : अंजीर में अधिक पके फलों, जोकि पेड़ में लगे रहते हैं, उन्हीं पर मक्खियां आक्रमण करती है। कच्चे (Unripe) फलों के लिए ग्रब की रूची नहीं

रहती है और मक्खियां अण्डे देने के लिए नयी फलों को टालती (Avoid) है। सूंडी (Maggot) के द्वारा खाने पर फलों का गुदा सड़ने लगता है और फल नीचें गिर जाता है।

नियंत्रण के उपाय

1. अधिक जानकारी के लिए आम के कीटों में देखें।

अंजीर मिज (Fig midge)

वैज्ञानिक नाम : *अनजीरोडीयलोसिस पेशवारेनसिस (Anjeerodiplosis peshawarensis)*

आक्रान्त पौधे : अंजीर

पहचान : वयस्क मीज छोटी और हल्की भूरी रंग की मक्खी होती है। पूर्ण विकसित लार्वी (Maggot) 3 मि0मी0 लम्बी, 1 मि0मी0 चौड़ी और मलाई के समान उजली रंग की होती है। इसकी सिर छोटी और दो संयुक्त ऋृगिकाएँ (Antennae) होती है।

क्षति प्रकृति : इस कीट की लार्वी (Maggot) केवल फलों का गुदा खाकर क्षति करती है। प्रभावित अंजीर का फल पीला–हरा रंग का हो जाता है और पकने में असफल (Fail) हो जाता है। यदि इस कीट का अधिक आक्रमण होता है तो काफी संख्या में सिकुड़ा हुआ (Shrivelled) और विकृत (Deformed) आकार में सुखे फल पेड़ के नीचे विखड़े पड़े देखे जा सकते हैं।

नियंत्रण के उपाय

1. पेड़ के नीचे जमीन की जुताई करना चाहिए, ताकि जमीन में पड़े प्यूपे आदि मर जाय।
2. पेड़ के नीचे पड़े सभी आक्रान्त फलों को एकत्रित करके नष्ट कर दें या जला दें।
3. कीटों का अधिक आक्रमण होने पर फेनथियान 50 ई0सी0 या क्वीनालफास 2.5 ई0सी0 (1.25 मि0ली0 / ली0 पानी) का छिड़काव कली और फूल आने के समय करना चाहिए।

अंजीर का शल्क कीट (Fig scales)

अधिक जानकारी के लिए आम के कीटों में देखें।

लोक्वाट (Loquat)

लोक्वाट की वैज्ञानिक खेती चीन, जापान, कोरिया और ताइवान में होती है। भारत में ''जैपनीज मेडलर'' के नाम से प्रचारित हुआ है। देश में इसकी खेती उत्तर प्रदेश, पंजाब, हिमाचल प्रदेश, दिल्ली, आसाम, महाराष्ट्र और दक्षिण भारत के राज्यों में लगभग 2000 हेक्टेयर क्षेत्रफल में होती है। इस फल वृक्षों में मुख्य रूप से फल मक्खी और छाल भक्षक कीटों का प्रकोप पाया गया है।

1. फल मक्खी (Fruit fly)

वैज्ञानिक नाम : *बेक्ट्रोसेरा डार्सेलिस (Bactrocera dorsalis)*

अधिक जानकारी के लिए आम के कीटों में देखें।

2. छाल भक्षक कीट (Berk eating caterpillar)

वैज्ञानिक नाम : *इन्दरवेला क्वाडरिनोटाटा (Indarbela quadrinotata)*

अधिक जानकारी के लिए आम के कीटों में देखें।

फूल (Flowers)

भारत विविध जलवायु एवं मौसम वाला देश होने के नाते विभिन्न फूलों के अनेक किस्मों की खेती मौसम के अनुसार सालो भर की जाती है। अतः आनुपातिक रूप से उनपर लगने वाले कीट–पतंगों की संख्या भी अधिक हो जाते हैं, जिनमें पौधों के हरे भाग को खाने वाले, रस चूसने वाले तथा तना, कलियों एवं फूलों में छिद्र करने वाले कीड़े प्रमुख रूप से क्षति पहुँचाते हैं जिनका विवरण निम्न उल्लेखित है :–

फूलों के प्रमुख कीट

क्र0 सं0	प्रमुख कीट	फूल
1.	रसाद कीट	गुलाब, गेंदा, गुलदाऊदी, ग्लेडियोलस, रजनीगंधा, कारनेसन, अर्किड, एनथ्यूरियम
2.	माहूँ	गुलाब, गेंदा, गुलदाऊदी, रजनीगंधा
3.	रेड स्केल	गुलाब
4.	रोमिल सूंडी	गुलाब, गुलदाऊदी, गेंदा
5.	पर्ण फुदका	गेंदा
6.	कली खाने वाली सूंडी	गुलाब, कारनेसन, गुलदाऊदी, गेंदा, एस्टर, रंजनीगंधा, वेली, जूही, चमेली
7.	पत्ती खाने वाली सूंडी	ग्लेडियोलस
8.	दहिया कीट	ग्लेडियोलस, आर्किड, क्रोटान
9.	पत्र लपेटक	गुलदाऊदी
10.	आश भृंग	गुलाब
11.	सफेद मक्खी	गुलाब, गेंदा, डहेलिया, गुलदाऊदी, गुड़हल
12.	कपास का लाल वग	अड़हुल, हॉलीहाक
13.	कपास का धूसर वग	चमेली, गुलदाऊदी, डहेलिया
14.	लाल मकड़ी	गुलाब, गुलदाऊदी, ग्लैडियोलस, कारनेसन, एनथ्यूरियम
15.	फीता पंखी वग	सूर्यमुखी, गुलदाऊदी, डहेलिया, गेंदा
16.	दीमक	गुलाब
17.	कटुआ सूंडी	ग्लैडियोलस
18.	सफेद लट	प्रायः सभी पुष्प

1. रसाद कीट (Thrips)

वैज्ञानिक नाम : *हैप्लोथ्रिप्स स्पेसीज* (*Haplothrips* spp.)
फिरौन्किनाइल्ला स्पेसीज (*Firankiniella* spp.)
तैनियोथ्रिप्स सिम्पलेक्स (*Taeniothrips simplex*)
रहिपिफोरोथ्रिप्स क्रुएनटेटस (*Rhipiphorothrips cruentatus*)
स्क्रिोटोथ्रिप्स डोरसलिस (*Scirtothrips dorsalis*)

आक्रान्त पौधे : कारनेसन, गुलदाऊदी, ग्लैडियोलस, गेंदा एवं गुलाब।

पहचान : ये हरे रंग के छोटे आकार वाले कीट हैं जिनके मुखांग पौधों से रस चूसने वाले होते हैं। इस कीट के शिशु उजला व पीला रंग का होता है, जबकि प्रौढ़ काले रंग के होते हैं।

क्षति प्रकृति : इस कीट के शिशु एवं प्रौढ़ दोनों ही नयी पत्तियों, कलियां और फूलों से रस चूसकर नुकसान पहुँचाते हैं। इनका आक्रमण प्रायः सभी फूलों पर उनके कोमल अंगों पर होता है। चमेली, गुलदाऊदी आदि पर प्रमुख रूप से ये कीट आक्रमण करते हैं। इनका प्रकोप प्रायः गर्मी के प्रारंम्भ में (फरवरी–मार्च) अधिक होता है। आक्रान्त पत्तियाँ सिकुड़ जाते हैं तथा कली और फूल मुर्झा जाते हैं। फूल पूर्ण विकसित होने से पहले ही मर जाते हैं।

नियंत्रण के उपाय

1. यथासम्भव प्रतिरोधी किस्मों का चयन करें।
2. पौधों से पौधों की अनुसंशित दूरी पर ही लगायें।
3. आर्थिक क्षति की अवस्था में निम्न उल्लेखित कीटनाशकों में से किसी एक कीटनाशक की दी गई मात्रा 500 लीटर पानी में घोलकर प्रति हेक्टेयर की दर से फूल के पौधों पर छिड़काव करें–

(i)	डाईफेन्थ्यूरान 50 डब्लू0पी0	–	600 ग्राम
(ii)	थियोमेथोक्जाम 25 डब्लू0एस0जी0	–	200 ग्राम
(iii)	एसीटामिप्रिड 20 एस0पी0	–	500 ग्राम
(iv)	इमिडाक्लोप्रिड 17.8 एस0एल0	–	125 मि0ली0
(v)	डायमेथोएट 30 ई0सी0	–	2.0 लीटर

2. मोयला व माहूँ (Aphids)

वैज्ञानिक नाम : *मैक्रोसिफोनईल्ला सनबोरनि* (*Macrosiphoniella sanborni*)
ऐफिस गोसीपाई (*Aphis gossypii*)
मैक्रोसिफम रोसई (*Macrosiphum rosae*)

आक्रान्त पौधे : गुलदाऊदी, गेंदा, गुलाब और रंजनीगंधा।

पहचान : यह काफी छोटे आकार वाले हरे या मटमैले काले रंग के पंखदार कीट है। इनका आक्रमण प्रायः सभी फूलों के पौधों पर कलियां बनते समय या फूलों पर भी होता है।

क्षति प्रकृति : शिशु एवं प्रौढ़ दोनों ही कलियों एवं फूलों से रस चूसकर उसे आक्रन्त करते हैं। आक्रन्त पौधों से निम्न कोटी के फूल प्राप्त होते हैं, जिन्हें कोई भी पसन्द नहीं करता। जब मौसम सर्द रहता है, आकाश में बादल हो प्रायः दिसम्बर से फरवरी तक इनकी संख्या काफी तेजी से बढ़ती है और फूलों पर आक्रमण भी अधिक होता है। रस चूसने के उपरान्त ये नन्हें कीट मधुस्त्राव भी करते हैं जिससे फूलों पर फफूंदजनित रोगों का विकास भी हो जाता है और आक्रान्त पौधे सुख जाते हैं।

नियंत्रण के उपाय

फूलों की खेती में संस्तुत समय पर बुआई करना चाहिए, जिस समय इन कीटों का अनूकूल समय (सितम्बर–नवम्बर) नहीं हो। कीटों का आक्रमण अधिक होने पर आर्थिक क्षति स्तर पार करती है और नुकसान अधिक होने की सम्भावना हो तो थ्रीप्स के नियंत्रण हेतु बताये गये किसी कीटनाशक की उचित मात्रा में छिड़काव करना चाहिए।

3. कपास का धूसर बग (Dusky cotton bug)

वैज्ञानिक नाम : *ऑक्सीकरेनस लैक्टस किरबई* (*Oxycarenus lactus* Kirby)

आक्रान्त पौधे : चमेली, गुलदाऊदी और डहेलिया।

पहचान : प्रौढ़ कीट 4–5 मि0मी0 लम्बा, चीपटा और भूरे रंग का होता है। इनके पंख प्रायः पारदर्शी एवं शरीर से बड़े होते हैं।

क्षति प्रकृति : इस कीट का प्रकोप प्रायः व्यापक होता है। यह चमेली, गुलदाऊदी, डहेलिया आदि फूलों को काफी क्षति पहुँचाता है। ये फूलों पर सालों भर सक्रिय रहने वाले कीट है विशेषकर मार्च–अप्रैल से जून तक। इनके शिशु और प्रौढ़ दोनो

ही पौधों से रस चूसते हैं तथा हानि पहुँचाते है। इनके आक्रमण से बीजोत्पादन भी प्रभावित होता है, क्योंकि प्रारम्भिक अवस्था में बीजों से भी रस चूस लिया जाता है।

नियंत्रण के उपाय

1. ये कीट आकार में बड़े होने के साथ–साथ पौधों पर स्पस्ट दिखते हैं। अतः शिशु एवं प्रौढ़ कीटों को पकड़कर नष्ट करना चाहिए।
2. अधिक क्षति की आशांक होने पर निम्न कीटनाशकों में से किसी एक की दी गई मात्रा 400–500 लीटर पानी में मिलाकर प्रति हेक्टेयर की दर से फूल के पौधों पर छिड़काव करना चाहिए –

(i)	फ्लूवैलिनेट 25 ई0सी0	–	400 मि0ली0
(ii)	फोसेलोन 35 ई0सी0	–	800–1000 मि0ली0
(iii)	थियाक्लोप्रिड 21.7 ई0सी0	–	125–150 मि0ली0
(iv)	डाईफेन्थ्यूरान 50 डब्लू0पी0	–	500–600 ग्राम
(v)	क्लोथियानिडिन 50 डब्लू0डी0जी0	–	125–150 मि0ली0

4. दीमक (Termites)

इस कीट की विस्तार से जानकारी "विविध भक्षी कीटों (Polyphagous insect)" शीर्षक के अन्तर्गत देखें। दीमक से गुलाब अधिक आक्रान्त होते हैं।

5. कपास की लाल मृत्कुण (Red cotton bug)

वैज्ञानिक नाम : *डाइडरकस सिंगुलैटस* (*Dysdercus cingulatus*)

आक्रान्त पौधे : अड़हूल एवं हॉलीहाक।

पहचान : प्रौढ़ कीट 1.25 सें0मी0 लम्बा, गहरा चमकदार लाल रंग का होता है। इसके प्रत्येक अगले पंखों पर पीछे की ओर काले धब्बे होते हैं। इसके शरीर के निचले भाग में सफेद धारी होती है तथा किनारा भी लाल होता है।

क्षति प्रकृति : यह अड़हुल और हालीहाक का प्रमुख कीट है। ये वर्षा काल में अधिक सक्रिय रहते हैं। ये समूह में रहकर पौधों के पत्तियों, फूलों एवं मुलायम भागों से रस चुसकर पौधों को नुकसान पहुँचाते हैं जिससे पौधें कमजोर हो जाते हैं तथा फूलों की संख्या एवं गुणवत्ता प्रभावित होती है।

नियंत्रण के उपाय

1. गर्मी में खेतों की गहरी जुताई करें, ताकि इनके प्यूपे एवं अंडे नष्ट हो जाए।
2. खेतों की समय–समय पर निराई–गुड़ाई करके साफ–सफाई रखनी चाहिए।
3. शिशुओं और प्रौढ़ कीटों को पकड़ कर नष्ट करना चाहिए।
4. इस कीट के नियंत्रण के लिए भिण्डी को खेत के चारों तरफ लगाते हैं। इससे यह कीट भिण्डी में ही रूक जाते हैं और फिर इन्हें कीटनाशक रसायन का छिड़काव कर नष्ट किया जा सकता है।
5. अधिक क्षति होने का अनुमान हो तो कपास धुसर वग के नियंत्रण हेतु बताये गये किसी कीटनाशक का उपयुक्त मात्रा से फुलों पर छिड़काव कर सकते हैं।

6. कटुआ सूंडी (Cut worm) एवं सफेद लट (White grub)

इन कीटों की विस्तृत विवरण सर्वभक्षी कीटों (Polyphagous insect) शीर्षक के अन्तर्गत देखें। इन कीटों से प्रायः सभी पुष्प प्रभावित होते हैं।

7. रोमिल सूंडी (Hairy Caterpillar)

वैज्ञानिक नाम : *स्पाइलोसोमा ओबलिक्वा* (*Spilosoma obliqua*)

इयूप्रोक्सि फ्रैक्टेरना (*Euproctis fracterna*)

आक्रान्त पौधे : गुलदाऊदी, गुलाब एवं गेंदा का महान शत्रु कीट है।

इस कीट की सूंडिया रोंयेदार होती है तथा विस्तार से जानकारी ''सर्वभक्षी कीटों'' शीर्षक के अन्तर्गत देंखें।

8. रेड स्केल (Red scale)

वैज्ञानिक नाम : *औनिडाइल्ला औरेनटाई* (*Aonidiella aurantii*)

आक्रान्त पौधे : गुलाब

यह गुलाब का प्रमुख कीट है। यह कीट वर्षा ऋतु के आरंम्भ और बाद में अधिक आक्रमनता के साथ उपस्थित होता है। शिशु एवं प्रौढ़ दोनों ही परिपक्व तना से रस चूसते हैं और पौधों का शक्ति कम कर देते हैं। आक्रान्त तना लाल–भूरा रंग में परिणत हो जाता है और प्रकोप अधिक होने पर तना सूख जाता है।

नियंत्रण के उपाय

1. स्केल कीट से मुक्त पौधसामिग्री का चयन करना चाहिए।
2. आक्रान्त भाग को काट कर जला दें।
3. इस कीट के नियंत्रण हेतु निम्न कीटनाशकों का प्रयोग करना चाहिए–
   (i) डायमेथोएट 30 ई0सी0 – 2 मि0ली0 / ली0 पानी
   (ii) ईथियान 50 ई0सी0 – 1.25 मि0ली0 / ली0 पानी

9. कली बेधक (Bud borer) और पत्ती खाने वाली सूंडी (Leaf caterpillar)

वैज्ञानिक नाम : *हेलिकोभरपा आरमिजेरा (Helicoverpa armigera)*
स्पोडोप्टेरा लिटुरा (Spodoptera litura)

आक्रान्त पौधे : प्रायः सभी फूलें।

इन कीटों का विस्तार से जानकारी ''विविधभक्षी कीटों'' शीर्षक के अन्तर्गत देखें।

10. दहिया कीट (Mealy bug)

वैज्ञानिक नाम : *फेरिसिया विरगाटा* (Ferrisia virgata)

आक्रान्त पौधे : आड़हुल, क्राटान, ग्लेडियोलस और आर्किड।

पहचान : इनके प्रौढ़ और शिशु दोनों गोलाकार होते हैं जो फूलों की टहनियों एवं शाखाओं पर चिपक कर सफेद रंग के चूर्ण से ढके रहते हैं।

क्षति प्रकृति : यह ग्लेडियोलस, अड़हुल, आर्किड और क्रॉटन का प्रमुख कीट है तथा सालों भर सक्रिय रहता है। इनके शीशु एवं प्रौढ़ दोनों ही फूलों की टहनियों एवं शाखाओं से चिपक कर रस चूसते रहते हैं। फलस्वरूप पौधे मुरझाने लगते हैं और पत्तियाँ सूखकर नीचे गिर जाती है तथा बाद में सम्पूर्ण पौधा ही मर जाता है। इनको टहनी से अलग कर मारने पर लाल द्रव साफ देखा जा सकता है।

नियंत्रण के उपाय

1. आक्रान्त टहनियों एवं डालों को काट कर जला दें।
2. इनकी संख्या अधिक बढ़ने पर मालाथियान 50 ई0सी0 की 2 मि0ली0 या डायक्लोरभास 76 ई0सी0 की 1.5 मि0ली0 मात्रा प्रति लीटर पानी में मिलाकर छिड़काव करें।

11. लाल मकड़ी (Red spider mite)

वैज्ञानिक नाम : *ब्रयोविस स्पेसीज* (*Bryobis* spp.)

टेट्रानिकस स्पेसीज (*Titranychus* spp.)

आक्रान्त पौधे : कारनेसन, गुलदाऊदी, गुलाब, एनथ्यूरियम और ग्लेडियोलस।

पहचान : यह लाल रंग के छोटे आकार वाले अष्टपदी जीव है जो गुच्छों एवं समूहों में रहते हैं।

क्षति प्रकृति : यह कारनेसन, एनथ्यूरियम, गुलदाऊदी, गुलाब एवं ग्लैडियोलस में पर्ण कुंचन रोग फैलता है। गर्मी एवं प्रकाश से बचने के लिए पत्तियों के निचली सतह पर पाये जाते हैं। अपने उपर एक मकड़ी से जाले के समान रचना कर उसके अन्दर सुरक्षित रहकर पत्तियों के रस चूसते रहते हैं। जाला बुनने के कारण इन्हें रेड स्पाइडर कहा जाता है। अधिक आक्रमण की अवस्था में उपर से पत्तियाँ पीली दिखने लगती है जो बाद में सूख जाती है। इनके आक्रमण से फूलों की गुणवत्ता एवं उत्पादन में भारी गिरावट आ जाती है।

नियंत्रण के उपाय

1. लाल मकड़ी से आक्रान्त फूल के पौधों पर डाइकोफाल 18.5 ई0सी0 की 3 मि0ली0 या इथियॉन 50 ई0सी0 की 1.0 मि0ली0 मात्रा प्रति लीटर पानी में घोलकर छिड़काव करें। छिड़काव पत्तियों के निचली सतह को लक्ष्य बनाकर किया जाना चाहिए।
2. पूर्व में बताये गये ट्रैप क्रॉप (पाश फसल) के रूप में समयानुसार भिण्डी आदि की बुआई फूलों के किनारे की जानी चाहिए एवं इनपर उपरोक्त मकड़ीनाशकों का छिड़काव कर लाल मकड़ी का नियंत्रण किया जा सकता है।

12. फीता-पंखी बग (Lace wing bug)

वैज्ञानिक नाम : *यूरेंटिस सेंटिस* (*Urentius senti*)

आक्रान्त पौधे : सूर्यमुखी, गुलदाऊदी, डहेलिया एवं गेंदा।

पहचान : यह कीट चपटा, पीले–गेरूई रंग का होता है और इसके शरीर पर कत्थई रंग के धब्बे होते हैं। इसके प्रवक्षपृष्ठक (Pronotum), वक्ष व उदर पर नुकीले काँटे होते हैं। पूर्ण विकसीत शिशु 2 मि0मी0 लम्बे और 1.35 मि0मी0 चौड़े होते हैं। वयस्क बग 3–4 मि0मी0 लम्बा होता है। यह उपर की ओर से भूसे के रंग

का और नीचे की ओर से काले रंग का होता है। प्रवक्षपृष्ठक और पंखों पर धब्बों व नसों का जाल–सा बना रहता है। इसी कारण इस कीट का नाम फीता–पंखी वग (Lace wing bug) रखा गया है।

क्षति प्रकृति : प्रौढ़ एवं शिशु दोनों ही पत्तियों एवं फूलों से रस चूसते रहते हैं। अधिक आक्रमण होने पर पौधे पीले पड़ जाते हैं तथा मुर्झाकर सुख जाते हैं। ये सूर्यमुखी के अतिरिक्त गुलदाऊदी, डहेलिया और गेंदा को भी क्षति पहुँचाते हैं। इनका प्रकोप प्रायः जुलाई से सितम्बर तक वर्षा ऋतु में अधिक होता है।

नियंत्रण के उपाय

1. कपास धुसर बग के नियंत्रण हेतु बताये गये नियंत्रण विधि से इनका सफल नियंत्रण हो सकता है।

13. सफेद मक्खी (White fly)

वैज्ञानिक नाम : *एल्युरोटुलस अन्थुरिकोला* (*Aleurotulus anthuricola*)

आक्रान्त पौधे : इनका आक्रमण करने का क्षेत्र व्यापक है। यह प्रायः सभी फूलों गुलाब, गेंदा, डहेलिया, गुलदाऊदी, गुड़हल आदि पर आक्रमण करता है।

इस कीट के शिशु एवं प्रोढ़ दोनो ही पत्तियों के हरे भाग से रस चूसकर फूलों को नुकसान पहुँचाते हैं। इस कीट का विस्तार से जानकारी "विविधभक्षी कीटों" शीर्षक के अन्तर्गत देखें।

14. आश भृंग (Ash weevil)

वैज्ञानिक नाम : **माइल्लोकेरस स्पेसीज** (*Myllocerus* spp.)

आक्रान्त पौधे : गुलाब का प्रमुख कीट है।

पहचान : प्रौढ़ कीट भूरा रंग का होता है।

क्षति प्रकृति : ग्रब पौधों के जड़ को खाकर नुकसान पहुँचाता है, जबकि प्रौढ़ कीट पत्तियों को किनारे से नियमित रूप से खाता है जिससे पौधों की पूरी पत्तियां क्षतिग्रसत हो जाती है।

नियंत्रण के उपाय

1. ग्रब को नियंत्रित करने के लिए मिट्टी में कार्बोफ्यूरान (3 जी) की 32 कि0ग्रा0 या कारटाप (4 जी) की 10 कि0ग्रा0 मात्रा प्रति हेक्टेयर की दर से प्रयोग करें।

2. प्रौढ़ कीटों का नियंत्रण करने के लिए मालाथियान (50 ई0सी0) की 2.0 मि0ली0 या क्लोरपायरीफास (20 ई0सी0) की 1.25 मि0ली0 प्रति लीटर पानी का घोल बनाकर फूल के पौधों पर छिड़काव करें।

कीट नियंत्रण में सावधानियाँ

1. फूलों का आर्थिक महत्व उनके रंगरूप एवं गंध पर निर्भर करता है। अतः अनुसंशित कीटनाशकों का ही प्रयोग करें।
2. कीटनाशक का प्रयोग के पहले तैयार फूलों को तोड़ लें।
3. यथा संम्भव कीटनाशकों के प्रयोग से बचे एवं अन्य सुरक्षा उपायों को अपनायें।
4. यदि उपलब्ध हो तो कीटरोधी प्रभेदों का व्यवहार करें।
5. गर्मी में खेत की गहरी जुताई करें।
6. फूलों पर मधुमक्खियां आती है। अतः इनके लिए सुरक्षित कीटनाशकों का ही प्रयोग करें।
7. हमेशा कीटनाशक का प्रयोग संध्या 4 बजे के बाद करे, परन्तु तेज हवा में छिड़काव न करें।
8. अनुशंसित समय एवं दूरी पर ही फूलों की बुआई करें।
9. मित्र कीटों को संरक्षण दें और संम्बर्धन में सहायोग करें।

मसाला फसलें (Spices crops)

भारत विश्व का सबसे बड़ा मसाला उत्पादक, उपभोक्ता तथा निर्यातकर्ता देश है। देश में विभिन्न प्रकार के जलवायु एवं मौसम होने के कारण अनेकों प्रकार के मसालों की खेती की जाती है। परन्तु इन फसलों के उत्पादन में विविध प्रकार की समस्यायें भी आती है, जिनमें से कीट–पतंगों से होने वाली हानि भी एक प्रमुख समस्या है जो मसाला फसलों के विभिन्न अवस्थाओं में नुकसान करते है।

फसल	**प्रमुख कीट**
1. **अदरक एवं हल्दी** (Ginger and turmeric)	प्ररोह बेधक (Shoot borer) राइजोम स्केल (Rhizome scale) पत्र लपेटक (Leaf roller)
2. **धनियां, जीरा, सौंफ और मेंथी** (Coriander Cumin fennel fenugreek)	मोयला (Aphid)
3. **मिर्च** (Chillies)	पर्णजीवी (Thrips) फल बेधक (Fruit borer) वरूथी (Mite) **अन्य कीट** माहूँ (Aphid) पत्ती खानेवाली सूंडी (Leaf eating catterpillar) सफेद मक्खी (White fly)
4. **प्याज एवं लहसून** (Onion and Garlic)	रसाद कीट (Thrips)
5. **जीरा**	चैंपा (Aphid)
6. **काली मिर्च** (Black pepper)	पोलू भृंग (Poller beetle) शीर्ष प्ररोह बेधक (Top shoot borer) पत्तीपर्ण रसाद कीट (Leaf gall thrips)
7. **छोटी इलायची** (Small cardamom)	रसाद कीट (Thrips) कतरा (Hairy caterpillar)

क्रमशः...

	प्ररोह एवं डोडा बेधक (Shoot and capsule borer) डोडा बेधक (Capsule borer) तना मक्खी (Stem fly) जड़ बेधक (Root borer) **अन्य कीट** सफेद मक्खी (White fly) प्रकन्द घुन (Root weevil) माहूं (Aphid) अष्टपदी (Mite)
8. **अजबायन** (Garden selary)	चैंपा (Aphid)
9. **लौंग** (Clove)	तना बेधक (Stem borer) स्केल कीट (Scale insect)
10. **दालचीनी** (Cinnavnom)	दालचीनी की तितली (Cinnamon butter fly) जाल बनानेवाली सूंडी (Leaf webber) छिलका खानेवाला भृंग (Chaffar beetle)
11. **सोवा** (Dill) दीमक (Termite)	माहूँ (Aphid)
12. **पान** (Betel vine)	पान का वग (Betelvine bug) झलमा (Red spider mite) सफेद मक्खी (White fly) दहिया कीट (Mealy bug) स्केल कीट (Scale insect) **अन्य कीट** मधुआ (Leaf hopper) घोंघा (Snail) दीमक (Termite)

1. अदरक एवं हल्दी

प्ररोह बेधक (Shoot borer)

वैज्ञानिक नाम : *डाइकोक्रोसिम पंक्टिफेरासिस ग्वेन (Dichocrocis punctiferalis guen)*।

पहचान : इस कीट का प्रौढ़ मध्यम आकार की तितली होती है जिसका रंग पीलापन लिये हुए सफेद होता है। इस कीट की हानिकारक अवस्था शिशु होता है जो कैटरपीलर कहलाता है।

क्षति प्रकृति : कैटरपीलर पौधे के उपर तने में प्रवेश कर जाता है। नीचे की तरफ सुरंग बनाते हुए प्रकन्द तक पहुँच जाता है। यह नवजात तने के अन्दर उत्तकों को खा जाता है। फलस्वरूप 'मृत केन्द्र' (Dead heart) बनता है, पौधे मुरझाने लगते हैं और अन्त में सूख जाते हैं। जुलाई–अगस्त में इस कीट का प्रकोप अधिक होता है

नियंत्रण के उपाय

1. अदरख व हल्दी में मिट्टी चढ़ाते समय 30 किलोग्राम प्रति हेक्टेयर की दर से दानेदार कार्बोफ्यूरॉन (3 जी) की दो पंक्तियों के बीच की मिट्टी में डालकर हल्की मिट्टी चढ़ा देना चाहिए तथा ध्यान रहे कि दवा डालने के समय मिट्टी में पर्याप्त नमी रहे।
2. खड़ी फसल पर आक्रमण होने पर क्वीनालफास 25 ई0सी0 या क्लोरपायरीफास 20 ई0सी0 की 1.0 लीटर/400–500 लीटर पानी/हेक्टेयर की दर से घोल बनाकर छिड़काव करें। आवश्यकतानुसार 10–15 दिन के बाद दुसरा छिड़काव कर सकते हैं।

राइजोम स्केल (Rhizome scale)

वैज्ञानिक नाम : *एस्पीडीइल्ला हारटी (Aspidiella hartii)*

पहचान : प्रौढ़ छोटा, पंखहीन, गोलाकार, भूरे रंग का होता है। प्रौढ़ और शिशु दोनों ही नुकसान पहुँचाते है।

क्षति प्रकृति : प्रौढ़ और शिशु दोनों ही खाने के उपयुक्त स्थान को चूनते हुए प्रकन्द को चूसना शुरू कर देते हैं। ये खेत तथा भण्डारण दोनों में अदरक व हल्छी के प्रकन्दो को हानि पहुँचाते हैं। प्रकन्दों से अंकुरण निकलते समय ये कोमल अंकुर से भी रस चूसते हैं। फलस्वरूप प्रकन्द सिकुड़कर सुख जाता है।

नियंत्रण के उपाय

1. स्वस्थ प्रकन्दों को ही बीज के रूप में बोयें।
2. प्रकन्दों को बोने से पहले डायक्लोरभास (76 ई0सी0) या फोसालान (50 ई0सी0) में से किसी एक कीटनाशक दवा के 4–5 मि0ली0/ली0 पानी के घोल में 25 मिनट तक डूबों कर छोढ़ दें। पुनः छाया में सुखाकर बालू की परत पर एक सप्ताह तक भंडारित करने के उपरान्त उन बीजों को खेत में बुआई करें।

पत्र लपेटक (Leaf roller)

वैज्ञानिक नाम : *उदशस्थस फोलस (Udayashthas pholas)*

पहचान : प्रौढ़ भूरे काले रंग की मध्यम आकार का पतंगा होता है। इसकी दोनों अग्र पंख में आठ–आठ धब्बे होते हैं और पिछली पंखों में एक–एक बड़ा पैंच होता है। इसकी सूंडी हरी रंग की होती है, जो हानिकारक अवस्था है।

क्षति प्रकृति : अदरख की पत्तियों को मोड़कर सूंडी उसी के भीतर रहती है और भीतरी पत्ती को खाती है। इसका आक्रमण अगस्त–अक्टूबर तक होता है।

नियंत्रण के उपाय

1. सूंडी को आसानी से एकत्र करके उसे नष्ट कर दिया जा सकता है।
2. नियंत्रण के लिए निम्न उल्लेखित कीटनाशकों में से किसी एक कीटनाशक की दी गई मात्रा को 500–600 लीटर पानी प्रति हेक्टेयर की दर से छिड़काव करना चाहिए :

कारटाप 50 एस0पी0	–	1.0 कि0ग्रा0
डाइक्लोरभास 76 ई0सी0	–	800 मि0ली0
क्वीनालफास 20 ई0सी0	–	1.0 लीटर

2. धनिया, जीरा, सौंफ और मेंथी

माहूँ (*Aphid*)

वैज्ञानिक नाम : *ऐफिस गोसीपाई (Aphis gossypii)*

यह एक सर्वभक्षी कीट है। धनियाँ, जीरा, सौंफ और मेंथी की फसल पर मुख्यतः पुष्प आते समय व बीज बनते समय माहूँ (चैंपा या मोयला) कीट की विभिन्न प्रजातियों का भारी आक्रमण होता है। ये कीड़े पौधों के कोमल अंगों का रस चूसते हैं जिससे उपज में भारी कमी आ जाती है।

इस कीट की विस्तार से जानकारी **"विविधभक्षी कीटों"** शीर्षक के अन्तर्गत देखें।

(3) मिर्च

पर्णजीवी (Thrips)

वैज्ञानिक नाम : *सिर्टोथ्रिप्स डोर्सेलिस (Scirtothrips dorsalis)*

पहचान : व्यस्क कीट 1 मि0मी0 से कम लम्बा तथा हल्के पीले रंग के साथ कोमल होता है। इसके पंख झालरदार होते हैं जो सूक्ष्मदर्शी यंत्र में देखने पर स्पष्ट दिखाई देते हैं। इसके मुखांग चाटने वाले होते हैं। इस कीट के शिशु पंखरहित होते हैं। यह कीट सैंकड़ों की संख्या में पौधों के पत्तियों की निचली सतह पर छिपे रहते हैं और कभी–कभी उपरी सतह पर भी पाए जाते हैं।

क्षति प्रकृति : शिशु एवं प्रौढ़ दोनों ही अपने मुखांगों से पत्तियों की त्वचाा को खुरच–खुरच कर उनका रस चुसते हैं। जिन स्थानों से ये रस चूसते हैं, वे पीले, सफेद और बाद में भूरे हो जाते है। इस कीट के अधिक प्रकोप होने की स्थिति में पत्तियां सिकुड़ जाती है और पौधों की वृद्धि रूक जाती है। इस कीट से मिर्च में 25 से 75 प्रतिशत तक की क्षति होती हे।

नियंत्रण हेतु **"विविधभक्षी कीटों"** में देखें।

फल बेधक (Fruit borer)

वैज्ञानिक नाम : *हैलियोथिस आर्मिजेरा (Heliothis armigera)* है।

पहचान व नियंत्रण हेतु "टमाटर का फल छेदक" कीट देखें।

क्षति प्रकृति : इस कीट की सूंडी शुरू की अवस्था में मिर्च की छोटी–छोटी मुलायम पत्तियां खाती है। बड़ी होने पर जब पौधों में फल लग जाते हैं तो ये फलों में घुस जाती है व अन्दर से बीज और गुदा खा जाती है जिससे मिर्च के फलों का रंग उड़ जाता है व फल सड़कर नीचे गिर जाते हैं।

वरूथी (Mite)

वैज्ञानिक नाम : *हैमिटारसोनेमस लैटस (Hemitarsonemus latus)*

पहचान : यह पीले रंग का आठ पैरों वाला जीव है। इसके पृष्ठ भाग पर सफेद धारियां पायी जाती है।

क्षति प्रकृति : यह मिर्च में पर्ण कुंचन (Leaf Curl) रोग फैलाता है। यह माइट प्रायः शाखाओं की अन्तिम पत्तियों पर पहले आक्रमण कर रस चूसती है। क्षतिग्रस्त पौधों की पत्तियाँ मुड़कर ऐंठ जाती है। पत्तियां आकार में छोटी हो जाती है और आपस में गुच्छा सा बना लेती है। क्षतिग्रस्त पौधों से जो शाखाएँ निकलती है, उन पर भी इसका प्रकोप हो जाता है और देखते ही देखते पूरा खेत इसके प्रकोप में आ जाता है। ऐसे पौधों में फूल कम आते हैं एवं जो आते हैं, वे झड़ जाते है। फल बहुत कम लगते हैं। पत्तियां ताम्रवत भूरी होकर झड़ जाती हे।

नियंत्रण के उपाय

1. माइट का नियंत्रण हेतु निम्न मकड़ीनाशकों में से किसी एक का दी गई मात्रा की 400–500 लीटर पानी प्रति हेक्टेयर की दर से फसलों पर छिड़काव करें।

प्रोपेरगाईट 57 ई0सी0	–	1.5 ली0
मिलवेमेक्टिन 1 ई0सी0	–	325 मि0ली0

अन्य कीट : माहूँ (Aphid)
पत्ती खानेवाली सूंडी (Leaf eating catterpillar)
सफेद मक्खी (White fly)

(4) प्याज एवं लहसून

रसाद कीट (Thrips)

वैज्ञानिक नाम : *थ्रीप्स टैबेसाई* (*Thrips tabaci* Lind)

पहचान : यह प्याज का प्रमुख हानिकारक कीट है। ये छोटे–छोटे, लगभग 1 मि0मी0 लम्बे, हल्के पीले–भूरे रंग के कीट होते है।

क्षति प्रकृति : शिशु एवं प्रौढ़ पत्तियों का रस चूसते है जिससे पत्तियों पर सफेद रंग के छोटे–छोटे निशान बन जाते हैं। कीटों के अधिक प्रकोप की स्थिति में पत्तियाँ मुड़ने लगती है। पुष्पन के समय इनकी संख्या बढ़ने से ये अविकसित पुष्पों का रस चूसते हैं जिससे पुष्प नहीं खिलते हैं। परिणामस्वरूप उपज में भारी गिरावट होती है।

नियंत्रण के उपाय

1. थ्रिप्स एक बहुभक्षी कीट है। इस हेतु **"विविधभक्षी कीटों"** शर्षिक के अन्तर्गत देखें।

अन्य कीट : जड़ गिडार (Root grub)
तम्बाकू की सूंडी (Tobacco catterpillar)

(5) जीरा

चैंपा/माहूँ (Aphid)

यह एक बहुबनस्पतिभक्षी (*Polyphagous*) कीट है। इस कीट की विस्तार से जानकारी ''विविधभक्षी कीटों'' शीर्षक के अन्तर्गत देखें।

(6) काली मिर्च

1. पोलू भृंग (Pallu beetle)

वैज्ञानिक नाम : लोन्गीटार्सस निग्रीपेनिस (*Longitarsus nigripennis*)

पहचान : यह काली मिर्च का सबसे खतरनाक कीट है। ये भुरे काले रंग के छोटे 2.5 × 1.5 मि0मी0 आकार के कीट होते हैं।

क्षति प्रकृति : प्रौढ़ कीट कोमल टहनियों, पत्तियों तथा स्पाइकों को छिलकर हानि पहुँचाती हैं। ये कीड़े कच्चे फलों पर अण्डे देते हैं, जिनसे ग्रब (लट) निकल कर फलों के अन्दर घुस जाती है तथा उनको अन्दर से खाकर खोखला कर देती है।

नियंत्रण के उपाय

1. क्वीनालफास (25 ई0सी0) 1.5 मि0ली0/ली0 पानी या नोवाल्यूरान (10 ई0सी0) 1.0 मि0ली0/ली0 पानी के घोल का दो छिड़काव (पहला जून–जुलाई तथा दुसरा सितम्बर–अक्टूबर में) करके फसल को इस कीड़े के आक्रमण से बचाया जा सकता है।

शीर्ष प्ररोह बेधक (Top shoot borer)

वैज्ञानिक नाम : *साइडिया हेमीडोक्सा* (*Cydia hmidoxa*)

क्षति प्रकृति : इस कीट की सूंडी लता के शीर्षस्थ नर्म प्ररोहों को छेद कर उनके अन्दर के उत्तकों को खा डालती है। कीट ग्रसित प्ररोह काले पड़ कर सूख जाते हैं। कीट का आक्रमण मानसून के समय, खासतौर से छोटी लताओं पर अधिक होता है।

नियंत्रण के उपाय

1. क्वीनालफास (26 ई0सी0) 1.5 मि0ली0/ली0 पानी के घोल से छिड़काव करने पर इस कीट का नियंत्रण हो जाता हे।

पत्तीव्रण रसाद कीट (Leaf gall thrips)

वैज्ञानिक नाम : *लीयोथ्रिप्स कारनाई (Liothrips Karnyi)*

इस कीट का प्रौढ़ एवं सूंडी कोमल पत्तियों पर आक्रमण कर खाते है जिससे पत्तियां नीचे की तरफ मुड़ जाती है तथा उनके किनारों पर गांठ (gall) बन जाती है जिनमें ये कीड़े समूहों में रहते हैं। थ्रिप्स का आक्रमण अधिक उँचाई के बागानों में तथा नर्सरी में ज्यादा होता है।

नियंत्रण के उपाय

क्लोरपायरीफास 20ई0सी0 (500 मि0ली0/हे0) का छिड़काव करके कीड़े के आक्रमण को रोका जा सकता है।

(7) छोटी इलायची

रसाद कीट (Thrips)

वैज्ञानिक नाम : *स्कयोथ्रिप्स कारडामोमी (Sciothrips cardamomi)*

क्षति प्रकृति : यह कीट इलायची के तने, पत्तियों व फूलों का रस चूसकर नुकसान पहुँचाता है। इसके आक्रमण से डोडों (Capsules) की वृद्धि रूक जाती है और वे सिकुड़ कर बैडोल हो जाते हैं। ऐसे डोडो से प्राप्त बीजों में सुगन्ध, बीजों की संख्या और अंकुरण क्षमता घट जाती है। कुछ क्षेत्रों में इस कीट के आक्रमण से उपज में 80–90 प्रतिशत तक नुकसान हो जाता है। इन कीटों की संख्या दिसम्बर से अप्रैल के मध्य अधिकतम पाई जाती हे।

नियंत्रण के उपाय

(i) घने छायादार क्षेत्र में छाया को नियंत्रित करना चाहिए।

(ii) परपोषी खरपतवारों को हटा देना चाहिए।

(iii) कीटनाशक का छिड़काव : निम्न उल्लेखित कीटनाशकों में से किसी एक का दी गई मात्रा का 400–500 लीटर पानी प्रति हेक्टेयर की दर से छिड़काव करें।

   (i) क्वीनालफस 25 ई0सी0 – 1.25 लीटर

   (ii) डायमेयोएट 30 ई0सी0 – 2.0 लीटर

(iii) ऐसीटामिप्रिड 20 एस0पी0 – 1.0 किलोग्राम

उपरोक्त कीटनाशकों का मार्च, अप्रैल, मई व अगस्त के महीनों में छिड़काव करके इस कीट का नियंत्रण किया जा सकता है।

कातरा (Hairy caterpiller)

इलायची की फसल को नुकसान पहुँचाने वाला यह दूसरा मुख्य कीट है। कातरे की सात प्रजातियां इलायची को नुकसान पहुँचाती है, जिनमें *Eupterote cardamoni, E. canarica* एवं *Leonodra vitta* मुख्य है। यह कीट कुछ वर्षों से बड़ी संख्या में आक्रमण करके इलायची के पौधों को पत्तियों से रहित कर देता है। मुख्यतया कतरे का प्रकोप अक्टूबर से दिसम्बर के महीनों में होता है।

नियंत्रण के उपाय

निम्न उल्लेखित कीटनाशकों में से किसी एक कीटनाशक की दी गयी मात्रा को 400–500 लीटर पानी/हेक्टेयर की दर से छिड़काव करें।

(i) डायक्लोरभास 76 ई0सी0 – 1.0 लीटर
(ii) फेनवालेरेट 20 ई0सी0 – 500 मि0ली0
(iii) इथियान 50 ई0सी0 – 750 मि0ली0

कीट के प्रभावी नियंत्रण के लिए छायादर वृक्षों के पेड़ों पर कीटनाशक दवाओं का छिड़काव अवश्य करना चाहिए, क्योंकि इस कीट की सूंडिया इन्हीं पेड़ों पर दिन के समय इकट्ठी होती है। व्यस्क कीटों को प्रकाश जाल के प्रलोभन से एकत्र कर उनकी वंश–वृद्धि रोकी जा सकती है।

प्ररोह एवं डोडा बेधक (Shoot and capsule borer)

वैज्ञानिक नाम : *डाइकोक्रोसिस पंक्टीटेरालिस* (*Dichocrosis punctiteralis*)

पहचान : व्यस्क कीट पीला, तितलीनुमा, मध्यम आकार का एवं पंखों पर गहरे धब्बे लिये होता है।

क्षति प्रकृति : यह कीट पौधों के तरूण आभासी, पुष्पक्रम तथा रसदार डोडों को प्रभावित करता है। सूंडियां आभासी प्ररोह के मध्य अन्तर्भाग को छेदकर मृत केन्द्र (Dead heart) के लक्षण उत्पन्न करती है। सूंडिया डोडों में प्रवेश कर उनके बीजों को खाकर खाली कर देती है। प्राथमिक तथा द्वितीय नर्सरी में भी पौधों को नुकसान पहुंचाती है।

नियंत्रण के उपाय

इस कीट का नियंत्रण कातरा कीट की ही तरह कर सकते है।

डोडा बेधक (Capsule borer)

वैज्ञानिक नाम : *थमुरगीडेस कारडामोमी (Thamurgides cardamoni)*
जमीडस स्पेसीज (Jamides sp.)
साइनोक्सी स्पेसीज (Synoxy sp.)

पहचान: इस कीट के ग्रब की लम्बाई 1.5–2.0 सें0मी0 होती है।

क्षति प्रकृति : यह सबसे अधिक नुकसान पहुँचाने वाला कीट है। सूंडिया पुष्प कलिकाओं, पुष्पों और डोडों को छेदकर भोजन प्राप्त करती है। कीटों का आक्रमण जून से सितम्बर तक अधिक रहता है।

नियंत्रण के उपाय

इस कीट का नियंत्रण कातरा कीट की ही तरह करें।

तना मक्खी (Stem fly)

वैज्ञानिक नाम : *फोरमोसिना फ्लबीपेस (Formosina flavipes)*
तना मक्खी की सूंडिया इलायची की नई रोपनी के अन्तः मुस्तारी से बढ़ते हुए तने को नुकसान पहुंचाती है। जिससे मृत केन्द्र (Dead heart) जैसे लक्षण पैदा होते हैं। ये कीट मुख्यतया नयी पौधों को नुकसान करते हैं। कीट का आक्रमण नवम्बर से प्रारंभ होता है और मार्च से अप्रैल के महीनों में सर्वाधिक रहता है। मानसून के शुरू होते ही मई–जून के महीनों में जैसे ही ब्राकोनिड परजीवी का इस कीट पर आक्रमण प्रांरभ होता है, यह कीट विलुप्त हो जाता है। इसका आक्रमण नये, खुले व अपर्याप्त छायादर बगीचों में अधिक पाया गया है।

नियंत्रण के उपाय

कीट से ग्रस्ति तनों को जड़–सहित उखाडकर नष्ट कर देना चाहिए।
बागों में पर्याप्त छाया का प्रबंधन करना चाहिए। क्वीनालफास (25 ई0सी0) 1.0 मि0ली0 / ली0 पानी या डायमेथोएट (30 ई0सी0) 2 मि0ली0 / ली0 पानी के घोल का छिड़काव या कार्बोफ्यूरन (3 जी) के 20–25 किलोग्राम प्रति हेक्टेयर की दर से बुरकाव करने से कीट नष्ट हो जाता है।

जड़ बेधक (Root borer)

वैज्ञानिक नाम : *हिलारोग्राफा केमीनोडस (Hilarographa caminodes)*

यह कीट इलायची के बाहर निकली जड़ों पर अण्डे देती है तथा इसकी सूंडी जड़ में सुरंग बनाती है और सुरंग कीट के मल से भर जाती है। इसके प्रकोप से जड़ें अग्र भाग से सुखना शुरू हो जाती है। फलतः इस कीट का आक्रमण पौधों को लगातार कमजोर करता है।

नियंत्रण के उपाय

कार्बोफ्यूरान (3 जी) 20–25 किलोग्राम प्रति हेक्टेयर की दर से भूमि में प्रयोग करें।

अन्य कीट
1. सफेद मक्खी (White fly) – *Dialourodes cardomomi*
2. प्रकन्द धुन (Root weevil) – *Prodioctus naemericus*
3. माहूँ (Aphid) – *Pentalonia nigronerosa*
4. अष्टपदी (Mite) – *Tetranychus neocaledonicus*

(8) अजवायन

चैपा (Aphid)

वैज्ञानिक नाम : *एफिस गोसिपाई (Aphis gossypii)*

अजवायन की फसल पर मुख्यतः फूल आते समय या उसके बाद माहूँ का आक्रमण होता है। ये कीड़े पौधों के कोमल भागों का रस चूस लेते हैं जिससे उपज में भारी कमी आ जाती है।

नियंत्रण के उपाय

यह सर्बभक्षी कीट है। अतः नियंत्रण हेतु विस्तार से जानकारी के लिए "विविध भक्षी कीटों" शीर्षक के अन्तर्गत देखें।

(9) लौंग

तना बेधक (Stem borer)

वैज्ञानिक नाम : *सहियाडारसस मालबरीकस (Sahyadrassus malabaricus)*

इस कीट की सूंडी कच्ची टहनियों में सुरंग बनाकर कभी–कभी मुख्य तने तक पहुंच जाती है। इस कीट से ग्रस्ति वृक्ष पर डाई–बेक नामक बीमारी का आक्रमण आसानी से हो सकता है।

नियंत्रण के उपाय

डायक्लोरभास 76 ई0सी0 का 4 मि0ली0/ली0 पानी का घोल छिद्र में डालें।

स्केल कीट (Scale insect)

वैज्ञानिक नामः *सेरोप्लासटस फ्लोरीडेनसिस* (*Ceroplastes floridensis*) है।

इस कीट के आक्रमण से नर्सरी में अंकुरित बीज और नवजात पौधे मुरझा जाते हैं। प्रौढ़ और शिशु पौधों का रस चूस लेते हैं जिससे पौधे मुरझा कर सूख जाते हैं।

नियंत्रण के उपाय

मोनोक्रोटोफास 36 एस0एल0 या क्वीनालफास 25 ई0सी0 का 1.0 मि0ली0 प्रति लीटर पानी की दर से घोल का फसलों पर छिड़काव करें।

(10) दालचीनी

दालचीनी की तितली (Cinnamon butterfly)

वैज्ञानिक नाम : चिलोसा क्लाइटिका (*Chilosa clytica*)

इस कीट का आक्रमण प्रायः दिसम्बर से जून के महीनों में होता है। तितली की सूंडी कोमल पत्तियों को खाती है। भीषण प्रकोप की अवस्था में ये सूंडिया वृक्ष की सभी पत्तियों को चाट जाती है।

नियंत्रण के उपाय

इस कीट के नियंत्रण के लिए क्वीनालफॉस 25 ई0सी0 का 1.25 मि0 ली0 प्रति लीटर पानी की दर से घोल बनाकर फसलों पर छिड़काव करना चाहिए।

2. जाला वनानेवाली सूंडी (Leaf webber)

वैज्ञानिक नाम : *सोरोलोफा आरकीमेडियस* (*Sorolopha archimedias*) है।

इस कीट का आक्रमण अगस्त–सितम्बर में दिखाई पड़ता है। इस कीट की सूंडी कोपलों व पत्तियों पर सघनए जाला बना देती है और स्वयं जाले के अन्दर रहकर कोपलों और पत्तियों को खाकर नष्ट कर देती है।

नियंत्रण के उपाय

इस कीटों का नियंत्रण क्वीनालफास 25 ई0सी0 या डायक्लोरभास 76 ई0सी0 का 0.05 प्रतिशत के घोल का छिड़काव उपयुक्त पाया गया है।

छिलका खानेवाला भृंग (Chaffar beetle)

वैज्ञानिक नाम : *पपिल्लीया कम्पलन्टा* (*Papillia complanta*)

भृंग का आक्रमण जुलाई से अक्टबर के महीनों में होता है। यह कीट नरम पत्तियों को खाता है तथा मादा कीट भूमि के अंदर अंडे देती है। अंडो से निकली लटें पौधे की जड़ों को अपना भोजन बनाती है।

नियंत्रण के उपाय

डेल्टामेथ्रिन 2.8 ई0सी0 या मोनोक्रोटोफास 36 एस0एल0 का 0.05 प्रतिशत घोल का छिड़काव करना चाहिए।

(11) सुवा

सुवा की फसल पर दीमक एवं माहूँ कीटों का प्रकोप होता है। ये बहुवनस्पतिभक्षी (Palyphagous) कीड़े है। अतः इन कीटों की विस्तार से जानकारी "विविधभक्षी कीटों" शीर्षक के अन्तर्गत देखें।

(12) पान

लाल मकड़ी व झलमा (Red spider mite)

वैज्ञानिक नाम : *टेट्रानिकस स्पेसिज* (*Tetranychus* spp.)

पहचान : यह लाल रंग की अत्यन्त छोटी मक्खी है।

क्षति प्रकृति : इसके प्रकोप से पान की पत्तियों पर झलमा के लक्षण प्रकट होते हैं, जिसमें पत्तियों के पृष्ठ भाग में पान की सतह के नीचे कीट प्रवेश करते हैं तथा पत्तियों के रस चूसना प्रांरभ करते हैं। पत्तियां चितकबरी–भूरी लाल रंग की हो जाती है। इन पत्तियों का बाजार मूल्य घट जाता है।

नियंत्रण के उपाय

झलमा का नियंत्रण के लिए निम्न कीटनाशक दवाओ में से किसी एक का प्रयोग कर सकते है।

प्रोपेरगाईट 57 ई0सी0	–	1.5 ली0/हे0
डिकोफाल 18.5 ई0सी0	–	2.0 ली0/हे0
स्पाईरोमेसिफेन 240 एस0सी0	–	400–500 मि0ली0/हे0
फेनाजिक्वान 10 ई0सी0	–	1.25 ली0/हे0
नीमगोल्ड/अमृतगार्ड (0.15 %)	–	ली0/हे0

पान का मृत्कुण (Betelvine bug)

वैज्ञानिक नाम : *डिसफिनक्टस फेलिटस* (*Disphinctus politus*)

यह पान का बहुत हानिकारक कीट है। वग कोमल पत्तियों को खाकर अति सूक्ष्म छिद्र कर देता है जिससे सम्पूर्ण पत्तियों पर काला धब्बा बन जाता है। जब पत्तियां विकसित होती है तो वह धब्बा छोटा–छोटा छिद्र के रूप में दिखाई देता है। प्रभावित पत्तियां ऐंठन के साथ सिकुड़ कर झुर्रीदार हो जाती है।

नियंत्रण के उपाय

बग का सफलतापूर्वक नियंत्रण के लिए 0.05 प्रतिशत मालाथियान 50 ई0सी0 या 0.03 प्रतिशत मोनोक्रोटोफास 36 एस0एल0 का आवश्यकतानुसार 10–15 दिन के अन्तराल पर 2–3 छिड़काव करना चाहिए।

स्केल कीट (Scale insects)

वैज्ञानिक नाम : *लेपीडोसेफस स्पेसीज* (*Lepidosaphes* sp.)

गहरा भूरा रंग का कीट पत्तियों, डण्ठलों एवं मुख्य लताओं पर देखे जा सकते हैं। कीटों के द्वारा पौधों से रस चूसने के कारण पत्तियां झुर्रीदार हो जाती है। आक्रमण के तीब्रता की स्थिति में पत्तियां सूख जाती है और लता भी मुरझा हुआ दिखाई देती है।

नियंत्रण के उपाय

इस कीट के नियंत्रण के लिए क्लोरपायरीफास 20 ई0सी0 या मोनोक्रोटोफास 36 एस0एल0 में से किसी एक का 800 मि0ली0 100 1000 मि0ली0/हेक्टेयर की दर से आवश्यकतानुसार 10–15 दिन के अन्तराल पर छिड़काव करना चाहिए।

सफेद मक्खी (White fly)

वैज्ञानिक नाम : *डियाल्यूरोडस पल्लीडा* (*Dialeurodes pallida*) है।

पहचान : यह कीट प्रायः वर्ष भर सक्रीय रहता है। इस कीट के शिशु एवं प्रौढ़ पत्तियों की निचली सतह पर झुण्ड बनाकर रहते हैं। ये आकार में अत्यन्त सूक्ष्म होते हैं। इसके शीशु (Nymph) का रंग गन्दा पीला (Dirty yellow) होता है एवं प्रौढ़ का रंग पीला होता है जिसपर सफेद रंग की तह चढ़ी रहती है। इसके पिछले पंख विशेषतया लम्बे होते हैं।

क्षति प्रकृति : शिशु एवं प्रौढ़ दोनो ही पत्तियों की निचली सतह से रस चूसते हैं जिसके फलस्वरूप पत्तियां सिकुड़ जाती है। इसके द्वारा उत्सर्जित "मधुरस (Honey dew)" कज्जली फफूंद (Sooty mould) के विकास में सहायक होता है। अत्यधिक प्रकोप की स्थिति में सम्पूर्ण फसल काली पड़ जाती है तथा पत्तियां जली–सी प्रतीत होती है और कई बार पूर्ण विकसित होने से पूर्व सूख कर गिर जाती है। यह कीट वायरसजनित पर्ण–कुंचन (Leaf crel) बीमारी को भी फैलाने में महत्वपूर्ण भूमिका निभाता है।

नियंत्रण के उपाय

1. पीले चिपचिपे पाश (Yellow sticky trap) का खेतों में प्रयोग करें।
2. इस कीट के नियंत्रण हेतु ऐसीफेट 75 एस0सी0, 1.5 लीटर या इमिडाक्लोप्रिड 17.8 एस0एल0 150 मि0ली0 प्रति हेक्टेयर या नीम आधारित कीटनाशक अमृतगार्ड/निम्बीसीडिन (0.15 %) 2 ली0/हेक्टेयर की दर से छिड़काव करें।

5. चूर्णी मृत्कुण (Mealy bug)

वैज्ञानिक नाम : *फेरिसिया विरगाटा* (*Ferrisia virgata*)

पहचान : इस कीट का शिशु एवं प्रौढ़ दोनो ही मोम की तरह सफेद, चपटे एवं अण्डाकार कीट होते हैं। मादा प्रौढ़ पंखविहीन होती है, जबकि नर दो पंख वाले, गहरे लाल रंग के मृत्कुन होते हैं।

क्षति प्रकृति : शिशु एवं प्रौढ़ मादा कीट पौधो को काफी नुकसान पहुँचाते हैं। ये कोमल पत्तियों एवं शाखाओं पर चिपकर रस चूसते हैं। कुछ दूरी पर उजला धब्बा देखें जा सकते हैं। अत्याधिक प्रकोप की स्थिति में पत्तियां मुरझा कर सुख जाती है व झड़ जाती है। रस चूसने के अतिरिक्त ये कीट मधुरस (Honey dew) भी उत्सर्जित करते है जो काली फफूंद को आकर्षित करता है, जिससे प्रकाश–संश्लेषण क्रिया में विघ्न उत्पन्न होता है।

नियंत्रण के उपाय

पान के पौधों के चारो ओर उगने वाले खरपतवारों व अन्य अवांछित पौधों को निकाल कर जला देना चाहिए।

जब कभी भी पौधों पर इस कीट के शिशु दिखाई पड़े तो मोनोक्रोटोफास 36 एस0एल0 1 मि0ली0/ली0 पानी की दर से घोल बनाकर 10–15 दिन के अन्तराल पर आवश्यकतानुसार छिड़काव करना चाहिए।

उपरोक्त कीटों के अतिरिक्त कभी–कभी पान के फसलों में मधुआ, घोंघा व दीमक का आक्रमण होता है। इन कीटों के नियंत्रण हेतु उपयुक्त कीटनाशकों का प्रयोग के अतिरिक्त अन्य वैकल्पिक विधियों का प्रयोग करना चाहिए।

कन्दमूल फसलें (Tuber crops)

देश में उगायी जाने वाली आलू के अतिरिक्त अन्य कन्दीय फसलों में शकरकन्द, मिश्रीकन्द, अरबी, ओल, कन्दा, सुथनी, फर आदि प्रमुख हैं, जिनकी खेती बड़े पैमाने पर होती है। इनकी खेती सभी प्रकार के जलवायु, कम उर्वरा वाली भूमि तथा सुखे की परिस्थीति में भी सफलतापूर्वक की जा सकती है। इन कन्दीय फसलों की विशेषता है कि इनकी उपज क्षमता प्रति इकाई क्षेत्रफल में प्रति इकाई समय में अधिक होती है। ये उर्जा की सस्ती स्त्रोत है तथा अनाज के अभाव में स्टार्च की आवश्यकता को पूरा कर सकती है। कम समय में अधिक उपज, पशुओं के लिए चारा तथा कृषि पर आधारित औद्योगिक इकाइयों के लिए भी उपयुक्त है। समस्त विश्व आज जब जनसंख्या की वृद्धि के कारण खाद्य समस्या से जूझ रहा है और अधिक से अधिक खाद्यान्न उत्पादन की दिशा में प्रयत्नशील है, वैसी स्थिति में कन्दीय फसलों का महत्व और भी बढ़ जाता है। अतः इतनी उपयोगी फसलों से अच्छी पैदावार सुनिश्चित करने हेतु इन फसलों में लगने वाले कीटों के नियंत्रण के लिए जानकारी होना अत्यन्त आवश्यक हो जाता है। अन्य फसलों की तुलना में कन्दीय फसलें कीटों से उतनी अधिक आक्रान्त नहीं होती, फिर भी कुछ ऐसे कीड़े हैं, जिनका नियंत्रण समय पर नहीं किया जाय तो औसत उपज में 15–20 प्रतिशत तक की कमी आ जाती है। कन्दमूल फसलों पर लगने वाले कीटों, उनकी पहचान, क्षति के लक्षण एवं नियंत्रण के उपाय नीचे दिया जा रहा है।

कन्दमूल फसलों के प्रमुख कीट

फसल	प्रमुख कीट
1. शकरकन्द (Sweet potato)	दीमक (Termite) शकरकन्द विभिल (Sweet potato weevil) बिहार भुआ पिल्लू (Bihar hairy caterpillar) कच्छप विट्‌ल (Tortoise beetle) तना बेधक (Stem borer/vine borer)
2. अरवी, कन्नद, मिश्रीकन्द (Arvi, Kannad, Yam bean)	तम्बाकू की इल्ली (Tobacco caterpillar)
अरवी (Eliphant ear)	लाही (Aphid) पर्ण जीवी (Thrips)

क्रमशः...

मिश्रीकन्द (बीजोपदन) (Yam bean)	फली छिद्रक (Pod borer)
3. **ओल (जिमीकन्द) (Elephant foot yam)**	तम्बाकू की सूंडी (Tobacco caterpillar) लाही (Aphid) काली भुआ पिल्लू (Black hairy caterpillar) स्केल कीट (Scale insects) हॉक माथ (Hawk moth) स्फाइनेक्स मॉथ (Sphinx moth) जड भृंग (Root weevil) पत्ती का विट्ल (Leaf beetle) जिमीकन्द विट्ल (Yam beetle)

दीमक (Termite)

अधिक जानकारी के लिए विविधभक्षी कीटों में देखें।

शकरकन्द विभिल (Sweet potato weevil)

वैज्ञानिक नाम : *साइलस फॉर्मिकेरियस (Cylas formicarius)*

यह शकरकन्द का मुख्य हानिकारक कीट है। यह कन्दों को खेतों एवं गोदामो में क्षति पहुँचाता है। इस कीट का प्रकोप भारत के सभी स्थानों में उगायी जाने वाली शकरकंद की फसलों पर होता है।

पहचान : वयस्क कीट छोटा, चींटी के समान, पंखविहीन एवं 8–10 मि0मी0 लम्बा होता है। इसका सीर नीला काले रंग का होता है जिसपर लम्बी सूंड होती है। धड़ एवं पैर चमकीला लाल रंग का होता है तथा पेट भूरा लाल होता है। इस कीट के पिल्लू (अर्भक) चिपटा, पैर रहित सफेदी लिए हुए हल्का पीला रंग का होता है। प्रौढ़ (विकसित) पिल्लू छोटा, 7–8 मि0मी0 लम्बा पंख रहित होता है। इसका सिर नीला भूरे रंग का होता है। मादा कीट कंद तथा लत्तर (बेल) में छिद्र कर 100–215 लम्बे एवं पीले–सफेद रंग के एक–एक कर अण्डें देती है। 5–10 दिनों के बाद अण्डों से पिल्लू (सूंडी) निकलकर कंद एवं लत्ता में प्रवेश कर क्षति पहुँचाता है। पिल्लू 16–20 दिनों में पूर्ण विकसित होकर कंद या लत्तर में ही प्यूपावस्था में परिवर्तित हो जाता है। 8 से 10 दिनों बाद प्यूपा से व्यस्क कीट निकलता है। इस कीट का पूर्ण जीवन काल 4–5 सप्ताह का होता है तथा

प्रौढ़ कीट 60 से 130 दिनों तक जीवित रहता है। एक वर्ष में इस कीट की 8–10 पीढ़ियां होती है।

आक्रमण काल : इस कीट का प्रकोप सालोंभर फरवरी एवं सितम्बर माह में रोपनी की गयी शकरकन्द के पौधों पर होता है।

क्षति प्रकृति : इस कीट के वयस्क एवं पिल्लू (अर्भक) दोनों ही अवस्थायें शकरकन्द के लिए हानिकारक है। इसके पिल्लू शकरकन्द्र के लत्तर में छेद कर अन्दर प्रवेश कर जाता है तथा भीतरी भाग को खाते हुए जमीन के नीचे कन्द में प्रवेश कर जाता है। आक्रान्त लत्तर के तने अन्दर से खोखली हो जाती है। कन्दों में आक्रमण कर गुदे भाग को खाता है। वयस्क कीट पत्तियों तथा लत्तर को खाकर उसमें छिद्र कर देता है। आक्रान्त कन्दों पर काले–काले छोटे छिद्र नजर आता है। कीटग्रस्त कन्द धीरे–धीरे सड़ जाता है तथा खाने में खट्टा लगता है। आक्रान्त कंद का बाजार मूल्य कम हो जाता है। यह कीट गोदाम में रखी हुई शकरकन्द को भी क्षति पहुँचाता है। इस कीट से लगभग 70 प्रतिशत तक क्षति हो सकती है।

नियंत्रण के उपाय

- **खेत की सफाई तथा अवशेष को जलाकर नष्ट करना** : फसल कटाई के उपरान्त खेत में बचे लत्तर एवं कन्द इत्यादि इस कीट का वाहक होते हैं, जिससे अगली फसल पर कीट का प्रकोप और भी अधिक बढ़ जाता है। अतः फसल कटाई के बाद खेत में बचे पौधों के अवशेष को एकत्र कर जला दें।
- **गहरी जुताई** : खेत की सफाई के उपरान्त एक गहरी जुताई अवश्य ही करें, ताकि जमीन के अन्दर छुपे कीट के प्यूपे आदि बाहर निकलने पर सूर्य की तेज धूप व परभक्षी चिड़ियों द्वारा नष्ट हो जाय।
- **वैकल्पिक परपोषी पौधों को नष्ट करना** : शकरकन्द के अतिरिक्त ये कीट कुछ अन्य पौधों पर भी आश्रय लेते हैं जैसे– *आइपोमिया लेटरेलिएस, आइपोमिया ट्राईफिडा* आदि। अतः ऐसे पौधों को पहचानकर उन्हें नष्ट कर दें।
- **स्वस्थ लत्तर का प्रयोग** : स्वस्थ लत्तरों के उपरी भाग को रोपनी के लिए प्रयोग करें। लत्तर के निचले भाग को रोपण हेतु कदापि प्रयोग में न लायें।
- **समय पर रोपणी** : अनुसंधान से पता चला है कि यदि सितम्बर माह में लत्तियों को लगाया जाय तो उन पर कीटों का प्रकोप कम होता है।

- **कीट रोधी प्रभेदों का चयन** : राजेन्द्र शकरकन्द–5 प्रभेदों को लगावें। इस प्रभेद पर विभिल का प्रकोप कम होता है।
- **लत्तर उपचारित करना** : डाइमेथोएट 30 ई0सी0 या मोनोक्रोटोफॉस 36 एस0एल0 कीटनाशक दवाओं का 1.5 मि0ली0 प्रति लीटर पानी की दर से घोल बनाकर रोपाई के पूर्व लत्तर को 10–15 मिनट तक घोल में डुबोकर रखने के बाद रोपाई करें।
- **फैरोमोन ट्रैप का प्रेयोग** : रोपाई के 10–15 दिनों के उपरान्त सेक्स फेरोमोन ट्रैप प्रति 100 वर्ग मीटर की दर से प्रयोग करें। यह ट्रैप तीन माह तक प्रभावकारी होता है। इससे नर कीट आकर्षित होकर मर जाते हैं। इसके लिए टीन के अनुपयोगी डिब्बों के उपरी भाग फेरोमोनयुक्त रबड़ को तार की सहायता से लटका दिया जाता है तथा टीन के पार्शव भागों को काट दिया जाता है। इस ट्रैप से मादा धुन (Weevil) की गंध कृत्रिम रूप से निकलती है जिससे नर कीट टीन रूपी ट्रैप की तरफ आकर्षित होता है जो ट्रैप के निचले भाग में रखे डिटर्जेन्ट घोल में गिर कर मर जाते हैं। दो–तीन दिनों के अन्तराल पर कीटों को एकत्रित कर जला दें तथा पुनः डिटर्जेन्ट का घोल भर कर ट्रैप का स्थान बदल दें। इस प्रकार नर कीटों की मृत्यू हो जाने पर कीटों की जनसंख्या पर प्रतिकूल प्रभाव पड़ता है तथा कन्दें सुरक्षित रहते हैं।
- **फसल चक्र** : उपयुक्त फसल–चक्र अपनायें जैसे –

देश के पूर्वी क्षेत्र –	धान–शकरकन्द–बोड़ा (लोबिया)
	धान–शकरकन्द
देश के उत्तरी क्षेत्र –	शकरकन्द–मटर+जौ
	मक्का–बोड़ा–शकरकन्द
देश के दक्षिणी क्षेत्र–	धान–धान–शकरकन्द
	शकरकन्द–ज्वार

- **अन्तर्वती खेती** : चना, धनियां एवं मूली की शकरकन्द के साथ अन्तर्वती खेती कर विभिल के प्रकोप को कम किया जा सकता है।
- **मिट्टी चढ़ाना** : शकरकन्द की 30 एवं 60 दिनों के रोपाई के उपरान्त दो बार मिट्टी चढ़ाना (Earthing up) जरूरी होता है जिससे विभिल के प्रकोप में कमी आती है।

- **कम अवधि वाली प्रभेद** : राजेन्द्र शकरकन्द–5, राजेन्द्र शकरकन्द–35 एवं सम्राट प्रभेदों की कम अवधि वाली फसल लगाने से विभिल का प्रकोप कम होता है।
- **अधिक गहराई वाली प्रभेद** : वैसे प्रभेद की खेती करें जो मिट्टी की गहराई में कन्द बनाता हो तथा जिसके कन्द के गर्दन की लम्बाई अत्यधिक हो। जैसे– राजेन्द्र शकरकन्द–47, सी0ओ0–1, गौरी इत्यादि।
- **निकाई–गुड़ाई** : समय–समय पर निकाई–गुड़ाई करते रहने से खेत में बने दरारें बंद हो जाती है तथा विभिल कीट से कम प्रभावित होते हैं।
- **खली का प्रयोग** : महुआ या नीम की खली 25 कि0/हे0 की दर से प्रयोग करें।
- **रसायनिक नियंत्रण** : इस कीट का अत्यधिक प्रकोप होने पर निम्न कीटनाशकों में से किसी एक का प्रयोग करना चाहिए –

डायमेंथोएट 30 ई0सी0	–	2 मि0ली0/ली0 पानी
क्लोरपायरीफास 20 ई0सी0	–	1.5 मि0ली0/ली0 पानी
फेनट्रोथियान 50 ई0सी0	–	1.0 मि0ली0/ली0 पानी
फेनथियान 50 ई0सी	–	1.0 मि0ली0/ली0 पानी

- **भण्डारण में कीट नियंत्रण** : भण्डारण में कन्द को लकड़ी के राख या लाल मिट्टी (भुरभूरा) से ढककर रखने से विभिल कीट का प्रकोप कम किया जा सकता है।

बिहार भुआ पिल्लू (Bihar hairy caterpillar)

अधिक जानकारी के लिए सर्वभक्षी कीटों में देखें।

कच्छप विट्‌ल (Tortoise beetle)

वैज्ञानिक नाम : *ऐस्पिडोमार्फा मिलिएरिस* (*Aspidomorpha miliaris* F)।

कच्छप विट्‌ल की कई प्रजातियां है, परन्तु इनमें कुछ ही जातियां है जो शकरकन्द को नुकसान पहुंचाती है जिसमें *ऐस्पिडोमार्फा मिलिएरिस* प्रमुख है। यह कीट समस्त भारत में पाया जाता है।

पहचान : वयस्क कीट अण्डाकार, 12–13 मि0मी0 लम्बा तथा 8–9 मि0मी0 चौड़ा तथा भूरापन लिए हुए लाल रंग का होता है। इसके शरीर पर 10–12 छोटे–छोटे काले धब्बे होते हैं। शिशु (भृंग) कीट हरे–पीले, चिपटे और अण्डाकार होते हैं।

शरीर पर छोटे–छोटे कांटे होते है तथा पिछले भाग पर इसका सुखा हुआ मल सटा हुआ रहता है।

इस कीट की मादा पत्तियों की निचली सतह पर 45–90 हल्के भूरे रंग के अण्डे कतारों में देती है। 8–10 दिनों में अण्डों से भृंग (Beetle) निकल कर पत्तियों को खाते हैं। भृंग 15–20 दिनों में 4 निर्मोचन (Moulting) के बाद पूर्ण विकसित हो जाते हैं तथा एक सप्ताह बाद प्यूपा से वयस्क कीट निकलते हैं। इसका पूर्ण जीवन–काल 25–35 दिनों का होता है।

आक्रमण काल : यह कीट बरसात के मौसम में सक्रिय रहता है। इस कीट का प्रकोप पौधों पर अगस्त से नवम्बर तक होता है।

क्षति प्रकृति : इस कीट के शिशु एवं वयस्क दोनों ही शकरकन्द के पत्तियों की निचली सतह पर आक्रमण कर हरितिमा भाग को खरोंच कर खाते हुए छिद्र कर देते हैं। फलस्वरूप क्षतिग्रस्त पत्तियां सूख जाती है। जिससे पौधों की कन्दों के आकार पर प्रतिकूल प्रभाव पड़ता है तथा इनका उचित मूल्य प्राप्त नहीं हो पाता है।

नियंत्रण के उपाय

- पत्तियों पर दिए गए अण्डों के समूह को एकत्रित कर नष्ट कर दें।
- अधिक प्रकोप होने पर विभिल कीट नियंत्रण में बताए गए रासायनिक कीटनाशकों में से किसी एक का छिड़काव कर सकते हैं।

शकरकन्द के अतिरिक्त अन्य कन्दीय फसलों जिन पर अधिक कीटों का प्रकोप होता है, उसमें अरवी, कन्दा (बण्डा) तथा मिश्रीकन्द प्रमुख है।

तना बेधक (Stem borer/vine borer)

वैज्ञानिक नाम : *ओमफिसा अनासटमोसलिस* (*Omphisa anastamosalis* G.)।
क्षति प्रकृति : सूंडी तना व लता और कन्द में छिद्र कर खाती है। फलस्वरूप लता सुखकर मुरझा जाता है।

नियंत्रण के उपाय

विभिल कीट की तरह नियंत्रण करें।

तम्बाकू की सूंडी (Tobacco caterpillar), लाही (Aphids) और पर्णजीवी (Thrips)

अधिक जानकारी के लिए विविधभक्षी कीटों में देखें।

मिश्रीकन्द का फली छिद्रक (Yam bean pod borer)

वैज्ञानिक नाम : *मरूका विटरेटा* (*Maruka vitareta*)

वैसे तो मिश्रीकन्द पर कीड़ों का प्रकोप कम होता है, परन्तु जब इसकी खेती बीजोत्पादन के लिए किया जाता है तो मिश्रीकन्द की फलियां फली–छिद्रक कीट के द्वारा आक्रांन्त होती है।

पहचान : वयस्क कीट छोटा एवं हल्का भूरा रंग का होता है जिसके अगले पंख पर सफेद रेखाएं होती है तथा पिछले पंख सफेद होते हैं। सूंडी हल्का हरापन लिए हुए 20 मि0मी0 लम्बी होती है जिसका सिर भूरे रंग का होता है।

आक्रमण काल : मध्य अक्टूबर से दिसम्बर तक।

क्षति प्रकृति : इस कीट के सूंडी ही पौधों को हानि पहुँचाती है। प्रारंम्भिक अवस्था में ये कली तथा पुष्प को खाकर क्षति पहुँचाती है। जब फलियों में दाने बनने लगते हैं तो उस समय सूंडी फलियों में छिद्र कर अन्दर प्रवेश कर जाती है तथा कोमल दाने को खा जाती है जिससे उत्पादन में 30–35 प्रतिशत कमी आती है।

नियंत्रण के उपाय

आक्रान्त पौधों पर मोनोक्रोटोफॉस (36 एस0एल0) या क्वीनालफॉस (25 ई0सी0) 1.0 मि0ली0/ली0 पानी या इन्डोक्साकार्ब (14.5 एस0सी0) 1 ग्रा0/ली0 पानी में से किसी एक कीटनाशक का घोल बनाकर दो छिड़काव करें। प्रथम छिड़काव 50 प्रतिशत पुष्प निकल आने के बाद तथा दुसरा छिड़काव 50 प्रतिशत फलियां बनने के बाद।

हॉक माथ (Wowk moth)

वैज्ञानिक नाम : *थेरेट्रा ग्नोमा* (*Theretra gnoma* Feb.)

पहचान : यह मजबूत कीट होता है जिसके सिर और वक्ष भूरे रंग के होते हैं, जबकि उदर हरापन लिये हुए होते हैं। उदर पर दो सफेद धारियां होती है। पंख फैलाव की लम्बाई 5.5 से 7.5 सें0मी0 होती है।

क्षति प्रकृति : इस कीट की सूंडिया पत्तियों को खाकर नुकसान पहुँचाती है।

नियंत्रण के उपाय

इस कीट की सूंडियां बड़े आकार में होने के कारण आसानी से पकड़कर नष्ट किया जा सकता है। अभी तक इस कीट का कोई रसायनिक नियंत्रण नहीं सुझायें गयें हैं।

औषधीय एवं सगंध पौधे
(Medicinal and Aromatic plants)

हमारे देश में पायी जाने वाली व्यापक जैव विविधता तथा विभिन्न प्रकार की जलवायु और मौसम की वजह से अनेकों प्रकार के औषधीय एवं सगंध पौधों की खेती के लिए अनुकूल है। परन्तु इन फसलों कि विभिन्न अवस्थाओं में समय–समय पर कीटों का आक्रमण होता रहता है जिससे फसलों का उत्पादन प्रभावित होता है। विभिन्न प्रकार के कीटों की अवस्थायें जैसे – सूंडी, शिशु व प्रौढ़ अपना जीवन निर्वाह के लिए पौधों के जड़, तना, पत्ती, फूल व फल को भोजन के रूप में ग्रहण करते हैं जो निम्न उल्लेखित है।

- **जड़ों का भक्षण** : दीमक, सफेद गिडार, कटुआ कीट।
- **तना का भक्षण** : तना बेधक, तना मक्खी व अन्य बेधक कीट की सूंडी।
- **पत्तियों का भक्षण** : पत्ती काटनेवाली सूंडी।
- **फूल एवं फलों का भक्षण** : भृंग, अनेक प्रकार की सूंडी।

इस प्रकार औषधीय एवं सगंध पौधों को सैकड़ों प्रकार के कीट कभी न कभी नुकसान पहुँचाते हैं। विभिन्न प्रकार के हानिकारक कीटों के प्रभावी नियंत्रण के लिए क्षति करने के तरीके व रहने के स्थान के बारे में जानना आवश्यक है। इसी के आधार पर औषधीय एवं सगंध पौधों को नुकासान पहुँचाने वाले कीटों को सुविधा की दृष्टि से चार समूहों में बांटा गया है –

1. **भूमिगत कीट** : इस समूह के कीटों की विभिन्न अवस्थायें भूमि के अन्दर रहती है तथा ये अपने काटने एवं चबाने वाले मुखागों के द्वारा पौधों की जड़ों को खाकर क्षति पहुँचाते हैं –

   (i) दीमक : इस कीट का श्रमिक वर्ग नीम, गुलाब, जपानी पोदीना, लेमनघास, नीलगिरी, मुलेठी को नुकसान पहुँचाता है। इसका प्रकोप हल्की मिट्‌टी, असिंचित खेती तथा पानी के कमी होने पर एवं कच्चे गोबर की खाद के उपयोग से अधिक होता है।

   (ii) कटुआ कीट : काले मटमैले रंग की चिकनी सूंडियाँ जापानी पोदीना की जड़ों को नुकसान पहुँचाती है।

   (iii) सफेद गिडार : सफेद हल्के पीले रंग की सूंडियाँ जमीन के अन्दर रहकर खस, चमेली, ईसवगोल के जड़ों को खाती है।

(iv) **भृंगक सूंडिया** : कद्दू के लाल भृंग की सूंडिया सर्पगंधा, अश्वगंधा, जपानी पोदीना की जड़ों को खाकर नुकसान पहुंचाती है।

(v) **प्रकंद मैगट** : अदरख एवं प्याज के कंद को बिना पैर वाली सूंडी नुकसान करती है।

(vi) **जड़ की घुन** : जापानी पोदीना को जड़ों की घून (रूट वीपिल) की सूंडी जड़ों एवं सकर्रा को खाती है जिससे पौधे सूखने लगते हैं या छोटे रह जाते हैं।

2. **बाहर से नुकसान करने वाले कीट** : इस श्रेणी में तितली समूह की सूंडियाँ, भृंग समूह की सूंडियाँ व प्रौढ़, आर्थोण्टेरा समूह के फुदके एवं झींगुर आते है। इन हानि करने वाले कीटों में काटने एवं चबाने वाले मुखांग होते हैं। इस प्रकार ये कीट औषधीय एवं सगंध पौधों के विभिन्न भागों को बाहर से नुकसान करते हैं।

(i) **सतही एवं खरीफ फुदके (सरफेस एण्ड खरीफ ग्रासहॉपर)** : इस फुदकों का आक्रमण अधिकतर अश्वगंधा, सफेद मुसली, सताबर, सदाबहार, मुश्कदाना, जापानी पुदीना, काली हल्दी, अकरकरा, अर्जून, अमलतास, अडूसा, अनंतमूल, बेल, बांस, बहेड़ा, ब्राम्ही, विगोनिया, शिवनाग, शहतूत, शिकाकाई, करोंदा, कॉफी, केवकंद, मरोड़फली, मुलेठी आदि में होता है, जबकि बच, बरगद, हल्दी, हड़जोड़, गटारन, कालमेघ, कनेर, खस, रामदूत, लेडीपीपर, सीताफल, रतनजोत, पामारोशा घास के पौधों में इन फुदकों का आक्रमण कम अथवा नहीं होता है।

(ii) **नींबू की तितली** : पूर्ण विकसित हरे–पीले रंग की धारीदार सूंडियाँ नीबूं, बेल, बावची के पौधों की पत्तियों को खाती हे।

(iii) **चित्रक की कुंडलक सूंडी** : पतली लंबाकार, लाल–काले भूरे रंग की सूंडियां चित्रक के पौधों की पत्तियों को खाकर पर्ण विहीन कर देती है। इस सूंडी का प्रकोप जुलाई से नवम्बर तक होता है।

(iv) **अश्वगंधा शलभ** : इस कीट की सूंडी हरे पीले रंग की मोटी होती है। ये सूंडियाँ अश्वगंधा की पत्तियों को खाती है। लगभग 30 प्रतिशत पौधों पर इस सूंडी का प्रकोप देखा गया है।

(v) **रोमिल (बालों वाली) सूंडियाँ** : लाल, पीले व काले रंग की बालों वाली सूंडियाँ मुश्कदाना, जापानी पुदीना, इलाइची के पौधों की पत्तियों को खाती है। छोटी सूंडियाँ पत्तियों के हरे पदार्थ (क्लोरोफिल) को तथा बड़ी सूंडियाँ पत्तियों को काट कर खाती है।

(vi) **फफोला भृंग (चाफर बीटील)** : ये भृंग भूरे काले रंग के होते हैं। इसके प्रौढ़ पत्तियों, कलियों और कोमल तना को खाकर नुकसान पहुँचाते हैं, जबकि ग्रब जड़ों को खाकर क्षति करते हैं। यह भृंग औषधीय एवं सगंध पौधों के दुश्मन हैं। ये भृंग गुलाब, जासोन, गुमची, सदासुहागिन को अधिक नुकसान करते हैं। इसका प्रकोप जुलाई से अक्टूबर तक रहता है।

(vii) **पत्ती मोड़क** : हरे रंग की मोटी सूंडी का सिर काला होता है। इसकी सूंडी हल्दी, काली हल्दी, आमा हल्दी की पत्तियों को लपेटकर खाती है। यह कीट विशेषकर पचौली को काफी नुकसान करती है। इनकी सूंडी पत्तियों को मोड़कर उसी के अन्दर रहते हुए कुतर–कुतर कर खाती हैं जिससे पत्तियां जलकर सूख जाती है।

(viii) **लाल मकड़ी** : यह एक अष्टपदी जीव है। इनका रंग लाल होता है। ये सैकड़ों की संख्या में समूहों में पत्तियों के निचले सतह पर रहते हैं तथा अपने उपर मकड़ी की जालनुमा संरचना बना लेते हैं जो बाद में धूल आदि से अच्छादित होकर इसकी सूर्य की गर्मी से रक्षा करता है। इनके शिशु एवं प्रौढ़ दोनों पत्तियों के हरे भाग से रस चूसते रहते हैं जिससे पत्तियां पहले पीली, फिर कत्थई होकर सूख जाती हे। इनके प्रकोप से कभी–कभी फसल पूरी तरह से जल जाती है और शतप्रतिशत् तक नुकसान हो जाती है। यह मुश्कदाना का प्रमुख कीट है।

(ix) **इपीलेकना विट्लि** : यह अश्वगंधा का प्रमुख कीट है। अन्य सुगंध पौधों को भी यह आक्रान्त करता है। ग्रब और प्रौढ़ दोनों पत्तियों के हरे भाग को खुरचकर खाते रहते हैं। फलस्वरूप पत्तियाँ मुरझा जाती है और अन्त में सूखकर गिर जाती है।

(x) **अर्धकुण्डलक (सेमीलूपर)** : पुदीना, सौंफ, दवन का प्रमुख कीट है।

3. **अन्दर रहकर खाने वाले कीट** : कुछ इस प्रकार के कीट पौधों के विभिन्न भागों में अंदर घुसकर नुकसान करते रहते हैं।

(i) **पर्णसुरंगक (लीफ माइनर)** : इस कीट का प्रकोप अधिकतर जामुन, खमीर, मुश्कदाना, बहेड़ा गटारन पौधों में होता है।

(ii) **तना बेधक** : खस, इलायची, चमेली, ऑवला, मुश्कदाना, लेमन घास के छोटे पौधों पर तना बेधक का प्रकोप अधिक होता है।

(iii) **फल बेधक** : सूंडिया मुश्कदाना, अफीम, भटकाई, जंगली भटा के फलों को नुकसान पहुँचाती है।

(iv) **कली बेधक** : चमेली का प्रमुख कीट।

(v) **संपुट बेधक कीट (कैपसूल बोरर)** : इनकी सूंडियाँ कलियों में छेद करके उसे खाते रहते हैं जिससे फूल एवं बीज नहीं बनता और उत्पादन में कमी हो जाती है। जिन औषधीय एवं सुगंध पौधो जैसे – ओपियम आदि में कली बड़ी नहीं बनती है, नुकसान इनके द्वारा प्रायः अधिक होता है।

(vi) **चने की सूंडी** : यह मेन्था का प्रमुख कीट है। इसकी सूंडियाँ पौधों के पत्तियों एवं हरे भाग को काटकर खा जाती है। आक्रांन्त पत्तियों में केवल मध्य शिरा ही बचता है। बाद में पत्तियाँ सूख कर गिर जाती है। अन्य सुगंध पौधों में भी इसका आक्रमण होता है, क्योंकि यह एक सर्वभक्षी/बहुभक्षी कीट है।

(vii) **चित्तिदार शलभ (ऐरियास इन्सुलाना)** : यह मुश्कदाना का प्रमुख कीट है।

4. **रस चूसक कीट** : प्रायः हेमिप्टेरा (लीफ हॉपर, जैसिड, माहूँ, सफेद मक्खी) तथा थाइसोनोप्टरा (रसाद कीट) गण तथा अन्य समूहों की कीटों के शिशु एवं प्रौढ़ पौधों के विभिन्न भागों से रस चूसते हैं जिससे पौधे कमजोर हो जाते हैं तथा उपज पर विपरीत प्रभाव पड़ता है।

(i) **माहूँ** : पुदीना, लेमनघास, मुश्कदाना, तुलसी, सौंफ, चमेली, गुलाब, ईसवगोल, अफीम, अजवाइन का प्रमुख कीट है।

(ii) **दहिया कीट** : ये प्रायः सभी औषधीय एवं सुगंध फसलों को नुकसान पहुँचाते है, परन्तु अश्वगंधा, सर्पगंधा, सीताफल मीठी नीम, करोंदा फसलों पर इस कीट का अधिक प्रकोप देखा गया है।

(iii) **कपास का लाल वग** : यह मुश्कदाना का प्रमुख हानिकारक कीट है।

(iv) **स्केल कीट** : गुलाब में अधिकतर इस कीट का प्रकोप होता है।

(v) **रसाद कीट** : सौंफ, पामारोजा पौधों पर अधिक आक्रमण करता है।

(vi) **सफेद मक्खी** : तुलसी, मुश्कदाना, लेमनघास, जापानी पुदीना का प्रमुख हानिकारक कीट है।

(vii) **चित्रित मृत्कुण (पौटेड बग)** : प्रौढ़ कीट चपटा, लगभग 3.69 मि0मी0 लम्बा तथा 3.33 मि0मी0 चौड़ा होता है। इसका रंग चमकीला लाल और शरीर पर नारंगी या भूरे रंग के धब्बे पाये जाते हैं। शिशु

एवं प्रौढ़ दोनों ही पौधों की पत्तियाँ एवं कोमल तनों का रस चूसते हैं। परिणामतः पौधे रोगी पौधों के समान हो जाते है और बढ़वार रूक सी जाती है। उपज पर काफी प्रतिकूल प्रभाव पड़ता है। यह कीट पचौली, दवन, सौंफ के पौधों पर आक्रमण करता है।

(viii) तना (जैसिड) : इस कीट का प्रकोप पोदीना एवं ब्राम्ही के पौधों पर होता है।

(ix) पर्णजालक (लीक वेबर) : पचौली, पोदीना एवं चमेली का प्रमुख कीट है।

(x) स्पाइटल मृत्कुण (स्पाइटल वग) : यह लेमन घास के पत्तियों को नुकसान करता है।

(xi) टिनजिड मृत्कुण (टिनपिड वग) : इससे तुलसी की पत्तियाँ प्रभावित होती है।

नियंत्रण के उपाय

1. भूमिगत कीट

- गर्मी (अप्रैल–मई) माह में गहरी जुताई करें, जिससे कीटों की विभिन्न अवस्थायें भूमि से उपर आकर धूप से नष्ट हो जाती है या पक्षियों का आहार बन जाती है।
- क्लोरपायरीफास 20 ई0सी0 दो लीटर प्रति हेक्टेयर उपयोग करें। एक हेक्टेयर के लिए कम से कम 500 लीटर पानी की आवश्यकता होगी या अंतिम जुताई के समय सुखी बालू या राख में मिलाकर भूमि में अच्छी प्रकार से मीला दें।

2. बाहर से नुकसान करने वाले कीट

- अंड समूहों एवं छोटी सूंडियों को एकत्रित कर नष्ट कर दें।
- इण्डोक्साकार्ब (15.8 ई0सी0) 200 मि0ली0 या कारटाप (50 एस0पी0) 1.0 कि0ग्रा0 या क्वीनालफास (25 ई0सी0) 750 मि0ली0 या नोवाल्यूरान (10 ई0सी0) का 750 मि0ली0 प्रति 500 ली0 पानी में घोल बनाकर फसलों पर छिड़काव करें।

3. अंदर रहकर खाने वाले कीट

- आक्रांत भागों को कीट अवस्थओं सहित इकट्ठा कर नष्ट करें।
- क्लोरफेनापीर (10 एस0सी0) 750 मि0ली0 या लूफेन्युरान (5.4 ई0सी0) 600 मि0ली0 या थियोडिकार्ब (75 उब्लू0पी0) 600–750 ग्रा0 प्रति 500 लीटर पानी का घोल बनाकर छिड़काव करें।

4. रस चूसक कीट

इस कीट के नियंत्रण हेतु निम्नलिखित कीटनाशकों में से किसी एक का छिड़काव 500 ली0 पानी में घोलकर प्रति हेक्टेयर की दर से छिड़काव करना चाहिए –

(i) डायमेथेएट 30 ई0सी0 – 2.0 लीटर
(ii) ऐसीटामिप्रिड 20 एस0पी0 – 500–700 ग्राम
(iii) इमिडाक्लोप्रिड 17.8 एस0एल0 – 100–125 मि0ली
(iv) स्पाइनोसाड 480 एस0सी0 – 150–200 मि0ली0

कीट नियंत्रण में आवश्यक सावाधानियाँ

जैसा कि मालूम है कि औषधीय एवं सगंध पौधों के विभिन्न भागों का उपयोग क्रमशः औषधियां एवं सुगंधित तेल बनाने के उपयोग में लाया जाता है। इसलिए उचित सलाह लेकर आवश्यक होने पर ही कीटनाशकों का अनुसंशित मात्रा में उपयोग करें। इन पौधों के फूलों, फलों की तुड़ाई एवं पौधों की कटाई के एक माह पहले से जहरीले कीटनाशकों का उपयोग बंद कर देना चाहिए। कीट नियंत्रण की अन्य विधियों जैसे – खेतों की सफाई, गर्मी की जुताई, प्रतिरोधी किस्मों का उपयोग, फसल–चक्र, समयानुसार बुआई/रोपाई, निराई–गुड़ाई का उपयोग करना चाहिए। दीमक या अन्य भूमिगत कीटों से बचने के लिए नीम की खली का अधिक से अधिक उपयोग करना चाहिए। साथ ही अनुशंसित मात्रा में उवर्रकों का प्रयोग करना चाहिए। नेत्रजनयुक्त उर्वरकों का अधिक मात्रा फसलों में नहीं डालना चाहिए।

औषधीय एवं सगंध पौधों की स्वास्थ्य प्रबंधन तकनीकी

1. उन्नत काश्त तकनीकी।

- उन्नत किस्मों का चयन।

- उपयुक्त भूमि का चुनाव।
- उपयुक्त समय पर वुबाई/रोपण।
- समुचित मात्रा में उर्वरकों का प्रयोग।
- सूंड़ी गोबर की खाद/बर्मीकम्पोस्ट खाद का प्रयोग।
- समय–समय पर निराई–गुड़ाई।
- यथासंभव नालियों या स्प्रिंकलर द्वारा सिंचाई।
- जल निकास की उत्तम व्यवस्था।
- उचित समय पर कटाई।
- उचित भंडारण।

2. उन्नत पौध संरक्षण तकनीकी/पद्धति

- गर्मी में गहरी जुताई।
- निरोधक/प्रतिरोधक किस्मों का चुनाव।
- उपयुक्त समय पर रोपण/बुआई।
- बीज उपचार।
- स्वस्थ्य बीजों का चयन।
- नीम की खली तथा कीटनाशकों का मिट्टी में उपयोग (दीमक एवं अन्य मिट्टी के कीटों से फसल सुरक्षा)।
- खेतों की सफाई।
- वर्मीकम्पोस्ट/सड़ी गोबर खाद का उपयोग।
- उर्वरकों का संतुलित उपयोग।
- प्रकाश प्रपंच का उपयोग।
- फेरोमोन प्रपंच का उपयोग।
- रंग प्रपंच का उपयोग।
- जैविक कीटनाशकों का उपयोग।
- वानस्पतिक/नीम से बनाये कीटनाशकों का उपयोग।
- आवश्यकतानुसार रसायनिक कीटनाशकों का समुचित उपयोग।

रेशा फसलें (Fibre crops)

फसल	प्रमुख कीट
कपास (Cotton)	जैसिड/हरा तेला या फुदका (Jassid)
	मोयला/माहूँ (Aphid)
	सफेद मक्खी (White fly)
	कपास का लाल मृत्कुण (Red cotton bug)
	गुलाबी सूंडी (Pink bollworm/American bollworm)
	चित्तिदार शलभ (Spotted bollworms)
	तम्बाकू की सूंडी (Tobacco caterpillar)
	रसाद कीट/पर्णजीवी (Thrips)
	पत्ती लपेटक (Leaf roller)
	अर्द्धकुण्डलक (Semilooper)
	तना का घून (Stem weevil)
पटसन (Jute)	अर्द्धकुण्डलक (Semilooper)
	सैनिक कीट (Army worms)
	तम्बाकू की सूंडी (Tobacco caterpillar)
	फली बेधक (Pod borer)
	तना का घून (Stem weevil)
	बिहार भुड़ली (Bihar hairy caterpillar)
	मिली बग (Mealy bug)
	पीली बरूथी (Yellow mite)
	लाल बरूथी (Red mite)

कपास

पत्ती लपेटक (Leaf roller)

वैज्ञानिक नाम : *साइलेप्टा डेरोगाटा (Sylepta derogate Fab.)*

पहचान : सूंडी का रंग हरा, सिर गहरा भूरा तथा वक्ष में एक भूरे रंग का निशान होता है। पूर्ण विकसित सूंडी 2.5 सें0मी0 लम्बी होती है। प्रौढ़ का रंग हल्का पीलापन लिए हुए सफेद, लम्बाई 1.2 सें0मी0 तथा पंख विस्तार 2.5 सें0मी0 होता

है। शरीर पर दो जोड़ी सफेद पंख होते हैं जिनके उपर बादामी रंग की लहरदार तिरछी और टेड़ी–मेढ़ी धारियां होती है।

क्षति प्रकृति : नवजात सूंडी पत्तियों को खुरचकर खाती है तथा थोड़ा बड़ा होने पर पत्तियों को निम्न तल की ओर मोड़कर रेशमी धागों से बांधकर अन्दर ही खाती रहती है, जिसमें पत्तियां कई जगह कटी हुई दिखाई देती है। ग्रसित पत्तियों का रंग पीला पड़ने लगता है तथा सुखकर सूंडी सहित जमीन पर गिर जाती है। अधिक नेत्रजनयुक्त खाद देने से भी इस कीट का प्रकोप अधिक होता है।

नियंत्रण के उपाय

खेतों का निरीक्षण करके मुड़ी हुई पत्तियों को एकत्रित करके नष्ट कर दें। फसलों में नाइट्रोजनयुक्त उवर्रकों की अधिक मात्रा का प्रयोग न करें।

निम्न उल्लेखित कीटनाशकों में से किसी एक का प्रति हेक्टेयर की दर से छिड़काव करना चाहिएं :–

फार्मोथियान 25 ई0सी0	–	1.0 ली0
क्वीनालफॉस 25 ई0सी0	–	1.25 ली0
ऐसेफेट 75 एस0पी0	–	1.5 कि0ग्रा0

चित्तीदार शलभ (Spotted boll worm)

वैज्ञानिक नाम : *एरियास इन्सुलाना (Earias insulana)*
एरियास फेबिया (Earias Fabia)
एरियास विटेल्ला (Earias Vittela)

पहचान : यह कीट 2.5–3.0 सें0मी0 पंख की लम्बाई में तथा प्याज के रंग का होता है। इस कीट की दो जातियाँ विशेष रूप से पायी जाती है। *एरियास फेबिया* के पंख फनाकार (Wedge shaped) एवं हरी धारी पंख में आरम्भ से अन्त तक होती है। ए*रियास इन्सुलाना* के पंख हरे तथा पीले धब्बों से युक्त होते हैं। नवजात सूंडी हल्के सफेद रंग की होती है जिसका सिर काला तथा शरीर में छोटे–छोटे रोयें होते हैं। लम्बाई 1.2–1.3 मि0मी0 होती है। सूंडी अवस्था में ही दोनों जातियां विटेल्ला तथा इन्सुलाना को पहचाना जा सकता है। विटेल्ला सूंडी के पीठ भूरे रंग की होती है जिसके बीच में सफेद धारी होती है तथा पेट हल्का पीला या हल्का हरा होता है। जबकि इन्सुलाना की सूंडी हल्के हरे सफेद रंग की होती है तथा शरीर पर कई काले धब्बे होते हैं।

क्षति प्रकृति : इस कीट की सूंडिया पहले कोमल पत्तियों को खाती है तथा बाद में मुलायम टहनियों में छेद करके सुरंग बनाकर रहती है। फलस्वरूप कोमल टहनी मुरझाकर लटक जाती है और पौधों की बढ़वार रूक जाती है। इसके पश्चात् सूंडी फूल और कलियों के निकलने पर उनमें आक्रमण करती है जिससे कलियां झड़ने लगती है तथा उनमें सड़न भी प्रारंम्भ हो जाती है। कपास के छोटे–छोटे गोलों में छेद करके सूंडी अन्दर घुस जाती है तथा प्रवेश द्वार को मल से बन्द कर देती है। इन गोलों के अन्दर सूंडी बीजों और गूदे को खाती है, छोटे गोले (Balls) तो सड़कर पौधों से गिरने लगते हैं, जबकि बड़े गोले पकने से पहले ही खुल जाते हैं जिनमें बहुत ही खराब किस्म की रूई मिलती हैं।

नियंत्रण के उपाय

फसल कटाई के उपरान्त खेत की मिट्टी पलटने वाले हल से जोत दें, ताकि छिपी हुई सूंडी नष्ट हो जाय। कीट ग्रसित पत्तियों, टहनियों आदि को एकत्रित कर जला दें। पौधों की फुन्गी मुरझाकर लटकी हुई दिखाई दें तो तोड़कर नष्ट कर दें।

निम्न कीटनाशकों में से किसी एक का प्रति हेक्टेयर की दर से छिड़काव करना चाहिएः–

इन्डोक्साकार्ब 15.8 ई0सी0	–	500 मि0ली0
थियोडीकार्ब 75 डब्लू0पी0	–	1.0 कि0ग्रा0
ऐसेफेट 75 एस0पी0	–	1.0 कि0ग्रा0
फिप्रोनील 5 एस0सी0	–	2.0 ली0
मेथोमिल 40 एस0पी0	–	1.0 ली0
इथियान 50 ई0सी0	–	2.0 ली0

गुलाबी बौड़ी शलभ/अमेरिकन सूंडी (Pink bollworm/American bollworm)

वैज्ञानिक नाम : *हैलियोथिस आर्मीजेरा (Heliothis armigera)*

पहचान : यह एक बहुभक्षी (Polyphagous) तथा कपास का अत्यन्त विनाशकारी कीट है जो फसलों में जुलाई से अक्टूबर एवं फरवरी से अप्रैल तक सक्रिय रहता है। इसका वयस्क गहरे भूरे रंग का होता है जिसके अगले पंख पर वृक्क (Kidney) के आकार का धब्बा पाया जाता है एवं उसपर मटमैली कतारें देखी जा सकती है। इसके पिछले पंख तुलनात्मक रूप से सफेद रंग के होते हैं। इसकी सूंडी लम्बी एवं भूरे रंग की होती है जिसके शरीर पर गहरे भूरे रंग एवं पीले रंग की धारियां पायी जाती है।

क्षति प्रकृति : आरम्भ में सूडियां पत्तियों को खाती है और बाद में वो गोले (Balls) में घुसकर फसल को नुकसान पहुँचाती है। इन सूंडी का सिर गोले के अन्दर घुसा रहता है और शेष शरीर गोले से बाहर रहता है। ये अन्दर बीजों को खाती है। एक सूंडी अपने जीवन–काल में 30–40 गोले नष्ट कर देती है।

नियंत्रण के उपाय

- कीट से ग्रसित सूंडी सहित गोलों को जहाँ तक संभव हो एकत्रित करके नष्ट कर दें।
- खेतों की ग्रीष्मकालीन गहरी जुताई करें व उसे साफ रखें।
- उचित फसल–चक्र अपनायें तथा कपास की पेड़ी फसल न लें।
- कपास के चारो ओर मक्का, चंवला, बैंगन व कागणी (Foxtail millet) को उगाने से कीट का प्रकोप कम होता है।

निम्नलिखित कीटनाशकों में से किसी एक का प्रति हेक्टेयर की दर से छिड़काव करना चाहिए :–

नोवाल्यूरान 10 ई0सी0	–	1.0 ली0
लुफेन्युरान 5.4 ई0सी0	–	600 मि0ली0
स्पिनोसाईड 45 एस0सी0	–	500 मि0ली0
मेथोमील 40 एस0पी0	–	1.0 ली0

कपास का लाल मृत्कुण (Red cotton bug)

वैज्ञानिक नाम : *डिसडर्कस सिगुलेटस (Dysdercus cingulatus)*

पहचान : वयस्क कीट 1.25 सें0मी0 लम्बा, गहरा चमकदार लाल रंग का होता है। इसके प्रत्येक अगले पंखों पर पीछे की ओर काले रंग के धब्बे होते हैं। इसके शरीर के नीचले भाग में सफेद धारी होती है तथा किनारा लाल होता है। ये झूण्डों में कपास के फलों पर मिलते हैं।

क्षति प्रकृति : सर्वप्रथम ये मृत्कुण पत्तियों का रस चूसते हैं जिससे कि पौधों के आवश्यक तत्व, कार्बोहाइड्रेट, एमीनो अम्ल और प्रोटीन की कमी हो जाती है। तत्पश्चात् ये कोमल तनों, कलियों व पत्तियों का रस चूसते हैं। फलतः पौधों की वृद्धि रूक जाती है तथा फल क्षतिग्रसत हो जाते हैं, जिससे बिनौले एवं रूई की उपज में कमी हो जाती है। इस कीट के शिशु एवं प्रौढ़ दोनों ही नुकसान पहुँचाते हैं। खुले हुए फलों के बीजों का भी रस इनके द्वारा चूसा जाता है जिससे बीज बौने एवं तेल निकालने योग्य नहीं रह जाते। इस कीट का प्रकोप जब अत्यधिक

होता है तो खेत में ये झूण्ड के रूप में देखे जा सकते हैं। इसके प्रकोप से रूई में विभिन्न प्रकार के धब्बे पड़ जाते हैं।

नियंत्रण के उपाय

- खेतों की समय–समय पर निराई–गुड़ाई करके अण्ड समूहों को नष्ट किया जा सकता है।
- कीट के शिशुओं एवं वयस्कों को पकड़कर नष्ट करना चाहिए।
- इस कीट का नियंत्रण के लिए कपास के चारो ओर भिडीं लगाते हैं जिससे यह कीट भिंडी में आकर्षित होकर रूक जाता है फिर इन्हें कीटनाशक रसायन छिड़क कर नष्ट किया जा सकता है।

निम्न कीटनाशकों में से किसी एक का प्रति हेक्टेयर की दर से छिड़काव करना चाहिएः–

फ्लूवैलिनेट 25 ई0सी0	–	400 मि0ली0
बाईफेन्थ्रिन 10 ई0सी0	–	800 मि0ली0
डाइफेन्थुरान 50 डब्लू0पी0	–	600 ग्राम

जैसिड या फुदका (Cotton jassid)

वैज्ञानिक नाम : *ऐमरास्का बिगुटुला बिगुटुला* (*Amrasca bigutulla bigutulla*)

पहचान : इस कीट का वयस्क 3 मि0मी0 लम्बा होता है। इसका रंग लालीपन लिये तथा इसके पंखों पर छोटे–छोटे काले धब्बे होते हैं। इसके सिर पर भी दो काले रंग के धब्बे होते हैं।

क्षति प्रकृति : इस कीट के शिशु एवं वयस्क दोनों ही पत्तियों का रस चूसते हैं जिसके फलस्वरूप पत्तियां सिकुड़ जाती है और रंग पीला हो जाता है। बाद में पत्तियां ऐंठी हुई दिखाई देती है जो कि कुछ समय बाद सूखकर गिर जाती है। जिस पौधे पर इसका प्रकोप होता है वह रोगी दिखाई देता है। यह कीट एक प्रकार का विषैला पदार्थ भी स्त्रावित करता है जो कि पत्तियों पर प्रतिकूल असर डालता है। बिलम्ब से बोयी गयी फसल पर इस कीट का प्रकोप अधिक होता है। इस कीट का प्रकोप देशी कपास पर कम देखा गया है।

नियंत्रण के उपाय

- फसल की समय पर बुआई करनी चाहिए।

- कीट प्रतिरोधी किस्मों की बुआई करनी चाहिए, जैसे– सविता, एम0सी0यू0–5, एल0आर0ए0–5166, एन0ए0–1325, एच0–8, एन0एच0–44, एल0एच0–1 आदि।

निम्न कीटनाशकों में से किसी एक का छिड़काव करना चाहिएः–

क्लोथियानिडिन 50 डब्लू0जी0	–	30–40 मि0ली0/हे0
थियाक्लोप्रडि 21.7 एस0सी0	–	100–125 मि0ली0/हे0
थियोमेथोक्जाम 25 डब्लू0एस0जी0	–	100 ग्रा0/हे0
एसीटामिप्रिड 20 एस0पी0	–	500 ग्रा0/हे0
इमिडाक्लोप्रिड 17.8 एस0एल0	–	100–125 मि0ली0/हे0

कपास का माहू (Cotton aphid)

वैज्ञानिक नाम : *ऐफिस गोसिपाई (Aphis gossypii)*

पहचान : वयस्क कीट गहरे पीले व बाद में काले रंग के हो जाते हैं। इसका आकार 2.5 मि0मी0 से अधिक नहीं होता है। सिर छोटा तथा चमकीला होता है। मुँह नुकीला पतला होता है। मादा कीट पंखयुक्त एवं पंखरहित दोनों प्रकार की होती है। पंखरहित मादा बड़ी, गोलाकार एवं पीले रंग की होती है। अल्प वयस्क मादा हल्के या भूरे रंग की होती है। इनमें श्रृंगिका (Antannae) शरीर की लम्बाई से आधी होती है और आँखें लाल रंग की होती है।

क्षति प्रकृति : इस कीट का शिशु एवं वयस्क दोनों ही अवस्थाएं फसल को क्षति पहुँचाते है जो पौधों के कोमल तनों, पत्तियों एवं फूलों से रस चूसकर पौधों का विकास रोक देते हैं। परिणामतः पौधे कमजोर, छोटे और बौने रह जाते हैं और पैदावार पर प्रतिकूल असर पड़ता है। इस कीट के द्वारा रस चूसने के कारण पत्तियां सिकुड़ जाती है तथा उग्र प्रकोप की स्थिति में पौधा मर जाता है। शीत् मौसम में ज्यों ही बदली होती है और ठण्डी हवा चलती है तो इस कीट की संख्या में वृद्धि हो जाती है। रस चूसने के अतिरिक्त ये कीट एक मीठा चिपचिपा पदार्थ उत्सर्जित करते हैं जिसे ''मधुरस (Honey dew)'' कहते हैं जो कि पौधों की पत्तियों पर एकत्रित हो जाता है एवं इस पर काली फफूंद (Black mould) की बढ़वार हो जाती है। ये पौधों की प्रकाश–संश्लेषण कि क्रिया में विघ्न उत्पन्न करती है।

नियंत्रण के उपाय

- कीट प्रतिरोधी किस्मों की बुवाई करना चाहिए।

- नीमयुक्त कीटनाशकों का छिड़काव करना चाहिए।

फसल पर आवश्यकतानुसार निम्न कीटनाशकों में से किसी एक का प्रति हेक्टेयर की दर से छिड़काव करना चाहिएः–

डायमेथोएट 30 ई0सी0	–	1.5 ली0
एसीटामिप्रिड 20 एस0पी0	–	500 ग्रा0
बुप्रोफेजिन 20 एस0सी0	–	1.0 ली0
फिप्रोनिल 5 एस0सी0	–	1.5–2.0 ली0

कपास की सफेद मक्खी (Cotton white fly)

वैज्ञानिक नाम : *बैमिसीया टेबेकाई (Bemasia tabaci)*

पहचान : यह कीट प्रायः वर्ष भर सक्रीय रहता है। इस कीट के शिशु एवं वयस्क पत्तियों की निचली सतह पर झूण्ड बनाकर रहते हैं। ये आकार में अत्यन्त सूक्ष्म होते हैं। इसके शीशु (Nymph) का रंग गन्दा पीला (Dirty yellow) होता है, जबकि वयस्क (Adult) का रंग पीला होता है जिसपर सफेद रंग की तह चढ़ी रहती है। इसके पिछले पंख विशेषतया लम्बे होते हैं।

क्षति प्रकृति : इस कीट के शिशु एवं वयस्क दोनो ही पौधे का रस चूसकर उसका विकास रोक देते हैं। इस कीट के द्वारा उत्सर्जित "मधुरस (Honey dew)" काली कवक के विकास में सहायक होता है। अत्यधिक प्रकोप की दशा में कपास की सम्पूर्ण फसल काली पड़ जाती है तथा पत्तियां जली–सी प्रतीत होती है और कई बार पूर्ण विकसित होने से पूर्व सूख कर गिर जाती है। यह कीट विषाणु यरस जनित पर्ण–कुंचन (Leaf curl) बीमारी को फैलाने में भी महत्वपूर्ण भूमिका निभाता है।

नियंत्रण के उपाय

- फसल की बुआई समय से करें।
- उचित फसल–चक्र अपनायें। फसल–चक्र में उन फसलों का चयन करें जिसे यह नाशक कीट (सफेद मक्खी) ग्रसित न करता हो।
- प्रतिरोधी किस्में जैसे – कंचन, एल0पी0एस0–141, एल0के0–861 व एन0ए0–1280 की बुआई करनी चाहिए।
- परपोषी फसलें जैसे मिंडी टमाटर और अरंडी की कपास फसल के चारों ओर बाढ़ के रूप में लगानी चाहिए।
- पीले चिपचिपे पाश (Yellow sticky trap) को खेतों में प्रयोग करना चाहिए।

निम्न कीटनाशकों में से किसी एक का प्रति हेक्टेयर की दर से प्रयोग करना चाहिएः–

डायफेनथ्यूरान 50 डब्लू0पी0	–	600 ग्रा0
थियाक्लोप्रिड 21.7 एस0सी0	–	500–600 मि0ली0
बाइफेन्थ्रिन 10 ई0सी0	–	800 मि0ली0

पटसन का अर्धकुण्डलक (Jute semilooper)

वैज्ञानिक नाम : *अनोमिस सबुलीफेरा* (*Anomis sabulifera* G.)

पहचान : इस कीट की सूंडी हरे रंग की होती है जो रेंगते समय शरीर के बीच में अर्धकुण्डल (Loop) बनाती है। इसलिए यह कीट अर्धकुण्डलक (semilooper) के नाम से जाना जाता है।

क्षति प्रकृति : सूंडी पौधों की कोमल पत्तियों, कलियों एवं फलियों को खाकर नुकसान पहुँचाती है। अधिक प्रकोप की स्थिति में पौधों में केवल डण्ठल ही बचता है।

नियंत्रण के उपाय

- प्रकाश प्रपंच (Light trap) लगाकर वयस्क कीटों को आकर्षित करके नष्ट करना चाहिए।
- कीटग्रस्त फसल पर क्वीनालफॉस (25 ई0सी0) या क्लोरपायरीफॉस (20 ई0सी0) 1.5 लीटर प्रति हेक्टेयर की दर से छिड़काव करना चाहिए।

मखाना एवं सिंघाड़ा
(Gorgon nut and water nut)

मखाना एवं सिंघाड़ा जलीय पौधे हैं। इन पौधों में भी अन्य सामान्य पौधों की भांति कीड़े आक्रमण करते हैं, जो इनके उपज को घटाने में अपना महत्वपूर्ण योगदान देते हैं। मखाना एवं सिंघाड़ा में आक्रमण करने वाले कीटों का संक्षिप्त वर्णन निम्नवत् है।

मखाना एवं सिंघड़ा का प्रमुख कीट

फसल	प्रमुख कीट
मखाना	भृंग (Beetle)
	बकया (Caseworm)
	मोयला (Aphid)
	घोंघा (Snail)
सिंघाड़ा	भृंग (Beetle)
	नीला भृंग (Blue beetle)
	केंकड़ा

(अ) मखाना के प्रमुख कीट

भृंग (Beetle)

विटि्ल की सूंडी मखाना के पौधों की जड़ों को खाकर नुकसान पहुँचाती है और अपना सम्पूर्ण जीवन–चक्र भी वहीं पर पूरा करती है। यह अप्रैल से अगस्त माह तक सक्रिय रहता है। इस कीट के द्वारा पौधों की जड़ों को क्षति पहुँचाने के कारण पौधा पीला पड़ जाता है और पौघा बौना रह जाता है। इस प्रकार से मखाना की उपज बुरी तरह से प्रभावित होती है। तालाब में मखाना यदि एक बार इस विटि्ल द्वारा ग्रस्ति हो गया तो इसे नियंत्रित करना बहुत ही कठिन हो जाता है। इस कीट से बचाव का सबसे अच्छा तरीका यह है कि इसकी खेती प्रभावित तालाब में कम से कम तीन वर्ष तक न की जाय।

केस वर्म (Case worm)

मखाना को केस वर्म मार्च से अप्रैल के महिनों तक सक्रिय रूप से नुकसान पहुँचाता है। इस कीट की सूंडी पौधों की कोमल पत्तियों को काट–काट कर छोटे–छोटे टुकड़ों में कर देती है तथा केस बनाकर उसी में रहती है। यह कीट

पत्तियों की हरितिमा (Chorophil) को खाती है, जिसके कारण प्रकाश संश्लेषण (भोजन बनाने की प्रक्रिया) बुरी तरह से प्रभावित होती है जिससे पौधा कमजोर हो जाता है। परिणामतः उपज बहुत ही कम प्राप्त होती है।

माहूँ (Aphid)

यह मखाना का एक प्रमुख कीट है। शिशु एवं वयस्क कीट दोनों ही मखाना की नयी एवं कोमल पत्तियों से रस चूसकर इन्हें कमजोर बना देते हैं, जो बाद में शुखकर सड़ जाता है। प्रभावित पौधे बौने रह जाते हैं जिसके कारण कम उपज प्राप्त होती है।

घोंघा (Snail)

यह मखाना का सर्वाधिक खतरनाक संघातक जीव है। यह मखाना की पत्तियों के निचले भाग से लटका रहता है तथा पत्तियों से लगातार रस चूसता रहता है, जिससे पत्तियां कमजोर और बाद में पीली पड़ जाती है। आक्रान्त पौधों में भोजन बनाने की क्षमता समाप्त हो जाती है। इसप्रकार यह पौधों से अलग होकर सड़–गल जाती है। घोंघा की कुछ प्रजातियां मखाना के तनों एवं फलों से भी रस चूसने का कार्य करती है।

नियंत्रण के उपाय

मखाना की खेती तालाब में मछलियों के उत्पादन के साथ–साथ किया जाता है। इसलिए किसी भी कृषि रसायन विशेषकर कीटनाशक का प्रयोग करने से बचना चाहिए, क्योंकि यह मछलियों के लिए घातक साबित होगा। मखाना की खेती में कीट नियंत्रण हेतु निम्न उपाय करना चाहिए।

1. तालाब को हमेशा जलीय खरपतवारों जैसे – जलकुम्भी, सेवार आदि से मुक्त रखना चाहिए। खरपतवार के नियंत्रण का कार्य हमेशा हाथ के द्वारा करना चाहिए। इसके लिए रसायनों का प्रयोग पूर्णतया वर्जित है।
2. केस वर्म नामक कीट के नियंत्रण के लिए जूट की रस्सी को किरासन तेल में डुबोकर पत्तियों के उपर से चालयें जिससे कीट का केस टूट जाता है एवं कीट किरासन तेल से डुबी हुई रस्सी के सम्पर्क में आने से मर जाता है।
3. यदि तालाब में मछली न हो तो वैसी स्थिति में कीटनाशक का प्रयोग कीट नियंत्रण के लिए किया जा सकता है। इस कार्य हेतु मोनोक्रोटोफॉस (36 एस0एल0) या क्वीनालफॉस (25 ई0सी0) 1.5 मि0ली0 / ली0 पानी की दर

से घोल बनाकर छिड़काव कर सकते हैं। इस घोल में तीसी का तेल 1 मि0ली0 / ली0 घोल की दर से मिलाना अच्छा रहता है।

(ब) सिंघाड़ा के प्रमुख कीट

सिंघाड़ा देश का एक महत्वपूर्ण जलीय फल है। इसमें कई प्रकार के कीटों का प्रकोप होता है। परिणामतः उपज में भारी कमी आती है। अतः यह आवश्यक है कि सिंघाड़ा को कीटों से बचाया जाय।

भृंग (Beetle)

इस कीट के सूंडी (ग्रव) एवं प्रौढ़ सामान्यतः सिंघाड़ा की पत्तियों एवं कभी–कभी इसके फल को खाते हैं। प्रौढ़ ग्रव की तुलना में अधिक नुकसान करने वाले होते हैं। इसके विट्लि सुस्त एवं बहुत उड़ने वाले नहीं होते हैं। इस कीट के द्वारा लगभग 40–60 प्रतिशत तक क्षति होती है।

इस विट्लि (भृंग) की मादा, 5 से 8 अंडो के समूह में औसतन 101 तक अंडे देती है जो सिंघाड़ा की पतितयों की उपरी सतह पर कसकर गोदनुमा चिपके रहते हैं। मैथुन से पहले की अवस्था जुलाई में लगभग 2 दिन जो नवम्बर में बढ़कर सात दिनों तक हो जाता है। इस भृंग के नर एवं मादा का मैथुन 15 मिनट तक चलता है एवं अंडा देने से पहले की अवस्था 15 घंटों से 4 दिनों तक है। अंडा देने की अवस्था 6 से 18 दिनों तक रहती है। अंडा से शिशु निकलने की अवस्था व ग्रव (पिल्लू) एवं कोशिय अवस्था क्रमशः 4–7 एव 9–10 दिनों की होती है। अंडा से प्रौढ़ बनने तक कुल जीवन–चक्र 18 से 32 दिनों तक का होता है और अनुकूल समय मिलने पर साल में अधिकतम 9 पीढ़ियां होती है। नर एवं मादा का जीवन–काल क्रमशः 11 से 28 दिन एवं 13 से 33 दिनों तक का होता है।

इस भृंग का अविकसित अवस्था का पूरा जीवन–काल सिंघाडा की पत्तियों पर व्यतीत होता है। जाड़ा एवं ग्रीस्म मौसम के प्रारंम्भ में इस कीट की क्रियाशीलता कम हो जाती है एवं दिसम्बर तक भृंग तालाब के किनारे पर अवस्थित छिद्रों एवं सुरंगों में सुसुप्तावस्था में चले जाते हैं। यह सुसुप्तावस्था लगभग 4 से 5 महिनों तक चलती है एवं इसके भृंग पुनः अप्रैल से मई में क्रियाशील हो जाते हैं। गर्म एवं आर्द्र मौसम में इन भृंगों की क्रियाशीलता बढ़ जाती है। इस भृंग की अधिकतम क्रियाशीलता अगस्त से सितम्बर के बीच होती है।

नियंत्रण के उपाय

1. सिंघाडा के पौधों से भृंगों को एवं पत्तियों से अंडों को चुनकर नष्ट करने से इस कीट की संख्या को कम किया जा सकता है।
2. भीषण आक्रमण होने पर मैलाथियान या मिथाइल पैराथियान 2 प्रतिशत धूल का 25 किलोग्राम प्रति हेक्टेयर की दर से 10 दिनों के अन्तराल पर 4 बूरकाव कर सकते हैं।

नीला भृंग (Blue beetle)

ये भृंग विविध प्रकार के भोज्य पदार्थों पर जैसे – गेहूँ, जौ एवं घास–पात (Weed) पर जीवन निर्वाह करते हैं। आर्थिक रूप से उपयोगी फसल सिर्फ सिंघाडा ही है जिसे ये नीले भृंग नुकसान पहुँचाते हैं।

इस भृंग के पिल्लू, सिंघाडा की पत्तियों की उपरी सतह को खाता है, जबकि प्रौढ़ भृंग, सिंघाडा की पत्तियों के बाहरी किनारों को छेद कर खाता है। पत्तियों की उपरी सतह के खा जाने के फलस्वरूप इसके निचले तंतु मृत हो जाते हैं एवं पत्तियां झुलसी हुई नजर आती है। यह कीट बरसात के मौसम में अधिक सक्रिय रहता है।

इस कीट के पिल्लूऐं गहरे–भूरे रंग के 9–10 मि0मी0 लम्बे एवं शरीर के रोमकपोस से निकले मोटे–मोटे काले बाल से होते हैं जो इसके पिल्लूओं (ग्रवों) को बालोंदार सदृश्य बना देती है। पूर्ण विकसीत अवस्था में ये पिल्लू (ग्रव) पोषक पौधों को छोड़कर मिट्टी निर्मित खोल (Cocoon) में, प्यूपा देते हैं। ये प्यूपा 42 से 48 मि0मी0 लम्बे होते हैं। प्यूपा पीलापन लिए नारंगी रंग के होते हैं एवं धीरे–धीरे गाढ़े रंग के हो जाते हैं। प्रौढ़ चमकीले नीले रंग के 5 मि0मी0 लम्बे भृंग होते हैं जिनकी श्रृंगिकायें (Antannae) काले रंग के होते हैं।

नियंत्रण के उपाय

मालाथियान या मिथाइल पाराथियान 2 प्रतिशत धूल का 20 किलोग्राम प्रति हेक्टेयर की दर से बूरकाव करें।

अन्य हानिकारक जीव

1. **केंकड़ा :** विछुओं की तरह, ये केकड़े रक्षात्मक एवं आक्रमक चरित्र रखते हैं। केकड़ा अधिकांशतः एकयौनिय होते हैं। यौनिय असमरूपता लगभग समस्त विश्व में पायी जाती है। कुछ केकड़ों में प्रजनन वास्तविक मैथुन के बिना ही सम्पन्न होते हैं। इसका विकास रूपान्तरण के द्वारा होता है। केकड़ों द्वारा

विभिन्न फसलों को अधिकांशतः क्षति पहुँचाने की बात कही गयी है। केकड़े सिंघाड़ा के फलों को भी नुकसान पहुँचाते हैं।

नियंत्रण के उपाय

केकड़ों का नियंत्रण के लिए मिथाइल पाराथियान 2 प्रतिशत धूल का 25 किलोग्राम प्रति हेक्टेयर की दर से सिंघाड़ा के फलों को तोड़कर बूरकाव करना चाहिए। साथ ही साथ तालाब के चारों तरफ केकड़ों के मांदों को जहरीले चारे (एक भाग 50 प्रतिशत फेनिट्रोथियान घुलनशील चूर्ण + एक भाग पका हुआ चावल) से उपचारित करें।

1. **घोंघा : यह** गैस्ट्रोपिडा वर्ग (जाति मौलुस्कर) में आता है। घोंघा जाति के जीवों को चौड़ा मांसदार पैर होता है। फलस्वरूप यह रेंगकर चलता है। एक अलग सिर का हिस्सा होता है। घोंघा को एक वाह्य आवरण (कड़ा खोल) होता है। घोंघा द्विथैलिय होता है। तालाबों में उगायी गयी सिंघाड़ा के फसलों को घोंघा द्वारा नुकसान पहुँचाया जाता है।

नियंत्रण के उपाय

1. घोंघा को चून कर नष्ट कर दें। साथ ही इनके छिपने वाले स्थानों (आश्रय स्थल) को भी नष्ट कर दें।
2. 5 प्रतिशत मोटाल डिहाइड टिकियों का छिपने वाले स्थान में प्रयोग करें।

अध्याय 19

फसलों के सूत्रकृमि एवं नियंत्रण

सूत्रकृमि (Nematode) : अति सूक्ष्म, धागे के आकार, प्रायः पारदर्शी एवं खण्डहीन होते हैं। ये पूर्ण परजीवी प्राणी होते हैं। यानी अपने पोषक पौधों के अभाव में मर जाते हैं। इनकी गति एवं जीवन के लिए नमी अत्यन्त आवश्यक है। पौधों के विभिन्न भागों जैसे – जड़, तना एवं पत्तियों से इन्जेक्शनमुना सुई से पौधों कोशिकाओं से भोजन प्राप्त करते हैं।

क्षति की प्रकृति : सूत्रकृमि पौधों को विभिन्न प्रकार से क्षति करते हैं जिससे सूत्रकृमि से ग्रसित पौधों में विभिन्न प्रकार के लक्षण प्रकट होते हैं।

1. स्वस्थ पौधों की तुलना में सुत्रकृमि से ग्रसित पौधे बौने रह जाते हैं।
2. दोपहर के समय सूत्रकृमि से ग्रसित पौधो का मुरझा जाना।
3. पत्तियों का पीला पड़ जाना।
4. कुछ विशिष्ट सूत्रकृमियों के प्रभाव से विशेष लक्षण प्रकट होते हैं। जैसे – मूलग्रन्थि सूत्रकृमि (रूटनाट निमैटोड) से जड़ों पर ग्रन्थियां बनती है तथा गेहूँ के स्वस्थ दाने बनने के बजाय 'कॉकिल्स' बनना, सूत्रकृमि से ग्रसित पत्तियों पर घाव बनना आदि लक्षण दिखाई पड़ते हैं।
5. फल छोटे तथा कम लगते हैं।

सूत्रकृमि स्वभाव के अनुसार दो प्रकार के होते हैं –

(क) वाह्य परिजीवी

(ख) अन्तः परिजीवी

वाह्य परजीवी पौधों के भागों विशेषतः जड़ों के अन्दर प्रवेश नहीं करते, बल्कि मुखाग्र में मौजूद सुईनुमा संरचना से बाहर रहकर भोजन प्राप्त करते हैं।

इसके विपरीत अन्तः परजीवी पौधों के भागों में प्रवेश करके उनकी कोशिकाओं को नष्ट करके भोजन प्राप्त करते हैं।

फसलों को नुकसान पहुंचाने वाले कुछ महत्वपूर्ण सूत्रकृमि (निमैटोड)

(ख) बाह्य परजीवी

1. डैगर निमैटोड – *जिफीनेमा* प्रजातियाँ
2. नीडिल निमैटोड – *लाजीडोरस* प्रजातियाँ
3. स्टवी रूट निमैटोड –*ट्राइकोडोरस* प्रजातियाँ
4. पिन निमैटोड – *पैराटायलेकस* प्रजातियाँ
5. स्टट निमैटोड – *टायलेन्कोरिंकस* प्रजातियाँ
6. रिंग निमैटोड – *क्रिकोनेमायडस* प्रजातियाँ
7. श्वेत निमैटोड – *हेमीसायकिलोफोरा* प्रजातियाँ
8. स्पाइरल – *हेलिकोटायलेकस* प्रजातियाँ

(क) अन्तः परजीवी

1. जड़ में गांठ बनाने वाले सूत्रकृमि – *मेलोडोगाइन* प्रजाति
2. सिस्ट बनाने वाले सूत्रकृमि – *हेटरोडरा* एवं *ग्लोवोडरा* प्रजाति
3. गेहूँ का सेहूं रोग (इयर कॉकिल) का सूत्रकृमि –*एल्गूना ट्रिट्रीसाई*
4. रेनीफार्म सूत्रकृमि – *रोटालेंचुलस रेनीफार्मिस*
5. नींबू का सूत्रकृमि – *टायलेन्चुलस सेमीपेनीट्रास*
6. धान की जड़ का सूत्रकृमि – *हिर्समानियल्ला ओराजी*
7. जड़ों में घाव बनाने वाले सूत्रकृमि – *पेटायलेन्कस एवं रैडोफोलस*
8. स्टेम एवं बल्व सूत्रकृमि – *डायटायलेकस* प्रजाति
9. कोकोनट सीड एवं प्लांट सूत्रकृमि – *रैडिनाएफलेकस कोकोफिलस*
10. धान के तने में लगनेवाला सूत्रकृमि – *डायटीलेंक्स अन्गुटस*
11. पत्तियों में लगने वाला सूत्रकृमि – अफेलेनकोइडस *प्रजाति*

सूत्रकृमि नियंत्रण

सूत्रकृमियों को नियंत्रण करने के लिए विभिन्न विधियां निम्न हैं –

1. संगरोध (क्वेरनटाइन) नियंत्रण
2. परम्परागत या कर्षण क्रियायें (कल्चरल नियंत्रण)
3. भौतिक नियंत्रण (फिजिकल नियंत्रण)
4. जैविक नियंत्रण (वायो–कन्ट्रोल नियंत्रण)

5. प्रतिरोधी प्रजातियां (रेजिस्टेन्ट वेराइटीज)
6. रासायनिक नियंत्रण (केमिकल्स नियंत्रण)

1. **संगरोध नियंत्रण** : यह एक ऐसा नियंत्रण है जो सूत्रकृमि से ग्रस्ति पौधों, फलों, बीजों एवं पौध कटिंग को एक स्थान से दूसरे स्थान या एक देश से दूसरे देश में ले जाने या लाने को रोकता है। किसी देश की सरकार इस प्रकार के बन्धन लगाती है। हमारे देश में निम्न सूत्रकृमियों पर विदेशी संगरोध (फारेन क्वेरनटाइन) प्रभावी है।

क्र0 सं0	फसल	सूत्रकृमि	सूत्रकृमियों की प्रजाति
1.	प्याज, लहसुन एवं अन्य प्याज कुल के पौधे	डायटाइलेंकस	डिपसेसी
2.	कोकोनट सीड एवं अन्य पौधे	रैडिनाएफलेंकस	कोकोफिलस
3.	आलू	ग्लोबोडरा	रास्ट्रोकाइनेन्सिस एवं पैलिड़ा
4.	मटर	हेटरोडरा	गोटिगांना
5.	जई एवं बरसीम	डायटाइलेकस	डिपसेसी
6.	चुकंदर	हेटरोडरा	साक्टाई
7.	सेम कुल (बीन्स)	हेटरोडेरा	ग्लाइसीन

भारत में आन्तरिक संगरोध गोल्डेन निमैटोड (*ग्लोबोडरा हेटटोडरा* एवं रास्टोकायनेन्सिस) पर लागू है। इस सूत्रकृमि से ग्रसित आलुओं को नीलगिरी, तामिलनाडु से बाहर प्रदेशों में नहीं लाया जा सकता है। यह सबसे सस्ती एवं बिना खर्च की नियंत्रण विधि है।

2. **शस्य (कर्शण) क्रियायें** : इस विधि से सूत्रकृमि नियंत्रण का कम खर्चीला एवं सरल है। सूत्रकृमियों के नियंत्रण के लिए फसल–चक्र सबसे उत्तम तरीका है, क्योंकि विशेष या एक ही पौधपोषी सूत्रकृमि पोषक पौधों के अभाव में नष्ट हो जाते हैं। जिन खेतों में मूलग्रन्थि (रूटनॉट) सुत्रकृमि का प्रभाव हो उनमें – आलू, टमाटर, बन्डा, बैगन, तरोई, टिन्डा, ककड़ी एवं खरबूजा आदि नहीं उगाना चाहिए। यदि खेत में इन फसलों को उगाया गया हो तो उनमें गेहूँ, जौ, मक्का, ज्वार, बाजरा एवं तिलहनी फसलों को उगाना उपयोगी

होता है। मोल्या रोग से ग्रसित खेतों में दलहनी फसलें उगाना उत्तम होता है। कुछ उपयोगी फसल–चक्र मूलग्रन्थि कम करने के लिए इस प्रकार है–

1. बैगन–मिर्च–गेहूँ
2. पालक–गेंदा–गाजर
3. पालक–मूली–गाजर
4. कद्दू–सरसों–बैगन
5. मिर्च–गोभी–मिर्च
6. लहसुन–सरसों–गेहूँ

अन्य शस्य क्रियाएँ जैसे जमीन को परती छोड़ना, फसल बोने के समय में प्रपंची फसल (ट्रैप क्राप्स), जल प्लावन एवं ऐसे पौधे उगाना जो सूत्रकृमियों को बढ़ने नहीं देते हैं।

इस प्रकार नियंत्रण विधि में उष्मा के विभिन्न स्वरूप को प्रयोग करते हैं। यह एक उपयोगी विधि है। सामान्यतः सभी प्रकार के सूत्रकृमि 40–50 डिग्री सेल्शियस पर मर जाते हैं। इसका प्रयोग भाप के माध्यम से जमीन पर खरपतवार जलाकर, गर्म पानी के द्वारा उपचार एवं सूर्य की उष्मा से उपचार आदि है। वर्तमान में सूर्य की उष्मा का प्रयोग सूत्रकृमियों को नष्ट करने में लाया जा रहा है। पूर्वोत्तर भारत में धान के सूत्रकृमियों को नष्ट करने के लिए नर्सरी पर पालीथीन सीट बिछाकर जमीन का तापक्रम बढ़ाया जाता है जिससे जमीन में रहने वाले अधिकांश सूत्रकृमि नष्ट हो जाते हैं। गर्मियों में खेत की जुताई करके सूत्रकृमि, खरपतवार एवं जमीन में रहने वाले कीटों व फफूंदों को नष्ट किया जाता है। गर्मपानी के द्वारा नींबू का सूत्रकृमि एवं केला में लगने वाले रेडोफोलस नामक सूत्रकृमि का उपचार किया जाता है। इनके निदान हेतु पानी का तापक्रम क्रमशः 45–50 डिग्री सेल्शियस 10–25 मिनट तक एवं 50 डिग्री सेल्शियस पर 25 मिनट तक डुबोते हैं। इस तापक्रम पर जड़ों के अन्दर सूत्रकृमि नष्ट हो जाते हैं। धान में लगने वाले सूत्रकृमि *एफेलेकस वेसियाई* को नष्ट करने के लिए बीज को 50–70 डिग्री सेल्शियस पर 50–15 मिनट तक गर्म पानी से उपचारित करके बोआई जाती है। यह विधि कम खर्चीला है।

3. **जैविक नियंत्रण** : कुछ जीव ऐसे होते हैं जो अपनी ही जाति के दूसरे वर्ग के जीवों को भोजन के रूप में ग्रहण करते हैं। सूत्रकृमियों में एक ऐसा वर्ग है जो दूसरे वर्ग के सूत्रकृमियों को नष्ट करते हैं। वे है मोनाक्स वर्ग – इस वर्ग के सूत्रकृमि भूमि में रहते हैं तथा पौधपरजीवी सूत्रकृमि को रोकते हैं। इसीतरह कुछ फफूंदिया ऐसी है जो सूत्रकृमियों को भोजन के रूप में ग्रहण करती है। जैसे – डैक्टैलेरिया जाति की फफूंद जो पौधपरजीवी सूत्रकृमियों को नष्ट करती है। इस फफूंद की बढ़ोत्तरी के लिए विभिन्न प्रकार के जीवाशं

खेत में मिलाएँ। परन्तु फफूंदी पर आधारित कोई सूत्रकृमियों हमारे देश में उपलब्ध नहीं है।

4. **प्रतिरोधी जातियां** : पौधों पर सूत्रकृमियों का प्रभाव विभिन्न प्रकार से होता है। एक ही प्रकार के पौधों में कुछ किस्में होती है जिनपर सूत्रकृमि का प्रभाव अधिक होता है, कुछ पर बहुत कम असर पड़ता है, कुछ ऐसी किस्में है जिन पर सूत्रकृमियों का प्रभाव पड़ता ही नहीं, ऐसी प्रजातियां को सूत्रकृमि अवरोधी कहा जाता है। अवरोधी जातियों को उगाना लाभप्रद होता है। इनके उगाने से सूत्रकृमियों के प्रभांव कम करने के लिए कोई खर्च नहीं होता है।

5. **रासायनिक नियंत्रण** : सूत्रकृमिनाशक रसायनों को "निमैटीसाइड" कहते हैं। यदि आवश्यकता पड़े तभी निम्न सूत्रकृमिनाशक रसायनों का प्रयोग किया जाय, क्योंकि इनके प्रयोग से लागत खर्च अधिक आती है।

   (i) **जमीन का उपचार** : कारर्बोफ्यूरान (3 जी), फोरेट (10 जी) एवं फेनसल्फोथियान (5 जी) 10–30 किलोग्राम प्रति हेक्टेयर की दर से बुवाई के पहले या बुवाई के बाद उपयोग करना चाहिए।

   (ii) **बीजोपचार** : शाकभाजी एवं दलहनी फसलों के बीजों को 3 प्रतिशत कार्बोसल्फान (मार्शल 25 एस सी) से उपचार करके बोवाई करने से पौधों पर गांठे नहीं बनती है। यदि बीज बड़े हो तो 6 प्रतिशत की दर से उपचार करें।

   (iii) **बुवाई के पूर्व भूमि शोधन** : सूत्रकृमि से ग्रसित खेतो को बुवाई के पूर्व धूम्रीकरण करने के लिए डी0डी0, क्लोरोपिकरिन, मेथाइल ब्रोमाइड तथा नेमागान का प्रयोग किया जाता है। उपचार करने के 7 दिन बाद बोआई की जाय।

सूत्रकृमियों का समेकित नियंत्रण

सूत्रकृमियों का नियंत्रण अलग–अलग विधि से करना फसलों के लिए उत्तम सावित नहीं होता है। इसलिए फसलों पर लगने वाले सूत्रकृमियों का समेकित नियंत्रण करना आर्थिक रूप से एवं पर्यावरण पर कम से कम प्रतिकूल प्रभाव पड़ता है और उपज बढ़ाने में ज्यादा से ज्यादा सहायता मिलती है।

1. गेहूँ एवं जौ का समेकित सूत्रकृमि नियंत्रण

गेहूँ भारत की प्रमुख खाद्य फसलों में से एक महत्वपूर्ण फसल है। विश्व की खाद्य फसलों मे इनका दूसरा स्थान है। प्रथम स्थान पर धान, द्वितीय गेहूँ, तृतीय मक्का, चतुर्थ ज्वार एवं पंचम स्थान पर आलू का है। गेहूँ पर लगने वाले सूत्रकृमियों से

देश में 10–15 प्रतिशत वार्षिक उपज का नुकसान होता है। इनके प्रकोप से गेहूँ की विकसित जातियाँ बच नहीं पाती है। गेहूँ एवं जौ की फसल को प्रभावित करने वाले प्रमुख सूत्रकृमि हैं – **(i)** सेहूँ रोग (इयर कॉकिल), **(ii)** तनान रोग (टुन्डू बीमारी) एवं **(iii)** मोल्या रोग (सिस्ट निमैटोड)

(अ) सेहूँ रोग के प्रमुख लक्षण

1. भूमि के पास तना फूल जाता है।
2. बालें निकलने के पहले सूत्रकृमि का प्रभाव पत्तियों पर पड़ता है जिससे वे सिकुड़ जाती है।
3. रोगग्रसित पौधे, स्वस्थ पौधों की तुलना में बौने रह जाते हैं।
4. पौधे सीधे होकर नहीं फैलते हैं।
5. स्वस्थ पौधों की अपेक्षा रोगग्रसित पौधों में अधिक शाखाएँ निकलती है।
6. सूत्रकृमिग्रसित बालियाँ छोटी तथा चौड़ी हो जाती है तथा उनके सीकुंर (आन्स) फैल जाते हैं।
7. रोगग्रसित बालियाँ स्वस्थ बालियों से अधिक हरी रहती है।
8. बालियों के पकने पर स्वस्थ बीजों के स्थान पर गहरे भूरे या काले गेगलें (इयर काकिल्स) बनते हैं।
9. इन इयर कॉकिल्स् में द्वितीय अवस्था के सूत्रकृमि मौजूद रहते हैं। जिनकी संख्या 1000–20,000 तक प्रति गेगले होती है। जो पुनः बीज के साथ खेत में आने पर नमी के कारण फट जाते है तथा शिशु सूत्रकृमि जमीन में बिखर जाते हैं। पौधों के सम्पर्क में आने पर उनपर चढ़ जाते हैं। इसप्रकार स्वस्थ पौधे इनसे ग्रसित हो जाते हैं।

(ब) तनान रोग (टुन्डू रोग) के प्रमुख लक्षण

इसको ऐलो इयर राट भी कहते है। यह बीमारी सेहूँ के सूत्रकृमि एवं वैक्टीरियम (*कोरानी वेक्टीरियम मिची गैन्सी* पीवी ट्रिट्रीसी) के सहयोग से होती है। इस बीमारी के प्रमुख लक्षण होते हैं –

1. सूत्रकृमि का एक विशेष प्रकार के जीवाणु से ढका होना ।
2. मौसम ठंडा हो जाने पर जीवाणुओं की संख्या बहुत अधिक बढ़ना।
3. एक विशेष पीला पदार्थ बनना।
4. पीला चिपचिपा पदार्थ गेहूँ की बाल को पूरा ढक लेता है। इसीलिए इसको एलो इयर राट कहते हैं।
5. ऐसी रोगग्रसित बालों में दाने नहीं बनते हैं।
6. बौने मुड़े हुए पौधों से पीले पदार्थ से सीकुंर का बाहर आना।

सेहूँ एवं तनान रोग का फैलना : गेहूँ की कटाई के साथ–साथ इयर कॉकिल्स से ग्रसित पौधे भी काट लिए जाते हैं जिससे बीज प्रदुषित हो जाता है। जब यह प्रदुषित बीज पुनः बोया जाता है तो गेगले (इयर काकिल्स) नमी पाकर फट जाते है जिससे हजारों की संख्या में शिशु सूत्रकृमि मिट्टी में फैल जाते है तथा नमी की पर्त में रेंगते रहते है। नए पौधे को पाकर वह पौधों के बढ़ने वाले हिस्से पर पहुंच जाते है तथा पौधे की वृद्धि के साथ–साथ सूत्रकृमि भी ऊपर चलते जाते हैं। जब पौधों की बालियों में फूल आने लगते हैं, तब तक शिशु वयस्क हो जाते है। मादा मैथुन के बाद अंडे देना शुरू कर देती है। सूत्रकृमियों की बीज बनाने वाले भाग में प्रवेश के कारण स्वस्थ बीज बनने के स्थान पर प्रभावित बीजों से गेगले (इयर कॉकिल्स) बन जाते हैं। इस प्रकार ये अपना जीवन–चक्र पूरा करते है।

समेकित नियंत्रण

(i) शस्य क्रियायें : भारत एवं चीन की जमीन में इस सूत्रकृमि का प्रकोप नहीं होता है। अतः यह विधि भारत में उपयोगी नहीं है।

(ii) यांत्रिक विधि : बीज के गेगला (इयर कॉलिल्स) मुक्त करने के लिए बीज की सफाई, हवा में उड़कार करें। फिर भी कुछ गेगले बीज में रहने की परिस्थिति में 2 से 5 प्रतिशत नमक का घोल बनाएं तथा बीज को उसमें डुबोए। गेगले हल्के होने के कारण तैरने लगते हैं। उनको छलनी से निकाल दें। इस उपचार के बाद बीज को नमक से मुक्त करने के लिए 2–3 बार सादे पानी से धुलाई करके, सुखाकर बुवाई करें। खेत में यदि रोगग्रसित पौधा पहचान में आता है तो उखाड़ कर नष्ट कर दें। जिससे अगले वर्ष उसी बीज को प्रयोग करने पर प्रकोप नहीं होगा।

(स) मोल्या रोग के लक्षण

1. गेहूँ एवं जौ की फसलों में स्थान–स्थान पर छोटे क्षेत्रों में इस सूत्रकृमि से ग्रसित पौधे बौने दिखाई पड़ते हैं। परन्तु रोगमुक्त पौधे बड़े एवं स्वस्थ होते हैं।
2. सूत्रकृमि से ग्रसित पौधे पीले–हरे रंग के हो जाते हैं।
3. पत्तियाँ पीली हो जाती तथा कम चौड़ी होती है।
4. बालियों में दानों की मात्रा बहुत कम होती है।
5. रोगी पौधों की मुख्य जड़े लम्बी हो जाती है।
6. जड़ों के शिरो पर गुच्छा बन जाता है तथा फूली हुई दिखाई पड़ती है।

7. पौधों के उखाड़ने पर जड़ों पर कोष्ठक (सिस्ट) चिपके रहते हैं, जिनका रंग गहरा–भूरा होता है। फसल कटने के पश्चात् में कोष्ठक जमीन में पड़े रहते हैं।

नियंत्रण

(i) **फसल–चक्र** : रोग से ग्रसित खेतों में फसल–चक्र अपनाएं। सूत्रकृमि की संख्या कम करने के लिए सरसों, बरसीम, गाजर, धनिया, सौंफ जैसी फसले उगाये उसके बाद जौ या गेहूँ उगाएं। इससे सूत्रकृमि की संख्या खेत में नगण्य हो जाती है।

(ii) गेहूँ की जल्दी बोआई करें।

(iii) ग्रीष्म ऋतु में मिट्टी को 2–3 बार पलट दें।

(iv) कार्बोफ्यूरान (3 जी) 35 किलोग्राम प्रति हेक्टेयर की दर से बीज के साथ बोआई करने पर सूत्रकृमि का नियंत्रण किया जाता है।

2. टमाटर, बैगन, ककड़ी एवं कद्दू कुल की फसलों का समेकित सूत्रकृमि नियंत्रण

इन फसलों में मुलग्रन्थि सूत्रकृमि (रूटनाट निमैटोड) का सर्वाधिक प्रकोप होता है। इसका नियंत्रण निम्न प्रकार है :–

(i) **फसल–चक्र** : सबसे उत्तम एवं सरल नियंत्रण विधि है। इस विधि में ऐसी फसलें उगाई जाती है जिनपर इस सूत्रकृमि का प्रभाव नहीं पड़ता है। उपरोक्त फसलों के उगाने के पश्चात् गाजर, मिर्च, गोभी, लहसुन, प्याज, मूली, गेहूँ, राई एवं सरसों, मक्का आदि उगाऐ। सबसे उत्तम–फसल–चक्र है। जैसे – टमाटर–प्याज–अवरोधी टमाटर–भिन्डी।

ध्यान देने योग्य बात फसल–चक्र में यह है कि फसल–चक्र अपनाते समय खरपतवार जिनपर इस सूत्रकृमि का पोषण होता है, नियंत्रण किया जाय। अन्यथा फसल–चक्र अपनाना लाभप्रद नहीं होगा। जैसे सूत्रकृमिग्रसित खेत में गेहूँ की फसल उगाने पर बथुआ गेहूँ के साथ उगता है। बथुआ मूलग्रन्थि सूत्रकृमि का पोषक पौधा है। अतः बथुआ का नियंत्रण आवश्यक है।

(ii) **गर्मी की जुताई** : जून के महीने में 10–10 दिन के अन्तराल पर सूत्रकृमि से ग्रसित खेतों की जुताई 3 बार करें। उस समय बातावरण का तापक्रम प्रायः 40–45 डिग्री सेल्शियस रहता है। इस तापक्रम पर अधिकांश सूत्रकृमि, खरपतवार एवं भूमि में रहने वाले कीट समाप्त हो जाते हैं।

(iii) खलियों एवं बुरादे का प्रयोग : मूलग्रन्थि सूत्रकृमि ग्रसित खेतों में मुंगफली, महुआ, अलसी, कंरज, नीम आदि की खली का प्रयोग करते हैं। इससे सूत्रकृमियों का प्रभाव कम हो जाता है तथा पौधों की जड़ों पर मूल ग्रन्थियां कम बनती है। सामान्यतः खली की मात्रा 4–8 क्विंटल प्रति हेक्टर प्रयोग करते हैं। सबसे उत्तम नीम की खली साबित होती है जो सस्ती एवं जानवरों को खिलाने के लिए अनुपयोगी है। इसीप्रकार विभिन्न लकड़ियों के बुरादे को 25 क्विंटल प्रति हेक्टर की दर से डालकर सूत्रकृमियों का नियंत्रण किया जाता है। इन खलियों के प्रयोग से *मेलोडोगाइनी इनकागनिटा, होपलोलेमस इन्डिकस, टायलेन्कोरिकस ब्रासनी* एवं *हेलिकोटायलेकस प्रजाति* के सूत्रकृमियों की संख्या नियंत्रित हो जाती है।

(iv) रासायनिक नियंत्रण : वर्तमान में कार्बोफ्यूरान (3 जी), फोरेट (10 जी) एवं फेनसल्फोनियान (5 जी) जो बाजार में मिलती है। आवश्यकतानुसार प्रयोग करें। अन्य दवाइयाँ बाजार में उपलब्ध नहीं है।

3. धान का समेकित सूत्रकृमि नियंत्रण

धान की फसल में राइस रूट सूत्रकृमि, सफेद सिरा सूत्रकृमि, मूलग्रन्थि सूत्रकृमि, अफरा बीमारी का सूत्रकृमि आदि प्रभाव डालते हैं। इसके नियंत्रण हेतु निम्न प्रक्रिया अपनाये।

शस्य क्रियायें

(i) गर्मी में जुताई।

(ii) 6 घंटे तक पहले भिगोने के बाद 10 मिनट के लिए 52^0 सेंटीग्रेड पर बीजों को गर्म पानी से उपचार (सफेद शिरा सूत्रकृमि के लिए)।

(iii) 4 दिन तक 6–6 घंटे तक बीजों को धूप में सुखायें, सफेद शिरा सूत्रकृमि के लिए (ह्वाइट टिप निमैटोड)।

(iv) संक्रमण आगे न होने देने के लिहाज से ठूँठो को जलाये।

(v) गैर पोषक पौधे जैसे–मूंगफली, गेहूँ, जूट, उर्द एवं आलू को धान के खेत में उगाया जाय। इन फसलों के लिए नर्सरी का "सूर्योपचार" (सोलर ट्रीटमेंट) करें। इसके लिए नर्सरी वेड पर पालीथीन चादर विछाते हैं। इससे मिट्‌टी का तापक्रम बढ़ता है जिससे सूत्रकृमि नष्ट हो जाते हैं।

रासायनिक नियंत्रण

(i) *हिर्समैनियेल्ला ओराजी* नामक धान में लगने वाले सूत्रकृमि के लिए 0.01 प्रतिशत फोरेट घोल से नर्सरी का उपचार या जड़ों को घोल में डुबोकर पौध लगायें।

(ii) मूलग्रन्थि सूत्रकृमि के प्रकोप के लिए मेथाल सोडियम से नर्सरी या खेत को 36 लीटर प्रति हेक्टेयर की दर से उपचारित करें।

(iii) खेत में कार्बोफ्यूरान (3 जी) 33 कि0ग्रा0 प्रति हेक्टर की दर से प्रयोग करें।

4. कपास का समेकित सूत्रकृमि नियंत्रण

(अ) रोटोलेन्चुअस रेनीफार्मिस (*रेनीफार्म सूत्रकृमि*)

(ब) मूलग्रन्थि सूत्रकृमि (*रूटनाट निमैटोड*)

(स) लीजन सूत्रकृमि (*प्रोटाइलेन्कस*)

(द) डैगर सूत्रकृमि (*जीफी नेमा*)

(न) स्पाइरल (*हेलिको टाइलेन्कस*)

उपरोक्त में से मूलग्रन्थि सूत्रकृमि एवं रेनीफार्म सूत्रकृमि सबसे अधिक आर्थिक क्षति पहूँचाते हैं। दोनों ही सूत्रकृमियां बहुभक्षी है और अनेक प्रकार के फलों पर आक्रमण करते हैं। रेनीफार्म सूत्रकृमि का आक्रमण कपास के अतिरिक्त भिन्डी, लोबिया, गेहूँ, अन्डी, सोयाबीन पर भी होता है। इस सूत्रकृमि से ग्रसित पौधे की पत्तियां पीली होकर गिर जाती है। इसी प्रकार मूलग्रन्थि का प्रभाव पड़ता है। दोनों ही सूत्रकृमि कपास की फयूजेरियम विल्ट में प्रभावी भूमिका निभाते है। इनका निवारण निम्न प्रकार से करें :–

समेकित नियंत्रण

(i) कार्बोफ्यूरान (3 जी) की 33 कि0ग्रा0 प्रति हेक्टेयर की दर से प्रयोग करें।

(ii) ग्रीष्म ऋतु में खेत की जुताई 10–15 दिन के अन्राल पर तीन बार करें।

अध्याय 20

फसलों में सूक्ष्म पोशक तत्वों की कमी के लक्षण एवं प्रबन्धन

सूक्ष्म पोषक तत्व पौधों के लिए अति आवश्यक तत्व है जिनकी कमी से पौधा अपना जीवन–चक्र ठीक प्रकार से पूरा नहीं कर पाता है। अन्य पोषक तत्वों के भांति सूक्ष्म पोषक तत्व भी पौधों की बढ़वार एवं उनसे प्राप्त होने वाली उपज पर प्रभाव डालते हैं। सूक्ष्म पोषक तत्वों की आवश्यकता फसल को कम मात्रा में होती है, परन्तु इसका तात्पर्य यह नहीं है कि इनकी महत्ता कम है। सूक्ष्म पोषक तत्वों की कमी होने पर उपज एवं उत्पाद की गुणवत्ता पर प्रतिकूल प्रभाव पड़ता है। भरपूर मात्रा में नत्रजन, फॉस्फोरस एवं पोटाश उर्वरकों के प्रयोग करने पर भी अच्छी उपज नहीं प्राप्त होती है, यदि मिट्टी में सूक्ष्म पोषक तत्वों की कमी होती है। सूक्ष्म पोषक तत्वों की श्रेणी में जस्ता (जिंक), लोहा (आयरन), तॉबा (कॉपर), मैंग्नीज, बोरॉन, मॉलीब्डिनेम एवं क्लोरीन आते हैं। मृदा परिक्षणों के आधार पर देश की मृदाओं में जस्ते की 49 प्रतिशत, बोरॉन की 33 प्रतिशत, लोहे की 12 प्रतिशत, मैंग्नीज की 4 प्रतिशत एवं तॉबे की 3 प्रतिशत कमी है। जिंक, लोहा, कॉपर, मैंग्नीज की कमी प्रायः क्षारीय, चूने की अधिकता, मृदा में जैव पदार्थ की कमी, निक्षालित बलुई मृदाओं में पायी जाती है। बोरॉन व मॉलीब्डिनेम की कमी अम्लीय मिट्टी, जैव पदार्थ की कमी तथा निक्षालित बलुई मृदाओं में अधिक होती है। जैव मृदाओं या फिर आवश्यकता से अधिक गोबर की खाद प्रयोग करने पर भी मिट्टी से पौधों को मिलने वालें कॉपर व बोरॉन की उपलब्धता कम हो जाती है। सूक्ष्म पोषक तत्वों की कमी की निश्चित जानकारी मृदा परीक्षण एवं पादप उत्तक विश्लेषण द्वारा ही की जा सकती है। इसके अतिरिक्त सूक्ष्म पोषक तत्वों की कमी होने पर पौधों पर कुछ दृष्य लक्षण भी उत्पन्न होते हैं, जिनकी जानकारी

होना कृषक बन्धु के लिए जरूरी है। प्रमुख सूक्ष्म पोषक तत्वों जिनकी कमी प्रायः कुछ फसलों में देखी जा सकती है, उनके लक्षण एवं उपचार निम्न है।

1. जस्ता (जिंक) की कमी के लक्षण

धान : धान की नर्सरी में जिंक की कमी के लक्षण बीज के अंकुरण से 2–3 सप्ताह की पौध में ही दिखने लगते हैं। लक्षण की शुरूआत पत्तियों के मुरझाने व पत्तियों के आधार पर हरितिमा के कमी से होती है जो बाद में पत्तियों पर कत्थई रंग के धब्बों में परिवर्तित हो जाती है। इसे धान के खैरा रोग के नाम से जाना जाता है। रोग का प्रकोप बढ़ने पर कभी–कभी पौधशाला भी खत्म हो जाती है। खड़ी फसल में यदि खेत में पानी अधिक समय तक भरा रहे तो लक्षण बने रह सकते हैं तथा पौधा मर भी सकता है। ऐसे में यदि फसल से पानी का निकास कर दें तो फसल पुनः ठीक हो सकती है, परन्तु फसल परिपक्वता की अवधि 3 से 4 सप्ताह तक बढ़ जाती है।

खेतों में रोपाई के 10–15 दिन बाद यह रोग पैच के रूप में देखने को मिलता है, जिसमें प्रायः तीसरी पत्ती के आधार पर पीलापन आता है। इसके अतिरिक्त पौधों की वृद्धि रूक जाती है, पत्तियों की शिराओं के मध्य स्थान में हरितिमा में कमी के साथ–साथ भूरे रंग के धब्बे पड़ जाते हैं। ये धब्बे निचली पत्तियों में भी पाये जाते हैं और अन्त में पत्तियॉ सूख जाती है। जड़ों की बढ़वार रूक जाती है तथा जड़ का शीर्ष भाग भी भूरा पड़ जाता है। पौधों पर कोई बाली नहीं आती है।

मक्का : जिंक कमी के लक्षण भिन्न–भिन्न प्रकार के हो सकते हैं, परन्तु शुरूआती अवस्था में लक्षण पत्ती के आधार से शुरू होकर पत्ती की नोंक तक जाते हैं जिसमें पत्ती के किनारे व मध्य शिरा के बीच वाला भाग हल्का हरा या फिर सफेद पट्टी के रूप में दिखायी देता है तथा पत्ती के किनारे, मध्य शिरा के आसपास वाला क्षेत्र व पत्ती की नोंक हरी रहती है। तने की अन्तः गॉठे छोंटी हो जाती है जिससे पौधा बौना दिखायी देता है। जिंक की अत्याधिक कमी से नयी पत्ती पूर्ण रूप से सफेद पड़ जाती है। अगर तने को लम्बवत दो भागों में काटे तो गॉठों के आस–पास वाला क्षेत्र भूरा पड़ जाता है। मक्का में जिंक के अभाव के कारण पौधों की बढ़वार रूक जाती है।

गन्ना : नई पत्ती के आधार पर शिराओं के मध्य क्षेत्र में हरीतिमा की कमी होना शुरू होती है। पत्ती छोटी हो जाती है तथा अत्यधिक कमी से पत्तियों में उत्तक क्षय पत्ती की नोक से आधार तक फैलता है एवं कल्ले कम निकलते हैं।

गेहूँ : पत्तियों पर पीली धारी बनती है। अधिक कमी होने पर पत्ती का रंग धूसर सफेद होकर सूख जाता है।

चना : जिंक की कमी के लक्षण बुवाई के 3 से 4 सप्ताह की फसल में देखने को मिलते हैं, जिसमें पत्ती पर लाल–भूरा रंग दिखाई पड़ता है।

टमाटर : नई पत्ती का आकार छोटा हो जाता है व शिराओं के मध्य वाला क्षेत्र हल्का हरा व पीला हो जाता है। पुरानी पत्ती में अन्त शिराओं वाला क्षेत्र मृत हो जाता है।

नींबू : प्रायः सभी नींबू वर्गीय फसलों जैसे माल्टा, संतरा, मौस्मबी इत्यादि में जस्ता के अभाव से नई पत्तियों की शिराओं का मध्य भाग पीला पड़ जाता हैं, जिसे पीली धब्बेदार पत्ती रोग कहते हैं। नई पत्तियों का आकार छोटा हो जाता है। जिंक की अत्याधिक कमी से पत्तियाँ झड़ जाती है, तथा शाखायें ऊपर से नीचे की ओर सूखना (डाई–बैक) प्रारम्भ कर देती है। फल का आकार छोटा हो जाता है।

आड़ू व बादाम : सर्वप्रथम पुरानी पत्तियों के अन्तः शिराओं के मध्य पर ऊतक क्षय धब्बे बनते हैं। जैसे–जैसे कमी बढ़ती जाती है अन्तः गॉठो व शाखाओं के उपरी भाग की वृद्धि रूक जाती है, पत्ती छोटी हो जाती है व शाखाओं के उपरी भाग में गुच्छे के रूप में प्रकट होती हैं। नीचे की सारी पत्तियां झड़ जाती है। फूल व फल कम बनते हैं तथा फलों का आकार बिगड़ा हुआ बनता है।

सोयाबीन : सोयाबीन में तना छोटा रह जाता है। नई पत्तियों की अन्तः शिरा का क्षेत्र हरीतिमाहीन हो जाता है, बाद में पूरी पत्ती भूरी या धूसर होकर झड़ जाती है। फूल तथा दाने कम बनते हैं। सोयाबीन में जस्ते की कमी होने पर पुरानी पत्तियों पर लाल हरा रंग हो जाता है।

अमरुद : जिंक के अभाव के कारण पत्तियाँ छोटी व गुच्छों के रूप में प्रकट होती हैं। पत्तियों में अंतः शिराएं पीली पड़ने के साथ–साथ पत्तियाँ चमड़े जैसी हो जाती हैं। शाखाओं का शीर्ष भाग मृत हो जाता है। फूल कम निकलते हैं तथा फल फटने लगते हैं और फल की गुणवत्ता खराब हो जाती है। कमी के कारण कभी–कभी फूल ही नहीं आते हैं।

ज्वार : जिंक के अभाव के कारण अन्तरगॉठें छोटी रह जाती हैं तथा फूल आने व फल पकने की अवस्था में देरी हो जाती है। प्रारम्भिक लक्षण अधखुली पत्तियों में नजर आते हैं जिसमें पत्तियों के अग्रभाग व मध्यशिरा पीलापन लिये होती है। अत्याधिक कमी में पूरी पत्तियाँ सफेद दिखाई देती है।

प्रबंधन : जिंक को अनेकों स्त्रोतों के द्वारा पौधों को दिया जा सकता है, परन्तु जिंक सल्फेट हेप्टाहाइड्रेट एक सस्ता तथा मुख्य स्त्रोत है जो कि राज्य बीज विक्रय केन्द्रों एवं सहकारी समितियों पर आसानी से उपलब्ध हो जाता है। मिट्टी की जाँच में प्राप्त मान के आधार पर ही उर्वरकों का प्रयोग करना चाहिए। सामान्यतः 25 से 50 किलोग्राम जिंक सल्फेट हेप्टाहाइड्रोट (21 प्रतिशत जिंक तत्व) प्रति हेक्टेयर अथवा 16 से 32 किलोग्राम जिंक सल्फेट मोनोहाइड्रेट (33 प्रतिशत जिंक तत्व) एक आदर्श दर है। मोटे गठन वाली मिट्टी जिसमें पानी अधिक समय के लिए भरा रहता है 50 किलोग्राम जिंक सल्फेट हेप्टाहाइड्रेट प्रति हेक्टेयर अथवा 32 किलोग्राम जिंक सल्फेट मोनोहाइड्रेट प्रति हेक्टेयर प्रयोग कर सकते हैं। हल्के गठन वाली मिट्टी जिसमें पानी अधिक समय के लिए नहीं भरा रहता है 25 किलोग्राम जिंक सल्फेट हेप्टाहाइड्रेट प्रति हेक्टेयर अथवा 16 किलोग्राम जिंक सल्फेट मोनोहाइड्रेट प्रति हेक्टेयर प्रयोग कर सकते हैं। अगर मिट्टी में अनुमोदित मात्रा में जिंक का प्रयोग किया गया है तो 4 से 6 फसलों में जिंक का प्रयोग करने की आवश्यकता नहीं पड़ती है। खड़ी फसल में एक हेक्टेयर खेत के लिए 5 किलोग्राम जिंक सल्फेट का 2.5 किलोग्राम बुझा चुना अथवा 20 किलोग्राम यूरिया के साथ 1000 लीटर पानी में घोल बनायें और 10 से 16 दिनों के अन्तराल पर 2 से 3 छिड़काव फसल के बोने या रोपाई के 15 से 20 दिन बाद करना चाहिए।

इसके अतिरिक्त कार्बनिक खादें, हरी खादें, मुर्गी की खाद इत्यादि भी जिंक के स्त्रोत होते हैं। कुछ फफूंद जैसे वैम (VAM) मृदा में जिंक की गतिशीलता बढ़ाती है तथा खैरा रोग के प्रति प्रभावशाली पायी गई है। प्रतिवर्ष खेतों में 10 से 16 टन गोबर की खाद अथवा 5 टन मुर्गी की खाद प्रति हेक्टेयर का प्रयोग करने से सूक्ष्म तत्वों की पूर्ति हो जाती है तथा कोई अन्य जिंक उर्वरक को डालने की आवश्यकता नहीं पड़ती। हरी खाद के प्रयोग से मिट्टी में मौजूद सूक्ष्म तत्वों की सुलभता बढ़ जाती है। बाजार में जिंकेटिड यूरिया या जिंकेटिड सुपर उपलब्ध है जिसका प्रयोग मिट्टी में जिंक की कमी की प्रारम्भि दशा में ही उपयोगी है।

2. लोहा कमी के लक्षण

इसकी कमी नई पत्तियों में प्रायः देखने को मिलती है पत्तियों की नसे हरी रहती है, किन्तु दो नसो के मध्य वाला भाग सफेद या पीला पड़ जाता है।

धान : धान की नर्सरी में लोहे की कमी के लक्षण उपरी पत्तियों के पीला पड़ने पर या सफेद प्रकट होने से होते हैं, ऐसी स्थिति में कृषक यूरिया का

छिड़काव करते हैं, किन्तु यूरिया के छिड़काव से भी यह पीलापना दूर नहीं होता है। खेतों में कमी के लक्षण सूखे की स्थिति होने पर अधिक दिखाई देती है। नर्सरी में यदि गोबर की खाद का प्रयोग किया गया हो और जल की आपूर्ति पूरी होती रहे तो यह लक्षण प्रकट नहीं होते हैं।

गन्ना : गन्ने की पेड़ी में लोहे की कमी के लक्षण प्रायः देखें जाते हैं। इसकी कमी से नई पत्तियों में शिरा के बीच पीलापन आता है और पत्ती शीर्ष से आधार की ओर सूखने लगती है।

सोयाबीन एवं मूँगफली : नई पत्तियों में शिराओं के बीच पीलापन आता है। बाद में शिरायें भी पीली पड़ने लगती है तथा पत्ती के किनारे के भाग पर भूरे मृत धब्बे पड़ते हैं।

आड़ू : आड़ू में जब नई पत्तियाँ आती हैं तो इसकी कमी के लक्षण देखने को मिलते हैं। पत्तियों में हरापन नहीं रहता, शिराएँ तो हरी रहती है, परन्तु शिराओं के मध्य वाला भाग हल्का हरा या पीला पड़ जाता है।

प्रबंधन : प्रायः लोहे के उर्वरकों का प्रयोग मिट्टी में नहीं किया जाता है, क्योंकि फैरस आयन फैरिक आयन में बदल जाता है और यह पौघों को उपलब्ध नहीं हो पाता है। फैरस सल्फेट या चिलेटिड लौह उर्वरक पर्णीय छिड़काव के लिए इस्तेमाल किये जाते हैं। 1–2 प्रतिशत (10 से 20 ग्रा0 / ली0 फैरस सल्फेट) का पर्णीय छिड़काव 10–15 दिनों के अन्तराल पर करने से लोहे की कमी को दूर किया जा सकता है। धान में फैरस सल्फेट की दक्षता बढ़ाने के लिए सायट्रिक अम्ल या नींबू के रस को मिला कर पर्णीय छिड़काव करें। सूखे की स्थिति में खेत में पानी भरा रखे। मिट्टी में लोहे के प्रयोग की दक्षता को बढ़ाने के लिए 10 टन प्रति हेक्टेयर कार्बनिक खादों का प्रयोग करें।

3. मैंग्नीज कमी के लक्षण

गेहूँ : गेहूँ की फसल में मैंग्नीज की कमी होने पर पुरानी पत्तियों पर छोटे गोल धूसर सफेद रंग के धब्बे पड़ते हैं जो बाद में जुड़कर धारी का रूप ले लेते हैं।

गन्ना : गन्ने की फसल में पत्तियों की शिराओं के बीच शीर्ष से मध्य की ओर पीलापन आता है।

प्रबंधन : जिन खेतों में मैंग्नीज की कमी हो तो बुवाई से पूर्व 30 किलोग्राम मैंग्नीज सल्फेट प्रति हेक्टेयर प्रयोग करना चाहिए। खड़ी फसल में मैंग्नीज की कमी के लक्षण दिखने पर 5 ग्राम मैंग्नीज सल्फेट के साथ 20 ग्राम यूरिया प्रति लीटर पानी के साथ घोल बनाकर 2 से 3 बार छिड़काव करना चाहिए।

4. बोरॉन की कमी के लक्षण

पौधों में इसकी कमी के लक्षण नई पत्तियों व कलिकाओं में देखने को मिलते है। बोरॉन तत्व की कमी से फूल कम आते है और परागकणों के नपुसंक होने के कारण फूल से फल व बीज बनने की प्रक्रिया पर विपरीत प्रभाव पड़ता है। इस कारण फल, सब्जी तथा अन्य फसलों के उत्पाद की गुणवत्ता व उपज पर विपरीत प्रभाव पड़ता है। बोरॉन की कमी से पौघों में शर्करा का परिवहन कम होता है और फलों की मिठास कम हो जाती है। पौधों द्वारा इस तत्व का अवशोषण वाष्पन –वाष्पोंत्सर्जन प्रक्रिया पर निर्भर करता है। द्विपत्रबीजीय फसलों में बोरॉन की आवश्यकता एकपत्रबीजीय फसलों की अपेक्षा अधिक होती है। इसी प्रकार दलहनी फसलों में बोरॉन की आवश्यकता धान्य फसलों से अधिक होती है। फसलों को बोरॉन की आवश्यकतानुसार तीन वर्गों में बाटॉ जा सकता है –

अधिक मांग वाली फसलें : बरसीम, सेब, ब्रोकली, फूलगोभी, सरसों, मूँगफली, चुकंदर, सूरजमुखी, शलजम, आम, लीची, अंगूर, कटहल।

मध्यम मांग वाली फसलें : गाजर, मक्का, कपास, पत्तागोभी, चेरी, ऑड़ू, नाशपाती, मूली, पालक, तम्बाकू, टमाटर।

कम मांग वाली फसलें : जौ, बीन्स, नींबू, ककड़ी, प्याज, आलू, खीरा, जई, मटर, स्ट्राबेरी, गेहूँ।

बोरॉन की कमी के लक्षण हल्की गठन, अच्छे जल निकास वाली मिट्टियों व अधिक वर्षा वाले क्षेत्रों में पायी जाती है। अम्लीय (कम पी.एच. वाली) व अधिक जैवांश वाली मृदा या कम जैवांश वाली मृदा व चूनापत्थर युक्त म्दाओं में भी बोरॉन की कमी पायी जाती है। अम्लीय मृदाओं में चूनें का अधिक प्रयोग से भी बोरॉन की कमी हो जाती है। जल अभाव वाली मृदा में सुलभ बोरॉन की पर्याप्त मात्रा होते हुए भी पौधे बोरॉन का अवशोषण नहीं कर पाते हैं।

बोरॉन की कमी से पौधों के शीर्षस्थ भाग की वृद्धि रुक जाती है। नई पत्तियों का आकार बिगड जाता है, फूल खिलने से पहले गिर जाते हैं, कच्चे फलों का गिरना बढ़ जाता है, फलों का आकार टेढ़ा–मेढ़ा हो जाता है। पत्तियॉ मोटी, गहरे नीले – हरे रंग की तथा भृंगुर हो जाती है। जड़ों की वृद्धि रुक जाती है। फल तथा तनें फट जाते हैं तथा फलदार वृक्षों के तनें से गोंद जैसा पदार्थ निकलने लगता है।

बरसीम : पुरानी पत्तियों, हरी तथा नई पत्तियाँ किनारें से पीली–लाल, अन्तरगॉठे छोटी व पौधा बौना, फूल नहीं आता व झड़ जाता है।

जई : बाली नहीं बनती व बीज के स्थान पर अरगट जैसी संरचना का निर्माण होता है।

ब्रोकली : पत्तियों की मध्य शिरा फट जाती है, तने कार्क के समान कठोर, तना मध्य से खोखला, फूल पर पनीलें धब्बें, तथा फूल काटने के बाद तने पर कैलस धीमी गति से बनता है।

गाजर व मूली : जड़ लम्बाई के अनुरुप फट जाती है, जड़ें छोटी व खुरदुरी तथा मध्य सफेद हो जाता है।

फूलगोभी : फूल छोटा व देर से बनता है उस पर पनीलें धब्बें पड़ते है। तने का लम्बाई के अनुरुप फटना व मध्य से सड़ना प्रारम्भ हो जाता है। फूल ढ़ीला व बीच में पत्तियाँ निकल आती है।

पत्तागोभी : बन्द नहीं बनता या ढ़ीला व देर से बनता है।

मक्का : नई पत्ती की नसों के मध्य अनियमित आकार के सफेद धब्बे, बाद में ये धब्बे मिलकर 2.5 से 5.0 से.मी. लम्बे हो जाते है तथा सतह से उभरी हुई मोम जैसी सफेद पट्टी बन जाती है। भुट्टे में दाने कम बनते हैं।

आलू : शीर्षस्थ भाग की वृद्धि रुक जाती है, अन्तरगॉठे छोटी तथा पौधा झाड़ीनुमा, पत्तियाँ मोटी तथा किनारे से ऊपर की ओर मुडी हुई (वायरस के कारण भी ऐसे लक्षण देखने को मिलते हैं), एक ही स्थान से कई सारी कलियां एक साथ निकलती है। आलू छोटे बनते है व फट भी जाते हैं।

सोयाबीन : वृद्धि वाला शीर्षस्थ भाग मृत, पत्तियाँ मोटी तथा भंगुर, फूल खुलने से पहले झड़ जाते हैं। जड़ों में बनने वाली ग्रर्थियाँ कम व छोटी रह जाती है। नई पत्तियों का पीला या लाल हो जाना, फूल कम या नहीं बनते हैं।

संकर धान : संकर धान की फसल में बोरॉन की कमी के लक्षण नई पत्तियों पर सफेद लम्बे धब्बों के रूप में दिखाई देते हैं।

गन्ना : नई पत्तियों का सूखना और नई पत्तियों के शिराओं के बीच अर्ध पारदर्शी धब्बे पड़ने लगते है।

सूरजमुखी : पौधों के शीर्ष पर वृद्धि सामान्य नहीं होती हैं। पत्तियाँ मुड़ी–तुड़ी होती है। तने के निचले हिस्से पर छोटे–छोटे भूरे धब्बे बनते हैं।

टमाटर : पौधों की शाखाओं का शीर्ष अंदर की ओर मुड़ जाता है और मृत हो जाता है। पत्तियाँ छोटी एवं टेढ़ी–मेढ़ी एवं बदरंग होती है। फल फटने लगते हैं।

नींबू : बोरॉन की कमी से पत्तियाँ टेढ़ी एवं मोटी हो जाती है। कच्चे फल गिरने एवं फटने लगते हैं और फलों के बीच वाले भाग में गोंद जैसा पदार्थ का जमा होना बोरॉन की कमी का सूचक है।

लीची : पत्तियों एवं फलों का आकार घट जाता है। कच्चे फल गिरते एवं फटते हैं। फलों में मिठास कम होती है।

आम : कच्चे फलों का गिरना एवं फूलों का निचले हिस्से से भूरा पड़ना बोरॉन की कमी का सूचक है। फलों का मिठास कम हो जाती है।

सेब : फलों का अंदर से भूरा पड़ना व कच्चे फलों का गिरना बोरॉन की कमी दर्शाता है।

प्रबंधन : मिट्टी परीक्षण के उपरांत ही बोरॉन युक्त उर्वरकों का उचित मात्रा में प्रयोग करना चाहिए। खेतों में जैवांश की उचित मात्रा बनाये रखने के लिए हरी खाद, गोबर की खाद, वर्मीकम्पोस्ट इत्यादि का प्रयोग करना चाहिए। खरपतवार नियंत्रण व अन्य सस्य क्रियाएँ अपनानी चाहिए। खेत में उचित नमी बनाये रखने के लिए सिंचाई की व्यवस्था करनी चाहिए व सिंचाई जल की गुणवत्ता की जांच अवश्य करानी चाहिए। अम्लीय मृदा का पी.एच. मान 6.3 से 6.5 के मध्य रखने के लिए उचित भूमि सुधारकों का प्रयोग करना चाहिए।

धान, सब्जियों एवं तिलहन वाली फसलों के लिए बोरॉन की कमी वाली खेतों में 10 कि.ग्रा. बोरेक्स प्रति हेक्टर का प्रयोग बुवाई से पूर्व करना चाहिए। मृदा प्रयोग हेतु बोरक्स की आवश्यक मात्रा को बुवाई पूर्व भुरभुरी मिट्टी में मिलाकर समान रूप से बिखेरकर खेत में मिलाना चाहिए। बोरॉन उर्वरक का प्रयोग प्रमुख तत्वों वाले उर्वरकों के साथ मिलाकर कर सकते हैं।

मक्का, गोभी व फल वृक्षों में पट्टी अवस्थापन विधि अच्छी है। खड़ी फसल में बोरॉन की कमी के लक्षण दिखने पर, पर्णीय छिड़काव विधि अच्छी है। बोरक्स/सुहागा का 2.0 से 3.0 ग्राम उर्वरक प्रति लीटर पानी की दर से (बोरक्स/सुहागे को पहले गर्म या गुनगुने पानी में घोल लेना चाहिए) अथवा सोल्यूबोर/बोरॉन–20 का 1.0 से 1.5 ग्राम प्रति लीटर पानी की दर से अथवा बोरिक अम्ल का 1.5 ग्राम प्रति लीटर पानी की दर से घोल बना कर छिड़काव फूल आने से 10 दिन पहले एवं फल बनने के पश्चात् करना आवश्यक होता है। पर्णीय छिड़काव साफ मौसम में प्रातः काल के समय करना चाहिए, इससे पौधों द्वारा बोरॉन तत्व का अवशोषण अधिक होता है।

चूंकि पौधों में बोरॉन तत्व की आवश्यक मात्रा व विषाक्तता स्तर का अन्तर बहुत कम होता है। अतः बोरॉन उर्वरकों की संस्तुत मात्रा का प्रयोग मृदा परीक्षण

के आधार पर ही प्रयोग करना चाहिए। संस्तुत मात्रा से अधिक मात्रा का प्रयोग फसलों के लिए हानिकारक होता है।

इस प्रकार यदि फसलों में सूक्ष्म पोषक तत्वों का भी प्रबंधन किया जाये तो गुणवत्तायुक्त अधिक उत्पादन प्राप्त किया जा सकता है।

अध्याय 21

फसलों में खरपतवार नियंत्रण

फसलोत्पादन में खरपतवार एक प्रमुख समस्या हैं। ये खरपतवार उगाई जाने वाली फसल को प्रत्यक्ष एवं अप्रत्यक्ष रूप से हानि पहुँचाते हैं। फसल प्रक्षेत्र में इन खरपतवारों को उगने एवं वृद्धि करने के लिये उचित वातावरण उपलबध होता है जिससे ये फसल की अपेक्षा शीघ्र उगकर अपना जीवनकाल भी पूर्ण कर लेते हैं। फसल प्रक्षेत्र में यदि समयानुसार खरपतवारों का नियंत्रण नहीं किया जाता है तो उपज में शत–प्रतिशत हानि हो जाती है। ऐसी स्थिति में विभिन्न नियंत्रण विधियों को अपनाकर इस समस्या से निदान पाया जा सकता है। खरपतवारों द्वारा विभिन्न फसलों में 50–70 प्रतिशत तक उपज में कमी आ जाती है, जो फसल प्रक्षेत्र में खरपतवारों के प्रकार एवं उनकी सघनता पर निर्भर करता है।

पौधो की वृद्धिकाल की वह अवस्था जिसमें खरपतवार नियंत्रण नहीं करने पर उपज में भारी गिरावट आ जाती है, इस अवस्था को खरपतवार की क्रान्तिक अवस्था कहते हैं। विभिन्न फसलों में यह अवस्था उनके जीवनकाल के अवधिनुसार अलग–अलग समय पर आती है।

प्रमुख फसलों में खरपतवार नियंत्रण की
क्रांतिक अवस्था एवं खरपतवारों द्वारा हानि

फसल	खरपतवार नियंत्रण की क्रांतिक अवस्था (बुवाई के बाद दिनों में)	अनियंत्रित अवस्था में खरपतवारों द्वारा हानि (%)
खरीफ फसलें		
धान (रोपित)	रोपाई के 25–30 दिन	30–40
धान (सीधी बुवाई)	15 से 20 दिन	70–80

क्रमशः...

मक्का	20 से 30 दिन	50–70
ज्वार / बाजरा	20 से 25 दिन	50–70
मूँगफली	20 से 25 दिन	40–50
सोयाबीन	30 से 45 दिन	40–60
सूर्यमुखी	20 से 25 दिन	30–60
उर्द, मूंग, लोबिया	30 से 45 दिन	30–50
मंडूआ, झंगोरा	35 दिन	30–50
राम दाना	35 दिन	30–50
रबी फसले		
गेहूँ एवं जौ	25–31	10–25
गन्ना	30–50	20–30
चना	20–25	15–30
मटर, मसूर	35–40	20–30
बाकला	40–50	24–30
सूर्यमुखी	20–25	40–50
सरसों एवं तोरिया	20–30	10–15
अलसी	30–35	30–40

आमतौर पर मैदानी एवं पर्वतीय क्षेत्रों में खरपतवार सामान्यतः एक ही प्रकार के होते हैं तथा कुछ खरपतवारों की अलग–अलग किस्म के साथ–साथ उनकी संरचना भी थोड़ी भिन्न पायी जाती है। अतः किसी भी फसल में खरपतवार प्रक्रिया की नियंत्रण को अपनाने के पूर्व हम सभी को भली–भाँति पता होना चाहिए कि फसल प्रक्षेत्र में किस प्रकार के खरपतवारों की सघनता ज्यादा है, जिसके आधार पर नियंत्रण किया जाता है। आमतौर से खरपतवारों को तीन श्रेणी में विभाजित किया जाता है जैसे–घासकुल, चौड़ी पत्ती एवं मोथा वर्गीय खरपतवार जो प्रायः खरीफ एवं रबी फसलों की उत्पादकता एवं गुणवत्ता को दुष्प्रभावित करते हैं।

विभिन्न रबी एवं खरीफ फसलों के प्रमुख खरपतवार

खरीफ फसलों में प्रचलित खरपतवार

एक वर्षीय खरपतवार
घासकुल : *इल्यूसाइन इंडिका* (बनमडुआँ), *सीटेरिया ग्लूका* (बनरी), *इकाइनोक्लोवा कोलोना* (छोटी साई), *इकाइनोक्लोवा कूसगेली* (बड़ी साई), *ब्रचीरीया प्रजाति* (सिगनल घास), *पेनिकम प्रजाति* (पेनिकम), *डेक्टाइलोक्टीनियम एजिप्सियम* (मकड़ा), *डिजीटेरिया सेग्यूनेलिस* (सिहुर), *लेप्टोक्लोवा चाइन्सिस्* (अमेरिकन घास) आदि।
चौड़ी पत्ती : *एमरेन्थस विरिडिस* (जंगली चौलाई), *एजीरेटम कोनीजोयट्स* (महकुआ), *बाइन्डस पाइलोसा* (कुरुन्धा), *सिलोषिया अरजेन्सिया* (सफेद मुर्ग), *कारकोरस प्रजाति* (जंगली जूट), *धतूरा स्ट्रामोनियम* (धतूरा), *आइजेरा आरवेन्सिस* (कुन्द्रा/हलसुआ), *यूफोरबिया हिरटा* (बड़ी दुग्धी), *गेलिनसोगा पर्वीफ्लोरा* (मिरचिया), *मालवा पर्वीफ्लोरा* (माल्या), *फाइसेलस मिनिमा* (रसभरी), *फाइलेन्थस निरुरी* (हजार दाना), *पार्थीनियम हिस्टेरोफोरस* (गाजर घास), *सोलनम नाइग्रम* (बन मकोय), *ट्राइएन्थेमा पार्चुलेक्स्ट्रम* (पत्थरचट्टा), *ट्राइबुलस टेरेस्ट्रिस* (गोखरु), *कोमेलिना बेन्गालिन्सिस* (केना), *इक्लिप्टा एल्बा* (भृंगराज) आदि।
मोथा वर्गीय : *फ्रिम्ब्रिसटाइलिस मिलिएसी* (झिरुआ)।
बहुवर्षीय खरपतवार
घासकुल : *साइनोडॉन डेक्टाइलॉन* (दूब घास), *प्लानटेगो लेन्सुऐलेटा* (इसफगोल)।
चौड़ी पत्ती : *कन्वूलबूलस आरवेन्सिस* (हिरन खुरी), *प्लूचिया लेन्सियोलाटा* (बायसुरी), *आक्सेलिस लेटीफोलिया* (तिपतिया) ।
मोथा वर्गीय : *साइप्रस एस्क्यूलेन्टस* (मोथा), *साइप्रस रोटेन्डस* (मोथा)।

रबी फसलों में प्रचलित खरपतवार

एक वर्षीय खरपतवार
घासकुल : *अवीना फेचुआ* (जंगली जई), *अवीना ल्यूडोविसियाना* (जंगली जई), *एसफोडिलस युनिफोलियस* (वनप्याजी), *फेलेरिस माइनर, (गेहुँसा)*, पोआ एनुआ (एनुवल ब्लू ग्रास), *पोलीपोगॉन मानसप्लेनसिस* (पोलीपोगॉन)।

क्रमशः...

चौड़ी पत्ती : *एनागेलिस आरवेन्सिस* (कृष्णनील), *केनाविस सेटाइवा* (भाँग), *चिनोपोडियम एल्बम* (बथुआ), *कोरोनोपस डिडाइमस* (तरातेज), *कार्थेमस ऑक्जीकेन्था* (पोहली), *फ्यूमेरिया पर्वीफ्लोरा* (गजरी), *नेफेलियस इंडिकम* (बूरा), *मेडिकागो डेन्टिकुलाटा* (जंगली जलेबी), *मेलिलोटस इंडिका* (पीली सेन्जी), *रूमेक्स डेन्टेटस* (बन पालक), *स्पेरगुला आरवेन्सिस* (बन धनिया), *ट्राइगोनेला प्रजाति* (जंगली मेथी), *विसिया प्रजाति* (चटरी मटरी), *लेथाइरस अफाका* (जंगली मटर), *सोलेनम नाइग्रम* (मकोय), *माल्वा प्रजाति* (माल्वो)।
बहुवर्षीय खरपतवार
घासकुल : *साइनोडॉन डेक्टाइलॉन* (दूब घास)।
चौड़ी पत्ती : *कन्वूलबूलस आरवेन्सिस* (हिरन खुरी), सिरसियम *आरवेन्स* (कंटीली), *रूमेक्स* प्रजाति (जंगली पालक)।
मोथा वर्गीय : *साइप्रस* (मेथा), *एस्क्यूलेन्टस रोटेन्डस* (मोथा)।

वर्तमान में श्रमिकों के अभाव के कारण एवं श्रमलागत में निरन्तर वृद्धिवश आमतौर से सभी फसलों में शाकनाशकों का प्रयोग किया जाने लगा है। फसलों में प्रयुक्त होने वाले शाकनाशकों, उनकी मात्रा, तथा उनकी प्रयोग विधि के बारे में पर्याप्त जानकारी होना नितान्त आवश्यक होता है। जिसको अपनाकर समय से खरपतवार नियंत्रित कर अधिक से अधिक उत्पादन लिया जा सकता है। विभिन्न फसलों में खरपतवार नियंत्रण हेतु शाकनाशकों की संस्तुति का वर्णन किया गया है।

विभिन्न खरीफ फसलों में खरपतवारनाशक/शाकनाशक रसायनों का प्रयोग

रसायन	व्यवसायिक नाम	फसल	सक्रिय तत्व दर (ग्रा./है.)	व्यवसायिक उत्पाद (ग्रा./है.)	छिड़काव का समय
बुवाई से पूर्व भूमि में प्रयोग होने वाले खरपतवारनाशक					
ट्राइफ्लूरालीन 48 ई.सी.	टेफलान	मूँग, उर्द, अरहर, सोयाबीन, मूँगफली	1000	2083	बीज बुवाई के पूर्व ही खेत में मिला दें

क्रमशः...

खरपतवार जमाव से पूर्व प्रयोग होने वाले खरपतवारनाशक					
ब्यूटाक्लोर 50 ई.सी.	मचैटी, डेलाक्लोर, हिल्टाक्लोर, कैफ्लोर, पैराक्लोर, जैक्लोर	धान रोपित, मूँगफली	1500	3000	रोपाई / बुवाई के 3 दिन के अन्दर
प्रेटिलाक्लोर 50 ई.सी.	रिफिट, सोफिट, रीमूव	धान रोपित, सीधी बुवाई	750–1000	1500–2000	–तथैव–
आक्जाडॉयरजिल 80 डब्ल्यू.पी.	टाप स्टार	धान रोपित	100	125	–तथैव–
एनीलोफॉस 30 ई.सी.	एरोजिन, एनीलोगार्ड, प्रोटॉन	–तथैव–	400	1333	रोपाई के 3–8 दिन के अन्दर
पेन्डीमेथलीन 30 ई.सी.	स्टाम्प, पैन्डीगार्ड, पैनीड़ा, पेन्डामिल, स्वल पेंडी	धान सीधी बुवाई, मक्का, ज्वार, बाजरा, मूँग, उर्द, अरहर, लोबिया, मूँगफली, तिल, कपास	1000	3333	बुवाई के तुरन्त वाद या 2–3 दिन के अन्दर उचित नमी की अवस्था में
एलाक्लोर 50 ई.सी.	लासो	मूँग, उर्द, अरहर, तिल, सूरजमुखी	1000–2500	2000–5000	–तथैव–
एट्राजिन 50 डब्लू. पी.	एट्राटाफ	मक्का, ज्वार एवं बाजरा	500–1000	1000–2000	–तथैव–
मैट्रीब्यूजिन 70 डब्लू.पी.	सैंकोर	मूँग, उर्द, अरहर, सोयाबीन	250–750	357–1070	–तथैव–
मेटोलाक्लोर 50 ई.सी.	दुआल	मूँग, उर्द, अरहर,	1500	3000	–तथैव–
आक्सीडायजोन 25 ई.सी.	रॉनस्टर	मूँगफली, तिल	750	3000	–तथैव–

क्रमशः...

आक्सीफ्लोरोफिन 23.5 ई.सी.	गोल	सूर्यमुखी, मूँगफली	100–200	425–850	बुवाई के 2–3 दिन के अन्दर
पेन्डीमेथिलीन + इमेजाथापर 32 ई.सी.	वेल्लर	सोयाबीन	1000	3125	बुवाई के तुरन्त बाद या 2–3 दिन के अन्दर उचित नमी पर
खरपतवार जमाव के बाद प्रयोग होने वाले खरपतवारनाशक					
इमेजाथापर 10 ई.सी.	परसूट, स्पर	सोयाबीन, मूँगफली	100–200	1000–2000	बुवाई के 10–15 दिन पश्चात्
2,4–डी0 (ईथाइल ईस्टर) 34 ई.सी.	चैम्पियन	धान	500	1470	रोपाई के 30–35 दिन बाद
फ्लूजीफॉप 12.5 ई.सी.	फ्लूजीलेड	सोयाबीन, मूँगफली	125–250	1000–2000	–तथैव–
साईहैलोफाप 10 ई.सी.	क्लिंचर	धान की सीधी बुवाई	80–100	800–1000	बुवाई के 20–25 दिन पश्चात्
बिस्पाइरीबैक सोडियम 10 एस.सी.	नोमिनी गोल्ड	सीधी बुवाई एवं रोपित धान	25	250	बुवाई के 15–20 दिन एवं रोपाई के 20 से 25 दिन बाद
फिनाक्साप्रोप पी0 इथाइल 9.3 ई.सी.	व्हिपसुपर	धान की सीधी बुवाई, सोयाबीन	60–100	645–1075	बुवाई के 20–25 दिन पश्चात्
प्रोपाक्यूजफॉप 10 ई.सी.	एजिल	सोयाबिन	100	1000	पाँच से सात पत्ती अवस्था
हेलोक्सीफॉप 10 ई.सी.	फोकस	सोयाबीन	125–250	1250–2500	बुवाई के 20 दिन के पश्चात्

क्रमशः...

मेटसल्फ्यूरॉन मिथाइल 20 डब्लू.पी.	आलमिक्स	सीधी बुवाई एवं रोपित धान	4.0	20.00	रोपाई एवं बुवाई के 25–30 दिन बाद
2,4–डी डाईमिथाइल एमाइन साल्ट 58 डब्ल्यू.एस.सी.	जूरा	मक्का	500	862	2 से चार पत्ती अवस्था
2,4–डी डाईमिथइल एमाइन साल्ट 80 डब्ल्यू.पी.	वीड कट	मक्का	1000	1250	2 से चार पत्ती अवस्था
इथोक्सि सल्फ्यूरॉन 15 डब्लू.डी. जी.	सनराइज	धन की सीधी बुवाई, रोपित धान	12.5–25	83–167	रोपाई एवं बुवाई के 25–30 दिन बाद
आइसोप्रोटयूरॉन 75 डब्लू.पी.	आइसोगार्ड	तिल	500–750	567–1000	बुवाई के 10–15 दिन पश्चात्
क्यूजेलाफॉप पी. इथाइल 5 ई.सी.	टरगासुपर	मूँगफली, सोयाबीन	40–50	800–1000	बुवाई के 15–20 दिन पश्चात्
क्यूजेलाफॉप पी. इथाइल 4.4 ई.सी.	पंटेरा	सोयाबीन	44	1000	–तथैव–
क्लोरीम्यूरॉन इथाईल 25 डब्लू.पी.	क्लोबेन	सोयाबीन	9.0	36	–तथैव–
इमेजाथापर 35% + इमेजामॉस 35% 70 डब्ल्यू. जी.	ओडिसी	सोयाबीन	70	100	–तथैव–

क्रमशः...

विभिन्न रबी फसलों में खरपतवारनाशक/शाकनाशक रसायन का प्रयोग

रसायन	व्यवसायिक नाम	फसल	सक्रिय तत्व दर (ग्रा./है.)	व्यवसायिक उत्पाद (ग्रा./है.)	छिड़काव का समय
बुवाई से पूर्व भूमि में प्रयोग होने वाले खरपतवारनाशक					
फ्लूक्लोरोलीन 45 ई.सी.	बासालीन	सरसों, तोरिया, अलसी, नाइजर, मटर, चना एवं मसूर	1000	2222	बीज बोने से पूर्व भूमि में मिला दें।
ट्राइफ्लूरालीन 48 ई.सी.	टेफलान	सरसों एवं तोरिया अलसी, नाइजर, मटर, चना, मसूर	1000	2083	–तथैव–
खरपतवार जमाव से पूर्व प्रयोग होने वाले खरपतवारनाशक					
लिनुरान 50 डब्ल्यू.पी.	अफलान	चना	940	1880	बुवाई के 3 दिन के अन्दर उचित नमी की अवस्था में
लिनुरान 50 डब्ल्यू. पी.	अफलान	मटर	625	1250	–तथैव–
एलाक्लोर 50 ई.सी.	लासो	राई एवं सरसों, सूरजमुखी, कुसुम	1000–2000	2000–4000	–तथैव–
पेन्डीमेथिलीन 30 ई.सी.	स्टाम्प, स्वल, पेंडी	प्याज, टमाटर, मिर्च	750–1000	2500–3333	–तथैव–
मैट्रीब्यूजिन 70 डब्लू.पी.	सैंकोर	मटर	250–750	357–1070	–तथैव–
मेटोलाक्लोर 50 ई.सी.	दुआल	मटर, चना, मसूर	1500	3000	–तथैव–
मैट्रीब्यूजिन 70 डब्ल्यू.पी.	सैंकोर	गन्ना	700–1400	1000–2000	–तथैव–
एट्राजिन 50 डब्ल्यू.पी.	एट्राटाप	गन्ना	1000–2000	2000–4000	–तथैव–

क्रमशः...

आक्जोडायजोन 25 ई.सी.	रॉनस्टर	अलसी, नाइजर, सूर्यमुखी, मूँगफली	750	3000	–तथैव–
आक्सीफ्लोरोफिन 23.5 ई.सी.	गोल	राई एवं सरसों, चना, मसूर, मटर, आलू	100–200	425–850	–तथैव–
खरपतवार जमाव के बाद प्रयोग होने वाले खरपतवारनाशक					
इमेजाथापर 10 एस.एल.	परसूट	मटर, मसूर	75–100	750–1000	बुवाई के 10–15 दिन पश्चात्
क्यूजेलाफॉप पी. इथाइल 5 ई.सी.	टरगासुपर	प्याज, टमाटर	50	1000	–तथैव–
2,4–डी0 (डाईमिथाइल एमाइन साल्ट) 58 डब्ल्यू.एस.सी.	जूरा	गन्ना	3500	6034	2 से चार पत्ती अवस्था
2,4–डी0 (डाईमिथाइल एमाइन साल्ट) 80 डब्ल्यू.एस.सी.	वीड कट	गन्ना	2000–2600	2500–3250	–तथैव–
हैक्साजिनॉन 13.2% + डाईयूरोन 46.8% डब्ल्यू.पी.	वेलपार के	गन्ना	1200	2000	तथैव
प्रोपाक्यूजाकॉप 10 ई.सी.	एजिल	मिर्च, टमाटर	75	750	पाँच से सात पत्ती अवस्था
फ्लूजीफॉप 12.5 ई.सी.	फ्लूजीलेड	बाकला	125–250	1000–2000	5–7 पत्ती अवस्था पर
फिनाक्साप्रोप पी. इथाइल 10 ई.सी.	प्यूमासुपर	गेहूँ	100–120	1000–1200	बुवाई के 30–40 दिन बाद

क्रमशः...

फिनाक्साप्रोप पी. इथाइल 9.3 ई.सी.	व्हिपसुपर	प्याज	70	750	–तथैव–
मेटसल्फ्यूरॉन मिथाइल 20 डब्लू.पी.	आलग्रिप	गेहूँ	4.0	20	–तथैव–
2,4–डी (डाईमिथाइल एमाइन साल्ट) 58 डब्ल्यू.एस.सी.	जूरा	गेहूँ	500	750	–तथैव–
आइसोप्रोट्यूरॉन 75 डब्ल्यू.पी.	आइसोगार्ड, धार	गेहूँ	1000	1333–2000	बुवाई के 25–30 दिन पश्चात्
क्यूजेलाफॉप इथाइल 84 डब्लू.डी.जी.	टरगासुपर	चना, मसूर, मटर	40–50	800–1000	बुवाई के 15–20 दिन पश्चात्
कारफेन्टाजोन 40 डी.एफ.	एफेन्टी	गेहूँ	20	50	बुवाई के 25–30 दिन बाद
क्लोडिनाफॉप 15 डब्ल्यू.पी.	टापिक, झटका	गेहूँ	60	400	बुवाई के 30–40 दिन बाद
पिनक्साडिन 5 ई.सी.	एक्सिल	गेहूँ	50	1000	–तथैव–
सल्फोसलफ्यूरॉन 75 डब्ल्यू, जी.	लीडर	गेहूँ	25	33	–तथैव–
मीजोसल्फ्यूरॉन मिथाईल 3% + आइडोसल्फ्यूरॉन मिथाईल 0.6%	एटलांटिस	गेहूँ	12+2.4	400	–तथैव–
मैट्रीब्यूजिन 70 डब्लू.पी.	सैंकोर, टाटामेट्री	गेहूँ	175–200	250–300	–तथैव–
मैट्रीब्यूजिन 70 डब्लू.पी.	सैंकोर, टाटामेट्री	आलू	350	500	–तथैव–

क्रमशः...

सल्फोसल्फ्यूरॉन 75% + मेटसल्फ्यूरॉन मिथाइल 5% 75.5 डब्लू.जी.	टोटल, ब्रैकेट, टोपल, ट्विन, सटासट	गेहूँ	30+2.0	40	–तथैव–
क्लोडिनाफॉप 15% + मेटसल्फ्यूरॉन मिथाइल 1.0% डब्लू.पी.	वेस्टा, संदेश	गेहूँ	60+4.0	400	–तथैव–
फिनाक्साप्रोप 8% + मैट्रीब्यूजिन 22% ई.सी.	ऐकॉर्ड प्लस	गेहूँ	120+210	1500	–तथैव–
सल्फोसल्फ्यूरॉन 25% + कारफेन्ट्राजोन 20% 45 डब्लू0जी0	ब्रॉडवे	गेहूँ	45	250	–तथैव–

अध्याय 22

पादय विविधभक्षी कीट एवं नियंत्रण

इस श्रेणी में वे कीट शामिल किये जाते हैं जो सभी प्रकार की वनस्पतियों को खाकर नुकसान पहूँचाते हैं। ये कीट आर्थिक दृष्टि से काफी महत्वर्पूण होते हैं। इस श्रेणी में कीटों के नुकसान करने के तरीके एवं उनके आवासीस स्थान के आधार पर निम्नलिखित समूहों में विक्त किया गया है :–

क. कृषि फसलों के विविधभक्षी कीट		4. रस चूसक कीट	
1. भूमिगत कीट		(i)	मोयला या माहूँ (Aphids)
(i)	दीमक (Termite)	(ii)	रसाद कीट या पर्णजीवी (Thrips)
(ii)	सफेद लट (White grub)	(iii)	सफेद मक्खी (White fly)
(iii)	कटुआ कीट (Cut worm)	(iv)	वरूथी (Mite)
2. बाहर रहकर नुकसान करने वाले कीट		(v)	हरा तेल (Jassids)
(i)	टिड्डी दल (Locust)	**ख. फलवृक्षों के विविधभक्षी कीट**	
(ii)	सघन रोगो वाली सूंडी (Hairy caterpillar)	(i)	दीमक (Termite)
	(अ) बिहार भुडली (Bihar hairy caterpillar)	(ii)	छाल खाने वाली सूंडी (Bark eating caterpillar)
	(ब) लाल भुडली (Red hairy caterpillar)	(iii)	चाफ्फर भृंग (Chaffar beetle)
(iii)	टिड्डा (Grass hopper)	(iv)	फल मक्खी (Fruit fly)
(iv)	सैनिक कीट (Army worm)		

क्रमशः...

3. अन्दर रहकर नुकसान करने वाले कीट		
(i)	चने के सूंडी (Gram pod borer, gram caterpillar)	
(ii)	तम्बाकू की सूंडी (Tobacco caterpillar)	
(iii)	गुलाबी तना बेधक (Pink stem borer)	
(iv)	फल मक्खी (Fruit fly)	
(v)	छाल खाने वाली सूंडी (Bark eating caterpillar)	

1. भूमिगत कीटः

(i) दीमक (Termite)

दीमक एक बहुभक्षी कीट है। इसका प्रकोप घरों, फसलों, फल वृक्षों एवं लकड़ी के टुकड़े (Timbers) आदि पर अधिकतम होता है। इनका निवास स्थान भूमि के अन्दर स्थित रहता है जिससे इनका प्रकोप फसल बुआई के साथ ही शुरू हो जाता है। भंडारघरों में एकत्रित अनाजों को भी नुकसान पहुँचाते हैं। इसलिए इनका नियंत्रण करना भी एक कठिन कार्य है।

दीमक संसार के लगभग सभी देशों में पायी जाती है। ये विशेष रूप से भारत, लंका, वर्मा, आस्ट्रेलिया, अमेरिका में बहुत अधिक मिलती हैं। भारत के सभी प्रदेशों में क्षति करती है। उत्तर प्रदेश एवं बिहार में इस कीट का प्रकोप गेहूँ एवं गन्ना में सर्वाधिक होता है। फलवृक्षों एवं टिम्बर बागान तथा अन्य वृक्षों पर आक्रमण करके उनको क्षति करना आमबात है। घरों में लकड़ी के दरवाजों, खिड़कियों, रोशनदानों तथा अन्य सजावटी वस्तुओं पर आक्रमण करके क्षति पहुँचाती है। आजकल घरों में दीमक का प्रकोप अधिक होता है। कच्चा गोबर, ठूंठ तथा फसलों के अवशेषों पर इनका आक्रमण फसल न होने पर भी होता है। यह एक ऐसा कीट है जिसका प्रकोप खेतों, खलिहानों, बागों, घरों तथा गोदामों में होता है। ये कीट पूरे वर्ष भर सक्रिय रहते हैं। इनकी अनेक प्रजातियाँ पायी जाती है, परन्तु प्रमुख प्रजातियाँ जो आमतौर पर फसलों एवं फलवृक्षों को हानि करती हैं वे हैं :–

भारत में पायी जाने वाली दीमक की महत्वपूर्ण जातियाँ निम्नलिखित है :-

1. *कॉपटोटरमस हाइमाई (Coptotermes heimi)*
2. *माइक्रोटेरमेस ओवेसाई (Microtermes obesi)*
3. *ओडेन्टोटरमस ओवेसस (Odontotermes obesus)*
4. *ओडेन्टोटरमस एसमुथई (Odontotermes assmuthii)*
5. *ट्राईनरवीटरमस हाइमाई (Trinervitermes heimi)*
6. *माइक्रोटरमस माइकोफैगस (Microtermes micophagus)*
7. *यूटरमस हामाई (Eutermes heimi)*

आक्रान्त पौधें : गेहूँ, जौ, मक्का, ज्वार, बाजरा, गन्ना, कपास, मूंगफली, बैगन, मिर्च, आम, अमरूद, नींबू, अनार आदि। सामान्यतः ये सभी उन वस्तुओं पर आक्रमण करती हैं जिनमें सेलूलोज पाया जाता है।

पहचान : दीमक एक सामाजिक कीट है और इसमें बहुरूपता (Polymorphism) पायी जाती है। इनके परिवार में निम्नलिलिखत सदस्य पाये जाते हैं।

1. **पंखधारी नर और मादा (Winged termites)** : इन्हें प्रायः वर्षा ऋतु में प्रकाश के स्त्रोत पर देखा जा सकता है। ये अपने पंखों को गिरा कर राजा–रानी में परिणीत हो जाते हैं। इनकी संख्या एक दीमक परिवार (Colony) में एक–एक ही होती है।
2. **श्रमिक (Workers)** : ये पंखहीन होते हैं एवं इनका आकार छोटा होता है। ये ऐसे नर व मादा होते हैं जिनमें जननांग विकसित नहीं होते हैं अर्थात् बांझ नर और मादा दोनों होते हैं। इनका कार्य सम्पूर्ण परिवार का पालन–पोषण करना तथा कवक उद्यान (Fungal garden) एवं घर इत्यादि बनाना है। ये पूरे दीमक परिवार का 80–90 प्रतिशत होते हैं एवं सभी सदस्यों में छोटी लगभग 6–8 मि0मी0 लम्बी होती है। जिनकी मुखांग काटने एवं चबाने वाले होते हैं। इनके आँखे भी नहीं होते।
3. **सैनिक (Soldiers)** : जैसा कि नाम से स्पष्ट है कि ये सैनिक खतरों और दुश्मनों से घर एवं परिवार की रक्षा करते हैं। इनकी संख्या कुल सदस्यों की लगभग 3–5 प्रतिशत होती है। ये श्रमिक से थोड़ा बड़े, मैण्डिबिल्स मजबूत तथा और आगे की ओर निकले रहते हैं जो कि परिवार को बाहरी दुश्मनों से बचाने में आक्रमण के लिए अधिक उपयुक्त रहते हैं। ये भी श्रमिकों की भांति नपुंसक (Sterile) रूप है जिनके जननांग विकसित नहीं होते।

4. **रानी (Queen)** : यह परिवार में सबसे बड़ी लगभग 6–8 सें0मी0 लम्बी तथा अण्डों से पेट भरा होने के कारण मोटी होती है, इसलिए यह चल नहीं पाती और सिर्फ शाही कक्ष में पड़े–पड़े अण्डे देती रहती है। इसके उदर में छोटी–छोटी तीन टाँगे होती है। इसका कार्य केवल अण्डे देकर परिवार के सदस्यों की संख्या बढ़ाना है।
5. **राजा (King)** : पंखधारी नर जो मादा से मैथुन (Mating) के पश्चात् उसके साथ रहता है, राजा कहलाता है। प्रायः इसकी संख्या परिवार में एक ही होती है। आकार में रानी से छोटा तथा उसी के साथ ही शाही कक्ष में पड़ा रहता है। इसका कार्य केवल समय–समय पर रानी के साथ मैथुन करना है।

जीवन–चक्र : इस कीट के जीवन–चक्र में तो तीन अवस्थायें पायी जाती है – अण्डा–शिशु–प्रौढ़। परन्तु प्रौढ़ की विभिन्न रूपता में क्रमशः पंखधारी नर–मादा, श्रमिक, सैनिक, राजा और रानी होते हैं।

बरसात के शुरू होते ही पंखधारी नर एवं मादा अपने घरों से निकलकर मैथुन उड़ान भरते हैं। यह उनकी पहली एवं अन्तिम उड़ान होती है जो नर एवं मादा मैथुन के पश्चात् साथ–साथ जमीन पर गिरते हैं। वे ही अपने पंख गिराकर कई फिट जमीन के भीतर जाकर घर (नेस्ट) बनाते हैं। यही जोड़ी क्रमशः रानी एवं राजा में परिवर्तित हो जाती है। मैथुन के पश्चात् रानी का आकार बदलने लगता है तथा इसका उदर फूल जाता है। रानी शुरूआत में कम अन्डे देती है एवं बाद में वह आवश्यकतानुसार 20–40 हजार अन्डे प्रतिदिन तक दे सकती है। राजा एवं रानी का जीवनकाल 3–15 वर्ष तक हो सकता है। शिशु अन्डों से निकलते हैं। अन्डे 20–60 दिनों में वातावरण की दशाओं के अनुसार फूटते हैं। शिशु सफेद पीले रंग के होते हैं। 4–10 बार त्वचा निर्मोचन कर प्रौढ़, श्रमिक, सैनिक तथा पंखधारी नर एवं मादाओं में परिवर्तित हो जाते हैं।

इस कीट की वर्ष में केवल एक पीढ़ी ही पायी जाती है। एक सामाजिक कीट होने के नाते संयुक्त परिवार में राजा एवं रानी के अतिरिक्त श्रमिक, सैनिक तथा पंखधारी प्रौढ़ भी साथ–साथ रहते हैं।

नियंत्रण के उपाय

(अ) खेतों में दीमक का नियंत्रण

कीटनाशकों के द्वारा बढ़ते हुए दुष्प्रभावों के कारण दीमक का नियंत्रण आवश्यक हो गया है। इसलिए वे सभी क्रियायें जो कीट नियंत्रण में प्रयोग की जाती है, का

प्रयोग दीमक नियंत्रण में आवश्यक हो गया है। अतः निम्न सुझाव एवं क्रियायें दीमक नियंत्रण हेतु अपनाएं।

1. बरसात के शुरूआत में दीमक के झुण्ड अपने निवास स्थानों से निकलकर रोशनी की ओर भागते हैं। इसलिए खेतों, बागों, एवं अन्य स्थानों पर प्रकाश प्रपंच (लाइट ट्रेप) लगाये जायें। साथ ही प्रकाश प्रपंच के नीचे 5 प्रतिशत क्लोरडेन या 2.0 प्रतिशत फॉलीडाल 25 मिलीग्राम प्रति हेक्टेयर पाउडर जमीन पर बिखेर दें। इससे जमीन पर गिरने वाले प्रौढ़ मर जायेंगे।
2. खेतों में कभी भी बिना सड़ी गोबर की खाद न डालें, क्योंकि कच्ची गोबर की खाद दीमक का भोजन बनकर उनकी बढ़ोत्तरी में सहायता करती है।
3. फसलों की कटाई के बाद उनके ठूंठ का समूल नष्ट कर दें अन्यथा फसलों के खेत में न रहने पर उनको इन ठूंठों से भोजन प्राप्त होता है और उनकी बढ़ोत्तरी होती रहती है।
4. गर्मियों में खेतों की जुताई आवश्यक है, क्योंकि जिन खेतों में ज्वार, बाजरा एवं अरहर के ठूंठ होते हैं। उन पर दीमक अपना जीवन–यापन करती रहती है। यदि सुविधाजनक हो तो ऐसे खेतों में आग जलाकर ठूठों को खत्म कर दें।
5. फसलों की कटाई के पश्चात् खेतों की गहरी जुताई करें।
6. उपयुक्त फसल–चक्र अपनाएं। ऐसा देखा गया है कि जिन खेतों में लगातार धान के बाद गेहूँ उगाया जाता है, वहां दीमक के प्रकोप में बढ़ोत्तरी हो जाती है।
7. बलुई जमीन में दीमक का प्रकोप गेहूँ की फसल पर अधिक होता है। यदि सिंचाई की सुविधा उपलब्ध हो तो सिंचाई का क्रम बढ़ाकर इनको नष्ट किया जा सकता है।
8. खेतों या बागों में जहां पर दीमक द्वारा बनाए गए मिट्टी के टीले हों। उनको कीटनाशक का घोल से तर (सींच) कर दें या फोरेट ग्रेनूल्स का इन टीलों में प्रवेश करा दें। यदि संभव हो तो इन टीलों (टरमीटेरियम) में अल्यूमिनियम फासफाइड से धूम्रीकरण कर दें। इन विधियों से नष्ट करना आसान है।
9. खेतों में जहां–जहां पर दीमक का प्रभाव दिखाई दे तो केवल उन्हीं स्थानों का उपचार करें। पूरे खेत में कीटनाशकों को डालना उचित नहीं होगा। इससे कीटनाशकों की कम मात्रा लगेगी तथा खर्चा कम आयेगा।
10. जिन खेतों में दीमक का प्रकोप वर्षों से हो रहा हो तो वहां पर कीटनाशकों से बीज उपचार करके बुवाई की जाय। इसके लिए 5 लीटर पानी में 5–6

मिली लीटर क्लोरपायरीफास (20 ई.सी.) डालकर घोल बनायें। फर्श पर 100 किलोग्राम बीज फैलाकर उस पर इस मिश्रण को छिड़किए। छिड़काव के पश्चात् बीज को अच्छी तरह उलट–पलट दें। बोने के पूर्व इस उपचारित बीज को रात भर इसी तरह पड़ा रहने दें। तत्पश्चात् बुवाई करें।

11. बोने के समय गन्ने के टुकड़ों के साथ फॉलीडाल 2 प्रतिशत पाउडर इस्तेमाल करें।
12. जिन स्थानों पर प्रतिवर्ष दीमक का आक्रमण होता है तो वहां पर बुआई के पूर्व किसी एक कीटनाशी जैसे हेप्टाक्लोर 5 प्रतिशत या मालाथियान 5 प्रतिशत पाउडर कुड़ों में डालें। इनकी मात्रा आवश्यकतानुसार 20–30 कि0ग्रा0 प्रति हैक्टेयर रक्खें।
13. खड़ी फसल में निम्न में से किसी एक दवा के घोल से स्पॉट ट्रीटमेंट (स्थानीय उपचार) करें। यदि ऐसा करना संभव न हो तो सिंचाई के पानी के साथ क्लोरपाइरीफास 20 ई0सी0, का 3.75 लीटर प्रति हेक्टेयर की दर से प्रयोग करें।

(ब) भवनों में दीमक का नियंत्रण

भवनों के अन्दर दीमक लकड़ी के सामानों, दरवाजों, खिड़कियों एवं दरवाजों के चौखट को विशेष नुकसान पहुँचाती है। घरों में यदि दीमक पक्के फर्श में छेद करने में असमर्थ रहती है, तो दीवार के सहारे ऊपर तक आ जाती है। ये दीमक सुरंगे बनाकर उपर चढ़ती है, जबकि इनकी कालोनी जमीन के अन्दर 1.0 से 1.5 मीटर गहराई में पायी जा सकती है। अतः जमीन खोदकर उन्मूलन करना असंभव है। भवनों में भूमिगत दीमक का मुकाबला करने का प्राथमिक उपाय जमीन एवं लकड़ी के सज्जा के बीच उनके सम्पर्क को तोड़कर ही किया जा सकता है।

1. भवन बनाते समय उपचार

(क) नींव बनाने के पूर्व : नींव बनाने के लिये खोदी गई नाली जो प्रायः 2–2.5 फीट गहरी होती है, कि निचली सतह तथा उसकी दीवारों पर लगभग 01 फीट ऊँचाई तक क्लोरपाइरीफॉस (20 ई0सी0) के 1.0 प्रतिशत घोल से 5 लीटर घोल को प्रति वर्ग मीटर की दर से डालें।

(ख) नींव बनाने के पश्चात् : नींव की दीवार के दोनों तरफ भरी जाने वाली खुदी हुई मिट्टी को क्लोरपाइरीफास 20 ई0सी0 के 1.0 प्रतिशत घोल का 7.5 लीटर की मात्रा में प्रति मीटर की दर से उपचारित करके नींव को मिट्टी से भरें।

(ग) **फर्श बनाते समय** : फर्श बनाते समय कमरों में उपरोक्त घोल को 5 लीटर प्रति वर्ग मीटर की दर से डालकर उसमें अच्छी तरह पानी भरें। जिससे दवाई पानी में घुलकर जमीन की निचली सतह तक पहुँच जाय। यदि इस क्षेत्र की जमीन में कोई कालोनी होगी तो नष्ट हो जायेगी। इसके पश्चात् ही फर्श को सीमेन्ट एवं कंक्रीट से पक्का करें।

(घ) **भवन निर्माण होने के पश्चात्** : भवन बनने के पश्चात् एवं फर्श को पक्का बनने के पूर्व दीवारों के अन्दर एवं बाहर की ओर के स्थानों की मिट्टी को उपरोक्त दवा की सान्द्रता (1 प्रतिशत) का घोल 7.5 लीटर प्रति मीटर की दर से उपचारित करके दीवारों के पास का फर्श पक्का करें। ऐसा ही उपचार दीवार के बाहर की मिट्टी का भी करें।

पानी के पाइप एवं सीवर पाइप के आस–पास पहले बालू डालें इसके पश्चात् इन पाइपों से 6 इंच दूरी एवं 3 इंच गहराई तक की मिट्टी को भी सींच/भींगों कर दें, क्योंकि पानी की पाइप के माध्यम से भी दीमक ऊपरी मंजिल तक पहुँच जाती है।

2. पूर्व निर्मित भवनों में उपचार

भवन के अन्दर दीमक की उपस्थिति का अहसास होने पर घर का अच्छी तरह निरीक्षण करें तथा सुनिश्चित कर लें कि दीमक किन–किन स्थानों पर ऊपर आ चुकी है।

(क) **भवन के बाहर उपचार** : भवन के बाहर 1 – 1.5 फीट गहरी नालियाँ खोदें तथा 6 इंच की दूरी पर 1 – 1.5 फीट गहरे छेद बनाकर उसमें उपरोक्त दवा का 0.1 – 0.15 लीटर घोल प्रति छेद की दर से डालें तथा छेदों को भरने वाली मिट्टी का भी उपचारित कर छेदों को बन्द कर दें। यदि भवन के बाहरी दीवार के पास पक्का फर्श (टेरेस) बनाया गया हो तो उसमें दीवार के नजदीक छेद करके उपरोक्त की भांति उपचारित करें।

(ख) **भवन के अन्दर उपचार** : दीमक से प्रभावित घरों में दीवार के पास के स्थानों, दरवाजों एवं खिड़कियों के चौखट आदि के पास क्लोरपाइरीफास 20 ई.सी. का उपरोक्त सान्द्रता से उपचारित करें। यदि दवाई प्रवेश कराने के लिए स्थान उपलब्ध न हों तो इंजेक्शन लगाने वाली पिचकारी (सिरिंज) से दवा प्रवेश करायें। लकड़ी की सतह पर वार्निश या मिट्टी के तेल में क्लोरपाइरीफाश (20 ई0सी0) को मिलाकर उपरोक्त सान्द्रता के साथ वार्निश का लेप किया जा सकता है।

(ii) सफेद लट (White grub)

सफेद लट को गुबरेला, करमुला व काक चेफर कहते हैं। ये कोलियोप्टेरा गन एवं स्कारबिंडी कुल के कीट हैं तथा इसकी निम्न तीन प्रमुख जातियाँ हैं –

(i) *होलोट्रइकिया कुन्सीनवेनिया* (*Holotrichia consanguinea*)

(ii) *अनोमाला बेंगालेनसिस* (*Anomala bengalensis*)

(iii) ल्यूकोफालिस कोमियोफेरा (*Leucofolis comeophera*)

आक्रान्त पौधे : ज्वार, बाजरा, गन्ना, मुंगफली आदि।

पहचान : वयस्क कीट गहरे भूरे रंग का 2.5–5. मि0मी0 चौड़ा तथा 10–15 मि0मी0 लम्बा उड़ते समय होता है। मादा कीट आकर में नर की अपेक्षा बड़ी होती है। पूर्ण विकसित ग्रब 'C' अक्षर के आकार की मटमैली सफेद होती है। सिर गहरे भूरे रंग का होता है, जिसमें मजबूत मैन्डीबल होते हैं।

क्षति प्रकृति : इसकी ग्रब तथा प्रौढ़ दोनों ही अवस्थायें क्षति पहुँचाते है। वर्षा ऋतु के आरंम्भ होते ही इस कीट का प्रकोप प्रारंम्भ हो जाता है। ये (भृंग तथा ग्रब) बहुभक्षी होते हैं। भृंग (प्रौढ़) विभिन्न प्रकार के पौधों तथा झाड़ियों की पत्तियों को खाते हैं, परन्तु ये बेर, बबूल, ग्बार, जामुन, आम तथा नीम के पौधों को अधिक पसन्द करते हैं। फसलों में ज्वार, बाजरा, गन्ना, मिर्च, बैंगन, भिंडी, ग्वार तथा कद्दू कुल की सब्जियों को भी अधिक हानि पहुँचाते हैं। कुछ फसलों में जिनमें मूलकायें (Rootlets) कम होती है, उनमें हानि अधिक होती है। फिर भी यदि लटों (Grubs) की संख्या अधिक हो तो अधिक मूलकाओं और प्रचुर जड़ों के रहने पर भी फसल पूरी तरह नष्ट हो जाती है। प्रौढ़ भृंग अधिकतर गोधूलि बेला (7.30 से 8.30 बजे सायं) में मिट्टी से निकलकर झूण्ड में पौधों की पत्तियों को उपरी सतह से खाना प्रारम्भ कर नीचे की ओर जाते हैं जिससे सम्पूर्ण पौधा पत्तीहीन हो जाता है। भृंग रात्रि में सक्रिय रहते हैं तथा सुबह 5 से 5.30 बजे पुनः मिट्टी के अन्दर चले जाते हैं।

इनके जीवन–चक्र में चार अवस्थायें अण्डा, लट, प्यूपा तथा भृंग मिलती है। भृंग मानसून अथवा मानसून पूर्व मध्य मई और उसके बाद होने वाली लगभग 25 मि0मी0 बर्षा के पश्चात् भूमि से निकलते हैं। भृंगों के निकलने के पश्चात् ही सहवास (Mating) प्रारंम्भ हो जाता है तथा सहवास के 2–3 दिन पश्चात् मादा कीट अंडा देना प्रारंम्भ कर देती है। अण्डे एक–एक करके मिट्टी में 10–15 सें0मी0 गहराई में दिये जाते हैं। 7–10 दिनों के अण्डावस्था से निकलने के बाद लट या ग्रब सफेद रंग की 10–12 मि0मी0 लंम्बी तथ 2–3 मि0मी0 चौड़ी होती

है। प्रारंम्भ में ये ग्रब कार्बनिक पदार्थों को खाते हैं। पूर्ण विकसित ग्रब 'C (सी)' के आकार की मटमैला सफेद रंग की होती है। सम्पूर्ण ग्रब काल 100 से 100 दिनों का होता है। पूर्ण विकसित ग्रब प्यूपा में परिणत होकर मिट्टी की किस्म के अनुसार 10–27 दिनों तक कोषावस्था में चले जाते हैं। कोषावस्था पूर्ण होने पर ये भृंग (व्यस्क) बन जाते हैं जो कि मध्य मई तक सुषुप्तावस्था में रहने के बाद 25 मि0मी0 बर्षा होते ही बाहर निकलते हैं। प्रारंम्भ में प्रौढ़ क्रीम रंग के होते हैं जो कि समय आने पर भूरे रंग के हो जाते हैं। इनका सम्पूर्ण जीवन–चक्र 125 से 150 दिनों में पूरा हो जाता है तथा वर्ष में एक पीढ़ी ही मिलती है।

नियंत्रण के उपाय

(1) भृगों को जून–जुलाई में प्रकाश प्रपंच के द्वारा आकर्षित कर नष्ट कर देना चाहिए।

(2) मई में प्रथम बरसात के बाद दो–तीन गहरी जुताई करने से अण्डे एवं छोटी–छोटी लटें नष्ट हो जाती है।

(3) आस–पास के पेड़ों तथा झाड़ियों पर निम्न कीटनाशकों का छिड़काव कर भृंगों को नष्ट किया जा सकता है। भृगों के प्रादुर्भाव के 3–4 दिन के बाद ही छिड़काव करना चाहिए।

(i) मोनोक्रोटोंफॉस 36 एस0एल0 – 1.25 मि0ली0/लीटर पानी
(ii) क्लोरपायरीफॉस 20 ई0सी0 – 1.5 मि0ली0/लीटर पानी
(iii) प्रोफेनोफॉस 50 ई0सी0 – 1.0 मि0ली0/लीटर पानी

(4) लट को नियन्त्रित करने के लिए बुआई से पूर्व निम्न कीटनाशकों में से किसी एक दवा को भूमि में मिलायें –

(i) कार्बोफ्यूरान 3 जी0 – 30 कि0ग्रा0/हेक्टेयर
(ii) क्वीनालफॉस 10 जी0 – 20 कि0ग्रा0/हेक्टेयर
(iii) कारटाप हाइड्रोक्लोराइड 10 जी0 – 15 कि0ग्रा0/हेक्टेयर

(5) मूंगफली में बीजोपचार भी प्रभावी पाया गया है। इसलिए बोने से पूर्व बीज को 8–10 मि0ली0 क्लोरपायरीफॉस 20 ई0सी0 प्रति किलोग्राम बीज की दर से प्रयोग करें।

(6) फसल की बुआई 10 से 20 जून के मध्य करनी चाहिए।

(iii) कटुआ कीट (Cut worm/surface caterpillar)

वैज्ञानिक नाम – *एग्रोटिस एपसिलोन रोल्ट* (*Agrotis ypsilon* Rolt)

उपर्युक्त जाति के अतिरिक्त इस कीट की दो जातियाँ और मिलती है।

(i) एग्रोटिस फ्लैम्माटरा स्कीफ (*Agrotis flammatra* Schiff) चना का कटुआ कीट (Gram cut worm)

(ii) एग्रोटिस स्गेटम स्कीफ (*Agrotis sgetum* Schiff) पहाड़ी फसलों का कटुआ कीट (Greasy cut worm)

आक्रन्त पौधे : चना, आलू, मटर, गेहूँ, तम्बाकू, सरसों, मुँगफली, पातगोभी आदि।

पहचान : कटुआ कीट के तीनों प्रजातियों की पहचान में कुछ भिन्नताएँ पायी जाती है जिसका विवरण निम्नलिखित है।

1. ***एग्रोटिस एपसिलोन* (*Agrotis ypsilon* Rolt)** : इस प्रजाति के वयस्क कीट का रंग भूरा होता है जिसकी लम्बाई 25 मि0मी0, मोटाई 7 मि0मी0 तथा पंख विस्तार 40–50 मि0मी0 होता है। नर कीट में द्वि–कंधाकार तथा मादा में धागाकार श्रृंगकाएँ (Antannae) होती है। मुखांग दोनों में ही सायफनाकर होते हैं। पंख दो जोड़ी होते हैं। अगले पंखों पर मटमैले भूरे रंग के धब्बे होते हैं, जबकि पिछले पंख सफेद होते हैं। उदर के अन्तिम खण्ड पर बालों का गुच्छा होता है।
2. ***एग्रोटिस फ्लैम्माटरा (Agrotis flammatra)*** : इसका वयस्क कीट लगभग पहले प्रजाति के ही तरह होता है, परन्तु आकार में कुछ बड़ा होता है तथा अग्रवक्ष पर उल्टी वी (Λ) के आकार का काला निशान होता है।
3. ***एग्रोटिस स्गेटम* (*Agrotis sgetum*) :** उपर्युक्त दोनों प्रजातियों से आकार में छोटा होता है तथा इसके शरीर का रंग नारंगीपन लिए हुए भूरा होता है। यह कीट पहाड़ों में अधिकता से मिलता है।

अण्डों से निकलने के पश्चात् सूंडी हल्के स्लेटी रंग की होती है जिसकी लम्बाई लगभग 2 मि0मी0 होती है। पूर्ण विकसित सूंडी 40–43 मि0मी0 लम्बी, सिर काला तथा बदन की उपरी सतह का रंग हरापन लिए हुये गहरा भूरा होता है।

क्षति प्रकृति : भारत में प्रायः जाड़े का मौसम कीट–व्याधियों के प्रकोप के लिए असुरक्षित माना जाता है, परन्तु ये कटुआ कीट उस थोड़े से कीट समुदाय से सम्बन्धित है जो जाड़ों में रबी की फसल को नुकसान पहुँचाते हैं। इन कीटों की केवल सूंडी ही नुकसान पहुँचाती है जिसके काटने एवं चबाने वाले मुखांग होते है। इन कीटों को कटुआ कीट इसलिए कहते हैं, क्योंकि ये छोटे पौधों को पूरा या उनकी शाखाओं को काटकर जमीन पर गिरा देते हैं। इनको सतह की सूंडी

(Surface caterpiller) भी कहते हैं, क्योकि इनकी क्रियाशीलता जमीन में कुछ गहराई तक ही सीमित रहती है।

सूंडी अधिकतर दिन में भूमि के अन्दर दरारों में अथवा ढेलों के नीचे छिपी रहती है। वे केवल रात्रि के समय ही निकलकर पौधों पर चढ़कर पत्तियों तथा कोमल शाखाओं को काटकर खाती है। अण्डों से निकलने के बाद सूंडी प्रारंम्भ में जमीन से छुती हुयी पत्तियों की इपीडरमिस को खाती है तथा बाद में बड़े पौधों पर आक्रमण करती है। छोटे उग रहे पौधों को प्रायः जमीन की सतह से ही काट देती है जिससे कि पूरा पौधा ही सुखकर मर जाता है, परन्तु बड़े पौधों की केवल शाखायें ही काटती है। वास्तव में यह खाती कम है तथा नुकसान ज्यादा करती है। गिरी हुई पत्तियों तथा छोटी–छोटी शाखाओं को खींचकर जमीन के अन्दर ले जाकर दिन में वही खाती है। शाखाओं एवं पत्तियों के काटे जाने से चने की बढ़वार मारी जाती है तथा फूल और फलियाँ भी कम लगती है। इस प्रकार उपज पर भी प्रतिकूल प्रभाव पड़ता है। चने की फसल पर इस कीट का प्रकोप नवम्बर से फरवरी के महीने तक रहता है, क्योंकि सूंडी शीतनिष्क्रियता में नहीं जाती है। चने के बाद इसका प्रकोप आलू की फसल पर भी होता है।

प्रौढ़ कीट अक्टूबर के अन्त में पहाड़ों से आते हैं तथा गर्मियों में पुनः पहाड़ों को लौट जाते हैं। इस प्रकार इनके उड़ने की क्षमता काफी अधिक होती है। ये प्रकाश के द्वारा अधिक आकर्षित होते हैं तथा स्वभाव से रात्रिचर होते हैं। इस कीट का जीवन–चक्र 35–84 दिनों में पूरा होता है तथा मैदानी भागों में 2 पिढ़ियां मिलती है।

नियंत्रण के उपाय

1. खेतों के पास प्रकाश प्रपंच (Light trap) लगाकर प्रौढ़ कीटों को आकर्षित करके नष्ट किया जा सकता है जिससे इसकी संतति (Generation) को कम किया जा सकता है।
2. खेतों के बीच–बीच में घास–फूस के छोटे–छोटे ढेर शाम के समय लगा देने चाहिए। रात्रि मे जब सूंडियाँ खाने को निकलेंगी तो बाद में इन्ही में छिपेगी, जिन्हें घास हटाने पर आसानी से नष्ट किया जा सकता है।
3. जहाँ पर इस कीट का प्रकोप हर वर्ष होता है, वहाँ बोने से पहले निम्नलिखित कीटनाशकों में से किसी एक दवा की बतायी हुयी मात्रा के अनुसार भूमि में अच्छी तरह से प्रति हेक्टेयर की दर से मिला देना चाहिए –

   (i) फालिडॉल 2 % धूल – 25 किलोग्राम
   (ii) मालाथियान 5 % धूल – 20 किलोग्राम

4. खड़ी फसल में यदि कीट का प्रकोप होता है तो निम्न कीटनाशकों में से किसी भी एक दवा की मात्रा उचित पानी में मिलाकर पौधों पर विशेषरूप से जड़ों के पास छिड़काव करना चाहिए –
   (i) क्लोरपायरीफॉस 20 ई0सी0 – 3.75 लीटर
   (ii) मोनोक्रोटोफॉस 36 एस0एल0 – 2.0 लीटर

2. बाहर रहकर नुकसान करने वाले कीटः

(i) टिड्डी (Locust)

टिड्डी को ग्रासहॉपर कहते हैं जो आर्थोप्टेरा गण एवं एक्रिडिडी कुल के अन्तर्गत आते हैं। ग्रासहॉपर की वह प्रजातियां जिनके शीशु (Nymphs) झूण्ड में लम्बी दूरी तक उड़ते है और व्यस्क फसलों के वानस्पतिक भाग का सम्पूर्ण विनाश कर देते हैं तो ऐसे गुणवाले कीट को टिड्डी कहते हैं। परन्तु जिनमें ये गुण व क्षमता नहीं होते हैं, तो उसे साधारण रूप में ग्रासहॉपर कहते हैं। इस प्रकार सभी टिड्डी ग्रासहॉपर कहलाते हैं, लेकिन सभी ग्रासहॉपर टिड्डी नहीं हो सकते। विश्व में 5000 ग्रासहॉपर की प्रजातियां पायी जाती है, परन्तु इनमें से 9 प्रजातियों की टिड्डियो के रूप में पहचान की गयी है और उनमें से 3 टिड्डियों की प्रजातियां भारत में पायी जाती है जो निम्न है –

1. मुम्बइया टिड्डी (Bombay locust) – *लोकस्टा माइग्रेटोरिया* (*Locusta migratoria* Lin.)
2. प्रवासिनी टिड्डी (Migratory locust) – *पतंगा सक्सिनेटा* (*Patanga succinacta* Lin.)
3. रेगिस्तानी टिड्डी (Desert locust) – *सिस्टोसर्का ग्रिगेरिया* (*Schistocerca gregania* Forsk.)

इनमें से अन्तिम प्रजाति बहुत अधिक हानिकारक होते हैं।

आक्रान्त पौधे : ये सर्वभक्षी कीटों की श्रेणी में है। अतः किसी भी पौधे को नुकसान कर सकते हैं। ये आम, नीम, आक, धतुरा, अनजीर, जामुन तथा शीशम को नहीं खाती।

पहचान : तीनों प्रजातियों के प्रोढ़ अलग–अलग होते हैं।

1. **मुम्बइया टिड्डी (Bombay locust)** : इसका शरीर बेलनाकार होता है और उस पर नुकीली गुलिका (Tubercle) उपस्थित होती है। पृष्ठवक्ष पृष्ठक व पाश्च पंखों पर सुस्पस्ट पीली धारियां होती है। पिछले पंख के निचले भाग का रंग गुलाबी होता है। ये दल नहीं बनाती, बल्कि फुटकर ही मिलती है।

इसके प्रौढ़ अक्टूबर से जुलाई तक सुषुप्तावस्था में रहते हैं। अतः वर्ष में एक ही पीढ़ी मिलती है। ये अधिकतर भारतीय उपमहाद्वीप में पायी जाती है।

2. **प्रवासिनी टिड्डी (Migratory locust)** : अवयस्क कीटों में पिछले पंख काचाभ (Hyaline) होते हैं, परन्तु बड़ें होने पर पीले हो जाते हैं। इसका शरीर हल्की पीली, उदर में आर–पार एवं लम्बाई में हल्की काली धारियाँ होती है। पक्षपंख अल्पपारदर्शक होते हैं जिसपर बहुत से भूरे दाग होते हैं। इसका वयस्क रेगीस्तानी टिड्डी से आकार में छोटा होता है। नर 30–40 मि0मी0 तथा मादा 40–45 मि0मी0 लम्बी होती है। यह यूरोप, अफ्रिका, पाकिस्तान, पूर्वी एशिया, आस्ट्रेलिया आदि स्थानों पर बहुतायत में पायी जाती है।

3. **रेगिस्तानी टिड्डी (Desert locust)** : नर वयस्क कीट 40–50 मि0मी0 एवं मादा 50–60 मि0मी0 लम्बी होती है। ये पीली और भूरी होती है। पश्चपंख मटमैला पीला एवं अल्पपारदर्शी होता है, जिसमें भूरे रंग के दाग होते हैं। अगले पैरों में खूटेनुमा अंग होते हैं तथा वक्ष का निचला भाग रोमयुक्त होता है। इस टिड्डे का पैर शक्तिशाली होते हैं तथा पिछले पैरों का अन्तिम भाग विशष पीले रंग का होता है। ये सबसे अधिक हानिकारक है। ये प्रायः रेगिस्तानी इलाकों में, जहाँ पर अर्द्धशुष्क जलवायु होती है, पायी जाती है।

क्षति प्रकृति : भारत में इस कीट के प्रकोप को बहुत महत्व दिया जाता है, क्योंकि जब–जब इसका आक्रमण हुआ तब–तब देश में एक बड़ा अकाल पड़ा है। सन् 1812 से लेकर अभी तक 15 बार इसका प्रकोप हो चूका है। टिड्डियाँ अपने आक्रमण से चमन को बीरान बना देती है। इनके शिशु एवं प्रौढ़ दोनों ही क्षति पहुँचाते हैं। ये घने समूह में चलते है तथा जंगल, बाग और फसलों सभी को नष्ट करते हैं। जहाँ पर भी टिड्डयां ठहरती है, वहाँ उनकी क्षति से अकाल जैसी स्थिति उत्पन्न हो जाती है। एक टिड्डी दल 2.5 किलोमीटर तक फैला रह सकता है जिसमें 100 मिलियन टिड्डियां होती है तथा वे लगभग 300 टन भोजन एक दिन में चट करती है।

इनके जीवन इतिहास में तीन अवस्थायें, अण्डा, शिशु और प्रौढ़ होती है। मादा कीट द्वारा 50–150 अण्डे समूह में गढडों में दिये जाते हैं। बालू में 8 से 15 सें0मी0 गहरे गड्ढे मादा स्वयं बनाकर अंडे देती हे। वातावरण के तापक्रम एवं नमी के अनुसार अण्डे 1.5–4 सप्ताह में फूटकर शिशु निकलते हैं। ये शिशु पाँच

वार निर्मोचन (Moult) करके 3–10 सप्ताह में वातावरण की दशाओं के अनुसार प्रौढ़ टिड्डियों में बदल जाते हैं। इससे 10–15 दिन बाद ये मैथुन क्रिया करते है।

टिड्डियों के जीवन–चक्र में एक विशेषता यह है कि ये मौसम के अनुसार आगे और पीछे बढ़ती रहती है। वर्षा ऋतु में टिड्डियां पाकिस्तान और भारत में प्रजनन करती हैं तथा उनसे उत्पन्न दल सितम्बर में ईरान और अरब की ओर चलते हैं, जहाँ कि वसन्त तथा शरद् ऋतुओं में वर्षा होती है, वहाँ पर इनका प्रजनन चलता रहता है। मई–जून के महीने में वहाँ से वापस पुनः पाकिस्तान तथा भारत की ओर आती है तथा पंजाब, उत्तर प्रदेश, बिहार, और बंगाल तक पहुंच जाती है। इनकी गति हमेशा समूहों में होती है तथा दल काफी बड़ा होता है। जहाँ से यह गुजरता है अंधेरा–सा छा जाता है। टिड्डियां हवा के विपरीत नहीं चल पाती। अतः बरसात में पुरवा हवा के साथ पुनः वापस लौट पड़ती है। इस समय इनकी संख्या कम रह जाती है। जब ये राजस्थान तथा पंजाब के रेतीले भागों में प्रजनन कार्य शुरू करती है, जिनसे उत्पन्न दल ईरान व अरब की ओर जाड़ों में जाते हैं। इस प्रकार से इनका क्रम जारी रहता है। प्रौढ़ टिड्डियाँ 8–10 मील प्रति घंटा जिनकी अधिकतम गति 18 किलोमिटर होती है, उड़ती है। ये केवल प्रकाश में ही सक्रिय रहती है।

टिड्डी की विभिन्न अवस्थाएँ (Phases)

टिड्डी अधिकाशंतः निम्नलिखित तीन अवस्थाओं से गुजरती है।

1. **एकल अवस्था (Solitory phase)** : इसमें शिशु (Nymph) का रंग आसपास की वनस्पति पर आधारित रहता है। इसमें लैंगिक वयस्कता (Sexual maturity) एक स्थान से दुसरे स्थान पर जाये बिना ही आ जाती है।
2. **विचरण अवस्था (Transiens phase)** : ये एकल अवस्था एवं प्रवासी अवस्था के बीच की स्थिति है।
3. **प्रवासी या यूथी अवस्था (Migratory phase)** : जब टिड्डे प्रजनन कर झुण्ड बनाने आरम्भ करते हैं तो इसे प्रवासी या यूथी अवस्था कहते हैं।

नियंत्रण के उपाय

(1) जहाँ तक हो सके इसके प्रजनन को कम करना चाहिए। इसके लिये जहाँ अण्डे दिये जाते हैं, वहाँ पर खदुाई या मिट्टी में जल–प्रवाह करके नष्ट कर देना चाहिए। इसके पश्चात् शिशु बन जाने के बाद भी इनको नष्ट किया जा सकता है –

(क) इनके रास्तों में खाइयां (Trenches) खोद देते हैं, उनमें गिर जाने के पश्चात् नष्ट किये जा सकते हैं, क्योंकि ये उड़ नहीं पाती है।

(ख) इनके रास्ते में जहरीला चारा (Poisonous bait) फैला देते हैं, जिसको खाकर ये मर जाती है। जहरीले चारे में निम्न चीजें मिलाते हैं –

गेहूँ की भूसी	–	95 भाग
मालाथियान या फॉलीडाल धूल	–	5 भाग
शीरा	–	थोड़ा सा

(2) प्रौढ़ कीटों को 2 प्रतिशत फॉलीडाल या 10 प्रतिशत कार्बारिल धूल 25 किलोग्राम प्रति हेक्टेयर की दर से भुरकाव कर नष्ट किया जा सकता है।

(3) यदि फसलों पर नीम बीज के पाउड़र 1.0 ग्राम प्रति लीटर पानी की दर से घोल बनाकर छिड़काव किया जाय तो लगभग 3 सप्ताह तक इनके प्रकोप से सुरक्षित रहती है।

(ii) सघन रोमो वाली सूंडियां (Hairy caterpillars)

इसको सघन रोमों वाली सूंडियाँ इसलिए कहते हैं, क्योंकि इनके सारे शरीर पर काफी घने बाल पाये जाते हैं। ये सभी कीट लेपिडोप्टरा गण (Lepidoptera order) के अन्तर्गत आते हैं। ये प्रायः बरसात के दिनों में प्रकट होते हैं तथा इनके प्रौढ़ (Adult) प्रकाश प्रेमी होते हैं और वे रात्रि में रोशनी की तरफ आकर्षित होते हैं। इनके प्रौढ़ों की विशेषता यह होती है कि वे अधिकांशतः चमकदार रंग के होते हैं। भारत में इन सघन रोमो वाली सूंडियों की लगभग 10 प्रजातियां पायी जाती है। जिनमें कुछ निम्न है, ये दो कुलों (Families) के अतन्तर्गत आते है।

1. **Family : Arctiidae -** इनमें निम्नलिखित कीट है –
   (i) Red hairy caterpillar – *Amsacta moorei* Butler.
   (ii) Bihar hairy caterpirllar – *Spilachtia obliqua* walker.
   (iii) Sunn hemp caterpillar – *Utetheisa pulchella* Lin.
   (iv) Black hair caterpillar – *Pericalia ricini* Fiabr.

2. **Family : Lymantriidae** – इसके अन्तर्गत निम्न कीट प्रमुख हैं –

(i)	Euproctis lunata (Walker)	Caster hairy caterpillar
(ii)	Euproctis fraterna (Moore)	
(iii)	Euproctis scintillus (Wlk)	

उपर्युक्त कीटों में बिहार भुड़ली (Bihar hairy caterpillar) एवं लाल भुडली (Red hairy caterpillar) अधिक महत्वपूर्ण है, क्योंकि ये सर्वभक्षी कीटों (Polyphagous insects) की श्रेणी में आते हैं।

(अ) बिहार भुड़ली (Bihar hairy caterpillar)

वैज्ञानिक नाम : ***स्पाइलकटिया ओबलिक्वा (Spilachtia Obliqua*** **Walker)**

डाइक्रिसिया ओबलिक्वा (Diacrisia Obliqua **Walker)**

आक्रन्त पौधे : सर्वभक्षी (Polyphagous) कीट है जो प्रायः अण्डी, तिल, मूँग अलसी, सरसों तथा सब्जियों वाली फसलों को अधिक नुकसान पहुँचाता है।

पहचान : इस कीट के प्रौढ़ पीताभी रंग के मध्यम आकार वाले होते हैं। इनके पंखों तथा शरीर के पिछले खण्डों पर काले रंग के धब्बे होते हैं। पंख विस्तार 45–50 मि0मी0 का होता है। इसकी आँख तथा श्रृंगिका (Antannae) काले रंग की होती है। अण्डों से निकलने के पश्चात् सूंडियाँ प्रारम्भ में झूण्ड में तथा बाद मुं इधर–उधर फैलकर पत्तियों को खाती है। इस समय यह 10–15 मि0मी0 लम्बी होती है तथा शरीर पर बाल होते हैं। पूर्ण विकसित सूंडियां प्रायः छः बार त्वचा निर्मोचन (Moulting) करने के पश्चात् 40–50 मि0मी0 लम्बी हो जाती है, जिसका सम्पूर्ण शरीर लम्बे, घने और भूरे रंग के बालों से ढ़का रहता है।

क्षति प्रकृति : इस कीट की केवल सूंडी ही हानि पहुंचाती है। प्रौढ़ कीट क्षति नहीं करते, परन्तु संख्या बढ़ाने में सहायक होते हैं। सूंडी के काटने एवं चबाने वाले मुखांग होते है। यह पौधों के कोमल भागों विशेषकर पत्तियों को खाती है। नवजात सूंडियाँ झुण्ड में पत्तियों की सतह को बुरी तरह से खाती है, जिससे उसकी हरी पर्त समाप्त हो जाती है और केवल शिरायें ही दिखाई पड़ती है। 5 या 6 दिन के पश्चात् जब सूंडियाँ कुछ बड़ी हो जाती है तो ये अलग–अलग पत्तियों पर फैल जाती है तथा पूरी की पूरी पत्तियों को खा जाती है जिससे पौधों में केवल डण्ठल ही शेष रह जाते हैं। इनके प्रकोप पर जलवायु और मौसम का बड़ा प्रभाव पड़ता है। सभी कुछ अनुकूल होने पर इनके द्वारा अत्यधिक क्षति होती है तथा पूरी की पूरी फसल नष्ट हो जाती है। प्रायः ऐसा देखा गया है कि हल्की भूमि और कम वर्षा वाले क्षेत्रों में इनसे क्षति अधिक होती है। इनका प्रकोप पौधों के उगने से ही प्रारंभ हो जाता है।

बरसात के प्रारंम्भ होते ही मादा कीट फसलों, जंगली घासों, खरपतवारों आदि की पत्तियों की निचली सतह पर 50 से 100 तक के समूहों में अण्डे देती है। एक मादा अपने जीवन–काल में लगभग एक हजार अण्डे देती है। इसके

अण्डे पोस्ता के बीजों जैसे दिखलाई पड़ते हैं। ये अण्डे 4–5 दिनों में फूट कर सूंडी निकलते हैं। इनका जीवन–चक्र 29–43 दिनों में पूरा हो जाता है तथा वर्ष में 5–6 पिढ़ियाँ पायी जाती है। प्रौढ़ लगभग एक सप्ताह तक ही जीवित रहते हैं।

(ब) लाल भुड़ली (Red hairy caterpillar)

वैज्ञानिक नाम : *अमसक्टा मूरी बटलर* (*Amsacta moori* Butler)

अन्य नाम : कुतरा, कमला, कातरा

आक्रान्त पौधे : सर्वभक्षी कीट (Polyphagous insect) है तथा खरीफ मौसम में होने वाले अधिकांशतः पौधों विशेषतः सनई, मक्का, ज्वार, तिल, मूंग आदि को अधिक हानि पहुँचाते हैं।

पहचान : इस कीट का पतंगा (Moth) मध्यम आकार का, हल्के भूरे रंग का पीलापन लिए होता है। ये रात्रि के समय प्रकाश की ओर उड़ते हुए देखा जा सकता है। इसके पंखों पर काले–काले धब्बे होते हैं। इसके उदर का उपरी हिस्सा लाल रंग का होता है जिसके उपर छोटे–छोटे काले धब्बे पाये जाते हैं। वयस्क पतंगा हानिकारक नहीं होता है। आरम्भ में सूंडी (Larva) हरा या पीलापन लिये होती है तथा समूह में पायी जाती हैं, इसके शरीर पर छोटे–छोटे बाल पाये जाते हैं। पूर्ण विकसित सूंडी के शरीर पर घने बाल पाये जाते हैं। ये पीले नारंगी तथा भूरे रंग के होते हैं। इनके शरीर में पीलापन लिए हुए नारंगी और गहरे भूरे रंग की धारियाँ होती है।

क्षति प्रकृति : इस कीट की सूंडी ही नुकसान पहुँचाती है। इसके काटने और चबाने बाले मुखांग होते हैं। यह पत्तियों तथा पौघों के कोमल भागों को काटती है। प्रौढ़ कीट प्रत्यक्ष रूप से कोई हानि नहीं पहुँचाता, यह केवल संतति (Generation) बढ़ाने में सहायक होता है। इसकी नवजात सूडियाँ पौधों के बढ़ते हुए भागों (Growing parts) को खाना अधिक पसन्द करती है, जबकि बड़े हो जाने पर ये पौघों के किसी भाग को खा जाती है। प्रारंम्भ में तो सूंडियाँ एक ही पत्ती पर सैंकड़ो की संख्या में मिलती है तथा साथ–साथ खाती है, परन्तु कुछ बड़ी होने पर ये अलग–अलग पत्तियों तथा पौधों के विभिन्न भागों को खाती चली जाती है तथा सभी मुलायम भागों को खाकर नष्ट कर देती है। संख्या अधिक हो जाने के कारण कभी–कभी तो सारी फसल ही नष्ट हो जाती है तथा ये सड़कों, कच्चे रास्तों एवं नहरों व तलाबों आदि के किनारे पर समूह में चलती हुई दिखलाई पड़ती है। इनका प्रकोप हल्की भूमि तथा कम वर्षा वाले क्षेत्रों में अधिक होता है।

मादा कीट मैथुन के 6–9 घण्टे पश्चात् अण्डे देना प्रारंम्भ करती है। अण्डे प्रायः समूह में पत्तियों की निचली सतह पर दिये जाते हैं। एक मादा अपने जीवन काल में 1500 तक अण्डे देती है। अण्डे साधारणतः 3–4 दिनों में फुटकर सूडियां निकलती हे। इस कीट का जीवन–चक्र 26–41 दिनों पूरा हो जाता हे। वर्ष मे प्रायः एक पीढ़ी व कभी–कभी अधिक मिलती है।

नियंत्रण के उपाय

1. प्राकश प्रपंच (Light trap) लगाकर बरसात के शुरू से ही प्रोढ़ कीटों को आकर्षित करके नष्ट किया जा सकता है।
2. चूँकि ये कीट अपने अण्डे पत्तियों की निचली सतह पर समूह में देते हैं। अतः पत्तियों का समय–समय पर निरीक्षण करके उन्हें नष्ट कर सकते हैं।
3. यदि इस कीट का प्रकोप हो चूका हो तो ऐसी परिस्थिति में निम्नलिखित कीटनाशकों में से किसी एक दवा की दी हुई मात्रा का प्रति हेक्टेयर की दर से बुरकाव करना चाहिए–

(i) फालीडॉल	2 % धूल	–	30 किलोग्राम
(ii) लिण्डेन	2 % धूल	–	40 किलोग्राम
(iii) मालाथियान	5 % धूल	–	40 किलोग्राम

4. निम्न कीटनाशकों की दी हुई मात्रा को आवश्यक पानी में मिलाकर प्रति हेक्टेयर की दर से छिड़काव करने पर भी लाभदायक परिणाम मिलते हैं–

(i) क्लोरपायरीफॉस	20 ई0सी0	–	1.50 लीटर
(ii) डायक्लोरभॉस	78 ई0सी0	–	0.5 लीटर
(iii) क्वीनालफॉस	25 ई0सी0	–	1.50 लीटर

5. 1 प्रतिशत नीम सीड् करनल पाउडर के घोल का छिड़काव करने पर सूंडियाँ पत्तियों को नहीं खाती।
6. प्राकृतिक शत्रु (i) *असपरजीलस पूमिगेटस* (*Aspergillus pumigatus* FRS)
   (ii) *न्यूक्लियर पॉलिहेड्रोसिस वासरस* (*Nuclear polyhedrains* virus (N.P.V.)

(iii) टिड्डा (Grass hopper)

इस कीट की दो प्रजातियां मिलती है –

1. *हैराग्लाइफस निग्रोरैपलेटस वोलिभिर* (*Hieroglyphus nigrorepletus* Bolivier)
2. *हैराग्लाइफस वैनियान* फ्रैब्रिकस (*Hieroglyphus banian* fabr.)

आक्रांत पौधे : धान, ज्वार, बाजरा, मक्का, गन्ना तथा ग्रैमिनी कुल के अन्य पौधे।

पहचान : वयस्क टिड्डे पीले रंग के होते हैं। *हैराग्लाइफस निग्रोरैपलेटस, हैराग्लाइफस वैनियान* की अपेक्षा बड़ा होता है। पहले प्रजाति के नर 37 मि0मी0 तथा मादा 75 मि0मी0 लम्बी होती है, जबकि द्वितीय प्रजाति के नर 25 मि0मी0 तथा मादा 37 मि0मी0 लम्बी होती है। प्रथम प्रजाति के प्रोनोटम के पार्श्व तलों पर u जैसा काला चिन्ह मिलता है तथा लकीरें नहीं होती है, जबकि दुसरे प्रजाति के अग्रवक्ष के दोनों तरफ तीन लकीरें (Strips) होती है। दोनों प्रकार के टिड्डों की पिछली टाँगों की टिबिया नीले रंग की होती है।

अण्डों के फूटने के पश्चात् छोटे–छोटे हल्के पीले रंग के शिशु निकलते हैं, जिनकी लम्बाई लगभग 6 मि0मी0 होती है। तथा पंख नहीं होते। अतः यह फुदककर या कूदकर एक स्थान से दुसरे स्थान पर चले जाते हैं। इनके काटने तथा चबाने वाले मुखाँग होते हैं। शिशु जीवनकाल में 10–15 दिन के अन्तर पर 5 अथवा 6 बार त्वचा निर्मोचन करते हैं। द्वितीय निर्मोचन के पश्चात् से ही पंख कलिकायें दिखाई देने लगती है तथा इसका रंग हल्का हरा हो जाता है।

क्षति प्रकृति : यह कीट वर्षा ऋतु के प्रारंम्भ होते ही खेतों में दिखाई देने लगता है। प्रारंम्भ में यह घासों व अन्य वनस्पतियों आदि पर अपना जीवन निर्वाह करता है, परन्तु जैसे ही धान, मक्का, ज्वार आदि की फसल उगती है, उनपर आक्रमण शुरू कर देता है। इस कीट के प्रौढ़ तथा शिशु दोनों ही हानि पहुँचाते हैं। दोनों के काटने तथा चबाने वाले मुखांग होते हैं। प्रौढ़ कीट की अपेक्षा शिशु अधिक नुकसान पहुँचाता है, क्योंकि शिशुकाल, प्रौढ़ की अपेक्षा अधिक होता है। यह जून के अन्त में अण्डों से निकलने के बाद अक्टूबर के महीने तक रहता है, इसके साथ ही शिशु को वृद्धि के लिए अपना जीवन चलाने के लिए तथा उछल–कूद करने के लिए भी भोजन आवश्यक होता है, जबकि प्रौढ़ केवल अपना जीवन चलाने के लिए ही भोजन करता है। इस कीट का वर्ष में केवल एक पीढ़ी मिलती है।

नियंत्रण के उपाय

1. फसल कट जाने के पश्चात् खेतों की अच्छी प्रकार से जुताई कर देना चाहिए विशेषकर मेंढ़ों के पास, ताकि दिये हुए अण्ड–पिण्डों को नष्ट किया जा सके।
2. जिस समय आक्रमण शुरू हो तो हस्तजाल से पकड़कर इन्हें नष्ट किया जा सकता है।

3. पहली मानसून की वर्षा होते ही खेतों के पास प्रकाश प्रपंच लगाकर इन्हें आकर्षित करके काफी हद तक इनकी संख्या कम की जा सकती है।
4. जिस समय खेतों में इसकी संख्या काफी बढ़ गयी हो तो निम्नलिखित कीटनाशकों में से किसी एक दवा की बतायी गयी मात्रा का प्रति हेक्टेयर की दर से फसल के उपर बुरकाव करना चाहिए –

(क) फैनिट्रोथियान	5 % धूल	–	20 किलोग्राम
(ख) मालाथियान	5 % धूल	–	30 किलोग्राम
(ग) फालिडॉल	2 % धूल	–	30 किलोग्राम

5. अधिक प्रकोप होने पर निम्न कीटनाशकों में से किसी एक दवा का छिड़काव भी किया जा सकता है –

(क) डायक्लोभॉस 76 ई0सी0	–	500 मि0ली0
(ख) मालाथियान 50 ई0सी0	–	2.5 लीटर
(ग) क्लोरपायरीफॉस 20 ई0सी0	–	1.0 लीटर

6. इनके अतिरिक्त बहुत सी चिड़ियां जैसे – कौवा, मैना इसके शिशु तथा प्रौढ़ दोनों को खाती है।

(iv) सैनिक कीट (Army worm)

अन्य नाम – सैनिक शलभ, बाली कर्त्तक सूंडी

वैज्ञानिक नाम – *माइथिमा सेपरेटा* हावर्थ (*Mythima separate* Hawroth)

आक्रांत पौधे : धान, गेहूँ, गन्ना, ज्वार, बाजरा आदि

पहचान : इस कीट का वयस्क भूरे रंग का पुष्ट (Stout) पतंगा होता है। इसके शरीर पर बाल और काले धब्बे होते हैं। अगली जोड़ी पंखों के बाहरी किनारों पर छोटे धब्बों की पंक्ति होती है। इस कीट की सूंडी काफी सक्रिय मटमैले सफेद रंग की होती है जो बाद में हरे रंग की हो जाती है। पूर्ण विकसित सूंडी 40–50 मि0मी0 लम्बी तथा 6–7 मि0मी0 चौड़ी होती है। इसके शरीर पर लम्बी धारियाँ होती है और सिर लाल रंग का होता है।

क्षति प्रकृति : इस कीट की सूंडी हानिकारक होती है जो कि प्रारंम्भ में धान की पत्तियों एवं तने को काटकर हानि पहुँचाती है। ये भूमि के उपर पौधे की पत्तियां खाती तथा उसमें केवल मोटी शिरायें ही बचती है। बाली की अवस्था में यह तने से बाली को काटकर खाती है। इसकी सूंडियाँ धान के पौधों के कल्लों में तथा पौधों की जड़ों के पास दिन के समय छिपी रहती है तथा रात्रि के समय निकलकर पौधों के विभिन्न भागों को काटती है। एक खेत की फसल को नष्ट

करने के पश्चात् ये झुण्ड में दुसरे खेत पर आक्रमण करती है। इसलिए इसे आर्मी वर्म (सैनिक कीट) कहते हैं। वर्षा के बाद जब मौसम कुछ समय के लिए सुखा रहता है तब इसका प्रकोप अधिक होता है। सूंडियाँ खाती कम है, परन्तु क्षति कई गुणा अधिक करती है। इसका अधिक प्रकोप होने पर 80 प्रतिशत तक की क्षति होती है। आर्थिक क्षति स्तर 10 सूंडिया प्रति पिण्डलक बूट अवस्था होने पर उपज में लगभग 20 प्रतिशत की क्षति होती है और 1 सूंडी प्रति पिण्डलक वाली अवस्था में होने पर 33 प्रतिशत उपज में क्षति पायी गयी है। इस कीट का सम्पूर्ण जीवन काल 32–48 दिनों में पूरा होता है तथा वर्ष में लगभग 5 पीढ़ियां मिलती है।

नियंत्रण के उपाय

1. खेत में पानी भरकर सूंडियाँ तथा कृमिकोषो (Pupa) को नष्ट किया जा सकता है।
2. फसल पर निम्न कीटनाशकों में से किसी एक दवा का प्रति हेक्टेयर की दर से बुरकाव करना चाहिए –
   - (i) मिथाइल पैराथियान 2 % धूल – 25 किलोग्राम
   - (ii) कार्बरिल 10 % घूल – 25 किलोग्राम
3. फसल पर निम्न कीटनाशकों की मात्रा का 400–500 लीटर पानी प्रति हेक्टेयर की दर से छिड़काव करना चाहिए –
   - (i) क्लोरपायरीफॉस 20 ई0सी0 – 1.25 लीटर
   - (ii) क्यूनालफॉस 25 ई0सी0 – 1.0 लीटर
   - (iii) ट्राईक्लोरोफॉन 50 ई0सी0 – 1.0 लीटर
   - (iv) ट्राईक्लोरोफॉन 5 डी0 – 1.5 किलोग्राम

3. अन्दर रहकर नुकसान करने वाले कीट :

(i) चने की सूंडी (Gram caterpillar/Gram pod borer)

वैज्ञानिक नाम – *हैलियोथिस आर्मीजेरा* हबन (*Heliothis armigera* Hubn)
हैलिकोभरपा आर्मीजेरा हबन (*Helicoverpa armigera* Hubn)

इसकी दुसरी प्रजाति – *हैलियोथिस अस्सुलता* (*Heliothis assulta*)

आक्रान्त पौधे : चना, मटर, अरहर, कपास, मक्का, टमाटर, तम्बाकू आदि।

पहचान : *हैलियोथिस आर्मीजेरा* प्रजाति के वयस्क कीट का रंग हल्का भूरा सलेटीपन लिए हुए होता है तथा शरीर पर बादामी भूरे रंग के घने बाल होते

हैं। इसकी लम्बाई 20 से 25 मि0मी0 तक होती है तथा पंख विस्तार 30 से 40 मि0मी0 होता है। सिर छोटा एवं आँखे काली मुखांग सायफनाकार होते हैं। चने के कटुआ कीट की तरह इनकी मादा के धागाकार तथा नर के द्विकंधाकार ऋृगिकाएँ (Antannoe) होती है। पंख दो जोड़ी होते हैं जिसमें अगली जोड़ी पीले भूरे रंग की जिनका मध्य भाग काला तथा पिछली जोड़ी मटमैले सफेद रंग की होती है।

हैलियोथिस अस्सुलता के प्रौढ़ कीट की लम्बाई 16 मि0मी0 तथा पंख विस्तार 37 मि0मी0 के लगभग होता है। वयस्क कीट का रंग हल्का लाल भूरा होता है।

अण्डों से निकलने के बाद सूंडी हल्के रंग की तथा 2.0 मि0मी0 से 2.5 मि0मी0 लम्बी होती है। पूर्ण विकसित सूंडी की लम्बाई 35 मि0मी0 होती है। इस समय रंग उपरी तल पर हल्का हरा तथा निचला तल चमकदार सफेद होता है। उपरी तल के मध्य तथा दोनों बगलों में एक–एक पीले रंग की धारी होती है। इस सूंडी के रंग में विभिन्नता देखी गयी है जो हल्के हरे रंग से लगभग काले रंग तक में मिलती है। सूंडी के रंग में परिवर्तन उसके भोजन के प्रकृति पर भी निर्भर करता है।

क्षति प्रकृति : यह कीट लगभग पूरे वर्ष सक्रिय रहता है, परन्तु चने की फसल को नवम्बर से मार्च के महीने तक नुकसान पहुँचाता है। इन कीटों की केवल सूंडी ही नुकसान पहुँचाती है तथा इसके काटने व चबाने वाले मुखांग होते हैं। चने के खेत में यह नवम्बर के शुरू में ही दिखाई पड़ती है। प्रारंम्भ में यह पत्तियों तथा कोमल टहनियों को खाकर नुकसान करती है तथा बाद में चने की फलियों पर आक्रमण करती है। फलियाँ आ जाने पर सूंडी छेद करके अन्दर घुस जाती है तथा दानों को खाती है। कटुआ कीट की तरह यह दिन में मिट्टी में नहीं छिपती, बल्कि पौधों पर ही छिपी रहती है। छोटी अवस्था में ही सूंडी छेद करके फली के अन्दर घुस जाती है तथा अन्दर ही अन्दर सभी दाने खा लेती है। इस प्रकार फली को खोखला कर देती है। इसके बाद सूंडी खाई हुई खोखली फली को छोड़कर दुसरी स्वस्थ फलियों पर आक्रमण करती है और स्वस्थ फलियों में छेद करके सूंडी मुख के द्वारा आधी अन्दर घुस जाती है तथा आधा भाग बाहर ही लटका रहता है। एक सूंडी अपने जीवन काल में 30 से लेकर 40 फलियां तक खा लेती है। इन सूंडियों के अन्दर एक विशेषता और देखी गई कि प्रायः सूंडियाँ छोटी सूडियों को खा लेती है। इस क्रिया को Cannibalism कहते हैं। खोखली की हुई फलियां समय से पहले ही पीली पड़कर सुखकर गिर जाती है तथा कुछ फलियों में छेद मिलते हैं जिनके अन्दर कटे हुए दाने मिलते हैं। इस प्रकार इस

कीट के द्वारा चने की फसल को काफी हानि होती है तथा होने वाली क्षति का अनुमान 20 से 50 प्रतिशत तक लगाया गया है।

मार्च–अप्रैल में चने की फसल कट जाने के पश्चात् यह कीट टमाटर की फसल को बहुत अधिक नुकसान पहुँचाता है और पके टमाटर में छेद करके अन्दर घुसकर गूदा खाता है जिसकी वजह से उनमें सड़न भी पैदा हो जाती है। साधारण अवस्थाओं में इसका जीवन–चक्र 35 सो 60 दिनों में पूरा हो जाता है। वर्ष में लगभग 8 पीडियाँ मिलती है, परन्तु चने की फसल में 3 पीढ़ियाँ ही पूरी हो पाती है।

नियंत्रण के उपाय

1. गर्मियों के दिनों में मिट्टी पलटने वाले हल से गहरी जुताई करनी चाहिए, ताकि कीट की छिपी हुई अवस्थायें (कृमिकोष) नष्ट हो जाए।
2. खेतों के आस–पास प्रकाश प्रपंच (Light trap) लगाकार प्रौढ़ कीटों को आकर्षित करके नष्ट किया जा सकता है जिसकी वजह से इसकी संतति को कम किया जा सकता हैं।
3. फसल–चक्र को अपनाकर भी इसके प्रकोप से बचा जा सकता है।
4. निम्नलिखित कीटनाशकों मे से किसी एक दवा की बताई हुई मात्रा को 400–500 लीटर पानी की मात्रा में मिलाकर प्रति हेक्टेयर की दर से फसल के उपर छिड़काव करना चाहिए –

(i) नोवाल्यूरान 10 ई0सी0	–	500 मि0ली0
(ii) मोनोक्रोटोफॉस 36 एस0एल0	–	1.0 लीटर
(iii) थायोडीकार्व 75 डब्लू0पी0	–	500 ग्राम

(ii) तम्बाकू की सूंडी (Tobacco caterpillar)

वैज्ञानिक नाम – *स्पोडोप्टेरा लिटूरा* (*Spodoptera Litura* Fiabr)

आक्रान्त पौधे : तम्बाकू, आलू, चना, अलसी, मूंगफली, ज्वार, मक्का, टमाटर, बैंगन तथा सरसों कुल की सब्जियाँ।

पहचान : इस कीट का वयस्क पतंगा मजबूत होता है। इस कीट का सशक्त लगभग 22 मि0मी0 तथा पंख विस्तार 40 मि0मी0 होता है। इसके अगले जोड़ी पंख हल्के धूसर से गहरे भूरे रंग के होते हैं जिन पर आड़ी, तिरछी सफेद धारियाँ होती है। पिछले पंख सफेद होते हैं। इस कीट के सूंडी (Larva) का रंग हल्का भूरा तथा शरीर चीकना होता है और उस पर गहरे रंग के चिन्ह होते हैं। पूर्ण

विकसित सूंडी मखमल के समान होती है तथा लगभग 30 मि0मी0 लम्बी होती है। इसके शरीर के दोनों तरफ तथा पीठ पर एक–एक पीली धारी होती है और एक गहरे पीले रंग की धारी शरीर के निचले भाग पर होती है।

क्षति प्रकृति : इसकी गिडार (Caterpillar) अवस्था ही हानि पहुँचाती है। गिडारें प्रारंम्भ में झूण्ड के रूप में पत्तियों के उत्तकों को खाती है तथा अत्यधिक क्षति पहुँचाती है। गिडारें जब बड़ी हो जाती है तो वे अलग–अलग हो जाती है तथा पत्तियों को काट–काट कर खाती है। ये प्रायः रात्रि के समय अधिक सक्रिय रहती है। इस कीट के द्वारा गुजरात में तम्बाकू को लगभग 16.5 प्रतिशत तक हानि होती है। उत्तरी भारत में यह गोभी की पत्तियों को छेद करके खाती है जिससे पौघों की बढ़वार रूक जाती है तथा कभी–कभी सारी फसल नष्ट हो जाती है। इसका सम्पूर्ण जीवन–चक्र 34 से 75 दिनों में पूरा होता है तथा वर्ष में लगभग 7 से 8 पीढ़ियां मिलती है।

नियंत्रण के उपाय

1. प्रारम्भिक अवस्था में अण्डों के समूह तथा सूंडियों को एकत्रित करके नष्ट किया जा सकता है।
2. निम्नलिखित कीटनाशकों में से किसी एक कीटनाशक का फसल पर छिड़काव करना चाहिए –

(i)	डाइफ्लूबेन्जुरान 25 डब्लू0पी0	–	400 ग्राम / हेक्टेयर
(ii)	मेथोमिल 40 एसी0पी0	–	750–850 ग्राम / हेक्टेयर
(iii)	इन्डोक्साकार्ब 15.8 ई0सी0	–	350 मि0ली0 / हेक्टेयर

(iii) गुलाबी तना बेधक (Pink stem borer)

वैज्ञानिक नाम – *सिसेमिया इनफरेन्स (Sesamia inferens)*

आक्रान्त पौधे : धान, गेहूँ, मक्का, जौ, ज्वार, गन्ना, रागी तथा कुछ घासें आदि।

पहचान : वयस्क कीट घास जैसे रंग का होता है जिसपर भूरे चिन्ह होते हैं। यह 10–12 मि0मी0 लम्बा होता है और पंख विस्तार 18–20 मि0मी0 होता है। अगले पंख के मध्य भाग में एक काली भूरी धारी पंख के किनारे की ओर बढ़ती हुई दिखाई देती है। यह धारी अन्त में छोटे काले धब्बों के रूप में समाप्त हो जाती है। इसके पिछले पंख सफेद रंग के होते हैं। इस कीट की सूंडी हल्के रंग की होती है, जो अण्डा फूटने के बाद प्रारम्भ में लीफशीथ को क्षति पहूँचाती है तथा ये तने के अन्दर प्रवेश कर जाती है। पूर्ण विकसित सूंडी 25 मि0मी0 लम्बी, मोतिया

या भूरे गुलाबी रंग की होती है। इसका शरीर चिकना, बेलनाकार तथा सिर काले रंग का होता है। शरीर पर गहरे रंग के धब्बे पाये जाते हैं।

क्षति प्रकृति : इस कीट की सूंडी हानिकारक अवस्था है जो कि पौधों के तनों में घुसकर क्षति पहूँचाती है। प्रारंम्भिक अवस्था में पौधों की मध्य कलिका सूखकर मृत गोभ (Dead heart) में परिवर्तित हो जाती है तथा ऐसे पौधों में बालियाँ सुखी और खोखली रह जाती है। इसके प्रकोप को खेतों में मृतगोभ दिखलाई देने पर आसानी से पहचाना जा सकता है। गेहूँ पर इस कीट का प्रकोप बालियाँ निकलने से पूर्व की अवस्था प्लेग लीफ स्टेज से प्रारंम्भ होकर मार्च तक रहता है। यह कीट अप्रैल से जुलाई तक गन्ने पर और जुलाई से अक्टूबर तक धान पर सक्रिय रहता है। उत्तरी भारत में शुष्क मौसम में यह मक्का और ज्वार पर आक्रमण करता है। गन्ने की पेड़ी की फसल तथा मुख्य फसल पर भी आक्रमण क्रमशः 20 तथा 10 प्रतिशत होता है।

गेहूँ की फसल में इसकी चार पीढ़ियाँ होती है। उत्तरी भारत में यह मार्च से नवम्बर तक सक्रिय रहता है तथा जाड़े में सूंडी शीत्निष्क्रियता में चली जाती है और फरवरी में क्रियाशील होकर गेहूँ तथा जौ पर आक्रमण करती है। मार्च–अप्रैल में यह सभी पोषक पौधों पर मिलता है। जबकि जून–जूलाई में गन्ना, धान तथा मक्का में पाया जाता है।

नियंत्रण के उपाय

1. मक्का या ज्वार के बाद गेहूँ नहीं बोना चाहिए।
2. मृत गोभ (Dead heart) वाले पौधों को उखाड़कर नष्ट कर देना चाहिए।
3. निम्न कीटनाशकों में से किसी एक दवा का छिड़काव प्रति 400–500 लीटर पानी में प्रति हेक्टेयर की दर से करना चाहिए –

(i)	क्लेरपायरीफॉस 20 ई0सी0	– 1.25 लीटर
(ii)	फैनीट्रोथियान 50 ई0सी0	– 1.0 लीटर
(iii)	मोनोक्रोटोफॉस 36 एस0एल0	– 1.4 लीटर
(iv)	कारटापहाइड्रोक्लोराईड 50 एस0पी0	– 1.0 किलोग्राम
(v)	एसफेट 75 एस0पी0	– 750 ग्राम–1.0 किलोग्राम
(vi)	कार्बोसल्फान 25 ई0सी0	– 800–1000 मि0ली0

(iv) फल मक्खी (Fruit fly)

वैज्ञानिक नाम – *बैक्टसोसेरा स्ट्ररूमेटा कुकुरबीटी* (*Bactsocera* (Strumeta) *cucurbitae* Cay.)

डेकस कुकुरबीटी (*Dacus cucrbitae* Cay.)

आक्रान्त पौधे : कद्दू कुल के लगभग सभी पौधे व फलों (लौकी, करेला, तोरई, कद्दू, ककड़ी, खरबूजा, खीरा, परवल, चचींडा, टिण्डा आदि) तथा इसके अतिरिक्त टमाटर, बैंगन, अमरूद, आम, पपीता आदि को भी नुकसान पहूँचाती है।

पहचान : वयस्क मक्खी लाल भूरे रंग की होती है। इसकी लम्बाई 7 मि0मी0, चौड़ाई 3 मि0मी0 तथा पंख विस्तार 14 मि0मी0 होता है। पंख पारदर्शक, जिनपर काले रंग की धारियाँ होती है। फलों पर बैठते समय इनके पंख खुले रहते हैं। इसका सिर लट्टू की तरह होता है तथा जिसमें दो शुकधारी ऋीगंकाएँ (Aristate antennae) होती है। मक्खी के मुखाँग स्पंजाकार होता है। शरीर स्पष्टतः तीन भोगों (सिर, वक्ष तथा उदर) में बँटा हुआ दिखाई पड़ता है। मध्य वक्ष के उपर तीन चमकदार पीली धारियाँ होती है। इसके केवल एक जोड़ी पंख होते हैं। पिछली जोड़ी पंख हाल्टर्स में परिवर्तित रहते हैं। उदर का पिछला भाग अपेक्षाकृत पतले लट्टू के आकार का तथा मादा मक्खियों में नुकीला होता है। इस कीट के सफेद रंग के पोतक (Maggot) का एक सिरा पतला और दुसरा कुछ चौड़ा होता है। इनकी लम्बाई लगभग 1 मि0मी0 तथा शरीर 11 खण्डों का होता है। इनके काटने तथा चबाने वाले मुखांग होते हैं। इनके टाँगे नहीं होती है, फलस्वरूप ये उछलकर या रेंगकर एक फल से दुसरे फलों में पहुँच जाते हैं। पूर्ण विकसित पोतक लगभग 19 मि0मी0 लम्बा तथा 20 मि0मी0 चौड़ा होता है। इनका रंग इस समय कुछ मटमैला हो जाता है।

क्षति प्रकृति : इस कीट के पोतक (Maggots) ही क्षति पहुँचाती है। इनका एक सीरा पतला और दुसरा चौड़ा होता है। इस मक्खी का प्रकोप फरवरी के अन्तिम सप्ताह या मार्च के प्रथम सप्ताह से शुरू होकर नवम्बर के प्रथम सप्ताह तक रहता है। परन्तु नमीयुक्त गर्म मौसम इसके प्रकोप के लिये अधिक अनुकूल होता है। उपयुक्त तापक्रम एवं नमी मिलने पर कीट की संख्या बढ़ जाती है तथा 50 से 60 प्रतिशत सब्जियों को बेकार कर देती है।

मादा मक्खी अपने *अण्डरोपक* (Ovipositor) को कोमल फलों में धँसाकर गूदे में अण्डे देती है। ग्रसित फल के छेद से लसदार हल्के भूरे रंग का द्रब निकलता है जो कि सूखने पर खुरदरे खुरट का रूप लेता है। अण्डे फूटने पर

इनसे पोतक (Maggots) निकलते हैं जो कि गूदे को खाकर उसमें स्पंज जैसे बहुत से छेद कर देते हैं जिससे उसमें सड़न प्रारंम्भ हो जाती है। इस प्रकार से गुदा सड़ने के कारण आस–पास का भाग काला हो जाता है। छोटे–छोटे फलों की बढ़वार रूक जाती है तथा खाया हुआ भाग पतला रह जाता है एवं वहीं से फल मुड़कर टेढ़ा हो जाता है। कभी–कभी फल पीले पड़कर डंठल से अलग होकर गिर जाते हैं। पोतक एक फल को खाने के पश्चात् उछलकर या फुदकर दुसरे पास वाले फल में छेद करके घुस जाता हैं। क्षति किये हुए फल लगभग बेकार हो जाते हैं तथा किसी काम नहीं आते। प्रौढ़ मक्खी से कोई विशेष क्षति नहीं होती, बल्कि प्रजनन कर संख्या में वृद्धि करती है।

इस मक्खी का पूरा जीवन–चक्र गर्मियों तथा बरसात में 15 से 20 दिन एवं जाड़ों में लगभग 60 दिन में पूरा होता है। वर्ष भर में कई लगातार पीढ़ियाँ होती है। नर मक्खी लगभग 50 दिनों तक तथा मादा 66 दिनों तक जीवित रहते हैं। मक्खियाँ नवम्बर से जनवरी तक शीत्निष्क्रियता में रहती है।

नियंत्रण के उपाय

1. वर्ष में दो बार खेत की मिट्टी पलटने वाले हल से जोतना चाहिए, ताकि *कृमिकोष* (Pupa) उपर आ जाये जिससे धूप व पक्षियों द्वारा नष्ट किये जा सके।
2. क्षतिग्रस्त फलों को एकत्रित करके चूना पड़े गढ़डों में या मिट्टी का तेल मीले पानी में डालना चाहिए, ताकि छूपे पोतक नष्ट हो जाय।
3. फलों पर कागज या कपड़े की थैली चढ़ा देने से मादा कीटों को उनके उपर अण्डा देने से रोका जा सकता है।
4. नर मक्खियों को रोकने के लिए साइट्रोनेला (सन्तरे का तेल) की थोड़ी मात्रा पानी में मीलाकर मिट्टी के चौड़े मूँह वाले बर्त्तनों में भरकर पौधों के पास रखें। इस घोल की गन्ध से नर मक्खियाँ आकर्षित होती है एवं पानी में गिरकर नष्ट हो जाती है।
5. वयस्क मक्खियों को नष्ट करने के लिए निम्न विधि से घोल तैयार कर छिड़काव करना चाहिए –

टारटार एमेटिक	–	1 भाग
पानी	–	320 भाग
शीरा	–	24 भाग

6. विष प्रलोभिकाओं का प्रयोग करके भी मक्खियों को नष्ट किया जा सकता है, क्योंकि अण्डे देने से पहले मक्खी को काफी पानी की आवश्यकता पड़ती है। अतः स्वादिष्ट घोलों में विष मिलाकर देने से मक्खियों को नष्ट कर सकते हैं। इसके लिए निम्न घोल काफी प्रभावकारी सिद्ध हुआ है।

प्रोटीन हाइड्रोलाइसेट	–	100 ग्राम
मालाथियान 50 % घुलनशील चूर्ण	–	200 ग्राम
पानी	–	10–20 लीटर

9- जिस समय मक्खियाँ अधिक सक्रिय अवस्था में हो तो उस समय निम्नलिखित कीटनाशकों में से किसी एक दवा का छिड़काव प्रति हेक्टेयर की दर से समय–समय पर दोहराते रहना चाहिए –

(क)	डायक्लोरभॉस 76 ई0सी0	–	1.25 लीटर.
(ख)	फार्मोथियान 25 ई0सी0	–	1.0 लीटर.
(ग)	मालाथियान 50 ई0सी0	–	2.0 लीटर

4. रस चूसक कीट :

(i) महूँ (Aphid)

अन्य नाम – माहूँ, लाही, चेपा, मोयला आदि

वैज्ञानिक नाम – *ऐफिस गोसिपाई* ग्लोव (*Aphis gosypii* Glov)

लिफाफीस ईरेसिमाई लाल्फ (*Lipaphis erysimi* Lalf)

आक्रान्त पौधे : सरसों, मूली, फूलगोभी, गाँठगोभी, बन्दगोभी, शलजम, राई, मक्का, गेहूँ, ज्वार इत्यादि।

पहचान : वयस्क कीट पंखयुक्त तथा पंखहीन दोनों प्रकार के होते हैं। इनका शरीर आकार में छोटा लगभग 1.25 मि0मी0 लम्बा, कोमल, रंग पीला–हरा अथवा हल्का सलेटी होता है। सिर के उपरी भाग में दो संयुक्त नेत्र होते हैं। उपनेत्र केवल पंखयुक्त कीटों में मिलते हैं। दोनों जोड़ी पंख पारदर्शक (Transparent) होते हैं जिनमें से अगली जोड़ी बड़े तथा पिछले छोटे होते हैं। पंख में काली नसें दिखाई पड़ती है। इसके पृष्ठ भाग पर दो नलिका सदृश्य संरचनाएँ होती है जिन्हें कार्निकल्स (Cornicles) कहते हैं। वक्ष के निम्न तल पर तीन जोड़ी टाँगें होती है। इनका उदर नौ खण्ड का होता है जिसके प्रत्येक खण्ड में मोम ग्रन्थियाँ होती है। अन्तिम खण्ड के पिछले सिरे पर गुदा (Anus) होती है जिससे मल मधु–स्त्राव

(Honey dew) के रूप में निकलता है। शिशु कीट भी दिखने में वयस्क के समान ही होते हैं। ये केवल आकार में छोटे होते हैं।

क्षति प्रकृति : यह कीट नवम्बर के अन्तिम सप्ताह या दिसम्बर के प्रथम सप्ताह से दिखाई देने लगता है तथा फरवरी में इनकी संख्या अत्यधिक हो जाती है। इस कीट के शिशु तथा प्रौढ़ दोनों ही हानि पहुँचाते हैं। दोनों के चभाने और चूसने वाले मुखांग होते हैं। ये कीट पौधों की जड़ों को छोड़कर शेष सभी भागों का रस चूसते हैं तथा पौधों पर स्थाई रूप से समूह में चिपके रहते हैं। इनका सबसे अधिक प्रकोप तना के मुलायम भागों तथा फलियों पर होता है।

इनके प्रकोप से पौधों की बढ़वार रूक जाती है। पौधे पीले पड़कर सूखने लगते हैं तथा इनमें कम शाखायें निकलती है। ये कीट अपने शरीर से मधु–स्त्राव भी निकलाते हैं जिसमें काले कवक (Fungus) का आक्रमण भी हो जाता है। फलस्वरूप पौधों पर जगह–जगह काले धब्बे दिखाई देते हैं।

ये कीट जो मधु–स्त्राव निकालते हैं, वह मीठा होता है जिससे चीटियां और मधुमक्खियां उसे खाने के लिए आकर्षित होती है। फलस्वरूप माहूँ को खाने के लिए अन्य कीट इसके पास नहीं आ पाते हैं। इस प्रकार माहूँ को सुरक्षा मिलती है और इनकी संख्या काफी बढ़ती है। चीटियों तथा माहूँ को इस प्रकार से आपस में साथ–साथ रहने को बाह्य सहयोग (Commonsolism) कहते हैं।

यदि फसल देर से बोई गई है तथा छोटी है और इस कीट की संख्या काफी बढ़ चूकी है तो ऐसी हालत में सम्पूर्ण फसल ही नष्ट हो जाती है, परन्तु साधारण दशाओं में यदि दिसम्बर–जनवरी के महीने में बादल छाये रहे या हल्की फुहार पड़े तथा नमीयुक्त हवायें चले तो इस कीट का प्रकोप बहुत अधिक बढ़ जाता है, क्योंकि ऐसा मौसम इसकी संतति वृद्धि के लिए अत्यधिक उपयोगी है। ऐसी दशाओं में फसल की 50 प्रतिशत तक की हानि होती है। फरवरी के अन्तिम सप्ताह में इनकी संख्या कम होने लगती है तथा मार्च के अन्तिम सप्ताह तक नही के बराबर रह जाती है। इनका जीवन–चक्र वर्ष भर चलता रहता है तथा लगभग वर्ष में 16 पीढ़ियाँ मिलती है।

नियंत्रण के उपाय

1. इस कीट का प्रकोप सबसे अधिक सरसों की फसल पर होता है। इसलिए सरसों की शीघ्र पकने वाली किस्मों को बोना चाहिए तथा इसके साथ ही बुवाई जल्दी कर देनी चाहिए, ताकि जिस समय नवम्बर–दिसम्बर में कीटों का आक्रमण हो तो पौधे काफी बड़े होकर आक्रमण को सहन कर सके।

2. सरसों की प्रतिरोधी किस्मों का चयन करना चाहिए।
3. प्रकोप के समय निम्न कीटनाशकों में से किसी एक दवा की दी गई मात्रा को 400–500 लीटर पानी में मिलाकर प्रति हेक्टेयर की दर से फसलों पर छिड़काव करने से काफी सफलता मिलती है –

(क) डायमेथोएट 30 ई0सी0	–	1.0 लीटर
(ख) क्लोरपायरीफॉस 20 ई0सी0	–	0.600 लीटर
(ग) एसेफेट 75 एस0पी0	–	0.750 कि0ग्रा0

4. प्राकृतिक शत्रु – निम्नलिखित कीट माहूँ को खाते हैं।
   (i) लेड़ी बर्ड वीटिल (*Cocciniella septempunctata*)
   (ii) क्राइसोपा (*Chrysopa* sp.) इन्हें एफिड लायन कहते है।
   (iii) सिरफिड (Syrphid) मैगट

(ii) रसाद कीट (Thrips)

वैज्ञानिक नाम – *थ्रिप्स टेबेकाई* (*Thrips tabaci*)

आक्रान्त पौधे : यह बहुभक्षी (Polyphagous) कीट है जो कि विभिन्न फसलों को क्षतिग्रस्त करते हैं। परन्तु प्याज, लहसून, मिर्च एवं टमाटर का प्रमुख कीट है।

पहचान : वयस्क कीट 0.5 मि0मी0 से लेकर 1.0 मि0मी0 तक लम्बा, तथा कोमल होते हैं। ये प्रायः पीले, भूरे या काले रंग के होते हैं। इसके पंख झालदार होते हैं जो सूक्ष्मदर्शी यंत्र में देखने पर स्पष्ट दिखाई देते है। इसके मुखांग चाटने वाले होते हैं। इस कीट के शिशु पंखरहित होते हैं। यह कीट सैकड़ों की संख्या में पौधों की पत्तियों की निचली सतह पर छिपे रहते हैं और कभी–कभी उपरी सतर पर भी पाये जाते हैं।

क्षति प्रकृति : इस कीट के चुभाने तथा चुसने वाले मुखांग होते हैं। इसके शिशु तथा प्रौढ़ दोनो ही कोमल पत्तियों एवं फलों से रस चूसते हैं। इनके आक्रमण से पत्तियाँ तथा फल सिकुड़ जाते है और पत्तियाँ सिकुड़कर अन्दर की ओर मुड़ जाती है। ये विभिन्न प्रकार की बायरस बीमारियों को भी फैलाते हैं। जैसे – *थ्रिप्स टैबेकाई* टमाटर में स्पाटेड बिल्ट तथा *स्क्रीयेथ्रिपस डारसेलिस* मिर्च में लीफकर्ल वायरस के संक्रमण में सहायक होते हैं। जब इनका प्रकोप अधिक होता है तो पत्तियों का रस चूसने के कारण उनमें धब्बे अथवा धारियां बन जाती है। पत्तियों के पीले पड़ने तथा सफेद धब्बे बनने को ह्वाइट स्पॉट, यैलो स्पॉट या वाइट ब्लाइट कहते है। प्याज में *थ्रिप्स टैबेकाई* द्वारा 50 प्रतिशत तक की क्षति का अनुमान

लगाया गया है। इसका सम्पूर्ण जीवन काल गर्मियों में 14 दिन तक तथा जाड़ों में 24 दिनों में पूरा होता है। वर्ष में 10 पीढ़ियाँ मिलती है।

नियंत्रण के उपाय

1. निम्न कीटनाशकों में से किसी एक कीटनाशक का 500 लीटर प्रति हेक्टेयर की दर से फसलों पर छिड़काव करना चाहिए।

(i) इमिडाक्लोप्रिड 17.8 एस0एल0	–	100 मि0ली0
(ii) एसीटामिप्रिड 20 एस0पी0	–	50–100 ग्राम
(iii) थियाक्लोप्रिड 21.7 एस0सी0	–	250–300 ग्राम
(iv) फिप्रोनील 5 एस0सी0	–	800–1000 मि0ली0
(v) मेथोमिल 40 एस0पी0	–	750–1125 ग्राम

(iii) सफेद मक्खी (White fly)

वैज्ञानिक नाम – *बेमिसिया टैबेकाई* (*Bemisia tabaci* Germ.)
एल्यूरोलोवस बैराडेनसिस (*Aleurolobus barodensis* Mark.)

आक्रान्त पौधे : बैंगन, भिडीं, टमाटर, मिर्च, मूंग, उड़द, गन्ना, ज्वार, मक्का, गेहूँ आदि।

पहचान : इस कीट के शिशु जूँ की भाँति मुलायम, पीले रंग के होते हैं जो पत्तियों की निचली सतह पर चिपके रहते हैं। वयस्क कीट पंखदार 1.0 से 1.5 मि0मी0 लम्बे तथा पीले रंग के होते हैं। इनके पंख चमकीले सफेद रंग के होते हैं। थोड़ी–सी आहट पाकर ये तुरन्त उड़ने लगते हैं।

क्षति प्राकृति : इस कीट के शिशु (Nymph) तथा प्रौढ़ (Adult) दोनों ही अवस्थायें हानि पहुँचातों है, दोनों के ही चुभाने और चूषने वाले मुखांग होते हैं। अधिकतर इसका आक्रमण जुलाई से लेकर नवम्बर तक होता है। वैसे तो यह कीट साल भर सक्रिय रहता है तथा सर्दी का इस पर कोई प्रभाव नहीं पड़ता। अप्रैल–मई में गर्म हवा चलने के कारण इसकी संख्या में अत्यधिक कमी हो जाती है।

शिशु और प्रौढ दोनों ही गन्ना के पौधों की पत्तियों का रस चूसते हैं, फलस्वरूप पत्तियाँ कमजोर एवं पीली पड़ जाती है जिससे पौधों की बढ़वार मारी जाती है तथा पौधे छोटे रह जाते हैं। चूँकि यह अपनी चोंच को गाड़कर पत्तियों का रस चूसते हैं जिससे पत्तियों पर घाव बन जाते हैं और उन पर कवकों (Fungus) का आक्रमण हो जाता है। अधिक आक्रमण होने पर पौधों का रंग हरे

की बजाय कुल लालिमा लिये हुए हल्के पीले रंग का मालूम पड़ता है। कवकों का प्रकोप होने पर गन्ने की पत्तियों के निम्न तल पर जगह–जगह काले धब्बे दिखाई पड़ते हैं। गन्ने के मध्य की पत्तियों में जीवित शिशु एवं प्रौढ़ दोनों ही चिपके हुए दिखलाई पड़ते हैं। इसके आक्रमण से गन्ने में सुक्रोज की मात्रा कम हो जाती है तथा गुड़ व चीनी की गुणवत्ता (Quality) में भी कमी आ जाती है। कभी–कभी चीनी की मात्रा 30 प्रतिशत तक कम हो जाती है। इस प्रकार यह गन्ने का भयंकर हानिकारक कीट है तथा इसके प्रकोप होने पर 50 प्रतिशत तक फसल नष्ट हो जाती है। प्रायः यह देखा गया है कि पेड़ी वाली फसलों तथा नीचले खेतों, जहाँ पर नमी अधिक रहती है या पानी भरा रहता है, इसका प्रकोप अधिक होता है। इसके साथ ही नाइट्रोजन की कमी होने पर भी यह कीट अधिक सक्रिय रहता है। गन्ना में अधिकतर इसका आक्रमण जुलाई से लेकर नवम्बर तक होता है।

वैमिसिया टवैकाई प्रजाति के सफेद मक्खी बैंगन, भिंडी, तम्बांकू की पत्तियों से रस चूसकर येलो मोजैक रोग उत्पन्न करते हैं। मूंग एवं उरद फसल में भी मोजैक रोग उत्पन्न कर अत्यधिक क्षति पहुँचाते है।

प्रौढ़ कीट लगभग 30 दिन तक जीवित रहता है तथा एक वर्ष में इसकी कई पीढ़ियाँ मिलती है। इनका जीवन–चक्र गर्मियों में 27 दिन है तथा सर्दियों में बढ़ जाता है।

नियंत्रण के उपाय

1. नाइट्रोजन की उचित मात्रा (संतुलित) का प्रयोग करना चाहिए।
2. प्रतिरोधी किस्मों की बुआई करना चाहिए।
3. इस कीट का अधिक प्रकोप हो जाने पर निम्नलिखित कीटनाशकों में से किसी एक दवा की दी गई मात्रा 500–1000 लीटर पानी में मिलाकर प्रति हेक्टेयर की दर से फसल पर छिड़काव करना चाहिए –

(i) थियोमेथोक्जाम 25 डब्लू0एस0जी0	–	200 ग्राम
(ii) इमिडाक्लोप्रिड 17.8 एस0एल0	–	150–175 मि0ली0
(iii) ट्राइजोफास 40 ई0सी0	–	1.5 लीटर (गन्ना) एवं 0.5 लीटर (बैंगन, भिंडी, मूंग)
(iv) डाइफेनथ्यूरान 50 डब्लू0पी0	–	600–100 ग्राम

(iv) बरूथी (Mite)

अधिक जानकारी के लिए मिर्च के कीटों में देखें।

(v) हरा तेला (Jassid)

अधिक जानकारी के लिए बैंगन के कीटों में देखें।

(ख) फलवृक्षों के विविधभक्षी कीट

(i) दीमक (Termite or white ant) पूर्व में वर्णन किया गया है।
(ii) छाल खाने वाली सूंडी (Bark eating caterpillar)।
(iii) चाफ्फर भृंग (Chaffer beetle)
(iv) फल मक्खी (Fruit fly)

(ii) छाल खाने वाला कीट (Bark eating caterpillar)

स्थानीय नाम – छाल बेधक इल्ली

वैज्ञानिक नाम – इन्दरबेला *क्वाड्रीनोटेटा* वालक्र (*Indarbela quadrinotata* Walker.)
इन्दरबेला *टेट्राओनिस* (*Indarbela Tetraonis*)

आक्रान्त पौधे : आम, ऑवला, अमरूद, अनार, नीबू, लींची, बेल, चीकू, लोकाट, कटहल, अनार, जामून, लंगली बेर अनेकानेक फलदार वृक्ष।

पहचान व विशेष विवरण : मादा कीट काफी अधिक संख्या में 300–500 अंडे छोटे–छोटे समूहों में मई–जून के महीनों में तना तथा शाखाओं की दरारों में देती है। प्रत्येक समूह में लगभग 15–20 अण्डे होते हैं तथा लगभग 10 दिन में पककर फूटते हैं।

अण्डों के फूटने के पश्चात् सूंडी निकलती है जिसका जीवन–काल काफी लम्बा होता है। यह अगले वर्ष के अप्रैल माह तक इसी अवस्था में रहती हुई पौधों को क्षतिग्रस्त करती रहती है। इस अवधि में यह धीरे–धीरे वृद्धि करती है। सितम्बर के महीने में 1.5 सें0मी0 तथा दिसम्बर के महीने में पूर्ण विकसित होने पर लगभग 4.0 सें0मी0 बड़ी होती है। इसके शरीर पर छोटे–छोटे बाल होते हैं तथा शरीर के दोनों ओर गहरे–भूरे दाग होते हैं। सूंडी का सिर (Head) काला होता है।

पूर्ण विकसित सूंडी सुरंग के अन्दर ही भूरे–लाल रंग के कोष (Pupa) में बदल जाती है। मई माह तक सभी सूंडियां कोषावस्था (Pupal stage) में हो जाती है। कोषावस्था 3–4 सप्ताह की होती है तथा जून के अन्त तक प्रौढ़ कीट निकलते रहते हैं।

प्रौढ़ कीट हल्के भूरे रंग का होता है जिस पर काले–भूरे रंग के धब्बे होते हैं। पंख विस्तार लगभग 4.0 सें0मी0 होता है। लगले पंखों पर लम्बवत् गहरे–भूरे

रंग के धब्बे होते हैं, जबकि पिछली जोड़ी पंखों का रंग धुयेंदार होता है। मादा प्रौढ़ नर की अपेक्षा बड़ी तथा रंग पीला होता है।

क्षति प्रकृति : इस कीट की सूंडी अवस्था हानिकारक होती है। प्रारंम्भ में यह छाल को खरोंच कर खाती है तथा बाद में तने, शाखाओं विशेषकर उनके जोड़ (Joint) वाले स्थानों से छेद करके अन्दर प्रवेश कर जाती है। यह दिन के समय तने पर बनी हुई सुरंगों या बुनी हुई जाल में छिपी रहती है तथा रात्रि के समय सक्रिय रहती है। सूंडी रात्रि के समय सुरंग या छेद के पास छाल को खाती है तथा खाई हुई छाल के छोटे–छोटे टुकड़ों एवं विष्ठा तथा चिपचिपे पदार्थ से लगभग 20–30 सें0मी0 लम्बी तथा 2.5 सें0मी0 चौड़ी भूरे रंग की रिबन की भांति जाला बनाती है। यह इन जालों के अन्दर छिपकर तने की कोमल लकड़ी तथा खाद्य वाहिनियों को कुतर–कुतर कर खाती है जिससे सुरंग बनती है, फलस्वरूप तनों के उपरी भागों में पोषक तत्वों का प्रवाह रूक जाता है, तने कमजोर हो जाते हैं, शाखायें सूख जाती है तथा ग्रसित वृक्षों में फल कम लगते हैं। कीट का अत्यधिक प्रकोप होने पर पूरा का पुरा पौधा ही सुख जाता है। इसका आक्रमण प्रायः पुराने वृक्षों पर अधिक होता है। यह देखा गया है कि इस कीट का प्रकोप काली मिट्टी तथा वर्षा वाले क्षेत्रों में अधिक होता है और 42–48 प्रतिशत तक पौधे ग्रसित पाये गये हैं।

नियंत्रण के उपाय

1. तनों एवं शाखाओं से रिबन जाली को अलग कर नष्ट कर देनी चाहिए।
2. तनों एवं शाखाओं की सुरंगों में नुकीले तार को डालकर सूंडियों को मार देना चाहिए।
3. सुरंगों में पेट्रोल या ई0डी0सी0टी0 मिश्रण को रूई में भिगोंकर भर दें तथा उसे गिली मिट्टी से भर दें।
4. ग्रसित टहनियों तथा शाखाओं पर निम्न किटनाशकों में से किसी एक कीटनाशक का अच्छी प्रकार छिड़काव करें (20 लीटर पानी प्रति वृक्ष)

क्लोरपायरीफॉस 20 ई0सी0	–	30 मि0ली0
क्लवीनालफॉस 25 ई0सी0	–	25 मि0ली0
सयपरमेथ्रिन 10 ई0सी0	–	20 मि0ली0
डायक्लोरभॉस 76 ई0सी0	–	25 मि0ली0
फैनिट्रोथियान 50 ई0सी0	–	20 मि0ली0
ट्राइक्लोरफोन 25 ई0सी0	–	20 मि0ली0

(iii) चाफ्फर भृंग (Chaffer beetle)

वैज्ञानिक नाम – *एम्फिमेलाने मजले (Amphimallon majale)*

आक्रान्त पौधे : अंगूर, सतालू, बेर, एवं बर

पत्तों से रहित करने वाला भृंग प्रायः फलदार पौधों के पत्तियों को खाता है, परन्तु ये अंगूर, बेर, सतालू और बर को अधिक पसंद करता है।

पहचान : प्रौढ़ भृंग कथई–लाल रंग का होता है। पूर्ण विकसित ग्रब मलाई के समान उजला रंग का होता है तथा इसकी लम्बाई 15 मि0मी0 होती है।

क्षति प्रकृति : प्रौढ़ ही हानिकारक होता है। भृंग प्रकाश में आकर्षित होता है और वसंत ऋतु के आखरी सप्ताह या वर्षा ऋतु के आरंम्भ में काफी संख्या में इसे देखे जा सकते हैं। भृंग रात के समय में पत्तियों में छिद्र करके क्षति पहुँचाती हैं। आक्रांत पत्तियों में टेढ़ी–मेढ़ी या विषम छिद्र की उपस्थिति इस कीट के द्वारा आक्रमण को दर्शाता है।

नियंत्रण के उपाय

- इस कीट के नियंत्रण के लिए क्वीनालफॉस 25 ई0सी0 या मोनोक्रोटोफॉस 36 एस0एल0 1 लीटर प्रति 500 लीटर पानी में घोल बनाकर फसलों पर छिड़काव करना चाहिए। यदि बिटील का आक्रमण जारी रहता है तो पुनः 6–7 दिन के अन्तराल पर आवश्यकतानुसार दूसरा एवं तीसरा छिड़काव कर सकते हैं।

(iii) फल मक्खियाँ (Fruit flies)

वैज्ञानिक नाम – *डेकस डोरसेलिस स्पेसिज (Dacus dorsalis spp.)*
बैक्ट्रोसेरा स्पेसिज (Bactrocera spp.)

फल मक्खियां सभी प्रकार के फलों को नष्ट करती है। मादा मक्खी सीधे फलों में अण्डे देती है। जिस स्थान पर मक्खी अण्डे दती है, उस स्थान पर छिद्र बन जाता है। इन छिद्रों से लसलसा पदार्थ निकल कर छेद के बाहर जम जाता है। अण्डे से सूंडी निकलकर फल के गूदे को खाकर वृद्धि करती है। आक्रांत फलें पूर्ण रूप से सड़कर जमीन पर गिर जाते हैं तथा खाने योग्य नहीं रहते हैं। ये मक्खियाँ फलों को नष्ट ही नहीं करती, साथ ही उनकी पैदावार भी कम कर देती है। इन मक्खियों की कुछ प्रजातियां फूलों एवं बीजों में भी अण्डे देकर उनको नष्ट कर देती है। सामान्य तौर पर ये मक्खियाँ मार्च माह से नवम्बर माह तक

अधिक सक्रिय रहती है। इन मक्खियों की कुछ जातियाँ एक से अधिक प्रकार के फलों पर आक्रमण करती है।

प्रौढ़ मक्खी लगभग 7 मि0मी0 लंम्बी होती है। इनके सिर एवं उदर पीला–भूरा तथा वक्ष काला या पीला होता है। वक्ष एवं उदर वाले भाग पर गहरी धारियाँ होती है। इनके पंखों पर भूरे रंग की धारियां होती है।

अण्डे देने से पूर्व मादा मक्खी फल का भली प्रकार निरीक्षण करती है। फल के कोमल एवं पतले छिलके के स्थान पर अपने जननांग को फल के अन्दर प्रवेश कराकर अण्डे देती है। अपने जननांग से फल के अन्दर मक्खी एक छोटा सा गड्डा बनाकर उसमें 5–12 अण्डे देती है। अण्डे से लगभग 24 घंटे के बाद सूंडी निकलती है। सूंडी फल के गूदे को खाकर पूरी तरह से नष्ट कर देती है तथा ये फलें सड़कर सूंडी के साथ जमीन पर गिर जाते हैं। सूंडी जमीन के अन्दर प्रवेश कर प्यूपा में बदल जाते हैं।

आक्रान्त पौधे : आम, अमरूद, बेर, शरीफा, अनार, सतालू, केला, नाशपाती,, नीबूं प्रजाति, बर, खुवानी आदि इस प्रकार मक्खी के कुल 250 पोषक पौधे होते हैं। इनमें से मक्खियों की कुछ प्रजातियाँ आम, अमरूद, बेर, अनार सतालू इत्यादि के प्रमुख पोषक पौधे है।

पहचान : *डेकस डोरसैलिस* प्रजाति के वयस्क मक्खी की लम्बाई 7 मि0मी0 होती है। इसका वक्ष लोहमय, पैर पीले, उदर शंकु के आकार का गहरा–भूरा एवं पंख से पंख की लम्बाई लगभग 14 मि0मी0 होती है। वयस्क मक्खियाँ बहुत अच्छी तरह से उड़ने की क्षमता रखती है तथा ये भोजन की तलाश में 2 कि0मी0 तक उड़ती है। पोतक (Maggot) सफेद एवं अल्पपारदर्शक होते हैं। ये पीले रंग के होते हैं तथा इनके सिर के आगे का भाग तीखा होता है।

बेक्टोसिरा डोरसेलिस प्रजाति के वयस्क मक्खी घुमैली भूरे रंग की होती है। नर एवं मादा वयस्कों की पंख से पंख की लम्बाई क्रमशः 9–11 एवं 11–14 मि0मी0 होती है। इस कीट के पोतक (Maggot) हल्के क्रीम रंग के बेलनाकार एवं 5–8 मि0मी0 लम्बे होते हैं।

आम एवं अमरूद की मक्खी (*Dacus dorsalis* Hemdel)

ये मक्खियाँ समस्त भारत में पायी जाती है। उन स्थानों पर जहाँ पूरे वर्ष तापमान समान रहता है, मक्खियाँ पूर्णरूप से क्रियाशील रहती है। अन्य स्थानों पर ये नवम्बर से फरवरी माह तक निस्क्रिय रहती है। मई से अक्टूबर माह तक खासकर बरसात के मौसम में ये मुख्य रूप से विभिन्न प्रकार के फलों को नष्ट करती है।

ये मक्खियां मुख्य रूप से आम, अमरूद, केला, पपीता, चीकू, सेब, शरिफा एवं अन्य फलों को आक्रन्त करती है।

सतालू एवं नाशपाती की मक्खी (*Bactosera dorsalis* Hendel)

इस प्रजाति की मक्खियाँ मुख्य रूप से सतालू एवं नाशपाती को बहुत क्षति करती है। सतालू के फल को मई से जून के माह में तथा नाशपाती को मध्य जून से जुलाई माह में क्षतिग्रस्त करती है।

शरीफा एवं अनार की मक्खी (*Dacus zonatus* Saunders)

ये मक्खियाँ मुख्य रूप से शरीफा एवं अनार के फल को अधिक नुकसान करती है। यह मक्खी मई से जून माह में अधिक सक्रिय रहती है।

बेर की मक्खी (*Carpomyia vesuviana* Costa)

ये मक्खियाँ बेर की विभिन्न किस्मों को नष्ट करती है। मादा मक्खी फल में छेदकर अण्डे देती है। जिस स्थान पर मक्खी अण्डे देती है, वहाँ फल की वृद्धि रूक जाती है तथा आक्रान्त फल का आकार खराब हो जाता है। अण्डे से सूंडी निकलकर फल के गूदे को खाती है। एक सूंडी एक फल को नष्ट करने के लिए काफी है। ये मक्खियाँ फरवरी एवं मार्च माह में अधिक क्रियाशील रहती है। गर्मियों में इनके प्यूपा जमीन में रहते हैं।

नियंत्रण के उपाय

- फल मक्खियाँ का सफलतापूर्वक नियंत्रण के लिए इनके जीवन की सभी अवस्थाओं को नष्ट करना आवश्यक है। इनके अण्डे एवं सूंडी फलों के अन्दर तथ प्यूपा जमीन में पाये जाते हैं। प्रौढ़ मक्खियाँ अत्यधिक क्रियाशील होती है तथा कीटनाशक रसायनों का प्रयोग करने पर ये मक्खियाँ उड़ जाती है। अतः समन्वित कीट नियंत्रण तकनीक अपनाकर इनका आसानी से रोकथाम किया जा सकता है।

समन्वित कीट नियंत्रण तकनीक

- बागों एवं खेतों की सफाई कर इनकी संख्या में कमी की जा सकती है। खरपतवार एवं अनावश्यक पौधों में ये मक्खियाँ आश्रय लेती है। अतः इनको नष्ट कर देना चाहिए।

- आक्रान्त फलों को तोड़कर नष्ट कर देना चाहिए। इनमें मक्खियों के अण्डे एवं सूंडियां पाये जाते हैं। इनको जमीन में 2 फीट से अधिक गहराई पर एकत्र करके दबा देना चाहिए।
- खेतों तथा बागों में कुछ फल पौधों पर रह जाते हैं। ये मक्ख्यिों की संख्या वृद्धि में अत्यधिक सहायक होते हैं। अतः कोई फल को पेड़ों पर नहीं छोड़ना चाहिए।
- फलों पर कपड़ा या कागज का थैला बांधकर भी इन कीटों से बचाया जा सकता है।
- इनके प्यूपा जमीन में पाये जाते हैं। खेत या बाग में हल चलाने से ये नष्ट हो जाते हैं। कुछ प्यूपा बाहर आ जाते हैं जो पक्षियों द्वारा नष्ट कर दिये जाते हैं।
- सर्दियों में प्रातः काल तापक्रम कम होने के कारण ये मक्खियाँ झाड़ियों में या पत्तियों के नीचे काफी अधिक संख्या में एकत्र हो जाती है। इन मक्खियों को एकत्रकर आसानी से नष्ट किया जा सकता है।
- कुल फल जैसे – आम, पपीता, केला आदि को पूर्णरूपेन पकने से पूर्व तोड़कर उनकों मक्खियों के आक्रमण से बचाया जा सकता हे।
- फल मक्खी के रासायनिक नियंत्रण के लिए 500 ग्राम गुड़ या छोआ, 50 लीटर पानी में घोलकर, इसमें 100 मि0ली0 मालाथियान 50 ई0सी0 मिला दें। सात दिन के अन्तराल पर 2–3 छिड़काव करें।
- मिथाइल यूजीनाल नामक प्रलोभक द्वारा आम एवं अमरूद की मक्खी को आकर्षित करके नष्ट किया जा सकता है –

प्रयोग विधि :

मिथाइल यूजीनाल (1 मि0ली0) के साथ मालाथियान 50 ई0सी0 (1 मि0ली0) मिलाकर, मिश्रण को रूई में भिगोंकर चौड़े मुँह के बोतल में रख देना चाहिए। इस प्रकार की बोतल को पेड़ के नीचे छाँव में लटका देने से मक्खियाँ प्रलोभक द्वारा आकर्षित होकर आती है एवं कीटनाशक दवा के सम्पर्क में आकर मर जाती है।

अध्याय 23

अनाज भण्डारण : समस्यायें एवं निदान

हमारे देश में जहां बढ़ रही जनसंख्या के लिए भरपुर खाद्यन्न उपलब्धता एक चुनौती है, वही दुसरी ओर उत्पादित खाद्यान्न का सुरक्षित भंडारण भी एक समस्या है। देश में लगभग 5000 से 6000 करोड़ रूपये मूल्य का अनाज प्रति वर्ष सुरक्षित भण्डारण के अभाव में नष्ट हो जाता है। किसानों द्वारा अनाज का भण्डारण निम्न तीन उद्देश्यों के लिए किया जाता है – 1. खाने के लिए, 2. बेचने के लिए, 3. बीज के लिए।

विगत वर्षों से कृषि उत्पादन को बढ़ाने के लिए अनेक प्रयास किये जाते रहे हैं। परन्तु भण्डारण के दौरान होने वाली क्षति में खाद्यान को बचाने के प्रयासों में कमी रही है। भण्डारण में अनाज की मात्रा एवं गुणवत्ता को प्रभावित करने वाले निम्नलिखित कारक हैं।

भौतिक कारक, 2. जैविक कारक, 3. रासायनिक कारक, 4. यान्त्रिक कारक

1. भौतिक कारक

(क) नमी : अनाज भण्डारण में नमी का सर्वाधिक योगदान है। अधिक नमी वाले अनाज का भण्डारण करने से अनेकों प्रकार के सूक्ष्मजीव सक्रिय होने से जैविक एवं रासायनिक प्रक्रियाओं द्वारा उनका तापक्रम बढ़ने लगता है और अनाज पर कवक, विषाणु एवं कीटों का प्रकोप बढ़ जाता है। अनाज का ढ़ेलानुमा बनकर रंग बदल जाता है। उसमें बदबू हो जाती हैं और अनाज खाने योग्य उपयुक्त नहीं रह जाते हैं। यदि अनाज को बीज के लिए रखना हैं तो बीज की अंकूरण क्षमता घट जाती है।

निदान के उपाय :

अनाज को भण्डारण से पूर्व अच्छी प्रकार सुखा लेना चाहिए। इस कार्य हेतु साफ मौसम में अनाजों को तेज धुप में सुखाना अत्यन्त सुगम विधि है। वायु संचारित भणरण में नमी की मात्रा वायुरोधी भण्डारण की उपेक्षा 2–3 प्रतिशत अधिक होती है।

वातावरण में सापेक्षित आर्द्रता अनुकूल हो तो अनाजों को सुखाने के बाद वायुरोधी भण्डारण संरचनाओं या प्लास्टिक के बैग में सुरक्षित नमी की मात्रा जैसे–खाद्यान्नों में 11–12 प्रतिशत, दलहनों में 10–11 प्रतिशत तथा तेलहनों में 8–10 प्रतिशत पर भण्डारित करना चाहिए।

(ख) तापक्रम : अनाज के सुरक्षित भण्डारण के लिए नमी के साथ –साथ तापक्रम भी महत्वपूर्ण है। तापक्रम कीटों व सूक्ष्मजीवों के जीवन–चक्र को प्रभावित करने वाला दुसरा कारक है। साधारणतया 20–30 डिग्री सेंटींग्रेट तापक्रम कीटों के प्रजन्न संख्या में वृद्धि और उनकी सक्रियता के लिए उपयुक्त होता है। इसलिए बेहतर हो कि तापमान को किसी भी स्थिति में इस सीमा तक न पहूँचने दिया जाय।

(ग) भण्डारणगृह की संरचना : खाद्यान्न भण्डारण में गृह या गोदाम की सरंचना का महत्वपूर्ण स्थान है। अतः अनाज भण्डारण के समय निम्न बिन्दुओं पर ध्यान देना चाहिए।

- गेदाम या भण्डारणगृह नमी रोधक एवं वायुरूद्ध होना चाहिए।
- भण्डारणगृह में चूहें, चिड़ियॉ या कीटों आदि के प्रवेश की सम्भावनायें नगन्य हो।
- गेदामों में नमी और तापक्रम के बदलाव से होने वाले नुकसान से बचाव के लिए पर्याप्त व्यवस्था होनी चाहिए।
- परंपरागत भण्डारण संरचनाओं के स्थान पर वैज्ञानिक विधि से बनी सस्ती टीन के बीन का खद्यान्न भण्डारण हेतु उपयोग में लाना चाहिए।

2. जैविक कारक

अनाज के भण्डारण में सबसे अधिक क्षति कीटों के द्वारा ही होती है। संग्रहित अनाज तथा अन्य चीजों जैसे – मसाले, सूखा मेवा, अचार, तम्बाकू, चमड़े की वस्तुएं, लकड़ी इत्यादि में छः सौ से भी अधिक प्रकार के कीड़े लगते हैं। इनमें से 50 प्रकार के कीट प्रमुख है।

संग्रहित अनाज में कीटों का आक्रमण विभिन्न स्त्रोतों से हो सकता है, इसके अन्तर्गत–

1. खेतों से ही कीटों का आगमन – (दलहनी फसलों में कीट से क्षतिग्रस्त धान फसल के अवशेष तथा ज्वार में साइटोफिलस ओराइजी।
2. पात्र वाहन व अन्य ट्रांसपोर्ट के साधन के द्वारा।
3. पुरानी बोरियां या पात्र के द्वारा।
4. गेदामों के अवशिष्ट पदार्थ के द्वारा।

(अ) भण्डारण में कीटों से क्षति

कीटों के उत्पत्ति, बढ़ाव आदि के लिए तापमान, आर्द्रता आदि का महत्वपूर्ण स्थान है। ये कीट भण्डारित अनाजों को केवल मात्रात्मक नुकसान ही नहीं पहुंचातें, वरन् उनकी गुणवत्ता को भी नष्ट कर देते हैं जिससे बीजों का अंकुरण प्रतिशत कम हो जाता है, उसमें अम्लता बढ़ जाती है जो काफी नुकसानदायक होता है। संग्रहित अनाज को केवल भण्डारण में लगने वाले कीड़ों से 9.32 प्रतिशत, चूहों से 2.40 प्रतिशत, चिड़ियों से 0.084 प्रतिशत एवं नमी से 0.68 प्रतिशत हानि होती है। ऐसा अनुमान है कि देश का लगभग 24 लाख टन अनाज प्रति वर्ष इनसे नष्ट हो जाता है। किसानों द्वारा भण्डारित अनाज में हानि प्रायः और भी अधिक होती है।, परिणामस्वरूप गुणात्मक व मात्रात्मक दोनों ही क्षति होती है जिससे किसानों को अधिक मात्रा में आर्थिक नुकसान झेलना पड़ता है।

भण्डरण के प्रमुख कीट :

भण्डारित अनाज में नुकसान पहुँचाने वाले कीटों में अधिकांश कीट ऐसे हैं जो अनाज को खराब कर उसमें अपना जीवन–चक्र पूरा करते है। कीटों के प्रकोप से जहाँ एक ओर अनाज को सीधा नुकसान पहुँचता है। वहीं दूसरी ओर प्रकोपित अनाज में उष्मा एवं नीम की वृद्धि होने से उसमें फफूंद का भी प्रकोप आरम्भ हो जाता है। इनसे अनेक घातक विष जैसे– एरगट, सिटीनिन, एफ्लाटॉक्सीन और सिटीविरीडीन उतपन्न होते हैं। जो मानव स्वास्थ्य की दृष्टि से उत्पन्न घातक होते है।

भण्डारगृहों में अनाज को प्रभावित करने वाले प्रमुख कीट उनके द्वारा पहुँचायी जाने वाली क्षति, पहचान इत्यादि के बारे में संक्षिप्त जानकारी निम्न उल्लेखित हैः

प्रमुख कीटों का विवरणः

1. चावल की घुन/अनाज की सुरसरी (Rice weel/Grain weevil)
2. खपरा भृंग (Khapra beetle)
3. सुरही/छोटा अनाज छिद्रक (Lessor grain borer)
4. सुराली/अनाज का लाल भृंग (Red rust flour beetle)
5. दालों का भृंग (Pulse beetle)
6. अनाज का पतंगा (Grain moth)
7. चावल का पतंगा (Rice moth)
8. मक्का का पतंगा (Indian meal moth)
9. गोदाम का पतंगा (Almond moth/Warehouse moth)
10. आरी दंत भृंग (Saw toothed beetle)
11. आलू की सूंडी (Potato tuber moth)

1. चावल की घुन/अनाज की सुरसरी (Rice weel/Grain weevil)

वैज्ञानिक नाम – *साइटोफिलस ओरीइजी (Sitophilus oryzae linn)*

साइटोफिलस ग्रानेरियस (Sitophilus granarius linn)

पोषक अनाजः चावल, गेहूँ, मक्का, ज्वार एवं कभी–कभी धान।

पहचानः इस कीट का आकार लगभग 3.0–3.5 मि0मी0 लम्बा होता है। वयस्क कीट घुन (weevil) होती है। जिसमें विशेष प्रकार की चोंच (snout) पायी जाती है। इनके श्रृंगिकाए (Antannae) मुडे हुए होते है एवं हल्का मिला हुआ होता है। इस घुन का रंग लाल भूरे, कत्थई से लेकर लगभग काला होता है।

क्षति प्रकृतिः इस कीट के सूंडियों (ग्रव) एवं वयस्कों के द्वारा क्षति पहुँचायी जाती है। अनाज को खोखला कर दिया जाता है। दाने पाउडर में बदल जाते है। गंम्भिर प्रकोप की स्थिति में अनाज में ऊष्मा पैदा होती है जो कि शुष्क ऊष्मा (Dry heat) के नाम से जानी जाती है।

2. खपरा भृंग (Khapra beetle)

वैज्ञानिक नाम – *ट्रोगोडर्मा ग्रेनेरियम (Trogoderma granarium everts)*

पोषक अनाजः मक्का, गेहूँ, ज्वार, दालें, तिलहनें एवं उनकी खलियाँ।

पहचानः वयस्क कीट आकार में 1.5 से 3.0 मि0मी0, देखने में उत्तल, गोल, सिर वक्ष एवं उदर में व्यवहार्थ तथा कोई स्पष्ट दिभिविक्त नहीं होती। इनके उदर का

आकार अपेक्षाकृत बड़ा होता है। लैंगिक द्विरूपता स्पष्ट दिखाई पड़ती है। प्रायः नर, मादाओं से आकार में अपेक्षाकृत छोटा होता है। ग्रव प्रायः भूरे रंग के होते है। जिनके शरीर पर दोनों और काले भूरे रंग के गुद्देदार रोएँ होते है। और इनके पिछले भाग में रोओं का एक अजीब तरह का पूंछनुमा गुच्छा होता है। ग्रब का आकार प्रायः 4.0–5.0 से0मी0 होता है।

क्षति प्रकृतिः यह एक महत्वपूर्ण भण्डारित अनाज का नाशक कीट हैं। ये प्रायः दाने के अंकुर भाग को खरोंच कर उसे क्षतिग्रस्त करता है। यह अनाज को छिलके में बदल देता है। प्रायः इनके रोओं एवं निर्मोचित त्वचा से अनाज में गंदगी पैदा हो जाती है। परिणामतः वह बाजार में बेचने के लिए अनुपयुक्त हो जाता है। ग्रव की संख्या अत्यधिक होने से भण्डारगृहों में अस्वच्छता की स्थिति उत्पन्न हो जाती है।

3. सुरही/छोटा अनाज छिद्रक (Lessor grain borer)

वैज्ञानिक नाम – *राइजोपर्था डोमिनीका* (*Rhizopertha dominica fiabr.*)

पोषक अनाजः धान, चावल, गेहूँ, मक्का, ज्वार चना, आटा आदि।

पहचानः इस कीट की सबसे बड़ी पहचान यह है कि इसका सिर इनता नीचे झुका रहता है कि यह लगभग छिपा रहता है और दिखाई नहीं देता है। इसके अग वक्ष ओर पक्ष वक्ष के बीच काफी संकुचन रहता है। इस कीटों का रंग भूरा ओर काले के बीच का होता है। इनके श्रृंगिकाएँ (Antannae) बढ़े ठीले, तीन तरफ विभक्त क्लब (club) होते है। पूर्ण विकसित वयस्क का आकार 3.0 मि0मी0 होता है, जबकि ग्रब की लम्बाई लगभग 2.0 मि0मी0 होता है। ग्रब का रंग गन्दा तथा सिर भूरे रंग का एवं शरीर पर छोटे बाल होते है।

क्षति प्रकृतिः ग्रब एवं वयस्क दोनों ही दानों को खाकर क्षति पहुँचाते है। प्रभावित अनाज आटे में बदल/तब्दील हो जाता है। इसके प्रकोप से अनाज में नमी एवं तापक्रम बढ़ जाते है। फलस्वरूप फफूंद का प्रकोप भी शुरू हो जाता है। वयस्क व ग्रब दोनों ही तेजी से अनाज को खाते हैं। इसलिए अनाज के दाने मात्र खोल में बदल जाते है। क्षतिग्रस्त दानों पर दूषित आटे की पर्त चढ़ जाती है।

4. सुराली/अनाज का लाल भृंग (Red rust flour beetle)

वैज्ञानिक नाम – *ट्राइबोलियम कैस्टेनियम* (*Tribolium castanium Herbst*)

पोषक अनाजः आटा, मैदा, सूजी, मेवे, मूँगफली, कपास, सेम, टुटे अनाज, मशीनों से क्षतिग्रस्त अनाज, अंकुर भाग और पिसे हुए पदार्थ इसके मुख्य पोषक पदार्थ है।

पहचानः यह कीट आयताकार, चपटा, छोटा और लाल भूरे रंग का लगभग 3.5 मि0मी0 लम्बा तािा 1.2 मि0मी0 चौड़ा होता है। सिर, वक्ष तथा उदर स्पष्ट होते है। एटीनी तीन खण्ड़ों में होते है। पूर्णविकसित विकसित ग्रब 5 मि0मी0 लम्बा तािा पीले रंग का होता है।

क्षति प्रकृतिः वयस्क एवं ग्रब दानो ही पिसे हुए पदार्थें पर पलते है। आटे का लाल कीट सभी अनाजों का (secondary part) गौण कीट होते है और आटे एवं अन्य पिसे हुए पदार्थें के लिए ये मुख्य कीट होते है। ग्रसित आटे से तीखी दुर्गन्ध आती है। ऐसा आटा मानव उपयोग के लिए अनुपयुक्त होता है।

5. दालों का भृंग (Pulse beetle)

वैज्ञानिक नाम – *कैलेसोब्रूकस चाइनेननीस* (*Callosobruchus chininsis linn*)
कैलेसोब्रूकस मेकुलैटस (*Callosobruchus maculatus fiab.*)

पोषक अनाजः विभिन्न प्रकार की दालें।

पहचानः इस कीट छोटा गोलाकार और सक्रीय होता है। इसमें स्पष्ट एन्टीनी होते हैं और इनका आकार 3.0 मि0मी0 होता है। वयस्क कीट धूसर रंग का होता है। इसके पृष्ठ भाग के मध्य के निकट विशेष रूप से ऊपर उठे दंत नुमा दाग होते हैं। इसके पंख उदर की पूरी तरह से नहीं ठकते हैं।

क्षति प्रकृतिः ग्रब दालों के दानों को खा जाते है और उसमें छिद्र कर देते हैं। इससे ग्रसित दानें खोखलें तथा मानव उपभोग के अयोग्य हो जाते हैं। इस प्रकार के दानों से एक विशेष प्रकार की अवांचित गंध आती है। वयस्क भृंग प्रायः नाशक नहीं होते हैं।

6. अनाज का पतंगा (Grain moth/grain and flour caterpillar)

वैज्ञानिक नाम – *साइटोट्रोगा सिरियलेला ओलिव* (*Sitotroga cerialella oliv*)

पोषक अनाजः धान, गेहूँ, मक्का, जौ, ज्वर, आटा, सूजी आदि।

पहचानः प्रौढ़ कीट का आकार 8–10 मि0मी0 होता है। पतंगा गंदला पीले भूरे रंग का होता है। यह अपनी पठ को पंखों से तिरछे ठंग से पूर्णतया ठँक लेता है। पंखों का विस्तार 10–14 मि0मी0 होता है। इसके पिछले भाग के पंख अगलें सिरे से तीखे नुकीले होते हैं। और उन पर काफी संख्या में बड़े बाल होते हैं। यह कीट खिडकियों व दीवारों पर प्रायः छोटे–छोटे गंदे धब्बे छोड़ देता है।

क्षति प्रकृतिः यह भण्डारीत अनाज का महत्वपूण्र नाशक कीट है। इसके सूंडी (Larva) ही खाद्यानों को क्षति पहुँचाती है, वयस्क हानिकारक नहीं होते हैं। खाद्यानों के दानों में सूंडी सुराख बना देती है। ये खेतों तथा भण्डारगृहों दोनों ही स्थानों पर आक्रमण करती है। इस कीट की उपस्थिति केवल ऊपर की 30 से0मी0 की गहराई तक ही सीमित रहती है। सूंडियां, दाने में ठक्कन के साथ गोलाकार छिद्र या 'ट्रेप–डोर' बनाती हैं।

7. चावल का पतंगा (Rice moth)

वैज्ञानिक नाम – *कोरसायरा सिफेलोनिका (Corcyra cephelonica)*

पोषक अनाजः चावल, ज्वर, तिलहन, मिलेट्स, साबुत अनाज, दालें, अनाज से बने पदार्थ, सूखे मेवे एवं कुटे हुए मसाले आदि।

पहचानः इसका रंग सामान्यतः पीला या भूरा पीला होता है। पंखों का विस्तार 25 मि0मी0 तक होता है। अग्र पंखों पर काले रंग की धारियां होती है।

क्षति प्रकृतिः इस कीट की सूंडियाँ ही क्षति पहुँचाती है। यह खाद्यानों को मल, रोओं और जालों से दूषित कर देता है। साबुत दानों मे ये 2 किलोग्राम तक के ठेले बना देते है।

8. मक्का का पतंगा (Indian meal moth)

वैज्ञानिक नाम – *प्लोडिया इंटरपंकटेला (Plodia interpunctella)*

पोषक अनाजः मक्का, गेहूँ, जौ, सुखे मेवे, मूंगफली और आटे के बने पदार्थ।

पहचानः पंख के अग्र भाग के नीचले आधे भाग का रंग रजत सफेद अथवा धुंधला होता है, बाहर का 2/3 भाग लाल, ताम्बे–कास्य की चमकयुक्त तथा टेडी–मेढी धारियों वाला होता है। पिछले पंख लम्बे रजत धुंधले रंग के तथा रेशमी रोये युक्त होते है। इनके वक्ष मामूली गहरे रंग के होते है जिन पर लाल चकते होते हैं। जब यह कीट विश्राम की अवस्थ में होता है तो उस दशा में उसके शरीर में 2/3 आकार का एन्टेनी तिरछी होकर पंखों पर होती है।

क्षति प्रकृतिः मक्का का भण्डारण के दौरान यह एक अव्यति विनाशकारी कीट है। यह मक्का के भुट्टों और दानों को गंभीर क्षति पहुँचाता है। यह दाने को मल, त्यागी गयी त्वचा, प्यूपा खोल आदि से दूषित कर देता है। ये प्रायः भ्रूण (Embryo) भाग को खाता है। फलस्वरूप दाने की जैव क्षमता समाप्त हो जाती है।

9. गोदाम का पतंगा (Warehouse moth)

वैज्ञानिक नाम – *एफेस्टिया कॉटेल्ला (Ephestia cautella)*

पोषक अनाजः चावल, गेहूँ, मक्का, ज्वार, मूंगफली आदि।

पहचानः इस कीट का आकार 13 मि0मी0 होता है। इसके पंखों का फैलाव 2–2.5 से0मी0 होता है। इसके पंख मैले सफेद से घूसर रंग के होते हैं और सिर पर लगभग 4.0 मि0मी0 के काले रंग की स्पष्ट धारियां होती है। यह कीट राप्रिचर है। अतः यह दनि के समय में अंधेरे स्थानों में खासकर गंदे और अंधेरे गोदामों में रहता है।

क्षति प्रकृतिः केवल सूंडियां ही हानिकारक होती है। यह मुख्यतः अंकुर भाग ही खाती है और शेष दाने को नुकसान नहीं पहुँचाती है। व्यापक प्रकोप की स्थिति में, क्षति उपरी तहों तक ही सीमित रहती है। इसका जाला बोरियों व फर्श को ढॉक देता है।

10. ऊपरी दंत भृंग (Saw toothed beetle)

वैज्ञानिक नाम – *ओराइजीफिलस सुरिनामेन्सीस (Oryzaephilus surinamensis)*

पोषक अनाजः चावल, गेहूँ, मक्का, अनाजों के पदार्थ, तिलहन और सूखे मेवे।

पहचानः वयस्क कीट बारीक, चपटे, 2.5 से 3.0 मि0मी0 होते है। इनके वक्ष के दानों और छः दॉतनुमा संरचनाएँ होती हैं इनके पंख (Elytra) ऊपर की पूरी तरह ठके रहते हैं।

क्षति प्रकृतिः ग्रब एवं वयस्क अनाज की सतह की खुरदरा बना देते हैं तथा अनाज में दुर्गन्ध आने लगती है। अनाज में टुटे दाने, धूल व व्यर्थ पदार्थ अधिक मात्रा में होने पर इस कीट का प्रकोप अधि होता है। इनके प्रकोप से अनाज में उष्मा पैदा हो जाती है।

निदान के उपायः

1. भंडारगृहों को साफ सुथरा रखें तथा अनाज भंडारण से पहले उसके अंदर उपस्थित दरार एवं छेदों को ठीक तरह से मिट्टी की लेप लगा दें। भंडारगृह के भीतरी एवं उपरी भाग में मालाथियान (50 ई.सी.) एवं पानी का 1:100 अनुपात में 3 लीटर/1000 वर्ग फीट की दर से छिड़काव करना चाहिए।
2. अनाज को कोठियों में रखने के पूर्व तेज धूप में पतला विछाकर अच्छी तरह से सूखा लेना चाहिए। जिससे उसमें 10 प्रतिशत से कम नमी हो जाए। इसे

दांत से चबा कर जाना जा सकता है। यदि कट से अवाज आए तो अनाज सुखा हुआ माना जाता है।

3. धातु की कोठी, पूसा बिन जैसे भंडारणगृहों का उपयोग करें जो कि नमी, तापक्रम एवं वायु के कुप्रभाव से बचाती है। इससे कीड़ों के साथ–साथ चूहों एवं चिड़ियों से भी अनाज सुरक्षित रहेगी। मौसम में आर्द्रता अधिक हो या हवा कम हो तो अनाज को उस समय भंडारगृह में नहीं भरना चाहिए।
4. एक कमरे में केवल एक ही प्रकार का अनाज रखना चाहिए अन्यथा एक अनाज से कीट दूसरें अनाज में चले जाऐंगे।
5. यदि अनाज को खुली ढेरी बनाकर रखना हो तो बड़ी–बड़ी ढ़ेरी लगानी चाहिए। छोटी ढेरी में ज्यादा क्षति होती है।
6. यदि अनाज को बोरियों में भरकर रखना हो तो इसमें, नीचे पर्याप्त मात्रा में भूसी अथवा लकड़ी के तख्ते को विछायें तथा उस पर बोरियों को दिवालों से 50 से.मी. दूर रखते हुए कमरे की 4/5 उँचाई तक ही रखें। कमरें में बोरी इस प्रकार रखे कि प्रत्येक बोरी तक पहुंच हो सके अर्थात् बोरियों को 2 कतार में रखें। गेहूँ की बोरियों को 15 फीट, आटे तथा चावल की बारियों को 12 फीट से अधिक उँची न लगाएं तथा इन्हें पालीथिन से ढ़क दें।
7. यदि अनाज में पहले से ही कीट का प्रकोप हो चुका हो तो उसे घर लाने के पूर्व ही ध्रुमण कर लेना चाहिए। इसके लिए आधा लीटर ई.डी.सी.टी. मिश्रण प्रति टन अनाज की दर से उपयोग कर सकते हैं।
8. बेरियों पर बाहर से मालाथियान (1 मि.ली./ली. पानी) या डेल्टामेथ्रन (0.5 मि.ली./ली. पानी) का छिड़काव कर सकते हैं।

(ब) भंडारण में चूहों से क्षति

प्रति वर्ष चूहों से भंडारण में 25 प्रतिशत खाद्यान्नों की क्षति होती है। चूहें जितना अनाज खाते हैं, उससे 20 गुणा से अधिक मल–मूत्र और कभी–कभी अपने मृत शरीर से दूषित कर देते हैं। चूहे अनाजों के साथ–साथ पैकेट या बोरों को भी बहुत हानि पहूँचाते हैं।

निदान के उपाय :

चूहों बचाव के लिए भंडारगृह या गोदाम के निर्माण के समय ही चूहारोधी बनाना चाहिए। इनके नियंत्रण के लिए एक ही उपाय है, रासायनिक नियंत्रण जिसके तहत विषयुक्त चारा का उपयोग होता है।

विषयुक्त चारा : जिंक फासफाईड – 2 भाग + आटा – 96 भाग + सरसों तेल – 2 भाग।

प्रयोग विधि : विषयुक्त चारा का प्रयोग करने के लिए सर्वप्रथम बिलद्वार का निरक्षण करें और बिलद्वार के पास विषरहित चार 2–3 दिन रखें। तत्पश्चात् कुछ दिनों के बाद विषयुक्त चारा की छोटी–छोटी गोलियाँ बनाकर बिल के प्रवेशद्वार के आस–पास रखें, चूहा इसे खाकर मर जाएगा।

(स) भंडारण में पक्षियों से क्षति

खेतों एवं भण्डारों में पक्षियों द्वारा मात्रात्मक और गुणात्मक दोनों दृष्टि से क्षति पहुँचाया जाता है। एक पक्षी औसतन 8 से 25 ग्राम अनाज प्रतिदिन खाता है। खेतों एवं गोदामों में अनाज खाने के अतिरिक्त ये अनाज को बर्वाद भी कर देते हैं। अनाज को विष्टा, पंखों और मृत शरीरों से दूषित कर देते हैं। पक्षियों की वजह से लगभग 0.85 प्रतिशत प्रति वर्ष अनाज बर्वाद होता है।

निदान के उपाय :

गोदाम की खिड़कियों, रोशनदानों एवं अन्य संभावित स्थलों पर 1/4'' आकार के 0.6 सें.मी. की जालियाँ लगाकर गोदामों को पक्षी–अभेदय (बर्डप्रुफ) बनाया जा सकता है। इससे चूहों की भी रोकथाम होती है। पालीथीन या कपड़ा का कतरन कपड़ा या नाईलान की जाली, बॉस का इस्तेमाल भी प्रभावकारी सिद्ध हुई है।

3. रासायनिक कारक

खाद्यन्न भी संजीवों की तरह शवांस लेते और छोड़ते हैं। अनाज भी वातावरण से ऑक्सीजन ग्रहण कर कार्बनडायऑक्साईड गैस छोड़ते है। नमी अधिक होने पर तथा वातावरण का तापक्रम बढ़ने पर खाद्यान्न भी नमीयुक्त हो जाती है जिससे अनाज गर्म हो जाता है। कार्बनडाईऑक्साईड और नमी से युक्त पानी अनाज में गर्मी पैदा करते हैं तथा रंग बदलने के साथ उनकी गुणवत्ता प्रभावित होती है। अतः खाद्यन्न की नमी अधिक रहने पर भंडारण में अनाज की हानि होती है। इस प्रक्रिया में कीट एवं सूक्ष्मजीव दोनों ही सम्मिलित होकर ही ऐसी हानि पहूँचाते हैं। यदि भंडारण में ऑक्सीजन की मात्रा एक निश्चित सीमा से कम कर दी जाए तो कीट व सूक्ष्मजीव स्वतः मर जाऐगें।

4. यांत्रिक कारक

(क) मशीन : कटाई, मढ़ाई तथा भंडारण के दौरान प्रयुक्त उपकरण भी अनाजों या बीजों की गुणवत्ता को प्रभावित करने का प्रमुख यांत्रिक कारक है। कटाई व मढ़ाई के दौरान क्षतिग्रस्त अनाजों में पड़ी दरार या क्षत – चिन्हों के माध्यम से हानिकारक फफूँद एवं जीवाणु अनाज में प्रवेश कर जाते हैं और अनाज की गुणवत्ता को प्रभावित करते हैं।

निदान के उपाय :

क्षतिग्रसत या टुटे हुए अनाज को चून कर अलग कर लेना चाहिए। कटाई से पहले मशीनों को अच्छी तरह साफ कर लेना चाहिए। मशीन एवं खलिहान को कीट – व्याधि से मुक्त कर लेना चाहिए। इससे अनाजों का भंडारण अवधि बढ़ जाती है।

(ख) परिवहन : खाद्यान्नों को ढुलाई में प्रयुक्त किये जाने वाले ट्रकों, ट्रालियों और बैलगाड़ियों को कीट व अन्य सूक्ष्मजीवों से मुक्त कर दिया जाना चाहिए। अन्यथा पहले से मौजूद इन परिवहनों के डिम्भक/कीट बोरों के सर्म्पक में आ जाते हैं तथा खाद्यान्न को प्रभावित कर शीघ्र ही क्षति पहुँचाते हैं। ढुलाई के दौरान लगभग 0.15 प्रतिशत खाद्यान्न की क्षति प्रति वर्ष होती है।

संचित अनाज की देखभाल

1. समय–समय पर संचित अनाज का निरीक्षण करते रहें यदि कीट का प्रकोप हो जाय तो धूप में अनाज को सूखाकर फटकना चाहिए और कीट लगे दानों को नष्ट कर देना चाहिए।
2. यदि कीट का प्रकोप बड़ी–बड़ी कोठियों में हो गई हो तो उसे ई.डी.सी.टी. या एच.सी.एन. गैस द्वारा ध्रुमण कर एक सप्ताह तक वायुरोध (पालीथीन आदि से ढंक कर) रखना चाहिए।

अनाज भण्डारण के पूर्व सावधानियां

(क) गोदामों की सफाई

1. गेदाम जहाँ तक हो सके पक्का होना चाहिए। दीवालें नमी अवरोधी हो। हवा के लिए पर्याप्त खिड़कियां हों, जिन्हें बाहर से खोल या बन्द किया जा सके।

2. भंडारण के पूर्व गोदाम की पूरी तरह से मरम्मत की जाय। दीवालों की दरारें, चूहे के बिलों तथा फर्श के गड्ढ़ों की पूरी तरह ठीक किया जाय। यह कार्य गर्मियों में भंडारण के पूर्व करना चाहिए। भण्डरगृह को पूरी तरह सुखाया जाय।
3. भंडारगृह की चूने से पुताई किया जाय। कच्चे एवं पक्के गोदामों को अनाज रखने से पूर्व 50 प्रतिशत मालाथियान को 1:100 के अनुपात में पानी में घोलकर 3 लीटर प्रति 1000 वर्ग फीट की दर से कमरों के फर्श, दीवारों एव छत पर छिड़काव किया जाय, इससे गोदामों में छिपे कीड़े मर जायेगें।

(ख) बोरों की सफाई

1. अनाज नये बोरों में रखा जाय।
2. यदि पुराने बोरे का प्रयोग करना हो तो उनको भली–भांति 1.0 प्रतिशत मैलाथियान (1 लीटर दवा की 100 लीटर पानी) के घोल में डुबोकर उपचारित करें तथा सुखाकर प्रयोग किया जाय।
3. बोरों को कड़ी धूप में कम से कम 6 घंटे तक सुखाना चाहिए। इससे सभी कीट मर जाते हैं।
4. यदि सम्भव हो तो बोरों को उबलते पानी में डूबोकर सुखा लें।

(ग) अनाज की सफाई

1. अनाज को खलिहान या अन्यत्र परिवहन वाहन (टार्न्सपोंट) द्वारा लाकर कड़ी धूप में अच्छी तरह सुखाकर गोदाम में रखें।
2. भंडारण से पूर्ण अनाज को अच्छी तरह साफ करके रखें।
3. यदि अनाज को बोरों में रखना हो तो फर्श पर नया एवं सुखा भूसा बिछा दें। भूसे की पर्त कम से कम 2.5 फीट मोटी हो। उसपर बोरी की छल्ली लगाई जाय। भूसा गोदाम में आने वाली नमी को सोखकर अनाज को नम होने से बचायेगा। छल्ली दीवालों से 2 फीट की दूरी पर लगाई जाय।

अध्याय 24

चूहों का नियंत्रण : समस्यायें एवं निदान

चूहे खेत, खलिहान, घरों तथा गोदामों में अनाज खाने के साथ–साथ अपने मल–मूत्र से अनाज को बरवाद कर देते हैं। इतना ही नहीं घरों का सामान, सिंचाई की नालियों, खेतों में खड़ी फसल, मकानों की नींव, सुरक्षा बांध, रेल की पटरियों के नीचे बिल खोदने से रेल दुर्घटना करने के साथ ही घरों तथा कारखानों में बिजली के तार काटकर आग लगाना, फ्लैग जैसे बीमारियां आदि फैलाकर धन एवं जन को क्षति पहुँचाते हैं। इन कारणों से चूहे को मनुष्य का प्रधान शत्रु कहा गया है। इसलिए जरूरी है कि चूहों का नियंत्रण किया जाय। यह एक जटिल और सामाजिक समस्या है।

चूहों की जातियां

विश्व में चूहों की 500 जातियां पायी जाती है। इनमें से लगभग 110 जातियां भारत में पायी जाती है। इन्हें निम्न श्रेणियों में विभाजित किया जा सकता है –

(1) घरेलू चूहे : मुख्यतः ये चूहें मनुष्य के साथ घरों में रहते हैं।

(क) घरेलू चूहे – *रैटस रैटस (Rattus rattus)*

(ख) घरेलू चूहिया – *मस मसकुलस (Mus musculus)*

(2) पड़ोसी चूहे : यह चूहे घरों में प्रवेश करते हैं, परन्तु घर या खलिहान के आस–पास बिल बना कर रहते हैं।

भूरा चूहा – *रैटस नोरवेगीकस (Rattus norvegicus)*

(3) खेत के चूहे : यह चूहे आमतौर से खेतों में, खलिहानों में बिल बनाकर रहते है और फसल काटते हैं। अपने बिलों में अनाज जमा कर लेते हैं। कभी–कभी घरों में भी आ जाते हैं।

(क) छोटी मूस – *बैन्डीकोटा वेन्गालेन्सि (Bandicota bengalensis)*

(ख) बड़ी मूस – *बैन्डीकोटा इन्डिका (Bandicota indica)*
(ग) भारतीय जरविल – *टटेरा इन्डिका (Tatera indica)*
(घ) खेत का बड़ा चूहा – *मस बुडुगा (Mus booduga)*

(4) जंगली चूहे : ये चूहे जंगलों, रेगिस्तानों आदि निर्जन स्थानों में मनुष्य से दूर रहते हैं और घास–फुस और फलों पर अपना जीवन निर्वाह करते हैं।

चूहों की संख्या : अनुमान है कि हमारे देश में चूहों की संख्या मनुष्य की 6 गुणी है। मादा चुहिया वर्ष में 3–4 बार और प्रत्येक बार 6 से 12 तक बच्चे देती है। इस प्रकार एक वर्ष में एक जोड़ी चूहिये की कुल सन्तान 800 तथा तीन वर्ष में 35 करोड़ हो जाते हैं।

चूहों का स्वभाव : चूहा स्वभाव से चालाक एवं मक्कार जन्तु है। इसमें अनाज संग्रह करने की आदत होती है। यह ढाई फीट तक कूद सकता है। 7 दिन भूखा व 2 दिन प्यासा रह सकता है। इसके दाँत प्रति माह एक सेंटीमीटर बढ़ जाते है, जिसके वजह से यह प्लास्टिक के डब्बे, कपड़े, लकड़ी और अन्य चीजों को कुतर कर वह अपने दांतो को घिसता है। यह अच्छा तैराक भी है। गन्दे नाले में एक किलोमीटर तक आसानी से तैर जाता है। कभी–कभी घरों और कारखानों में बिजली के तार काटकर आग लगा देता है। खाने की सामग्री को बालों, पेशाब तथा मुसगनों से दूषित कर देता है। गेहूँ, जौ, चना, मक्का, चावल, मूँगफली और मीठी चीजें उसको प्रिय है।

क्षति प्रकृतिः चूहा अपने आकार के अनुसार 10–60 ग्राम अनाज प्रतिदिन खाता है और उसका दस गुना खराब कर देता है। एक अनुमान के अनुसार हमारे देश में चूहे प्रतिवर्ष लगभग 1.25 करोड़ टन अनाज की क्षति करते है। स्पष्ट है कि देश भर में जितना अनाज चूहों द्वारा नष्ट हो जाता है, उससे लगभग 6 करोड़ व्यक्तियों को खिलाया जा सकता है। चूहे का नियंत्रण करके हम अपने अनाज की पैदावार को 10 से 12 प्रतिशत तक बढ़ा सकते हैं।

चूहा नियंत्रण के उपाय :

चूहा नियंत्रण एक कठिन कार्य है, क्योंकि यह एक सामाजिक समस्या है। इसके नियंत्रण के लिए सभी लोगों को मिलकर एक साथ प्रयास करना होगा।

(क) घरों में चूहों का नियंत्रण

1. **गोदामों को चूहा निरोधी (Rat proof) बनाना** : भंडारगृहों, घरों, गोदामों व दुकानों को पक्का कंकरीट का बनवाना चाहिए। नालियों, खिड़कियों एवं

रोशनदानों को लोहे की जाली लगाकर सुरक्षित बनाना चाहिए, जिससे इन स्थानों से चूहे गोदामों तथा घरों में प्रवेश न कर पाये।

2. **सफाई** : चूहा नियंत्रण के लिए सफाई बहुत महत्वपूर्ण है। घरों में खाने की मेज, रसोईघर तथा कुड़ा रखने के स्थानों को स्वच्छ रखें, क्योंकि रात्रि में चूहे इन्हीं स्थानों पर खाने–पीने की पड़ी चीजों को ढूढ़ते है। रसोइघर को रात्रि में ही साफ कर दिया जाय। खाना बनाने एवं खाना के बर्त्तन इधर–उधर न रखे जाय, बल्कि यथासम्भव बर्त्तन साफ करके ही रखें। यदि ऐसा करना सम्भव न हो तो सिंक में सभी बर्त्तनों को रखकर पानी से भिगों दें। खाने–पीने की चीजों को खुली न रखें। चूहों को किसी प्रकार का मौका न दें कि वे चूहे आप के घर में स्वयं आये तथा दूसरे चूहों को भी लायें।

3. **चूहे दानी (Trap) का प्रयोग** : आवश्यकतानुसार चूहेदानी का प्रयोग करें तथा चूहों का प्रिय भोजन डबलरोटी का मक्खन लगा टुकड़ा, अण्डा, किसमिस, पनीर आदि रखें। चूहेदानी में फंस जाने पर उनको मार देना ही उचित है, नही तो वे फिर घरों में वापस आ जाएगें।

4. **विषाक्त चारा (Poison Bait)** : सामान्यतः विषाक्त चारा बनाने के लिए जिंकफास्फाईड, बेरियम कार्बोनेट, वारफेन, आदि विष प्रयोग में लाये जाते हैं। घरेलू चूहों को मारने के लिए जिंकफास्फाइड का प्रयोग करते हैं जो बहुत असरदार होता है। जहर की एक ही खुराक काफी होती है। विषाक्त चारा तैयार करना, चारा रखने के स्थान का चूनाव और विषाक्त चारा के पहले विषरहित चारा रखने का काम करना होता है, क्योंकि चूहा बहुत ही धूर्त शत्रु और चालाक प्राणी है। इसलिए उसे विषरहित चारे से आदी (Hibitual) बनाना होता है। जब वह चारा खाने लगे तब एक दिन विषयुक्त चारा डालें। अन्य चूहामार दवा जैसे – सिल्मूयूरिन एवं ब्रोमोडिलान (बेकर) जिसका क्रमशः 0.05 एवं 0.05 प्रतिशत की दर से प्रयोग करें।

चारा कैसे बनायें (जिंकफास्फाईड का चारा बनाना)

100 ग्राम चारा बनाने के लिए 2 प्रतिशत जिंकफास्फाइड का चारे में प्रयोग करें।

गेहूँ, बाजरा, मक्का, चावल आदि का आटा	–	96 ग्राम
तेल (सरसों तेल ज्यादा उपयुक्त)	–	2 ग्राम
जिंकफास्फाइड	–	2 ग्राम

उपरोक्त तीनों वस्तुओं को अच्छी तरह से मिलायें। मिलाने के लिए लड़की का प्रयोग करें। जहरीला चारा बनाने के लिए तली हुई चीजें, पके चावल, डबल रोटी एवं रोटी के टुकड़े जिसमें घी लगा हो, भी प्रयोग में लाये जा सकते हैं।

चारा रखने के स्थानों का चुनाव एवं चारा रखना : चूहे छिपने की जगह रसोइघर, भण्डार आदि ऐसे स्थानों की जहॉ चूहों के आने की अधिक संभावना रहती है, को ध्यान में रखकर चारा रखने के स्थानों का चुनाव करें। बिना जहर का चारा तैयार करें, जिसमें सिर्फ आटा और तेल ही मिला हो। इस चारे को 2–3 दिन तक निश्चित स्थानों पर रखें तथा देखें कि चूहे इस विषरहित चारे को खाने लगे है या नहीं तथा यह भी देखें कि किस स्थान पर विष रहित चारा अधिक खाते हैं। चौथे दिन रात को चारे में जहर मिला चारा उन स्थानों पर रखें, जहाँ पर चूहे विषरहित चारे को खाते हैं। प्रत्येक स्थान पर 25 ग्राम चारा रखें। सुबह बच्चों के जगने के पहले बचे हुए विषाक्त चारे एवं मरे हुए चूहों आदि को सावधानी से एकत्र कर जमीन के अन्दर गहरा दबा दें। अन्यथा बिल्ली, कुत्ते और अन्य पालतु जानवर बचा हुआ चारा खा सकते हैं।

(ख) खेतों में चूहों का नियंत्रण

खेतों में चूहों को नियंत्रित करने के लिए आवश्यक है कि उस क्षेत्र के सभी किसान एक साथ मिलकर इस काम को करें तो उत्तम होगा। इसके लिए पहले खेतों का सर्वेक्षण करना आवश्यक होगा।

1. **सर्वेक्षण :** चूहों का बिल खेतों में जगह–जगह पर पाये जाते है। इसलिए बिलों का पता लगाना आवश्यक है। खेत में जहाँ–जहाँ बिल पाये जाय, उन बिलों को कच्ची/गिली मिट्टी से बन्द कर दें और उस स्थान पर एक लकड़ी की झंडी लगायें। इससे दूसरे दिन परिश्रम एवं समय की बचत होगी, दुसरे दिन पुनः खेत का निरीक्षण करें तथा झंडी लगे स्थानों पर पहुँचकर देखें कि कौन सा बिल खुला है और कौन सा नहीं। जिन स्थानों के बिल खुले पाये जाये तो वहां झंडी लगी रहने दें और जहां पर बिल न खुले हों तो वहां से झंडी उखाड़ लें।
2. **चारा डालना :** चूहों को चारा का अभ्यस्त बनाने के लिए प्रत्येक चूहे वाले बिल के पास पहले दो दिन तक बिना जहर मिला चारा कम से कम 25 ग्राम प्रति बिल के हिसाब से रखें तथा देखें कि चूहों ने उस चारे को खाना शुरू किया या नहीं। यदि नही तो चारा बदल दीजिए। तीसरे दिन या चौथे दिन इन्हीं बिलों के पास जहर मिला चारा रखें।

3. **बिलों का धूम्रीकरण (Fumigaion)** : यदि विषाक्त चारा डालना सम्भव नहीं हो तो उन फसलों विशेषकर गन्ना या बड़ी और घनी फसलों में धूम्रीकरण उपयोगी होगा। इसके लिए निम्न उल्लेखित प्रयोग करें –

(क) एल्यूमीनियम फास्फाइड

यह सैल्फास या फासफ्यूम नाम से 3 ग्राम तथा 0.6 ग्राम की टिकिया (Tablate) मिलती है। 3 ग्राम की चौथाई टिकिया या 0.6 ग्राम की एक टिकिया बिलों के अन्दर डालकर मुँह गिली मिट्टी से बन्द कर दें।

(ख) साइमैग

सइनों गैंस, साइमैग या कैल्सियान के नाम से जहरीला चूर्ण मिलता है जिसे चूहा मारक यंत्र (रैट फ्मीगेटिंग पम्प) से बिलों में प्रवेश कराया जाता है तथा बिल को गिली मिट्टी से बन्द कर दिया जाता है। एक किलोग्राम चूर्ण 65–70 बिलों के लिए पर्याप्त होता है।

अन्य जहरीला चारा

(1) **बारफेरिन** : यह दवा स्टारफरिन या रेटाफरिन आदि नामों से बाजार में मिलती है। इसका मिश्रण निम्न प्रकार बनाया जाता है –

1.	बारफेरिन	– 25 ग्राम
2.	कुटा हुआ दाना (गेहूँ, मक्का, चावल आदि)–	450 ग्राम
3.	शक्कर	– 15 ग्राम
4.	तेल (कोई भी खाने वाला)	– 10 ग्राम

उपयोग : उपरोक्त बतलाई विधि से चारा तैयार करें। इस चारे को 100–200 ग्राम मिट्टी की तश्तरियों में रख कर खेत में स्थान–स्थान पर चूहों के बिलों के पास या घर में कमरें के कोने में रख देतें हैं। इसको थोड़ा–थोड़ा खाने के उपरान्त रक्तश्राव से चूहा मर जाता है। घरों में प्रयोग के लिए यह दवा सर्वोत्तम है। जहरीला चारा प्रयोग के पूर्व प्रलोभन चारा देना चाहिए।

(2) **बेरियम कार्बोनेट** : इस दवा से चूहों का नियंत्रण आसानी से किया जाता है। उसके लिए एक भाग रसायन 8 भाग आटा लेकर पानी के छींटे देकर खूब मिलाया जाता है। फिर 1–1 ग्राम की गोलियाँ बना ली जाती है। खेतों या घरों में इन गोलियों को जगह–जगह पर रख दी जाती है। चूहे इसे बड़े चाव से खाते हैं और खाने के 10 से 14 घंटे के भीतर मर जाते हैं। इसमें बेटसाइनेट नहीं होती । इसे रंग और गन्ध से चूहे नहीं पहचान सकते हैं।

(3) **बान्ध्य रसायन (Chemosterilant)** : ये ऐसे रसायन है जिनके खाने से चूहे नपुंसक हो जाते है। इनमें से फुराडैण्टीन 0.2 ग्राम एवं कोल्बीसीन 0.14 ग्राम प्रति चूहा क्रमशः नर एवं मादा को खीलाते हैं। इसके लिए साधारण तौर पर 1 टेबलेट फुराडैण्टीन तथा आधा टेबलेट कोल्वीसीन को खाद्य–पदार्थों में मिलाकर खिलाते हैं जिसमें दोनों (नर एवं मादा) ही में नपुंसकता पैदा हो जाती है।

चूहा नियंत्रण में सावधानियां

1. विष तथा विषयुक्त चारों को सदैव बच्चों की पहुँच से दूर रखना चाहिए।
2. विष चारा बनाते समय इस बात का ध्यान रहे कि विष साँस के साथ अन्दर न जाय या शरीर की त्वाचा पर न लगे।
3. जिंकफास्फाइड वाला चारा अच्छे हवादार कमरे में बनायें, लेकिन कमरे में तेज हवा नहीं आनी चाहिए।
4. पूरा काम समाप्त करने के बाद, चम्मच, कढ़ाई या विष मिलाने में काम आने वाली सभी समानों को अच्छी तरह साफ कर लें।
5. हाथों को साबून से अच्छी तरह धो लें तथा अंगुलियों के नाखून भी साफ कर लें।
6. विष के सभी बरतनों पर विष का लेबिल लगा दें। हो सके तो दस्तानों का प्रयोग करें।

चन्द्रशेखर आजाद कृषि एवं प्रौद्यगिक विश्वविद्यालय, कानपुर के कीट विज्ञान विभाग में खेत के चूहों को मारने के लिए एक समन्वित योजना (Integrated scheme) निकाली गई है जो काफी सफल है। यह निम्न प्रकार है –

पहले दिन	–	बिलों का सर्वेक्षण तथा उन्हें बन्द करना।
दुसरे दिन	–	खुले हुए बिलों के पास सादा चारा रखना।
तीसरे दिन	–	उपर वाली विधि दोहराना।
चौथे दिन	–	2 प्रतिशत जिंकफास्फाइड के चारे का प्रयोग करना।
पॉचवे दिन	–	बिलों में 0.3 ग्राम की एक या दो सेल्फॉस टेबलेट प्रति बिल की दर से धुमण करना।

बिलों में सादा चारा इसलिए रखते हैं कि चूहे शक्की स्वभाव के होते हैं। उसको अभ्यस्त (Habitual) करने के लिए ऐसा किया जाता है।

भारतीय कृषि अनुसंधान परिषद द्वारा चूहा नियंत्रण के लिए राष्ट्रीय स्तर पर प्रस्तावित कार्यक्रम की रूपरेखा का विवरण इस प्रकार है –

चूहा नियंत्रण का सामयिक विवरण

प्रथम चरण प्रशिक्षकों को प्रशिक्षण (चूहा नियंत्रण के विषय में) जनवरी–फरवरी

↓

विद्यार्थी दल
ग्रामीण समूह
युवव संघ

द्वितीय चरण समुदाय को चूहा नियंत्रण कार्यक्रम से अवगत करना तथा प्रेरित करना

↓

आकाशवाणी, दूर–दर्शन तथा स्थानीय कार्यक्रम
प्रक्षेत्र प्रचारक इकाई
प्रसार निदेशालय
कृषि निदेशालय

तृतीय चरण

चूहा नियंत्रण अभियान (समन्वित विधि द्वारा)

↓

- फसल प्रक्षेत्र
  - खरीफ (मई–जून)
  - रबी (सितम्बर–अक्टूबर)
- खलिहान
  - खरीफ (मई–जून)
  - रबी (सितम्बर–अक्टूबर)
- आवासीय गृह (मई–जून) → खरीफ (मई–जून)

चूहा नियंत्रण अभ्यिान का मूल्यांकन एवं पुनरावृति (आवश्यकतानुसार)

अध्याय 25

घरेलू कीट-पतंगें एवं नियंत्रण

घरों के अन्दर दो प्रकार के कीट–पतंगे पाये जाते हैं।

1. अन्न भण्डारण के समय हानि पहुँचाने वाले कीट।
2. घरों में रहने वाले अन्य कीट जो मनुष्यों को विभिन्न प्रकार से नुकसान पहुँचाते हैं।

अन्न भण्डारण में लगने वाले कीटों का विवरण इस पुस्तक के अन्य अध्याय में दिया जा चुका है। यहाँ केवल घर में रहने वाले अन्य कीट–पतंगों का विवरण दिया जा रहा है, जो हमारे स्वास्थ्य, घरेलू सामान एवं उसकी सुख–सुविधा को प्रभावित करते हैं।

मच्छर (Mosquito) :

उत्तरी एवं दक्षिणी ध्रुव को छोड़कर मच्छर पूरे विश्व में पाये जाते हैं। इनका निवास स्थान समुद्रतल से 4200 मीटर उँचे स्थानों से लेकर 1020 मीटर नीचे दक्षिण भारत में सोने की खानों तक में हैं। मच्छरों की तीन प्रजातियाँ – एनोफेलेस, क्यूलेक्स एवं एडेस महत्वपूर्ण हैं जो विभिन्न प्रकार की बीमारियाँ – मलेरिया, फाइलेरिया, डेंगू, एलोफीवर, इनसिफैलाइटिस फैलाते हैं।

इस मच्छर की मादा पानी की सतह पर एक–एक करके 200–400 अन्डे देती है। जिनसे 2–3 दिन में लार्वा निकल आते है। मच्छरों का जीवन–चक्र सामान्यतः उस समय मौजूद वातावरण के तापक्रम पर निर्भर करता है। शिशु जो पानी में तैरते रहते हैं, अपनी वृद्धि 2 दिन से लेकर 2 सप्ताह तक में करते हैं। इनका प्यूपा काल 2–3 दिन का होता है, उसके 2–3 दिन के पश्चात् व्यस्क कीट निकलता है। एक साल में मच्छरों की अनेक पीढ़िया हो सकती है। नर मच्छर का जीवन–चक्र मादा से छोटा होता है। मादा मच्छर ही खून चूसती हैं। जबकि नर

मच्छर शाकाहारी होता है और वह फूल का मकरकन्द, फल का जूस एवं पौधे के क्षतिग्रस्त भाग को खाता है। मादा मच्छर भी शाकाहरी होती है, परन्तु इसे प्रजनन के लिए खून की जरूरत पड़ती है।

नियंत्रण के उपाय : मच्छरों का नियंत्रण निम्न प्रकार से किया जा सकता है।

1. **शिशु मच्छरों का नियंत्रण** : शिशुओं का नियंत्रण उनके निवास स्थान पर ही करना उत्तम एवं सरल विधि है।
   (1) घर के अगल–बगल रूके हुए पानी को निकालकर सुखा देना ही उत्तम तरीका है।
   (2) यदि ऐसा करना सम्भव न हो तो 0.025 प्रतिशत मालाथियान 50 ई0सी0 घोल से पानी पर छिड़काव कर दें।
2. **प्रौढ़ मच्छरों का नियंत्रण** : घरों के आसपास उगी घास तथा खरपतवारों को साफ करते रहें और प्रत्येक सप्ताह 1.0 प्रतिशत मालाथियान घोल से छिड़काव करें। इसी सान्द्रता के घोल को घरों के अन्दर भी छिड़काव करें। अन्य कीटनाशक जैसे लिन्डेन 0.5 ग्राम फेनिट्रोथियान 2 ग्राम प्रति वर्ग मीटर की दर से छिड़काव करें। मच्छरों को नष्ट करने के लिए फ्लिट का छिड़काव कर सकते हैं। फ्लिट, पाइरेथ्रम एवं डी.डी.टी. का मिश्रण है।

मच्छरों से बचाव हेतु अन्य उपाय कर सकते हैं। जैसे –

1. मच्छरदानी का प्रयोग करें।
2. कीट प्रतिकर्षक (रिपेलेट्स) जैसे सिट्रोनेला का तेल या विभिन्न प्रकार की क्रीम जो बाजार में मिलती है, का प्रयोग करें।
3. घरों में खिड़कियों एवं रोशनदानों पर जाली लगवा दें।

घरेलू मक्खी (House fly)

घरेलू मक्खियाँ पूरे विश्व में पायी जाती है। खासतौर पर जहाँ जलवायु नम एवं उष्ण होती है। भारत में दो प्रजातियाँ बहुतायत से मिलती हैं। जैसे –

1. *मस्का नेबुलो (Musca nebulo wied.)*
2. *मस्का डोमेस्टिका (Musa domestica linn.)*

उपरोक्त में *मस्का नेबुलो अधिकांश* गर्म एवं नम जलवायु में पायी जाती है। इनकी वृद्धि गर्मी एवं बरसात में अधिक होती है। जाड़ें में इनकी जनसंख्या नगण्य रह जाती है। *मस्का डोमेस्टिका* ठंडी जलवायु विशेषतः हिमालय पर्वत श्रृंखला के अन्तर्गत एवं अन्य ठंडे स्थानों पर पायी जाती है।

मक्खियों द्वारा अनेक प्रकार की बीमारियाँ जैसे डायरिया, डिसेन्ट्री, कालरा, टायफाइड आदि फैलती है, इसके अतिरिक्त अनेक सूत्रकृमियों का पोषकजीव भी है।

जीवन–चक्र : नम एवं उष्ण जलवायु की सामान्य दशा में अण्डे से लेकर प्रौढ़ निकलने तक मक्खी का जीवन–चक्र 12–14 दिन में पूरा हो जाता है। मक्खियां अपने अण्डे कूड़ा–करकट, मलपदार्थ एवं गोबर के ढेरों में देती है। एक मक्खी 500 अण्डे दे सकती है। तापक्रम की दशा के अनुसार अण्डों से शिशु निकलने तक 12 घंटों से लेकर 12 दिन तक लग सकते हैं। शिशुकाल 6–8 दिन तक होता है। प्यूपा काल 4–5 दिन का होता है इसके पश्चात् प्रौढ़ निकल आता है। प्रौढ़ 20–30 दिन तक जिन्दा रह सकता है। ग्रीष्म ऋतु में घरेलू मक्खी की 10–12 पीढ़ियाँ तक हो सकती है।

नियंत्रण के उपायः मक्खियों से बचाव एवं नियंत्रण निम्न प्रकार से कर सकते हैं:

1. **खाद्यय पदार्थों को बचाना** : इस क्रिया को रेस्टोरेन्ट, मिठाई की दुकानों, दूध विक्रय केन्द्रों पर अपनाना सर्वोतम होता है। इसके लिए इन स्थानों को महीन तार की जालियों से सुरक्षित रखना चाहिए। घरों में रसोईधर को जालियों से सुरक्षित करें जिससे वे खाद्यय पदार्थों के सम्पर्क में नहीं आ सकते हैं और फैलने वाली बीमारियों के जीवाणुओं से खद्यय पदार्थ प्रदूषित नहीं होते हैं।
2. **प्रजन्न स्थलों का प्रबन्धन** : मक्खियाँ अपने अण्डे गोबर, मल–पदार्थ, कूड़ा–करकट आदि स्थानों पर देती है। इसलिए इन स्त्रोतों को सुखा दें, कूड़े–कचड़े को फैला दें, जिससे वह सूख जाय। गोबर को फैलाकर सुखा दें जिससे नमी न रहने पर अण्डे नहीं दिए जा सकते हैं। गोबर पर चूने का छिड़काव भी कर सकते हैं। कूड़े–कचड़े के ढेर का कैल्शियम बोरेट से उपचारित करें। इससे शिशुओं का नाश होता है।

3. प्रौढ़ मक्खियों का नियंत्रण

1. घरों के अन्दर मलाथियान 50 ई0सी0 या डायजिनान 2 प्रतिशत घोल या लिन्डेन 20 ई0सी0 1 प्रतिशत घोल 20 ई0सी0 से छिड़काव करने से इनको सफलता पूर्वक नियंत्रित किया जा सकता है।
2. खिड़कियों पर फ्लाई पेपर चिपका दें। इससे मक्खियां चिपककर मर जाती है।

3. मीठे दूध में 3 प्रतिशत फार्मलीन की कुछ बूदें डाल कर सुरक्षित स्थान पर रख दें। मक्खियां इस दूध को पीकर मर जायेगी।
4. ''वेगान वेट''का घरों में प्रयोग करें।
5. खिड़कियों एवं दरवाजों पर 3 प्रतिशत मालाथियान 50 ई0सी0 या 1.5 प्रतिशत डायजिनान का घोल पेन्ट में मिलाकर घोल दें। इससे मक्खियां सम्पर्क में आकर मर जायेगी।

तिलचट्‌टा (Cockroach) : काकरोच की तीन प्रजातियां प्रायः पाई जाती है।

(i) *पेरिप्लेनेटा अमेरिकाना (Periplaneta americana linn)*

(ii) *ब्लाटेल्ला ओरिएन्टेलिस ओरिएन्टल तिलचट्‌टा (Blattella orientalia linn)*

(iii) *ब्लाटेल्ला जेरेमेनिका* – जर्मन तिलचट्‌टा *(Blattella germanica linn)*

इनमें से *पेरिप्लेनेटा अमेरिकाना* प्रजाति आकार में सबसे बड़ा तथा जर्मन तिलचट्‌टा सबसे छोटा होता है। ये समस्त विश्व में पाये जाते हैं। इनकी वृद्धि उष्ण एवं नम जलवायु में सर्वाधिक होती है। तिलचट्‌टा प्रायः रसोईघरों, बेकरी, रेस्टोरेन्ट एवं सीवर पिट में पाये जाते हैं, क्योंकि इन स्थानों पर भोजन की उपलब्धि अधिक रहती है। अपने स्वभाव के अनुसार ये रात्रिचर एवं सर्वाहारी होते हैं। ये कपड़े, चमड़े के समान, किताबें एवं अन्य खाद्यय पदार्थों को नुकसान करते हैं।

जीवन–चक्र : बरसात के मौसम में जब जलवायु गर्म एवं नम होती है तो उस समय इनकी वृद्धि अधिक होती है। मादा'' ऊथिका'' जो सेम के आकार का कैपसूल होता है, के अन्दर 16 अण्डे देती है। ये ऊथिका कैपसूल दरवाजों या दीवालों से चिपके रहते हैं। गर्मी के महीने में पेरिप्लेनेटा के अण्डों से शिशु तीन सप्ताह में तथा जाड़ों में तीन महीनों में निकलते हैं। इनका शिशुकाल 3–10 माह का होता है, एक साल में पीढ़ी पूरी हो जाती है।

नियंत्रण के उपायः

1. तिलचट्‌टा का सरलतम एवं सस्ता नियंत्रण हैं, घरों में सफाई रखना एवं प्रकाश का उचित प्रबन्ध करना।
2. रात्रि के समय घरों में 5 प्रतिशत मालाथियान पाउडर का बुरकाव करें।
3. छिड़काव हेतु 0.5 प्रतिशत मालाथियान 50 ई0सी0 या क्लोरपारीफास 20 ई0सी0 का प्रयोग करें।

4. डाईक्लोरवास (76 ई0सी0) 0.5 प्रतिशत का भी छिड़काव कर सकते हैं।

झींगुर (Cricket) :

संसार में कई प्रकार के झींगुर पाये जाते हैं। इनमें से दो प्रमुख प्रजातियां हैः

(i) *ग्राइलोयड्स सिजिलेटस (Grylloides sigillatus linn)*

(ii) *अचेटा डामेस्टिकस (Acheta domesticus linn)*

उपरोक्त में से *अचेटा डामेस्टिकस* प्रजाति घरों में पायी जाती है। शिशु एवं प्रौढ़ दोनों ही कपड़ों, एवं श्रृगिकाएँ (Antannae) वस्तुओं को नुकसान पहुचाते हैं। इनके प्रौढ़ भूसे के रंग के एवं लम्बे एन्टिने वाले होते हैं। खेतों में झींगुर पौधों की जड़ें काटकर भूमिगत तनों एवं फलों को जो जमीन के पास हों, नुकसान करते हैं।

जीवन–चक्र : झींगुर पूरे वर्ष सक्रिय रहते हैं। बरसात के मौसम में इनकी वृद्धि अधिक होती है। झींगुर की मादा जमीन के अन्दर समूह में अण्डे देती है। घरों में फर्श या दीवालों की दरारों में अण्डे दिये जाते हैं। अण्डों से शिशु एक सप्ताह के अन्दर निकलते हैं। शिशु 3–4 माह में प्रौढ़ बन जाते हैं। प्रौढ़ रात्रिचर तथा सर्वाहारी होते हैं। वे एकाकी जीवन व्यतीत करते हैं।

नियंत्रण के उपायः

तिलचट्टा की भॉति इनको भी 5 प्रतिशत मालाथियान या कार्बारिल पाउडर को दीवालों के कोनों या फर्श पर रात्रि के समय भुरकाव करके नियंत्रित किया जा सकता है। भुरकाव करते समय ध्यान दें कि खाद्यय पदार्थ किसी प्रकार से इन कीटनाशकों से प्रदूषित न होने पाये।

खटमल (Bed bug) :

खटमल की दो प्रजातियाँ पायी जाती हैं।

(i) *सिमेक्स लेक्टूलेरिस (Cimx lectularius linn.)*

(ii) *सिमेक्स हेमिप्टरस (Cimx nemiptrus fiab.)*

खटमल पूरे विश्व में पाया जाता है। गन्दे स्थानों, घरों, मुर्गाघर, होटल, रेल के डिब्बो में प्रायः पाये जाते हैं। स्वभाव से ये रात्रिचर होते हैं। घरों में बिस्तरों, चारपाइयों, कपड़ों आदि में छिपे रहते हैं। रात्रि में इन स्थानों से निकलकर मुनष्यों, पशुओं एवं पोल्ट्री में पालतू चिड़ियों का रक्तपान करते है। इनके द्वारा चूसने वाले स्थानों पर अत्यधिक खुजली होती है तथा खुजलाते – खुजलाते उस स्थान पर सूजन आ जाती है।

जीवन–चक्र : खटमल का प्रजनन काल पूरे वर्ष रहता है और प्रजनन पर वातावरण का प्रभाव पड़ता है। ठंडा मौसम इनके प्रजन्न पर प्रतिकूल प्रभाव डालता है। मादा खटमल अपने जीवन–काल में 75–500 अण्डें दे सकती है। अण्डें सफेद रंग के लम्बे होते हैं जो चारपाइयों की दरारों, पायों की चूलो तथा पट्टियों पर चिपके रहते हैं। अण्डों से शिशु 6–17 दिन में निकलते हैं। शिशु 6–8 सप्ताह में प्रौढ़ का रूप धारण कर लेते हैं। प्रौढ़ का जीवन–काल 2–10 माह तक होता है तथा वे महोगनी बादामी रंग के होते हैं। पूरा जीवन–चक्र 15–50 सप्ताह में पूरा होता है। प्रौढ़ खटमल बिना भोजन के एक साल तक जीवित रह सकते हैं। अनुकूल परिस्थितियों में एक वर्ष में इनकी चार पीढ़ियाँ हो सकती है।

नियंत्रण के उपायः

1. घरों की सफाई इनके नियंत्रण का उत्तम साधन है।
2. विश्रामगृहों, होटलों, घरों आदि में प्रभावित फर्नीचर, बिस्तर गद्ढों को मालाथियान 50 ई0सी0 1 प्रतिशत या लिन्डेन 20 ई0सी0 0.1 प्रतिशत से उपचारित करें। घरों में कोनों, एवं अधेरें स्थानों को 0.1 प्रतिशत डायक्लोरवास 76 ई0सी0 से उपचारित करना अधिक प्रभावी होता है।
3. उपचार कई बार करें अन्यथा इनके पुनः स्थापित होने की सम्भावना रहती है।

जुओं (Louse) :

तीन प्रकार के जुऐं मनुष्यों को प्रभावित करते है।

(i) शरीर का जुआँ/चीलर (Body louse) – *पेडिकुलस ह्यूमनस (Pediculus humanus lin.)*

(ii) बाल का जुआं/चीलर (Hair louse) – *पेडिकुलस कैपिटिस (Pediculus capitisus lin.)*

(iii) कर्कट जुआं/चीलर (Crave louse/puvic louse) *पथीरस प्यूविस (Pathirus puvis lin.)*

जुऐं पूरे विश्व में पाये जाते है। खासतौर से झुग्गी–झोपड़ी एवं गन्दें घरों में रहने वाले मिलिटरी बैरक, जेलों, अनाथालयों आदि स्थानों पर जहाँ गन्दे आदमियों का जमावड़ा रहता है तथा बहुत कम सफाई होती है। यह खून चूसने वाले कीट होते है जो मनुष्य के शरीर एवं उसके गन्दे कपड़ों, सिर के बालों एवं प्यूविक हेअर को आच्छादित करते हैं। इनके द्वारा विभिन्न प्रकार की बीमारियां जैसे – टाइफर,

ज्वर आदि फैल जाता है। इनके द्वारा खून चूसे जाने वाले स्थान पर खुजली होती है जिससे उन स्थानों पर घाव बन जाते हैं। शरीर एवं वस्त्रों पर पाये जाने वाले जुऐं आकार में बड़े होते हैं, जबकि सिर में पाये जाने वाले जुऐं चींटी जैसे काले रंग के होते हैं और गन्दे सिर में इनके अण्डे बालों में चिपके रहते हैं।

जीवन–चक्र : प्रजनन काल पूरे वर्ष भर रहता है। सिर के बालों की मादा अण्डे सिर के बालों से चिपका देती है, जबकि शरीर पर पाये जाने वाले जुओं की मादा अपने अण्डे कपड़ों की सिलन पर चिपकाती है। इन अण्डों को अंग्रेजी में ''निट'' कहते है। बालों को आच्छादित करने वाली जुऐं की मादा अपने जीवन–काल में 50–100 अण्डे और शरीर पर पायी जाने वाली मादा 200–300 तक अण्डे देती है। अण्डों से शिशु 6–7 दिन में निकलते हैं। शिशु 1–4 सपताह में प्रौढ़ का रूप धारण कर लेते हैं। प्रौढ़ एक माह या उससे अधिक जीवित रहता है।

नियंत्रण के उपाय :

1. व्यक्तिगत सफाई जुऐं को दूर रखने का सर्वोत्तम उपाय है।
2. इनके आच्छादन हो जाने पर मालाथियान दो प्रतिशत अथवा लिन्डेन एक प्रतिशत पाउडर से उचारित करें।
3. सिर के जुओं के उपचार हेतु लिन्डेन 0.2 प्रतिशत को तेल में मिलाकर बालों में लगाने से सिर के जुऐं नष्ट हो जाते हैं।
4. पाइरेथ्रम को तेल में मिलाकर सिर में मालिश करने से भी जुऐं नष्ट हो जाते हैं।

पिस्सू (Rat flies) :

वैज्ञानिक नाम – *जीनोसाइला चिओपिस रोथसचिल्ड (Xenopsylla chiopis roths child)*

पसटेयूरेल्ला पेस्टिस (Pasteurella pestus)

पिस्सू पूरे संसार में पाया जाता है। पिस्सू प्लेग रोग फैलाने का कार्य करता है। जीवाणु (वैक्टीरिअम) पास्चुरेला पेस्टिस मनुष्यों में प्लेग फैलाने का कारक है। प्लेग 1896 में हांगकांग से भारतवर्ष में प्रवेश की थी। सन् 1896–1957 के बीच इन बीमारी से लाखों लोग काल–कलवित हो गये थे। सन् 1957 से इस रोग के फैलने में गिरावट आयी। 1957 से 1971 के बीच कहीं –कहीं पर इस रोग से मौतें हुई थीं। अब इस रोग के फैलने की सूचना नगण्य है।

पिस्सू का शरीर कठोर "काइटिन" नामक पदार्थ से ढका रहता है। इनमें चुभाने एवं चूसने वाले मुखांग होते हैं, ये पंख विहीन होते हैं। इनकी पिछली टांगे लम्बी होती हैं जो कूदने में सहायता करती है। प्रौढ़ पिस्सू मनुष्य के पैरों के ऊपर खून चूसने वाले स्थान पर अत्यधिक खुजली होती है और घाव भी बन जाते हैं।

जीवन–चक्र : इनका प्रजनन काल पूरे वर्ष भर रहता है। जाड़े के मौसम में प्रजनन की दर में कमी आ जाती है। मादा अण्डे धूल–गर्द, मानव के विस्तरों या जानवरों के शरीर पर अण्डे देती है। अण्डे से शिशु 2–14 दिन में निकल आते हैं। शिशुकाल 1–5 सप्ताह होता है। पूर्ण विकसित शिशु ककून बनाता है जिससे 1–5 सप्ताह में प्रौढ़ निकल आते हैं। दो सप्ताह से लेकर 2 वर्ष का समय विभिन्न दशाओं में एक पीढ़ी को पूरी होने में लग सकता है।

नियंत्रण के उपाय :

1. घरों को चूहों से मुक्त रखा जाय। सफाई एवं उचित रोशनी आवश्यक हैं।
2. घरों के फर्श एवं दीवार के एक फुट उँचाई तक लिन्डेन 1 प्रतिशत या मालाथियान 0.5 प्रतिशत घोल से छिड़काव करें।

चींटी (Ants) :

घरों में निम्न प्रकार की चीटियाँ पाई जाती हैं।

(i) घरेलू लाल चीटियां (Red house ants) – *डोरिलस लैबियटस (Dorylus labiatus shuckard)*

(ii) भूरी और छोटी चीटियां (Brown and small ants) – *मोनोमोरियम इन्डिकम (Monomorium indicum fiab.)*

(iii) काली चीटियां (Black ants) – *मोनोमोरियम डिस्ट्रक्टर* (Monomorium dustructor jerdon)

(iv) काली और बड़ी चीटियां (Black and large ants) – *कम्पोनोटस कमप्रेसस (Camponotus compressus fiab.)*

चीटियाँ पूरे विश्व में पायी जाती है और प्रत्येक गृहणी के लिए सिर दर्द होती हैं। कारण कि ये सभी प्रकार का भोजन एकत्र करती हैं तथा घरों में जगह–जगह पर फर्श पर छेद कर छत्ता जमीन के अन्दर बनाती है। मकान में जहाँ भी दरारें मिलती, चारों दीवारें अथवा छत हो ये अपना छत्ता बना लेती हैं। इससे फर्श खराब होती है तथा छतों से पानी टपकने लगता है। खाने वाली चीजें, गुड़, चीनी एवं मिठाई इनके प्रिय भोजन हैं। मरे हुए कीट पतंगों को भी भोजन के लिए एकत्र करती हैं। इनमें से नुकसान केवल श्रमिक करते हैं।

जीवन–चक्र : चीटियाँ सामाजिक कीट हैं। इनके परिवार में तीन प्रकार के सदस्य पाये जाते हैं, श्रमिक, नर एवं रानी। श्रमिकों की संख्या सबसे अधिक होती है। श्रमिक अविकसित मादा होती है। बरसात के दिनों में पंखधारी नर एवं मादा हवा में मैथुन क्रिया करते हैं। इस मैथुन क्रिया से नर मर भी सकता या नहीं भी। मैथुन के पश्चात् मादा जमीन पर उतर कर अपने पंख गिरा देती है तथा जमीन खोदकर एक गुहा का निर्माण करती है। गुहा का द्वार बन्द कर देती है। रानी जब अण्डे देती है और शिशु इन अण्डों से निकल कर प्रौढ़ बन जाते हैं तो ये प्रथम पीढ़ी कहलाती है। ये बन्द गुहा के मुख द्वार को खोल देते हैं जिससे भोजन की आपूर्ति शुरू हो जाती है। ऐसा अनुमान है कि चींटी की रानी 15 वर्ष तक जिन्दा रह सकती है।

नियंत्रण के उपायः

चींटी के नियंत्रण हेतु घरों में इनके द्वारा बनाये गये छेद को खोजकर उसमें इन्जेक्शन वाली पिचकारी से आवश्यक मात्रा में क्लोरपाइरीफासस 20 ई0सी0 का 0.5 प्रतिशत की सान्द्रता में प्रवेश करें। इससे चीटियों के परिवार नष्ट हो जाते हैं। यह एक विश्वसनीय एवं उत्तम कोटि का उपचार है। क्लोरपाइरीफास एक प्रभावशाली कीटनाशक है।

रेशम कीट पालक एवं प्रयोगशालाओं में इनसे बचाव हेतु मेजों की टांगों को लोहे की प्यालियों में, जिसमें किरोसीन या कीटनाशक युक्त पानी भरा हो, नीचे रखें। इससे चींटियां ऊपर नहीं चढ़ पायेगी तथा मेजों को दीवार से दूर रक्खें अन्यथा दीवार के सहारे मेज पर चढ़कर नुकसान करेंगी।

बर्रे (Wasps) :

दो प्रकार की बर्रे पायी जाती है –

(i) पोलिस्टिस हेब्रिअस *(Polistes hebraeus fiab.)* – पीली बर्रे
(ii) वेस्पा ओरियन्टेलिस *(Vespa orientalis linn)* – गहरे बादामी रंग की बर्रे

उपरोक्त में प्रथम का शरीर समान रूप से पीला होता है, जबकि द्वितीय बर्रे के उदर पर पीली धारियाँ पाई जाती है। पीली बर्रे आकार में छोटी होती है। दूसरी बर्रे आकार में बड़ी तथा जहरीली होती है। ये अपना छत्ता दीवारों के छेदों या छत पर बनाती है। इनका छत्ता कागज का बना होता है जिसे "पेपरी नेस्ट" कहते हैं।

बर्रे के प्रौढ़ पके फलों जैसे बेर, नाशपाती, आड़ू एवं अंगूर आदि को नुकसान पहुँचाते हैं। ये मधुपालकों के प्रमुख शत्रु हैं, क्योंकि ये उनके श्रमिकों को मारकर ले जाते हैं। घरों में छत्ते बनाने से इनके प्रौढ़ डंक मारकर पीड़ित करते हैं।

जीवन–चक्र : यह भी एक सामाजिक कीट है जो गर्मी के मौसम में अधिक सक्रिय रहता है। जाड़े के मौसम में निषेचित रानी, शीतनिष्क्रियता के रूप में गुजारती है। शीत ऋतु में समस्त श्रमिक एवं नर मर जाते हैं, केवल निषेचित रानी बचती है, जो बसन्तु ऋतु आते ही पुराने या नये छत्तों में अण्डे देना शुरू करती है। प्रथम पीढ़ी में जो शिशु अण्डे से निकलते हैं वे प्रौढ़ बन कर पूर्णतः रमिक होते हैं, जो आगे भोजन की व्यवस्था करते हैं। इनकी कई पीढ़ियाँ इस दौरान गुजर जाती हैं, अन्तिम पीढ़ी शरद ऋतु में होती है जिनमें नर मादा को निषेचित करके मर जाते हैं और निषेचित मादा (रानी) शीतनिष्यक्रियता में शीत् पार करती है। बसन्त ऋतु आते–आते पुनः सक्रिय हो जाती है।

नियंत्रण के उपायः

1. इनके छत्तों को नष्ट करना चाहिए।
2. कीटनाशक ट्राईक्लोरोफान (डिपटेरेक्स) को गुड़ या चीनी के शर्बत में मिलाकर जगह–2 पर पेपर कप या अन्य बर्तनों में भरकर लटका देने से नष्ट किया जाता है।

अध्याय 26

चिड़ियाँ एवं अन्य नाशक जीवों का नियंत्रण

फसल को नुकसान पहुंचाने वाले कारकों में चिड़ियों एवं स्तनधारी पशुओं का अपना प्रमुख स्थान है। कहीं–कहीं पर इन शत्रुओं के प्रकोप से उस क्षेत्र में फसलों का उत्पादन करना असम्भव हो जाता है। कभी–कभी फसलों को इतना नुकसान हो जाता है कि फसलों को उगाना बन्द करना पड़ता है। इसलिए इनके द्वारा किए जाने वाली क्षति को रोकने का नियंत्रण आवश्यक हो जाता है।

चिड़ियाँ (Birds) :

(1) कौवा :

कौवे की दो जातियाँ पायी जाती है।

(i) घरेलू कौवा (House-crow) – *कार्वस स्प्लेनडेन्स (corvus splendens vieillot)*

(ii) जंगली कौवा (Jungle-crow) – *कार्वस मैक्रोहेन्कस (corvus macrohynchos wagler)*

जंगली कौवे अधिकांशतः पहाड़ी क्षेत्रों में एवं घरेलू कौवे मैदानी भागों में अधिक मिलते हैं। जहां पर बाग–बगीचों की कमी होती है, वहां पर घरेलू कौवे शहरों एवं कस्बों में पेड़ों पर बसेरा करते है। कौवे भोजन की तलाश में दूर–दूर तक चले जाते है। कौवे सर्वाहारी होते हैं। फसलों एवं फलों को अत्यधिक नुकसान पहुंचाते हैं। मक्का इनकी सर्वप्रिय फसल है। अप्रैल से जून तक इनके प्रजनन का समय होता है। शहरों में घोसला बिजली के खम्भों पर बनाते हैं। जिसमें तार एवं कांटों की प्रधानता होती है, जबकि गाँवों एवं कस्बों में वृक्षों की डाली पर अण्डे देते हैं। इनके घोसलों में कोयल अण्डे देती है और जितने अण्डे घोसले में कोयल रखती

है। उतने ही कौवे के अण्डे बाहर फेक देती है। कौवे अपने अण्डे समझकर उनको सेते हैं तथा बच्चों का पालन पोषण करते हैं।

नियंत्रण के उपाय :

1. गावों में इनसे बचने के लिए किसान फसलों एवं फल के वृक्षों पर कौवे को मार कर टांग देते हैं, क्योंकि मरे हुए कौवे को देखकर जोर से आवाज करते हुए भाग जाते हैं।
2. इनके अण्डों को नष्ट करने का प्रयास करना चाहिए।
3. 5 भाग कार्बोफ्यूरान एवं 100 बीज (5.100 अनुपात से) बोने के समय मूंगफली के दानों को उपचारित करके बुवाई करें। यदि भूल से कौवों ने इन उपचारित बीजों को खाया तो मर जायेगे।
4. मक्का की फसल को बचाने के लिए भुट्टों को पत्ती से लपेट देते हैं।

डबलरोटी या चपाती को मिथाइल–पैराथियान 0.3 प्रतिशत या 2 प्रतिशत फेनथियान (लिवेसिड) के घोल में डुबो कर रखने से भी इनको नष्ट किया जा सकता है।

(2) बया पक्षी (Weaver-bird) : *प्लोसियस फिलिप्पाइनस (Ploceus philippinus linn)*

बया पक्षी की नर्सरी का प्रमुख शत्रु है। नर बया पक्षी तालाबों के पास खड़े बबूल, बेर, बांस या नरकुल की झाड़ियों में सुन्दर घोसले का निर्माण करते है। घोसलों के निर्माण के बाद मादा इनमें अण्डे 2–4 की संख्या में रखती है। इनके प्रजनन का समय मई से सितम्बर तक है। इनका कार्यकाल धान की बुवाई से कटाई तक है। धान उगाने वाले क्षेत्रों में अनके झुण्ड पाये जाते हैं। फसल उगाने के समय इनका देशान्तरण होता है।

नियंत्रण के उपायः

1. नर्सरी में धान को कार्बोफ्यूरान से उपचारित करके बोएं। विष एवं बीज का अनुपात 5:100 का रखें।
2. उनके घोसलों को नष्ट करते रहें।

(3) गौरेया (Sparow) – पेसर डॉमिस्टकस *(Passer domesticus linn.)*

इसको अंग्रेजी में हाउस स्पैरो (House-sparrow) कहते हैं। यह अधिकांशतः मानव निवास स्थानों के आसपास रहती है। प्रायः ये जोड़ी में रहते हैं। फसलों में इनका प्रकोप झुण्डों में होता है। ज्वार, बाजारा एवं धान इनका प्रिय भोजन है।

प्रायः घोसलें घरों में या उनके आसपास बनाते हैं। इनके प्रजनन का समय पूरा साल होता है और 3–5 अण्डें दिए जाते हैं। अनाजों के अतिरिक्त कीट–पतंगो, फलों की कलियाँ, रसोई घर का कचड़ा आदि खाने में तत्पर रहते हैं। इनका नियंत्रण निम्न प्रकार से करें।

नियंत्रण के उपायः

1. अण्डों को यदाकदा नष्ट करें।
2. बाजारा के दानों को 2 प्रतिशत फेन्थियान (लिवेंसिड) के घोल में भिगोंकर सुखा लें तथा बीजों को इनके निवास स्थान के आसपास कागज के प्यालों में रख दें। यह प्रक्रिया उस समय अधिक प्रभावी होती है, जब खेतों में फसलें न हो।
3. गेहूं की फसल जब दूधिया स्तर पर हो तो 0.6 प्रतिशत थीरस से छिड़काव करने पर ये फसल के पास नहीं आते है।

(4) मैना (Myna) : *एकिडोथेरिस ट्रिस्टिस (Acridotherus tristis linn.)*

प्रायः इनका स्थान मनुष्यों के निवास स्थान के आस–पास होता है। इनका प्रजनन काल अप्रैल से अगस्त तक होता है। घोंसला दीवारों या पेड़ों के छेद में बनाते है। इनका प्रकोप ज्वार, बाजरा की फसलों पर अधिक होता है। इनके भोजन में कीट पतंगों, केंचुआ, टिड्डें आदि हैं। एक बार में 4–5 अण्डों को सेते है।

नियंत्रण के उपायः

1. इनका घोसलों को नष्ट करें।
2. चपाती को 1 प्रतिशत फेन्थियान के घोल में डुबोकर रखने पर इनको नष्ट किया जा सकता है।

(5) तोता (Parrot) :

भारत में इसकी कई प्रजातियां पायी जाती है, जिसमें मुख्य निम्न उल्लेखित है–

(i) *सिटैकुला क्रेमेरी (Psittacula krameri)*

(ii) सिटैकुला नेपलेनसिस *(Psittacula neplensis)*

(iii) सिटैकुला फेसयेरस *(Psittacula fasciatus)*

तोता, फसलों जैसे–गेहूं, बाजरा, राई, मक्का सूर्यमुखी आदि एवं फलों विशेषकर आम एवं अमरूद का प्रधान शत्रु है। तोता अपने घोसला पेड़ो के तनों में बने छेदों में बनातें हैं। इनका प्रजनन काल दिसम्बर से अप्रैल तक होता है। एक बार में 4

से 6 अण्डें देते हैं। ये प्रायः झुण्ड में ही फसलों पर आक्रमण करते हैं। कहीं–कहीं किसानों ने सूर्यमुखी फसल को इनकी वजह से उगाना बन्द कर दिया है। अतः सूरजमुखी फसल में नुकसान को कम करने के लिए काफी बड़े क्षेत्र में उगाया जाय तभी सफलता मिल सकती है।

नियंत्रण के उपायः

1. घोसलों को 0.6 ग्राम एन्यूमीनियम फास्फाइड की टिकिया से प्रति घेसला की दर से धुम्रीकरण करें। टिकिया डालकर छेद का मुंह कच्ची मिट्‌टी से बन्द कर दें। यह क्रिया प्रजनन काल से ही की जाय।
2. इनको भगाने के लिए पेड़ों पर खाली टिन को बाँध कर रस्सी से खींचने पर अवाज होने पर भाग जाते हैं।
3. पटाखों या "वर्ड स्कैरर" से भी इनको फसलों से दूर रखा जाता है।
4. गुलेल (स्लिंगसाट) से कंकड़ पत्थर फेकने पर इनकों भगाया जाता है।
5. मक्का कि भुट्टों एवं सूर्यमुखी के छत्तों (कैपिटुलम) को मालाथियान 5 प्रतिशत पाउडर से छिड़काव करने पर तोते फसलों से दूर रहते हैं।

(6) कबूतर (Blue rock pigeon) : *कोलम्बा लिविया (Columba livia Gmelin)*

कबूतरों का निवास स्थान चर्च, मन्दिर, कुओं, रेलवे स्टेशन, पावर हाउस होते हैं। कबूतर अधिकांशतः झुण्ड में निवास करते हैं। भोजन की तलाश में दूर–दूरा तक चले जाते हैं। इनका प्रिय भोजन ज्वार, बाजरा, गेहूं, मक्का आदि है। बड़ी इमारतों या रेलवे स्टेशनों में इनसे विशेष परेशानी उठानी पड़ती है। इनके पंखों के झड़ने या इनके द्वारा मल–मूत्र त्याग करने से यात्रियों को असुविधा होती है। साथ ही फर्श को भी गंदा करते हैं। प्रजनन काल में 2 अण्डे दिए जाते है। इनका प्रजनन काल मार्च–जून एवं सितम्बर–अक्टूबर होता है।

नियंत्रण के उपायः

1. कुछ लोग कबूतरों के मांस के शौकीन होते हैं। अतएव इसके मांस हेतु इनको मार कर कम करना उचित होगा।
2. इनके अण्डों को नष्ट करना उत्तम होगा।
3. पावर हाउस में इनके द्वारा शार्ट सरकिट से बचने के लिए आवश्यक स्थानों पर जाली लगाई जाय।

4. इनका प्रिय भोजन बाजरा है। अतएव बाजरा को 2 प्रतिशत फेन्थिआन (लिवेसिड) के घोल में डुबोकर सुखा लें तथा इनके निवास स्थानों के पास उपचारित बाजरा को बिखेर दें।
5. राजस्थान के शहर जयपुर में कुछ लोग धार्मिक भावनाओं से ग्रसित होकर इनको सुबह के समय बाजरा खिलाने के लिए सड़कों पर छिड़कते है। इस प्रवृति को त्यागनें का प्रयास करना चाहिए।
6. बाजरा या ज्वार के बीज को कार्बोफ्यूरान से उपचारित करके बिखेर दें। विष एवं बीज को 5:100 के अनुपात में मिलायें।

2. स्थनधारी जीव (Mammats):

स्तनधारियों की अनेक जातियां फसलों एवं फलों को नुकसान पहुंचाती है। इनके नियंत्रण करने में अनेक बाधायें आती है। प्रमुख रूप से धार्मिक मान्यतायें है। जिससे इनके प्रकोप को चुपचाप बर्दाशत करना पड़ता है। प्रमुख रूप से स्तनधारी जो नुकसान करते है वे हैं :–

(1) नील गाय (Blue bull/Neelgai) : *बोसीलेफस ट्रैगोकैमलम (Baselaphus tragocomelus pallas)*

यह जन्तु किसी भी प्रकार से गाय से सम्बन्धित नहीं है। नील गाय आसाम एवं बंगलादेश में नहीं पायी जाती है। इसके नरों में सींग होते है तथा घोड़े के समान दिखायी पड़ते है। इनका पिछला हिस्सा अगले हिस्से की तुलना में नीचा है। नरों का रंग हल्का भूरा नीला लिए होता है। इसीलिए नील गाय कहते है। मादा इनकी तुलना में छोटी तथा ऊँट के रंग के समान होती हैं। ये प्रायः झुण्ड में विचरण करते है। एक झुण्ड में 4–15 सदस्य पाये जाते हैं, जिनमें नर, मादा एवं बच्चे शामिल होते है। इनका भोजनकाल पूर्वान्ह एवं अपरान्ह होता है। रात्रि में एक निश्चित स्थान पर निवास करते है। नील गाय को पानी की बहुत कम आवश्यकता होती है। यहां तक गर्म मौसम में भी पानी कम पीते है। इनका प्रजननकाल सभी मौसमों में होता है तथा गर्भकाल 8–9 महीने का होता हैं। भारत में घार्मिक भ्राँति के कारण गाय समझकर इनका वध नहीं किया जाता है। हालांकि इनकी जनंसख्या दिन प्रतिदिन कम होती जा रही है, फिर भी जहां पर पाये जाते हैं, वहां गेहूँ की फसल को काफी नुकसान करते है। इनका प्रिय भोजन महुंआ के फूल एवं बेर होते है। बेर की पत्तियों एवं फलों को चाव से खाते है। उत्तर प्रदेश एवं बिहार में कहीं–कहीं दिखायी पड़ते है।

नियंत्रण के उपायः

1. यदि सम्भव हो तो खेत को चारों ओर से कटीलें तारों से घेर दें।
2. आग जला कर भगाया जाय।
3. आच्छादित क्षेत्रों में मटर की अपर्णा प्रजाति उगायें। अपर्णा प्रजाति के पौधें में पत्तियों के स्थान पर टेन्ड्रिल बनते है जो नील गाय के नथुनों से छूने पर इनको दूर भगा देते है।
4. बन्दूक एवं हथगोलों से आवाज करके इनको भगाया जा सकता है।

(2) जंगली सुअर (Wild boar) : *सस स्क्रोफा क्रिसटेटस (Sus scrofa cristatus wagner)*

जंगली सुअर प्रायः झाड़ीदार एवं कम घने जंगलों में पाये जाते हैं, जहां घनी घास पर्याप्त मात्रा में हो। इनकी ऊंचाई करीब 90 सें.मी. एवं वजन 2–2.5 क्विंटल होता है। इनका रंग गहरा भूरा होता हैं। इनमें सूघने की त्रीव शक्ति होती है। नर एवं मादा में अन्तर यह होता है, कि नर में दांत थूथन के बाहर निकले होते है, जिन्हें अंग्रेजी में टस्क कहते है। ये ज्वार, बाजरा, एवं मक्का के खेतों में छिपे रहते है। इनके भोजन का समय सुबह तड़के या देर संध्या काल होता है। यह सर्वाहारी जीव है। फसलें विशेषकर मक्का, ज्वार, मूंगफली, आलू, शकरकन्द को भोजन के रूप मे पसन्द करते हैं। इनका प्रजनन काल सभी मौसमों में होता है। प्रजनन के समय नर के साथ मादा समूह में एकत्र होती है। इनका गर्भकाल 4 माह एवं एक मादा 4–6 बच्चें एक साथ पैदा करती है। बच्चों की देखभाल मादा करती है। प्रजनन के बाद नर अकेला रहता है या एक अथवा दो मादा के साथ एकान्त में रहता है।

नियंत्रण के उपायः

1. खेतों की रखवाली करें। चूंकि जंगली सुअर मनुष्यों की आवाज से भयभीत हो जाता है। इसलिए कई लोगों के ऊंची आवाज से डर कर भाग जाते हैं।
2. इनसे आच्छादित स्थानों पर शाम के समय आग जलायें। इससे ये भाग जाते हैं।
3. सुअर का प्रिय फल पका हुआ केला होता है। इसलिए इनको मारने के लिए पके केलों के छिलके को 2 ग्राम कार्बाफ्यूरान दानेदार दवा को प्रति छिलका के हिसाब से विषाक्त कर ढेर में इनके द्वारा नुकसान करने वाली फसलों के पास रख दें। कभी–कभी पालतु सूअर भी खेतों को नुकसान करते हैं।

इस प्रकार का नुकसान शहर एवं कस्बों के पास के खेतों में अधिक होता है। जहां शकरकन्द, आलू या मूंगफली भी उगाई जाती है। उनको भी इसी प्रकार मारा जा सकता है। ध्यान रहे पालतू सूअरों के विरूद्ध उपचार करने से पूर्व दवाई डालने के संकेत खेत पर अवश्य लगा दें।

4. आलुओं में छेद करके उसमें जिंक फास्फाइड दवा छेदों में भरकर रखने से इनको मारा जाता है।

(3) सेही (Indian porcupine) : *हिस्ट्रिक्स इन्डिका (Hystrix indica kerr.)*

अंग्रेजी में इसको मार्कूपाइन कहते हैं। सेही का शरीर लम्बे–लम्बे काटों से ढका होता है। यह कांटे अपने बचाव में काम में लाता हैं। सेही सभी प्रकार के स्थानों चाहे पहाड़ी क्षेत्र हो या मैदानी, सुखें स्थान से लेकर नम स्थानों तक इनका निवास स्थान पाया जाता है। सेही जमीन के अन्दर बिल बनाकर रहती हैं। विल के प्रवेशद्वार पर काफी मात्रा में मिट्टी व हड्डियां पड़ी रहती है। सेही इनको चबाकर चूने की कमी को पूरा करती है। चूने कांटो का निर्माण के लिए आवश्यक है। सेही को उत्तेजित करने पर अपने शरीर के काटों को खड़ाकर बड़ी तीव्र गति से शत्रु पर पीछे की ओर से आक्रमण करती है। सेही का प्रजननकाल वसंत ऋतु है। सेही 2–4 बच्चें पैदा करती है। इनके द्वारा सब्जियों, फसलों, फलों, मूंगफली, आलू, शकरकन्द आदि को विशेष नुकसान किया जाता है। दिन के समय झाड़ियों या घनी घास के स्थानों पर छिपी रहती है। ये रात्रिचर होती है। रात में भोजन की तलाश में निकलती है। कभी–कभी बगीचें की पक्की दीवाल के नीचे सुरंग बनाकर वांछित भोजन प्राप्त करने के लिए पहुंच जाती है।

नियंत्रण के उपायः

1. सेही को नष्ट करने के लिए बन्दूक का प्रयोग करें।
2. विषाक्त चारा इनके लिए उपयोगी नहीं है, क्योंकि इनकी सूंघने की शक्ति अधिक होती है जिससे विषाक्त चारे को नहीं खाते हैं।
3. इनको मारने के लिए सुरंगों को धूम्रीकरण करना चाहिए। इसके लिए एल्यूमीनियम फास्फाइड की 2 गोली प्रति सुरंग में डालकर प्रवेशद्वार को बन्द कर दें। यह कार्य प्रजनन काल में किया जाय।

(4) गीदड़ (Jackal) : *कैनिस आरियस (Canis aureus linn)*

इसको अंग्रेजी में ''जैकाल'' कहते है। गीदड़ शैतान प्रवृित के जन्तु होते हैं जो गन्ना, मक्का, खरबूजा, एवं तरबूज की फसलों को विशेषकर नुकसान करते हैं।

इनका वजन 10–11 किलो होता है। यह देखने में कुत्ते जैसा होता है। दिन में खेतों, बीहड़ों एवं खण्डहरों में छुपे रहते है तथा सूर्यास्त के समय भोजन के लिए निकलते हैं और अपनी उपस्थित तेज आवाज करके कराते हैं। फसलों के अलावा गीदड़ मरे हुए जानवरों के मांस पर भी निर्भर रहता है। पौधों से गिरे बेरो को भी खाता है। इस प्रकार गीदड़ एक सर्वाहारी प्राणी है। इनका प्रजनन पूरी साल होता है। बच्चों को सुरंग या किसी सुरक्षित स्थान पर पालते है। इनका औसत जीवनकाल 12 साल तक होता है। जंगलों के कटने के साथ ही इनकी भी जनसंख्या कम होती जा रही है।

नियंत्रण के उपायः

1. बन्दूक से मार कर या डरा कर फसलों से दूर करें।
2. गन्नें एवं खरबूजे की फसलों के पास, मांस के टुकड़ों को स्ट्रिकनिन क्लोराइड अथवा चूहामार दवा से विषाक्त कर रखने पर यह उपाय विषेश कारगर साबित हुआ है।

(5) बन्दर (Monkey) : *मकाऊ मुलाटा (Macacu mulata), रहेलस मैचागुरे (Rhelus machagurie और सेमनोपिथेकस फुटेलस (Semnopithecus futellus)* तीन प्रजातियां पायी जाती है।

इनको बोल चाल की भाषा में लाल बन्दर कहते हैं, क्योंकि इसका पिछला हिस्सा लाल होता है। बन्दर बड़े–बड़े झुण्डों में रहते हैं। इनका निवास स्थान गाँवों, कस्बों, धार्मिक स्थानों, मन्दिरों, बाग–बगीचों जहां भोजन की उपलब्धि होती है, रहते हैं। इनके लिए पानी का स्त्रोत होना भी आवश्यक है। इनके द्वारा मक्का, मूंगफली, गन्ना आदि फसलों एवं फलों जैसे–आम, अमरूद, पके केले, बेर आदि को नुकसान पहुंचाया जाता है। ये चोर प्रवृति के भी होते है। मन्दिरों एवं घरों में घुस कर खाने–पीने का सामान उठाना आमबात है। कभी–कभी शैतानी में कपड़े आदि उठा ले जाते है और जब तक इनको खाने–पीने का समान नहीं दिया जाता, तब तक उसको वापस नहीं देते है। धार्मिक स्थलों पर पायें जाने वाले बन्दर बहुत ही निडर होते है। इनका प्रजननकाल अगस्त–सितम्बर होता है जिससे मार्च–मई में बच्चे पैदा होते है। इनका सामाजिक जीवन शक्त होता है। एक नर झुण्ड का प्रधान होता है।

नियंत्रण के उपायः

इनको मारने में हिन्दू समाज की धार्मिक प्रकृति आड़े आती है। अतः इनके द्वारा होने वाली हानि को रखवाली करके बचाया जा सकता है।

(6) चमगादड़ (Flying foxes) : इनकी दो जातियां, फल, चमगादर – *प्टसेपस जिगेन्टियस (Pteropus giganteus)* और छोटे चमगादड़ – *साइन्पटेरस स्फीन्स (Cynopterus sphinx)* मिलती है।

अंग्रेजी मेंइनकी "वैट" कहते है। ये उड़ने वाले स्तनधारी है। ये रात्रिचर होते हैं। दिन में ऊंचे पेड़ों, जैसे – बरगद, इमली आदि की छायादार वृक्षों पर छिपें रहते हैं। उत्तरी भारत में आम, अमरूद, सेब, नाशपाती, आडू आदि फसलों को इनके द्वारा नुकसान पहुंचाया जाता हैं, जबकि दक्षिणी भारत में नारियल की फसल को नुकसान करते है। इनके द्वारा फल खाकर एवं गिराकर अधिक नुकसान होता है। इनमें विलक्षण श्रवण शक्ति होती है। चमगादड़ विभिन्न स्थानों पर फलों के पकने के समयानुसार अल्पकालिक देशान्तरण भी करते हैं। इनके बसेरे एक निश्चित स्थान पर होते हैं एवं यदाकदा उनको बदलते नहीं है। पेड़ों पर ये उल्टें लटके रहते हैं। इनके शरीर की लम्बाई 8–10 इंच तक होती है, लेकिन टहनें (पंख) काफी लम्बे होते है जो दूर–दूर तक उड़ने में सहयता करते हैं।

नियंत्रण के उपायः

इनसे बचाव के लिए विभिन्न प्रकार के तरकीवें काम में लायी जाती हैं। जैसे आवाज करके दूर भगाना, रात्रि में बगीचों में रोशनी करके, खाली कनस्तरों को जगह–जगह पेड़ों पर टांग कर उनमें लकड़ी को इसतरह बांधते है कि रखवाला एक ही स्थान पर बैठे कनस्तरों में बंधी रस्सियों को खीचने पर एक साथ आवाज होती है। इस तरकीब से भी इनको भगाया जाता है परन्तु ये इनके आदी हो जाते हैं।

2. चिड़ियाँ भगाने वाली मशीन (वर्ड स्कैरर) जो एक अन्तराल पर पटाखें जैसी आवाज करती है, से भी इनको दूर भगाया जाता है।
3. इनके बसेरों पर इनको बन्दूक से मारना उत्तम होगा।
4. विस्फोटकों से इनके बसेरे नष्ट करना चाहिए।

(7) खरगोश एवं खरहा (Hare) : *लेपस रूफिकोडेटस (Lepus ruficaudatus Goef)*, खरहा *(Rabbit)* – *लेपस निग्रीकोल्लिस (Lepus nigricolliscuvier)*

दोनों का अन्तर यह है कि खरगोश जमीन में सुरंग बनाकर रहते हैं जबकि खरहा (हेअर) झाड़ियों में रहते हैं। दोनों ही फसलों को नुकसान पहुंचाते हैं। फसलें जब छोटी आयु की होती हैं तो इनका विशेष प्रभाव पड़ता है। जंगलों से लगे खेत विशेष रूप से प्रभावित होते है। यह रात्रिचर होते हैं।

नियंत्रण के उपायः

1. खरगोश एवं खरहा को मारने के लिए मानव पुतला बनाकर खेतों में खड़ा कर देते हैं।
2. खेतों की रखवाली करना उत्तम होता है। इसके लिए मानव के चिल्लाने की आवाज टेप रिकार्ड करके आवाज करना भी उत्तम होगा।
3. खरगोश के विलों में साइनोगैसंग की जाय। इससे छोटे बच्चे नष्ट हो जायेगें।
4. खरहो को कुत्तों से शिकर करवाना ठीक होता है।

अध्याय 27

नाशक कीटों में कीटनाशकों के प्रति प्रतिरोध प्रवृति

देश में हरित क्रान्ति के बाद अनेक आधुनिक उपगमनों का उपयोग एवं विविध तकनीकों के समन्वित विकास के फलस्वरूप खाद्यान्न उत्पादन में आशातीत् वृद्धि हुई है। इन्हीं में से एक कीटनाशक रसायनों का समायोचित प्रयोग भी अत्यन्त महत्वपूर्ण है। जैसे–जैसे कीटनाशक रसायनों के प्रयोग में वृद्धि की गयी, वैसे–वैसे ही कीटों में कीटनाशक रसायनों के विषाक्त प्रभाव को सहन करने की क्षमता का विकास होता गया। इसी के साथ ऐसे नए कीटों की प्रजातियों का प्रादुर्भाव हुआ जो प्रयोग किए जा रहे कीटनाशक रसायन की मात्रा के प्रति अधिक सीमा तक प्रतिरोधी थी। कीटों में कीटनाशक रसायन के प्रति प्रतिरोधक क्षमता को निम्न रूप में परिभाषित किया जा सकता है। **''कीटों में इस प्रकार की क्षमता का विकास हो जाना जिसके कारण वह पूर्व में प्रयोग किए जाने वाले कीटनाशक रसायन एवं उसकी निश्चित मात्रा पर भी जीवित रह सकता है''**। प्रायः यह क्षमता मात्र कुछ कीटों में ही विकसित हो पाती है और वही कीट उस रसायन के प्रति प्रतिरोधी होते हैं।

प्रतिरोध क्षमता का वर्गीकरण

प्रतिरोध क्षमता को निम्नलिखित तीन प्रकार से वर्गीकृति किया गया है –

1. प्रतिरोधी क्षमता की उत्पत्ति के आधार पर

(क) अनुवांशिक प्रतिरोधी (Genotypic resistance) : कीटनाशक रसायन की मात्रा कई पीड़ियों में वरण के फलस्वरूप बढ़ती है और यह अनुवांशिक प्रतिरोध होता है।

(ख) ओज प्रतिरोध (Vigour/phenotypic resistance) : कीटों में बढ़े हुए ओज, सहिष्णुता, खाद्य पदार्थों की उपलब्धता, तापमान एवं आर्द्रता जैसे कारकों के फलस्वरूप कीटनाशक रसायन की मात्रा बढ़ जाती है। इसे ओज प्रतिरोध कहते हैं।

2. प्रतिरोध क्रियाविधि की सकल स्थिति के आधार पर

(क) बाह्य प्रतिरोधी क्षमता (External resistance)
(ख) अन्तः प्रतिरोधी क्षमता (Internal resistance)

3. प्रतिरोध की क्रियाविधि की प्रकृति के आधार पर

(क) व्यवहारपरक प्रतिरोधी (Behavioristic resistance)
(ख) जीवरसायनिक प्रतिरोधी (Biochemical resistance)
(ग) जीव–भौतिक प्रतिरोधी (Biophysical resistance)
(घ) शरीर क्रियामक प्रतिरोधी (Physiological resistance)

कीट प्रतिरोध क्षमता से निपटने का उपाय व रणनीति

1. कीटनाशक रसायनों का न्यायसंगत उपयोग (Judicious use of insecticides)

कीटनाशक रसायनों के अविवेकीय एवं अंधाधुन्ध उपयोग से सदैव बचना चाहिए। यदि कीटनाशक रसायनों का उपयोग जरूरत के समय ही किया जाये तो इस प्रकार की समस्या उप्तन्न ही नहीं होगी। साथ ही साथ कीटों के संख्या की समय–समय पर निगरानी (Monitoring) करते रहना चाहिए। यदि कीटों की संख्या आर्थिक दहेली को पार करे, तभी कीटनाशक रसायनों का उपयोग करना चाहिए एवं हमेशा चयनित (Selective) व योग्य (Efficient) कीटनाशक रसायनों का प्रयोग उसकी निर्धारित/अनुशंसित (Recommended) मात्रा में ही करना चाहिए।

2. कीटनाशक रसायनों की अदला–बदली (Alteration of insecticides)

नाशक कीटों में प्रतिरोध क्षमता से निपटने के लिए लगातार काम में लाये जा रहे कीटनाशक के स्थान पर दुसरे कीटनाशक समूह के रसायन को काम में लाना चाहिए। नये विकसित कीटनाशक रसायनों का उपयोग करना भी लाभप्रद रहता है।

3. योगवाही का उपयोग (Use of synergist)

योगवाही (Synergist) किसी भी कीटनाशक रसायन की विषाक्तता (Toxicity) को बढ़ा देता है तथा इसके द्वारा विषाक्तता को कम करने की कीटों की आंतरिक प्रकृति में भी कमी आती है। ये कई कीटनाशकों के साथ मिश्रण के रूप में काम में लाये जाते हैं तथा इनका (कीटनाशक और योगवाही) अनुपात 10:1 होता है।

अध्याय 28

समेकित कीट प्रबन्धन : महत्व एवं उपयोगिता

समस्त विश्व आज जब जनसंख्या की अभिवृद्धि के कारण समस्या से जूझ रहा है और अधिक खाद्यान्न उत्पादन की दिशा में प्रयत्नशील है, तब नाशक कीटों के द्वारा होने वाली हानियां उसके इस प्रयास को अवरूद्ध करती है। एक अनुमान के अनुसार नाशक कीटों के द्वारा 10 से 30 प्रतिशत तक फसलों उपज का नुकसान होता है। इस नुकसान को रोकने के लिए हमारे देश में लगभग 90 हजार मिट्रिक टन जीवनाशकों/पीड़कनाशकों (Pesticides) का प्रयोग प्रतिवर्ष होता है जिसका कुल 36 प्रतिशत आंध्र प्रदेश राज्य में और इनमें से सिर्फ 54 प्रतिशत कपास की फसल में होता है। परन्तु यह समस्या पूर्ववत् शोचनीय है।

द्वितीय विश्व युद्ध के पश्चात् डी0डी0टी0 और बी0एच0सी0 के अविष्कार के समय यह संभावना जगी कि कीटों के हानियों से हमेशा के लिए मुक्ति मिल जाएगी। तब से आज तक के 60 वर्षों में विभिन्न प्रकार के नये–नये कीटनाशक विकसित हुए हैं, परन्तु कीटों के द्वारा नुकसान लगातार जारी है। सोचनीय की बात यह है कि 504 कीट की प्रजातियां इन कीटनाशकों के एक या समूह के प्रतिरोध क्षमता विकसित कर चुकी है जिसमें 12 प्रजातियां सभी विकसित कीटनाशकों के प्रति प्रतिरोधी क्षमता रखती है। पीड़कनाशकों के प्रयोग से लगभग 30 लाख व्यक्ति प्रतिवर्ष तीब्र जहर के शिकार होते हैं जिनमें से 2 लाख 25 हजार लोगों की तो मौत हो जाती है। कृषि श्रमिकों की हालत और भी दयनीय है, एक रिपोर्ट के अनुसार विश्व के लगभग 2 करोड़ 40 लाख श्रमिक प्रति वर्ष इन जहर के शिकार होते हैं जो चिकित्सीय उपचार के बाद ही स्वस्थ्य हो पाते हैं।

कीटनाशक का उपयोग एवं कीटों का प्रकोप

फसल	कीटनाशक का भाग (%)	फसल क्षेत्र का भाग (%)	मुख्य कीटों का प्रकोप
कपास	51.6	5	हेलियोथिस आर्मीजेरा सफेद मक्खी, माईट
गन्ना	2.3	2	पायरिला
धान	17.2	24	फूदका, गौलमीज, सैनिक कीट
फल एवं सब्जियां	13.2	3	स्पाइडर माईट, आम का फूदका
रोपित फसलें	7.8	2	----
अनाज, तिलहन दलहन	6.7	58	प्ररोह मक्खी (ज्वार) हेलियोथिस आर्मिजेरा
अन्य फसल	1.2	6	----

कीटनाशकों के अविवेकीय एवं अंधाधुन्ध उपयोग के भयंकर परिणाम धीरे–धीरे सामने आये हैं। ये खाद्य–ऋृंखला में संचित हो जाते हैं जिससे वातावरण प्रदुषित हो रहा है जो कि विभिन्न तरिकों से मानव समुदाय एवं अन्य जीव–जन्तुओं को नुकसान पहुँचा रहे हैं जैसे –

1. कीटों में कीटनाशकों की सामान्य निर्धारित मात्राओं के विरूद्ध प्रतिरोध उत्पन्न होना तथा पहले कीटनाशक के स्थान पर उपयोग किये जाने वाले दुसरे कीटनाशक के प्रति भी प्रतिरोध उत्पन्न होना।
2. लाभदायक कीटों का विनाश।
3. उपचारित कीटों का पुनरूत्थान/प्रादुर्भाव।
4. गौण नाशक कीटों का प्रकोप या आर्थिक चेतावनी स्तर पर आना।
5. विषाक्त अवशेषों का खाद्यान्न, चारे और पर्यावरण में अवशेष विद्यमान रहना।
6. मनुष्यों, जीव–जन्तुओं व वातावरण/पर्यावरण को भारी नुकसान।

समेकित कीट प्रबन्धन क्या है :-

कीट नियंत्रण विधियों का अब तक उपयोग कीटों के उन्मूलन के उद्देश्य से ही किया जा रहा था, परन्तु अब पारिस्थितिकी के ज्ञान के कारण यह विचारधारा बदल गयी है। अब आवश्यकता यह है कि नाशक कीटों का उन्मूलन न करके ऐसा

प्रबन्ध किया जाये कि इन कठिनाइयों से बचा जा सके। ऐसे समय में "एकीकृत कीट प्रबन्धन" अथवा "समाकलित कीट प्रबन्धन" अथवा "समेकित कीट प्रबन्धन" अथवा "कीट प्रबन्धन" का सिद्दान्त सहायक सिद्द होगा।

समेकित कीट प्रबन्धन में कीट नियंत्रण की परम्परागत एवं नवीन विधियों का ऐसा सहयोजन है, जो आर्थिक, सामाजिक और पारिस्थितिक परिणामों को सुरक्षित रखते हुए कीट नियंत्रण में सहायक होगा। कीट नियंत्रण के लिए इस व्यवस्था की एक श्रेष्ट योजना के रूप में स्वीकार कर लिया गया है।

भारत के कृषि मंत्रालय के वनस्पतिक रक्षा, संगरोध एवं संग्रह निदेशालय के अन्तर्गत केन्द्रीय एकीकृत नाशीजीव में प्रकाशित पत्रक के द्वारा साभार –

1. यह कृषकों की, कृषकों द्वारा और कृषकों के लिए कीट प्रबन्ध की सक्षम तकनीक है।
2. यह कृषकों की कृषि रक्षा के लिए सही निर्णय लेने की क्षमता प्रदान करती है।
3. यह कम लागत पर भरपूर उत्पादन लेने की तकनीक है।
4. यह रासायनिक कीटनाशकों के दुष्प्रभाव को समाप्त व कम करने की विधि है।
5. यह गतिशील व फसल सुरक्षा की आधुनिक शिक्षा प्रणाली है।
6. यह एक कृषक क्रॉन्ति व सामाजिक आन्दोलन है।
7. इस तकनीक में रासायनिक कीटनाशकों का कम से कम प्रयोग किया जाता है।

समेकित कीट प्रबन्धन क्यों ?

1. पर्यावरण का प्राकृतिक संतुलन बनाए रखने के लिए।
2. कीटनाशकों से होने वाले पर्यावरण प्रदुषण को रोकने के लिए।
3. कीटों में कीटनाशकों के प्रति बढ़ती प्रतिरोध क्षमता को रोकने के लिए।
4. कीटनाशकों के अविवेकीय एवं अंधाधुन्ध प्रयोग से मित्र कीटों का विनाश एवं नए नाशक कीटों का उद्‌भव रोकने के लिए।
5. कीटनाशकों से बढ़ती दुर्घटनाओं एवं स्वस्थ्य समस्याओं को रोकने के लिए।
6. मित्र व लाभदायक कीटों के संरक्षण के लिए।
7. कीटनाशकों का खाद्य पदार्थों, चारे एवं पानी आदि में अवशेष को रोकने के लिए।

8. कृषक समुदाय में मित्र कीटों के संरक्षण व संवर्धन के प्रति जागरूकता बढ़ाने के लिए।
8. कीटनाशकों के अत्यधिक एवं अविवेकपूर्ण प्रयोग को हतोत्साहित करने के लिए।
10. विषरहित एवं स्वच्छ कृषि उत्पाद का स्तर बनाए रखने के लिए।

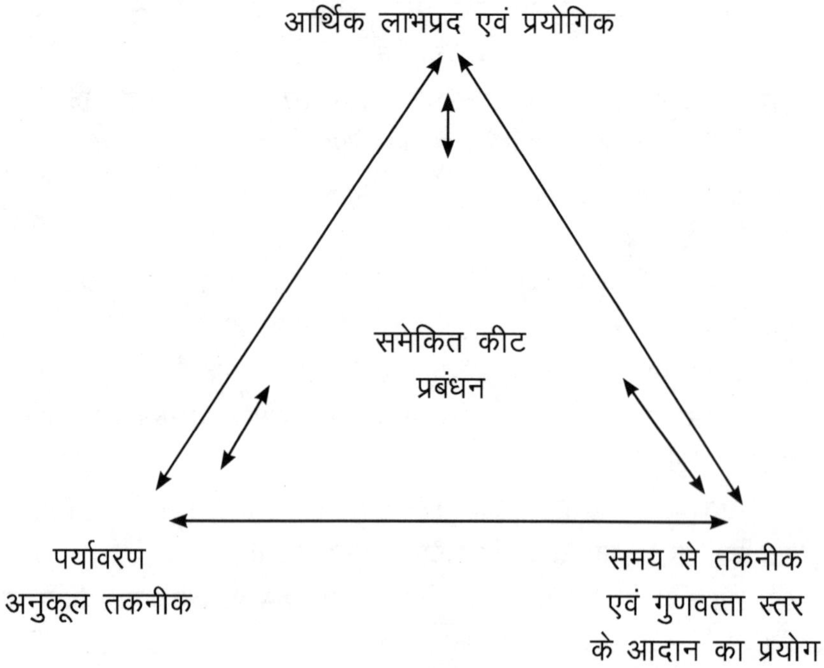

चित्र : समेकित कीट प्रबंधन क्यों ?

समेकित कीट प्रबन्धन कैसा हो ?

1. नाशक कीटों का प्रभावशाली नियंत्रण।
2. आर्थिक रूप से लाभप्रद।
3. साधारण एवं परिवर्तनीय।
4. सुसंगत नियंत्रण तकनीकों/पद्धतियों का प्रयोग।
5. उत्पादन स्तर को कायम रखने में सक्षम।
6. उत्पादक, उपभोक्ता एवं पर्यावरण में कम से कम हानिकारक प्रभाव छोड़ना।

समेकित कीट प्रबन्धन की शक्ति एवं आधार

1. खेतों में नाशक कीटों से कई गुणा अधिक विभिन्न प्रकार के मित्र कीट होते हैं जो फसल की सुरक्षा करते हैं।

2. फसल में नाशक कीटों एवं अन्य प्रतिकूल प्रस्थितियों से होने वाली क्षति की पूर्ति करने की असीम क्षमता होती है।
3. समेकित कीट प्रबंध से पारिस्थितिकी तंत्र (Ecosystem) एवं पर्यावरण की सुरक्षा होती है।

समेकित कीट प्रबन्धन के तथ्य :

कीटनाशकों के दुष्परिणाम से बचने के लिए एवं सफल कीट प्रबंध के लिए निम्न उल्लेखित तथ्यों का गहन चिंतन अत्यन्त आवश्यक है –

1. **कृषि पारिस्थितिकी तंत्र (Agro-ecosystem) का पूर्ण ज्ञान** : कृषि तंत्र प्राकृतिक पारिस्थितिक तंत्र की अपेक्षा कम जटिल होता है। एक विकसित कृषि इकाई/क्षेत्र में एक से चार तक मुख्य फसलें होती है जो 6 से 10 तक मुख्य हानिकारक कीटों के द्वारा प्रभावित होती है, जबकि प्रकृति में अनेकों फसलें होती है और विभिन्न तरह के कीट, रोग व नाशक जीव अपना जीवन इन पर निर्वाह कर प्रत्यक्ष और अप्रत्यक्ष रूप से इनको नुकसान करते हैं। अतः मौसम व मनुष्य के द्वारा वातावरण में हुए अचानक परिवर्तन से कृषि तंत्र प्रभावित होता है, जबकि प्राकृतिक तंत्र में काफी निश्चिलता होती है।
2. **कृषि पारिस्थितिकी तंत्र की योजना** : फसल एवं उनके किस्म विशेष को उगाने के पहले उसमें लगने वाले कीटों एवं बीमारियों की पूर्ण जानकारी होना आवश्यक है। जहाँ तक संभव हो प्रतिरोधक किस्मों को ही प्राथमिकता देना चाहिए जिससे कीटनाशकों के प्रयोग से बचा जा सके।
3. **फसल की सहनाशीलता का ज्ञान होना** : प्रत्येक फसल में जैविक एवं अजैविक कारकों से होने वाले नुकसान को सहन करने की प्राकृतिक क्षमता विद्यमान रहती है। अतः फसल के प्रत्येक भाग में कीट द्वारा होने वाले नुकसान की उपज में कमी के रूप में गणना करना आवश्यक है जिससे आर्थिक क्षति/चेतावनी स्तर का निर्धारण हो सके। प्रकृति में फसल की पूर्ण क्षमता उपज के रूप में प्रकट नहीं हो सकती है, क्योंकि हवा, पानी, तापक्रम एवं अन्य माध्यमों से फसल की उपज का नुकसान हमेशा होता है।
4. **कुछ कीटों को खेत में अवश्य छोड़ना** : नाशक कीटों का नियंत्रण करने के लिए प्रकृति में अनेक मित्र कीट पाये जाते हैं। इन मित्र कीटों की अधिक संख्या में बढ़ने के लिए हानिकारक कीटों की कुछ संख्या खेत में रहना अत्यन्त आवश्यक है जिससे मित्र कीटों की सतत् भोजन मिलता रहे। अतः नाशक कीटों को समाप्त करने के स्थान पर आर्थिक क्षति स्तर से नीचे लाने के लिए ध्यान देना चाहिए।

5. **सही समय पर एवं उपयुक्त मात्रा के अनुसार कीटनाशकों का प्रयोगः** कीटनाशकों के प्रयोग से अच्छे परिणाम प्राप्त करने के लिए नाशक कीट की आर्थिक क्षति स्तर का ज्ञान होना आवश्यक है और इसी स्तर पर इनके प्रयोग की संस्तुति की जाती है। कीटनाशकों का चयन कीट के नुकसान की प्रकृति, वातावरण और फसल की प्रकृति पर निर्भर करता हैं, साथ ही फसल की उँचाई के अनुसार भी कीटनाशक के छिड़काव घोल की मात्रा घटती–बढ़ती रहती है। साथ ही कीटनाशकों की अनुशंसित मात्रा प्रति इकाई क्षेत्रफल के अनुसार प्रयोग करना चाहिए। उचित तरीके से किया गया एक छिड़काव, अनुचित तरीके से किये गये कई छिड़कावों से अधिक लाभकारी सावित होता है।
6. **कीमत/लाभ एवं लाभ/हानि की जानकारी** : उत्पादन में उपयोग होने वाले कीटनाशकों से यदि फसल बढ़ती है तो उसका श्रेय कीटनाशक को मिलता है, जबकि कीटनाशक तो केवल कीट के नुकसान को कम करता है और फसल को उसकी क्षमता प्रदर्शित करने में मदद करता है जिससे फसल लागत बढ़ती है। अतः कीट नुकसान की संभावना कीट संख्या एवं फसल–चक्र के आधार पर विश्लेषण के लिए प्रेरित करती है। कृषक कीटनाशकों के उपयोग में अपना एवं अपने श्रमिकों का ही ध्यान रखता है, जबकि इसके अवशेष से समाज को होने वाले नुकसान का भी पूर्ण ध्यान अत्यन्त आवश्यक है।
7. **कीट प्रबंध के विषय में जन–जागृति पैदा करना** : कीटनाशकों से होने वाले दुष्प्रभावों को जन–आंदोलन के रूप में उजागर कर विकल्प के रूप में समेकित/समन्वित कीट प्रबंध को विशेषताओं पर जोर देना चाहिए। कीट प्रबंध की विधियों की प्रदर्शन के माध्यम से कृषकों को दिखाना चाहिए। साथ ही सरकारी नीतियों को भी समेकित कीट प्रबंध के अनुकूल होना चाहिए। जैसे वातावरण को क्षति पहुँचाने वाले कीटनाशकों का पंजीकरण न हो, वनस्पतिक/जैविक कीटनाशकों का पंजीकरण शीघ्र हो व उन पर अनुदान हो इत्यादि।

फसल सुरक्षा पद्दति :

विश्व के अनेक देशों में उगाये जाने वाली विभिन्न फसलों को कीट के नुकसान से बचाने के लिए किये जाने वाले उपचार को विश्लेषित कर उन्हें पाँच भागों में बाँटा जा सकता है :

1. **जीवन उपाय अवस्था** : इस अवस्था में वे कृषक शामिल होते हैं जो अपनी फसलों में कीट नियंत्रण के लिए उन्नत सस्य क्रियाओं, प्राकृतिक शत्रुओं, फसल प्रतिरोध क्षमता एवं यांत्रिक विधि या अपने भाग्य पर निर्भर रहते हैं। कीटनाशक का उपयोग कभी–कभी ही होता है।
2. **स्वार्थपूरक अवस्था** : नयी–नयी किस्मों के विकास, नये क्षेत्र व बाजार व्यवस्था के विकास के साथ ही कीट नुकसान भी बढ़ जाता है। जिससे बचने के लिए फसल सुरक्षा पद्दति भी विकसित हो जाती है। ऐसी अवस्था में कीटनाशकों का अविवेकपूर्ण प्रयोग होता है और कीट नियंत्रण पूर्णतया रसायनों पर निर्भर रहता है। इसका प्रयोग अक्सर या निश्चित कार्यक्रम के तहत या बचाव के रूप में होता है। कीट संख्या उपस्थित होने या न होने से फसल सुरक्षा पद्दति यहीं रहती है। आरंम्भिक तौर पर ये कार्यक्रम सफल होते हैं एवं इससे उत्पादन में वृद्धि होती है, परन्तु साथ ही साथ कीटनाशक रासायनों के प्रयोग में भी अविवेकपूर्ण वृद्धि होती है।
3. **सन्देह अवस्था** : कीटनाशकों के अविवेकपूर्ण एवं अन्धाधुन्ध प्रयोग से अनेक समस्यायें उत्पन्न होती है। कीट नियंत्रण के लिए जल्दी–जल्दी एवं अधिक मात्रा में कीटनाशकों का प्रयोग करने से उत्पादन लागत बढ़ जाती है, साथ ही कीटों में इसके प्रति प्रतिरोध क्षमता भी विकसित हो जाती है जिससे इन कीटों के नियंत्रण में परेशानी होती है व नयी–नयी कीट की प्रजातियां आर्थिक क्षति स्तर के पास पहुँचने लगती है।
4. **विपत्ति की अवस्था** : इस अवस्था में कीटनाशक रासायनों के प्रयोग इतना अधिक तक बढ़ जाता है कि खेती करना लाभप्रद नहीं रहता है या फिर ऐसी जगह/क्षेत्र पर फसल पैदा करना सम्भव नहीं रहता, क्योंकि कीटनाशकों के हानिकारक अवशेष मिट्टी में विद्यमान रहते हैं, जिससे फसलें सफलतापूर्वक नहीं उगायी जा सकती है। ऐसे क्षेत्रों में उगी हुई फसलों एव फसलोत्पादों को उपभोक्ता उपयोग में लेने से हिचकने लगता है और वहाँ पर प्राकृतिक कीट नियंत्रण पद्दति पूर्णतया नष्ट हो जाती है।
5. **समेकित/एकीकृत नियंत्रण अवस्था** : उपरोक्त सभी अवस्थाओं से बचने का एक ही उपाय व तरीका है समन्वित कीट प्रबंध। इस सुरक्षा पद्दति में पाये जाने वाले मित्र कीटों की पहचान कर कीट नियंत्रण की अन्य विधियों के साथ मिलाकर प्रयोग किया जाए, साथ ही कीटनाशकों के उचित उपयोग पर ही बल दिया जाए। इन सबका परिणाम यह होगा कि कीटनाशकों पर निभर्रता कम होगी, वातावरण प्रंदूषण से मुक्त रहेगा, हानिकारक अवशेषों से

होने वाले दृष्प्रभावों से बचने में सहायता मिलेगी, उत्पादन स्तर बना रहेगा और प्रभावी कीट प्रबंध व्यवस्था का विकास हो सकेगा।

आर्थिक निर्णय स्तर :

कीट की प्रजातियां प्रकृति में हमेशा विद्यमान रहती है और फसलों पर ही अपना जीवन निर्वाह करते हैं। इनके द्वारा होने वाली प्रत्येक क्षति आर्थिक रूप में नुकसानदायक नहीं होती। कीटों की संख्या जब इतनी अधिक हो जाए की उनसे फसल को आर्थिक नुकसान होने लगे तभी रासायनिक कीटनाशकों का प्रयोग करना चाहिए। कीटों की संख्या के आधार पर आर्थिक निर्णय स्तर को निम्नलिखित चारा भागों में बांट सकते हैं :–

1. **सामान्य साम्यक अवस्था** : कीटों की कुछ संख्या प्रकृति में हमेशा पायी जाती है। यह संख्या अस्थायी नियंत्रण के तरीकों से प्रभावित नहीं होती, जबकि परजीवी, परभक्षी और जैविक कारकों से यह संख्या घटती–बढ़ती रहती है, परन्तु आर्थिक चेतावनी दहेली के पास कभी नहीं पहुँच पाती है। अतः इनके द्वारा होने वाले नुकसान का कोई महत्व नही होता।
    1. समान्य साम्यक अवस्था,
    2. आर्थिक चेतावनी देहली,
    3. आर्थिक नुकासान स्तर, तथा
    4. परिवर्तित साम्यक अवस्था।

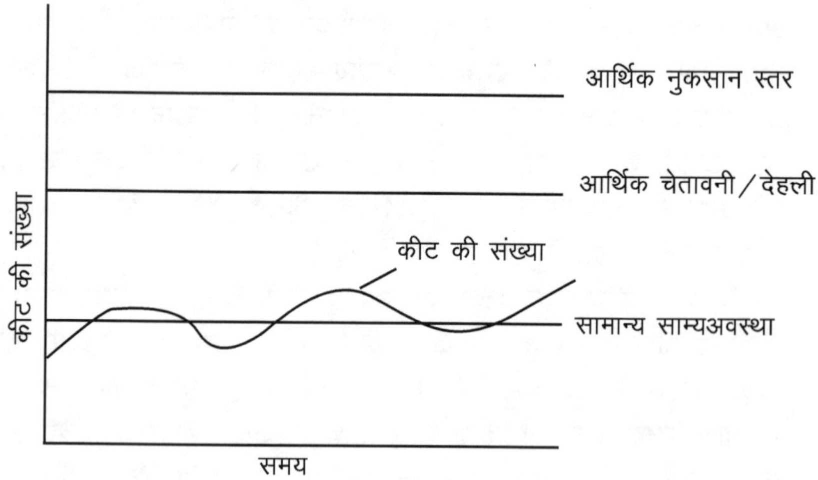

चित्र : आर्थिक निर्णय स्तर।

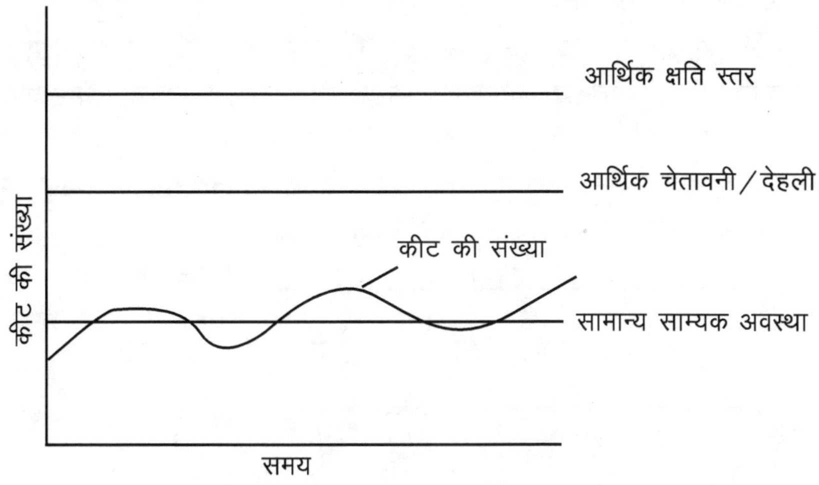

चित्र : सामान्य साम्यक अवस्था।

2. **आर्थिक चेतावनी** : कीटों की वह संख्या जिस पर नियंत्रण के तरीकों खासकर कीटनाशक का प्रयोग आवश्यक हो जाता है, आर्थिक चेतावनी स्तर कहलाता है। यह स्तर, साम्यक अवस्था से हमेशा उपर रहता है और यदि यहाँ पर कीटनाशकों का प्रयोग नहीं किया जाय तो कीटों की ये संख्या आर्थिक क्षति स्तर तक पहुँच सकती है।

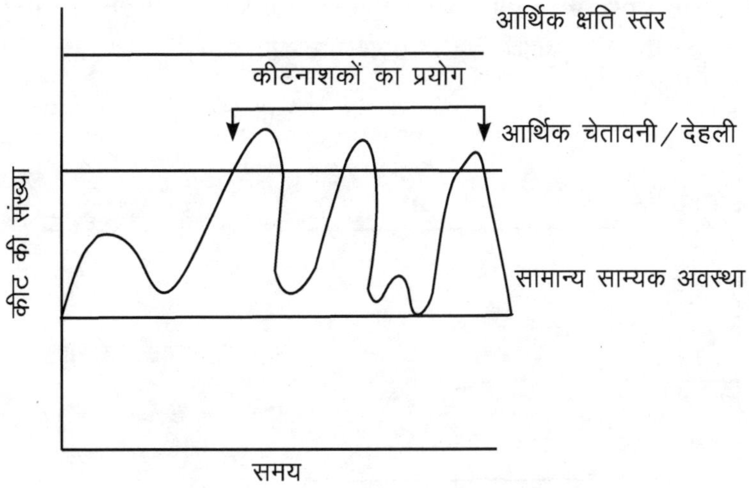

चित्र : आर्थिक चेतावनी / देहली।

3. **आर्थिक क्षति स्तर** : कीटों की वह संख्या जिसके द्वारा होने वाली क्षति आर्थिक रूप से नुकसानदायक होती है, आर्थिक क्षति/नुकसान स्तर कहलाती है। अतः यह कीट की संख्या को फसल सहन नहीं कर पाती एवं प्रभावशाली कीट नियंत्रण आवश्यक हो जाता है। यह स्तर फसल की प्रकृति, कीमत, पैदावार एवं स्थान विशेष पर परिवर्तित होता रहता है। अतः प्रत्येक क्षेत्र के लिए यह स्तर अलग–अलग होता है।

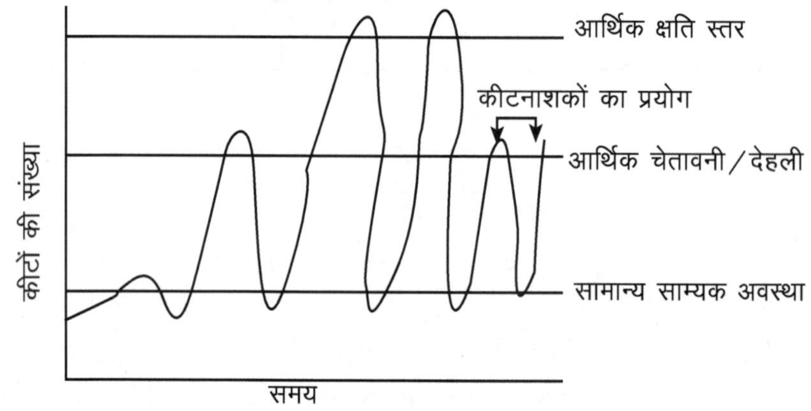

चित्र 3: आर्थिक क्षति स्तर

4. **परिवर्तित साम्य अवस्था** : कुछ कीटों की बहुत कम संख्या ही चेतावनी का सूचक होती है और ये कीट अचानक किसी क्षेत्र विशेष में आते हैं तथा फसल को नष्ट करके आगे बढ़ जाते हैं। अतः ऐसे कीटों की संख्या सामान्य स्तर के नीचे रखी जाती है, उदाहरण–टिड्डी दल।

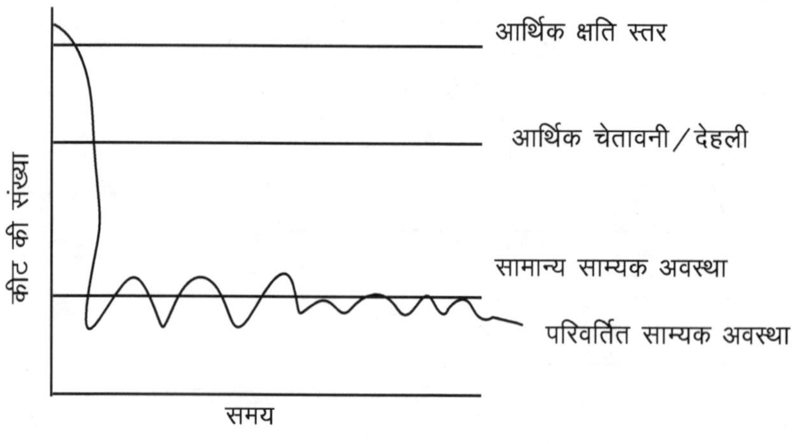

चित्र 4: परिवर्तित साम्यक अवस्था।

नाशक जीव/हानिकारक जीव (Pest)

इस शब्द का अभिप्राय उन जीव–जन्तुओं से है जिनसे मनुष्य के लाभ व हित का नुकसान हो। अतः इस शब्द की सीमा बहुत बड़ी है जिनमुं कीट, फफूंद, जीवाणु, विषाणु, सूत्रकृमि, चूहा, चिड़िया एवं मनुष्य व जानवर सभी हो सकते हैं। उदाहरण स्वरूप किसान द्वारा उगायी गयी फसल को कीट नुकसान पहुँचाते हैं या फिर चोर द्वारा नुकसान हो, दोनों के द्वारा आर्थिक नुकसान होता है। अतः हानिकारक जीव समय के साथ बदलता रहता है।

आर्थिक निर्णय स्तर के आधार पर नाशक कीटों को निम्नलिखित चार श्रेणियों में विभक्त कर सकते हैं –

1. मुख्य हानिकारक कीट,
2. संभावित हानिकारक कीट,
3. समर्थ हानिकारक कीट,
4. स्थान बदल कर रहने वाले कीट

1. **मुख्य हानिकारक कीट** : कृषि पारिस्थितिकी तंत्र में कई प्रकार की कीट प्रजातियां पायी जाती है, परन्तु उनमें से एक या दो प्रत्येक वर्ष फसल को आर्थिक नुकसान पहुँचाती है जो कि नियंत्रण करने पर सामान्य साम्यक अवस्था में आ जाती है।
2. **संभावित हानिकारक कीट** : इस प्रकार के कीट क्षेत्र व समय विशेष पर ही आर्थिक नुकसान पहुँचाते हैं। ऐसे नाशक कीटों की मित्र कीट पूर्ण रूप से नियंत्रित रखते हैं, परन्तु इन मित्र कीटों के नष्ट होने से इस तरह के हानिकारक कीट आर्थिक चेतावनी या नुकसान/क्षति स्तर पर पहुँच जाते हैं।
3. **समर्थ हानिकारक कीट** : प्रकृति में विभिन्न प्रकार की कीट प्रजातियां होती है जो अपने भोजन एवं आश्रय के लिए आपस में प्रतिस्पर्धा करती रहती है तथा अपनी उर्जा यहीं नष्ट कर देती है, परन्तु कीटनाशकों के प्रयोग से यह प्रतिस्पर्धा कम या समाप्त हो जाती है, क्योंकि कीटों की एक या कुछ प्रजातियां नष्ट हो जाती है जिससे बची हुई कीट प्रजातियां आर्थिक नुकसान करने लगती है।
4. **स्थान बदल कर रहने वाले हानिकारक कीट** : इस प्रकार के कीट दुसरे क्षेत्रों से काफी संख्या में आते हैं और नुकसान करके चले जाते हैं, जैसे – टिड्डी (Locust)।

समेकित कीट प्रबंधन के क्रियान्वयन में बाधाएँ :

हमारे देश व राज्यों में समेकित कीट प्रबंधन कार्यक्रम को कृषकों तक पहुँचाने एवं इसे अधिक से अधिक लोकप्रिय बनाने में अनेक प्रकार की बाधाएँ हैं जो निम्न उल्लेखित है –

1. **संस्थागत बाधाएँ** : समेकित कीट नियंत्रण कार्यक्रम विभिन्न विभागों संस्थानों के परस्पर समन्वय के द्वारा सफलतापूर्वक संचालित एवं क्रियान्वित किया जा सकता है। विभिन्न विभागों के मध्य किसी भी तरह के असंतुलन से कार्यक्रम के क्रियान्वयन में विघ्न उत्पन्न होता है। अनुसंधान एवं प्रसार विभागों के मध्य सकारात्मक सोच के साथ इस कार्यक्रम को आगे बढ़ाने की भावना अत्यन्त आवश्यक है तभी यह कार्यक्रम सफलता से क्रियान्वित होगा।
2. **सूचनागत बाधाएँ** : कृषकों एवं प्रसार कार्यकर्ताओं तक सही सूचनाओं का उपयुक्त व सही समय तक पहुँचाना अतिआवश्यक है जिसकी सर्वत्र कमी महसूस होती है। प्रायः सूचनाओं का सही समय तक प्रसारित न होना इस कार्यक्रम की सफलता में बड़ी बाधा उत्पन्न करता है।
3. **सामाजिक बाधाएँ** : कीटनाशक निर्माता कम्पनियों और विक्रेताओं का लुभावना व आकर्षक प्रचार कार्यक्रम, विभिन्न प्रकार के कीटनाशकों की बाजार में सहज उपलब्धता, इनके उपयोग में आसानी एवं शीघ्र परिणाम कृषकों को इसी की ओर अधिक आकर्षित करते हैं जिसके कारण कीटनाशकों का प्रयोग अधिक मात्रा में होता है तथा समेकित कीट प्रबन्धन कार्यक्रम की ओर अपेक्षाकृत कम ध्यान आकृष्ट होता है।

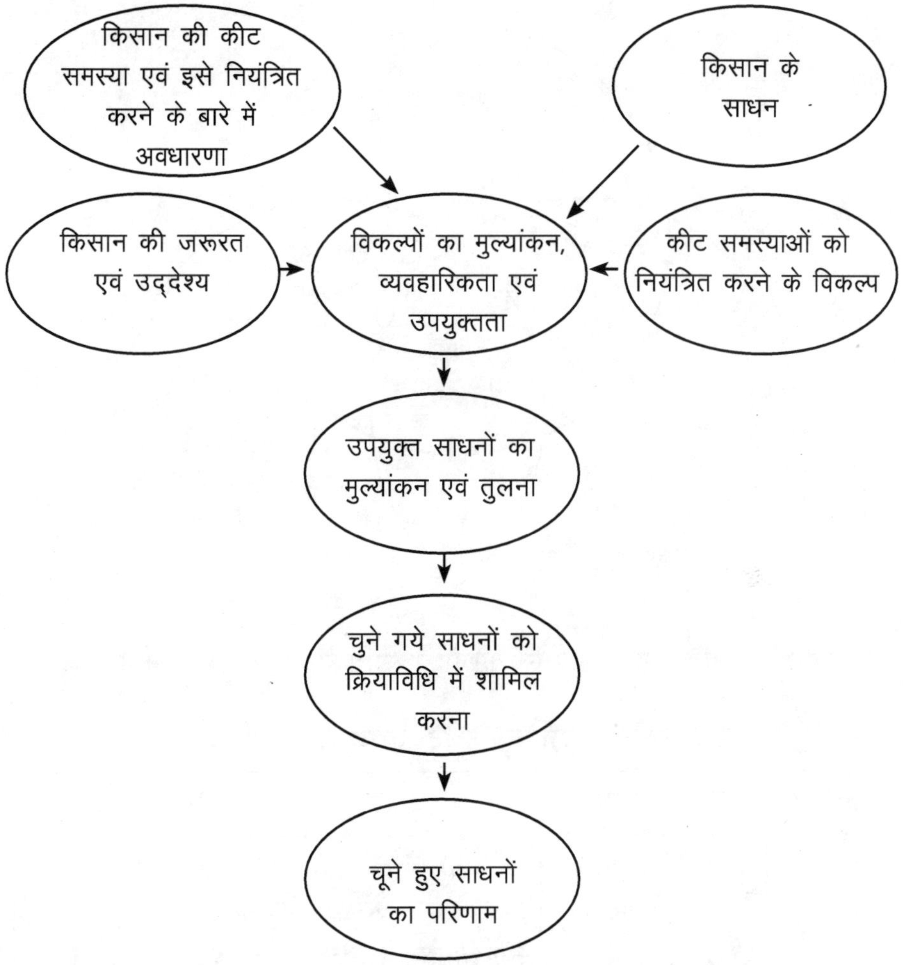

चित्र : समेकित कीट प्रबंधन में निर्णय लेने की प्रक्रिया।

4. **आर्थिक बाधाएँ** : समेकित कीट प्रबन्धन पद्दति को अपनाने के लिए गहन प्रशिक्षण, साधन और प्रचार–प्रसार की आवश्यकता पड़ती है जो कि इस कार्यक्रम के कार्यान्वयन की सफलता में सबसे बड़ी बाधा है।
5. **राजनैतिक बाधाएँ** : प्रायः राष्ट्रीय एवं प्रान्तीय स्तर पर कृषि कार्यक्रमों में पादप संरक्षण कार्य को कम महत्व दिया जाता है। अतः नीति निर्धारकों एवं जिम्मेदार अधिकारियों का इस ओर कम ध्यान आकृष्ट होता है। इसी प्रकार रसायनिक दवा निर्माताओं का सरकार से तालमेल अच्छा होता है तथा इससे भी समेकित कीट प्रबंध कार्यक्रम के सफलता में विघ्न उत्पन्न होता है।

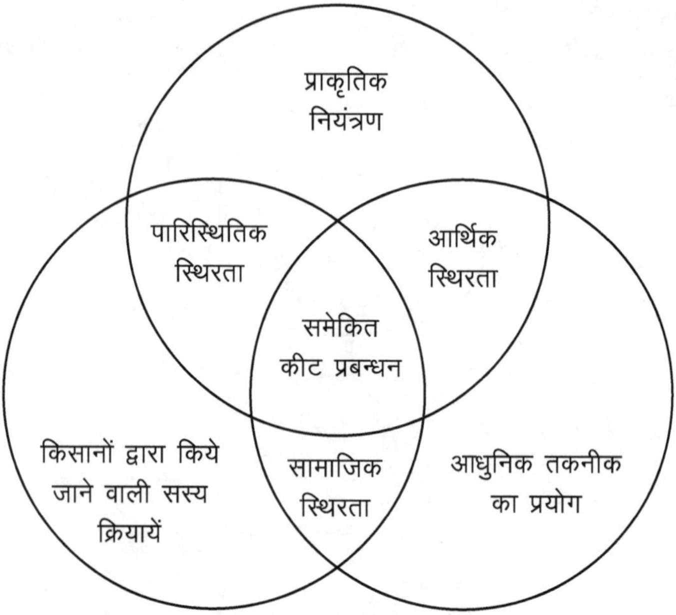

चित्र : समेकित कीट प्रबंधन की पारिस्थितिकीय स्थिरता में भूमिका

सफलतम समेकित कीट प्रबन्धन कार्यक्रम

फसल	कीट की समस्या	प्रबन्धन के तरीके
गन्ना	बेधक कीट, पायरिला, शल्क कीट	प्रतिरोधी किस्मों का प्रयोग परजीव्याम् *ट्राइकोग्रामा* एवं *एपीरीक्रेनी मेलेनोल्यूका, आइसाटोमा जावेन्सीस* का बड़ी संख्या में मोचन, आवश्यकता आधारित कीनाशक का प्रयोग।
कपास	बालवार्म, जैसिड, सफेद मक्खी	न्यूक्लीयर पाली हेड्रोसिस बायरस (एनपीवी) का छिड़काव, परभक्षी *क्राइसोपा,* परजीव्याम *ट्राइकोग्रामा* एवं *ब्रेकन* का मोचन, आवश्यकता आधारित कीटनाशक का उपयोग।
धान	फुदका, तना बेधक, गाल मीज	प्रतिरोधक किस्में, नाशक कीट सर्वेक्षण, जैविक कारकों का संरक्षण व भारी संख्या में मोचन, कर्षण क्रियायें।

क्रमश...

मूँगफली	सफेद लट	कर्षण क्रियायें एवं यांत्रिक विधि, बीज का उपचार।
फूलगोभी / पत्तागोभी	लेपीडोप्टेरान कीट, हीरक पृष्ठ शलभ (डी0वी0एम0)	जैविक कारकों का उपयोग, ट्रेप फसलें लगाना, आवश्यकता आधारित सुरक्षित कीटनाशक का उपयोग, नीम व बी0टी0 का प्रयोग।
आम	पत्ती फुदका, चूर्णी मत्कुण	पेड़ की खुदाई, तने पर चिपचिपा पदार्थ लगाना, फफूंद युक्त कीटनाशक।
नींबू, अंगूर अमरूद	चूर्णी मत्कुण	बड़े पैमाने पर *क्रिप्टोलमस* जाति एवं लेप्टोमेस्ट्रीक्स *डिक्टेलोपाई* का मोचन।

(स्त्रोत : Crop pest management, the environment friendly way, ICAR, New Delhi)

समेकित कीट प्रबंधन कार्यक्रम की स्थापना :

समेकित कीट प्रबंधन कार्यक्रम की स्थापना के लिए निम्नलिखित महत्वपूर्ण कारकों का अध्ययन आवश्यक है –

1. **मुख्य नाशक कीटों की पहचान** : किसी भी कृषि पारिस्थितिक तंत्र (Agro-ecosystem) को कई कीट हानि नहीं पहुँचाते हैं, लेकिन इनमें से केवल एक या दो ही मुख्य होते हैं, जिनका यदि नियंत्रण न किया जाए तो उनसे फसल को अत्यधिक क्षति पहुँचती है। यही वे कीट हैं जिन्हें मुख्य नाशक कीट के रूप में जाना जाता है तथा इन्हीं के चारों ओर नाशक कीट प्रबन्धन अथवा नाशक जीव व्यवस्था विकसित की जाती है। जैसे कपास का वालवर्म, सफेद मक्खी, आम का फुदका आदि।
2. **कीटों को प्रभावित करने वाले कारक** : पारिस्थितिक तंत्र (Ecosystem) में नाशक कीट की संख्या को नियंत्रित करने वाले कारक कौन–कौन से हैं, इसका ज्ञान आवश्यक है। परजीवी, परभक्षी और रोगाणु प्रायः नाशक कीट के प्रमुख सीमाकारी कारक होते हैं। इनके अतिरिक्त भोजन तथा जलवायु सम्बन्धी कारक, नाशक कीट जनसंख्या को प्रभावित करते हैं। बहुत से कीटों को शीतनिद्रा अथवा उपरति के लिए स्थान की आवश्यकता होती है, यदि यह उपलब्ध न हो तो उनकी जनसंख्या में कमी आती है, जैसे कपास के गुलाबी कीट (Pink bollworm) का लार्वा अपने अन्तिम इन्स्टार में चुनने से बचे रह गए कपास के गुलों अथवा कपास के पौधों के बृन्तों में शीतनिद्रा की

अवस्था व्यतीत करता है। शीतनिद्रा के इन स्थानों को नष्ट करके इसकी संख्या में बहुत कमी लायी जा सकती है।

3. **पर्यावरण के परिवर्तनों को ध्यान में रखना** : एक सफल कीट प्रबन्धन कार्यक्रम के लिए पर्यावरण (पारिस्थितिक तंत्र) में होने वाले परिर्वतनों को शीघ्र पहचाना जाए अथवा उनका ध्यान रखा जाए। जब चारों ओर से पारिस्थितिक तंत्र में अचानक फसल की कटाई अथवा कीटनाशक के प्रयोग तथा पर्यावरण सम्बन्धी अन्य घटना में व्यवधान उत्पन्न होता है तो इसका ध्यान रखा जाय और यदि किसी कीट नियंत्रण विधि को उपयोग में लाना है तो उसे प्रयोग में लाने में देर नहीं करनी चाहिए। यदि नियंत्रण विधि प्रभावशाली नहीं होती है तो यह पता चलता है कि कीटनाशकों के प्रति प्रतिरोध अथवा नाशक कीटों के पारिस्थितिक तंत्र में नियंत्रण विधि ठीक से प्रयुक्त न होने के कारण ऐसा हुआ है। अतः कीट प्रबन्धन में समयानुकूल सुधार की आवश्यकता होती है।
4. **दुर्बल अवस्था की पहचान** : कीट नियंत्रण विधियों को अधिक प्रभावशाली बनाने के लिए यह आवश्यक है कि नाशक कीट के जीवन–चक्र की दुर्बल अवस्था पर उनका उपयोग किया जाए। इससे पर्यावरण के अन्य स्त्रोतों पर प्रभाव नहीं पड़ेगा।

कई कीट फसल की कटाई के बाद अपने जीवन को चलाने के लिए खेत में बचे अवशेषों, अथवा चारे के लिए उपयोग में लाये जाने वाले वृन्तों पर निर्भर रहते हैं। यदि उचित सस्य विज्ञानी विधियो को अपनाकर खेतों में सफाई रखी जाए तथा अवशेष नष्ट कर दिए जाएँ अथवा उन्हें कीटों के शीतन्द्रिा से निकलने से पहले ही उपयोग में लाया जाए तो कई नाशक कीटों, विशेषकर बेधकों की संख्या में बहुत कमी लायी जा सकती है।

प्राकृतिक शत्रुओं (परजीवी एवं परभक्षी कीट) में एक गुण यह होता है कि वे परपोषी के जीवन–चक्र की दुर्बल अवस्थाओं पर आक्रमण करते हैं। अतः परजीव्यामों और परभक्षियों की सफलतापूर्वक व्यवस्था की जाए तथा प्राकृतिक शत्रुओं की नवीन जातियों का प्रवेश न करके नाशक कीटों की दुर्बल अवस्थाओं से लाभ उठाया जाये।

कीटनाशक नाशक कीट की विशेष अवस्था में अत्यधिक प्रभावकारी होते हैं। विशेषकर ये नवजात सूंडियों को मारने में परिपक्व लार्वा (सूंडी), प्यूपों, वयस्कों और अण्डों की अपेक्षा अधिक सफल होते है। सेक्स (लिंग) फीरोमोन के आकर्षक

ट्रैप बनाकर नाशक कीटों की प्रजनन उत्तेजना का लाभ उठाया जा सकता है। कीट इन फीरोमोन आच्छादित ट्रैपों की ओर आकर्षित होगें और मर जाएँगें।

5. **जैविक और भौतिक घातक कारकों में सामंजस्य** : जहाँ तक सम्भव हो ऐसी विधियाँ विकसित की जाएँ जो पारिस्थितिक तंत्र के जैविक और भौतिक कारकों को बनाये रखने तथा उनमें सामंजस्य स्थापित करने में सक्षम हो। कटाई के बाद खेतों की जुताई से शीतनिद्रा में गई सूडिंया तथा प्यूपे, परभक्षियों तथा अन्य भौतिक कारकों जैसे गर्मी और ठंड की क्रियाओं के लिए उपलब्ध हो जाते हैं। वर्ष भर मकरन्द पैदा करने वाले पादपों की उपस्थिति परजीवियों (परजीव्याभों) अथवा परभक्षियों के प्रभाव को बढ़ा देती है। फसल की अगेती अथवा देर से बुआई करने से नाशक कीटों पर पड़ने वाले घातक प्रभाव की तीब्रता बढ़ जाती है। ऐसी विधि सोयाबीन के शीतनिद्रा वाले कीटों को नष्ट करने के लिए सोयाबीन की अगेती फसल उगाकर अपनायी जा रही है। सोयाबीन की फसल की कटाई के बाद विचवीड को फंदा (ट्रैप) फसल के रूप में लगाया जाता है।

कीटनाशकों के 'चयनात्मक उपयोग' से प्राकृतिक रूप से उपस्थित नाशक कीटों के घातक कारकों को बनाये रखा जा सकता है। अतः ऐसे कीटनाशक उपयोग में लाये जायें जो लक्षित कीटों को तो मारे, लेकिन घातक कारकों पर कोई प्रभाव न डाले।

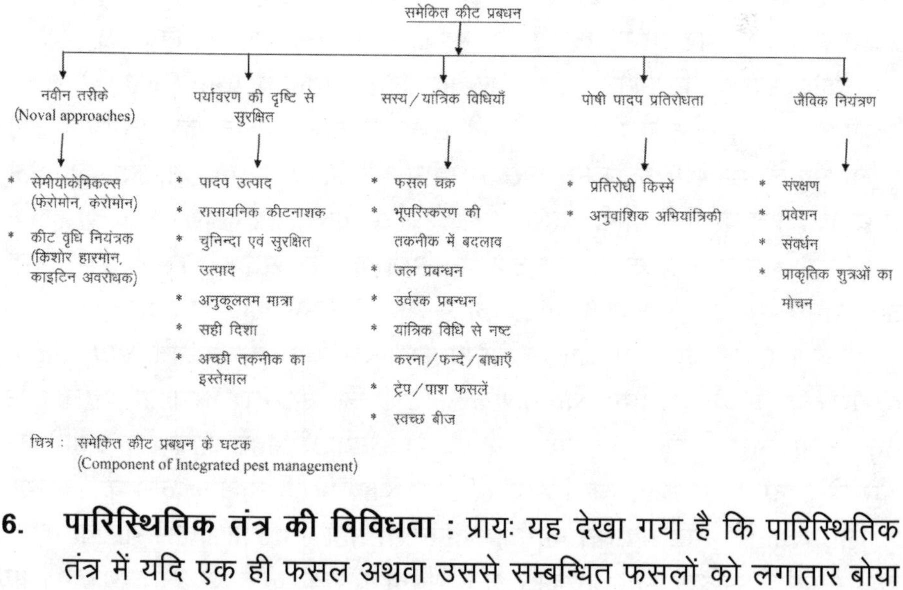

चित्र : समेकित कीट प्रबधन के घटक
(Component of Integrated pest management)

6. **पारिस्थितिक तंत्र की विविधता** : प्रायः यह देखा गया है कि पारिस्थितिक तंत्र में यदि एक ही फसल अथवा उससे सम्बन्धित फसलों को लगातार बोया

जाये तो विकट कीट समस्याओं का प्रादुर्भाव हो सकता है। अतः आवश्यकता है कि भिन्न–भिन्न प्रकार की फसलें लगाई जाएँ अथवा उपयुक्त, फसल चक्र अपनाया जाए। पारिस्थितिक तंत्र में विविधता उसकों सुदृढ़ता प्रदान करती है। साथ ही बहुत से अनचाहे प्रभावों से भी बचती है।

पारिस्थितिक तंत्र में विविधता बनाये रखने के लिए विभिन्न प्रकार की सस्य विज्ञानी विधियों का प्रयोग किया जा सकता है।

7. **सर्वेक्षण और निगरानी :** किसी भी कीट–प्रबन्धन कार्यक्रम को अपनाने से पहले यह आवश्यक है कि पारिस्थितिक तंत्र में उपस्थित नाशक कीटों की संख्या का उचित मूल्यांकन किया जाये। सर्वेक्षण और निगरानी कार्यक्रम इस दृष्टि से महत्वपूर्ण होते हैं। इन कार्यक्रमों के अन्तर्गत समय–समय पर किये गये प्रतिचयन उपस्थित नाशक कीट की संख्या तथा उनके प्राकृतिक शत्रुओं के घनत्व को स्पष्ट करते हैं। इस ज्ञान से समयानुकूल नाशकजीव व्यवस्था का विकास किया जा सकता है।

नाशक कीटों की स्थिति जानने के लिए यह आवश्यक है कि हमें पारिस्थितिक तंत्र की पूरी–पूरी समझ हो। इसके लिए पारिस्थितिक तंत्र की निगरानी आवश्यक है। निगरानी का अर्थ है सदैव पहरा देना तथा उपस्थित जीवों का समय–समय पर आभास लेते रहना। इसके लिए यह आवश्यक है कि गहन तथा विस्तृत आवर्ती सर्वेक्षण किये जाये। सर्वेक्षण की आकृति प्रायः नाशक कीट अथवा नाशक कीटों के समूह के क्षेत्रीय व्यवहार, फसल के स्वरूप और उपयोग में लायी जा रही प्रचलित विधियों पर निर्भर करती है। सर्वेक्षण के लिए यह आवश्यक है कि वे अनुसंधानात्मक हो जिससे कि उन पर आधारित कार्यविधि प्रभावी सिद्द हो सके। किसी भी प्रभावी कीट नियंत्रण विधि की सफलता नाशक कीट की अत्यधिक क्षति पहुँचाने वाली अवस्था के समय उसके प्रयोग पर निर्भर करेगा। नाशक कीट की अत्यधिक क्षति पहुँचाने वाली अवस्था का निर्धारण करना खोजपूर्ण कार्य है। इसके लिए पारिस्थितिक तंत्र के साथ घटकों पर सुग्राही और सर्तक चौकसी रखी जाये तथा समय–समय पर नाशक कीटों की संख्या के नमूने लिए जाएँ।

नमूने एकत्र करने में आर्थिक सीमा रेखा का ज्ञान होना अति आवश्यक है जिससे यह निर्धारित होगा कि नाशक कीट प्रबन्ध आरंम्भ करने से पहले और नमूने लेना जारी है या नहीं। नाशक कीटों की संख्या के बहुत अधिक कम होने पर और बिना नमूने लेकर ही यह निर्णय ले लिया जाएगा कि नाशक कीट के नियंत्रण के लिए कोई भी कीट प्रबन्धन कार्यक्रम अपनाना नहीं है। इसी प्रकार नाशक कीटों की संख्या के अधिक होने पर और नमूने बिना नाशक कीट के नियंत्रण के लिए

कीट प्रबन्ध कार्यक्रम आरम्भ करना होगा। तीसरी स्थिति में जब नाशक कीटों की संख्या कम हो तो अधिक समय तक और अधिक नमूने लेने की आवश्यकता होगी जिससे कीटों की संख्या का सही निर्धारण हो सके। इस तथ्य को सोयाबीन में तीन अवस्थाओं में नाशक कीट (क्लोवरवर्म) के लिए एकत्रित किये गये नमूनों द्वारा स्पष्ट किया जा सकता है। प्रथम अवस्था में जब 7 गाठें उपस्थित हो तो आर्थिक सीमा रेखा 12 सूंडियां प्रति फीट पंक्ति आंकी गयी है। यदि प्रति चयन के समय किसी खेत में कुछ फीट दूर देखने से ही पता चला कि क्लोवरवर्मो की संख्या काफी कम (0.1 सूंडी प्रति फीट पंक्ति) है तो वहाँ उस समय किसी नियंत्रण की आवश्यकता नहीं होगी। इसके विपरीत दुसरी अवस्था में यदि सूंडी (Larva) की संख्या आर्थिक सीमा रेखा के लिए आंकी गयी संख्या 12 से काफी अधिक हो तो और नमूने नहीं लेने चाहिए और फसल को क्षति से बचाने के लिए तुरन्त प्रभावी नियंत्रण विधि अपनानी चाहिए। तीसरी अवस्था में यदि सूंडियों की संख्या 12 सूंडियां प्रति फीट पंक्ति के आस–पास हो तो और नमूने लेने की आवश्यकता होगी जिससे कि स्थिति का ठीक से अनुमान लग सके।

नमूने के परिणामों पर एकरूपता की कमी, समय (सुबह या शाम) मौसम परिणाम और अवस्था आदि कारकों का प्रभाव पड़ता है। इसलिए यह आवश्यक है कि इन बातों का ध्यान में रखते हुए नमूना लेने की योजना में ऐसे परिवर्तन किये जाएँ कि ये कमियां उनके परिणामों में बाधक न बने। इन प्रतिचयन योजनाओं का सबसे बड़ा लाभ यह होगा कि नाशक कीटों के मानचित्र में मदद मिलेगी। साथ ही उनके विभिन्न पारिस्थितिक प्रारूपों की उत्पत्ति, व्यवहार और फैलाब का भी ज्ञान होगा। इसके लिए सर्वेक्षणों के समय नमूने एकत्र किये जाएँगें जो नाशक कीटों की उपस्थित संख्या का पर्याप्त आभास देगें।

8. **पूर्वानुमान** : पर्यावरण में समय–समय पर कीटों की संख्या में उतार–चढ़ाव होते रहते हैं। ये उतार–चढ़ाव जनसंख्या के व्यवहार को नियंत्रित करने वाले कारकों तथा जनसंख्या की वर्तमान स्थिति को प्रभावित करने वाले कारकों पर निर्भर होते हैं। इन उतार–चढ़ाव को ध्यान में रखकर भूत से वर्तमान की तुलना के आधार पर अनुमान लगाना ही पूर्वानुमान है।

जहाँ परम्परागत किस्मों के स्थान पर उत्पादन बढ़ाने के उद्देश्य से नवविकसित किस्मों को अपनाया जा रहा हो अथवा प्राचीन सस्य विधियों के स्थान पर नयी सस्य विधियों को लागू किया जा रहा हो, वहाँ पूर्वानुमान से बदली हुई परिस्थितियों में नाशक कीट का व्यवहार स्पष्ट होना चाहिए। इसी प्रकार यदि नाशक कीट का नये क्षेत्रों में प्रवेश हुआ हो तो वहाँ उसका व्यवहार कैसा होगा,

यह भी पूर्वानुमान से स्पष्ट होगा। संक्षेप में पूर्वानुमान समय और स्थान के सन्दर्भ में की गयी भविष्यवाणी है जिससे समय और परिस्थितियों के अनुसार नाशक कीटों के नियंत्रण को अपनाने में सहायता मिलेगी।

समय–समय पर निगरानी और सर्वेक्षण करने से प्रकृति में पहले से ही चल रहे लक्षित नाशक कीटों तथा दुसरे संभावित नाशक कीटों के प्राकृतिक नियंत्रण में उपस्थित होने वाले व्याख्यानों का ज्ञान होगा तथा उनका मूल्यांकन यह स्पष्ट करेगा कि क्या नाशक कीट के लिए कोई नियंत्रण विधि अपनानी है ? यदि ऐसा है तो ''आर्थिक क्षति स्तर'' और ''आर्थिक क्षति की सीमा'' की संकल्पना का उपयोग आवश्यक होगा।

9. **आर्थिक क्षति स्तर और आर्थिक सीमा रेखा** : विभिन्न प्रकार के कीटों की जातियां प्रकृति में सदैव विद्यमान रहती है और अनेक प्रकार के फसलों पर ही अपना जीवन निर्वाह करती है। इनके द्वारा होने वाली प्रत्येक क्षति आर्थिक रूप में नुकसानदायक नहीं होती। यह संख्या अस्थायी नियंत्रण तरीकों से भी प्रभावित नहीं होती है। जबकि परजीवी, परभक्षी एवं जैविक कारकों से यह संख्या घटती–बढ़ती रहती है, परन्तु आर्थिक दहेली के पास कभी नहीं पहुँच पाती। अतः इनके द्वारा होने वाले नुकसान का कोई महत्व नहीं होता।

कोई भी कीट संख्या कितनी बढ़े कि उसे नाशक कीट के नाम से पुकारा जाय, इसके उत्तर के लिए ही ''आर्थिक क्षति स्तर (Economic Injury Level) की संकल्पना का विकास हुआ है। यह वह स्थिति है जो दर्शाती है कि एक निश्चित स्थान पर नाशक कीट की संख्या का घनत्व कितना है और वहाँ पर उसके नियंत्रण के उपाय आर्थिक दृष्टि से कितने उचित है। दुसरे शब्दों में कहा जा सकता है कि इस स्तर पर किये गये नियंत्रण के उपाय का खर्चा उससे मिलने वाले लाभ से कम होगा। इस क्षति स्तरों का सही निर्धारण अच्छी समाकलित कीट नियंत्रण अथवा कीट प्रबन्ध कार्यक्रम और पर्यावरण के गुणों को बनाये रखने के लिए आवश्यक है। यदि एक कीट जाति के लिए आर्थिक क्षति स्तर उसकी संतुलन स्थिति से काफी अधिक है तो वह कीट अक्सर नाशक कीट में परिर्वतित नहीं होगा, लेकिन ऐसी कीट की संख्यायें जो अपने औसत घनत्वों के कारण आर्थिक क्षति स्तर के पास है, तो उनकी नाशक कीट में परिर्वतित होने की अधिक संभावनाएं है। वे जातियां जिनकी संतुलन स्थिति आर्थिक क्षति स्तर से उपर है, सदैव स्थायी नाशक कीट की बनी रहेगी तथा उनके लिए नाशक कीट नियंत्रण के सत्त प्रयास करने पड़ेगें।

नाशक कीट नियंत्रण के लिए यह आवश्यक है कि उनकी संख्याओं को आर्थिक क्षति स्तर तक न पहुँचने दिया जाय जिससे कि सार्थक हानि न पहुँचे। इस उद्येश्य की प्राप्ति के लिए दुसरे घनत्व स्तर के सिद्यान्त का विकास किया गया जिसे "आर्थिक सीमान्त/आर्थिक क्षति की सीमा रेखा (Economic Thrushold Level)" कहते हैं। इस सीमा रेखा से यह पता चलता है कि नियंत्रण के कौन से उपाय किये जाएँ कि नाशक कीट की संख्या आर्थिक क्षति स्तर तक न पहुँचे।

आर्थिक क्षति स्तरों और आर्थिक क्षति की सीमा रेखा का निर्धारण करना आसान कार्य नहीं है। प्रायः नाशक कीट वर्ष के एक सीमित समय में ही आर्थिक क्षति पहुँचाते है, जैसे कि तम्बाकू बडवर्म केवल विकसित होती हुई पत्तियों की कलियों को ही खाता है, जिससे कि कलिका अवस्था में क्षतिग्रस्त हुई पत्तियां बेकार हो जाती है और जैसे–जैसे बढ़ती है तो उनमें छिद्र दिखायी पड़ने लगते हैं। यही बड़वर्म मध्य जुलाई के बाद, जब सारी पत्तियां कलिकाओं से निकल चुकी होती है, तब अपनी संख्या के किसी भी घनत्व पर तम्बाकू को काटने तक आर्थिक हानि नही पहुँचा पाता है। इसलिए आवश्यक है कि आर्थिक स्तरों के सम्बन्ध में समय के साथ सतत् समायोजन किए जाएँ। इस प्रकार किसी भी सफल नाशक कीट नियंत्रण कार्यक्रम के लिए मुख्य नाशक कीटों का, उनकी संख्या के घनत्व और उनके प्राकृतिक शत्रुओं के सम्बन्ध में, सही ज्ञान का होना आवश्यक है।

उपरोक्त तथ्यों को ध्यान में रखते हुए कीट वैज्ञानिकों ने विभिन्न फसलों के नाशक कीटों का आर्थिक क्षति की सीमा रेखा (Economic Thrushold Level) का निर्धारण करने का प्रयास किया है जो निम्न उल्लेखित है।

फसलों में विभिन्न कीटों का आर्थिक क्षति स्तर

फसल	कीट	आर्थिक क्षति स्तर (ETL)
धान	तना बेधक	5 प्रतिशत मृतशिरा या 1 प्रतिशत सूखी वाली या 1 प्रौढ़ कीट/वर्ग मीटर या 1 अंडसमुह वर्ग मीटर।
	पत्र लपेटक	1 या 2 ताजा लपेटी पत्तियां प्रति पूंज।
	हिस्पा	1 प्रौढ़ कीट या 1 ग्रब या एक क्षतिग्रस्त पत्ती प्रति पूंज (कल्ले बनने के प्रांरम्भिक समय) एंक प्रौढ़ या 1–2 क्षतिग्रस्त पत्तियां प्रति पूजं (कल्ले बनने के मध्य समय)।

क्रमशः...

	केशवर्म	1–2 सूंडी प्रति पूंज या 1–2 पत्तियां लपेटे खोल प्रति वर्गमीटर पानी में तैरता हुआ।
	सैनिक कीट	5 सूंडियां प्रति पूंज फसल बढ़वार के समय या 1 सूंडी प्रति पूंज फसल पकने के समय।
	हरा फुदका	2–5 कीट प्रति पूंज कल्ले बनते समय या 10–20 कीट प्रति पूंज वाली निकलते समय।
	भूरा फुदका	1 कीट प्रति कल्ला या 5 कीट प्रति पूंज कल्ले बनते समय या 10–20 कीट गभ्भा एवं बालियों के बनते समय या 5–10 कीट प्रति पूंज फूल के समय तथा उसके बाद की अवस्था।
	उजला पृष्ट पौध फुदका	10 कीट प्रति पूंज कल्ले बनते समय या 5–10 कीट गभ्भा एवं बालियों के बनते समय।
	टिड्डा	एक कीट प्रति पूंज।
	गंधी बग	4–5 प्रौढ़ कीट प्रति वर्ग मीटर या 1 अथवा 2 बग प्रति पूंज।
	दहिया कीट (मिली बग)	1–2 शिशु या प्रौढ़ कीट प्रति वर्ग मीटर।
	गॉल मिज	1 गॉल प्रति वर्ग मीटर या 5 प्रतिशत चकमदार आक्रान्त तना (कल्ले बनने के समय)।
	छर्ल मैगट	20 प्रतिशत क्षतिग्रस्त पूंज (रोपाई के 30 दिनों तक) या 50 प्रतिशत प्रभावित पूंज (रोपाई के 30 दिनों के बाद)।
	जड़ का घून	1–2 ग्रब प्रति पौधा।
	कटुवा सूंडी	1 सूंडी प्रति पूंज।
	प्रतिगामी कीट	1–2 सूंडी प्रति पूंज।
मक्का	तना बेधक	10 प्रतिशत क्षति ग्रस्त पौधे।
बाजरा	प्ररोह एवं तना बेधक	10 प्रतिशत मृतसिरा या 1 अंडा प्रति पौधा या 10 प्रतिशत आक्रांत पौधा।

क्रमशः...

ज्वार	मिज	5 मिज प्रति वाली।
	वेबवर्म	2 कीट प्रति वाली।
मूँगफली	पर्ण सुरंगक	2 जीवीत लार्वी प्रति पौघा या 10 प्रतिशत क्षतिग्रस्त पत्तियां या 1 सूंडी प्रति एक मीटर पंक्ति में।
तिल	पत्ती एवं फली बेधक	1–2 सूंडियां प्रति पौधा।
	गॉला मक्खी	2–5 गॉल प्रति पौधा या 10 प्रतिशत क्षतिग्रस्त पौधे।
	सम्पुट बेधक	1 सूंडी प्रति पौघा।
मूँगफली	सफेद लट	1 ग्रब प्रति 10 वर्ग मीटर।
	थ्रीप्स	5 थ्रिप्स प्रति पौधा।
	जैसिड	15–20 जैसिड प्रति पौधा।
	पूर्ण सुरंगक कीट	2–3 सूंडी प्रति पौधा या 1 सूंडी प्रति लम्बी पंक्ति।
	मोयला (एफिड)	7–10 एफिड प्रति पौधा।
	तम्बाकू की सूंडी	3 अण्ड समूह प्रति 1.5 मीटर लम्बी पंक्ति (फसल बुआई के 50 दिन बाद) या 1 सूंडी प्रति पौधा।
	रोमिल सूंडी	3 अण्ड समूह या 7 सूंडियां प्रति 1.5 वर्ग मीटर क्षेत्र या 1 सूंडी प्रति पौधा।
	पर्ण भक्षक कीट	पत्तियों के 25 प्रतिशत क्षतिग्रस्त भाग।
	चूहा	15 जीवित बील (सुरंग) प्रति हक्टेयर।
	नीमाटोड	1–2 सूंडियां प्रति ग्राम मिट्टी।
	फफूंद जनित रोग	तुरन्त रोग के लक्षण दिखने पर।
कुसुम	मोयला	50–70 शिशु या प्रौढ़ कीट प्रति पौधा (5 सें0मी0 उपरी शाखा का प्रभावित क्षेत्र)।
	सम्पुट बेधक (Capsule borer)	0.5 सूंडी/पौधा।
सोयाबीन	नीला भृगा (Blue beetle)	4 भृंग प्रति मीटर।
	अर्द्दकुण्डलक कीट (Semilooper)	4 सूंडियां प्रति मीटर।

क्रमशः...

	तम्बाकू की सूंडी	10 सूंडियां प्रति मीटर।
	गार्डल बीटिल	2 प्रतिशत आक्रान्त पौधें।
	तना मक्खी	2 प्रतिशत प्रभावित पौधे।
चना	फली बेधक कीट	2–3 अण्डें प्रति पौधा या 10 अण्डे प्रति मीटर पंक्ति पौधे।
		4.6–7.0 नर कीट प्रति फैरोमैन ट्रैप।
		2 नवजात सूंडियां प्रति 10 पौघे।
		1 सूंडी प्रति 5 पौधे–फूल आने की अवस्था में।
		1 पूर्ण विकसित सूंडी प्रति 10 पौधे।
		1 सूंडी प्रति मीटर पौधे–फली आने की अवस्था में।
	कटुआ कीट	1 सूंडी प्रति वर्गमीटर।
		5 प्रतिशत पौधों की क्षति प्रति मीटर पंक्ति पौधे।
	सेमीलूपर	2 सूंडिया प्रति 10 पौधें।
	माहूँ	11–25 माहूँ प्रति पुष्प चक्र।
	पर्ण सुरंगक	5–10 प्रभावित पत्तियां प्रति पौधा।
	सैनिक कीट	2 सूंडियां प्रति पौधा।
	दीमक	5 प्रभावित पौघें प्रति वर्गमीटर।
	सफेद लट	5 आक्रान्त पौघें प्रति वर्गमीटर।
टमाटर	फल बेधक	1 अंण्डा या 1 सूंडी या 1 क्षतिग्रस्त फल प्रति पौधा।
	सफेद मक्खी	4 प्रौढ़ कीट प्रति पत्ती।
मिर्च	थ्रिप्स	6 थ्रिप्स प्रति पत्ती या 10 प्रतिशत क्षतिग्रसत पौघें।
	पत्ती फूदका (Leaf hopper)	2–5 शिशु कीट प्रति पत्ती।
	बरूथी (Mite)	5–10 माइट प्रति पत्ती।
	फल बेधक	1 अंण्डा या 1 सूंडी या 1 क्षतिग्रस्त फल प्रति पौधा।
प्याज	प्याज की मक्खी	1 मैगट प्रति पूंज।

क्रमशः...

	तम्बाकू का कैटरपीलर	1 सूंडी प्रति पूंज।
	कदुआ कीट	1 सूंडी प्रति पूंज।
आलू	मोयला (Aphid)	20 ऐफिड प्रति 100 पत्तियां।
	आलू का कन्द शलभ	15–20 शलभ प्रति पाश (Trap)।
सरसों कूल की सब्जियां (Cruciferous vegetables)		
	पर्ण जालक कीट	1 सूंडी प्रति मीटर लंम्बी पंक्ति।
	लाल मकड़ी माइट	2 माइट प्रति पत्ती।
	आरा मक्खी (Saw fly)	1 सूंडी प्रति पौधा (मूली के लिए)।
दलहन परिवार की सब्जियां (Leguminous vegetables)		
	फल बेधक	1 अंएडा या 1 सूंडी प्रति पौध या 1 क्षतिग्रस्त फल प्रति पौधा।
	लीफ हॉपर	2.5 लीफ हॉर्पस प्रति पत्ती।
कपास	जैसिड	1–2 शिशु कीट प्रति पत्ती।
	मोयला	15–20 प्रतिशत क्षतिग्रस्त पत्तियां।
	सफेद मक्खी	8–10 प्रौढ़ कीट या 20 शिशु कीट प्रति पत्ती।
	थ्रीप्स	10 थ्रीप्स प्रति पत्ती।
	चितिदार शलभ (Spotted bollworm)	10 प्रतिशत या उससे अधिक प्रभावित प्ररोह या नयी शाखा या 1 अंण्डा प्रति पौघा या 1 सूंडी प्रति पौधा या 10 प्रतिशत या उससे अधिक क्षतिग्रस्त डोडे (Bolls)।
	गुलाबी सूंडी (Pink bollworm)	10 प्रतिशत या अधिक क्षतिग्रस्त डोडे (Bolls) या फूल।
	तना का घून (Stem weevil)	10 प्रतिशत क्षतिग्रस्त डोडे (Bolls)।
गन्ना	प्ररोह बेधक	15–20 प्रतिशत मृत शिरा (Dead heart)।
	पायरिला	3–5 शिशु या प्रौढ़ कीट प्रति पत्ती।
	शीर्ष बेधक	तीसरी पीढ़ी द्वारा 7 प्रतिशत क्षतिग्रसत पौधे।
	तना बेधक	6 मीटर की पंक्ति के पोरी में 17 छिद्र।

क्रमशः...

भिण्डी	प्ररोह एवं फल बेधक	10 प्रतिशत क्षतिग्रस्त पौधे का भाग या 10 सूंडियों का समूह प्रति 20 पौधे।
तम्बाकू	तम्बाकू की सूंडी	8 अंण्डों समूह प्रति 100 मीटर पंक्ति में या 20 सूंडिया प्रति 100 पौधे।
	तना बेधक	58 प्रथम अन्तरूप (Instar) सूंडिया। 32 द्वितीय अन्तरूप सूंडिया। 17 तृतीय अन्तरूप सूंडिया।

विविधभक्षी (Polyphagons) कीटों का आर्थिक क्षति स्तर

विविधभक्षी कीट	फसल	आर्थिक क्षति स्तर (ETL)
रोमिल सूंडी	खरीफ उरद एवं मूंग	8 अंण्डें का समूह प्रति 100 मी0 पंक्ति में।
फल बेधक (हेलियोथीस)	मूँगफली	2–3 सूंडिया प्रति मीटर पंक्ति।
	दलहन (चना, मटर, अरहर)	2 सूंडिया प्रति मीटर पंक्ति।
	दलहन (चना, मटर, अरहर)	5 प्रतिशत क्षतिग्रस्त फली।
	सोयाबीन	2 प्रतिशत क्षतिग्रस्त पौधा। 10 प्रतिशत पौधों का भाग क्षतिग्रस्त या 7 सूंडियों का समूह प्रति 10 पौधे।
	कपास	5 प्रतिशत क्षतिग्रस्त डोडा (Boll)। 4–6 अण्डे प्रति मीटर पंक्ति (यदि कपास का प्रतिरोधी किस्म हो)।
सैनिक कीट	धान	1 सूंडी प्रति पूंज।
	बाजरा	2 सूंडी प्रति बाली।
टिड्डा	धान	1 कीट प्रति पूंज।
मोयला	कपास	10 एफिड प्रति पौधा या 15–20 प्रतिशत क्षतिग्रसत पौधे।

क्रमशः...

जैसिड	भिंडी, बैंगन, टमाटर	2 जैसिड प्रति पत्ती।
	सोयाबीन	6 जैसिड प्रति पत्ती।
सफेद मक्खी	बैंगन, भिंडी, टमाटर, तम्बाकू, मूंग, उरद	8–10 वयस्क प्रति पत्ती। 20 शिशु (Nymph) प्रति पत्ती।
थ्रिप्स	प्याज एवं मिर्च	10 थ्रिप्स प्रति पत्ती या 15–20 प्रतिशत क्षतिग्रस्त पौधे।
मोयला (Aphid)	सरसों	10 प्रतिशत आक्रन्त पौधे या 50–60 एफीड्स प्रति 10 सें0मी0 लम्बी तना।
	कपास	10 माहूँ प्रति पौधा या 15–20 प्रतिशत क्षतिग्रस्त पौधा।

नाशक कीट प्रबन्ध कार्यक्रम में प्रयुक्त होने वाले सम्भावित नियंत्रण के साधन :

इस कार्यक्रम में प्रयुक्त होने वाले सम्भावित नियंत्रण के साधन निम्न उल्लेखित है –

1. **सस्य विधियाँ** : इन विधियों के अन्तर्गत वे सभी सस्य–क्रियायें सम्मिलित हैं जिन्हें घटा–बढ़ाकर कीटों का आक्रमण कम किया जा सकता है। इन क्रियाओं में निम्नलिखित प्रमुख है – फसलों की बुआई और कटाई के समय में परिवर्तन, सफाई एवं फसलों तथा खरपतवारों के अवशेषों को नष्ट करना, भूमि की जुताई, निराई–गुड़ाई, फसल–चक्र, खाद की मात्रा में परिवर्तन, जल व्यवस्था तथा फन्दा (Trap) फसलों को लगाना।
2. **भौतिक विधियां** : इन विधियों में भौतिक साधनों, जैसे– तापक्रम, ठण्डा, अर्द्रता, प्रकाश, ध्वनि तथा उर्जा का उपयोग नाशक कीटों को मारने के लिए किया जाता है।
3. **यांत्रिक विधियाँ** : इन विधियों के अन्तर्गत वे सभी प्रयास आते हैं जिनसे नाशक कीट अपने भोजन तक न पहुँचे। साथ ही उसकी विभिन्न अवस्थाओं, जैसे– अण्डों, सूंडियों, शिशुओं तथा वयस्कों को हाथ से नष्ट करना तथा उनकी यांत्रिक रोकथाम सम्मिलित है।
4. **जैविक नियंत्रण** : इन विधियों में नाशक कीट के प्रकृति में पाये जाने वाले सभी छोटे–छोटे प्राकृतिक शत्रुओं को खोजकर, एकत्रित कर अथवा प्रयोगशाला में अधिक संख्या में पालकर नाशक कीटों के नियंत्रण के लिए

उपयोग में लाया जाता है। प्राकृतिक शत्रुओं में परजीवी (परजीव्याम) कीट, परभक्षी कीट, सूत्रकृमि, कवक, जीवाणु और विषाणु सम्मिलित किये जाते हैं। ये पर्यावरण पर कोई हानिकारक प्रभाव नहीं छोड़ते हैं। इस नियंत्रण के विधि का विशेष विवरण जैविक नियंत्रण के अध्याय में वर्णित हैं।

5. **फसलों में कीट प्रतिरोधी प्रजातियों का प्रयोग** : कीट प्रतिरोधी प्रजातियां कीट–प्रबन्ध अथवा समाकलित कीट नियंत्रण कार्यक्रम की नींब है। इसका सफलतम उपयोग तब होगा, जब इन्हें परम्परागत सस्य विधियाँ, कीटनाशकों तथा जैविक नियंत्रण की विधियों के साथ सहयोगी विधि की भाँति उपयोग में लाया जाए। निम्न आर्थिक मूल्य स्तर की फसलों, जैसे–ज्वार, मक्का, बाजरा तथा मोटे अनाजों में कीट प्रतिरोधी प्रजातियों का उपयोग कीट नियंत्रण का प्रमुख साधन होगा, क्योंकि इन फसलों को उगाने वाला किसान आर्थिक रूप से सम्पन्न नहीं है। उसके पास अधिक व्यय वाले साधनों (जिनमें कीटनाशक तथा उर्वरक प्रमुख है) को अपनाने के लिए धन नहीं है। ज्वार, बाजरा, मक्का, मोटे अनाजों, धान तथा कुछ दलहनी फसलों में अब तक कई नाशक कीटों की प्रतिरोधी पादप प्रजातियों का विकास किया जा चुका है।

कीट नियंत्रण व्यवस्था में कीट प्रतिरोधी प्रजातियों के उपयोग से उन मुख्य नाशक कीटों के प्राकृतिक शत्रुओं को बनाये रखने में सहायता मिलेगी जो कीट नियंत्रण में कीटनाशकों के उपयोग से पर्यावरण में सन्तुलन बना रहेगा और मुख्य नाशक कीटों की समस्याओं में कमी आयेगी।

6. **रासायनिक विधियां** : इन विधियों के अन्तर्गत ऐसे रासायनिक पदार्थों का उपयोग करते हैं जो अपनी रासायनिक क्रिया द्वारा नाशक कीटों को मारते हैं अथवा दूर भगाते हैं। कीट–प्रबन्धन में इस विधि का उद्देश्य नाशक कीट का रसायनों द्वारा उन्मूलन नहीं है, बल्कि उपयोग है जिसे केवल विशेष परिस्थितियों में ही काम में लाया जाएगा। इनका उपयोग जरूरत के समय ही आवश्यक है और कीटनाशकों को केवल अग्निशमन उपाय के समान ही उपयोग में लाया जाएगा। साथ ही इस दिशा में सतत् प्रयत्न आवश्यक है कि कम विषाक्त कीटनाशकों का निरन्तर विकास हो जिससे अचानक नाशक कीटों के प्रकोप के समय उनका तुरन्त उपयोग किया जाये। यह सत्य है कि रासायनिक नियंत्रण विधियां समेकित कीट प्रबन्ध कार्यक्रम का प्रमुख घटक है और भविष्य में भी बना रहेगा, क्योंकि इस विधि के अन्तर्गत

रसायनों का विवेकपूर्ण के साथ समय से और उचित मात्रा के साथ प्रयोग करने से अच्छे परिणाम मिलते हैं।

7. **आनुवंशिक विधियां** : इन विधियों में उन रसायनों का उपयोग किया जाता है जिनके प्रभाव से कीटों की प्रजनन शक्ति नष्ट हो जाती है या मादा अण्डे तो देती है पर उनसे गिडार (Larva) नहीं निकलती है।

8. **वैधानिक विधियां** : इनके अन्तर्गत वे प्रयास सम्मिलित है जिनसे कि देश में या उसके विभिन्न भागों में ऐसे हानिकारक कीट या बीमारियां न प्रवेश कर सकें जो वहाँ पहले से न पाये जाते हों। साथ ही जो हानिकारक कीट तथा बीमारियां किसी विशेष स्थान पर प्रवेश कर गयी है, उन्हें आगे फैलाने से रोका जा सके।

भारत जैसे देश में 'समाकलित नाशक कीट प्रबन्ध' का विकास करने और व्यवहार में लाने से देश की आर्थिक स्थिति में सुधार होगा। यह प्रबन्ध विधि अधिक प्रभावी और कम खर्चीली होने के कारण नाशक कीटों का सफल नियंत्रण कर अधिक उत्पादन दिलाने में समर्थ होगी।

इस व्यूह रचना के अन्तर्गत कीटनाशकों का उपयोग आवश्यकता पड़ने पर ही किया जाएगा जिसके फलस्वरूप कीटनाशकों की मात्रा में कमी आएगी और पर्यावरण भी कम प्रदूषित होगा। कीटनाशकों की कम मात्रा के कारण उपचारित स्तरों पर शेष रहे अवशेषों की मात्राओं में अत्यधितक कमी आएगी। कीटनाशक नाशक जीव व्यवस्था में एक घटक की तरह प्रयुक्त होगें तथा विकट प्रादुर्भावों के समय उनका विशेष उपयोग होगा। यह अवस्था इस भ्रम को भी दूर करती है कि नाशक कीट प्रबन्ध में कीटनाशकों के लिए कोई आवश्यक स्थान नहीं है। वास्तविकता यह है कि इसके कारण जीवनाशक (Pesticide) उद्योग को लाभ पहुँचेगा और वे अधिक से अधिक वर्णात्मक कीटनाशकों का विकास कर सकेंगे।

अध्याय 29

समेकित कीट प्रबन्धन और भविष्य संदर्श

वर्तमान परिस्थितियों में मानव जनसंख्या में तेजी से वृद्धि हो रही है और बढ़ती हुई जनसंख्या को अनाज उपलब्ध कराना परम आवश्यक है। ऐसे में नाशक कीटों से फसलों को होने वाली क्षति को सहन नहीं किया जा सकता है। कीट समस्या कभी–कभी तो इतनी भयंकर हो जाती है कि उपज मिलना असंभव–सा हो जाता है, अन्यथा यह अधिक अनाज उत्पन्न करने में व्यवधान उपस्थित करती है। इस समस्या का हल एकीकृत कीट नियंत्रण अथवा कीट प्रबन्ध है। यह व्यवस्था एक ओर निम्नवर्गीय किसान द्वारा अपनायी जा रही विधियों तथा दूसरी ओर अत्यधिक आधुनिक विधियों के अंतर्गत उपयुक्त है।

एकीकृत कीट नियंत्रण (कीट प्रबन्ध) का उद्देश्य आर्थिक, सामाजिक और पर्यावरण मूल्यों को ध्यान में रखते हुए नाशक कीट संख्या को एक विशेष स्तर तक बनाये रखना है न कि उसका उन्मूलन करना है।

कीट प्रबन्ध एक ऐसी गतिशील संकल्पना है, जिसकी आज आवश्यकता है तथा अपने गुणों के कारण यह दीर्घ स्थायी होगी। यह फसलों, उनके नाशक कीटों और उनके नियंत्रण में अधिक ज्ञान प्राप्त होने पर परिवर्तित हो सकती है। आर्थिक रूप से लाभकारी उपज के लिए यह आवश्यक है कि नियंत्रण की सभी उपयुक्त तकनीकियों तथा विधियों को संगतता पूर्वक संयुक्त रूप में इस प्रकार से उपयोग में लाया जाय कि नाशक कीट संख्या को आर्थिक क्षति स्तर से नीचे रखा जा सके। इसके लिए मुख्य नाशक कीटों का गहन अध्ययन तथा गौण कीटों के साथ करना आवश्यक है। इससे निम्नलिखित ज्ञान उपलब्ध होगा जो प्रभावी कीट प्रबन्ध के लिए आवश्यक है।

(क) आर्थिक क्षति देहली

(ख) एक प्रभावी पूर्वानुमान तंत्र

(ग) लक्षित कीट की संख्या के उतार–चढ़ाव को नियंत्रित कर रहे जैविक कारकों का क्रांतिक ज्ञान।

(घ) विभिन्न कीट नियंत्रण विधियों के बीच होने वाली संभावित परस्पर क्रियाओं का विस्तृत ज्ञान।

यह ज्ञान नाशक कीट संख्याओं को बिना प्रतिकूल प्रभाव के इच्छित स्तरों तक रोकने में सहायता करेगा। आवश्यकता यह है कि कीट प्रबन्ध कीट विशेष न होकर फसल–विशेष हों अर्थात इस प्रबन्ध कार्यक्रम के अन्तर्गत किसी भी फसल पर एक नाशक कीट का प्रबन्ध न करके अन्य नाशक कीटों का प्रबन्ध भी किया जाना चाहिए।

कीट प्रबन्ध के सफल प्रयोग के लिए यह आवश्यक है कि प्रत्येक पारिस्थितिक तंत्र में उपस्थित नाशक कीट संख्याओं को पहचाना जाये। यह ज्ञान अत्यधिक प्रभावी कीट नियंत्रण कार्यक्रम तैयार करने में सहायक होगा, साथ ही विभिन्न नाशक कीटों के नियंत्रण के लिए प्रयुक्त की जाने वाली विधियों के बीच भिन्नताओं को भी दर्शायेगा।

पिछले तीन दशकों से विभिन्न फसलों में नाशक कीटों के विरूद्ध कीट प्रबन्ध कार्यक्रमों को विकसित करने के प्रयास किये जा रहे हैं, लेकिन अभी तक ऐसे प्रयासों की सफलता सीमित अथवा छिटपुट है। फिर भी इन प्रयासों ने धान, कपास, निम्बू वर्गीय फलों, सेब, आड़ू, खूवानी, सोयाबीन, ज्वार तथा कुछ सब्जियों में अपना प्रभाव छोड़ा है। समेकित कीट नियंत्रण के बढ़ते हुए महत्व को देखते हुए सन् 1964 में खाद्य एवं कृषि संगठन ने समेकित नाशक जीव नियंत्रण विशेषज्ञों का एक पैनल तैयार किया है, जिसने 1975 में समेकित नियंत्रण के विकास और प्रयोग के लिए विश्वव्यापी कार्यक्रम चलाया है। इस कार्यक्रम के फलस्वरूप आवश्यक भोजन और रेशों का उत्पादन होगा तथा पर्यावरण पर कोई प्रतिकूल प्रभाव भी नहीं पड़ेगा। साथ ही यह आर्थिक रूप से भी सुसंगत है।

इसकी सफलता के लिए सभी नियंत्रण विधियों विशेषकर जैविक नियंत्रण कारकों, कीटनाशकों के चयनात्मक उपयोग और नाशक कीट की पारिस्थितिकी, की सुसंगत अभिमुखता संबंधी प्रयास आवश्यक है।

समेकित कीट नियंत्रण (कीट प्रबन्ध) कार्यक्रम की स्थापनाः पारिस्थितिक तंत्र विचार

पारिस्थितिक तंत्र का ज्ञान कीट प्रबन्ध का प्रथम सिद्धान्त है। दूसरे सभी सिद्धान्त अथवा विधियां पारिस्थितिक तंत्र पर आधारित हैं। कृषि पारिस्थितिक तंत्र यहां एक ऐसी

इकाई हैं, जो जटिल जीवों द्वारा बनी है। इसमें नाशक कीट जातियां, उनके प्रतिस्पर्धी, दूसरे सहयोगी और उनका भोजन; आश्रय; परपोशी; खरपतवार और दूसरे पौधे; भूमि और जल तथा उनका प्रबन्ध; पूरा पर्यावरण और अनेक कृषिकीय, औद्यौगिक तथा मनुष्य की अन्य क्रियायें सम्मिलित हैं। पारिस्थितिक तंत्र का कार्य जीव संख्याओं का नियंत्रण करना है और विभिन्न जीवों से उत्पन्न घटनाओं को जानने के लिए पारिस्थितिक इकाई के सभी मुख्य घटकों की क्रिया का ज्ञान होना आवश्यक है। अतः पारिस्थितिक तंत्र को बनाने वाली जीवसंख्याओं के उतार–चढ़ावों के पीछे उपस्थित कारकों के ज्ञान से नाशक कीटों को नियंत्रित करने के लिए अत्यधिक प्रभावी तंत्र को विकसित किया जा सकता है।

किसी भी नाशक कीट की समष्टि गतिकी के प्रमुख कारकों का निर्धारण नाशक कीट के जीवन चक्र की उस अवस्था को शीघ्रता से निर्धारित करके किया जा सकता है, जो उसकी संख्या को बढ़ाने अथवा घटाने के लिए उत्तरदायी है और तब उस अवस्था में मृत्युकारी कारकों का भी ठीक–ठीक पता लग जाता है। यह उपगमन मौलिक रूप में साधारण है तथा कोई भी विश्लेषण कर सकने वाला विशेषज्ञ इसे व्यवहार में ला सकता है। साथ ही यह जैविक रूप से महत्वपूर्ण है और कीट संख्या संबंधी मॉडलों के विकास के लिए लाभकारी ढ़ांचा प्रदान करता है।

मुख्य नाशक कीटों की पहचान

किसी भी कृषि पारिस्थितिक तंत्र को कई कीट हानि पहुंचाते हैं, लेकिन इनमें से केवल एक या दो ही मुख्य होते हैं जिनका यदि नियंत्रण न किया गया तो उनसे फसल को अत्यधिक क्षति पहुंचती है। यही वे कीट हैं, जिन्हें मुख्य नाशक कीट के रूप में जाना जाता है तथा इन्हीं के चारों ओर कीट प्रबन्ध कार्यक्रम विकसित किया जाता है।

कीटों को प्रभावित करने वाले कारक

पारिस्थितिक तंत्र में नाशक कीट संख्याओं को नियंत्रित करने वाले कारक कौन से हैं, इनका ज्ञान आवश्यक है। परजीव्याभ, परभक्षी और रोगाणु प्रायः नाशक कीट के प्रमुख सीमाकारी कारक होते हैं। इनके अतिरिक्त भोजन तथा अन्य आवश्यक स्त्रोत तथा जलवायु संबंधी कारक नाशक कीट संख्याओं को प्रभावित करते हैं। साथ ही बहुत से कीटों को शीत्निद्रा अथवा क्रियाशैथिल्य के लिए स्थान की आवश्यकता होती है। यदि ये स्थान उपलब्ध न हो तो उनकी संख्या में कमी आती है, जैसे पिंक बोलवर्म का लार्वा अपने अंतिम इन्सटार में कपास में चुनाई से बचे

रह गये फलों अथवा कपास के वृन्तों में शीतनिद्रा की अवस्था व्यतीत करता है। इन शीतनिद्रा के स्त्रोतों को नष्ट करने से इनकी संख्या में बहुत कमी आती है। कई स्थानों में इस विधि को पिंक बोलवर्म के विरूद्ध कीट प्रबन्ध में एक घटक की भॉति प्रयुक्त किया जा रहा है। इसी प्रकार ज्वार का तना वेधक ज्वार के ठूंठों और डंठलों में शीत्निद्रा पूरी करता है। इन स्त्रोतों को नष्ट करने से ज्वार तना वेधक का प्रकोप अगली फसल पर बहुत कम होता है।

कीट की संख्या को संतुलन स्तर से नीचे लाना

एक नाशक कीट संख्या को उसके संतुलन स्तर से नीचे लाकर उसके द्वारा पहुंचने वाली क्षति से सदैव के लिए छुटकारा पाया जा सकता है। इस उद्देश्य की प्राप्ति अनेक विधियों द्वारा की जा सकती है, जिनमें पारिस्थितिक तंत्र में एक नये प्राकृतिक शत्रु का प्रवेशन और उसकी स्थापना अथवा नाशक कीट के भौतिक पर्यावरण में स्थायी रूप से परिवर्तन करके उसकी प्रजनन तथा उत्तरजीवता को कम करना सम्मिलित है।

इस प्रकार की स्थायी नियंत्रण विधियां दीर्घकालिक प्रभाव छोड़ती हैं तथा कीट प्रबन्ध की सफल्तम तकनीकें हैं।

कीट प्रबन्ध कार्यक्रम को तैयार करने में परिवर्तनों के अनुसार हेरफेर की स्वतंत्रता होना चाहिए। प्रायः पास–पास के खेतों में भी कीटों की संख्या में विविधता पायी जाती है। साथ ही किसी खेत में अथवा बाग में पाया जाने वाला प्रकोप अगले वर्ष कम या अधिक हो सकता है। अतः इस वर्ष प्रयोग में लाया जाने वाला व्यवस्था कार्यक्रम अगले वर्ष प्रभावहीन हो जाये तो इसमें हेरफेर करके इसे उपयुक्त बनाया जा सकता है। इसका अर्थ है कि कीट प्रबन्ध कार्यक्रम में कई उपगमन उपस्थित होने चाहिये तथा उनके चयन की स्वतंत्रता हो। जिससे उनकों परिस्थितियों के अनुसार चयन करके उपयोग में लाया जा सके।

प्रबंधित पारिस्थितिक तंत्र के परिवर्तनों पर ध्यान रखना

एक सफल कीट प्रबन्ध कार्यक्रम के लिए यह आवश्यक है कि कीट पारिस्थितिक तंत्र में होने वाले परिवर्तनों को शीघ्र पहचाना अथवा उन पर ध्यान रखा जाय। जैसे–नये पादपभक्षी के अण्डों की उपस्थिति, गतिशील परभक्षी की उपस्थिति, पादप लक्षण में परिवर्तन से उत्पन्न दबाव (नाशक कीट द्वारा क्षति; सूखा; पोषकों की कमी) आदि ऐसी अवस्थायें हैं, जिनका ध्यान रखना आवश्यक है। जब चारों ओर के पारिस्थितिक तंत्र में अचानक फसल की कटाई अथवा कीटनाशक के प्रयोग तथा पर्यावरण संबंधी अन्य घटनाओं से विघटन उत्पन्न होता है तो यह

आवश्यक है कि इसका ध्यान रखा जाय और यदि कीट नियंत्रण विधि को उपयोग में लाना है तो उसे व्यवहार में लाने में देर नहीं होनी चाहिए। यदि नियंत्रण विधि प्रभावशाली नहीं हो रही है तो इस बात का संकेत है कि कीटनाशकों के प्रति प्रतिरोध अथवा नाशक कीटों के पारिस्थितिक तंत्र में घुसकर स्थाई हो जाने के कारण अथवा नियंत्रण विधि ठीक से प्रयुक्त न होने के कारण ऐसा हुआ है। अतः कीट प्रबन्ध में समयानुकूल सुधार की आवश्यकता होती है।

दुर्बल अवस्था को ढूंढ़ना

कीट नियंत्रण विधियों को अधिक प्रभावशाली बनाने के लिए यह आवश्यक है कि नाशक कीट के जीवन–चक्र की कमजोर अवस्थों पर उनका उपयोग किया जाय। इससे पर्यावरण के अन्य स्त्रोतों पर भी प्रभाव नहीं पड़ेगा।

कई कीट फसल की कटाई के बाद अपने जीवन को चलाने के लिए खेत में शेष रहे अवशेषों अथवा ठूठों अथवा चारे के लिए उपयोग में लाये जाने वाले वृन्तों पर निर्भर रहते हैं। यदि उचित सस्य (कृषि संबंधी) विधियों को अपनाकर खेतों में सफाई तथा अवशेष नष्ट कर दिये जायें अथवा उन्हें कीटों के शीत्‌निद्रा से निकलने से पहले ही उपयोग में लाया जाय तो कई नाशक कीटों विशेषकर बेधकों की संख्या में बहुत कमी लायी जा सकती है।

प्राकृतिक शत्रुओं में यह गुण होता है कि वे परपोषी के जीवन–चक्र की दुर्बल अवस्थाओं पर आक्रमण करते हैं। अतः यह आवश्यक है कि प्राकृतिक रूप से उपस्थिति परभक्षियों तथा परजीव्याभों की सफल व्यवस्था की जाय तथा नयी प्राकृतिक शत्रु जातियों को प्रवेश करा कर नाशक कीटों की दुर्बल अवस्थाओं पर छोड़कर लाभ उठाया जाये।

कीटनाशक नाशक कीट की विशेष अवस्था पर अत्यधिक प्रभावकारी होते हैं। विशेषकर ये नवजात लार्वों को मारने में परिपक्व लार्वों, प्यूपों, वयस्कों और अण्डों की अपेक्षा अधिक सफल होते हैं। परिपक्व लार्वों का उपचारित सतहों को छोड़ देना अथवा उनसे दूर भागना भी इसका एक कारण हो सकता है।

सेक्स (लिंग) फीरोमोन के आकर्षी फन्दे (ट्रेप) बनाकर नाशक कीटों की प्रजनन उत्तेजना से लाभ उठाया जा सकता है। कीट इन फन्दों (ट्रेप) की ओर आकर्षित होंगे और चिपक कर मर जायेंगे।

जैविक और भौतिक मर्त्यता कारकों में सामंजस्य

जहां तक संभव हो सके ऐसी विधियों को विकसित किया जाय जो पारिस्थितिक तंत्र के जैविक और भौतिक कारकों को बनाये रखने तथा उनमें सामंजस्य करने

में सक्षम हों। कटाई के बाद खेत की जुताई से शीत्‌निद्रा में गये लार्वे परभक्षियों तथा अन्य भौतिक कारकों, जैसे– गरमी और ठंड की क्रियाओं के लिए उपलब्ध हो जाते हैं। वर्ष भर मकरंद पैदा करने वाले पादपों की उपस्थिति परजीव्याभों अथवा परभक्षियों की प्रभाविकता को बढ़ा देती है।

फसल की अगेती अथवा देर से बुवाई करने से नाशक कीटों पर मर्त्यता कारकों की प्रभाविकता बढ़ जाती है। अगेती बुवाई करने अथवा कटाई के बाद ट्रैप फसल लगाने से नाशक कीटों द्वारा मुख्य फसल को हानि नहीं पहुंचती है। साथ ही इन्हें ट्रेप फसल के साथ नष्ट किया जा सकता है। इस प्रकार की विधि सोयाबिन के शीतनिद्रा वाले कीटों के विरूद्ध सोयाबीन की अगेती फसल लगाकर अपनायी जा रही है तथा कटाई के बाद ***स्ट्रइगा*** (विच घास या रुनखी) को ट्रैप फसल की भांति लगाया जाता है।

कीटनाशकों के चयनात्मक उपयोग से प्राकृतिक रूप से उपस्थित मर्त्यता कारकों को बनाये रखा जा सकता है। अतः ऐसे कीटनाशक उपयोग में लाये जायें, जो लच्छित कीटों को तो मारे लेकिन मर्त्यता कारकों पर कोई प्रभाव न डाले। इस उद्‌देश्य की प्राप्ति के लिए कीटनाशकों के उपयोग का समय पारिस्थितिक दृष्टि से बहुत महत्व रखता है।

पारिस्थितिक तंत्र की विविधता

प्रायः यह देखा गया है कि पारिस्थितिक तंत्र में यदि एक ही फसल अथवा उससे संबंधित फसलों को लगातार बोया जाय तो गम्भीर कीट समस्याएं जन्म ले सकती हैं। अतः आवश्यकता यह है कि भिन्न–भिन्न प्रकार की फसलें लगायी जायें अथवा उपयुक्त फसल–चक्र अपनाया जाय। पारिस्थितिक तंत्र में विविधता उसकों सुदृढ़ता प्रदान करती है। साथ ही बहुत से अनचाहे प्रभावों से भी बचाती है।

पारिसितिक तंत्र में विविधता बनाये रखने के लिए विभिन्न प्रकार की कृषि–क्रिया (सस्य) विधियों का प्रयोग किया जा सकता है।

सर्वेक्षण और निगरानी

किसी भी कीट प्रबन्ध कार्यक्रम को अपनाने से पहले यह आवश्यक है कि पारिस्थितिक तंत्र में उपस्थिति नाशक कीटों का उचित मूल्यांकन किया जाय। *सर्वेक्षण* और *निगरानी* कार्यक्रम इस उद्‌देशय की प्राप्ति में महत्वपूर्ण होते हैं। इन कार्यक्रम के अंतर्गत समय–समय पर लिये गये नमूने उपस्थित नाशक कीटों की संख्या तथा उनके प्राकृतिक शत्रुओं के घनत्व को स्पष्ट करते हैं। इस ज्ञान से समायानुकूल कीट प्रबन्ध कार्यक्रम का विकास किया जा सकता है।

आर्थिक देहली (सीमान्त) और आर्थिक क्षति स्तर

कीट प्रबन्ध कार्यक्रम में किसी नियंत्रण विधि को अपनाने से पहले यह आवश्यक है कि लक्षित नाशक कीट का *आर्थिक देहली* तथा *आर्थिक क्षति स्तर* का जहां तक संभव हो सके निर्धारण किया जाय। ऐसा करने से अनेक प्रतिकूल प्रभावों से बचा जा सकेगा। साथ ही व्यवहार में लायी जा रही नियंत्रण विधि की प्रभाविकता भी बढ़ेगी। इन सब उपायों से यह ज्ञात होगा कि नियंत्रण विधि अपनानी है अथवा नहीं।

यदि ऊपर बतायी गयी विधियों को सतर्कता पूर्वक व्यवहार में लाया जाय तो एक प्रभावी, कम खर्चीले और हानिरहित पारिस्थितिक तंत्र का विकास संभव है।

भारत जैसे देश में समेकित कीट नियंत्रण का विकास करने और उसे व्यवहार में लाने से देश की आर्थिक स्थिति में सुधार होगा। यह व्यवस्था अधिक प्रभावी और मितव्ययी होने के कारण नाशक कीटों का सफल नियंत्रण कर अधिक उपज दिलाने में समर्थ होगी। इस विधि से प्रकृति में विक्षोभ उत्पन्न नहीं होगा। साथ ही नाशक कीटों में कीटनाशक प्रतिरोधी विभेदों के उत्पन्न होने में गिरावट आयेगी।

इस व्यूह रचना के अंतर्गत कीटनाशकों का उपयोग आवश्यकता पड़ने पर ही किया जायेगा जिसके फलस्वरूप कीटनाशियों की मात्रा में कमी आयेगी और पर्यावरण भी कम प्रदूषित होगा। कम मात्रा में कीटनाशकों के उपयोग के कारण कीटनाशक अवशेषों की मात्राओं में अत्यधिक कमी आयेगी। कीटनाशी कीट प्रबन्ध में एक घटक की तरह प्रयुक्त होंगे तथा गम्भीर कीट समस्या के समय ही उनका विशेष उपयोग होगा। यह अवस्था इस भ्रम को भी दूर करती है कि कीट प्रबन्ध में कीटनाशकों के लिए कोई आवश्यक स्थान नहीं है, बल्कि इसके कारण कीटनाशक उद्योग को लाभ पहुंचेगा जिससे कि वे अधिक से अधिक चयनात्मक कीटनाशकों का विकास करेंगें।

समेकित कीट नियंत्रण कार्यक्रम के अंतर्गत विभिन्न कीट नियंत्रण पद्धितियों के विकास में अभी समय लगेगा। इस व्यवस्था में ऐसा प्रावधान होना चाहिए कि नव विकसित प्रभावी तकनीनों को इसमें समाविष्ट किया जा सके तथा कम प्रभावी तकनीकों को छोड़ा जा सके। विभिन्न कीट प्रबन्ध कार्यक्रमों के विकास के उपरान्त यह आवश्यक हो जाता है कि उन्हें प्रभावी रूप से व्यवहार में लाया जाये। इसके लिए कुशल वैज्ञानिकों, तकनीशियनों तथा प्रभावी प्रसार माध्यम की आवश्यकता होती है। संबंधित अधिकारियों के लिए आवश्यक है कि वे लाभदायक तथा हानिकारक कीटों के बीच विभेद कर सकें, पादपों पर हुई क्षति को पहचान सकें, कीट द्वारा क्षति तथा अन्य कारकों द्वारा उत्पन्न क्षति में भेद कर सकें,

विभिन्न पर्यावरण कारकों के बीच परस्पर क्रियाओं का आमापन कर सकें और विभिन्न नियंत्रण विधियों का समयानुसार उपयोग कर सकें। इन गुणों के अतिरिक्त विशेषज्ञों में प्रभावी परिणामों को किसानों तक पहुंचाने की विशेषता होनी चाहिए।

इसके लिए आवश्यक है कि देश के राष्ट्रीय संस्थान तथा विभिन्न कृषि विश्वविद्यालय, लघु अथवा दीर्घकालिक प्रशिक्षण कार्यक्रम चलायें, जिनमें समस्या संबंधी कार्यक्रमों के अध्ययन तथा शिक्षा की व्यवस्था हो। यह बहु–विधि उपगमन है। अतः विभिन्न वैज्ञानिकों का इसमें सहयोग इसे सफल बनायेगा।

अध्याय 30

संक्षिप्त टिप्पणियाँ

कीटों में शिशु के प्रकार

पारोमेटाबोला (Paurometabola) के शिशु, निम्फ (Nymph) कहलाते हैं।

इस प्रकार के रूपान्तरण में कीट धीमे–धीमे परिवर्तन के बाद शिशु से प्रौढ़ में बदलता है। इसे साधारण रूपान्तरण (Simple metamorphosis) कहते हैं। इसमें शिशु, निम्फ (Nymph) कहलाता है। ये प्रायः देखने में प्रौढ़ से मिलता–जुलता है, केवल इसमें जनन उपांग व पंखों का अभाव होता है। यह रूपान्तरण सम्पूर्ण बर्हिपंखी (एक्सोप्टेरीगोटा) के कीटों में पाया जाता है।

उदाहरण :	आर्थोप्टेरा	–	टिड्डा
	होमोप्टेरा	–	माहूँ
	डिक्टयोप्टेरा	–	कॉकरॉच
	थायस्नोप्टेरा	–	थ्रीप्स
	आइसोप्टेरा	–	दीमक

होलोमेटाबोला (Holometabola) के शिशु लार्वा (Larva) कहलाते हैं।

इस प्रकार का रूपान्तरण पूर्ण रूपान्तरण (Complite metamorphosis) कहलाता हैं। इसमें शिशु, लार्वा कहलाता है जो कि प्रौढ़ से बिल्कूल भिन्न होता है। इसके विकास के दौरान चार अवस्थाएँ – अण्डा, लार्वा, प्यूपा तथा प्रौढ़, पायी जाती है। यह रूपान्तरण सम्पूर्ण अन्तर्पंखीय (एण्डोप्टेरीगोटा) के कीटों में पाया जाता है।

उदाहरण :	लेपीडोप्टेरा	–	शलभ (Moth) तथा तितलियां (Buterflies)
	हायनोप्टेरा	–	मधुमक्खियां, भौरा, बर्रे

लार्वा (Larva) ही भोजन करता है तथा कई बार निर्मोचन (Moulting) क्रिया करके प्यूपा में बदल जाता है। प्यूपा अक्रियाशील (Inactive) होता है एवं भोजन नहीं करता। जब प्यूपा अवस्था निर्मोचन करती है तो प्रौढ़ कीट निकलता है। अण्डों से निकलने वाले लार्वा (Larva) कई प्रकार के होते हैं जो निम्न उल्लेखित है –

लार्वा के प्रकार (Types of larva)

अण्डों से निकलने वाले लार्वा कई प्रकार के होते हैं –

1. **ओलिगोपौड (Oligopod)** : इस प्रकार के लार्वा में वक्षीय टाँगें (Thoracic legs) पूर्ण विकसित तथा सरसाई को छोड़कर शेष सभी उदरीय उपांग अनुपस्थित होते हैं। ओलीगोपॉड लार्वा को पुनः दो भागों में विभक्त की गयी है –

(क) कम्पोडीफार्म (Compodiform) : इस प्रकार के लार्वा का शरीर लम्बा एवं कुछ चपटा होता है। सरसाई (Cerci) तथा ऋगिकाएँ (Antennae) पूर्ण विकसित एवं संयुक्त आँखें तथा पंख कलिकाएं (Wing pads) अनुपस्थित होते हैं।

उदाहरण : न्यूरोप्टेरा – लेस विंग्स (Lace wing)
कोलियोप्टेरा – बीटिल तथा वीविल (Beetle and weevil)

(ख) स्केरेबीफार्म (Scarabaeiform) : इस प्रकार के लार्वा 'सी' (C) आकृति के, सिर झुका हुआ तथा विकसित होता है। वक्षीय टॉगें अपेक्षाकृत छोटी होती है। ये कोलियोप्टेरा गण के स्केरेविडी कुल के कीट में पाये जाते हैं।
उदाहरण – ग्राउण्ड बीटिल।

2. **प्रोटोपॉड (Protopod)** : इस प्रकार के लार्वा कुछ परजीवी हायमेनोप्टेरा (Parasitic Hymenoptera) में पाये जाते हैं। इन कीटों के अण्डों में अण्डपीत (Yolk) की मात्रा कम होती है। अतः ये अण्डे भ्रूणावस्था (Embroynic phase) में जल्दी ही फूट (Hatch) जाते हैं। शिशु (Larva) पोषित कीट (Host insect) के उपर विकसित होते हैं।
उदाहरण – ट्राइकोग्रामा प्रजाति।

3. **पोलीपॉड (Polypod)** : इनको ईरूसीफार्म (Eruciform) लार्वा भी कहते हैं। इस प्रकार के लार्वा का शरीर बेलनाकार, सिर पूर्ण विकसित तथा छोटे एन्टीनीयुक्त होता है। इनमें वक्षीय तथा उदरीय टागें (Prolegs) स्पस्ट रूप

से मिलती है। इस प्रकार के लार्वा को कैटरपीलर (Caterpillar) भी कहते हैं तथा लैपीडोप्टेरा गण के कीटों में इस प्रकार की लार्वा पायी जाती है।
उदाहरण – तना वेधक, तम्बाकू की सूंडी आदि।

4. **एपोडस (Apodes)** : इस प्रकार के लार्वा का शरीर लम्बा तथा बेलनाकार होता है। इनमें सिर एवं टाँगें नहीं पायी जाती। इस प्रकार की लार्वा डिप्टेरा, कोलियोप्टेरा, साइफैनोप्टेरा तथा हायमेनोप्टेरा गण के कीटों में मिलते हैं।

उदाहरण :		
डिप्टेरा	–	मक्खियाँ और मच्छर
कोलियोप्टेरा	–	बीटिल एवं वीविल
साइफैनोप्टेरा	–	फ्लीज (Fleas)
हायमेनोप्टेरा	–	मधुमक्खियाँ एवं बर्रे

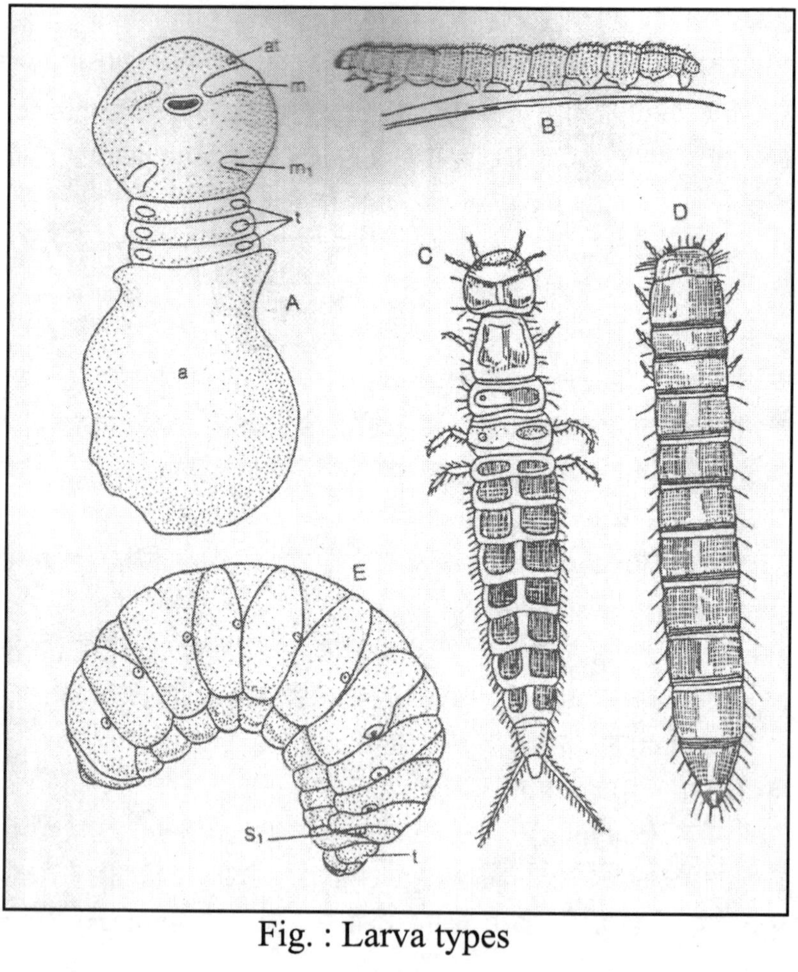

Fig. : Larva types

A, protopod (Proctotrupoidea); B, polypod (Lepidoptera); C, oligopod (Cole-optera, Staphylinidae); D, do; (*Tenebrio*); E, apodous (Hymenoptera: honey bee); (A from Kulagin, E from Nelson) a, abdomen; at, antenna: m, mandibule m_1, maxilla: h, head; s_1, s_{10}, spiracles; t,thoracic limbs; or, mouth.

कीटों में विभिन्न प्रकार के कोषित (Pupa)

कैटरपिलर/ग्रब/लार्वा पूर्ण रूप से रूपान्तरित होने से पहले निष्क्रिय होकर एक आवरण में पड़ा रहता है। यह वह दौर होता है जिसके अन्तर्गत लावा/शिशु वयस्क बनने के लिए तमाम परिवर्तनों से गुजरता है। कोशित (Pupa) कई प्रकार के होते हैं–

(क) एक्जोरोट (Exarate) – इस प्रकार के प्यूपा में मुखांग के द्वारा ककून या प्यूपल को तोड़ सकने की क्षमता होती है। वयस्क बनने से पहले ही ये कोलिओप्टेरा तथा हाइमेनोप्टेरा गण में पाया जाता है। लार्वा मिट्टी या लकड़ी के बने खोल में रहते हैं।

उदाहरण : **घुन** (Weevil)

(ख) ओब्टेक्ट (Ubtect) – लेपीडोप्टेरा गण के कीटों के प्यूपा में विकसित होने वाला लार्वा/कैटरपिलर का पंख, टाँगे, एन्टिनी तथा मुखाँग शरीर से अच्छी तरह से चिपकी रहती हैं। लार्वा अपने लेबियल ग्रन्थियों से सिल्क धागा का आवरण/खोल बनाता है जिसे ककून (Cocoon) कहते हैं। उदाहरण : रेशमी कीट

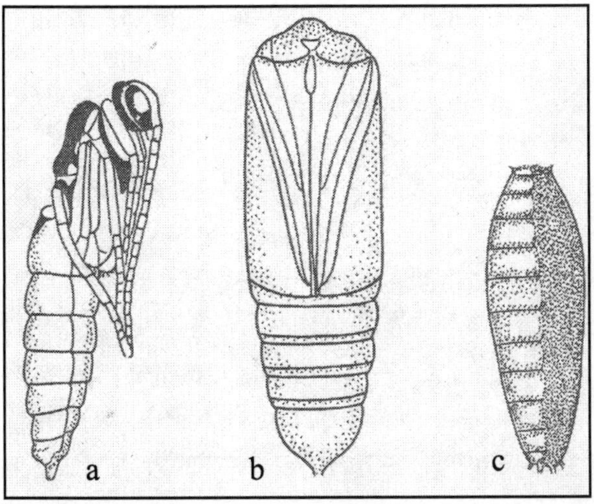

Fig. (a) : Exacrate or free pupa of hymen-opteron (Icheneu-monidae); leteral view

Fig. (b) : Oblect pupa of a Lepidopteron (Noctuldae): ventral view

Fig. (c) : Puparium of a dipteron (Muscidae): Dorsal view.

(ग) **प्यूपेरियम (Puparium)** – डिप्टेरा गण के कीट के अन्तिम इन्सटार का क्यूटिकिल (Cuticle of last instar) एक सख्त और गहरे रंग का आवरण बनाता है, जिसके अन्दर नर्म प्यूपा पड़ा रहता है। उदाहरण : फल मक्खी

रासायनिक नियन्त्रण (Chemical control)

यह तमाम कीटों की बढ़ती हुई आबादी/संख्या पर नियन्त्रण करने वाली तमाम विधियों में से एक विधि है। इसमें रासायनिक पदार्थों का प्रयोग किया जाता है। यह रसायन तीन प्रकार के होते हैं– आमाशय विष, स्पर्श विष तथा धूम्रक। रासायन पदार्थों के चुनाव से पहले यह देख लेना आवश्यक है कि कीटों की आदतें कैसी हैं, भोजन कैसा है तथा मुखाँग किस प्रकार के हैं। चुना हुआ रासायन कीटों के लिए तो घातक होना चाहिए, परन्तु पौधों तथा जानवरों के लिए बिल्कुल भी घातक न हो। अलग–अलग कीटों के लिए अलग–अलग रासायनिक विष का प्रयोग किया जाता है। इस बात का भी ध्यान रखा जाता है कि विष की मात्रा कम हो पर असर अधिक–से–अधिक हो। किसानों के लिए महँगा भी न हो और प्रयोग करना भी आसान हो।

आमाशय विष (Stomach Poison)

इस प्रकार के विष या रासायनिक पदार्थ काटने और चबाने वाले मुखांग वाले कीटों के लिए प्रयोग किया जाता है। ये पानी में अघुलनशील होते हैं। इनका प्रयोग यदि फसल पर कीटों के आने के पहले किया जाता है तो फसल की रक्षा हो जाती है। उदारहण–लेड इार्सेनेट, कैल्शियम, आर्सेनेट, पेरीस ग्रीन, सफेद आसैनिक आदि। परन्तु इन रसायनों का आजकल उपयोग नहीं हो रहा है। वर्तमान समय में क्लोरपायरीफास, मोनोकोटोफास, स्पाइनोसेड, नोवाल्यूरान आदि का प्रयोग हो रहा है

स्पर्श विष (Contact Poison)

यह विष कीट के शरीर के सम्पर्क में आते हैं, गैस के रूप में या इन्टेग्यूमेन्ट से होते हुए कीट के आन्तरिक अंगों में पहुँच जाता है और उन्हें नष्ट करना शुरू कर देता है। अधिक स्पर्श विष अधिकतर पौधों के लिए हानिकारक है। इनका प्रयोग ज्यादातर चुभाने व चूसने वाले मुखाँग वाले कीटों के लिए किया जाता है। कुछ स्पर्श पौध विष (Plant posion) होते हैं। जैसे– निकोटीन, रोटीनान, पाइरेथ्रम, सानाडिला आदि। रायनान रासायनिक धूल है। डी०डी०टी०, बी०एच०सी०, क्लोरडेन, एल्ड्रीन आदि रासायनिक विष हैं। परन्तु इन रसायनों का उपयोग वर्तमान समय

में नहीं हो रहा है। वर्तमान समय में क्वपीनालफॉस, मालाथियान, इथियान का प्रयोग हो रहा है।

धूम्रक (Fumigants)

कुछ रासायनिक पदार्थों के धुएँ को कीट नियन्त्रण के लिए प्रयोग किया जाता है। धुआँ यानी गैस कीट के श्वसन छिद्रों से होकर शरीर में प्रवेश करता है और अंगों को नुकसान करना प्रारम्भ कर देता है। ज्यादातर कीटों के श्वसन तंत्र को प्रभावित कर देता है जिससे कीट साँस नहीं ले सकता है। धूम्रक एक आदर्श कीट विष है, क्योंकि यह दरारों तथा छिपे स्थानों में रहने वाले कीटों को भी मार डालता हैं तथा खर्चा भी कम होता है। ज्यादातार गोदामों में इसका प्रयोग किया जाता है। उदाहरण–कार्बन डाइसल्फाइड, मिथाइल ब्रोमाइड, हाइड्रोजन सायनाइड, नेप्थेलीन, फॉस्फीन आदि।

सिस्टेमिक कीटविष (Systemic Insecticides)

इस रासायनिक पदार्थ को पौधों तथा बीजों पर छिड़का जाता है, जिसको पौधे अपने जड़ों तथा पत्तियों द्वारा खींच लेता है तथा पौधे विषयुक्त हो जाता है। जब कीट पौधों का रस चूसता है तो विष का असर कीटों पर हो जाता है और कीट मर जाता है। परन्तु इसका असर पौधों पर तीन सप्ताह तक रहता है। पौघों के साथ–साथ अन्य लाभदायक (परजीवों एवं परभक्षी) कीटों पर कोई नुकसानदायक असर नहीं होता। उदाहरण – डिमेटान अथवा सिस्टॉक्स, मेटासिस्टॉक्स, डाइमेथाएट, फोरेट, ऐसीटामिप्रिड, इमेडाक्लोप्रिड आदि।

निकोटीन (Nicotine)

यह एल्कैलॉयड विष है। यह तम्बाकू का बाई–प्रोडक्ट (By-Product) होता है तथा निकोटिन सल्फेट के रूप में मिलता है। इसको धूल तथा तरल के रूप में प्रयोग कर सकते हैं। यह स्पर्श विष होता है, परन्तु कीटों को धुम्रण क्रिया द्वारा मारता है। यह उड़नशील पदार्थ होता है। परन्तु निकोटिन सल्फेट उड़नशील नहीं होता है। छिड़काव घोल बनाने के समय इसमें साबुन तथा हाइड्रोजन लाइम (Hydrated Lime) मिला दिया जाता है जिससे इसकी उड़नशील क्षमता बढ़ जाती है। अधिक तापक्रम में उड़नशीलता और बढ़ जाती है। इसका असर बहुत कम समय के लिए होता है। यह कीटों की खाल को भेदकर तुरन्त अन्दर पहुँच जाता है जिसके असर से कीटों का श्वसन तंत्र प्रभावित हो जाता है। इसका

प्रयोग माहूँ तथा कोमल त्वचा वाले कीटों के नियन्त्रण के लिए किया जाता है। उदाहरण : निकोटिन सल्फेट

पाइरेथ्रम (Pyrethrum)

यह पाइरेथ्रम नामक पौधों के फलों से बनया जाता है। पाइरेथ्रम में चार प्रकार के इस्टर्स (Easters) पाए जाते हैं जिसके कारण यह जहरीला होता है। ये यौगिक अस्थायी होते हैं। यह गर्म रक्त वाले जानवरों के लिए जहरीला नहीं होता है, परन्तु कीटों के लिए बहुत जहरीला होता है। बाजार में पाइरेथ्रम के सक्रिय पदार्थ को अलग करके किसी घोलक में मिलाकर छिड़काव पदार्थ बनाकर बेचा जाता है। अतः यह अनेक रूपों में पाया जाता है।

विष प्रलोभक (Poison Baits)

कीटों को जिस प्रकार का भोजन पसन्द होता है, उनमें कुछ पादप उत्पत्ति अथवा संश्लेषित रसायन विष पदार्थ को मिलाकर प्रलोभक बनाया जाता है। इन प्रलोभक पदार्थों की ओर आकर्षित होकर कीट इसे खाते हैं और खाकर मर जाते हैं। इस तरह कीट प्रलोभक पदार्थ कीट नियन्त्रण का एक तरीका है। इस तरह के प्रलोभकों का प्रयोग घरेलू कीटों और भूमिगत कीटों के नियन्त्रण के लिए किया जाता है। यह तरल तथा ठोस पदार्थ के रूप में भी बनाया जा सकता है।

प्राकृतिक नियन्त्रण (Natural Contro)

प्रकृति जब कीटों की बढ़ती हुई संख्या को नियन्त्रण करती है, उसे प्राकृतिक नियन्त्रण कहते हैं। प्राकृतिक घटक या स्त्रोत जो इस प्रकार के नियन्त्रण में काम आते हैं, वे निम्न उल्लेखित है –

(क) **ऋतु प्रकोप** – जैसे जलवायु, तापक्रम, वर्षा, सूर्य की गर्मी आदि कीटों के जीवन को प्रभावित करते हैं। अधिक तापक्रम कीटों के लिए नुकसानदायक होता है। अधिक ठंडा भी खतरनाक होता है। तेज हवा भी कीटों को फैलने नहीं देती।

(ख) **प्राकृतिक रूकावटें** – पहाड़, नदियाँ, समुद्र, झीलें, रेगिस्तान, जंगल आदि भी कीटों के जीवन–चक्र पर असर डालता है। ये भी संख्या बढ़ाने में रूकावटें पैदा करती हैं।

(ग) **प्राकृतिक भात्रु** – जैसे– परजीवी कीट, भक्षी कीट, चिड़ियाँ, साँप, छिपकली आदि भी इन्हें खाकर इनकी संख्या को बढ़ाने नहीं देती।

(घ) कीट–रोग – कवकों, बैक्टीरिया तथा अन्य जीवाणु के कारण कीटों में बीमारियाँ फैल जाती है। तापक्रम तथा जलवायु की अनुकूल परिस्थितियों में रोग संक्रामक रूप से फैल जाता है जिसके फलस्वरूप कीटों की संख्या कम हो जाती है।

रसायनिक विष (Chemical poison)

रसायनिक पदार्थ अपनी रासायनिक क्रियाओं द्वारा कीटों का नियन्त्रण करते हैं। रासायनिक पदार्थों को उनकी क्रियाओं के अनुसार कई समूह में बाँटा गया है–

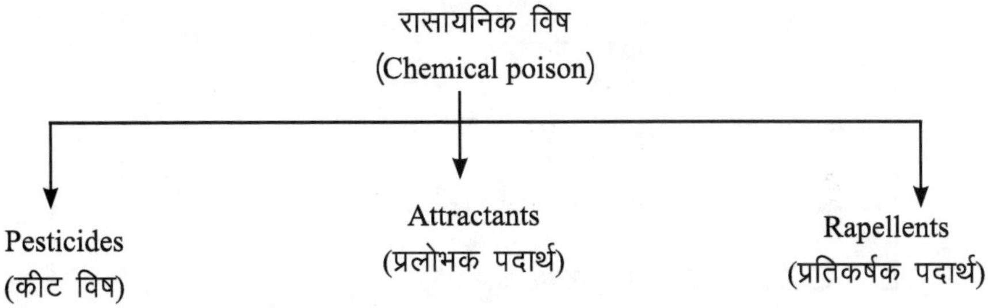

विष (Pesticides) को पुनः इस प्रकार बाँटा गया हैं –

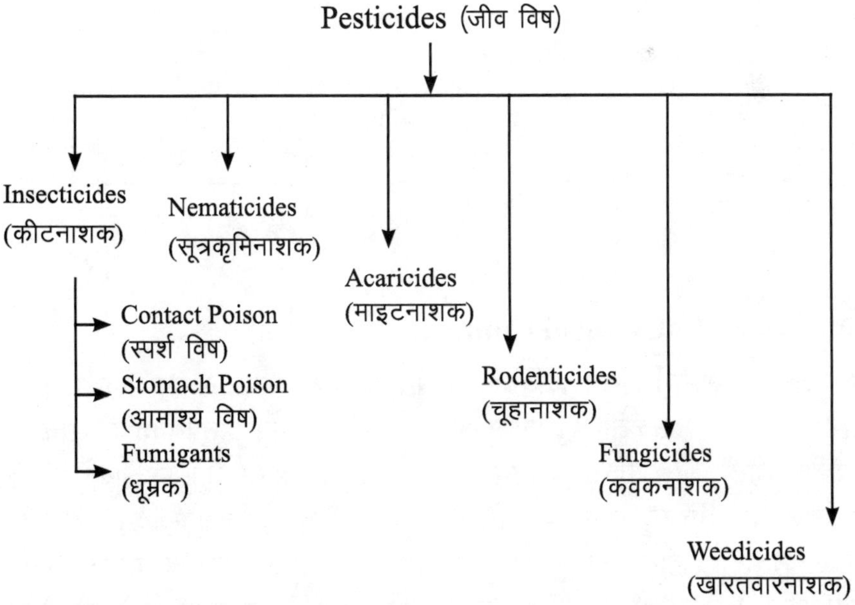

कीटनाशक (Insecticides) को पुनः उनमें मौजूद रसायनिक तत्वों या उनके स्वभाव के अनुसार विभाजित किया गया है –

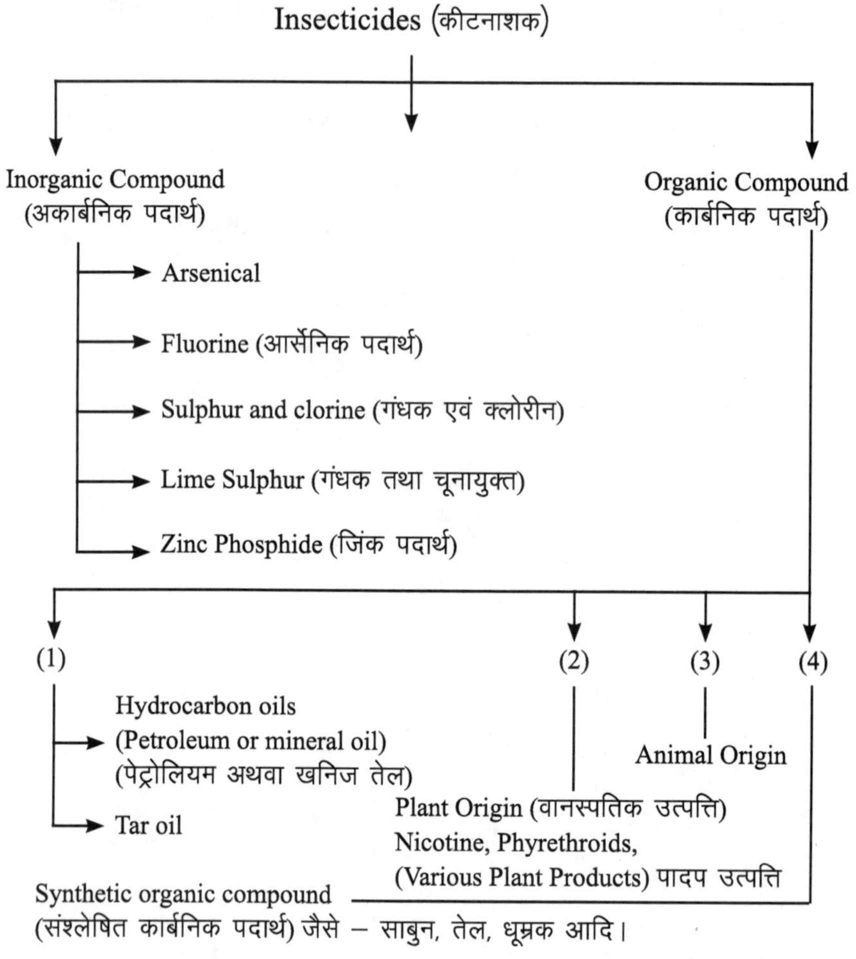

कार्मिक नियन्त्रण (Cultural Control)

इस नियंत्रण के अन्तर्गत उन विधियों का प्रयोग किया जाता है जो किसी कीट के लिए उपयुक्त हो सकता है। परन्तु अन्य कीटों के लिए अनुपयुक्त हो सकता है, क्योंकि कीटों की आदतों, जीवन–चक्रों में अन्तर होता है। इन विधियों में फसल–चक्र द्वारा नियन्त्रण सबसे अधिक सफल तरीका है। इसके किसी खेत में एक साल बोई जाने वाली फसल के स्थान पर दूसरी फसल बोने से पहली फसल पर पाए जाने वाले कीटों का जीवन कठिन हो जाता है। फसल पकने की दशा

में हानि पहुँचाने वाले कीटों के आक्रमण से पहले ही फसल का पकाव जल्दी होने वाली प्रजाति अच्छी रहती है। फसल की बुवाई के समय में भी परिवर्तन किया जाता है, ताकि नाशक कीट की सबसे क्रियाशील अवधि में फसल आक्रमण से बच जाए। इसके अलावा साफ–सुथरी खेती रखने के लिए खरपतवार तथा जंगली पौधों को नष्ट कर दिया जाता है। फसल के अवशेषों को भी नष्ट कर दिया जाता है, ताकि इनमें छिपे कीट भी नष्ट हो जाएँ। अवरोधी जातियाँ उगानी चाहिए जिसके प्रति कीट अवरोधक हो, परन्तु भारत में नाशक कीट की समस्या के कारण यह विधि कम ही सफल हो सकी। इसके अलावा खेतों की गुड़ाई से मिट्टी पलट कर ऊपर आ जाना, जिससे अण्डे, जमीन के अन्दर शरण लिए कीटों का गर्मी तथा धूप से खात्म हो जाना, पेड़ों की छँटाई, मिश्रित खेती, खादों का उचित मात्रा में प्रयोग करना तथा खेतों में पानी भरना आदि विधियाँ कार्मिक नियन्त्रण के अन्तर्गत आती हैं।

जैविक नियन्त्रण (Biological Control)

जब कीटों को नियन्त्रित करने के लिए कीटभक्षी, परजीवी तथा रोगों का प्रयोग किया जाता है, इस प्रकार के नियन्त्रण को जैविक नियन्त्रण कहते हैं।

जैविक नियन्त्रण की कुछ समस्याएँ

(अ) जैविक नियन्त्रण में काम आने वाले पदार्थ, कारक आदि केवल एक ही प्रकार के कीटों को मार सकता है। मतलब किसी सीमा तक ही काम करते हैं (Within limitations)।

(ब) इनका प्रभाव तेजी से नहीं होता है। इसलिए लम्बे समय तक इंतजार करना पड़ता है। साथ ही कारकों का प्रयोग कम मात्रा में करना पड़ता है।

(स) प्रयोग करने वाले को इनके बारे में अच्छी जानकारी रखनी पड़ती है, क्योंकि इस विधि में जीवों का प्रयोग किया जाता है।

(द) प्रयोग में आने वाले जीवों के लिए धन की भी आवश्यकता होती है, क्योंकि यह विधि महँगी होती है।

(ध) अधिकतर कारक परजीवी या शिकारी कीट होते हैं, जिसकी वजह से पूर्ण सफलता मिलना मुश्किल होती है।

(न) बाहर से मँगाए गए कीट अक्सर नई परिस्थितियों में पनप नहीं पाते जिससे नुकसान हो जाता है।

जैविक नियन्त्रण से लाभ

(अ) प्रयोग में आने वाले कारक विषैले नहीं होते और न ही हानिकारक होते हैं। कोई हानिकारक अवशिष्ट भी नहीं छोड़ते।

(ब) इसका प्रभाव स्थायी होता है, क्योंकि एक बार प्रयोग के बाद प्रकृति में इनकी क्रिया अपने आप चलती रहती है।

(स) इस विधि से लाभदायक कीटों को कोई नुकसान नहीं पहुँचता है।

(द) कुछ कारकों को कम खर्च में पैदा करके प्रयोग में लाया जा सकता है।

(न) कीट अवरोधी (Resistant) नहीं बन पाते।

(प) कुछ जीवों को कीटनाशक के साथ भी प्रयोग किया जाता है। फलस्वरूप अगर किसी वजह से कीटों पर कीटनाशक का प्रभाव नहीं होता तो शत्रु उसे नष्ट कर देता है।

वैधानिक नियन्त्रण (Legal Control)

पहले व्यापारिक वस्तुओं का आयात–निर्यात स्वतन्त्र रूप से एक स्थान से दूसरे स्थान को होता था। उन वस्तुओं पर छिपे कीटों पर किसी का ध्यान नहीं था। इसलिए पिछली शताब्दी के मध्य में कीटों को इस प्रकार फैलने से रोकने के लिए कई देशों ने मिलकर विधानिक प्रतिबन्ध लगाए।

आयात–निर्यात किए जाने वाले पौधों, बीजों तथा अन्य पदार्थों का निरीक्षण पौधों तथा अनेक पदार्थों के लिए स्वस्थता का प्रमाण–पत्र प्रदान करना, नाशक कीट तथा बीमारियों के नियन्त्रण का नोटिफिकेशन (Notification) इत्यादि सभी कार्य वैधानिक नियन्त्रण के अन्तर्गत आते हैं। नाशक कीट पर नियन्त्रण के लिए आयात–निर्यात किए जाने वाले पौधों, फलों तथा बीजों आदि से सम्बन्धित वैधानिक तरीकों के साथ ही कुछ नाशक कीट तथा बीमारियों के सम्बन्ध में उनके नियन्त्रण एवं सावधानियों का प्रचार करना भी आवश्यक है। इसके अलावा कीटनाशकों का प्रमाणीकरण (Standardization) करके जिससे उनमें विष का अनुपात निश्चित हो तथा रासायनिक तत्वों का भी निश्चित संयोजन हो, इन सब बातों पर भी ध्यान रखा जाता है।

भारत में वैधानिक कार्यवही (Directorate of Plant Protection, Ministry of Food and Agriculture Storage and Quarantine, Govt. of India) के अन्तर्गत होती है।

यान्त्रिक नियन्त्रण (Mechanical Control)

इस विधि के अन्तर्गत हम निम्नलिखित तरीकों को अपनाते हैं–

(अ) हाथ से नष्ट करना (Mechanical method) – अण्डों के समूहों, शिशुओं तथा वयस्कों को इकट्ठा करके उन्हें मार देना।

(ब) थैलों में इकट्ठा करना (Bagging) – जाली या कपड़े के बने थैलों को वायु के विपरीत दिशा में फसल के ऊपर चलाकर कीटों को इकट्ठा करके, मार देना।

(स) प्रकाश प्रपंच (Light Trap) – लालटेन या तेज प्रकाश देने वाला पेट्रोमेक्स को एक बर्तन में जिसमें केरोसिन मिला पानी होता है, रखा जाता है। इस प्रपंच को खेत के प्रमुख स्थान पर रखा जाता है। प्रकाश से आकर्षित होकर कीट काफी संख्या में इस प्रपंच पर आकर पानी में गिरकर मर जाते हैं।

(द) प्रलोभक प्रपंच (Bait Trap) – इस विधि से रात्रिचर शलभ, सूँडियाँ, टिड्डे आदि का नियन्त्रण किया जाता है। इसमें किसी प्रलोभक पदार्थ को कीटनाशक के साथ मिलाकर प्रपंच बनाकर रख दिया जाता है। इसको खाकर कीट मर जाते हैं। क्रिकेट्स के नियन्त्रण के लिए भी लाभदायक है।

(ध) पेड़ों पर लेप लगाना (Tree Banding) – क्रूड ऑयल का इमल्सन या कोई भी चिपचिपा पदार्थ को कपड़े या मोटे कागज पर लगाकर पेड़ के तने के चारों तरफ लगा दिया जाता है। जिससे जमीन के नीचे से अण्डों से निकले शिशु पेड़ पर चढ़ नहीं पाते। इससे पेड़ सुरक्षित रहता है। इसका प्रयोग आमतौर पर आम के पेड़ पर मिली बग को चढ़ने से रोकने के लिए किया जाता है।

भौतिक नियन्त्रण (Physical Control)

गहरी खाइयाँ तथा पानी की नालियाँ बनाकर कीटों को आगे बढ़ने से रोका जाता है। हापर्स को इसी विधि से रोका जाता है। खेतों से पानी निकालना या अधिक पानी भर देना जिससे कीट नष्ट हो जाएँ। कृत्रिम रूप से ताप का प्रयोग कर यानी ज्यादा तापक्रम पर कीट जीवित नहीं रह पाते। जैसे– अनाजों (सेम, मटर) तथा अन्य दानों को गर्म करने से उनके अन्दर मौजूद कीटों की सभी अवस्थाएँ मर जाती हैं।

समेकित (एकीकृत) कीट प्रबंधन (Integrated Pest Management)

फसलों पर कीटों के आक्रमण का घनत्व (Economic Threshold) को देखकर यह निर्णय लिया जाता है कि किस प्रकार से कीटों की बढ़ती हुई संख्या को नियन्त्रित किया जाए, ताकि फसल पूरी तरह से नष्ट न हो पाए, क्योंकि जब कीटों का प्रकोप इतना, अधिक हो जाता है जिसे आर्थिक क्षति स्तर (इकोनोमिक इनज्यूरी लेवल) से उपर हो जाय, तब कोई भी उपाय काम नहीं करता। फलस्वरूप पूरी की पूरी फसल नष्ट हो जाती है। इस स्तर (लेवल) तक कीटों का आक्रमण न पहुँच पाए, इसके अन्दर एक उपयों का प्रयोग किया जाता है अर्थात् अनेक विधियों का समावेश करते हुए एक प्रबन्ध बनाया जाता है, ताकि कीटों का आक्रमण आर्थिक क्षति स्तर तक न पहुँच जाए और उस स्तर से नीचे रखा जा सके। इस प्रकार इस नियन्त्रण के अन्तर्गत भौतिक, यान्त्रिक, रासायनिक, जैविक, कार्मिक आदि सभी प्रकार के उपायों को प्रयोग में लाया जाता है।

प्रलोभक (Attractants)

कीटों को स्वादिष्ट लगने वाले पदार्थों के साथ कुछ रासायनिक विष प्रपंच (Poison baits) का छिड़काव या धूल के साथ मिला दिया जाता है जिसे प्रलोभक कहते हैं। जिसकी तरफ आकर्षित होकर कीट आते हैं तथा ट्रेप या प्रपंच में फँस जाते हैं और मर जाते हैं।

प्रतिकर्षक (Repellents)

ऐसे पदार्थ जिनकी बदबू या खराब स्वाद के कारण, उपचारित फसल से कीट दूर भाग जाते हैं। साइट्रोनेला आयल (Oil of Citronella) और कपूर (Camphor) का प्रयोग मच्छर भगाने के लिए किया जाता है। दीमक से बचाव के लिए क्रिसोट (Cresote) का प्रयोग किया जाता है। पाइरेथ्रम जो पादप पदार्थ हैं, का प्रयोग घरेलू जानवरों के खून चूसने वाले कीटों को दूर भगाने के लिए छिड़काव किया जाता है। नीम भी एक अच्छा प्रतिकर्षक है।

बन्ध्य रसायन (Chemosterilants)

कीटों की प्रजनन शक्ति पर असर डालने वाले रसायन को बन्ध्य रसायन कहते हैं। ये प्रजनन शक्ति को नष्ट कर देते हैं। इससे मादा बाँझ बन जाती है। यदि अण्डे देती है तो अण्डों से शिशु नहीं निकल पाते हैं। इन रसायनों के द्वारा नर कीटों में शुक्राणु (Sperms) नहीं बन पाते। इस प्रकार से कीटों की संख्या नहीं

बढ़ पाती है। प्रमुख बान्दय रसायन इस प्रकार हैं – टेपा, मेटेपा, थायोटेपा, हेम्पा, नीम आदि।

उत्प्रेरक (Synergists)

वे पदार्थ जो खुद कम विषैले या विषैले होते ही नहीं हैं, परन्तु अन्य पदार्थों के साथ मिलाने पर उनका विषैलापन बढ़ जाता है। यदि कीटनाशक के साथ मिलाया जाए तो उसके जहरीलापन को बढ़ा देता है, जिससे कीटों के मरने के समय को कम कर देते हैं। उदाहरण – पेपेरोनाइल ब्यूटॉक्साइड (Peperonyle Butoxide) नीम का तेल।

फेरोमोन्स (Pheromones)

ये एक प्रकार के उत्तेजक पदार्थ होते हैं। इस रासयानिक पदार्थ को जानवरों द्वारा स्त्रावित किया जाता है जिसके प्रति उसी प्रजाति के सदस्य आकर्षित होते हैं। अगर मादा इसे वातावरण में स्त्रावित करती हैं तो नर आकर्षित होते हैं और अगर नर स्त्रावित करता है तो मादा आकर्षित होती है। इन रासायनिक पदार्थ को बाह्य हारमोन (Ectohormones) भी कहते हैं। स्त्रावित करने वाला फेरोमोन में एक विशेष प्रकार का गंध होता है जो सीधे ग्राहक के केन्द्रीय तन्त्रिका तंत्र को प्रभावित करता है। कीटों में मैथुन क्रिया के लिए इसका प्रयोग होता है। ग्राहक कीट इससे उत्तेजित होकर दूर से कीट के निकट आता है। ज्यादातार एक ही लिंग का कीट इसे स्त्रावित करता है। परन्तु कभी–कभी किसी प्रजाति में दोनों ही, नर एवं मादा, फेरोमोन्स को स्त्रावित करते हैं। कीट नियन्त्रण में फेरोमोन्स का प्रयोग किया जाता है। इन विशेष प्रकार के रसायन को प्रयोगशाला में तैयार कर इसका इस्तेमाल कीटों को आकर्षित करने के लिए किया जाता है। आकर्षित होकर कीट जब एक जगह पर इकट्ठा होता है तो उसे मार दिया जाता है। कीटों को बन्ध्य बनाने के लिए भी इसका प्रयोग किया जाता है। फेरोमोन्स द्वारा कीट नियन्त्रण एक सफल उपाय है।

कीट पारिस्थितिकी (Insect Ecology)

किसी जीवों एवं उनके वातावरण से सम्बन्ध का अध्ययन ही परिस्थितिकी है जो जीवों, जीव संख्याओं और उनके द्वारा बनाये गये समुदायों के बीच पारस्परिक जैविक क्रियाओं को दर्शाती है। एक सफल व्यवहारिक समेकित नाशक जीव नियंत्रण को प्रारंम्भ करने से पहले यह आवश्यक है कि नाशक जीव (कीट) प्रबन्धित पर्यावरण और नाशक जीव प्रबंध प्रक्रियाओं के पर्यावरण संबंधी प्रभावों का अच्छी

ज्ञान हो। नाशक जीव समस्याएं यो नहीं उत्पन्न होती, बल्कि पर्यावरण में विभिन्न कारकों (भोजन, तापक्रम, प्रकाश, हवा आदि) के ऐसे संयोग के कारण उत्पन्न होती है जो नाशक जीव संख्या की वृद्धि में सहायक होते है। उदाहरण के लिए, भोजन और जल की बहुलता, अनुकूल मौसम, उचित आश्रय और उन प्राकृतिक शत्रुओं की कमी जिनका नाशक जीव खाद्य है आदि, ऐसी ही परिस्थितियां है, जो नाशक जीव संख्या में अचानक वृद्धि के लिए उत्तरादायी है। इसी प्रकार नाशक जीव के नियंत्रण के लिए किए गये उपायों का प्रभाव आस–पास के पर्यावरण पर लक्षित नाशक जीव को मारने के अतिरिक्त भी पड़ता है। पारिस्थितिकी के अध्ययन से इन सब समस्याओं को समझने में सहायता मिलती है।

पारिस्थितिकी तंत्र (Ecosystm)

किसी एक जाति का जीव जब साथ–साथ रहते हैं तो उसे उस जीव विशेष की आबादी कहते हैं। विभिन्न जातियों की आवादियों के साथ–साथ रहने से समुदाय का निर्माण होता है। यह समुदाय अपने भौतिक पर्यावरण के जिवीय और अजीवीय सभी कारकों से प्रभावित होता है। इस प्रकार के जटिल क्षेत्र को पारिस्थितिकी तंत्र कहते हैं। वनस्थली, गर्म पानी का झरना, जल–संभर, खेत, नगरीय क्षेत्र आदि पारिस्थितिकी तंत्र के उदाहरण है।

पर्यावरण (Environment)

एक जीव या उसके समुदाय के चारो ओर पाया जाने वाला वह सब, जो जीवों के जीवन पर प्रत्यक्ष अथवा अप्रत्यक्ष रूप में (अर्थात् दुसरे कारकों को प्रभावित करके) प्रभाव डालता है, पर्यावरण कहलाता है। पृथ्वी के समस्त जीवों के समुचित विकास, वृद्धि, रख–रखाव एवं सुव्यवस्थित जीवन–क्रम को चलाने के लिए सन्तुलित पर्यावरण की आवश्यकता पड़ती है। पृथ्वी पर व्याप्त पर्यावरण प्रकृति का एक सर्वश्रेष्ट वरदान है। कोई भी जीव अपने पर्यावरण से अलग जीवन निर्वाह नहीं कर सकता है। समस्त जीवों को उस स्थान की परिस्थितियों के अनुसार अपना जीवन निर्वाह करना पड़ता है, जहाँ पर वह पाया जाता है। पर्यावरण में अनेक घटक होते हैं जो जीवों के साथ तथा आपस में दुसरे घटकों के साथ अन्तः क्रिया करते हैं। इस प्रकार पर्यावरण के सभी घटक आपस में परस्पर जुड़े रहते हैं तथा उनको एक दुसरे से न तो अलग किया जा सकता है और न ही पर्यावरण के शेष भाग को प्रभावित किए बिना उनमें से किसी एक को परिवर्तित किया जा सकता है। समस्त जीव पर्यावरण के साथ बड़े स्तर पर आपस में क्रिया–प्रतिक्रिया करते हुए सम्बद्ध रहते है। पर्यावरण जीवों की क्रियाओं को प्रभावित करने वाली

समस्त अजैविक या भौतिक कारक (Abiotic or Physical factors) तथा जैविक कारक (Biotic factors) परिस्थितियों का सम्मिश्रण है। पर्यावरण के कारक निम्न उल्लेखित है।

(i) **अजैविक कारक** – तापक्रम, आर्द्रता, प्रकाश, वायु, जल, मिट्टी आदि।

(ii) **जैविक कारक** – भोजन।

पारिस्थितिक तंत्र की विविधता

प्रायः यह देखा गया है कि पारिस्थितिकी तंत्र में यदि एक ही फसल अथवा उससे सम्बन्धित फसलों को लगातार बोया जाय तो विकट कीट समस्याओं का प्रादुर्भाव हो सकता है। अतः आवश्यकता यह है कि भिन्न–भिन्न प्रकार की फसलें लगाई जाएं अथवा उपयुक्त फसल–चक्र अपनाया जाय। पारिस्थितिकी तंत्र में विविधता उसको सुदृढ़ता प्रदान करती है। साथ ही बहुत से अनचाहे प्रभावों से भी बचाती है। पारिस्थितिकी तंत्र में विविधता बचाये रखने के लिए विभिन्न प्रकार की सस्य विज्ञानी विधियों का प्रयोग किया जा सकता है।

कीट सर्वेक्षण और निगरानी

किसी भी कीट नियंत्रण कार्यक्रम को अपनाने से पहले यह आवश्यक है कि पारिस्थितिकी तंत्र (Eco-system) में उपस्थित नाशक कीटों की संख्या का उचित मूल्यांकन किया जाए। सर्वेक्षण और निगरानी कार्यक्रम इस दृष्टि से महत्वपूर्ण होते हैं। इन कार्यक्रमों के अन्तर्गत समय–समय पर किए गए प्रतिचयन उपस्थित नाशक कीट की संख्या तथा उनके प्राकृतिक शत्रुओं (Parasite and predator) के घनत्व को स्पष्ट करते हैं। इस ज्ञान से समयानुकूल नाशक जीव व्यवस्था (कीट प्रबन्धन) का विकास किया जा सकता है।

नाशक कीटों की स्थिति जानने के लिए यह आवश्यक है कि पारिस्थितिकी तंत्र की जानकारी का पूरी–पूरी समझ हो। इस उद्देश्य की प्राप्ति के लिए पारिस्थितिक तंत्र पर निगरानी आवश्यक है। निगरानी का अर्थ होता है सदैव पहरा देना तथा उपस्थित जीवों का समय–समय पर आभास लेते रहना। अतः यह आवश्यक है कि गहन तथा समय–समय पर सर्वेक्षण किया जाए। सर्वेक्षण की आवृति प्रायः नाशक कीट अथवा नाशक कीटों के समूह के क्षेत्रीय व्यवहार, फसल के स्वरूप और उपयोग में लायी जा रही प्रचलित सस्य विधियों पर निर्भर करती है।

सर्वेक्षण नाशक कीट के व्यवहार और मौसम, फसल के स्वरूप तथा प्रचलित सस्य विधियों के बीच संबंधों को स्थापित करेगा। सर्वेक्षण के लिए यह आवश्यक है कि वे अनुसंधानात्मक हो, जिससे कि उन पर आधारित कार्यविधि प्रभावी सिद्ध हो सके। किसी भी प्रभावी कीट नियंत्रण विधि की सफलता नाशक कीट की अत्यधिक क्षति पहुंचाने वाली अवस्था के समय उसके प्रयोग पर निर्भर करेगी। नाशक कीट की अत्यधिक क्षति पहुंचाने वाली अवस्था का निर्धारण करना खोजपूर्ण कार्य है तथा इसके लिए आवश्यक है कि पारिस्थितिक तंत्र के सभी घटकों पर सुग्राही और सतर्क चौकसी रखी जाय और समय–समय पर नाशक कीटों की संख्याओं के नमूने लिए जाए।

नमूने एकत्रित करने में आर्थिक सीमा रेखा (Economic Threshold Level) का ज्ञान होना अति आवश्यक है जिससे यह निर्धारित होगा कि नाशक कीट प्रबन्ध आरंभ करने से पहले और नमूने लेना जरूरी है या नहीं। नाशक कीटों की संख्या के बहुत अधिक कम होने पर और बिना नमूने लेकर ही यह निर्णय ले लिया जायेगा कि नाशक कीट के नियंत्रण हेतु कोई भी कीट–प्रबन्ध कार्यक्रम अपनाना नहीं है। इसी प्रकार नाशक कीटों की संख्या के अधिक होने पर और नमूने लिए बिना नाशक कीट के नियंत्रण के लिए कीट–प्रबंधन कार्यक्रम आरंभ करना होगा। तीसरी स्थिति में जब नाशक कीटों की संख्या कम हो तो अधिक समय तक और अधिक नमूने लेने की आवश्यकता होगी जिससे कीटों की संख्या का सही निधार्रण हो सके। इस तथ्य को सोयाबीन में तीन अवस्थाओं पर क्लोवर वर्म के लिए किये गये अनुक्रमिक नमूना द्वारा स्पष्ट किया जा सकता है। प्रथम अवस्था में जब 7 गाठें उपस्थित हो, आर्थिक सीमा रेखा 12 लार्वे प्रति फीट पंक्ति आंका गया है। यदि नमूने लेने के समय किसी खेत में कुछ फीट दूरी तक ही यह पता चलता है कि क्लोवर वर्म की संख्या काफी कम (0.6 लार्वे प्रति फीट पंक्ति) है तो वहाँ उस समय किसी नियंत्रण की आवश्यकता नहीं होगी। इसके विपरीत दूसरी अवस्था में यदि लार्वों की संख्या अधिक है तो आगे नमूने लेना रोक देना चाहिए और फसल को हानि से बचाने के लिए तुरंत प्रभावी नियंत्रण विधि अपनानी चाहिए। तीसरी अवस्था में यदि लार्वों की संख्या 12 लार्वे प्रति फीट पंक्ति के पास है तो अधिक नमूनों की आवश्यकता होगी जिससे कि स्थिति का ठीक अनुमान हो सके।

नमूने के परिणामों पर एकरूपता की कमी, समय (सुबह या शाम), मौसम, परिणाम और अवस्था आदि कारकों का प्रभाव पड़ता है। अतः यह आवश्यक है कि इस बातों को ध्यान में रखते हुए नमूना लेने की योजना में ऐसे परिवर्तन किए जाएँ की ये कमियां उनके परिणामों में बाधक न बने। इन प्रतिचयन योजनाओं का

सबसे बड़ा लाभ यह होगा कि नाशक कीटों के मानचित्र में मदद मिलेगी। साथ ही उनके विभिन्न पारिस्थितिक प्रारूपों की उत्पत्ति, व्यवहार और फैलाने का भी ज्ञान होगा। इसके लिए सर्वेक्षणों के समय नमूने एकत्र किए जाएँगे जो नाशक कीटों की उपस्थित संख्या का पर्याप्त आभास देगें।

पूर्वानुमान

पारिस्थितिकी तंत्र (Eco-system) में कीट संख्या गतिकी के कारण कीट की संख्या में उतार–चढ़ाव होते रहते हैं। ये उतार–चढ़ाव की संख्याओं के व्यवहार को नियंत्रित करने वाले कारकों तथा कीट संख्या की वर्तमान स्थिति को प्रभावित करने वाले कारकों पर निर्भर होते हैं। इन उतार–चढ़ावों को ध्यान में रखकर भूत से वर्तमान की तुलना के आधार पर अनुमान लगाना ही पूर्वानुमान है। पूर्वानुमान का उद्देश्य पारिस्थितिक तंत्र में हो रहे उतार–चढ़ावों के प्रकार की सूचना देना है।

जहाँ परम्परागत किस्मों के स्थान पर उपज बढ़ाने के उद्देश्य से नव विकसित किस्मों को अपनाया जा रहा हो अथवा प्राचीन सस्य विधियों के स्थान पर नयी सस्य विधियों को लागू किया जा रहा हो, वहीं पूर्वानुमान से बदली हुई परिस्थितियों में नाशक कीट का व्यवहार स्पष्ट होना चाहिए। इसी प्रकार यदि नाशक कीटों का नये क्षेत्रों में प्रवेश हुआ तो वहाँ उसका व्यवहार कैसा होगा, यह भी पूर्वानुमान से स्पष्ट होगा। संक्षेप में पूर्वानुमान समय और स्थान के संदर्भ में की गयी भविष्यवाणी है जिससे समय और परिस्थितियों के अनुसार नाशक कीटों के नियंत्रण को अपनाने में सहायता मिलेगी।

समय–समय पर निगरानी और सर्वेक्षण करने से प्रकृति में पहले से ही चल रहे लक्षित नाशक कीटों तथा दुसरे संभावित नाशक कीटों के प्राकृतिक नियंत्रण में उपस्थित होने वाले कारकों का ज्ञान होगा तथा उनका मूल्यांकन यह स्पष्ट करेगा कि क्या नाशक कीट के लिए कोई नियंत्रण विधि अपनानी है ? यदि ऐसा है तो "आर्थिक क्षति स्तर" और "आर्थिक क्षति की सीमा रेखा" की संकल्पना का उपयोग आवश्यक होगा।

आर्थिक क्षति स्तर (Economic Injury Level)

किसी भी कीट प्रबन्ध कार्यक्रम के लिए यह आवश्यक है कि नाशक कीट के प्रति आर्थिक क्षति स्तर का निर्धारण किया जाए, क्योंकि यह ऐसी सीमा है, जिसके नीचे तक होने वाली क्षति को सहन किया जा सकता है पर इससे उपर होने वाली क्षति के लिए आवश्यक नियंत्रण का प्रावधान जरूरी है, जिससे कि नाशक कीट

द्वारा तेजी से होने वाले आक्रमण और प्रभावित फसल की क्षति रोकी जा सके। इस स्तर की परिभाषा इस प्रकार दी जा सकती है – **"नाशक कीट संख्या का वह निम्नतम घनत्व, जो आर्थिक क्षति पहुँचायेगा"** या **"वह स्तर जिस पर आर्थिक क्षति सहन नहीं की जा सकती और इस प्रकार यह जरूरी है कि इस स्तर पर या इससे पहले आवश्यक नियंत्रण उपाय प्रारंभ किये जायें"** अथवा **"नाशक कीट संख्या का वह बहुत कम घनत्व जो आर्थिक हानि का कारण है"**। यहां यह जान लेना आवश्यक है कि इस स्तर पर नाशक कीट संख्या से होने वाली क्षति को रोकने के लिए किये गये उपायों में व्यय होने वाला धन क्षति के मूल्य से कम होगा।

आर्थिक सीमान्त व आर्थिक सीमा रेखा (Economic Threshold Level)

इस अवस्था को परिभाषित करने के लिए यह कहा जा सकता है कि "यह नाशक कीट संख्या का वह घनत्व है जहाँ नियंत्रण के उपाय उपयोग में लाये जाना चाहिए जिससे कि नाशक कीट की बढ़ती हुई संख्या को आर्थिक क्षति स्तर (Economic Injury Level) तक पहुंचने से रोका जा सके"। एक बढ़ती हुई संख्या जो आर्थिक क्षति पहुंचायेगी, संघनता में वृद्धि या घटकों के आकार में वृद्धि के परिणामास्वरूप पायी जा सकती है। आर्थिक सीमान्त सदैव ऐसे नाशक कीट घनत्व को दर्शाता है जो आर्थिक क्षति स्तर पर मिलने वाले घनत्व से कम होता है। यह इस बात का घोतक है कि इस स्तर पर नियंत्रण के उपाय किये जाये जिससे कि उनका प्रभाव नाशक कीट घनत्व को आर्थिक क्षति स्तर पर पहुंचने से पहले ही रोक सके।

प्रारंम्भ में आर्थिक सीमान्त संकल्पना (Concept) को विशेष महत्व नहीं दिया गया। यहां तक कि इसे किसी भी नाशक जीव व्यवस्था (समेकित नाशीजीव प्रबंध) के लिए आवश्यक नहीं समझा गया, परन्तु अब कीट विज्ञानी इस संकल्पना का महत्व समझने लगे है। यह संकल्पना बहुत आवश्यक है, क्योंकि इससे नाशक कीट के नियंत्रण के लिए किये जा रहे उपायों का अनुकुलतम समय कब है तथा उन्हें कब प्रारंम्भ करना है, पता लगाता है। आर्थिक सीमान्त समय और कीट की संख्या विशेष परिस्थितियों के साथ–साथ घट या बढ़ सकता है। उदाहरण के लिए, यह कहा जा सकता है कि प्रायः फसल की कटाई के समय नाशक कीट संख्या का बढ़ा हुआ घनत्व भी आर्थिक सीमानत तक नहीं पहुंच पाता है।

इसी प्रकार आर्थिक क्षति स्तर भी विभिन्न क्षेत्रों, मौसमों और फसलों तथा फसलों की अवस्था, साथ ही किसानों के आर्थिक दृष्टिकोण के अनुसार परिर्वतित

होगा और इसी के साथ आर्थिक सीमान्त संकल्पना भी अपने आप परिर्वतित हो जायेगी। इस प्रकार यह संकल्पना अभी विकास की अवस्था में है, परन्तु हमेशा समेकित कीट नियंत्रण का आधार बनी रहेगी।

संभावित प्रभावी नियंत्रण विधियों का इस प्रकार परस्पर तालमेल किया जाये, जिससे कि नाशक कीट "आर्थिक क्षति स्तर" तक न पहुंचे और साथ ही पारिस्थितिक तंत्र भी नाशक कीट द्वारा होने वाले नुकसान से बचे।

अतः किसी भी नाशक कीट के विरूद्ध नाशक कीट व्यवस्था (प्रबंध) कार्यक्रम को आरंभ करने से पहले यह आवश्यक होगा कि कृषि परिस्थितिक तंत्र में नाशक कीट की बहुलता और वितरण, जैविक तथा अन्य व्यवहारिक लक्षण, भोजन का प्रकार, प्राकृतिक शत्रुओं और प्रभावी नियंत्रण विधियों के संबंध में जाना जाय। यह ज्ञान नाशक कीट की अति संवेदनशीलता अवस्था अथवा को स्पष्ट करने में सहायक सिद्द होगा और इससे उपयुक्त नियंत्रण विधियों और उनके शुरू करने का सही समय तथा विशेष अवस्था के लिए विशेष समय के निर्धारण करने में सहायता मिलेगी।

घातक मात्रा (Lethal Dose)

LD_{50} का अर्थ है Lethal Dose अर्थात् घातक मात्रा प्रयुक्त 50 प्रतिशत जानवरों को मार डालने वाली विष की मात्रा जो कि मिली ग्राम विष प्रति किलोग्राम शरीर भार के वजन के रूप में लिखी गयी है।

घातक सान्द्रता (Lethal Concentration)

LC_{50} का अर्थ है Lethal Concentration अर्थात् घातक सान्द्रता 50 प्रतिशत विष कुछ माध्यम (हवा, जल, मिट्टी) के द्वारा जानवरों को मार डालने वाली विष मात्रा जो कि मिली ग्राम प्रति जानवर या पी0पी0एम0 या वीलियन माध्यम के रूप में लिखी गयी है।

कीटनाशकों की अर्ध मृत्युकारी या घातक मात्रा (LD_{50} मूल्यांकन)

कीटनाशकों की आविषालुता दो प्रकार की होती है–

(i) तीब्र आविषालुता, (ii) दीर्घकालिक आविषालुता

(i) तीब्र आविशालुता

इसे मिलीग्राम प्रति किलोग्राम शरीर भार में प्रकट किया जाता है। यह विष की वह कम से कम मात्रा है जो एक बार में खिलाने पर 50 प्रतिशत परीक्षण किये गये

स्तनधारी (चूहे, खरगोश) को मार डाले। इसे मध्यम नष्ट कारक खुराक या घातक मात्रा (LD_{50} मात्रा) Lethal Dose कहते हैं। यह परीक्षण में लाये गये स्तनधारी की मुख से भोजन के साथ खिलाकर अथवा चमड़ी में इन्जेकशन लगाकर आंका जाता है। इनके आधार पर सभी कीटनाशकों को चार श्रेणी में रखा गया है और पहचान के लिए उनके डब्बे पैकिंग पर विशेष प्रकार का चौकोर–दो बराबर त्रिभुजों में बाटा चिन्ह बना रहता है (तालिका में देंखे)।

कीटनाशकों का आविषालुता के आधार पर वर्गीकरण

स्तर	अर्ध मृत्युकारी मात्रा (LD_{50}) मिलीग्राम प्रति किलोग्राम शारीरिक भार		डिब्बे / पैकिंग अथवा लेवल पर बने तिकोन का रंग / पहचान चिन्ह
	मुखीय	त्वचीय	
तीव्र आविषालु	1–50	1–200	**गहरा लाल**–दो आड़ी हडिड्यों के बीच खोपड़ी
अति आविषालु	51–500	201–2000	**पीला** (विष)
मध्यम आविषालु	501–5000	2001–20000	**गहरा नीला** (खतरा)
कम आविषालु	5000 से अधिक	20000 से अधिक	**हरा रंग** (सावधान) हरा रंग (सावधान)

सधारणतया कम अर्धघातक मात्रा वाले विष अधिक हानिकारक होते हैं, परन्तु असावधानी बरतने पर कम आविषालु कीटनाशक भी उतने ही हानिकारक हो सकते हैं।

(ii) दीर्घकालिक आविशालुता

इसे भी मिलीग्राम प्रति किलोग्राम शरीर भार में दर्शाया जाता है। यह विष की कम से कम वह मात्रा है जो प्रतिदिन भोजन में खिलाये जाने पर प्रयोगिक 50 प्रतिशत स्तनधारी को निश्चित समय में हानिकारक सिद्द हो। इसी प्रकार विषैले रसायन की अधिक से अधिक वह मात्रा भी जानी जा सकती है जो प्रतिदिन भोजन में खिलाने से परिक्षित स्तरधारी पर कोई बुरा प्रभाव न डाले और इसी आधार पर मनुष्यों के लिए विष की सहनशीलता सीमा आंकी जाती है।

सहनशीलता सीमा (Tolerence limit)

यह विषैले पदार्थ की वह अधिक से अधिक मात्रा है जो खाद्य पदार्थ में एक निश्चित स्थिति में जैसे फसल काटते समय, भंडारण करते समय अथवा खाते समय दी जा सकती है। यह सीमा परिक्षित स्तनधारी से प्राप्त आंकड़ों से आकी जाती है। मनुष्य के भोजन की मात्रा और प्रकार तथा विषैले रसायनों के प्रति उसकी अति संवेदनशीलता के कारण परीक्षित जानवरों से प्राप्त आंकड़ों के 100वें भाग को ही मनुष्य के लिए सहनशीलता सीमा माना जाता है। इसे मिलीग्राम प्रति किलोग्राम शारीरिक भार या पी0पी0एम0 में प्रदर्शित किया जाता है।

प्रतीक्षा काल (Wating period)

छिड़काव करने के पश्चात् कीट रसायन विशेष समय तक क्रियाशील रहते हैं। कुछ रसायन एक सप्ताह, कुछ 2 सप्ताह और कुछ 3 या 4 सप्ताह तक कीटों को मारने की क्षमता रखते हैं। फसलों/भोज्य पदार्थों में कीटनाशक की मात्रा सहनशीलता सीमा से नीचे रखने के लिए हर एक कीटनाशक के लिए प्रतिक्षा अवधि निश्चित की जाती है। "अन्तिम बार कीटनाशक छिड़काव करने के पश्चात् और फसल काटने के बीच के कम से कम आवकाश को प्रतीक्षा काल कहते हैं"। तालिका में इस सम्बन्ध में कुछ आंकड़े दिये गये हैं।

तालिकाः कीटनाशकों की अर्ध मृत्युकारक घातक मात्रा, सहनशीलता सीमा एवं प्रतिक्षा काल

कीटनाशक	अर्ध मृत्युकारी मात्रा (मिलीग्राम/किलोग्राम)		सहनशीलता सीमा	प्रतीक्षा काल दिन
	मुखीय	त्वचीय		
1	2	3	4	5
एल्ड्रिन	40-60	>200	0.01-0.2	10-20
डयआल्ड्रिन	40	>100	0.01-0.2	20-30
कार्बरिल	400	>500	0.2-10.0	8-10
क्लोरडेन	335	840	0.05-0.3	14
डीडीटी	300	2500	1.25-3.5	10-20
डायजीनोन	300-600	500-1200	0.05	12-50
डीडीवीपी	25-30	75-900	0.1-0.5	2-7

क्रमशः...

डायमेथेएट	200-300	700-1150	2.0	7-4
एण्डोसल्फान	35	74-680	0.2-2.0	12-14
हेप्टाक्लोर	100	195	1.0-8.0	5-7
लिन्डेन	200	500-1000	-	3-7
मालाथियान	1400	>4000	0.2-1.0	10-20
फास्फामिडान	15	125	0.5-1.0	20-30
फोरेट	2-3	7	0.1-2.0	30

पर्यावरण प्रदूषण

फसल पर डाली जाने वाली दवा का आधे से अधिक भाग फसल पर नहीं पहुंचता। कुछ भाग अपवाह द्वारा पास की दूसरी फलस पर गिरता है और कुछ भाग खेत में भूमि पर गिरता है और वर्षा के पानी के साथ नदी नालों में पहुंच जाता है जिससे मछलियों पर विषैला प्रभाव पड़ता है। कीटनाशकों से युक्त फल और बीज खाने से पक्षी मर जाते हैं और फसल के फूलों से मधु संचित करते समय तथा परागण के समय मधुमक्खियां नष्ट हो जाती है जिसका फसलोत्पादन पर प्रतिकूल प्रभाव पड़ता है।

यदि सहनशीलता की मात्रा से अधिक विष खाद्य पदार्थों में रह जाय और उन्हें मनुष्य खाये तो उसके स्वास्थ्य पर बुरा प्रभाव पड़ता है, यहां तक कि अन्य बीमारियों को ठीक करने वाली औषधियां भी अपना काम नहीं करती। बहुत से कीटनाशक पानी और भूमि में लम्बे समय/अवधि तक बनी रहती है जो निम्न तालिका से स्पष्ट है।

तालिकाः कीटनाशकों के अवशिष्टों की समयावधि

कीटनाशक	**मूल यौगिक प्रतिशत (समयावधि)**				
	0 समय	**1 सप्ताह**	**2 सप्ताह**	**4 सप्ताह**	**8 सप्ताह**
1	2	3	4	5	6
क्लोरिनेटेड हाइड्रोकार्बन एवं साइक्लोडाइन					
बी.एच.सी.	100	100	100	100	100
हेप्टाक्लोर	100	25	0	0	0
एल्ड्रीन	100	100	80	40	20

क्रमशः...

हेप्टाक्लोर एपोक्साइड	100	100	100	100	100
टिलोड्रीन	100	25	10	0	0
एल्डोसल्फान	100	30	5	0	0
डायएल्ड्रिन	100	100	100	100	100
डी.डी.ई.	100	100	100	100	100
डी.डी.टी.	100	100	100	100	100
क्लोरडेन	100	90	85	85	85
ऑगनोफास्फोरस					
पेराथियान	100	50	30	5	0
मिथाइल पेराथियान	80	25	10	0	0
मालाथियान	100	25	10	0	0
इथियान	100	90	75	50	50
ट्रीथियान	90	25	10	0	0
फेनथीऑन	100	50	10	0	0
डायमेथेएट	100	100	85	75	50
मरफास	100	50	30	10	5
एजोड्रिन	100	100	100	100	100
कार्बामेट					
कार्बारिल	90	5	0	0	0
जेकट्रान	100	15	0	0	0
बेगान	100	50	30	10	15
मेटासिल	100	60	10	0	0

विश्व भर में खाद्यानों के उत्पादन में जो उपलब्धियां प्राप्त हुई है, वह संभव नही हो सकती थी, यदि फसल संरक्षण में रसायनों का प्रयोग न किया गया होता। वास्तव में 1939 में डीडीटी के साथ प्रारंभ हुई, संश्लेषित कीटनाशकों की खोज ने नाशक कीट नियंत्रण में क्रान्तिकारी परिवर्तन ला दिया जिससे आगे चलकर साठवें दशक की हरित क्रांन्ति सफल हो सकी।

पौध संरक्षण के लिए कीटनाशकों का उपयोग विभिन्न कारणों से अत्याधिक लोकप्रिय हुआ। जैसे कम समय में प्रभावशाली परिणामों की प्राप्ति, उनके चलन में विकल्पों की उपस्थिति और विभिन्न प्रयोग विधियां, दुरगामी प्रभाव तथा उच्च मूल्य/लाभ अनुपात और उद्देश्य प्राप्ति में निश्चिंतता। इस उपगमन की अस्थाई सफलता से यह प्रदर्शित हुआ कि नाशक कीटों का नियंत्रण उनके जीवन–चक्र और प्राकृतिक–शत्रुओं की भूमिका को जाने भी किया जा सकता है।

मनुष्य अक्सर यह न जानते हुए कि वह क्या नहीं जानता, पर्यावरण और परिस्थितिकी के साथ इस प्रकार हस्तक्षेप करता है कि वह स्वयं अपने कृत्यों का दास हो जाता है। इसी कारण नाशक कीट नियंत्रण से प्राप्त आत्मविश्वास का युग शीघ्र ही मोहभंग युग में परिर्वतित हो गया।

पारिस्थितिक प्रतिक्रियाओं और उनके निष्कार्षों के कारण बहुत से कीटों में उनके नियंत्रण के लिए प्रयुक्त होने वाले कीटनाशकों के प्रति प्रतिरोध उत्पन्न होने लगा। इसके परिणाम स्वरूप कीट नियंत्रण के उपाय प्रभावहीन होने लगे। साथ ही अत्यन्त आविषालु दीर्घस्थायी और विस्तृत प्रभावी वाले कीटनाशकों के अंधाधुंध प्रयोग ने अलक्षीय तथा लाभदायक कीटों (परजीवियों, परभक्षियों तथा परागणकर्ता कीटों) पर प्रभाव डाला और उनकी संख्या घटने लगी। इसके परिणाम स्वरूप कम हानि पहुंचाने वाले नाशक कीट अधिक हानि पहुंचाने वाले नाशक कीटों में परिर्वतित हो गये। इनका प्रादुर्भाव बार–बार होने लगा, क्योकि प्राकृतिक–शत्रुओं की संख्या कम हो जाने के कारण प्राकृतिक नियंत्रण में बाधा पड़ी। इन परिस्थितियों ने रासायनिक नियंत्रण विधि को एक ऐसे दोराहे पर लाकर खड़ा कर दिया कि पिछले अनुभवों के आधार पर इस उपगमन पर पुनर्विचार एवं गहन परीक्षण आवश्यक हो गया। इसके परिणामस्वरूप यह निष्कर्ष निकालने के लिए वाध्य होना पड़ा कि नाशक कीट नियंत्रण का अंतिम हल ऐसे उपगमन में निहित है जिसमें कीट नियंत्रण में प्रयुक्त होने वाले विभिन्न उपगमनों का संगत और संतुलित समाकलन किया जाये। ऐसे उपगमन को समाकलित नाशक कीट नियंत्रण अथवा कीट प्रबंध का नाम दिया गया। कीटनाशक इस व्यवस्था का महत्वपूर्ण अंग है। लेकिन उनके उपयोग के लिए यह आवश्यक हो गया है कि उन्हें अधिक तर्कपूर्ण और संतुलित रूप में प्रयुक्त किया जाए जिससे लाभकारी कीटों पर कम से कम प्रभाव पड़े।

प्रति जैविक पदार्थ (Antibiosis)

वे पदार्थ, जो सूक्ष्मजीवियों के उपापचय द्वारा उत्पन्न होते है तथा यह दुसरे अन्य रोग जनक सूक्ष्मजीवियों के उपर विषैला प्रभाव छोड़तें है, को कहा जाता है।

रोगों के फैलने का प्रमुख कारण

पादप शरीर के क्रियात्मक रोग के फैलने का प्रमुख कारण प्रतिकूल तापमान, प्रकाश, मृदा आर्द्रता, ऑक्सीजन सम्बन्ध, वायुमन्डलीय अशुद्धियां,मृदा में अपघटित कार्बनिक पदार्थों के विषैले प्रभाव और पोषण विकार है।

शब्दावली

अजैविक	–	Abiotic
अण्डरोपक / अण्ड निक्षेपक	–	Ovipositor
अण्डनिपेक्षण	–	Oviposition
अतिसंवेदनशील	–	Suceptible/Vulnerable
अग्रपक्ष	–	Prothorax
अधर	–	Ventoral
अर्द्दकुण्डलक कीट	–	Semilooper
अर्भक / शिशु	–	Nymph
अनुकूलतम	–	Optimum
अल्पपारदर्शी	–	Translucent
आर्द्रता	–	Humidity
अभिगमन	–	Transporation
अभिनव	–	Recent
अल्पजीनी	–	Oligogenic
अल्पभक्षी	–	Oligophagous
अविकल्पी	–	Obligate
असंगतता	–	Incompatibility
आकस्मिक	–	Occassional
आकर्षी	–	Attractant
आकारिकी	–	Morphology
आर्थिक क्षति स्तर	–	Economic Injury Level
आर्थिक सीमान्त (देहली)	–	Economic Thrashold
आपतन	–	Incidence
आपेक्षिक	–	Relative
आमापन	–	Assay

बड़ी संख्या	–	Bulk population
आवर्ती	–	Periodic
आवृति	–	Freqqency
आवास	–	Habitat
आविष	–	Toxin
आविषालू	–	Toxic
आविषालुता	–	Toxicity
इल्ली/सूंडी	–	Caterpillar
ईयर वर्म	–	Heliothis zea
उपचारित	–	Treated
उत्तक	–	Tissue
उत्तेजक	–	Exitant
उत्तरजीविता	–	Survival
उत्तरजीवी	–	Surviving
उत्परिवर्तन	–	Mutation
उतकक्षय	–	Necrosis
एकाहारी	–	Monophagous
एकान्तर	–	Alternate
कज्जरी फफूंद	–	Shooty mould
कटुआ कीट	–	Cutworm
कीट	–	Insect
कीटनाशक	–	Insecticide
कोशिका	–	Cell
कटाई	–	Harvesting
कर्षण (शस्य)	–	Cultural
कृष्ट	–	Cultivated
कृषि योग्य किस्म	–	Cultivar
कारक	–	Factor
किस्म	–	Variety
कीट नियंत्रण	–	Insect control
कीट विज्ञानी	–	Entomologist
कीट हारी	–	Entomophagous

कोटि	–	Ordinate
कोलेरेडो भृंग	–	Calarado beetle
खरपतवार	–	Weed
खाद्य	–	Food
खाद्य ऋंखला	–	Food chai
खण्ड	–	Segment
ग्रसन	–	Infection
ग्रहणशीलता / ग्रहणशालित्व	–	Susceptibility
ग्रहणशील	–	Susceptible
गुणित	–	Multiple
गुल्फ	–	Tarsal
गण	–	Order
गुदा	–	Anus
गौण कीट	–	Minor insect
घटक	–	Component
घुन	–	Weevil
घटना	–	Phenomena
घनत्व	–	Density
घ्राण	–	Olfactory
डिंभक / सूंडी	–	Larva/Caterpillar
चयन	–	Selection
जल–संभर	–	Water-shed
जीवन–चक्र	–	Life cycle
जीव मण्डल	–	Bio sphere
जीवाणु	–	Bacteria
डिंमक / सूंडी	–	Caterpillar
ट्रेप, फंदा, पाश	–	Trap
तना वेधक	–	Stem borer
तितली	–	Butterfly
तुंड़	–	Snout
धब्बेदार सूंडी	–	Spotted bollworm
धूमक	–	Fumigant

नर	–	Male
निर्मोक	–	Exuivae
निर्मोचन	–	Moulting
निषेचन	–	Fertilization
नमूना	–	Sample
नाशक जीव	–	Pest
नाशक जीव व्यवस्था, कीट प्रबन्ध	–	Pest management
निगरानी	–	Surveillance
निस्पप्रण	–	Defoliating
पण्य	–	Comodity
पर्यावरण	–	Environment
परजीव	–	Parasite
परजीव्याम	–	Parasitoid
परजीवीकृत	–	Parasitised
परपोषी	–	Host
परपोषी पादप	–	Host plant
परभक्षी	–	Predator
पतंगा	–	Moth
पत्ती लपेटक	–	Leaf roller
परिपक्व	–	Mature
पर्ण सुरंगक	–	Leaf minor
पहचान	–	Idenficiation
पिसून भृंग	–	Flea beetle
पुष्पक्रम	–	Inflorescence
प्यूपा (कोशिक)	–	Pupa
प्रकाश पाश	–	Light trap
प्रतिरोधी किस्म	–	Resistant variety
प्ररोह	–	Shoot
परिजीविता	–	Parasitism
परिपक्वता	–	Maturity
परिभक्षण	–	Predation
परिभक्षिता	–	Predatism

परिमाण	–	Size
परिवर्धन	–	Development
परिवेश	–	Perspective
प्रकाश–संश्लेषण	–	Photosynthesis
प्रतिकर्षी	–	Repellent
प्रतिचयन	–	Sampling
प्रतिजीविता	–	Antibiosis
प्रतिजैविक	–	Antibiotic
प्रतिदर्श	–	Sample
प्रतिरूपण	–	Modelling
प्रतिरोध	–	Resistance
प्रतिरोधी	–	Resistant
प्रतिस्पर्धी	–	Competing
प्रदूषण	–	Pollution
प्रबल	–	Epistatic/Dominant
प्रमुख	–	Dominant
प्ररोह मक्खी	–	Shoot fly
प्ररोध वेधक	–	Shoot borer
प्रलोभक	–	Attractant/Lures
प्रवणता	–	Gradient
प्रवृत्ति	–	Trend
पादप आविषलुता	–	Phytotoxicity
पादपभक्षी	–	Phytophagus
पारिस्थितिकी	–	Ecological
पारिस्थितिक तंत्र / पारितंत्र	–	Ecosystem
पारिस्थितिक	–	Ecology
प्रादुर्भाव	–	Outbreak
पीड़कनाशक / जीव नाशक	–	Pesticide
पुनुरूत्थान	–	Resurgence
पूर्वानुमान	–	Forecasting
पोषक–कीट	–	Host insect
फसल–चक्र	–	Crop rotation

फुदका	–	Hopper
फीरोमोन	–	Pheromone
बीजोपचार	–	Seed treatment
बिहार रोमिल सूंडी	–	Bihar hairy caterpillar
मुख्य कारक	–	Key factor
मुख्य नाशीजीव	–	Key pest
मोचक	–	Releaser
मोचन	–	Release
भृंग	–	Beetle
भृंगक	–	Grub
मधुरस	–	Honey dew
मादा	–	Female
मुखांग	–	Mathparts
मैगट	–	Maggot
योगवाहिता	–	Synergism
योगवाही	–	Synergistic
रसाद कीट	–	Thrips
रूपान्तरण	–	Transformation/Metamorpharis
रोकथाम	–	Prevention
रोगवाहक	–	Vector
रोगाणु	–	Pathogen
रोमिलता	–	Hairiness
वयस्क / प्रौढ़	–	Adult
वर्ग	–	Group
विषाणु	–	Virus
वरूथी	–	Mite
वरण / चयन	–	Selection
वरण क्षमता	–	Selectivity
विविधता	–	Diversity
विविधभक्षी	–	Polyphagous
विभवीय	–	Potential
विषाणु	–	Virus

बेधक	–	Borer
शलभ	–	Moth
शस्य क्रियायें	–	Agriculture practice
शस्य विधियां	–	Agro technique
शीतोष्ण	–	Temperate
स्कंध	–	Stock
संकरण	–	Hybridization
संकल्पना	–	Concept
सक्रिय अंश	–	Active ingredient
संगतता	–	Compatibility
संगम	–	Mating
संतति	–	Generation
सफेद लट	–	White grub
सफेद मक्खी	–	White fly
संरूपण	–	Formulation
समजीनी प्ररूप	–	Biotype
समाकलित, एकीकृत, समेकित	–	Integrated
समुच्चय	–	Set
संलागी	–	Stickers
संवर्धन	–	Development
सर्वभक्षी / विविधभक्षी	–	Polyphagous
सर्वांगी	–	Systemic
संश्लेषित	–	Synthetic
सहयोजन	–	Utilization
साधारण	–	Moderate
सान्द्र	–	Concentration
सामूहिक (बड़े पैमाने पर) चयन	–	Mass selection
सीमाकारी कारक	–	Limiting factor
सूचांक	–	Index
सूंडियां	–	Caterpillar
सूक्ष्म जलवायु	–	Microalimate
सूक्ष्म जैविक	–	Microbial

सूक्ष्म–यांत्रिक तत्व	–	Trace element
शल्क	–	Scale
शीत निष्क्रीयता	–	Hibernation
श्रृंगिका	–	Atnna
संगम	–	Mating
सक्रिय	–	Active
सर्वांगी कीटनाशक	–	Systematic insecticides

परिशिष्ट - 1

Common insect pests of crops, stored grains and households of economic importance.

Common name	Scientific name	Order	Family	Damaging stages	Affect
A. FIELD CROPS					
I. Cereal crops					
Rice (*Oryza sativa* L.)					
Grass-hopper	Hieroglyphus nigrorepletus Bol.	Orthoptera	Acrididae	Nymph & adult	Leaves & stems
-do-	Hieroglyphus banian Fabr.	-do-	-do-	-do-	-do-
Surface grass-hopper	Acrida turrita Linn.	-do-	-do-	-do-	Seedlings
Surface grass-hopper	Oxya velox Fabr.	-do-	-do-	-do-	-do-
Gundhi bug	Leptocorisa varicornis Fabr.	Hemiptera	Coreida	-do-	Ripening grains
Leaf hopper	Nephotettix apicalls Mots.	-do-	Jassidae	-do-	Leaves & stems
-do-	Nephotettix impecticeps Fabr.	-do-	-do-	-do-	-do-
Paddy fulgorid	Nilaparvata spp.	-do-	Fulgoridae	-do-	Leaves & stems
Swarming caterpillar	Spodoptera mauritia Boised	Lepidoptera	Noctuidae	Caterpillar	Seedlings
Army worm	Pseudaletia unipuncta Haw	-do-	-do-	-do-	Leaves & ears
-do-	Preudaletia loreyi Dup.	-do-	-do-	-do-	-do-
Pink stem borer	Sesamia inferens Wlk.	-do-	-do-	-do-	Stems

contd...

Common name	Scientific name	Order	Family	Damaging stages	Affect
Case worm	Nymphula depunctlis Guen.	-do-	Pyralidae	-do-	Leaves
Paddy stem borer	Tryporyza incertulus Wlk.	-do-	-do-	-do-	Stems
Rice butterfly	Melantis ismene Cram.	-do-	Nymphali-dae	-do-	Leaves
Rice gall fly	Pachydiplosis oryzae	Diptera	Cecidomy-idae	Maggot	Stems
Paddy skipper	Parnara mathias Fabr.	Lepidoptera	Hsperli- dae	Caterpillar	Leaves
Rice Hispa	Decladispa (Hispa) armigera Oliv.	Coleoptera	Chrysomel-idae	Grub and adult	Leaves
Kurmula	Anomala polita Bl.	-do-	Scarabaei-dae	-do-	Root by grubs and leaves by adults.
	Anomala rugosa Arrow	-do-	-do-	-do-	
	Anomala dimediata Hope	-do-	-do-	-do-	
	Xylotrupes gideon				
	Lachnosterna longipennis Blanch	-do-	-do-	-do-	
Wheat and Barley (*Triticum sativum* L. and *Hordeum vulgare* L.)					
Surface grass-hopper	Chrotogonus sp.	Orthoptera	Acrididae	Nymph and adult	Seedlings
Termite	Cyclotermes sp.	Isoptera	Termitidae	Workers	Seedlings and stems
Wheat aphid	Aphis maidis Fitch.	Hemiptera	Aphididae	Nymph and adult	Leaves and stems
Army worm	Pseudaletia unipuncta Haw.	Lepidoptera	Noctuidae	Caterpillar	Seedlings and leaves
-do-	Pseudaletia loreyi Dup.	-do-	-do-	-do-	-do-
Cutworm	Agrotis ypsilon Root.	-do-	-do-	-do-	Seedlings
-do-	Agrotis flammatra Schiff.	-do-	-do-	-do-	-do-
-do-	Euxoa spinifera Hubn.	-do-	-do-	-do-	-do-

contd...

Common name	Scientific name	Order	Family	Damaging stages	Affect
Gujhia	Tanymecus indicus Fst.	Coleoptera	Curculioni-dae	Grubs and adult	Leaves and seedlings.
Maiz, Jowar and Bajra (*Zea mays* L. *Andropogon sorghum Sorghum, vulgare* Pers)					
Kharif or rice-hopper	Hieroglyphus banian Fabr.	Orthoptera	Acrididae	Nymph and adult	Leaves
-do-	Hieroglyphus nigrorepletus Bol.	-do-	-do-	-do-	-do-
Jowar and maize stemborer	Chilo zonellus Swinh	Lepidoptera	Crambidae	Caterpillar	Stem
Jowar semilooper	Marasmia trapezalis Guen.	Lepidoptera	Noctuidae	-do-	Leaves
Pink stem borer	Sesamia inferens Wlk.	-do-	-do-	-do-	Stem
Cutworm	Agrotis ypsilon Rott.	-do-	-do-	-do-	Leaves
-do-	A. flammatta Schiff.	-do-	-do-	-do-	-do-
Tobacco caterpillar	Prodenia litura Fabr. and spodoptera litura fabs.	-do-	-do-	-do-	-do-
Hairy Caterpillar	Amsaeta moorei Butler	Lepidoptera	Aretiidae	Caterpillar	-do-
Seamum hairy caterpillar	Diacrisia oblique Wlk.	-do-	-do-	-do-	-do-
Sugarcane (*Saccharum officinarum* L.)					
Rice grass hopper	Hieroglyphus banian Fabr.	Orthoptera	Acrididae	Nymplis and adults	Leaves
-do-	H. nigrorepeletus Bol.	-do-	-do-	-do-	-do-
Termite	Odontotermes obesus	Isoptera	Termitidae	Workers	Setts, shoots and lower portions of canes
Sugarcane leaf hopper	Pyrilla perpusilla Wlk.	Hemiptera	Fulgoridae	Nymph and adults	Leaves

contd...

Common name	Scientific name	Order	Family	Damaging stages	Affect
Sugarcane whitefly	Aleurolobus barodensis Mask.	-do-	Aleurodidae	Nymphs	-do-
-do-	Neomaskellia bergii Sign.	-do-	-do-	-do-	-do-
Lygacid bug	Macropes excavatus Dist.	-do-	Lygaeidae	Nymph and adult	Shoots and canes
Pink mealy bug	Saccharicoccus sacchari Ckil.	-do-	Pseudococ-cidae	Nymph and adult female	Shoots and stem
-do-	Pseudococcus saccharifolii Green	-do-	-do-	-do-	Leaves
Top borer	Scirpophaga nivella F.	-do-	Pyralidae	-do-	Top shoot
Army worm	Pseudaletia unipuncta Haw.	Lepidoptera	Noctuidae	Caterpillar	Leaves
Shoot borer	Chilotraea infuscatellus Suell.	-do-	Pyralidae	-do-	Shoot
Stalk borer	C. auricilla Dudg.	-do-	-do-	-do-	Stem
Internode borer	Proceras indicus Kapur	-do-	-do-	-do-	-do-
Maize stem borer	Chilo zonellus Swinh.	-do-	-do-	-do-	-do-
Gurdaspur borer	Bissetia steniellus Hmpsn.	-do-	-do-	-do-	-do-
Pink borer	Sesamia inferens Wlk.	-do-	Noctuidae	-do-	-do-
Green borer	Raphimetopus ablutellus Zell.	-do-	Pyralidae	-do-	-do-
Root borer	Emmalocera depressella Swinh.	-do-	-do-	-do-	Shoot and under-ground portion of stem
White grub	Lachnosterna consanguinea Blanch.	Coleoptera	Scarab-aeidae	Grubs	Root-lets
Sugarcane hispa	Asamangulia cuspidata Maulik.	-do-	Chrysome-lidae	Grubs and adult	Leaves.

contd...

Common name	Scientific name	Order	Family	Damaging stages	Affect
II. Fibrous crops					
Cotton (*Gossypium herbaceum* L.)					
-do-	Attractomorpha crenulata Fabr.	-do-	-do-	-do-	-do-
Desert locust	Schistocerca gregaria Fork.	-do-	-do-	-do-	-do-
White ant	Microtermes obesi Holmgr.	Isoptera	Termitidae	Workers	Root
Cotton jassid	Empoasca devastans Distant.	Hemiptera	Jassidae	Nymphs and adult	Leaves
Red cotton bug	Dysdercus cingulatus Fabr.	-do-	Pyrrhocoridae	-do-	Green balls
Dusky cotton bug	Oxycarenus laetus Kirby.	-do-	Lygaeidae	-do-	Open balls
Lygaeid bug	Lygaeus pandurus Scop.	-do-	-do-	-do-	Green balls
Green bug	Nezara viridula L.	-do-	Pentatomidae	-do-	-do-
Cotton aphid	Aphis gossypii Glover	-do-	Aphididae	-do-	-do-
Cotton whitefly	Bemisia tabaci Gern.	-do-	Aleurodidae	-do-	-do-
Onion thrips	Thrips tabaci Lind.	Thysanop-tera	Thripidae	-do-	-do-
Cutworm	Agrotis ypsilon Rott.	Lepidoptera	Noctuidae	Caterpillar	Seedling
-do-	A. flammatra Schiff.	-do-	-do-	-do-	-do-
-do-	Euxoa segetis Schi.	-do-	-do-	-do-	-do-
-do-	E. spinifera Hubn.	-do-	-do-	-do-	-do-
Lucerne caterpillar	Laphygma exigua Hb.	-do-	-do-	-do-	-do-
Green semilooper	Cosmophila erosa Hb.	-do-	-do-	-do-	Leaves
Tobacco caterpillar	Prodeaia litura Fabr.	-do-	-do-	-do-	-do-

contd...

Common name	Scientific name	Order	Family	Damaging stages	Affect
Gram caterpillar	Heluothis armigera Hubn.	-do-	-do-	-do-	Green balls
Spotted ball worm	Earias fabia Boised.	-do-	-do-	-do-	Buds shoots & green balls seedlings
-do-	E. insulana Stoll.	-do-	-do-	-do-	
Hairy caterpillar	Amsacta morei Butler	-do-	Arctiidae	Caterpillar	Leaves
Bihar hairy caterpillar	Diacrisia obliqua Wlk.	-do-	-do-	-do-	Leaves
Cotton leaf-roller	Sylepta derogata Fabr.	-do-	Pyralidae	-do-	-do-
Pink ball worm	Platyedra gossypiella saund.	-do-	Gulechiidae	-do-	Buds shoots & balls
Blister beetle	Mylabris phalerata Pall.	Coleoptera	Meloidae	Grubs and bulb	Flower & noral buds
Cotton stem borer	Sphenoptera gossypii Kerr.	-do-	Buprestidae	-do-	Stems & branches
Gray weevil	Myllocerus maculosus Desbr.	-do-	Curculionidae	Grubs and adult	Seedlings, leaves, roots
Green weevil	Artycus leteralis Fabr.	-do-	-do-	-do-	Leaves
Black weevil	Tanymecus indicus Fst.	-do-	-do-	-do-	-do-
Cotton stem weevil	Pempherulus affinis Fst.	-do-	-do-	Grubs	Stem & branches
Cotton shoot weevil	Alcides faqricii Fabr.	-do-	-do-	-do-	-do-
Sunn hemp (*Crotalaria juncea* L.)					
Sunn hemp hairy caterpillar	Utethisia pulchella Linn.	Lepidoptera	Arctiidae	Caterpillar	Leaves, pods and seeds
Tobacco caterpillar	Prodenia litura Fabr.	-do-	Noctuidae	-do-	Leaves & shoots
Lucerne caterpillar	Laphygma exigua Hb.	-do-	-do-	-do-	-do-
Sunn hemp shoot goll maker	Enarmonia pseudonectis Meyr.	-do-	Eucosmidae	Caterpillar	Stems

contd...

Common name	Scientific name	Order	Family	Damaging stages	Affect
Sunn hemp flea beetle	Lungitarsus beiguamensis Jac.	Coleoptera	Chrysomelidae	Grubs & beetle	Leaves
Jute (*Crochorus capsularis*)					
Jute semi-looper	Anomis subulifera Guess	Lepidoptera	Noctuidae	Caterpillar	Bud and top shoot
Jute leaf miner	Trachys pacifica Kerr.	-do-	-do-	-do-	Leaves
Sesamum hairy caterpillar	Diacrisia oblique Wlk.	-do-	Arctiidae	-do-	-do-
Jute stem weevil	Apion sp.	Coleoptera	Curculionidae	Grub	Leaves & stem
III. Oilseed crops					
Til (*Sesamum indicum* Linn.)					
Til leaf and pod caterpillar	Antigastra catalaunalis Dup.	Lepidoptera	Pyralidae	Caterpillar	Leaves & pods
Sesamum hairy caterpillar	Diacrisia oblique Wlk.	-do-	Arctiidae	-do-	Leaves
Sphinx caterpillar	Acherontia styx West.	-do-	Sphingidae	-do-	Leaves & pods
Flower beetle	Oxycetonia oblopunctata Fabr.	Coleoptera	Cetonidae	Grubs	Flower
Mustard (*Brasicca* spp.)					
Mustard aphis	Siphocoryne indobrassicae Das	Hempitera	Aphididae	Nymph and adult	Leaves, buds, flower and fruits
Painted bug	Bagrada cruciferarum Kirk.	-do-	Pentatomi-dae	Nymph and adult	Leaves and buds
Diamond backed moths	Plutella maculipennis curt	Lepidoptera	Plutellidae	Caterpillar	Leaves
Pea leaf miner	Phytomysa atricornis Megin.	Diptera	Agromyzidae	Maggots	-do-
Mustard saw fly	Athalia proxima Klug.	Hymenopt-era	Tenthrediniade	Grub	-do-
Linseed (*Linum ustatissimum* Linn.)					
Linseed semi-looper	Plusia orchalcaea Fabr.	Lepidoptera	Noctuidae	Caterpillar	-do-
Lucern hairy caterpillar	Laphygma exigua Hubn.	-do-	-do-	-do-	-do-
Tobacco caterpillar	Spodoptera litura Fabr.	-do-	-do-	-do-	-do-

contd...

Common name	Scientific name	Order	Family	Damaging stages	Affect
Linseed midge	Dasyneura lini Barnes	Diptera	Chironomidae	Maggots	Buds
Castor (*Ricinis communis* Linn.)					
Castor white fly	Trialeurodes ricini Mask.	Hemiptera	Aleurodidae	Nymph and adult	Leaves
Tobacco caterpillar	Spodoptera litura Fabr.	Lepidoptera	Noctuidae	Caterpillar	-do-
Castor semi-looper	Achaea janata Linn.	-do-	-do-	-do-	-do-
Castor seed caterpillar	Dichocrocis punctiferalis Guen.	-do-	-do-	-do-	Seed
Castor hairy caterpillar	Euproctis fraternal Moore	-do-	Lymantrii-dae	-do-	Leaves
-do-	Euproctis iunata Walk.	-do-	-do-	-do-	-do-
-do-	Pericallia ricini	-do-	-do-	-do-	-do-
Castor butterfly	Ergolis merione Cam.	-do-	-do-	-do-	-do-
Groundnut (*Arachis hypogaea* Linn.)					
Tobacco caterpillar	Prodenia litura Fabr.	Lepidoptera	Noctuidae	Caterpillar	Leaves
Cutworm	Agrotis app.	-do-	-do-	-do-	-do-
Sesamum hairy caterpillar	Diacrisia oblique Wlk.	-do-	Arctiidae	-do-	-do-
Hairy caterpillar	Amsacta moorei Butler	-do-	-do-	-do-	-do-
IV. Pulse crops					
Gram (*Cicer arientinum* Linn.)					
Gram cutworm	Agrotis ypsilon Rott.	Lepidoptera	Noctuidae	Caterpillar	Leaves and shoots
-do-	Agrotis flammatra Schiff.	-do-	-do-	-do-	-do-

contd...

Common name	Scientific name	Order	Family	Damaging stages	Affect
-do-	Euxoa spinifera Hubn.	-do-	-do-	-do-	-do-
-do-	Euxon segetun Schiff.	-do-	-do-	-do-	-do-
Gram caterpillar	Heliothis armigera Fabr.	-do-	-do-	-do-	-do-
-do-	Heliotbis obsoleta Fabr.	-do-	-do-	-do-	-do-
Gram semilooper	Plusia nigrisigna Wlk.	-do-	-do-	-do-	-do-
Gujhia weevil	Tanymecus indicus	Coleoptera	Curculionidae	Grubs amd adult	Leaves
Peas (*Pisum sativum* Linn.)					
Pea thrips	Thrips indicus	Thysanopt-era	Thripidae	Nymph and adult	Leaves
Cutworm	Agrotis ypsilon Rott.	Lepidoptera	Noctuidae	Caterpillar	Leaves and shoots
-do-	Agrotis flammatra Schiff.	-do-	-do-	-do-	-do-
-do-	Euxoa spinifera Hubn.	-do-	-do-	-do-	-do-
Pea pod borer	Etielia zinckenella Tr.	-do-	Pyralidae	-do-	-do-
Pea stem borer	Melanagromyza phaseoli Coq.	Diptera	Agromyzidae	Maggot	Stem
Pea leaf minor	Phytomyza atricornis Meign.	-do-	-do-	-do-	Leaves
Arhar (*Cajanas cajan* Linn.)					
Tur caterpillar	Exelastis abmosa	Lepidoptera	Pteropho-ridae	Caterpillar	Pods
Tur pod butter fly	Catocrysopes enejus Fabr.	-do-	Lycaenidae	-do-	-do-
Arhar Pod fly	Eucosma critica Hyco.	-do-	Eucosmidae	-do-	-do-
Tur pod fly	Agromyza obtusa M.	Diptera	Agromyzi-dae	Maggots	Seeds
Mung (*Phaseolus mungo* Linn.) and Urd (*P. radictus* Linn.)					
Hairy caterpillar	Amsaota moori Butler	Lepidotera	Arctiidae	Caterpillar	Leaves
Seamum hairy caterpillar	Discrisia oblique Wlk.	-do-	-do-	-do-	-do-

contd...

Common name	Scientific name	Order	Family	Damaging stages	Affect
Blister beetle	Mylabris pustulata	Coleoptera	Meloidae	Adult	Flower
V. Nicotine Producing crops					
Tobacco (*Nicotiana tabacum* Linn.)					
Tobacco grass hopper	Atractomorpha crenulata Fabr.	Orthoptera	Acrididae	Nymph and adult	Leaves and seedlings
Tobacco caterpillar	Spodoptera litura Fabr.	Lepidoptera	Noctuidae	Caterpillar	Leaves
Cutworm	Agrotis ypsilon Rott.	-do-	-do-	-do-	-do-
-do-	Agrotis flammatra Schiff.	-do-	-do-	-do-	-do-
-do-	Euxoa spinifera Hubn.	-do-	-do-	-do-	-do-
VI. Tuber crops					
Potato (*Solanum tuberosum* Linn.)					
Potato aphid	Myzus persicae Sulzer	Hempitera	Aphididae	Nymph and adult	Leaves
Cutworms	Agrotis spp., Euxoa spp.	Lepido ptera	Neotuidae	Caterpillar	Stems and Tubers
Potato tuber moth	Gnorimoschema operculella Zcll.	-do-	Gelechiidae	-do-	Tuber in storage
Kurmula (white grub)	Xylotrupes gideon Linn.	Coleoptera	Scarabaei-dae	Grubs and adult	Tuber and leaves on hills only
-do-	Lachnosterna longipennis Bl.	-do-	-do-	-do-	-do-
-do-	Anomala polita Bl.	-do-	-do-	-do-	-do-
-do-	Anomala rugosa Arrow.	-do-	-do-	-do-	-do-
-do-	Anomala dimidiata Hope	-do-	-do-	-do-	-do-
Potato epilachna beetle	Epilachna dodecostigma Mules.	-do-	Coccineli-dae	Grubs and adults	Leaves

contd...

Common name	Scientific name	Order	Family	Damaging stages	Affect
-do-	Epilachna vigintiocto-punctata Fabr.	-do-	-do-	-do-	-do-
Sweet potato (*Ipomsea batata* Linn.)					
Sweet potato weevil	Cylas formicarius Fabr.	Coleoptera	Curculionidae	Grubs	Wines and tubers
Onion (*Alliume cepa* Linn.)					
Onion thrips	Thrips tabaci Lind.	Thysanopt-era	Thripidae	Nymph and adult	Leaves
B. VEGETABLE CROPS					
Tomato (*Lycoperiscum esculentum* Mill)					
Jassid	Emposea devastans Dist.	Hempitera	Jassidae	Nymph and adult	Leaves
Whitefly	Bemisia tabaci Genn.	-do-	Aleyrodidae	-do-	-do-
Tomato fruit borer	Heliothis armigera Hubn.	Lepidoptera	Noctuidae	Caterpillar	Fruit
Brinjal (*Solanum melongena* Linn.)					
Brinjal lace wing bug.	Urentius echinus Dist.	Hemiptera	Tingidae	Nymph and adult	Leaves
Cotton jassid	Emposca devastans Wlk.	-do-	Jassidae	-do-	-do-
Brinjal aphid	Aphis gossipii Glover	-do-	Aphididae	-do-	-do-
Brinjal leaf roller	Eublema olivacea Wlk.	Lepidoptera	Noctuidae	Caterpillar	-do-
Brinjal shoot and fruit borer	Leucinodes orbonalis Guen.	-do-	Pyralidae	-do-	Shoot and fruit
Brinjal stem borer	Euzophera perticella Rag.	-do-	-do-	-do-	Stem
Epilachna beetle	Epilachna dodecostigma Muls.	Coleoptera	Coccinelli-dae	Grubs and beetle	Leaves
-do-	Epilachna vigintiatopunctata Fab.	-do-	-do-	-do-	-do-
Brinjal flea bettle	Psylliodes brettinghami Maulik	-do-	Chrysomelidae	-do-	-do-

contd...

Common name	Scientific name	Order	Family	Damaging stages	Affect
Orkra Lady's finger (*Abelmosehus eseulantus* Linn.)					
Cotton jassid	Emposea devastans Dist.	Hemiptera	Jassidae	Nymph and adult	Leaves
Red cotton bug.	Dysdercus cingulatus Fabr.	-do-	Pyrrhocoirdae	-do-	-do-
Cutworm	Agrotis spp.	Lepidoptera	Noctuidae	Caterpillar	-do-
Green semilooper	Anomis flava Fabr.	-do-	-do-	-do-	-do-
Spotted boll worm	Earias insulana Boisd.	-do-	Noctuidae	-do-	Fruit
-do-	Earias fabia Stoll.	-do-	-do-	-do-	-do-
Cotton leaf roller	Sylepta derogate Fabr.	-do-	Pyralidae	-do-	Leaves
Cucurbits vegetables					
Sting bug	Aspongopus janus Fabr.	Hemiptera	Pentatomidae	Nymph & adult	Leaves
-do-	Aspongopus brunnus Thrt.	-do-	-do-	-do-	-do-
-do-	Aspongopus obscurus Fabr.	-do-	-do-	-do-	-do-
Gram caterpillar	Heliothis armigera Hubn.	Hemiptera	Noctuidae	Caterpillar	Leaves & seedlings
Pumpkin caterpillar	Margaronia indica Saund.	-do-	-do-	-do-	Fruit
Plume moth	Sphenarchis caffer Zell.	-do-	Pterophori-dae	-do-	-do-
Fruit flies	Strumeta cucurbitae Coq.	Diptera	Trypetidae	Maggots	Fruit
Fruit flies	Strumeta clliatus Lucas	Diptera	Trypetidae	Maggots	Fruit
Red pumpkin bettle	Aulacophora fovecollis Lucas.	Coleoptera	Chrysomelidae	Grubs & adult	Leaves
Blue pumpkin beetle	Aulacophora atripennis Fabr.	-do-	-do-	-do-	-do-
Banded blister beetle	Mylabris phalerata Pall.	-do-	Meloidae	-do-	-do-
Cruciferous vegetables (*Brassica* spp.)					
Surface grass hopper	Chrotogonus spp.	Orthoptera	Acrididae	Nymph & adult	Seedlings
Painted bug.	Bagrada cruciferarum Kirk.	Hemiptera	Pentatomi-dae	-do-	Leaves

contd...

Common name	Scientific name	Order	Family	Damaging stages	Affect
Cabbage aphid	Rhopalosiphum pseudobrassicae Davis	-do-	Aphididae	-do-	Leaves & buds
White fly	Bemisia tabaci Genn.	-do-	Aleyrodidae	-do-	-do-
Cabbage butter fly	Pieris brassicae Fabr.	Lepidoptera	Pieridae	Caterpillar	Leaves & flowers
Diamond backed moth	Plutella maculipennis Curtis	-do-	Plutelliade	-do-	Leaves
Cabbage semilooper	Plusia oruchalcea Fabr.	-do-	Noctuidae	-do-	-do-
Cabbage leaf webber	Crocidolomia binotalis Zell.	-do-	-do-	-do-	Leaves
Tobacco caterpillar	Spodoptera litura Fabr.	-do-	-do-	-do-	-do-
Cabbage caterpillar	Hellula undalis Fabr.	-do-	Pyraustidae	-do-	Stem
Mustard saw fly	Athalia proxima Klug.	Hymenopt-era	Tenthredi-nidae	Grubs	Leaves
Red ant	Dorylus orientalis Westu.	-do-	Formicidae	Grub & adult	Root
Gujhia weevil	Tanymecus indicus Fst.	Coleoptera	Curculioni-dae	-do-	Leaves
Flea beetle	Phyllatreata cruciferae Grooz	-do-	Chrysomeli-dae	-do-	-do-
Water nuts (*Trapa bispinosa* Roxb.)					
Singhara beetle	Galerucella birmanica	Coleoptera	Chrysomeli-dae	Grub & adult	Leaves
C. FRUIT TREES					
Mango (*Mangifera indica* L.)					
Mango shoot gall maker	Apsylla cistella Buekton Amritudus	Hemiptera	Psyllidae	Nymph & adult	Shoots & buds
Mango leaf hopper	Indiocerus atkinsoni Leth	-do-	Jassidae	Nymph & adult	Leaves, buds & flowers
Mango leaf hopper	(Indiocerus) Amritidus Leth.	Hemiptera	Jassidae	Nymph & adult	-do-
Mango mealy bug	Drosicha stebbingi Green	-do-	Coceidae	-do-	-do-

contd...

Common name	Scientific name	Order	Family	Damaging stages	Affect
Mango scale insect	Pulvinaria polygonata Cockrell	-do-	Coceidae	-do-	-do-
-do-	Parlatoria perganda Comstock	-do-	-do-	-do-	-do-
-do-	Lepidosaphes gloveri Packard	-do-	-do-	-do-	-do-
Bark eating caterpillar	Inderbela quadrinotata Wlk.	Lepidoptera	Metarbelidae	Caterpillar	Barks
Mango fruit fly	Dacus dorsalis Hendel	Diptera	Trypetidae	Maggots	Fruits
Mango leaf gall makers	Procantarinia mateiana Kieffer & Ckll.	-do-	Cecidomyidae	Maggots	Leaves
-do-	Amraemyia amraemyia Rao	-do-	-do-	-do-	-do-
-do-	A. bruneigallicola Rao	-do-	-do-	-do-	-do-
-do-	A. viridigallicola Rao	-do-	-do-	-do-	-do-
-do-	Amradiplosis echinogalliperda Mani	-do-	-do-	-do-	-do-
Mango stem borer	Batocera rufomaculata De Geer	Coleoptera	Cerambyci-dae	Grubs	Stems
Leaf cutting weevil	Deporans marginatus Pasc.	-do-	Curculioni-dae	Grubs and adult	Leaves
Defoliafing beetle	Myllocerus discolor Boli.	-do-	-do-	-do-	-do-
Red ant	Oecophylla smaragdina Fabr.	Hymenopt-era	Formicidae	Adults	-do-

contd...

Common name	Scientific name	Order	Family	Damaging stages	Affect
Citrus (*Citrus* spp.)					
Citrus psylla	Diaphorina citri Kuway	Hemiptera	Psyllidae	Nymph and adults	Leaves
Citrus white flies	Dialeurodes citri Ashmd.	-do-	Aleurodidae	-do-	-do-
-do-	Aleurocanthus spiniferus Quaintance	-do-	-do-	-do-	-do-
-do-	A. woglumi Ashby	-do-	-do-	-do-	-do-
Mealy bug	Drosicha stebbingi Green	-do-	Coccidae	-do-	Young shoots, buds and flowers
Citrus scale	Coccus sp.	-do-	Coccidae	-do-	Buds and shoots
Lemon butter fly	Papiplio demoleus Linn.	Lepidoptera	Papilionidae	Caterpillar	Leaves
Citrus leafminer	Phyllocnistis citrella Stainton	Lepidoptera	Phyllocnis-tidae	Caterpillar	Leaves
Citrus stem borer	Inderbela quadrinotata Wlk.	-do-	Metarbeli-dae	-do-	Barks and stem
Fruit sucking moths	Othris materna Linn.	Lepidoptera	Noctuidae	Moths	Fruits
-do-	O. fulonia Ol.	-do-	-do-	-do-	-do-
-do-	Achaea janata Linn.	-do-	-do-	-do-	-do-
-do-	Clape emarginata Fabr.	-do-	-do-	-do-	-do-
Guava (*Psidium guajava* L.)					
Mealy bugs	Drosicha sp.	Hemiptera	Coccidae	Nymph & adults	New shoot, buds and flower
Bark boring caterpillar	Inderbela quadrinotata Wlk.	Lepidoptera	Metarbeli-dae	Caterpillar	Bark and stem
Fruit flies	Strumeta ferrugineus Fabr.	Diptera	Trypetidae	Maggots	Fruits

contd...

Common name	Scientific name	Order	Family	Damaging stages	Affect
-do-	S. zonatus Saund	-do-	-do-	-do-	-do-
Defoliating beetle	Myllocerus discolor Boh.	Coleoptera	Curculioni-dae	Grubs & adults	Leaves
Litchi (*Nephelium litchi* Camb.)					
Bark boring caterpillar	Inderbela quadrinotata Wlk.	Lepidoptera	Metarbeli-dae	Caterpillar	Bark and stem
Litchi leaf roller	Argyropolee leucaspis Meyr.	-do-	Eucosmidae	-do-	Leaves
Pomegranate (*Punica granatum* Linn.)					
Anar butterfly (in the plains)	Virachola Isocrates Fabr.	Lepidoptera	Lycanidae	Caterpillar	Fruits
Anar butterfly (in the hills)	Epijarbus ancus Fruk.	-do-	-do-	-do-	-do-
Ber (*Zizyphus mamritisna* Linn.)					
Ber fruit fly	Carpomyia visuviana costa	Diptera	Trypetidae	Maggot	Fruits
Fig (*Ficus carrica* Linn.)					
Fig leaf- webber	Phyeodes minor Moore.	Lepidoptera	Noctuidae	Caterpillar	Leaves
Fig midges	Anjeorodiplosis peshawarensis Mani.	Diptera	Cecidomyii-dae	Nymph and adult	Fruits
Chiku or Sapota (*Achras zepota*)					
Leaf webber	Naphoterix engraphella Reg.	Lepidoptera	Noctuidae	Caterpillar	Leaves
Phalsa (*Grewia subinaequalis* De)					
Phalsa bug	Scutellera nobilis Fabr.	Hemiptera		Nymphs and adult	Leaves & fruits
Jack fruit (*Artocarpus heterophylla* Lamk)					
Mango mealy bug	Drosicha mangiferae Green	Hemiptera	Coccidae	Nymph and adult	Shoots buds & flowers
Jack fruit borer	Margaronia caesalis Wlk.	Lepidoptera	Pyralidae	Caterpillar	Fruits
Mango stem borer	Batocera rufomaculata De Geer.	Coleoptera	Cerambyci-dae	Grub	Stems

contd...

Common name	Scientific name	Order	Family	Damaging stages	Affect
Banana (*Musa sapiantum*)					
Banana beetle	Nodostoma subcostatum Jav.	Coleoptera	Eumolpidae	Grubs and beetle	Stem
Banana beetle borer	Odoiporus longicollis Ol.	-do-	Curculioni-dae	-do-	-do-
-do-	Cosmopolites sordidus Guen.	-do-	-do-	-do-	-do-
Grapevine (*Vitis vinifera* Linn.)					
Grapevine thrips	Phipiphorothrip Sruentatus Hood.	Thysanop-tera	Thripidae	Nymph and adult	Leaves & shoots
Grapevine leaf roller	Sylepta lunalis Guen.	Lepidoptera	Pyralidae	Caterpillar	Leaves
Til hawk moth	Acherantia styx Westwood.	-do-	Sphingidae	-do-	-do-
Defoliating beetle	Myllocerus discolor Boh.	Celeoptera	Curculioni-dae	Grubs and adult	Leaves
Loqot (*Eriobtrya japonica*)					
Loqat thrips	Holpothrips sp.	Thysanop-tera	Thripidae	Nymph and adult	Leaves
Melon (*Cucumis melo* Linn.)					
Fruit flies	Strumeta ferrugineus Fabr.	Diptera	Trypetidae	Maggots	Fruits
-do-	S. zonatus Saund	-do-	-do-	-do-	-do-
Red pumpkin beetle	Aulacophora foveicollis Lucas.	Coleoptera	Chrysomeli-dae	Grubs and adult	Leaves
Blister beetle	Mylabris phalerata Pali.	-do-	Meloidae	Adult	Flower
Apple (*Malus sylvestris* Mill)					
Wooly aphis	Eriosoma lanigerum Haasmann	Hemiptera	Aphididae	Nymph & adult	Leaves & roots
San jose scale	Quadraspidiotus perniciosus Comstock	-do-	Coccidae	-do-	Leaves & fruits
Tent caterpillar	Malacosoma indica Wlk.	Lepidoptea	Lasiocampi-dae	Caterpillar	Leaves
Apple hairy caterpillar	Lymantria obfuscata Wlk.	-do-	Lymantrii-dae	-do-	-do-

contd...

Common name	Scientific name	Order	Acrididae	Damaging stages	Affect
Cossid stem borer	Zenzera sp.	-do-	Cossidae	-do-	Leaves
Apple root borer	Dorysthenes bugelli Redt.	Coleoptera	Cerambyci-dae	Grubs	Root
Apple stem borer	Aeolesthes holosericae Fab.	-do-	-do-	-do-	Stem
Apple leaf beetle	Mimostra cyanura Hope.	-do-	Curculionidae	Grubs and adult	Leaves
Peach and Plum (*Prumus persica Batch and P. domesticus* Linn.)					
Peach leaf curling aphid	Panusophis helichryse, Kelt.	Hemiptera	Aphididae	Nymph and adult	Leaves
Peach scale insects	Pseudanlacaspis pentagona Trag.	-do-	Aphididae	-do-	-do-
	Eulecanium coryli Linn.	-do-	-do-	-do-	-do-
San Jose scale	Quadraspidiotus perniciosus Comstock	-do-	Coccidae	-do-	Leaves and stem
Peach fruit fly	Strumeta zonatus Saunders	Diptera	Trypetidae	Maggots	Fruits
Defoliating beetle	Anomala incatopennis Bl.	Coleoptera	Scarabaei-dae	Adult beetle	Leaves
	A. polita Bl.	-do-	-do-	-do-	-do-
	Adoretus devauceli Bl.	-do-	-do-	-do-	-do-
	A. versutus Hav.	-do-	-do-	-do-	-do-
	Melolontha neualensis Bl.	-do-	-do-	-do-	-do-
	Hilyotrogus helosericeus Redt.	-do-	-do-	-do-	-do-
	Holotrichia longipennis Bl.	-do-	-do-	-do-	-do-
	Mimela pertoralis Bl.	-do-	-do-	-do-	-do-
Defoliating weevil	Mimastra cyanura Hope.	-do-	Curculioni-dae	Adult	Leaves
Peach stem borer	Sphenoptera sp.	-do-	Burpresti-dae	Grub	Stem

contd...

Common name	Scientific name	Order	Acrididae	Damaging stages	Affect
Pear and Cherry (*Pyrus communis* Linn. and *Prunus avium* Linn.)					
Cossid stem borer	Zenzera sp.	Lepidoptera	Cossidae	Caterpillar	Stem
Tent caterpillar	Malacosoma indica Wlk.	-do-	Lasiocamp-idae	-do-	Leaves
Strawberry beetle	Haltica cacrulesocus Baly.	Coleoptera	Crysomdi-dae	Adult	Leaves
Apricot (*Prunus americana* L.)					
Leaf cutworm	Parasa peranda Wlk.	Lepidoptera	Cochlidi-dae	Caterpillar	Leaves
Fruit borer	Cocoecia sp.	-do-	-do-	-do-	Fruits

D. STORED PRODUCTS

I-Stored Cereals (specially noted on rice, wheat, barley, maize, juar, oats, rye, bajra and other cereals but also damage dried potato, biscuits, beans, pumpkin-seeds, cotton seed, ground nuts, dry fruits, brown sugar, cardamom and to some extent flour of urad, peas, gram and arhar etc.).

Common name	Scientific name	Order	Family	Damaging stages	Commo-dities
Rice moth	Corcyra cephalonica Staint	Lepidoptera	Phycitidae	Caterpillar	Grains and flours
Angoumons grain moth	Sitotroga cereallela Oliv.	-do-	Gelechiidae	-do-	-do-
Almond moth	Ephestia cautella Wlk.	-do-	Phycitidae	-do-	-do-
Khapra beetle	Togoderma granarium Evert	Coleoptera	Dermesti-dae	Grubs and adults	-do-
Rice weevil	Sitophilus oryzae Linn.	-do-	Curculioni-dae	-do-	-do-
Lesser grain borer	Rhizopertha dominica Fabr.	-do-	Bostrichi-dae	-do-	-do-
Rust red flour beetle	Tribolium castaneum Hbst.	-do-	Tenebrionidae	-do-	-do-
Black beetle	Alphitobius leavigatus Fabr.	-do-	-do-	-do-	-do-
Long headed flour beetle	Latheticus oryzae Waterhouse	-do-	-do-	-do-	-do-

contd...

Saw toothed grain beetle	Oryzaephillus surinameasis Linn.	-do-	Cucujidae	-do-	-do-
Merchant grain beetle	O. mercantor Fauv.	-do-	-do-	-do-	-do-
Flat grain beetle	Laemophoeus pusillus Schon.	-do-	-do-	-do-	-do-

II-Stored gram and pulses (Arhar, Moong, Urd, Pea, Lentil, Gram, Lobia, Sem etc.).

Pulse beetle	Pachymerus chinensis Linn.	Coleoptera	Bruchidae	Grubs and adults	Grains & flour
-do-	Callosobruchus chinensis L.	-do-	-do-	-do-	-do-
-do-	Laria affinis Froel	-do-	-do-	-do-	-do-
-do-	Bruchus analis Fabr.	-do-	-do-	-do-	-do-
-do-	Collosobruchus anatis Fab.	-do-	-do-	-do-	-do-
E. HOUSE HOLD PESTS					
Silver fish	Lepima saccharina Linn.	Thysanura	Lepsimidae	Nymphs and adults	Books & papers
Fire brat	Thermobia domestica Pek.	-do-	-do-	-do-	-do-
European House Iniket	Gryllus domesticus Linn.	Orthoptera	Gryllidae	-do-	Clothes
House criket	Gryllus sigillatus Wlk.	-do-	-do-	-do-	-do-
Cockroach	Shelfordella tartara Adel.	-do-	Blattidae	-do-	Books and papers
Cockroach	Periplaneta americana Linn.	Orthoptera	Blattidae	Nymphs and adults	-do-
White ant	Microtermes obesi Holmgr.	Isoptera	Termitidae	Worker	Books, papers and clothes etc.
Book louse	Liposcellis trcnsvallensis Enderlein	Psocoptera	Psocidae	Nymph and adult	Books and papers
Human louse	Pediculus humanus var. capitus De Geer	Siphuncul-ata	Pediculidae		Disease carriers
	P. hamanus var. corporis De Geer				
	Phthiruspubis Linn.				

contd...

Bed bug.	Cimex lectularius Linn.	Hemiptera	Cimicidae	-do-	-do-
Clothes moth	Teneola liselliella Hummel.	Lepidoptera	Teneidae	Caterpillar	Clothes
Horse and ox flies	Tabanus sp.	Diptera	Tabanidae	Adult	Skin
House Fly	Musca domestica Linn.	-do-	Muscidae		Disease carriers
Mosquito	Anopheles quadrimaculatus Sag.	-do-	-do-	-do-	-do-
Sandy fly	Phlehotomus sp.	-do-	Psychodidae	-do-	-do-
Rat flea	Xenopsylla cheopis Rothschild	Aphaniptera	Pulicidae	-do-	-do-
Black ants	Dorylus labiatus Shuck.	Hymenopt-era	Formicidae	Adult	Books & papers
	Monomonium indicus Forck.	-do-	-do-	-do-	-do-
	Componotus compressus Fabr.	-do-	-do-	-do-	-do-
Yellow wasp	Polistis herbreus Fabr.	Hymenop-tera	Vespidae	Adult	Skin
Red Wasp	Vespa orientalis Linn.	-do-	-do-	-do-	-do-
Wooly bear	Anthrenus varax Water house	Coleoptera	Dermestidae	Grubs and adults	Clothes
Black carpet beetle	Attagenus piceus Oliver	-do-	-do-	-do-	-do-
Book beetle	Gastrallus indicus	-do-	Anobiidae	-do-	Books and papers

परिशिष्ट - 2

नाशक कीट, रोग एवं खरपतवार के लिए भारत सरकार द्वारा अनुमोदित फसल सुरक्षा रसायनों का समुचित उपयोग के लिए सुझाव।

समेकित नाशीजीव प्रबंधन में विभिन्न कीटनाशक, फफूँदनाशक तथा खरपतवारनाशक रसायनों की अहम भुमिका है। शायद ही ऐसी कोई हानिकारक जीवों से सम्बन्धित अत्यन्त गंभीर समस्या हो जिसका समाधान बिना इनके प्रयोग के सम्भव हो। चूँकि जीवनाशक रसायनों का अन्य जीवधारियों तथा वातावरण पर भी बुरा प्रभाव पड़ सकता है तथा किसानों को आर्थिक क्षति हो सकती है। इसलिए इन रसायनों का प्रयोग करते समय निम्न उल्लेखित बातों का ध्यान रखना चाहिए :

- जीवनाशक रसायनों का प्रयोग तभी करें जब आवश्यक हो। अनावश्यक प्रयोग करने से आपके खेतों में पाये जाने वाले मित्र कीट मर जायेगें जिसके कारण अन्य शत्रु कीटों का प्रकोप बढ़ जायेगा।
- भारत सरकार के कृषि मंत्रालय के अनुदेशो के अनुसार फसलों को विभिन्न प्रकार के कीट, बीमारी या खरपतवार से बचाने के लिए केवल उसी रसायनों का प्रयोग करना चाहिए जिसकी संस्तुति केन्द्रीय कीटनाशक बोर्ड द्वारा दी गई हो। इस प्रकार के रसायनों की सूची आगे परिशिष्ट संख्या 4, 5 एवं 6 में संकलित की गई हैं। अन्य रसायनों का प्रयोग सर्वथा वर्जित है।
- वैज्ञानिकों, प्रसार सहायकों, कृषि विभाग के अधिकारियों से भी यह अपेक्षा की गई है कि विभिन्न गोष्ठियों तथा कृषकों से सम्बन्धित किसी कार्यक्रम में उन्हीं रसायनों की संस्तुति करें जो केन्द्रीय कीटनाशक बोर्ड द्वारा अनुमोदित है।
- कभी भी इन रसायनों का प्रयोग समयबद्ध तरीके से न करें।
- फसलों पर केवल उन्हीं जीवनाशक रसायनों का प्रयोग करना चाहिए जिसकी संस्तुति वैज्ञानिकों द्वारा की जाती है। प्रयोग करने के पहले

सम्बन्धित कीटनाशक रसायन के बारे में पूरी जानकारी उसके साथ उपलब्ध प्रपत्र (Leaflet) या डब्बे से प्राप्त कर लेनी चाहिए।

- हानिकारक कीटों के लिए कीटनाशक, बीमारियों के लिए फफूँदनाशक तथा खरपतवारों के लिए खरपतवारनाशक रसायनों का प्रयोग करें तथा इनका क्रय करते समय जाँच लें कि रसायन सही है या नहीं।
- कीटनाशक रसायनों का क्रय करते समय ऐसे उत्पादों को प्राथमिकता देनी चाहिए जिसके डब्बे पर हरे एवं नीले रंग का तिकोन छपा हो, क्योंकि ये पीले व लाल रंग वाले रसायनों की तुलना में अधिक प्रभावशाली तथा सुरक्षित होते हैं।
- फसलों पर उन जीवनाशक रसायनों का प्रयोग नहीं करना चाहिए जिनका खण्डन लम्बी अवधि में होता है।
- जीवनाशक रसायनों का प्रयोग करने से पहले डब्बे तथा साथ में रखी पर्ची पर लिखित निर्देश पढ़ कर उसका पालन करें।
- जीवनाशक रसायनों का प्रयोग उसी दर पर करना चाहिए जिस पर उनकी संस्तुति होती है। ज्यादा रसायन प्रयोग करने से वे पौधों से गिरकर मिट्टी में मिल जाते हैं और फिर जल स्त्रोतों तक पहुँच जाते हैं।
- जीवनाशक रसायनों का प्रयोग करते समय उचित उपकरणों का प्रयोग करना चाहिए, क्योंकि गलत उपकरणों के प्रयोग से अधिकांश रसायन पौधे से बाहर चला जाता है। खरपतवारनाशक रसायनों का प्रयोग करते समय फ्लैटफैन या इम्पैक्ट नोजल प्रयोग करें।
- जीवनाशक रसायन का उस अवस्था में कभी प्रयोग नहीं करना चाहिए जब तेज हवा चल रही हो, क्योंकि ऐसी अवस्था में इन रसायनों के अंश हवा में उड़कर हवा, जल और चारागाहों को प्रदूषित कर सकते हैं।
- जीवनाशक रसायनों का प्रयोग ऐसे मौसम में नहीं करना चाहिए, जब वर्षा होने की सम्भावना हो।
- रसायनों का प्रयोग करते समय सुरक्षा के सभी उपायों का पालन करना चाहिए तथा कभी भी रसायनों को हाथ से नही छुना चाहिए, बल्कि इसके लिए रबर या प्लास्टिक के दस्ताने इस्तेमाल करने चाहिए।
- कीटनाशक रसायनों का प्रयोग करते समय बीड़ी, सिगरेट, मदिरा या अन्य भोज्य पर्दार्थों का सेवन नहीं करना चाहिए, चूँकि इससे दुर्घटना होने की सम्भावना होती है।

- रसायनों का घोल कभी भी जल स्त्रोतों के पास नहीं बनाना चाहिए, क्योंकि उससे प्रदूषित होने की सम्भावना होती है। रसायनों के घोल को मिलाने के लिए कभी भी हाथ का प्रयोग नहीं करना चाहिए और किसी भी छड़ी से घोल को मिलाना चाहिए। बोतलों के ढ़क्कन को खोलने के लिए कभी भीं मुँह का प्रयोग नहीं करना चाहिए तथा रसायनों के माप के समय सावधानी बरतनी चाहिए, ताकि रसायन शरीर के किसी अंग पर न गिरें।
- फसल पर छिड़काव के बाद कभी भी बचे हुए रसायन के घोल को जल स्त्रोत के पास नहीं गिराना चाहिए, क्योंकि इससे प्रदूषित होने की सम्भावना होती है।
- जीवनाशक रसायनों के डिब्बों का कभी भी खाद्य पदार्थों के संग्रहण के लिए नहीं करना चाहिए, क्योंकि कुछ न कुछ रसायन उसमें बचे रहते हैं।
- जीवनाशक रसायनों के डिब्बों को अच्छी प्रकार तोड़कर नष्ट करना चाहिए, ताकि उसका कोई उपयोग न कर सके।
- कुछ रसायनों के डिब्बों को जलाते समय घातक धुआँ निकलता है जिससे वातावरण प्रदूषित होता है। इससे बचने के लिए केवल उन्हीं डिब्बों को जलाना चाहिए जिससे इसकी सम्भावना नहीं होती है।
- सुरक्षा एवं सुरक्षित उपयोग के विभिन्न उपाय डिब्बों पर छपे होते हैं। इसलिए कभी भी जीवनाशक रसायन का प्रयोग करने से पहले डिब्बों पर लिखे हुए निर्देशों को अच्छी तरह पढ़ लेना चाहिए।
- किसी भी फसल पर किसी जीवनाशक रसायन के प्रयोग के बाद उसका खाने के लिए तुरन्त प्रयोग नहीं करना चाहिए। प्रत्येक जीवनाशक रसायन के लिए प्रत्येक खाद्य फसलों पर एक निश्चित प्रतीक्षा अवधि (वेटिंग पीरियड) होती है जिसके उपरान्त ही पौधे के किसी भाग का प्रयोग खाने के लिए किया जा सकता है। ऐसा न करने पर अखण्डित रसायन खाद्य पदार्थ के साथ मनुष्य के शरीर में पहुँच जाता है और हानिकारक प्रभाव पैदा करता है।
- कीटनाशक रसायनों के प्रयोग के समय होने वाली किसी भी दुर्घटना के उपचार हेतु रोगी को अविलम्ब चिकित्सक के पास ले जाना चाहिए। चिकित्सक के पास जाते समय कीटनाशक रसायन के डब्बों को भी साथ में ले जाना चाहिए, ताकि रसायन के अनुसार समुचित इलाज हो सके।

परिशिष्ट - 3

भारत सरकार द्वारा अनुमोदित कीटनाशक, रोगनाशक एवं खरपतवारनाशक रसायनों के व्यावसायिक नाम

रसायनिक नाम	व्यवसायिक नाम
1. कीटनाशक	
• आरगेनोफास्फोरस	
एसेफेट 75 एस पी	ट्वीनगार्ड (घरड़ा), योद्धा (जीआईएल), ऐसाटाफ (रैलिस), टामारान गोल्ड (बायॅर), श्रीटाफ (क्रिस्टल), लेंसर (यूपीएल)
क्लोरपायरीफास 20 ईसी	क्लोरगार्ड (घरडा), गिलफोस (जीआईएल), डरमेट (एफएमसी), टफाबान (रैलिस), डर्सबान (डाउ), क्लोरबान (यूपीएल), (क्रिस्टल)
क्लोरपायरीफास 50 ईसी	इकोगार्ड (घरडा), चौकीदार (जीआईएल), प्रीडेटर (डाउ)
क्लोरपायरीफास 20 टीसी	नेविगेटर (घरडा)
डाइक्लोखास 76 ईसी	नुवान (सिन्जेन्टा), डूम (यूपीएल)
डाइमेथेएट 30 ईसी	रोगोर (रैलिस), नुगोर (यूपीएल)
इथियान 50 ईसी	मिटोफ (घरडा), मुखिया (जीआईएल), टेफेथियान (रैलिस), फॉसमाईट (पीआई)
मैलाथियन 50 ईसी	साइथियान, केमेथियान (केमेट), देवीमाल्ट (देवीदयाल)
मैलाथियन 5 डीपी	मैलाथियान (जीपी), देवीमाल्ट (देवीदयाल)
मिथाइल पैराथियान 2 डीपी	फोलडॉल (वीमा), फोलीमोल (जीपी), (सब्जी एवं फल में प्रतिबंधित)

क्रमशः...

रसायनिक नाम	व्यवसायिक नाम
मिथाइल पैराथियान 50 ईसी	पैराहिट, फोलिडाल (जीपी), फोलीडान (कैमेट), (सब्जी एवं फल में प्रतिबंधित)
मोनोक्रोटोफास 36 एसएल	गार्जियन (घरडा), मोनोगिल (जीआईएल), टाटा मोनो (रैलिस), फासकिल (यूपीएल) श्रीफास (क्रिस्टल) (सब्जी में प्रतिबंधित)
आक्सीडीमेटानमिथाइल 25 ईसी	मेटासिस्टाक्स (यूपीएल)
फेन्थोएट 2 डीपी	फेन्डाल
फेन्थोएट 50 ईसी	फेन्डाल (कोरोमन्डल), ऐमिसान (एमको)
फोसेलोन 35 ईसी	जोलोन (केमिनोवा)
फास्फामिडान 40 एसएल	सुमिडान (एससी), केमिडॉन (कैमेट), किनाडॉन (यूपीएल)
फोरेट 10 सीजी	थिमेट, उमेट (यूपीएल), श्रीफोर्ट (क्रिस्टल)
प्रोफेनोफास 50 ईसी	प्रोर्गाड (घरडा), प्रतिघात (जीआईएल), प्रबल (रैलिस), क्यूराक्रान (सिन्जेन्टा), किलक्रान (क्रिस्टल), केरिना (पीआई)
क्वीनालफास 25 ईसी	क्वीनगार्ड (घरडा), गिलक्वीन (जीआईएल), फ्लैश (इन्डोफिल), बायरूसिल (बायॅर), शक्ति (कोरोमण्डल), किनालक्स (यूपीएल), फ्लेश (इन्डोफिल)
क्वीनालफास 1.2 डीपी	गिलक्विन डस्ट (जीआईएल), मालक्विन (जीपी), इकालक्स, देवीक्विन (देवीदयाल)
ट्राइएजोफास 40 ईसी	त्रिकोन (घरडा), तिरंगा (जीआईएल), ट्राइटाक्स (रैलिस), जोश (यूपीएल)
• कार्बामेट	
बेनफ्यूराकार्ब 40 ईसी	ऑनकोल
कारबेरिल 5 डीपी	सेविन, कारबेरिल, हैक्साविन
कारबेरिल 10 डीपी	सेविन (धूल)
कारबेरिल 85 डब्लूपी	कारबेरिल

क्रमशः...

रसायनिक नाम	व्यवसायिक नाम
कारबोफ्यूरान 3 सीजी	फ्युराडान (एफएमसी), फ्युराडान अल्ट्रा (एफएमसी), हैमर (घरडा), फुरान, टाटाफ्युरान (रैलिस), फुरान जी (क्रिस्टल)
कारबोसल्फान 6 जी	कारबोसल्फान (एमएमसी)
कार्बोसलफान 25 ईसी	मार्शल (एफएमसी), इलैक्ट्रा, आतंक, (धानूका)
फेनोबूकार्ब 50 ईसी बीपीएमसी	बिपविन (वायर), नॉक (कृषि रशायन), हलचल (देवीदयाल)
मेथोमिल 40 एसपी	लेन्नेट (डूपान्ट), डेश (इन्डोफिल), डूनेट (धानूका)
थियोडिकार्य 75 डब्लूपी	लार्विन (बार्यर), स्पाइरो (रैलिस)
• **पाइरेथ्रायड**	
अल्फासाइपरमेथ्रिन 10 ईसी	अल्फागार्ड, प्रबल (जीआईएल), जेम, पेन्डुलम (घरडा)
बाईफेन्थ्रिन 8 एससी	ऐथेना (एफएमसी), ब्रिगेड
बाइफेन्थ्रिन 10 ईसी	वॉन्टेड (घरडा), टालस्टार (एफएमसी), मारकर (धानूका)
साइपरमेथ्रिन 0.25 डीपी	साइपरकेम डीपी (कैमेट)
साइपरमेथ्रिन 10 ईसी	साइपरगार्ड 10 (घरडा), गिलसिप (जीआईएल), उस्ताद (यूपीएल)
साइपरमेथ्रिन 25 ईसी	साइपरगार्ड 25 (घरडा), साइरक्स (यूपीएल), उस्ताद सुपर (यूपीएल), जेकपॉट–25 (क्रिस्टल), साइपरकिल, सुपरकिलर (धानुका)
डेल्टामेथ्रिन 2.8 ईसी	डेकागार्ड (घरडा), बिगुल (जीआईएल), डेसिस (बायॅर)
डेल्टामेथ्रिन 100 ईसी (11:)	डेसिस (बायॅर)
डेल्टामेथ्रिन 25 टीबी	डिजी 25 टेब (कैमेट)
डेल्टामेथ्रिन 2.5 डब्लूपी	के–ओबिरॉल, सेवियर
फेन्प्रोपेथ्रिन 10 ईसी	डेनिटॉल

क्रमशः...

रसायनिक नाम	व्यवसायिक नाम
फेन्प्रोपेथ्रिन 30 ईसी	माइटी (एक्सेल), फेन्प्रोपेथ्रिन
फेनवालरेट 20 ईसी	निवफेन (घरडा), गिलफेन (जीआईएल), टाटाफेन (रैलिस)
फेनवालरेट 0.4 डीपी	गिलफेन डस्ट (जीआईएल), मोल्फेन (जीपी), देवीफेन (देवीदयाल)
लेम्डा साइहैलोथ्रिन 25 ईसी	रूद्रा 2.5 (घरडा), गिलोल 2.5 (जीआईएल), रीवा 2.5 (रैलिस), जूड़ो (क्रिस्टल), बलवीर (यूपीएल)
लेम्डा साइहैलोथ्रिन 5 ईसी	कराटे (बिन्जेन्टा), रूद्रा 5 (घरडा), गिलोल 5 (जीआईएल), रीवा 5 (रैलिस), बलराज (यूपीएल), एजेन्ट प्लस (इन्डोफिल), जूडो प्लस (क्रिस्टल)
लेम्डा साइहैलोथ्रिन 4.9 सीएस	मेटाडोर (सिन्जेन्टा)
परमेथ्रिन 25 ईसी	परमासेक्ट (कोरोमण्डल)
इटोफेनाप्राक्स 10 ईसी	इटोफेनप्राक्स (ऐसीसी)
• स्पिनोसीन	
स्पिनोसाड 480 एससी	स्पिन्टोर (बायॅर), कन्जर्व (नागार्जुन), ट्रेसर (डाउ), वनअप (धानूका)
स्पिनोसाड 2.5 एससी	सक्सेस (डाउ)
• आक्साडायजिन	
इन्डोक्साकार्य 14.5 एससी	किंगडोक्सा (घरडा), हिन्डोक्सा (जीआईएल), दक्ष (रैलिस), फेगो (यूपीएल)
इन्डोक्साकार्य 15.8 ईसी	अवांट (डूपोन्ट), धावा गोल्ड (धानूका)
• पाइरेजोल	
इथिप्रोल 10 एससी	इथिप्रोल (बायॅर)
फिप्रोनिल 0.3 जीआर	रीजेन्ट जीआर (बायॅर), महावीर (घरडा)
फिप्रोनिल 5 एससी	रीजेन्ट एससी (बायॅर), महावीर (घरडा), किरीजेन्ट एससी (क्रिस्टल), परमवीर (जीआईएल)
फिप्रोनिल 80 डब्लूजी	जम्प (बायॅर)

क्रमशः...

रसायनिक नाम	व्यवसायिक नाम
• पाईरॉल	
क्लोरफेनापायर 10 एससी	इन्टरप्रिड (बासफ), लेपिडो (पीआई)
• नियोनिकटीन्वायड	
एसीटामिप्रिड 20 एसपी	रिर्कोड (डूपान्ट), प्राईड (डाउ), मानिक (रैलिस), पोलर (घरडा), एक्सोन (जीआईएल), लिफ्ट (इन्डोफिल), रेपिड (क्रिस्टल)
क्लोथियानिडिन 50 डब्लूडीजी	डैन्टाप (नागार्जुन)
डाइनोटेफूरॉन 20 एसजी	टोकन (क्रिस्टल), ओशीन (पीआई)
इमिडाक्लोप्रिड 17.8 एसएल	महाराजा (जी,) आरमी (जीआईएल), टाटामिडा एसएल (रैलिस), कान्फिडोर 220 एसएल (बायॅर), इमिडेन (डाउ), इमिडागोल्ड (यूपीएल), एटोम (क्रिस्टल)
इमिडाक्लोप्रिड 30.5 एससी	कॉनफिडोर सुपर (बायॅर), महाराजा सुपर (घरडा), इलडरेक्स (क्रिस्टल)
इमिडाक्लोप्रिड 70 डब्लू एस	कॉन्फिडेन्स 555 (क्रिस्टल)
इमिडाक्लोप्रिड 70 डब्लूजी	एडमायर (वायॅर), ट्रेनर (घरडा), अपाची (यूपीएल), लूपर (क्रिस्टल)
इमिडाक्लोप्रिड 600 एफ एस	गउचो (बायॅर)
थियाक्लोप्रिड 21.7 एससी	अलान्टो (बायॅर), स्पलेन्डर (केमिनोवा)
थियामेथोक्जाम 25 डब्लूए सजी	एक्टारा (सिन्जेन्टा), कवर (घरडा), गिलटारा (जीआईएल), अनन्त (रैलिस), क्लिक (इन्डोफिल), रिनोवा (यूपीएल), एकस्ट्रा सुपर (क्रिस्टल)
थियामेथोक्जान 30 एफ एस	क्रुजर एफएम (सिन्जेन्टा)
थियामेथोक्जान 70 डब्लूएस	क्रुजर डब्लूएस (सिन्जेन्टा)

क्रमशः...

रसायनिक नाम	व्यवसायिक नाम
• एथ्रानिलिक डाईएमाइड	
क्लोरान्ट्रानिलिप्रोले 0.4 जी.आर.	फरटेश (डूपोन्ट)
क्लोरान्ट्रानिलिप्रोले 18.5 एस.सी.	कोराजन (डूपोन्ट)
• थैलिक एसिड डाईएमाइड	
फ्लूबेन्डियामाइड 480 एस.सी.	फेम (बायॅर)
फ्लूबेन्डियामाइड 20 डब्लू. जी.	टाकूमि (रैलिस), फ्लूटॉन (पीआई)
• नेरिस्टक्सिन	
कारटाप 4 जीआर	क्राफ्ट (घरडा), गिलटॉप (जीआईएल), सैन्वेक्स (एन), कारडोन (यूपीएल), निदान 4 जी (क्रिस्टल), पैरी रत्ना (सी), कारटोक्स जी (रैलिस), बीकॉन जीआर (इन्डोफिल)
कारटाप 50 एसपी	क्राफ्ट एसपी (जी), सैन्वेक्स (एन), कारडोन 50 (यूपीएल), (इन्डोफिल),निदान 50 एसपी (क्रिस्टल), र्काटोक्स एसपी (रैलिस)
• कीट वृद्धि नियंत्रक	
बुप्रोफेजिन 25 एससी	ट्रिब्यून (क्रिस्टल), एप्लाउड (रैलिस), जावा (डूपोन्ट), माचान (घरडा), बुप्रोलार्ड (यूपीएल), एपिल (धानूका), बीटेज (इन्डोफिल), पी.आई. बुप्रो (पीआई)
क्लोरफ्लूआजूरॉन 5.4 ईसी	एटाब्रोन (यूपीएल)
डाइफ्लुबेन्जुरान 25 डब्लूपी	मिटोफ (घरडा), डिमिलिन
फ्लुफेनाक्सुरान 10 डीसी	कैस्केड
• लुफेन्युरान 5.4 ईसी	सिग्ना (सिन्जेन्टा)

क्रमशः...

रसायनिक नाम	व्यवसायिक नाम
नोवाल्यूरान 10 ई.सी.	पिंजरा (घरडा), रिमोन (इन्डोफिल), सीजर (डूपोन्ट)
• मोलटिंग हार्मोन एगोनिस्ट	
क्रोमाफेनोजाईड 80 डब्लूपी	मैट्रिक
• थायोयुरिया	
डाईफेन्थ्युरान 50 डब्लूपी	पोलो (सिन्जेन्टा)
•एन्टीबायोटिक	
इमोमक्टिन बेन्जोएट 5 एसजी	प्रोक्लेम (सिन्जेन्टा), प्रभाव (रैलिस), तत्काल (घरडा), ईम–1 (धानूका), स्पोलिट (यूपीएल), मिसाइल (क्रिस्टल)
• अवर्गीकृत	
फ्लोनिकामिड 50 डब्लूजी	उलाला (यूपीएल)
मेटाफलूमिजोन 22 एससी	वेरिफमो (बासफ)
पाइरीडेलिल 10 ईसी	लिओ (एक्सेल)
• धूमक	
एल्यूमिनियम फास्फाइड 56 टी	सेल्फास (एक्सेल), क्विकफास (यूपीएल)
एल्यूमिनियम फास्फाइड 15 टी	क्विकफास (यूपीएल)
एल्यूमिनियम फास्फाइड 56 पी	सेल्फास (ई), फ्युमिनो (यूपीएल)
• कीटनाशक मिश्रण	
एसीफेट 25%+फेनवेलरेट 3ः ईसी	कुबेर (जीआईएल)
एसीफेट 50%+अमिडाक्लोप्रिड 1.8% एसपी	लेन्सर गोल्ड (यूपीएल)
बीटासाइफ्लूथ्रिन 4.89 + इमिडाक्लोप्रिड 19.8 ओडी	सोलोमान (बायॅर)

क्रमशः...

रसायनिक नाम	व्यवसायिक नाम
क्लोरपायरीफास 50% + साइपरमेथ्रिन 5% ईसी	हमला 550 (घरडा), संग्राम (जीआईएल), कोरन्डा (रैलिस), क्लोसी (यूपीएल), लारा 909 (क्रिस्टल)
मोनोक्रोटोफास 25% + डायक्लोरभास 11% ईसी	फोसडोम 36 एस0एल0
मोनोक्रोटोफास 25% + साइपरमेथ्रिन 3% ईसी	फोसक्यूपयू 28 ओ0सी0
क्लोरपाइरीफॉस 16% + अल्फासाइपरमेथ्रिन 1% ईसी	वाईपर/मिडास (घरडा), नया संग्राम (जीआईएल), जोरो (क्रिस्टल), स्पॉट
ट्राइएजोफास 35% + डेल्टामेथ्रिन 1% ईसी	शिकारी (घरडा), गर्वनर (जीआईएल), स्ट्रोक (कैमेट)
बुप्रोफेजिन 5% + डेल्टामेथ्रिन 0.625% (5.625% ईसी)	डाडेसी (बॉयर), टस्कर (क्रिस्टल)
प्रोफेनोफास 40% + साइपरमेथ्रिन 4% ईसी	पालीट्रिन (एस), प्रतिघात सुपर (जीआईएल), किलक्रोन प्लस (क्रिस्टल)
क्वीनालफास 20% + साइपरमेथ्रिन 3% ईसी	फौलाद (घरडा), कटार (जीआईएल), विराट (यूपीएल)
इथियान 40% + साइपरमेथ्रिन 5% ईसी	कोलफास (पीआई), नगाटा (रैलिस)
एथिप्रोल 40 + एमिडाक्लोप्रिड 40 (80 डब्लूजी)	ग्लेमोर (बायॅर)
इन्डोक्साकार्ब 14.5% + एसीटामिप्रिड 7.7% एससी	सीजर (डूपोन्ट), काईट (घरडा), माईटी बलवान (रैलिस)
नोवालूरॉन 5.25% + इनडोक्साकार्ब 4.5 % एससी	प्लेथोरा

क्रमशः...

रसायनिक नाम	व्यवसायिक नाम
फॉसफेमिडॉन 40% + इमिडाक्लोप्रिड 2% एसपी	
पाइरिप्रोक्सिफेन 5% + फेनप्रोपेथ्रिन 15% ईसी	
इथाईलीन + डाईक्लोराईड कार्बन टेट्राक्लोराईड 3:1	
थियामेथोक्जाम 12.6 + लेम्डा साइहैलोथ्रिन 95 जेडसी	अलिका (सिन्जेन्टा)
फिप्रोनिल 40 + एमिडाक्लोप्रिड 40 डब्लूजी	लिसेन्टा (बायॅर)
एसीटामिप्रिड 0.4 + क्लोरपाइरीफॉस 20 ईसी	
एसीटामिप्रिड 0.4 + क्लोरपाइरीफॉस 20 ईसी	
साइपरमेथ्रिन 10 + इन्डोक्साकार्ब 10 एससी	
माइटनाशक	
बाइफेनाजेट 50 डब्लूपी	एक्रामाईट (केमटूरा), फलोरेमाईट
क्लोरफेनापायर 10 एससी	रिकोर्ड (क्रिस्टल)
डाईफेन्थ्युरान 50 डब्लूपी	पोलो (सिन्जेन्टा)
डिकोफाल 18.5 ईसी	डेलकोफोल, कोलोनेल–एस (इन्डोफिल), केमिफाल (कैमेट)
इथियान 50 ईसी	कोरोमिट
फेनाजिक्वान 10 ईसी	मैजिस्टर (डूपान्ट)
फेनपाइरोक्सीमेट 5 ईसी	सेडना (रैलिस), पकर (घरडा), पाइरोमाईट (एक्सेल)

क्रमशः...

रसायनिक नाम	व्यवसायिक नाम
फ्लूफेनोक्जूरॉन 10 डीसी	केसकड (बासफ)
फ्लूफेनजीन 20 एससी	
फ्लूवेलिनेट 25 ईसी	
हैक्सीथियाजोक्स 5.45 ईसी	
मिल्बेमेक्टिन 1 ईसी	मिलबेक्नोक (नागार्जुन)
प्रोपेरेगाईट 57 ईसी	सिमबा (पीआई), ओपटरा (कैमेट), ओमाईट (धनुका)
स्पाईरोमेसिफेन 240 एससी	ओबेरॉन (बॉयर), वोलटेज (पीआई)
• **चूहानाशक**	
बेरियम कार्बोनेट	
ब्रोमाडियोलॉन 0.25% सीबी	
ब्रोमाडियोलॉन 0.005% आर बी	रोबान (पी)
काउमेटेट्रालिल 0.75%	
काउमेटेट्रालिल 0.0375% बेट	
जिंकफास्फाइड 2% आरबी	रैटोल (यूपीएल)
• **घोंघानाशक**	
मेटलडिहाइड	स्नेलकिल (पीआई)
2. फफूँदनाशक	
• **एलिफेटिक नाइट्रोजन**	
साइमोक्सानिल 50 डब्लूपी	
डोडिन 65 डब्लूपी	नूर (इन्डोफिल), साइप्रेक्स, पोलारेक्स

क्रमशः...

रसायनिक नाम	व्यवसायिक नाम
• **एमाइड**	
कार्बोक्सिन 75 डब्लूपी	विटावैक्स
कार्प्रोपामिड 27.8 एससी	प्रोटेगा (बॉयर)
मेन्डीप्रोपामिड 23.4 एससी	रीवस (सिन्जेन्टा)
• **एनीलिड**	
मेटालेक्सिल 35 डब्लूएस	एपरोन सिन्जेन्टा
मेटालेक्सिल–एम 31.8 ईएस	एपरोन एक्सएल (सिन्जेन्टा)
आक्सीकार्बोक्सीन 20 ईसी	प्लान्टवेक्स (कैम्पटुरा)
थाईफ्लूजामाईड 24 एससी	विस्टा (नागार्जुन)
• **एरोमेटिक**	
क्लोरोथैलोनिल 75 डब्लूपी	कवच (एस), फेवोरेट (घरडा), ईशान (रैलिस)
• **एन्टीबायोटिक**	
अरियोफन्जिन 46.15 एसपी	अरियोफन्जिन (एच)
कासूगामाइसिन 3 एसएल	कासु–बी (धानूका)
स्ट्रेप्टोसाइक्लिन	स्ट्रेप्टोसाइक्लिन (एच)
वैलिडामाइसिन 3 एल	बीट (घरडा), शीथमार (धानुका)
एजोक्सिस्ट्रोबिन 23 एससी	स्केन (घरडा), एमिस्टार (सिन्जेन्टा)
• **बेन्जिमिडाजोल**	
बेनोमिल 50 डब्लूपी	बेनोफिट (सी)
काबेन्डाजिम 50 एससी	फन्जिगार्ड एससी (घरडा)
कार्बेन्डाजिम 50 डब्लूपी	फंजिगार्ड (घरडा), गिलजिम (जीआईएल), डेरोसाल (बायॅर), बेन्गाई (डाउ), बेनफिल (इन्डोफिल), धनुस्टिन (धानूका), जूम (यू), बाविस्टिन (बास्फ), क्रिस्टोन 50 (क्रिस्टल)

क्रमशः...

रसायनिक नाम	व्यवसायिक नाम
थियोफेनेटमिथाइल 70 डब्लूपी	उपाय (घरडा), हेक्सास्टाप (सी)
• **कॉपर**	
कॉपर आक्सीक्लोराईड 50 डब्लूपी	क्युटाक्स (घरडा), टारूकोप (इन्डोफिल), ब्ल्यु कापर (सिन्जेन्टा), ब्लाईटोन (क्रिस्टल)
कॉपर आक्सीक्लोराईड 50 डब्लूजी	
कॉपर हाइड्राक्साइड 77 डब्लूपी	कोसाइड 101 (डूपोन्ट), हाई–डाईस (धानूका)
• **कोनाजोल**	
डिफेनोकोनाजोल 25 ईसी	स्कोर (सिन्जेन्टा)
डिफेनोकोनाजोल 3 डब्लूएस	डिविडेन्ट (सिन्जेन्टा)
फ्लूसिलाजोल 40 ईसी	नुस्टार (डूपान्ट), कुरसोर (धानूका)
हेक्साकोनाजोल 5 एससी	टॉपर (घरडा), गिलकोन प्लस (जीआईएल), कान्टाफ प्लस (रैलिस), क्राईजोल (क्रिस्टल), सितारा प्लस (इन्डोफिल)
हेक्साकोनाजोल 5 ईसी	टापर (घरडा), गिलकोन (जीआईएल), कान्टाफ (रैलिस), सितारा (इन्डोफिल), हेक्साधान (धानूका), मलकोन्डा (क्रिस्टल), कॉन्कर (यूपीएल)
माईक्लोबूटेनिल 10 डब्लूपी	माईकोगार्ड (घरडा), सिस्थेन (डाउ), बून (इन्डोफिल)
पेनकोनाजोल 10 ईसी	टोपास (सिन्जेन्टा)
प्रोपिकोनाजोल 25 ईसी	प्रोपिगाड (घरडा), टिल्ट (सिन्जेन्टा), धान (इन्डोफिल), बिल्ट (क्रिस्टल)
टेबुकोनाजोल 2 डीएस	रैक्सिल (बायॅर)
टेबुकोनाजोल 250 ईसी (25.9:)	फोलिक्यूर (बायॅर), टेबुस्टार (एफएमसी)

क्रमशः...

रसायनिक नाम	व्यवसायिक नाम
ट्रियाडिमेफान 25 डब्लूपी	बयलेटान (बायॅर)
• **डाईकारबोक्सिमाइड**	
कैप्टान 50 डब्लूपी	केपटॉफ (रैलिस), कोपटरा (इन्डोफिल)
कैप्टान 75 डब्लूएस	केपटॉफ (रैलिस)
• **डाईनाइट्रोफेनाल**	
डिनोकैप 48 ईसी	काराथेन (बायॅर)
• **डाइथियोकार्ब**	
मैंकोजेब 75 डब्लूपी	एमगाड (घरडा), नर्मदा एम–45, टाटा एम–45 (रैलिस), डाईथेन एम–45 (डाउ), (इन्डोफिल) एम–45, क्रिस्टल (क्रिस्टल), कोरोथेन यूथेन एम–45 (यूपीएल)
मेटिरम 70 डब्लूजी (मेटरियम)	मिटासेल (एक्सेल), पेकप (कृषि रसायन)
प्रोपिनेब 70 डब्लूपी	एन्ट्राकोल (बायॅर), एडिट (एफएमसी)
जिरम 80 डब्लूपी	हैक्साजिर
• **डिथायोलेन**	
आइसोप्रोथायोलेन 40 ईसी	स्टिक (घरडा), फूजियोन (रैलिस), सयोर (कैमेट)
• **इमिडाजोल**	
आइप्रोडियोन 50 डब्लूपी	रोवराल
क्रेसोक्जिम–मिथाईल 44.3 एससी	इरगोन (रैलिस)
डामेथोमोर्फ 50 डब्लूपी	एकरोबेट (बासफ), उडिमो (यूपीएल), ट्रिका (नागार्जुन)
ट्राइडेमार्फ 80 ईसी	कैलिक्सिन (बासफ)
• **ऑरगेनोमरकरी**	
एमईएमसी (मेथोक्सीईथाइलमरकरी क्लोराईड)	बेगेलाल (यूपीएल)

क्रमशः...

रसायनिक नाम	व्यवसायिक नाम
• **आरगेनोफास्फोरस**	
इडिफेनफास 50 ईसी	हिनोसान (बायॅर)
फोसेटिल–एएल 80 डब्लूपी	एलिएट (बायॅर)
ईप्रोबेनफास 48 ईसी	किटाजिन (पीआई)
• **पाईराजोल**	
पाईराक्लोसट्रोबिन 20 डब्लूजी	हेडलाईन (बासफ)
• **क्वीनोन**	
डाईथिनोन 75 डब्लूपी	डीलेन (बासफ)
• **सल्फर**	
सल्फर	थियोविट (सिन्जेन्टा)
सल्फर 80 डब्लूपी	इन्साफ (यूपीएल), सल्फाफ (रैलिस)
सल्फर 80 डब्लूजी	सल्फोगार्ड (घरडा), सल्फोगिल (जीआईएल), थायोवेट (सिन्जेन्टा), इन्सल्फगोल्ड (यूपीएल), सलफिल (इन्डोफिल)
• **ट्रियाजोल**	
बिटरटानाल 25 डब्लूपी	बयकोर (बायॅर)
• **युरिया फफूँदनाशक**	
पेन्सिक्युरान 22.9 एससी	मोन्सर्न 250 (बायॅर)
• **अवर्गीकृत**	
ट्राइसाइक्लेजोल 75 डब्लूपी	ट्राइगन (घरडा), समर (यूपीएल), फूराजोल (एफएमसी), ट्राईजोल (क्रिस्टल), ट्राइगिल (जीआईएल), बीम (डाउ)
• **जिंक कवकनाशक**	
जिनेब 75 डब्लूपी	जोल्ट (घरडा), इन्डोफिल जेड–78 (इन्डोंफिल)

क्रमशः...

रसायनिक नाम	व्यवसायिक नाम
• फॅफूदीनाशक मिश्रण	
केप्टान 70% + हैक्साकोनोजोल 5% डब्लूपी	ताकत (रैलिस)
आइप्रोडियोन 25% + कार्बेन्डाजिम 25% डब्लूपी	क्विंटल (बायॅर)
इप्रोवेलिर्काब (5.5%)+ प्रोपिनेब (61.25%) 66.75 डब्लूपी	मेलोडी डूयो (बायॅर)
मेटालाक्सिल 4% + मैंकोजेब 64% डब्लूपी	रिडोमाइल गोल्ड (सिन्जेन्टा), यूनीलेक्स (यूपीएल)
मेटालाक्सिल 8% + मैंकोजेब 64% डब्लूपी	रिडोमिल एमजेड (सिन्जेन्टा), मेटालिक मिक्स (घरडा), मिक्सोल–72 (क्रिस्टल), मास्टर (रैलिस)
कार्बेन्डाजिम 12% + मैंकोजेब 63% डब्लूपी	साफ (यूपीएल), कुबेर (घरडा), सिपोय (जीआईएल), स्योर (क्रिस्टल)
साइमैक्सोनिल 8% + मैंकोजेब 64% डब्लूपी	कर्जेट (डूपान्ट), वेव (घरडा), पार्टनर (क्रिस्टल)
फेमोक्सेडोन 16.6% + साईमोक्सेनिल 22.1 एससी	इक्वेसन प्रो (डूपान्ट)
फेनामिडोन (10%) + मेन्कोजेब (50%) 60 डब्लूजी	सेक्टिन (बायॅर)
प्रोपकोनाजोल 13.9 + डिफेनोकोनाजोल 13.9 ईसी	आरम्योर (सिन्जेन्टा)
मेटीरम 55% + पाईराक्लोस्ट्रबिन 5% डब्लूजी	केबरियो टॉप (बासफ)

क्रमशः...

रसायनिक नाम	व्यवसायिक नाम
टेबूकोनाजोल 50% + ट्राईफ्लोक्सीट्राबिन 25% डब्लूजी	नैटिवो (बायॅर), झालोरा (बासफ)
3. खरपतवारनाशक	
एरोमेटिक एसिड	
बिस्पाईरीबेक सोडियम 10एससी	एडोरा (बायॅर), टाटा, तारक (रैलिस), नोमिनी गोल्ड (पीआई)
पाईरीथियोबेक सोडियम 10ईसी	पेन्डेन्ट (घरडा), राईफ (कैमिनोव)
• क्लोरोएसिटानिलिड	
एलाक्लोर 50 ईसी	लासो (एम)
एलाक्लोर 10 जीआर	लासो (एम), केमकोल (कैमेट)
ब्युटाक्लोर 50 ईसी	बम्पर (क्रिस्टल), तीर (रैलिस), गिलेट (जीआईएल), मचेटी (एम)
ब्युटाक्लोर 50% ईडब्लू	फलो–मिक्स (क्रिस्टल)
ब्युटाक्लोर 5 जीआर	मचेटी (एम), बूटाकेस (कैमेट)
मेटोलाक्लोर 50 ईसी	डुएल (सिन्जेन्टा)
प्रेटिलाक्लोर 37.5 ईडब्लू	इरिजन (सिन्जेन्टा)
प्रेटिलाक्लोर 50 ईसी	ब्लेड (घरडा), प्रीतगिल (जीआईएल)
प्रेटिलाक्लोर 50 ईसी	रिफिट (सिन्जेन्टा), प्रीत (रैलिस), शिफ्ट (क्रिस्टल)
डाईनाइट्रोएनिलिन	
फ्लुक्लोरालिन 45 ईसी	बासालिन (बासफ)
पेन्डिमेथालिन 5 जीआर	मिलक्लोर (आईआईएल)
पेन्डिमेथालिन 30 ईसी	स्टोम्प (बासफ), पेन्डिगार्ड (घरडा), दोस्त (यूपीएल), पेन्डिगिल (जीआईएल), टाटा पेनिडा (रैलिस)
• डाईफेनाइल ईथर	
आक्सीफ्लुरोफेन 23.5 ईसी	गोल 2 ई (डाउ), रिलीफ (घरडा)
ईमिडाजोलिनोन	

क्रमशः...

रसायनिक नाम	व्यवसायिक नाम
ईमाजाथापायर 10 एसएल	सोलिट्यूड (बायॅर), परसूईट (बासफ), एवरेस्ट/ सटिक (घरडा), गार्ड (क्रिस्टल), लगाम (यूपीएल)
• आरगेनोफास्फोरस	
अनिलोफास 30 ईसी	अनिलोगर्गाड (घरडा), निडान (जीआईएल), एरोजिन (बायॅर)
ग्लुफोसिनेट अमोनियम 13.5 एसएल	बास्ता (बायॅर)
ग्लाइफोसेट 41 एसएल आईपीए साल्ट	ग्लाइडर (घरडा), गलाईसिल (जीआईएल), वीडाल (डाउ), स्वीप (युपीएल), क्लिनटोन (क्रिस्टल)
ग्लाइफोसेट 71 एसजी अमोनियम साल्ट	मिश्रण (घरडा), टॉपर 77 (क्रिस्टल)
• आक्साडायजोलोन	
आक्साडायरगिल 80 डब्लूपी	टापस्टार (बायॅर)
आक्साडायरगिल 6 ईसी	रैफ्ट (बायॅर)
ओक्साडाईजोन 25 ईसी	रोनस्टार (बायॅर)
• फेनोक्सी	
2,4 डी ईथाइल इस्टर 38 ईसी	कट–आउट (क्रिस्टल), एमवीड (ए), वीडनिल (कैमेट)
2,4 डी डाईमिथाईल एमिन साल्ट 58 एसएल	वीडोर (क्रिस्टल), जुरा (अतुल), वीडसेल सुपर (एक्सेल)
फेनोक्सीप्रोपिओनिक	
क्लोडिनोफाप प्रोपारगिल 15 डब्लूपी	चोपर (डूपान्ट), जयविजय (घरडा), जीत (जीआईएल), टोपिक (सिन्जेन्टा), झटका (यूपीएल), अवतार (क्रिस्टल), सरताज (रैलिस)
साइहेलोफोप ब्यूटाईल 10 ईसी	क्लिनचर (डाउ)
फेनोक्साप्राण पी ईथाइल 9 ईसी	हिवप सुपर (बायॅर)

क्रमशः...

रसायनिक नाम	व्यवसायिक नाम
फेनोक्साप्राण–पी–ईथाइल 10 ईसी	प्युमा (बायॅर)
फेनोक्साप्राण पी ईथाइल 6.9 ईसी	राईस स्टार (बायॅर)
फ्लूआजिफॉप – पी – ब्यूटाईल 13.4 ईसी	फूसिलेड (सिन्जेन्टा)
प्रोपेक्वीजाफोप 10 ईसी	सोसाईटी (इन्डोफिल)
क्वीजालोफोप–पी–ईथाईल 4.41 ईसी	पैन्टेरा (डूपान्ट)
• पाईराजोल हर्बीसाईड	
एजिमसल्फूरोन 50 डीएफ	सेगमेन्ट (डूपान्ट)
पाईनोक्सेडीन 5.1 ईसी	एक्सियल (सिन्जेन्टा), मेलसा (पीआई)
पाईराजोसल्फूरॉन ईथाईल 10 डब्लूपी	साथी (यूपीएल)
पाईरीमिडिनाईल सल्फोनाईलयूरिया	
बेन्सल्फूरॉनमिथाईल 60 डीएफ	लोनडेक्स (डूपान्ट)
क्लोरिमूरोन ईथाईल 25 डब्लूपी	क्लोबेन (डूपान्ट), फेलोन (क्रिस्टल)
• क्वाटर्नरी अमोनिया	
पैराक्वाट डाईक्लोराईड 24 एसएल	पेरागार्ड (घरडा), ग्रेमेक्सोन (सिन्जेन्टा), यूनीक्वॉट (यूपीएल), एलक्विट (क्रिस्टल)
पैराक्वाट 24 ईसी	ग्रामैक्सोन (सिन्जेन्टा)
सल्फोनिलयुरिया	
इथोक्सीसल्फ्ययुरान 15 डब्लूडीजी	सनराइस (बायॅर)
मेटसल्फ्युरान मिथाइल 20 डब्लूपी	अलग्रिप (डूपान्ट), नौनिहाल (जीआईएल), तेग (रैलिस), मेटसी (यूपीएल), एल्गो (क्रिस्टल)

क्रमशः...

रसायनिक नाम	व्यवसायिक नाम
मेटसल्फ्युरान मिथाइल 20 डब्लूजी	अलग्रिप (डूपान्ट)
सल्फोसल्फ्युरान 75 डब्लूजी	सफल (घरडा), फतेह (रैलिस), निहाल (जीआईएल), एसएफ–10 (यूपीएल), फतेह (रैलिस)
ट्रियासल्फ्युरान 20 डब्लूजी	लोगरान (सिन्जेन्टा)
ट्राईएजिन	
एट्राजिन 50 डब्लूपी	जिंगार्ड (घरडा), एट्राटाफ (रैलिस)
ट्राइएजिनोन	
मेट्रिबुजिन 70 डब्लूपी	सेन्सोर (बायॅर), पार्टनर (घरडा), टाटा मेट्री (रैलिस)
पेनाक्ससुलम 240 एससी	ग्रेनाइट (डाउ)
• युरिया खरपतवारनाशी	
डियुरान 80 डब्लूपी	डायूरान (यूपीएल), कलास (बायॅर)
आइसोप्रोट्युरान 50 डब्लूपी	धार (रैलिस)
आइसोप्रोट्युरान 75 डब्लूपी	आइसोगार्ड (घरडा), गिलरोन (जीआईएल)
मिथाबेन्जथियाजूरॉन 70 डब्लूपी	ट्राईबुनल (बायॅर)
क्लोमेजोन 50 ईसी	कमान्ड (बायॅर)
• मिश्रण	
एनिलीफोस 24% + 2,4–डी ईथाईल ईस्टर 32 ईसी	वीडनिल सुपर कोम्बो (कैमेट)
क्लोडिनाफोप प्रोपेरगाईल 15%+ मेटसल्फूरान मिथाईल %1 डब्लूपी	वेस्टा (यूपीएल)
फेनोक्साप्रोप–पी–ईथाईल 7.77% + मेट्रीब्यूजिन 13.6 (220 ईसी)	एर्काड प्लस (बायॅर)

क्रमशः...

रसायनिक नाम	व्यवसायिक नाम
ईमाजामोक्स 35% + ईमाजाथापायर 35 डब्लूजी	ओडीसी (बासफ), बिनगा (पीआई)
पेन्डीमेथालिन 30% + ईमाजाथापायर 2% ईसी	वेलोर 32 (डूपान्ट)
सल्फोसलफूरॉन 75% + मेटसलफूरॉन मिथाईल 5 डब्लूजी	गोरेला (धरडा), टोटल (यूपीएल)
मिजोसल्फ्युरान मिथाइल 3% + आइडोसल्फ्युरान मिथाइल 0.6% (3.6 डब्लडीजी)	अटलान्टिस (बायॅर)
मेटसल्फ्युरान मिथाइल 10% + क्लोरीम्यूरान इथाइल 10% डब्लूपी	एल्मिक्स (डूपान्ट), पिमिक्स (पीआई)
हैक्साजिनोन 13.2% + डायूरान 46.8 डब्लू.पी.	वैलपार के 4 (डूपान्ट)
बेनसल्फ्यूरोन मिथाइल 0.6% + प्रेटिलाक्लोर 6% जी.	लान्डैक्स पावर (डूपान्ट)

परिशिष्ट - 4

भारत सरकार द्वारा अनुमोदित कीटनाशक रसायनो की सूची

फसल/कीट/कीटनाशक रसायन	मात्रा (ग्राम सक्रिय तत्व) प्रति हैक्टर	मात्रा (ग्राम/मिली) रसायन प्रति हैक्टर	प्रतिक्षा अवधि (दिन)/टिप्पणी
धान			
पीला तना वेधक (**Yellow Stem Borer : *Scirpophaga incertulas***)			
रोपाई के 50 दिन के अन्दर खेत में 2 इंच पानी रखकर			
क्लोरान्ट्रानिलिप्रोल 0.4 जीआर	40	10000	53
फिप्रोनिल 0.3 जीआर	50–75	16670–25000	32
कारटाप 4 जीआर	750	18750	
कार्बोफ्यूरान 3 जी	1000	33300	
कारबोसल्फान 6 जी	1000	16700	37
रोपाई के 50 दिन बाद			
क्लोरान्ट्रनिलिप्रोले 18.5 एससी	30	150	47
फिप्रोनिल 5 एससी	50–75	1000–1500	32
फिप्रोनिल 80 डब्लू.जी.	40–50	50–62.5	19
कारटाप 50 एसपी	500	1000	21
फ्लूबेन्डीयामाइड 39.35 एस.सी.	24	50	40
फ्लूबेन्डीयामाइड 20 डब्लू.जी.	25	125	30
थियाक्लोप्रिड 21.7 एससी	120	500	30
एसफेट 75 एस पी	500–750	666–1000	15
क्रोमाफेनोजाईड 80 डब्लूपी	75–100	94–125	32

क्रमशः...

मोनोक्रोटोफास 36 एसएल	500	1400	14
क्लोरपायरीफास 20 ईसी	500	2500	30
क्वीनालफास 25 ईसी	500	2000	40
कार्बोसल्फान 25 ईसी	200–250	800–1000	14
क्लोरपाइरीफॉस 20 + एसीटामिप्रिड 0.4 ईसी	510	2500	10
धान पत्ती मरोड़क (Rice Leaf Folder : *Cnaphalocrosis medinalis*)			
रोपाई के 50 दिन के अन्दर खेत में 2 इंच पानी रखकर			
क्लोरान्ट्रानिलिप्रोल 0.4 जीआर	40	10000	53
कारटाप 4 जीआर	750	18750	
कार्बोसल्फान 6 जी	1000	16700	37
रोपाई के 50 दिन के बाद			
क्लोरान्ट्रानिलिप्रोले 18.5 एससी	30	150	47
इन्डोक्साकार्ब 15.8 ईसी	30	200	14
कारटाप 60 एसपी	500	1000	21
फ्लूबेन्डीयामाइड 39.35 एस.सी.	24	50	40
फ्लूबेन्डियामाइड 20 डब्लू.जी.	25	125	30
क्रोमाफेनोजाईड 80 डब्लूपी	75–100	94–125	32
फिप्रोनिल 80 डब्लूजी	40–50	50–62.5	30
एसफेट 75 एसपी	500–750	666–1000	15
मेनोक्रोटोफास 36 एसएल	500	1400	–
डाइक्लोरवास 76 ईसी	500	627	–
क्लोरपायरीफास 20 ईसी	500	2500	30
क्वीनालफास 25 ईसी	500	200	40
गाल मिज (Gall midge : *Pachydiplosis oryzae*)			
कार्बोफ्यूरान 3 जी	1000	33300	–
कार्बोसल्फान 6 जी	1000	16700	37
कार्बोसल्फान 25 ईसी	200–250	800–1000	14
फिप्रोनिल 5 एससी	50–75	1000–1500	32

क्रमशः...

भूरा फुदका (Brown Plant Hopper : *Nilaparvata lugens*) एवं सफेद पीठ वाला फुदका (White Backed Plant Hopper: *Sogatella furcifera*)			
बुप्रोफेजिन 25 एससी	200	800	20
क्लोथियानिडिन 50 डब्लूडीजी	10–12	20–24	12
डाइनोटेफूरॉन 20 एसजी	30–40	150–200	10
फ्लोनिकामिड 50 डब्लूजी	75	150	36
इमिडाक्लोप्रिड 17.8 एसएल	20–25	100–150	40
इमिडाक्लोप्रिड 30.5 एससी	21–26.25	60–75	37
इमिडाक्लोप्रिड 70 डब्लूजी	21–24.5	30–35	7
एथिप्रोल 40 + एमिडाक्लोप्रिड 40 (80 डब्लुजी)	50+50	125	15
क्लोरपाइरीफॉस 20 + एसीटामिप्रिड 0.4 ईसी	510	2500	10
एसीटामिप्रिड 20 एसपी	10–20	50–100	7
एसेफेट 75 एसपी	500–750	666–1000	15
थियामेथोक्जाम 25 डब्लूएसजी	25	100	14
मोनोक्रोटोफास 36 एसएल	500	1400	
फिप्रोनिल 5 एससी	50–75	1000–1500	32
पत्ती का हरा फुदका (Green Leaf Hopper : *Nephotettix* spp.)			
एसेफेट 75 एस पी	500–750	666–1000	15
थियामेथोक्जाम 25 डब्लूएसजी	25	100	14
बुप्रोफेजिन 25 एससी	200	800	20
फ्लोनिकामिड 50 डब्लूजी	75	150	36
फिप्रोनिल 5 एससी	50–75	1000–1500	32
धान हिस्पा (Rice Hispa : *Dicladispa armigera*)			
ट्राइएजोफास 20 ईसी	250–500	1250–2500	40
क्लोरपायरीफास 20 ईसी	250	1250	30
क्वीनालफास 25 ईसी	500	2000	40

क्रमशः...

होर्लमेगट (Whorl Maggot : *Hydrellia philippina*)			
फिप्रोनिल 0.3 जीआर	50–75	16670–25000	32
कारटाप 4 जीआर	750–1000	18750–25000	–
फिप्रोनिल 5 एससी	50–75	1000–1500	32
क्लोरपायरीफास 20 ईसी	250	1250	30
गन्धी कीट (Rice Bug : *Leptocorysa acuta*)			
मिथाइल पैराथियान 2 डीपी	500	25000	–
थ्रिप्स (Thrips)			
लेम्डा साइहैलोथ्रिन 5 ईसी	12.5	250	15
केस वर्म (Case worm)			
फेन्थोएट 50 ईसी	500	1000	–
गेहूँ एवं जौ			
सैनिक कीट (Army Worm : *Mythimna separata*)			
ट्राईक्लेरोफॉन 5 डी	750	15000	–
ट्राईक्लोरोफॉन 50 ईसी	500	1000	–
बाली की सूँडी (Earhead caterpillar)			
डाइक्लोरवास 76 एससी	500	627	–
क्वीनालफास 25 ईसी	400	1600	–
प्ररोह मक्खी (Shoot Fly : *Athergona oryzae, A. tritici*)			
साइपरमेथ्रिन 10 ईसी	50	550	14
फोरेट 10 जी	1875	18750	–
कटुवा कीट (Cut worm : *Agrotis ipsilon* and *A. segetum*)			
मिथाइल पैराथियान 50 ईसी	300	600	–
ट्राईक्लोरोफॉन 50 ईसी	500	1000	–
गेहूँ का माहूँ (Wheat Aphid, *Macrosiphum* avenae or Macrosiphum miscanthi)			
थियामेथोक्जाम 25 डब्लूएसजी	12.5	50	21
क्वीनालफास 25 ईसी	250	1000	–

क्रमशः...

जौ का माहूँ (Barley Aphid, *Macrosiphum* sp.)			
कार्बोफ्यूरान 3 जी	1000	33300	–
फोरेट 10 जी	1000	10000	–
जौ का जैसिड (Barley Jassid : *Empoasca devastans*)			
कार्बोफ्यूरान 3 जी	1250	41600	–
दीमक (Termites, *Microtermes obesi* and *Odontotermes obesus*)			
थियामेथोक्जाम 30 एफएस (बीज शोधन)	1 प्रति किलो	3.3 प्रति किलो	–
माईट (Mite)			
क्वीनलफास 25 ईसी	400	1600	–
मक्का			
मक्का तना बेधक (Maize Stem Borer : *Chilo partellus*)			
कार्बोफ्यूरान 3 जी	1000	33000	–
डाइमेथोएट 30 ईसी	200	660	–
फोरेट 10 जी	1000	10000	–
प्ररोह मक्खी (Shoot Fly : *Atherigona soccata*)			
फोरेट 10 जी	3000	30000	–
डाइमेथोएट 30 ईसी	350	1155	–
मोनोक्रोटोफास 36 एसएल	250	625	–
आक्सीडीमेटानमिथाइल 25 ईसी	250	1000	–
मक्के का थ्रिप्स (Maize Thrips : *Frankliniella williamsi*)			
कार्बोफ्यूरान 3 जी	1000	33000	–
ज्वार			
ज्वार तना बेधक (Sorghum Stem Borer : *Chilo partellus*)			
कार्बोफ्यूरान 3 जी	250	8300	–
ज्वार प्ररोह मक्खी (Sorghum Shoot Fly : *Atherigona soccata*)			
थियामेथोक्जाम 30 एफएस (बीज शोधन / किलो)	3	10	–

क्रमशः...

इमिडाक्लोप्रिड 70 डब्लूएस (बीज शोधन/किलो)	7	10	–
कार्बोफ्यूरान 3 जी	1000	33300	–
फोरेट 10 जी	1875	18750	–
क्वीनालफास 25 ईसी	375	1500	–
ज्वार वाली की सूँडी (Sorghum Earhead Caterpillar : *Helicoverpa armigera*)			
मोनोक्रोटोफास 36 एसएल	250	625	–
ज्वार वाली मिज (Sorghum Earhead Midge : *Contarinia sorghicoia*)			
मैलाथियान 5 डीपी	1000	20000	–
मैलाथियान 50 ईसी	500	1000	–
ज्वार का माहूँ (Sorghum Aphid : *Melanaphis sacchari*)			
फोरेट 10 जी	1875	18750	–
सफेद गिडार (While Grub : *Holotrichia* spp.)			
फोरेट 10 जी	2500	25000	–
माईट (Red Spider mite, Pink mite, Purple and Scarlet Mite)			
क्वीनालफास 25 ईसी	375	1500	–
सल्फर 40 डब्लूपी	750–1000	2000–2500	–
बाजरा			
प्ररोह मक्खी (Sorghum Shoot Fly : *Atherigona soccata*)			
इमिडाक्लोप्रिड 70 डब्लूएस (बीज शोधन/किलो)	7.0	10	–
कार्बोफ्युरान 3 जी	1500	50000	–
दीमक (Termite : *Macrotermis* sp., *Odontotermis* sp.)			
इमिडाक्लोप्रिड 70 डब्लूएस (बीज शोधन/किलो)	7.0	10	–
सफेद गिडार (While Grub : *Holotrichia* spp.)			
फोरेट 10 जी	2500	25000	–

क्रमशः...

चना			
चना कटुआ कीट (Gram Cutworm/Greasy Cutworm : *Agrotis ypsilon* and *A. flammatra*)			
क्लोरपायरीफास 20 ईसी	500	2500	–
चना फली बेधक (Gram Pod Borer : *Helicoverpa armigera*)			
क्लोरान्ट्रानिलिप्रोले 18.5 एस.सी.	25	125	11
इमामेक्टिन बेन्जोएट 5 एसजी	11	220	14
नोवाल्यूरान 10 ईसी	75	750	7
लेम्डा साइहैलोथ्रिन 5 ईसी	25	500	6
डेल्टामेथ्रिन 2.8 ईसी	10–12.5	400–500	3
मोनोक्रोटाफास 36 एसएल	500	1000	–
क्वीनालफास 25 ईसी	250	1250	–
इथियान 50 ईसी	500–750	1000–1500	21
अरहर			
फली बेधक (Pod Borer : *Helicoverpa armigera*)			
क्लोरान्ट्रानिलिप्रोले 18.5 एससी	30	150	29
इन्डोक्साकार्ब 14.5 एससी	50–60	353–400	15
इन्डोक्साकार्ब 15.8 ईसी	50	333	12
इमामेक्टिन बेन्जोएट 5 एसजी	11	220	14
फ्लूबेन्डियामाइड 480 एससी	48	100	10
स्पिनोसाड 480 एससी	56–73	125–162	47
लुफेन्युरान 5.4 ईसी	30	600	65
मेथोमिल 40 एसपी	300–450	750–1125	7
लेम्डा साइहैलोथ्रिन 5 ईसी	20–25	400–500	15
मोनोक्रोटोफास 36 एसएल	500	1250	–
क्वीनालफास 25 ईसी	350	1400	–
पिच्छकी भालभ (Plume Moth : *Exelastis atomosa*)			
मोनोक्रोटोफास 36 एसएल	250	625	–

क्रमशः...

अरहर की फली मक्खी (Red Gram Podfly : *Melagromyza obtusa*)			
मोनोक्रोटोफास 36 एसएल	250	625	–
लेम्डा साइहैलोथ्रिन 5 ईसी	20–25	400–500	15
लुफेन्युरान 5.4 ईसी	30	600	65
क्वीनालफास 25 ईसी	350	1400	–
तना मक्खी (Stem Fly : *Melanagromyza obtusa*)			
फोरेट 10 जी	1000	10000	–
अरहर का थ्रिप्स (Red gram Thrips : *Scirtothrips dorsalis*)			
डाइमेथोएट 30 ईसी	200	660	–
जेसिड (Jassid :)			
फोरेट 10 जी	1500	15000	–
मटर			
मटर पर्ण सुरंगक (Pea Leaf Miner : *Phytomyza atricomis*)			
मोनोक्रोटोफास 36 एसएल	400	1000	–
मटर फली बेधक (Pea Pod Borer : *Etiella zinckenella*)			
मैलाथियान 50 ईसी	750	1500	–
मटर तना मक्खी (Pea Stem Fly : *Opimyia phaseoli*)			
कार्बोफ्यूरान 3 जी (बुआई के साथ)	750	25000	–
सेम एवं फ्रांसिसी सेम			
सफेद गिडार (While Grub : *Holotrichia* spp.)			
कार्बोफ्यूरान 3 जी	750	23300	–
फली बेधक (Pod Borer : *Maruca (testulalis) vitrata*)			
क्लोरपायरीफास 20 ईसी	600	3000	–
ब्लैक बग (Black Bug)			
क्लोरपायरीफास 20 ईसी	600	3000	–
तना मक्खी (Stem Fly)			
क्वीनालफास 25 ईसी	250	1000	–

क्रमशः...

उर्द एवं मूँग			
फली बेधक/फल बेधक (Pod Borer/Fruit Borer)			
क्लोरान्ट्रानिलिप्रोले 18.5 एस.सी.	20	100	20
फ्लूबेन्डियामाइड 480 एस.सी.	48	100	11
लुफेन्युरान 5.4 ईसी	30	600	10
थियोडिकार्ब 75 डब्लूपी	468–562	625–750	17
मोनोक्रोटोफास 36 एसएल	250	625	–
कमला कीट या बिहार की बालदार सूँडी (Bihar Hairy caterpillar : *Spilarctia obliqua*)			
क्वीनालफास 25 ईसी	375	1500	–
तना मक्खी (Stem Fly)			
फोरेट 10 जी	1000	10000	–
सफेद मक्खी (White Fly)			
फोरेट 10 जी	1000	10000	–
जैसिड (Jassids)			
फोरेट 10 जी	1000	10000	–
सरसों			
सरसों का माहू (Mustard Aphid : *Lipaphis erysimi*)			
थियामेथोक्जाम 25 डब्लूएसजी	12.5–25	50–100	21
आक्सीडीमेटानमिथाइल 25 ईसी	250	1000	–
डाइमेथोएट 30 ईसी	200	660	–
मैलाथियान 50 ईसी	500	1000	–
क्लोरपायरीफास 20 ईसी	100	500	–
मोनोक्रोटोफास 36 एसएल	150	375	–
सरसों आरा मक्खी (Mustard Saw Fly : *Athalia lugens proxima*)			
इमिडाक्लोप्रिड 70 डब्लूएस (बीज शोधन/किलो)	4.9	7.0	–
डाइमेथोएट 30 ईसी	200	660	
मैलाथियान 50 ईसी	750	1500	–

क्रमशः...

क्वीनालफास 25 ईसी	300	1200	–
चित्रित बग (Painted Bug : *Bagrada cruciferarum*)			
इमिडाक्लोप्रिड 70 डब्लूएस (बीज शोधन/किलो)	4.9	7.0	–
डाइक्लोरवास 76 ईसी	500	627	–
सरसों का पर्ण सुरंगक (Mustard Leaf Miner)			
कार्बोफ्यूरान 3 जी	1000	33300	–
मूँगफली			
मूँगफली फल बेधक (Groundnut Pod Borer)			
कार्बोफ्यूरान 3 जी	1500	50000	–
मूँगफली माहूँ (Groundnut Aphid : *Aphis craccivora*)			
इमिडाक्लोप्रिड 17.8 एसएल	20–25	100–125	40
क्लोरपायरीफास 20 ईसी	200	1000	–
फोरेट 10 जी	1500	15000	–
जेसिड (Jassid/Leaf Hopper)			
इमिडाक्लोप्रिड 17.8 एसएल	20–25	100–125	40
लेम्डा साइहैलोथ्रिन 5 ईसी	10–15	200–300	10
क्वीनालफास 25 ईसी	350	1400	30
तम्बाकू की सूँडी (Tobacco caterpillar : *Spodoptera litura*)			
डाइफ्लुबेन्जुरान 25 डब्लूपी	100	400	–
मेथोमिल 40 एसपी	300–350	750–850	7
लाल बालदार सूँडी (Red Hairy caterpillar)			
डाइक्लोरवास 76 ईसी	375–750	470–940	–
• पर्ण सुरंगक (Leaf Miner)			
डेल्टामेथ्रिन 2.8 ईसी	12.5	500	3
लेम्डा साइहैलोथ्रिन 5 ईसी	10–15	200–300	10
डाइमेथोएट 30 ईसी	200	660	–
क्वीनालफास 25 ईसी	250	1000	–

क्रमशः...

पर्ण जालक (Leaf Webber)			
डाइफ्लुबेन्जुरान 25 डब्लूपी	75–100	300–400	–
फेन्थोएट 50 ईसी	500	1000	–
थ्रिप्स (Thrips)			
लेम्डा साइहैलोथ्रिन 5 ईसी	10–15	200–300	10
क्वीनालफास 25 ईसी	350	1400	–
कुरमुला कीट या सफेद गिडार (White Grub : *Holotrichia consanguinea*)			
कार्बोफ्यूरान 3 जी	1000	33300	–
फोरेट 10 जी	2500	25000	–
क्लोरपायरीफास 20 ईसी	225	1125	–
सोयाबीन			
तम्बाकू की सूडी (Tobacco Caterpillar : *Spodoptera litura*)			
इन्डोक्साकार्ब 15.8 ईसी	30	333	31
हरा अर्धकुन्डलक (Green Semilooper : *Plusia orichalcea*)			
क्लोरान्ट्रानिलिप्रोले 18.5 एस.सी.	30	150	22
इन्डोक्साकार्ब 15.8 ईसी	30	333	31
पत्ती खाने वाली सूँडी (Leaf Eting Caterpillar)			
डाइक्लोरवास 76 एससी	225–300	282–376	–
सफेद मक्खी (White Fly : *Bemisia tabaci*)			
कार्बोफ्यूरान 3 जी	1500	50000	–
जेसिड (Jassids)			
इमिडाक्लोप्रिड 48 एफएस (बीज शोधन/किलो)	0.75	1.25	–
तना मक्खी (Stem Fly)			
थियामेथेक्जाम 30 एफएस (बीज शोधन/किलो)	3	10	–
क्लोरान्ट्रानिलिप्रोले 18.5 एस.सी.	30	150	22
इन्डोक्साकार्ब 15.8 ईसी	30	333	31

क्रमशः...

इथियान 50 ईसी	750	1500	30
गर्डिल बीटल (Girdle beetle)			
क्लोरान्ट्रानिलिप्रोले 18.5 एस.सी.	30	150	22
थियाक्लोप्रिड 21.7 एससी	180	750	17
ट्राइएजोफास 40 ईसी	250	625	30
इथियान 50 ईसी	750	1500	30
पर्ण विभिल (Leaf Weevil)			
मैलाथियान 50 ईसी	750	1500	–
पर्ण सुरंगक (Leaf Miner)			
ट्राइएजोफास 40 ईसी	250	625	30
कुसुम			
माहूँ (Aphid)			
एसेफेट 75 एसपी	584	780	15
डाइमेथोएट 30 ईसी	200	660	–
सुरजमुखी			
बिहार रोमिल इल्ली (Bihar Hairy Caterpillar : *Spilosoma oblique*)			
साइपरमेथ्रिन 10 ईसी	60–70	650–760	14
सूँडी (Caterpillar)			
डाइक्लोरवास 76 ईसी	500	627	–
अर्धकुन्डलक (Cabbage looper/Semi looper : *Plusia orichalsia, Trichoplusia ni*)			
डाइक्लोरवास 76 ईसी	500	627	–
जैसिड (Jassids)			
इमिडाक्लोप्रिड 70 डब्लूएस (बीज शोधन/किलो)	7–10	10–15	–
इमिडाक्लोप्रिड 17.8 एसएल	20	100	30

क्रमशः...

सफेद मक्खी (White Fly)			
इमिडाक्लोप्रिड 70 डब्लूएस (बीज शोधन/किलो)	7–10	10–15	–
इमिडाक्लोप्रिड 17.8 एसएल	20	100	30
मैलाथियान 50 ईसी	500	1000	–
थ्रिप्स (Thrips)			
इमिडाक्लोप्रिड 17.8 एसएल	20	100	30
अरंड या अंडी			
बालदार सूँडी (Hairy Caterpillar)			
डाइक्लोरवास 76 ईसी	625	783	–
अरण्ड फल बेधक (Castor Capsule Borer)			
मोनोक्रोटोफास 36 एसएल	175	437	–
अर्धकुण्डलक (Semilooper)			
मैलाथियान 50 ईसी	1000	2000	–
डाइमेथोएट 30 ईसी	350	1155	–
जेसिड (Jassids)			
डाइमेथोएट 30 ईसी	250	825	–
मैलाथियान 50 ईसी	750	1500	–
सफेद मक्खी (White Fly)			
डाइमेथोएट 30 ईसी	250	825	–
माईट (Mite)			
डाइमेथोएट 30 ईसी	250	825	–
तिल			
तिल पत्ती लपेटक (Till Leaf Roller/Leaf Webber)			
क्वीनालफास 25 ईसी	500	2000	–
तिल फल बेधक (Till Fruit Brorer)			
कारबेरिल 10 डीपी	2500	25000	21
तिल का फूदका (Sesame Leaf Hopper)			
आक्सीडीमेंटानमिथाइल 25 ईसी	300	1200	–

क्रमशः...

जैसिड (Jassids)			
फोरेट 10 जी	1000	10000	–
क्वीनालफास 25 ईसी	500	2000	–
सफेद मक्खी (White Fly)			
फोरेट 10 जी	1000	10000	–
गन्ना			
गन्ना अगोला बेधक (Sugarcane Top Borer : *Scirpophaga nivella*)			
क्लोरान्ट्रानिलिप्रोले 0.4 आर.	75	18750	147
क्लोरान्ट्रानिलिप्रोले 18.5 एस.सी.	75	375	208
कार्बोफ्यूरान 3 जी	1000	33300	–
अगेती प्ररोह बेधक(Early ShootBorer : *Chilo infuscatellus*)			
क्लोरान्ट्रानिलिप्रोले 0.4 जी.आर.	75	18750	147
क्लोरान्ट्रानिलिप्रोले 18.5 एस.सी.	75	375	208
फिप्रोनिल 0.3 जीआर	75–100	25000–33300	270
फिप्रोनिल 5 एससी	75–100	1500–2000	270
मोनोक्रोटोफास 36 एसएल	600–800	1500–2250	–
क्लोरपायरीफास 20 ईसी	250–300	1250–1500	–
गन्ना वृंत बेधक (Sugarcane Stalk Borer : *Chilo auricilius*)			
मोनोक्रोटोफास 36 एसएल	750	1875	–
गन्ना जड़ बेधक (Sugarcane Root Borer : *Emmalocera depressella*)			
फिप्रोनिल 0.3 जीआर	75–100	25000–33300	270
फिप्रोनिल 5 एससी	75–100	1500–2000	270
पायरीला (Pyrilla = Sugarcane Leaf Hopper : *Pyrilla perpusilla*)			
मोनोक्रोटोफास 36 एसएल	200	500	–
डाइक्लोरवास 76 एससी	300	376	–
क्लोरपायरीफास 20 ईसी	300	1500	–
गन्ना काला बग (Sugarcane Black Bug : *Cavelerius excavatus*)			
क्लोरपायरीफास 20 ईसी	150	750	–

क्रमशः...

क्वीनालफास 25 ईसी	500	2000	–
सफेद गिडार (White Grub)			
फिप्रोनिल 40 + एमिडाक्लोप्रिड 40 डब्लूजी	350–400	437.5–500	296
फोरेट 10 जी	2500	25000	–
गन्ने का मिली बग (Sugarcane Mealy Bug : *Saccharicoccus sacchari*)			
मोनोक्रोटोफास 36 एसएल	600	1500	–
स्केल कीट (Scale insect)			
मोनोक्रोटोफास 36 एसएल	500	1400	–
दीमक (Termite : *Microtermes obesi and Odontotermes obesus*)			
इमिडाक्लोप्रिड 70 डब्लूएस (प्रति 100 किलो)	70–105	100–150	बीज शोधन
इमिडाक्लोप्रिड 17.8 एसएल	70	350	45
क्लोरान्ट्रानिलिप्रोले 18.5 एस.सी.	100–125	500–625	208
क्लोथियानिडिन 50 डब्लूडीजी (ड्रेन्चिंग)	125	250	310
टमाटर			
फल बेधक (Fruit Borer: *Helicoverpa armigera*)			
इन्डोक्साकार्ब 14.5	60–75	400–500	5
क्लोरान्ट्रानिलिप्रोले 18.5 एस.सी.	30	150	3
फ्लूबेन्डियामाइड 480 एस.सी.	48	120	5
फ्लूबेन्डियामाइड 20 डब्लू.जी.	48	240	5
नोवाल्यूरान 10 ई.सी.	75	750	1–3
नोवालूरॉन 5.25% + इनडोक्साकार्ब 4.5% एससी	85.32	1700	5
मेथोमिल 40 एसपी	300–450	750–1125	5–6
लेम्डा साइहैलोथ्रिन 5 सीएस	15	300	5

क्रमशः...

सफेद मक्खी (White Fly)			
स्पाईरोमेसिफेन 240 एससी	150	625	3
थियामेथोक्जाम 25 डब्लूएसजी	50	200	5
इमिडाक्लोप्रिड 17.8 एसएल	30–35	150–175	3
द्विधब्बिय मकड़ी माईट (Two Spotted Spider Mite)			
फेनाजिक्वान 10 ई.सी.	125	1250	7
स्पाईरोमेसिफेन 240 एससी	150	625	3
बैगन			
फल एवं तना बेधक (Fruit and Shoot Borer : *Leucinodes orbonalis*)			
क्लोरान्ट्रानिलिप्रोले 18.5 एस.सी.	40	200	22
इमामेक्टिन बेन्जोएट 5 एसजी	10	200	3
थियाक्लोप्रिड 21.7 एससी	180	750	5
थियोडिकार्ब 75 डब्लूपी	470–750	625–1000	6
लेम्डा साइहैलोथ्रिन 5 सीएस	15	300	5
साइपरमेथ्रिन 25 ईसी	37–50	150–200	1
ट्राइएजोफास 40 ईसी	500	1250	5
बीटासाइफ्लूथ्रिन 4.89 + इमिडाक्लोप्रिड 19.8 ओडी	60	200	7
ट्राइएजोफास 35 + डेल्टामेथ्रिन 1 ईसी	462.5	1250	3
पाइरिप्रोक्सिफेन 5 + फेनप्रोपेथ्रिन 15 ईसी	150	750	7
हड्डा भृंग (Hadda Beetle/Epilachna Beetle : *Epilachna vigintioctopunctata*)			
साइपरमेथ्रिन 25 ईसी	37–50	150–200	1
ट्राइएजोफास 35 + डेल्टामेथ्रिन 1 ईसी	462.5	1250	3
माहूँ (Aphid : *Aphis gossypii*)			
ट्राइएजोफास 35 + डेल्टामेथ्रिन 1 ईसी	462.5	1250	3

क्रमशः...

बीटासाइफ्लूथ्रिन 4.89 + इमिडाक्लोप्रिड 19.8 ओडी	60	200	7
फेनवालरेट 20 ईसी	75–100	375–500	5
माईट (Mite)			
फ्लूफेनजीन 20 एससी	80–100	400–500	5
फेन्प्रोपेथ्रिन 30 ईसी	75–100	250–340	10
लाल मकड़ी माइट (Red Spider Mite)			
स्पाईरोमेसिफेन 240 एससी	96	400	5
फेनाजिक्वान 10 ई.सी.	125	1250	7
जेसिड (Jassids : *Hishimonus phycitus*)			
ट्राइएजोफास 35 + डेल्टामेथ्रिन 1 ईसी	462.5	1250	3
बीटासाइफ्लूथ्रिन 4.89 + इमिडाक्लोप्रिड 19.8 ओडी	60	200	7
डाइमेथोएट 30 ईसी	600	1980	–
क्वीनालफास 25 ईसी	250	1000	–
थ्रिप्स (Thrips)			
फोरेट 10 जी	1000	10000	–
सफेद मक्खी (White Fly)			
डाईफेन्थ्युरान 50 डब्लूपी	300	600	3
थियामेथोक्जाम 25 डब्लूएसजी	50	200	3
पाइरिप्रोक्सिफेन 5 + फेनप्रोपेथ्रिन 15 ईसी	150	750	7
फीता विंग बग (Lace Wing Bug)			
फोरेट 10 जी	1500	15000	–

लौकी वर्ग			
लाल कद्दू भृंग (Red Pumpkin Beetle)			
डाइक्लोरवास 76 एससी	500	627	–

क्रमशः...

लौकी			
लाल मकड़ी माइट (Red Spider Mite)			
डिकोफाल 18.5 ईसी	250–500	1350–2700	15–20
करेला			
फल बेधक सूँडी (Fruit borer)			
क्लोरान्ट्रानिलिप्रोले 18.5 एस.सी.	20–25	100–125	7
लाल मकड़ी माइट (Red Spider Mite)			
डिकोफाल 18.5 ईसी	250–500	1350–2700	15–20
खीरा/ककड़ी			
माहूँ (Aphid)			
इमिडाक्लोप्रिड 70 डब्लूजी	24.5	35	5
जेसिड (Jassids : *Hishimonus phycitus*)			
इमिडाक्लोप्रिड 70 डब्लूजी	24.5	35	5
भिन्डी			
फल एवं तना बेधक (Fruit and Shoot Borer)			
क्लोरान्ट्रानिलिप्रोले 18.5 एस.सी.	25	125	5
इमामेक्टिन बेन्जोएट 5 एसजी	6.75–8.5	135–170	5
लेम्डा साइहैलोथ्रिन 5 ईसी	15	300	4
साइपरमेथ्रिन 25 ईसी	37–50	150–200	3
डेल्टामेथ्रिन 28 ईसी	10–15	400–600	1
फेनवालरेट 20 ईसी	60–75	300–375	7
पाइरीडेलिल 10 ईसी	50–75	500–750	3
पाइरिप्रोक्सिफेन 5 + फेनप्रोपेथ्रिन 15 ईसी	150	750	7
कपास माहूँ (Cotton Aphid : *Aphis gossypii*)			
इमिडाक्लोप्रिड 70 डब्लूएस (बीज शोधन/किलो)	3.5–7	5–10	–
थियामेथोक्जाम 70 डब्लूएस (बीज शोधन/किलो)	2	2.85	–

क्रमशः...

थियामेथोक्जाम 25 डब्लूएसजी	25	100	5
इमिडाक्लोप्रिड 70 डब्लूजी	21–24.5	30–35	3
इमिडाक्लोप्रिड 17.8 एसएल	20	100	3
एसीटामिप्रिड 20 एसपी	15	75	3
डाइमेथोएट 30 ईसी	700	2310	–
कपास जैसिड (Cotton Jassid : *Amrasca biguttella biguttella*)			
थियामेथोक्जाम 70 डब्लूएस (बीज शोधन/किलो)	2	2.86	–
इमिडाक्लोप्रिड 70 डब्लूजी (बीज शोधन/किलो)	3.5–7	5–10	–
थियामेथोक्जाम 25 डब्लूएसजी	25	100	5
इमिडाक्लोप्रिड 70 डब्लूजी	21–24.5	30–35	3
इमिडाक्लोप्रिड 17.8 एसएल	20	100	3
लेम्डा साइहैलोथ्रिन 5 ईसी	15	300	4
डेल्टामेथ्रिन 2.8 ईसी	10	400	1
साइपरमेथ्रिन 25 ईसी	37–50	150–200	3
लाल मकड़ी माइट (Red Spider Mite)			
स्पाईरोमेसिफेन 250 एससी	96–120	400–500	3
फेनाजिक्वान 10 ई.सी.	125	1250	7
डिकोफाल 18.5 ईसी	250–500	1350–2700	15–20
सफेद मक्खी (White Fly)			
थियामेथोक्जाम 25 डब्लूएसजी	25	100	5
पाइरिप्रोक्सिफेन 5 + फेनप्रोपेथ्रिन 15 ईसी	150	750	7
थ्रिप्स (Thrips)			
इमिडाक्लोप्रिड 70 डब्लूजी	21–24.5	30–35	3
इमिडाक्लोप्रिड 17.8 एसएल	20	100	3

क्रमशः...

पातगोभी			
हीरक पृष्ट भालभ (Dimond Back Moth : *Plutella Xyllostella*)			
क्लोरान्ट्रानिलिप्रोले 18.5 एस.सी.	10	50	3
इन्डोक्साकार्ब 14.5 एससी	30–40	200–266	7
इन्डोक्साकार्ब 15.8 ईसी	40	266	5
स्पिनोसाड 2.5 एससी	15–17.5	800–700	3
क्लोरफेनापायर 10 एससी	75–100	750–1000	7
इमामेक्टिन बेन्जोएट 5 एसजी	7.5–10	150–200	3
फ्लूबेन्डियामाइड 480 एस.सी.	18–24	45–60	7
फ्लूबेन्डियामाइड 20 डब्लू.जी.	18–24	90–120	7
क्लोरफ्लूआजूरॉन 5.4 ईसी	75	1500	7
डाईफेन्थ्युरान 50 डब्लूपी	300	600	7
फ्लुफेनाक्सुरान 10 डीसी	40	400	7
लुफेन्युरान 5.4 ईसी	30	600	14
नोवाल्यूरान 10 ईसी	75	750	5
मेटाफलूमिजोन 22 एससी	165–220	750–1000	3
थियोडिकार्ब 75 डब्लूपी	750–1000	1000–1330	7
फिप्रोनिल 5 एससी	40–50	800–1000	7
साइपरमेथ्रिन 10 ईसी	60–70	650–760	7
तम्बाकू की सूंड़ी (Tobacco Caterpillar : *Spodoptera litura*)			
क्लोरफ्लूआजूरॉन 5.4 ईसी	75	1500	7
पात एवं फूलगोभी माहू (Cabbage/Cauiflower Aphid)			
एसीटामिप्रिड 20 एसपी	15	75	7
फेनवालरेट 20 ईसी	60–75	300–375	7
पात एवं फूलगोभी तना बेधक (Cabbage/Cauiflower Stem Borer)			
क्वीनालफास 25 ईसी	500	2000	–
फल बेधक (Cabbage Head Borer : *Hellula undalis*)			
मैलाथियान 50 ईसी	750	1500	–

क्रमशः...

चित्रीत बग (Painted Bug)			
डाइमेथोएट 30 ईसी	200	660	–
जेसिड (Jassid)			
फेनवालरेट 20 ईसी	60–75	300–375	7
मूली तना बेधक (Radish Stem Borer)			
मैलाथियान 50 ईसी	750	1500	–
तम्बाकू की सूँड़ी बेधक (Turnip Tobacco Caterpillar)			
मैलाथियान 50 ईसी	750	1500	–
आलू			
माहूँ (Aphid : *Myzus persicae, Aulacorthum solani*)			
थियामेथोक्जाम 25 डब्लूएसजी (स्प्रे)	25	100	77
थियामेथोक्जाम 25 डब्लूएसजी (ड्रेन्चिंग)	50	200	77
डाइमेथोएट 30 ईसी	200	660	–
कार्बोफ्यूरान 3 जी	500	16600	–
फोरेट 10 जी	1000	10000	–
फूदका/जैसिड (Jassids : *Empoasca fabae*)			
कार्बोफ्यूरान 3 जी	500	16600	–
मिर्च			
थ्रिप्स (Thrips : *Scirtothrips dorsalis*)			
थियामेथोक्जाम 30 एफएस (बीज शोधन)	2.1/किलो	7/किलो	–
इमिडाक्लोप्रिड 70 डब्लूएस (बीज शोधन)	7–10/ किलो	10–15/ किलो	–
इमामेक्टिन बेन्जोएट 5 एसजी	10	200	3
स्पिनोसाड 480 एससी	73	160	3
एसीटामिप्रिड 20 एसपी	10–20	50–100	3
थियाक्लोप्रिड 21.7 एससी	54–72	225–300	5
इन्डोक्साकार्ब 14.5 + एसीटामिप्रिड 7.7 एससी	88.8–111	400–500	5

क्रमशः...

मेथोमिल 40 एसपी	300—450	750—1125	5—6
लेम्डा साइहैलोथ्रिन 5 ईसी	15	300	5
हथियान 50 ईसी	750—1000	1500—2000	5
फिप्रोनिल 5 एससी	40—50	800—1000	7
इमिडाक्लोप्रिड 17.8 एसएल	25—50	125—250	40
माहूँ (Aphid)			
इमिडाक्लोप्रिड 70 डब्लूजी (बीज शोधन)	7—10 / किलो	10—15 / किलो	—
फिप्रोनिल 5 एससी	40—50	800—1000	7
कार्बोसल्फान 25 ईसी	200—250	800—1000	8
इमिडाक्लोप्रिड 17.8 एसएल	25—50	125—250	40
क्वीनालफास 25 ईसी	300	1200	—
जैसिड (Jassids)			
इमिडाक्लोप्रिड 70 डब्लूजी (बीज शोधन)	7—10 / किलो	10—15 / किलो	—
इमिडाक्लोप्रिड 17.8 एसएल	25—50	125—250	40
पीली माईट (Yellow Mite)			
हैक्सीथियाजोक्स 5.45 ईसी	15—25	300—500	3
बुप्रोफेजिन 25 एससी	75—150	300—600	5
फेनाजिक्वान 10 ईसी	125	1250	7
फेनापाइरोक्सीमेट 5 ईसी	15—30	300—600	7
मिल्बेमेक्टिन 1 ईसी	3.25	325	7
स्पाईरोमेसिफेन 240 एससी	96	400	7
माईट (Mite : *Polyphagotarsonemus latus*)			
क्लोरफेनापायर 10 एससी	75—100	750—1000	5
डाईफेन्थ्युरान 50 डब्लूपी	300	600	3
इमामेक्टिन बेन्जोएट 5 एसजी	10	200	3

क्रमशः...

लेम्डा साइहैलोथ्रिन 5 ईसी	15	300	5
इथियान 50 ईसी	750–1000	1500–2000	5
प्रोपेरेगाइट 57 ईसी	850	1500	7
पत्ती मोड़क (Leaf Folder)			
कार्बोसल्फान 25 ईसी	200–250	800–1000	14
फल/फली बेधक (Fruit borer/Pod borer)			
क्लोरान्ट्रानिलिप्रोले 18.5 एस.सी	30	150	3
इमामेक्टिन बेन्जोएट 5 एसजी	10	200	3
स्पिनोसाड 480 एससी	73	160	3
नोवाल्यूरान 10 ईसी	33.5	375	3
लुफेन्युरान 5.4 ईसी	30	600	5
इन्डोक्साकार्ब 14.5 एससी	50–60	333–400	5
इन्डोक्साकार्ब 14.5 + एसीटामिप्रिड 7.7 एससी	88.8–111	400–500	5
मेथोमिल 40 एसपी	300–400	750–1125	5–6
लेम्डा साइहैलोथ्रिन 4.9 सीएस	25	500	5
डेल्टामेथ्रिन 2.8 ईसी	10–12.5	400–500	5
फिप्रोनिल 5 एससी	40–50	800–1000	7
फ्लूबेन्डियामाइड 480 एससी	48–60	100–125	7
पाइरिप्रोक्सिफेन 5 + फेनप्रोपेथ्रिन 15 ईसी	150	750	7
थियोडिकार्ब 75 डब्लूपी	470–750	625–1000	
तम्बाकू की सूँड़ी (Tobacco Caterpillar : *Spodoptera litura*)			
नोवाल्यूरान 10 ईसी	33.5	375	3
सफेद मक्खी (White Fly)			
फेन्प्रोपेथ्रिन 30 ईसी	75–100	250–340	7
पाइरिप्रोक्सिफेन 5 + फेनप्रोपेथ्रिन 15 ईसी	150	750	7

क्रमशः...

प्याज			
थ्रिप्स (Thrips : *Thrips tabaci*)			
लेम्डा साइहैलोथिन 5 ईसी	15	300	5
डाइमेथोएट 30 ईसी	200	660	–
जड़ गिडार (Root Grub)			
क्लोरपायरीफास 20 ईसी (ड्रेन्चिग)	1000	5000	–
आम			
आम का फुदका (Mango Hopper : *Idioscopus ciypealis / Amritodus atkinsoni*)			
थियामेथोक्जाम 25 डब्लूएसजी	25	100	30
इमिडाक्लोप्रिड 17.8 एसएल (प्रति पेड़)	0.4–0.8	2–4	45
डेल्टामेथ्रिन 2.8 ईसी	0.03–0. 05%	0.33–0.5 / लीटर	1
लेम्डा साइहैलेथ्रिन 5 ईसी	0.003–0. 005%	0.5–1.0 / लीटर	7
मोनोक्रोटोफास 36 एसएल	0.04%	1500–2000	–
डाइमेथोएट 30 ईसी	0.05%	2475–3300	–
आम प्ररोह गॉल (Mango Shoot Gall Maker : *Apsylla cistellata*)			
मोनोक्रोटोफास 36 एसएल	0.04%	1500–2000	–
आम मिली बग (Mango Mealy Bug : *Drosicha mangiferae*)			
मोनोक्रोटोफास 36 एसएल	0.04%	1500–2000	–
डाइमेथोएट 30 ईसी	0.05%	2475–3300	–
आम फल मक्खी (Mango Fruit Fly : *Dacus dorsalis*)			
विशाक्त चारा छिड़काव (प्रलि लीटर पानी)			
मैलाथियान 50 ईसी + गुड़		1 + 10	–
आम कलिका माइट (Mango Bud Mite : *Aceria mangiferae*)			
मोनोक्रोटोफास 36 एसएल	0.04%	1500–2000	–
क्वीनालफास 25 ईसी	0.05%	3000–4000	–

क्रमशः...

नींबू			
नींबू साइला (Citrus Psylla : *Diaphorina citri*)			
इमिडाक्लोप्रिड 17.8 एसएल	10	50	15
थियामेथोक्जाम 25 डब्लूएसजी	25	100	20
नींबू तितली (Lemon Butterfly/Citrus Butterfly : *Papilio demoleus*)			
क्वीनालफास 25 ईसी	0.025%	1500–2000	–
नींबू पर्ण सुरंगक (Citrus Leaf Miner : *Phyllocnistis citrella*)			
फोरेट 10 जी	1500	15000	–
कार्बोफ्यूरान 3 जी	1500	50000	–
इमिडाक्लोप्रिड 17.8 एसएल	10	50	15
काटनी कुशन स्केल (Cottony Cushion Scale : *Icerya purchasi*)			
क्वीनालफास 25 ईसी	0.07%	4200–5600	–
नींबू का काला माहू (Black Citrus Aphid : *Toxoptera aurantii*)			
डाइमेथोएट 30 ईसी	0.03%	1485–1980	–
मोनोक्रोटोफास 36 एसएल	0.04%	1500–2000	–
सफेद मक्खी (White Fly)			
डाइमेथेएट 30 ईसी	0.03%	1485–1980	–
लाल मकड़ी माईट (Red Spider Mite)			
डिकोफाल 18.5 ईसी	0.05%	2700–4050	–
मोनोक्रोटोफास 36 एसएल	0.025%	937–1250	–
लीची			
लाल मकड़ी माईट (Red Spider Mite)			
डिकोफाल 18.5 ईसी	0.05%	2700–4050	–
सेव			
सैनजोस स्केल (San Jose Scale : *Diaspidiotus perniciosus/Aspidiotus pemiciosus*)			
मैलाथियान 50 ईसी	0.05%	1500–2000	–

क्रमशः...

सेव ऊँली एफिड (Apple wolly Aphid: *Eriosoma langigerum*)			
फोरेट 10 जी (प्रति पेड़)	10–15	100–150	–
कार्बोसल्फान 3 जी (प्रति पेड़)	5	166	–
क्लोरपायरीफास 20 ईसी	0.05%	3750–5000	–
क्वीनालफास 25 ईसी	0.05%	3000–4000	–
सेव तना बेधक (Apple Stem Borer)			
डाइमेथोएट 30 ईसी	0.35%	1485–1980	–
माईट (Mite)			
बाइफेन्थ्रिन 8 एससी	60	7.5 / पेड़	11
लाल मकड़ी माईट (Red Spider Mite)			
फेनाजिक्वान 10 ईसी	40	400	30
स्पाईरोमेसिफेन 240 एससी	72	300	30
द्विधब्बिया माईट (Two spotted mite)			
फेनाजिक्वान 10 ईसी	40	400	30
प्रोपेरेगाईट 57 ईसी (प्रति पेड़)	2.85–5.7	5–10	9
यूरोपियन लाल माईट (Europian Red Mite)			
प्रोपेरेगाईट 57 ईसी (प्रति पेड़)	2.85–5.7	5–10	9
स्पाईरोमेसिफेन 240 एससी	72	300	30
आंड़ू पत्ती तरंगित माईट (Peach Leaf Curi Aphid)			
कार्बोसल्फान 3 जी	1000	33300	–
खुबानी का माहूँ (Apricot Aphid)			
डाइमेथोएट 30 ईसी	0.03%	1485–1980	–
अंगूर			
मिली बग (Mealy bug)			
बुप्रोफेजिन 25 एससी	250–375	1000–1500	7
मेथोमिल 40 एसपी	500	1250	10
सेव			
थ्रिप्स (Thrips)			
इमामेक्टिन बेन्जोएट 5 एसजी	11	220	5
लेम्डा साइहैलोथ्रिन 4.9 सीएस	12.5	250	7

क्रमशः...

फ्ली बिटल (**Flea beetle**)			
इमिडाक्लोप्रिड 17.8 एसएल	0.06–0.08%	300–400	32
लेम्डा साइहैलोथ्रिन 4.9 सीएस	12.5	250	7
बिटल (Beetle)			
मैलाथियान 50 ईसी	500	1000	–
केला			
तना विभिल (Rhizome weevil)			
कार्बोफ्यूरान 3 जी (प्रति पौध)	1	33.3	–
माहूँ (Aphid)			
कार्बोफ्यूरान 3 जी (प्रति पौध)	50	166	–
फोरेट 10 जी (प्रति पौध)	1.25–2.5	12.5–25	–
डाइमेथोएट 30 ईसी	0.03%	1485–1980	–
फिचदार बग (Lace wing bug)			
डाइमेथोएट 30 ईसी	0.03%	1485–1980	–
टिनिड बग (Tinid bug)			
क्वीनालफास 25 ईसी	0.05%	3000–4000	–
कपास			
कपास बौड़ी भालभ (Cotton Boll Worm : *Helicoverpa armigera*)			
इन्डोक्साकार्ब 14.5 एससी	75	500	16
इन्डोक्साकार्ब 15.8	75	500	14
इमामेक्टिन बेन्जोएट 5 एसजी	9.5–11	190–220	10
थियोडिकार्ब 75 डब्लूपी	750	1000	30
प्रोफेनोफास 50 ईसी	750–1000	1500–2000	15
एसेफेट 75 एसपी	584	780	15
डेल्टामेथ्रिन 11 ईसी	12.5	125	30
लेम्डा साइहैलोथ्रिन 4.9 सीएस	25	500	21
अल्फासाइपरमेथ्रिन 10 ईसी	15–25	165–280	7

क्रमशः...

बाइफेन्थ्रिन 10 ईसी	80	800	15
साइपरमेथ्रिन 10 ईसी	50–70	550–760	7
क्लोरपायरीफास 50 ईसी	500–600	1000–1200	30
हथियान 50 ईसी	1000	2000	25
फेनवालरेट 20 ईसी	75–100	375–500	7
फिप्रोनिल 5 एससी	100	2000	7
फ्लूबेन्डियामाइड 480 एससी	48–60	100–125	25
मेथोनिल 40 एसपी	300–450	750–1125	10
एसीफेट 50 + इमिडाक्लोप्रिड 1.8 एसपी	518	1000	40
प्रोफेनोफास 40 + साइपरमेथ्रिन 4 ईसी	440–660	1000–1500	14
पाइरिप्रोक्सिफेन 5 + फेनप्रोपेथ्रिन 15 ईसी	37.5–112.5	750	14
इन्डोक्साकार्ब 14.5 + एसीटामिप्रिड 7.7 एससी	88.8–111	400–500	30
चित्तीदार बौड़ी भालभ (Spotted Boll Worm : *Earias fabia/ E. insulana*)			
क्लोरान्ट्रानिलिप्रोले 18.5 एस.सी.	30	150	9
फ्लूबेन्डियामाइड 480 एस.सी.	48–60	100–125	25
साइपरमेथ्रिन 10 ईसी	50–70	550–760	7
क्वीनालफास 20% + साइपरमेथ्रिन 3% ईसी	–	1000–1250	15
क्लोरपायरीफास 50 + साइपरमेथ्रिन 5 ईसी	550	1000	15
क्लोरपाइरीफॉस 16 + अल्फासाइपरमेथ्रिन 1 ईसी	425	2500	15
ट्राइएजोफास 35% + डेल्टामेथ्रिन 1% ईसी	462.5	1250	21
प्रोफेनोफास 40% + साइपरमेथ्रिन 4% ईसी	440–660	1000–1500	14

क्रमशः...

अमेरिकन बौड़ी भालभ/गुलाबी बौड़ी भालभ			
(American Boll Worm/Pink Boll Worm : *Pectinophora gossypiella*)			
क्लोरान्ट्रानिलिप्रोले 18.5 एस.सी	30	150	9
क्लोरफ्लूआजूरॉन 5.4 ईसी	75—100	1500—2000	10
फ्लूबेन्डियामाइड 480 एस.सी.	4860	100—125	25
फ्लूबेन्डियामाइड 20 डब्लू.जी.	50	250	30
स्पिनोसाड 480 एससी	75—100	165—220	10
लुफेन्युरान 5.4 ईसी	30	600	48
नोवाल्यूरान 10 ईसी	100	1000	40
साइपरमेथ्रिन 10 ईसी	50—70	550—760	7
क्वीनालफास 20 + साइपरमेथ्रिन 3 ईसी	—	1000—1250	—
क्लोरपाइरीफॉस 50+ साइपरमेथ्रिन 5 ईसी	550	1000	15
क्लोरपाइरीफॉस 16+ अल्फासाइपरमेथ्रिन 1 ईसी	425	2500	15
ट्राइरजोफास 35% + डेल्टामेथ्रिन 1% ईसी	462.5	1250	21
प्रोफेनोफास 40% + साइपरमेथ्रिन 4% ईसी	440—660	1000—1500	14
एसेफेट 25% + फेनवालेरट 3% ईसी	560	2000	15
इथियान 40% + साइपरमेथ्रिन 5% ईसी	450	1000	15
साइपरमेथ्रिन 10 + इन्डोक्साकार्ब 10 एससी	100	500	7
थियामेथोक्जाम 12.6 लेम्डा साइहैलोथ्रिन 9.5 जेडसी	44	200	26
तम्बाकू की सूँड़ी (Tobacco Caterpillar : *Spodoptera litura*)			
क्लोरान्ट्रानिलिप्रोले 18.5 एस.सी.	30	150	9
क्लोरफ्लूआजूराँन 5.4 ईसी	75—100	1500—2000	10

क्रमशः...

कपास का माहूँ (Cotton Aphid : *Aphis gossypii*)			
इमिडाक्लोप्रिड 70 डब्लूएस (बीज शोधन)	3.5–7 / किलो	5–10 / किलो	–
थियामेथोक्जाम 70 डब्लूएस (बीज शोधन)	3 / किलो	4.3 / किलो	–
कार्बोसल्फान 25 डीएस	15 / किलो	60 / किलो	–
क्लोथियानिडिन 50 डब्लूडीजी	15–20	30–40	20
थियाक्लोप्रिड 21.7 एससी	24–30	100–125	52
थियामेथोक्जाम 25 डब्लूएसजी	25	100	21
एसीटामिप्रिड 20 एसपी	10	50	15
इमिडाक्लोप्रिड 30.5 एससी	21–26.5	60–75	26
इमिडाक्लोप्रिड 17.8 एसएल	20–25	100–125	40
इमिडाक्लोप्रिड 70 डब्लूजी	21–24.5	30–35	7
बुप्रोफेजिन 25 एससी	250	1000	20
डाईफेन्थ्युरान 50 डब्लूपी	300	600	21
फ्लोनिकामिड 50 डब्लूजी	75	150	25
फिप्रोनिल 5 एससी	75–100	1500–2000	6
एसीफेट 50 + इमिडाक्लोप्रिड 1.8 एसपी	518	1000	40
क्लोरपायरीफास 50 + साइपरमेथ्रिन 5 ईसी	550	1000	15
थियामेथोक्जाम 12.6 + लेम्डा साइहैलोथ्रिन 9.5 जेडसी	44	200	26
कपास जैसिड (Cotton Jassid/Cotton Leaf Hopper : *Amrasca bigutteila biguttella*)			
इमिडाक्लोप्रिड 70 डब्लूएस (बीज शोधन)	3.5–7 / किलो	5–10 / किलो	–
थियामेथोक्जाम 70 डब्लूएस (बीज शोधन)	3 / किलो	4.3 / किलो	–

क्रमशः...

क्लोथियानिडिन 50 डब्लूडीजी (स्प्रे)	15–20	30–40	20
क्लोथियानिडिन 50 डब्लूडीजी (ड्रेन्चिग)	100–125	200–250	76
थियाक्लोप्रिड 21.7 एससी	24–30	100–125	52
थियामेथोक्जाम 25 डब्लूएसजी	25	100	21
एसीटामिप्रिड 20 एसपी	10	50	15
इमिडाक्लोप्रिड 30.5 एससी	21–26.5	60–75	26
इमिडाक्लोप्रिड 17.8 एसएल	20–25	100–125	40
इमिडाक्लोप्रिड 70 डब्लूजी	21–24.5	30–35	7
थियाक्लोप्रिड 21.7 एससी	24–30	100–125	52
बुप्रोफेजिन 25 एससी	250	1000	20
डाईफेन्थ्युरान 50 डब्लूपी	300	600	21
फ्लोनिकामिड 50 डब्लूजी	75	150	25
एसीफेट 75 एसपी	292	390	15
फिप्रोनिल 5 एससी	75–100	1500–2000	6
लेम्डा साइहैलोथ्रिन 5 ईसी	15–25	300–500	21
क्वीनालफास 20 + साइपरमेथ्रिन 3 ईसी	–	1000–1250	15
एसीफेट 50 + इमिडाक्लोप्रिड 1.8 एसपी	518	1000	40
क्लोरपायरीफास 50 + साइपरमेथ्रिन 5 ईसी	550	1000	15
इन्डोक्साकार्ब 14.5 + एसीटामिप्रिड 7.7 एससी	199.8	400–500	30
साइपरमेथ्रिन 10 + इन्डोक्साकार्ब 10 एससी	100	500	7
थियामेथोक्जाम 12.6 + लेम्डा साइहैलोथ्रिन 9.5 जेडसी	44	200	26
कपास की सफेद मक्खी (Cotton White Fly : *Bemisia tabaci*)			
इमिडाक्लोप्रिड 70 एफएस (बीज शोधन)	3–5.4 / किलो	5–9 / किलो	–

क्रमशः...

थियामेथोक्जाम 70 डब्लूएस (बीज शोधन)	3/किलो	4.3/किलो	–
क्लोथियानिडिन 50 डब्लूडीजी (स्प्रे)	15–20	30–40	20
क्लोथियानिडिन 50 डब्लूडीजी (ड्रेन्चिग)	100–125	200–250	76
थियामेथोक्जाम 25 डब्लूएसजी	50	200	21
एसीटामिप्रिड 20 एसपी	20	100	15
इमिडाक्लोप्रिड 17.8 एसएल	20–25	100–125	40
थियाक्लोप्रिड 21.7 एससी	120–144	500–600	52
बुप्रोफेजिन 25 एससी	250	1000	20
डाईफेन्थ्युरान 50 डब्लूपी	300	600	21
फ्लोनिकामिड 50 डब्लूजी	75	150	25
फिप्रोनिल 5 एससी	75–100	1500–2000	6
बाइफेन्थ्रिन 10 ईसी	80	800	15
एसीफेट 50 + इमिडाक्लोप्रिड 1.8 एसपी	518	1000	40
पाइरिप्रोक्सिफेन 5 + फेनप्रोपेथ्रिन 15 ईसी	150	750	14
क्लोरपायरीफास 50 + साइपरमेथ्रिन 5 ईसी	550	1000	15
इन्डोक्साकार्ब 14.5 + एसीटामिप्रिड 7.7 एससी	199.8	400–500	30
ट्राइएजोफास 35 + डेल्टामेथ्रिन 1 ईसी	462.5	1250	21
लाल कपास बग (Red Cotton Bug : *Dysdercus coeinigi*)			
फ्लूवैलिनेट 25 ईसी	50–100	200–400	7
कपास का थ्रिप्स (Cotton Thrips : *Scirtothrips dorsalis*)			
इमिडाक्लोप्रिड 70 डब्लूएस (बीज शोधन)	3.5–7/किलो	5–10/किलो	–
थियामेथोक्जाम 70 डब्लूएस (बीज शोधन)	3/किलो	4.3/किलो	–

क्रमशः...

क्लोथियानिडिन 50 डब्लूडीजी (ड्रेन्चिग)	100–125	200–250	76
थियामेथोक्जाम 25 डब्लूएसजी	25	100	21
इमिडाक्लोप्रिड 30.5 एससी	21–26.5	60–75	26
इमिडाक्लोप्रिड 17.8 एसएल	20–25	100–125	40
इमिडाक्लोप्रिड 70 डब्लूजी	21–24.5	30–35	7
थियाक्लोप्रिड 21.7 एससी	24–30	100–125	52
बुप्रोफेजिन 25 एससी	250	1000	20
डाईफेन्थ्युरान 50 डब्लूपी	300	600	21
फ्लोनिकामिड 50 डब्लूजी	75	150	25
फिप्रोनिल 5 एससी	75–100	1500–2000	6
लेम्डा साइहैलोथ्रिन 5 ईसी	15–25	300–500	21
एसीफेट 50 + इमिडाक्लोप्रिड 1.8 एसपी	518	1000	40
साइपरमेथ्रिन 10 + इन्डोक्साकार्ब 10 एससी	100	500	7
थियामेथोक्जाम 12.6 + लेम्डा साइहैलोथ्रिन 9.5 जेडसी	44	200	26
तम्बाकू की सूड़ी (Tobacco Caterpillar : *Spodoptera litura*)			
डाइफ्लूबेन्जुरान 25 डब्लूपी	75–87.5	300–350	–
कटूवा कीट (Cutworm : *Agrotis* spp.)			
क्लोरपायरीफास 20 ईसी	750	3750	–
ग्रे विभिल (Grey weevil)			
मोनोक्रोटोफास 36 एसएल	500	1250	–
डाइमेथोएट 30 ईसी	300	990	–
लाल मकड़ी माईट (Red Spider Mite)			
डिकोफाल 18.5 ईसी	500–1000	2700–5400	15–20
फोसेलोन 35 ईसी	600	1714	–

क्रमशः...

पीली माईट (Yellow Mite)			
डिकोफाल 18.5 ईसी	500–1000	2700–5400	15–20
माईट (Mite)			
सल्फर 40 डब्लूपी	1500–2000	3750–5000	–
पटसन			
लाल मकड़ी माईट (Red Spider Mite)			
फोसेलोन 35 ईसी	350	1000	–
पत्ती लपेटक (Leaf roller)			
क्वीनालफास 25 ईसी	375	1500	–
अर्धकुण्डलक (Semilooper)			
क्वीनालफास 25 ईसी	375	1500	–
पीली माईट (Yellow mite)			
क्वीनालफास 25 ईसी	375	1500	–
भंडारित अनाजों के हानिकारक कीट			
गोदाम की दीवार या बोरे पर छिड़काव हेतु			
डेल्टामेथ्रिन 2.5 डब्लूपी (प्रति लीटर पानी)	–	40	–
प्रधुमन (वायु रोधी अवस्था में तकनिकी देखरेख में)			
खाद्यान एवं बीज में चावल का घुन तथा लाल आटा भृंग हेतु			
एल्यूमिनियम फास्फाइड 56 पी (10 ग्राम बैग)	1 बैग प्रति 5 कुन्तल		15
एल्यूमिनियम फास्फाइड 56 पी (34 ग्राम बैग)	1 बैग प्रति 10 कुन्तल		15
एल्यूमिनियम फास्फाइड 15 टी (12 ग्राम टिकिया)	1 टिकिया प्रति 10 कुन्तल		15
एल्यूमिनियम फास्फाइड 15 टी (12 ग्राम टिकिया)	600 ग्राम प्रति 100 घनमीटर		15

क्रमशः...

एल्यूमिनियम फास्फाइड 56 टी (3 ग्राम टिकिया)	1 टिकिया प्रति 10 कुन्तल	15
एल्यूमिनियम फास्फाइड 56 टी (3 ग्राम टिकिया)	150 ग्राम प्रति 200 घनमीटर	15
खाद्यान, साबुत दाले एवं सूखे फल, मैदा, सूजी आदि में छोटा अनाज बेधक, खपरा, भृंग, दाल भृंग, चावल का पतंगा तथा बादम का पतंगा आदि हेतु		
एल्यूमिनियम फास्फाइड 56 पी (10 ग्राम बैग)	1 बैग प्रति 5 कुन्तल	15
एल्यूमिनियम फास्फाइड 56 पी (34 ग्राम बैग)	1 बैग प्रति 15 कुन्तल	15
एल्यूमिनियम फास्फाइड 15 टी	900 ग्राम प्रति 100 घनमीटर	15
एल्यूमिनियम फास्फाइड 56 टी (3 ग्राम टिकिया)	225 ग्राम प्रति 100 घनमीटर	–
साधित खाद्यान एवं दाले तथा खाली गोदाम में सभी कीटों के लिए		
एल्यूमिनियम फास्फाइड 56 पी (10 ग्राम बैग)	1 बैग प्रति 5 कुन्तल	15
एल्यूमिनियम फास्फाइड 56 पी (34 ग्राम बैग)	1 बैग प्रति 15 कुन्तल	15
एल्यूमिनियम फास्फाइड 15 टी	600 ग्राम प्रति 1000 घनमीटर	15
एल्यूमिनियम फास्फाइड 56 टी	14 टिकिया प्रति 1000 घनमीटर	15
एल्यूमिनियम फास्फाइड 56 टी (3 ग्राम टिकिया)	150 ग्राम प्रति 1000 घनमीटर	15

परिशिष्ट - 5

भारत सरकार द्वारा अनुमोदित रोगनाशक रसायनों की सूची

फसल/रोग/रोगनाशक रसायन	मात्रा (ग्राम सक्रिय तत्व) प्रति हैक्टर	मात्रा (ग्राम/ मिली) रसायन प्रति हैक्टर	प्रतिक्षा अवधि (दिन)/ टिप्पणी
धान			
खैरा रोग (जस्ते की कमी के कारण) (Khaira : Due to Zinc deficiency)			
जिंक सल्फेट (खेत तैयार करते समय मिट्टी में डाले)	25000		
जिंक सल्फेट छिड़काव (25 किग्रा बुझे चुने तथा 20 किग्रा युरिया के साथ 1000 लीटर पानी मे घोल कर)	5000		
पर्णच्छद विगलन (Sheath Rot : *Sarocladium oryzae*)			
कार्बेन्डाजिम 50 डब्लूपी	500	1000	–
पर्णच्छद अगंमारी (Sheath Blight : *Rhizoctonia solani*)			
कार्बेन्डाजिम 50 डब्लूपी (बीज शोधन/ किलो)	1	2	–
कार्बेन्डाजिम 50 डब्लूपी	125–250	250–500	–
प्रोपिकोनाजाल 25 ईसी	125	500	30
हेक्साकोनाजोल 5 ईसी	50	1000	40
हेक्साकोनाजोल 5 एससी	50	1000	40
डिफेनोकोनाजोल 25 ईसी	0.0125%	0.05%	25

क्रमशः...

फ्लूसिलाजोल 40 ईसी	120	300	24
टेबुकोनाजोल 250 ईसी (25.9%)	187	750	10
वैलिडामाइसिन 3 एल	60	2000	14
आइप्रोडियोन 50 डब्लूपी	1125	2250	35
पेन्सिक्युरान 22.9 एससी	15–188	600–750	
थाईफ्लूजामाईड 24 एससी	90	375	28
क्रेसोक्जिम–मिथाईज 44.3 एससी	250	500	30
टेबूकोनाजोल 50 + ट्राईफ्लोक्सीट्राबिन 25 डब्लूजी	100+50	200	21
कार्बेन्डाजिम 25% + फ्लूसिलाजोल 12.5% एसई	300–360	800–960	54
आइप्रोडियोन 25% + कार्बेन्डाजिम 25% डब्लूपी	250	500	–
प्रोपिकोनाजोल 13.9 + डिफेनोकोनाजोल 13.9 ईसी	0.02–0.03%	0.07–0.1%	46
झोका या प्रध्वंस रोग (Blast : *Magnaporthe grisea*)			
आइसोप्रोथायोलेन 40 ईसी	300	750	60
ट्राइसाइक्लेजोल 75 डब्लूपी	225–300	300–400	30
ट्राइसाइक्लेजोल 75 डब्लूपी	210	300	48
इडिफेनफास 50 ईसी	250–300	500–600	21
कार्प्रोपामिड 27.8 एससी	140	500	–
क्रेसोक्जिम–मिथाईल 44.3 एससी	250	500	30
हेक्साकोनाजोल 5 एससी	50	1000	40
कासूगामाइसिन 3 एसएल	30–50	1000–1500	30
अरियोफन्जिम 46.15 एसपी	–	0.005%	30
कार्बेन्डाजिम 50 डब्लूपी	125–250	250–500	–
मैकोजेब 75 डब्लूपी	1125–1500	1500–2000	–
जिनेब 75 डब्लूपी	1125–1500	1500–2000	–

क्रमशः...

टेबूकोनाजोल 50 + ट्राईफ्लोक्सीट्राबिन 25 डब्लूजी	100+50	200	21
कार्बेन्डाजिम 12% + मैकोजेब 63% डब्लूपी	563	750	57
जीवाणु/झुलसा जीवाणुज पर्ण अंगमारी (Bacterial Leaf Blight : *Xanthomonas oryzae*)			
स्ट्रेप्टोसाइक्लिन (बीज शोधन)	–	40 पीपीएम	–
स्ट्रेप्टोसाइक्लिन (नर्सरी शोधन)	–	40–100 पीपीएम	–
स्ट्रेप्टोसाइक्लिन (छिड़काव)	–	15	स्थानिय संस्तुति
कापरआक्सीक्लोराइड 50 डब्लूपी	250	500	स्थानिय संस्तुति
भूरा पर्ण चिति रोग (Brown Leaf Spot : *Cochiobolus miyabianus*)			
अरियोफज्निम 46.15 एसपी	–	0.005%	30
प्रोपिनेब 70 डब्लूपी	1050–1400	1500–2000	
इडिफेनफास 50 ईसी	250–300	500–600	21
कापरआक्सीक्लोराइड 50 डब्लूपी	625	1250	–
कैप्टान 75 डब्लूपी	750	1000	–
आभासी कंड (False Smut : *Ustilaginoidea virens*)			
कापर हाइड्राक्साइड 77 डब्लूपी	1000	2000	–
गंदी बाली (Dirty panicle/Glume discoloration : *Curvularia lunata*)			
टेबूकोनाजोल 50 + ट्राईफ्लोक्सीट्राबिन 25 डब्लूजी	100 + 50	200	21
प्रोपिकोनाजोल 13.9 + डिफेनोकोनाजोल 13.9 ईसी	0.02–0.03%	0.07–0.1%	46
गेहूँ एवं जौ			
मोल्या (Molya or Cereal Root Eel-worm/Cyst Nematode : *Heterodera avenae*)			
कार्बोफ्यूरान 3 जी	2000	66000	–

क्रमशः...

सेहु रोग/इयरकाकिल (Earcockle disease/Gall nematode : *Anguina tritici*)			
कारबोफ्यूरान 3 सीजी	3000	100000	–
जौ का सिस्टनिमेटोड (Barley Cyst Nematode : *Heterodera avenae*)			
कार्बोफ्यूरान 3 जी	1000	33300	–
करनाल बन्ट (Karnal Bunt : *Tilletia indica/ Neovossia indica*)			
कार्बोक्सिन 75 डब्लूपी (बीज शोधन/किलो)	1.5–1.9	2–2.5	–
थिरम 75 डब्लूपी (बीज शोधन/किलो)	1.9–2.3	2.5–3.0	7–10
प्रोपिकोनाजोल 25 ईसी	125	500	30
बिटरटानाल 25 डब्लूपी	560	2240	
ट्रियाडिमेफान 25 डब्लूपी	125	500	25
पहाड़ी बन्ट/दुर्गन्धयुक्त कन्डुवा (Hill Bunt : *Tilletia Foetida and Tilletia caries*)			
बेनोमिल 50 डब्लूपी (बीज शोधन/किलो)	1.0	2.0	–
ध्वज कंड (Flag Smut : *Urocystis agropyri or U. tritici*)			
थिरम 75 डब्लूएस (बीज शोधन/किलो)	1.9–2.3	1.5–3.0	7–10
टेबुकोनाजोल 2 डीएस	0.02	1.00	–
अनावृत कन्डुआ (Loose smut : *Ustilago nuda* f.sp. *tritici*)			
कार्बेन्डाजिम 50 डब्लूपी (बीज शोधन/किलो)	1.0	2.0	–
कार्बोक्सिम 75 डब्लूपी (बीज शोधन/किलो)	1.5–1.9	2–2.5	–
टेबुकोनाजोल 2 डीएस	0.02	1.00	–
डिफेनोकोनाजोल 3 डब्लूएस	0.06	2.0	–

क्रमशः...

भूरी गेरूई / भूरा रतुआ (Brown Rust/Leaf Rust: *Puccinia recordite*)			
मैंकोजेब 75 डब्लूपी	1125–1500	1500–2000	–
प्रोपिकोनाजोल 25 ईसी	125	500	30
थियोफेनेटामिथाइल 70 डब्लूपी	500	715	14
काली गेरूई / काला रतुआ (Black Rust/Stem Rust : *Puccinia graminis tritici*)			
मैंकोजेब 75 डब्लूपी	1125–1500	1500–2000	–
प्रोपिकोनाजोल 25 ईसी	125	500	30
पीली गेरूई / रतुआ (Yellow Rust/Stripe Rust : *Puccinia striiformis/ Puccinia glumarum*)			
प्रोपिकोनाजोल 25 ईसी	125	500	30
पर्ण अंगमारी / झुलसा रोग (Leaf blight: *Alternaria triticina*)			
मैंकोजेब 75 डब्लूपी	1125–1500	1500–2000	–
थियोफेनेटमिथाइल 70 डब्लूपी	500	715	14
जिनोब 75 डब्लूपी	1125–1500	1500–2000	–
चूर्णिल आसिता (Powdery Mildew: *Erysipe graminis* f.sp. *tritici*)			
ट्रियाडिमेफान 25 डब्लूपी	65–135	260–520	25
मक्का			
पर्ण अंगमारी / झुलसा (Leaf Blight : *Stenocarpella maydis/ Glomerella graminicola*)			
मैंकोजेब 75 डब्लूपी	1125–1500	1500–2000	–
जिरम 75 डब्लूपी	1125–1500	1500–2000	–
पौधा अंगमारी / झुलसा (Seedling Blight : *Diplodia maydis*)			
थिरम 75 डब्लूएस (बीज शोधन / किलो)	1.8–2.3	2.5–3.0	7–10
थिरम 40 एफएस (बीज शोधन / किलो)	9.6	24	–
तुलासिता रोग (Downy Mildew : *Peronosclerospora maydis*)			
मेटालेक्सिल–एम 31.8 ईएस (बीज शोधन / किलो)	0.76	2.4	–

क्रमशः...

मेटालेक्सिल 35 डब्लूएस (बीज शोधन/किलो)	2.4	7.0	–
मैंकोजेब 75 डब्लूपी	1125–1500	1500–2000	–
मेटालेक्सिल 8% + मैंकोजेब 64% डब्लुपी	1440	2000	49
ज्वार			
लाल पर्णचित्ती रोग (Red Leaf Spot/Leaf Spot : *Colletotrichum graminicola*)			
मैंकोजेब 75 डब्लूपी	1125–1500	1500–2000	–
जिरम 75 डब्लूपी	1125–1500	1500–2000	–
पर्ण अंगमारी (Leaf Blight : *Setosphaeria turcica*)			
जिनोब 75 डब्लूपी	1125–1500	1500–2000	–
पौधा अंगमारी (Seedling Blight : *Colletotrichum* s.p., *Pythium* sp., *Fusarium* sp.)			
थिरम 75 डब्लूएस (बीज शोधन/किलो)	1.8–2.3	2.5–3.0	7–10
तुलासिता/मृदुरोमिल आसिता (Downy Mildew : *Pemoscelrospora sorghi*)			
मेटालेक्सिल–एम 31.8 ईएस (बीज शोधन/किलो)	0.7	2.0	–
मेटालेक्सिल 35 डब्लूएस (बीज शोधन/किलो)	2	6.0	–
सल्फर 80 डब्लूपी (बीज शोधन/किलो)	2.4–3.2	3–4	–
अनावृत कन्डुवा (Loose Smut : *Sphacelothica cruenta*)			
थिरम 75 डब्लूएस (बीज शोधन/किलो)	1.8–2.3	2.5–3.0	7–10
बाजरा			
तुलासिता रोग (Downy Mildew : *Sclerospora graminicola*)			

क्रमशः...

मेटालेक्सिल–एम 31.8 ईएस (बीज शोधन/किलो)	0.7	2.0	–
मेटालेक्सिल 35 डब्लूएस (बीज शोधन/किलो)	2	6.0	–
अरहर			
उकठा रोग (Wilt : *Fusarium oxysporum* f.sp. *Ciceris, Gibberella indica*)			
कार्बोक्सिन 37.5% + थाईरम 37.5% डीएस	3/किलो	4/किलो	बीज शोधन
थायोफेनेट–मेथाईल 70 डब्लूपी	1000	1430	7
बीज, तना/जड़ सड़न (Seed Rot, Root Rot, Stem Rot : *Rhizoctonia bataticola*)			
कार्बोक्सिन 37.5% + थईरम 37.5% डीएस	3/किलो	4/किलो	बीज शोधन
मटर			
बुकनी रोग/चूर्णिल आसिता (Powdery Mlidew : *Erysiphe pisi* var. *pisi*)			
ट्रियाडिमेफान 25 डब्लूपी	0.025%	0.100%	25
फेनारिमोल 12 ईसी	0.005%	0.04%	15
बेनोमिल 50 डब्लूपी	100	200	2
कार्बेन्डाजिम 50 डब्लूपी	125	250	–
डिनोकैप 48 ईसी	144	300	–
सल्फर 80 डब्लूपी	1500–2000	1875–2500	–
रतुआ रोग (Rust : *Uromyces pisi* and *U. fabae*)			
ट्रियाडिमेफान 25 डब्लूपी	0.025%	0.100%	25
सल्फर 80 डब्लूपी	2500	3130	–
सेम एवं फ्रांसिसी सेम			
हेलो ब्लाईट (Halo Blight : *Pseudomonas syringae pv. phaseolicola*)			

क्रमशः...

स्ट्रेप्टोमाईसिन सल्फेट 9% + टेट्रासाईलिन हाइड्रोक्लोराईड 1% एसपी	–	100–150 पीपीएम	–
बुकनी रोग/चूर्णिल आसिता (Powdery Mlidew : *Erysiphe polygoni*)			
बेनोमिल 50 डब्लूपी	100	200	–
कार्बेन्डाजिम 50 डब्लूपी	125	250	–
डिनोकैप 48 ईसी	108	225	–
सल्फर 80 डब्लूपी	1500–2000	1875–2500	–
रतुआ रोग (Rust : *Uromyces phaseoli*)			
लाईम सल्फर 22 एससी	–	1%	–
श्यामव्रण (Anthracnose : *Colletotrichum lindemuthianum*)			
बेनोमिल 50 डब्लूपी	100	200	–
उर्द एवं मूँग			
बुकनी रोग/चूर्णिल आसिता (Powdery Mildew : *Erysiphe polygon*)			
पेनकोनाजोल 10 ईसी	0.005%	0.05%	30
सल्फर 80 डब्लूपी	2500	3130	–
रतुआ रोग (Rust : *Uromyces phaseoli*)			
सल्फर 85 डीपी	12750–17000	15000–20000	–
सरसों			
झुलसा (Alternaria Blight/Leaf Spot : *Alternaria brassciae*)			
आइप्रोडियोन 50 डब्लूपी	1125–1500	2250–3000	50
सफेद गेरूई (White Rust : *Albugo candida*)			
मेटालेक्सिल 35 डब्लूए (बीज शोधन/किलो)	2	6.0	–
मेटालाक्सिल 8% + मैंकोजेब 64% डब्लूपी	1800	2500	56
मेटालाक्सिल 4% + मैंकोजेब 64% डब्लूपी	1700	2500	60

क्रमशः...

तुलासिता रोग (Downy Mildew : *Peronospora parasitica*)			
मेटालाक्सिल 4% + मैंकोजेब 84% डब्लूपी	1700	2500	60
मूँगफली			
टिक्का रोग (Tikka Leaf Spot : *Mycosphaerella arachidis, M. berkeleyi*)			
बेनोमिल 50 डब्लूपी	112.5	225	–
बिटरटानाल 25 डब्लूपी	250	1000	30
कार्बोन्डिाजिम 25% + मैंकोजेब 50% डब्लूपी	–	3–3.5 / किलो	बीज शोधन
कार्बोन्डिाजिम 50 डब्लूपी	112.5	225	–
क्लोरोथैलोनिल 75 डब्लूपी	656–863	875–1150	14
हेक्साकोनाजोल 5 ईसी	75	1500	30
डिफेनोकोनाजोल 25 ईसी	25	100	34
टेबुकोनाजोल 25.9 ईसी	125–187	500–750	49
कापर हाइड्राक्साइड 77 डब्लूपी	937	1875	–
मैंकोजेब 75 डब्लूपी	1125–1500	1500–2000	–
मेटिरम 70 डब्लूपी	1400	2000	16
सल्फर 80 डब्लूपी	2000–4000	2500–5000	–
रतुआ रोग (Rust : *Puccinia arachidis*)			
बिटरटानाल 25 डब्लूपी	250	1000	30
क्लोरोथैलोनिल 75 डब्लूपी	656–863	875–1150	14
डिफेनोकोनाजोल 25 ईसी	25	100	34
टेबुकोनाजोल 25.9 ईसी	125–187	500–750	49
प्रोपिकोनाजोल 25 ईसी	125	500	15
शिखर विगलन (Collar Rot : *Aspergillus niger* and *A. pulverulentum*)			
मैंकोजेब 75 डब्लूपी (बीज शोधन / किलो)	1.88–2.25	2.5–3.0	–

क्रमशः...

टेबुकोनाजोल 2 डीएस (बीज शोधन/किलो)	0.02–0.025	1–1.25	–
थिरम 75 डब्लूएस (बीज शोधन/किलो)	3.75	5	7–10
कार्बोन्डिाजिम 25% + मैंकोजेब 50% डब्लूपी	–	3–3.5/किलो	बीज शोधन
कार्बोन्डिाजिम 37.5% + थाईरम 37.5% डीएस	2.25/किलो	3/किलो	बीज शोधन
पर्ण धब्बा (Leaf Spot : *Cercosporidium personatum*)			
मैंकोजेब 75 डब्लूपी (बीज शोधन/किलो)	1.88–2.25	2.5–3.0	–
कार्बोन्डिाजिम 12% + मैंकोजेब 63% डब्लूपी	375	500	72
अगेती पत्ती धब्बा (Early Leaf Spot : *Cercospora arachidicola*)			
प्रोपिकिनाजोल 25 ईसी	125	500	15
पछेती पत्ती धब्बा (Late Leaf Spot : *Cercospora personata*)			
प्रोपिकिनाजोल 25 ईसी	125	500	15
जड़ सड़न (Root Rot : *Sclerotium rolfsii*)			
टेबुकोनाजोल 2 डीएस (बीज शोधन/किलो)	0.02–0.025	1–1.25	–
कार्बोन्डिाजिम 25% + मैंकोजेब 50% डब्लूपी		3–3.5/किलो	बीज शोधन
कार्बोक्सिन 37.5% + थाईरम 37.5% डीएस	2.25/किलो	3/किलो	बीज शोधन
तना सड़न (Stem Rot : *Sclerotium rolfsii*)			
टेबुकोनाजोल 2 डीएस (बीज शोधन/किलो)	0.02–0.025	1–1.25	–
कार्बोक्सिन 37.5% + थाईरम 37.5% डीएस	2.25/किलो	3/किलो	बीज शोधन

क्रमशः...

झोंका (Blast:)			
कार्बोन्डाजिम 12% + मैंकोजेब 63% डब्लूपी	375	500	72
सोयाबीन			
जड़गाँठ सूत्रकृमि (Root Knot : *Meloidogyne* spp.)			
कार्बोफ्यूरान 3 जी	2000	66600	–
रतुआ रोग (Rust : *Phakopsora pachyrhizi*)			
हेक्साकोनाजोल 5 एससी	25	500	30
प्रोपिकोनाजोल 25 ईसी	125	500	26
ट्रियाडिमेफान 25 डब्लूपी	25	100	25
शिखर विगलन (Collar Rot : *Sclerotium rolfsii*)			
कार्बोक्सिन 37.5% + थाईरम 37.5% डीएस	2.25 / किलो	3 / किलो	बीज शोधन
सूरजमुखी			
तुलासिता रोग (Downy Mildew : *Plasmopara halstedii.*)			
मेटालेक्सिल–एम 31.8 ईएस (बीज शोधन)	0.7 / किलो	2.0 / किलो	–
मेटालेक्सिल 35 डब्लूएस (बीज शोधन / किलो)	2	6.0	–
गन्ना			
चाबुक कंड (Whip Smut : *Ustilago scitaminea*)			
मेथोक्सीईथाइलमरकरी क्लोराईड 6 एफएस	0.025 / किलो	0.415 / किलो	बीज शोधन
टमाटर			
आर्द्रपतन (Damping off : *Pythium Phytophthora,* and *Rhizoctonia solani* spp.)			
कैप्टान 75 डब्लूएस (बीज शोधन प्रति किलो)	15–25	20–30	–

क्रमशः...

फल सड़न (Fruit Rot or Buck Eye Rot/*Phytophthora Parasitica*)			
मैंकोजब 75 डब्लूपी	1125–1500	1500–2000	–
प्रोपिनेब 70 डब्लूपी	1050	1500	10
अगेती झुलसा (Early Bilght : *Alternaria solani*)			
एजोक्सिस्ट्रोबिन 23 एससी	125	500	3
पाईराक्लोसट्रोबिन 20 डब्लूजी	75–100	375–500	3
आईप्रोडियोन 50 डब्लूपी	750	1500	15
किटाजिन 48 ईसी	500	1000	5
मैन्कोजेब 75 डब्लूपी	750	1000	5–6
मैन्कोजब 35 एससी	0.175%	0.5%	10
मेटिरम 70 डब्लूजी	1750	2500	6
मेटीरम 55 + पाईराक्लोस्ट्राबिन 5 डब्लूजी	900–1000	1500–1750	5
फेमोक्सेडोन 16.6 + साईमोक्सेनिल 22.1 एससी	210	500	3
जिनेब 75 डब्लूपी	1125–1500	1500–2000	–
जिरम 80 डब्लूपी	1200–1600	1500–2000	3
कैप्टान 50 डब्लूपी	1250	2500	–
कापरआक्सीक्लोराइड 50 डब्लूपी	625	1250	–
पछेती झुलसा (Late Bilght : *Phytopthora infestans*)			
फेमोक्सेडोन 16.6 + साईमोक्सेनिल 22.1 एससी	210	500	3
साईमोक्सेनिल 8 + मैंकोजेब 64 डब्लूपी	1080	1500	10
एजोक्सिस्ट्राबिन 23 एससी	125	500	3
कैप्टान 50 डब्लूपी	1250	2500	–
कापरआक्सीक्लोराइड 50 डब्लूपी	625	1250	–
मैन्कोजेब 75 डब्लूपी	1125–1500	1500–2000	–
जिनेब 75 डब्लूपी	1125–1500	1500–2000	–

क्रमशः...

जीवाणुज कोड़िय पर्ण धब्बा (Bacterial Leaf Spot : *X. campestris pv. vesicatora*)			
स्ट्रप्टोसाइक्लिन	–	40–100 पीपीएम	–
सेप्टोरिया पर्ण चित्ती (Leaf Spot : *Septoria lycopersici*)			
कापरआक्सीक्लोराइड 50 डब्लूपी	625	1250	–
मैंन्कोजेब 75 डब्लूपी	1125–1500	1500–2000	–
रिंग रॉट (Ring Rot : *Pseudomonas solanacearum*)			
थियोफेनेटमिथाइल 70 डब्लूपी	500	715	7
मूलग्रन्थि सूत्रकृमि (Root Knot Nematode : *Meloidogyne incognita, M. javanica*)			
डेजोमेट टेक्निकल	30–40	30–40	–
कार्बोफ्यूरान 3 जी	1000	3300	–
बैगन			
मूलगाठ सूत्रकृमि (Root Knot Nematode : *Meloidogyne* sp.)/ Reniform Nematode			
कार्बोफ्यूरान 3 जी	2000	66600	–
पर्ण चित्ती रोग (Leaf Spot :)			
कार्बेन्डाजिम 50 डब्लूपी	150	300	–
अंगमारी (Blight)			
जिनेब 75 डब्लूपी	1125–1500	1500–2000	–
फल बिगलन (Fruit Rot : *Phomopsis vexans*)			
कार्बेन्डाजिम 50 डब्लूपी	150	300	–
चूर्णिल आसिता (Powdery Mildew)			
बेनोमिल 50 डब्लूपी	100	200	–
लौकी वर्ग			
लौकी			
पर्णचित्ती रोग (Leaf Spot)			
जिनेब 75 डब्लूपी	1125–1500	1500–2000	–

क्रमशः...

मृदुरोमिल आसिता (Downy Mildew)			
जिनेब 75 डब्लूपी	1125–1500	1500–2000	–
साइमैक्सोनिल 8 + मैंकोजेब 64 डब्लूपी	1080	1500	10
चूर्णिल आसिता (Powdery Mildew)			
बेनोमिल 50 डब्लूपी	100	200	–
कार्बेन्डाजिम 50 डब्लूपी	150	300	–
थायोफेनेट–मेथाईल 70 डब्लूपी	1000	1430	–
श्यामवरण (Anthracnose)			
बेनोमिल 50 डब्लूपी	100	200	–
कार्बेन्डाजिम 50 डब्लूपी	150	300	–
थायेफेनेट–मेथाईल 70 डब्लूपी	1000	1430	–
जिनेब 75 डब्लूपी	1125–1500	1500–2000	–
भिन्डी			
चूर्णिल आसिता (Powdery Mildew)			
डिनोकैप 48 ईसी	108	225	–
सल्फर 80 डब्लूपी	2500	3130	–
पातगोभी			
आर्द्रपतन (Damping off)			
कैप्टान 75 डब्लूपी (नर्सरी ड्रेन्चिंग)	0.25%	2500	–
कैप्टान 75 डब्लूएस (बीज शोधन/ किलोग्राम)	15–25	20–30	–
शिखर विगलन (Collar Rot)			
मैंकोजेब 75 डब्लूपी (ड्रेन्चिंग प्रति लीटर पानी)	2.25	3	–
पर्ण चित्ती रोग (Leaf Spot)			
मैंकोजेब 75 डब्लूपी	1125–1500	1500–2000	–
जिनेब 75 डब्लूपी	1125–1500	1500–2000	–

क्रमशः...

सूत्रकृमि (Neamatode)			
कार्बोफ्यूरान 3 जी	1500	50000	–
आलू			
अगेती झुलसा (Early Blight : *Altemaria solani*)			
क्लोरोथैलोनिल 75 डब्लूपी (प्रति लीटर पानी)	0.66–0.937	0.875–1.250	14
अरियोफन्जिन 46.15 एसपी	–	0.005%	30
किटाजिन 48 ईसी	0.10%	0.20%	48
हेक्साकोनोजोल 2 एससी	60	3000	21
मैंकोजेब 75 डब्लूपी	1125–1500	1500–2000	–
प्रोपिनेब 70 डब्लूपी	0.21%	0.30%	15
जिनेब 75 डब्लूपी	1125–1500	1500–2000	–
कैप्टान 75 डब्लूपी	1250	2500	–
जिरम 80 डब्लूपी	1200–1600	1500–2000	3
कापरआक्सीक्लोराइड 50 डब्लूपी	625	1250	–
कैप्टान 70 + हेक्साकोनोजोल 5 डब्लूपी	375–750	500–1000	21
पछेती झुलसा (Late Blight : *Phytophthora infestans*)			
क्लोरोथैलोनिल 75 डब्लूपी (प्रति लीटर पानी)	0.66–0.937	0.875–1.250	14
एजोक्सिस्ट्रोबिन 23 एससी	125	500	12
मेन्डीप्रोपामिड 23.4 एससी (प्रति लीटर पानी)	0.2	0.8	40
प्रोपिनेब 70 डब्लूपी	0.21%	0.30%	15
कैप्टान 50 डब्लूजी	750	1500	21
कैप्टान 75 डब्लूपी	1250	1667	8
कापरआक्सीक्लोराइड 50 डब्लूपी	625	1250	–
डाईमेथोमोर्फ 50 डब्लूपी	500	1000	16
हेक्साकोनोजोल 2 एससी	60	3000	21

क्रमशः...

मैंकोजेब 75 डब्लूपी	1125–1500	1500–2000	–
मैंकोजेब 75 डब्लूजी	750	1000	35
प्रोपिनेब 70 डब्लूपी	0.21%	0.30%	15
जिनेब 75 डब्लूपी	1125–1500	1500–2000	–
मेटालाक्सिल 8% + मैंकोजब 64% डब्लूपी	1800	2500	49
मेटालाक्सिल 4% + मैंकोजब 64% डब्लूपी	1700	2500	24
कैप्टान 70% + हैक्साकोनोजो 5% डब्लूपी	375–750	500–1000	21
कार्बोन्डिाजिम 25% + मैंकोजेब 50% डब्लूएस	–	0.6–0.7 / किलो	बीज शोधन
साइमैक्सोनिल 8% + मैंकोजेब 64% डब्लूपी	1080	1500	10
फेमोक्सेडोन 16.6 + साईमोक्सेनिल 22.1 एससी	210	500	40
फेनामिडोन 10 + मैन्कोजेब 50 (60 डब्लूजी)	–	1250–1500	30
मेटीरम 55 + पाईराक्लोस्ट्राबिन 5 डब्लूजी	900–1050	1500–1750	15
स्कैब (Scab : *Streptomyces scabiei*)			
थिरम 75 डब्लूएस (बीज शोधन / किलो)	1.8–2.3	2.5–3.0	–
काली रूसी (Black Scurf)			
कार्बोक्सिन 37.5 + थाईरम 37.5 डीएस	0.9 / किलो	2.5 / किलो	बीज शोधन
काला मेखला (Black Leg)			
स्ट्रेटोसाइक्लिन (बीज शोधन)	–	40–100 पीपीएम	–
स्ट्रेटोसाइक्लिन (स्प्रे)	–	40–50 पीपीएम	–

क्रमशः...

जीवाणुज मृदु विगलन (Soft Rot)			
स्ट्रेटोसाइक्लिन (बीज शोधन)	–	40–100 पीपीएम	–
स्ट्रेटोसाइक्लिन (स्प्रे)	–	40–50 पीपीएम	–
भूरा सड़न या जीवाणुज ग्लानि (Bacterial Brown Wilt)			
स्ट्रेटोसाइक्लिन (बीज शोधन)	–	40–100 पीपीएम	–
स्ट्रेटोसाइक्लिन (स्प्रे)	–	40–50 पीपीएम	–
बैंगल डिजिज/रिंग डिजिज (Ring or Bangle Disease)			
स्ट्रेटोसाइक्लिन (बीज शोधन)	–	40–100 पीपीएम	–
स्ट्रेटोसाइक्लिन (स्प्रे)	–	40–50 पीपीएम	–
बीज शोधन (Seed Treatment)			
एमईएमसी (मेथोक्सीईथाइलमरकरी क्लोराईड)	0.025/ किलो	0.415/किलो	बीज शोधन
मिर्च			
चूर्णिल आसिता (Powdery Mildew)			
एजोक्सिस्ट्रोबिन 23 एससी	125	500	5
बेनोमिल 50 डब्लूपी	100	200	–
डिनोकैप 48 ईसी	108	225	–
सल्फर 80 डब्लूपी	2500	3130	–
फेनारिमोल 12 ईसी	0.005%	0.04%	15
फ्लूसिलाजोल 40 ईसी	40–60	100–150	5
हेक्साकोनोजोल 2 एससी	60	3000	7
टि[a];ाडिमेफान 25 डब्लूपी	38	150	15
माईक्लोबूटेनिल 10 डब्लूपी	0.004%	0.04%	21
फल विगलन (Fruit Rot)			
एजोक्सिस्ट्रोबिन 23 एससी	125	500	5

क्रमशः...

बेनोमिल 50 डब्लूपी	100	200	–
डिफेनोकोनालो 25 ईसी	0.0125%	0.058%	15
हेक्साकोनोजोल 2 एससी	60	3000	7
टेबुकोनाजोल 25.9 ईसी	125–187	500–750	5
मैंकोजेब 75 डब्लूजी	1125–1500	1500–2000	–
कैप्टान 50 डब्लूजी	750	1500	5
कैप्टान 75 डब्लूपी	1500	2000	8
क्लोरोथैलोनिल 75 डब्लूपी	600	800	10
कापरआक्सीक्लोराइड 50 डब्लूपी	625	1250	–
कॉपर सल्फेट 2.62 एससी		1000	3
जिनेब 75 डब्लूपी	1125–1500	1500–2000	–
कैप्टान 70% + हैक्साकोनोजोल 5% डब्लूपी	375–750	500–1000	5
जीवाणुज पर्ण चित्ती रोग (Bacterial Leaf Spot)			
स्ट्रेप्टोसाइक्लिन (स्प्रे)		40–100 पीपीएम	–
पर्ण चित्ती (Leaf Splt : *Cercospora capsici*)			
बेनोमिल 50 डब्लूपी	100	200	–
कापरआक्सीक्लोराइड 50 डब्लूपी	625	1250	–
कापरहाइड्रोक्साइड 77 डब्लूपी	625	1250	–
मैंकोजेब 75 डब्लूपी	1125–1500	1500–2000	–
माईक्लोबूटेनिल 10 डब्लूपी	0.004%	0.04%	21
जिनेब 75 डब्लूपी	1125–1500	1500–2000	–
आर्द पतन (Darming off)			
कैप्टान 75 डब्लूएस	15–25	20–30	बीज शाधेन कि0ग्रा0
मैंकोजेब 75 डब्लूपी (ड्रेन्चिंग)	2.25 / लीटर	3.0 / लीटर	–

क्रमशः...

पका विगलन (Ripe rot)			
मैंकोजेब 75 डब्लूपी	1125–1500	1500–2000	–
प्याज (Onion)			
मृदुरोमिल आसिता (Downy Mildew : *Pernospora distructor*)			
जिनेब 75 डब्लूपी	1125–1500	1500–2000	–
पर्ण झुलसा (Leaf Blight)			
मैंकोजेब 75 डब्लूपी	1125–1500	1500–2000	–
जिनेब 75 डब्लूपी	1125–1500	1500–2000	–
बैंगनी धब्बा (Purple bloch : *Alternaria povvi*)			
डिफेनोकोनाजोल 25 ईसी	0.025%	0.1%	20
किटाजीन (ईप्रोबेनफोस) 48 ईसी	0.10%	0.20%	63
आम (Mango)			
चूर्णिल आसिता (Powdery Mildew : *Oidium mangiferae*)			
एजोक्सिस्ट्रोबिन 23 एससी	0.025%	0.1%	5
कार्बेन्डाजिम 50 डब्लूपी	0.046%	0.1%	15
पेनकोनाजोल 10 ईसी	0.005%	0.05%	30
हेक्साकोनाजोल 5 ईसी	0.005%	0.01%	30
हेक्साकोनाजोल 5 एससी	0.01%	0.02%	27
सल्फर 80 डब्लूडीजी	1500–2000	1875–2500	–
सल्फर 80 डब्लूपी	2500	3130	–
डिनोकैप 48 ईसी (प्रति पेड़)	2.4	5	–
ट्रियाडिमेफान 25 डब्लूपी	0.01–0.025%	40–100	40
श्यामवरण (Anthracnose : Colletotrichum gloeosporioids)			
एजोक्सिस्ट्रोबिन 23 एससी	0.025%	0.1%	5
कापरआक्सीक्लोराइड 50 डब्लूपी	0.12%	0.24%	10

क्रमशः...

नींबू (Lemon)			
सूत्रकृमि (Neamtode)			
कार्बोफ्यूरान 3 जी	360	12000	–
पर्ण धब्बा (Leaf Spot)			
कापरआक्सीक्लोराइड 50 डब्लूपी	1.25	12000	–
कैंकर (Citrus canker : *Xanthomonas campestris pv. citri*)			
कापरआक्सीक्लोराइड 50 डब्लूपी	1.25	12000	–
स्ट्रेटोसाइक्लिन (स्प्रे)	–	50–100 पीपीएम	–
ग्रीजी धब्बा (Greasy spot)			
जिनेब 75 डब्लूपी	1125–1500	1500–2000	–
गोंदार्ति (Gummosis : *Phytophthora citrophthora, P. palmivora, P. parasitica*)			
अरियोफन्जिन 46.15 एसपी (ड्रेन्चिग)	–	0.1%	30
भूरा विगलन (Brown Rot)			
कैप्टान 75 डब्लूपी	0.25%	2500	–
स्कैब (Scab : *Elsinoe fawcetii*)			
कैप्टान 75 डब्लूपी	0.12%	1667	–
चूर्णिल आसिता (Powdery Mildew)			
सल्फर 80 डब्लूपी	2500	3130	–
सेव (Apple)			
स्कैव (Scab : *Venturia inaequalis*)			
बिटरटानाल 25 डब्लूपी	0.02%	0.075%	30
पेनकोनाजोल 10 ईसी	0.005%	0.05%	30
डिफेनोकोनाजोल 25 ईसी	0.004%	0.015%	14
हेक्साकोनाजोल 5 ईसी	0.0025%	0.05%	30
फ्लूसिलाजोल 40 ईसी	0.004%	0.01%	10
फेनारिमोल 12 ईसी	0.005%	0.04%	30

क्रमशः...

डोडिन 65 डब्लूपी	0.05%	0.075%	21
डाईथिनोन 75 डब्लूपी	1350	1800	14–21
थायोफेनेट–मेथाईल 70 डब्लूपी	500	715	3
माईक्लोबूटेनिल 10 डब्लूपी	0.004%	0.04%	21
प्रोपिनेब 70 डब्लूपी	0.21%	0.30%	30
क्लोरोथैलोनिल 75 डब्लूपी	0.15%	0.20%	45
सल्फर 80 डब्लूजी	1500–2000	1875–2500	–
मैंकोजेब 75 डब्लूपी (प्रति पेड़/10 लीटर पानी)	22.5	30	–
कार्बेन्डाजिम 50 डब्लूपी (प्रति पेड़/10 लीटर पानी)	1.25	2.50	–
कैप्टान 50 डब्लूपी	1250	2500	–
जिरम 80 डब्लूपी	1200–1600	1500–2000	21
काला विगलन (Black rot: *Sphaeropsis malorum*)			
जिनेब 75 डब्लूपी	1125–1500	1500–2000	–
आग झुलसा (Fire blight)			
स्ट्रेटोसाइक्लिन (स्प्रे)		25–50पीपीएम	–
चूर्णिल आसिता (Powdery Mildew : *Podosphaera leucotricha*)			
अरियोफन्जिन 46.15 एसपी	–	0.005%	–
डिनोकैप 48 ईसी (प्रति पेड़)	1.44	3	21
सल्फर 80 डब्लूपी	2000–4000	2500–5000	–
लइम सल्फर 22 एससी	–	1%	–
आंडू की चूर्णिल आसिता (Powdery Mildew of Peach)			
डिनोकैप 48 ईसी (प्रति पेड़)	1.44	3	21
लाइम सल्फर 22 एससी	–	1%	–
आंडू का पर्णकुचन (Peach leaf curl)			
लाइम सल्फर 22 एससी	–	1%	–
आंडू का भूरागलन (Peach brown rot)			
लाइम सल्फर 22 एससी	–	1%	–

क्रमशः...

नाशपाती का काला धब्बा (Pear black spot)			
लाइम सल्फर 22 एससी	–	1%	–
आलूचें का काला धब्बा (Plum black spot)			
लाइम सल्फर 22 एससी	–	1%	–
अंगूर (Grape)			
कोड़िया पर्ण धब्बा (Angular leaf spot : *Mycosphaerella angulata*)			
मैंकोजेब 75 डब्लूपी	1125–1500	1500–2000	–
मृदुरोमिल आसिता (Downy mildew : *Plasmospora viticola*)			
क्रोसोक्जिम–मिथाईल 44.3 एससी	300–350	600–700	7
अरियोफन्जिम 46.15 एसपी	–	0.005%	15
एजोक्सिस्ट्रोबिन 23 एससी	125	500	7
प्रोपिनेब 70 डब्लूपी	0.21%	0.30%	40
फोसेटिल–एएल 80 डब्लूपी	1120–1600	1400–2000	30
क्लोरोथैलोनिल 75 डब्लूपी (प्रति लीटर पानी)	0.66–0.937	0.875–1.250	14
कैप्टान 50 डब्लूपी	1250	2500	–
कैप्टान 75 डब्लूपी	1250	1667	8
कापरआक्सीक्लोराइड 50 डब्लूपी	0.12%	0.24%	30
साइमोक्सानिल 50 डब्लूपी	0.12%	0.24%	15
डाइमेथोमोर्फ 50 डब्लूपी	500	1000	25
मेन्डीप्रोपामिड 23.4 एससी (प्रति लीटर पानी)	0.2	0.8	40
मैंकोजेब 75 डब्लूपी	1125–1500	1500–2000	–
प्रोपिनेब 70 डब्लूपी	0.21%	0.30%	15
जिनेब 75 डब्लूपी	1125–1500	1500–2000	–
जिरम 80 डब्लूपी	1200–1600	1500–2000	–
मेटालाक्सिल 8% + मैंकोजेब 64% डब्लूपी	2000	2500	49

क्रमशः...

मेटालाक्सिल 4% + मैंकोजेब 64% डब्लूपी	1700	2500	8
साइमैक्सोनिल 8% + मैंकोजेब 64% डब्लूपी	1080–1440	1500–2000	10
फेमोक्सेडोन 16.6 + साईमोक्सेनिल 22.1 एससी	210	500	27
फेनामिडोन 4.44 + फोसेटिल एआई 66.7 डब्लूजी	–	2000–2500	90
फेनामिडोन 10 + मैंकोजेब 50 (60 डब्लूजी)	900	1500	85
मेटीरम 55 + पाईराक्लोस्ट्राबिन 5 डब्लूजी	900–1050	1500–1750	34
चूर्णिल आसिता (Powdery mildew : *Uncinula necator*)			
एजोक्सिस्ट्रोबिन 23 एससी	125	500	7
कार्बेन्डाजिम 50 डब्लूपी	0.046%	0.1%	30
क्रेसोक्जिम–मिथाईल 44.3 एससी	300–350	600–700	7
डिफेनोकोनाजोल 25 ईसी	0.0075%	0.03%	42
फ्लूसिलाजोल 40 ई.सी.	0.004%	0.01%	15
हेक्साकोनाजोल 5 ईसी	25–50	500–1000	14
हेक्साकोनाजोल 5 एससी	25–50	500–1000	14
पेनकोनाजोल 10 ईसी	0.005%	0.05%	30
माईक्लोबूटेनिल 10 डब्लूपी	0.004%	0.04%	15
सल्फर 80 डब्लूडीजी	1500–2000	1875–2500	–
डिनोकैप 46 ईसी	108	225	21
ट्रियाडिमेफान 25 डब्लूपी	0.025%	100	25
श्यामव्रण (Anthracnose : *Elsinoe ampelina*)			
अरियोफन्जिन 46.15 एसपी	–	0.005%	15
आइप्रोडियोन 50 डब्लूपी	500–1000	1000–2000	20
क्लोरोथैलोनिल 75 डब्लूपी	0.150%	0.2%	60

क्रमशः...

डिफेनोकोनाजोल 25 ईसी	0.0075%	0.03%	42
किटाजीन (ईप्रोबेनफास) 48 ईसी	0.1%	0.2%	15
मैंकोजेब 75 डब्लूपी	1125–1500	1500–2000	–
जिरम 80 डब्लूपी	1200–1600	1500–2000	21
केला			
बिलकारी सूत्रकृमि (Burrowing nematode : *Radopholus simils*)			
कार्बोफ्यूरान 3 जी (प्रति पौधा)	1.5	50	–
सिगार नोक विगलन (Cigar end rot/Tip Rot : *Verticillium theobromae* and *Trachysphaera fructigena*)			
मैंकोजेब 75 डब्लूपी	1125–1500	1500–2000	–
फल विगलन (Fruit rot : *Fusarium* spp.)			
कापरआक्सीक्लोराइड 50 डब्लूपी (प्रतिलीटर)	1.25	2.50	–
पर्ण धब्बा (Leaf spot : *Mycosphaerella fijiensis*)			
कापरआक्सीक्लोराइड 50 डब्लूपी (प्रतिलीटर)	1.25	2.50	–
सिगाटोका रोग (Sigatoka leaf spot : *Mycosphaerella muscicola, Cercospora musai*)			
मैंकोजेब 75 डब्लूपी	1125–1500	1500–2000	–
प्रोपिकोनाजोल 25 ईसी	0.025%	0.10%	45
नोक विगलन (Tip root)			
मैंकोजेब 75 डब्लूपी	1125–1500	1500–2000	–
कपास (Cotton)			
पर्ण चित्ती रोग(Leaf Spot : *Mycosphaerella gossypina*)			
कार्बेन्डाजिम 50 डब्लूपी	125	250	–
कोर्णीय पर्ण चित्ती रोग (Angular leaf spot : *Xanthomonas campestris*)			
कार्बोक्सिन 75 डब्लूपी (बीज शोधन/किलो)	1.5–1.9	2.0–2.5	–

क्रमशः...

स्ट्रेप्टोसाइक्लिन (बीज शोधन)	–	40–50 पीपीएम	–
स्ट्रेप्टोसाइक्लिन (स्प्रे)	–	25–40 पीपीएम	–
• **जीवाणुज अंगमारी / पर्ण अंगमारी (Blackarm disease/Bacterial blight):** ***Xanthomonas campestris pv malvacearum*** **and Seedling blight :** ***X. citri pathovar malvacearum*****)**			
स्ट्रेप्टोसाइक्लिन (बीज शोधन)	–	40–50 पीपीएम	–
स्ट्रेप्टोसाइक्लिन (स्प्रे)	–	25–40 पीपीएम	–

परिशिष्ट - 6

भारत सरकार द्वारा अनुमोदित खरपतवारनाशक रसायनो की सूची

फसल/रोग/रोगनाशक रसायन	मात्रा (ग्राम सक्रिय तत्व) प्रति हैक्टर	मात्रा (ग्राम/मिली) रसायन प्रति हैक्टर	प्रतिक्षा अवधि (दिन)/टिप्पणी
धान			
taxyh iqnhuk (Goat weed : Ageratum conyzoides) एकवर्षिय, दोबीजपत्री, चौड़ी पत्ती घास			
पैराक्वाट डाईक्लोराईड 24 एसएल (बुआई के पहले)	300–800	125–350	–
गुद्रीसाग (Dwarf copper leaf : Alternanthera sessillis) बहुवर्षिय, दोबीजपत्री, चौड़ी पत्ती घास			
बेन्सल्फूरॉनमिथाईल 60 डीएफ (प्रीइमरजेन्स)	60	100	88
बेन्सल्फूरॉनमिथाईल 60 डीएफ (पोस्टइमरजेन्स)	60	100	71
बिस्पाईरीबैक सोडियम 10 एससी (सीधे बोये धान में)	20	200	78
पेन्डिमेथालिन 30 ईसी (रोपित या सीधी बुआई)	1–15	3300–5000	–
पेन्डिमेथालिन 5 जी (रोपित या सीधी बुआई)	1–15	2000–3000	–

क्रमशः...

बनमिर्च, जंगली मेंहदी (Acrid weed : Armania baccifera) एकवर्षिय, दोबीजपत्री, चौड़ी पत्ती घास			
एजिमसल्फूरोन 50 डीएफ (रोपित एवं सीधे बोये धान में)	35	70	59
बेन्सल्फूरॉनमिथाईल 60 डीएफ (प्रीइमरजेन्स)	60	100	88
बेन्सल्फूरॉनमिथाईल 60 डीएफ (पोस्टइमरजेन्स)	60	100	71
इथोक्सीसल्फ्युरान 15 डब्लूडीजी (रोपित धान में)	12.5–15	83.3–100	110
मेटसल्फ्युरान मिथाइल 20 डब्लूजी (रोपित धान में)	4	20	71
पेन्डिमेथालिन 30 ईसी (रोपित या धान सीधी बुआई)	1–1.5	3300–5000	–
पेन्डिमेथालिन 5 जी (रोपित या धान सीधी बुआई)	1–1.5	20000–30000	–
बेनसल्फ्युरोन मिथाइल 0.6 + प्रेटिलाक्लोर 6 जी	60+600	10000	88 (रोपित धान)
Bergia capersis : एकवर्षिय, दोबीजपत्री, चौड़ी पत्ती घास			
एजिमसल्फूरोन 50 डीएफ (रोपित एवं सीधे बोये धान में)	35	70	59
बसवट Para grass/Singal Grass (*Brachiaria* sp.) : एकवर्षिय, एकबीजपत्री, सकरी पत्ती घास			
पैराक्वाट डाईक्लोराईड 24 एसएल (बुआई के पहले)	300–800	125–350	–
बथुआ (Bathua/ Pigweed : *Chenopodium album*) : एकवर्षिय, दोबीजपत्री, चौड़ी पत्ती घास			
क्लोरिमूरोन ईथाईल 25 डब्लूपी (रोपित धान में)	6	24	60

क्रमशः...

केना (Long Leaved Dayflower: *Commelina bengalensis*) : बहुवर्षिय, दोबीजपत्री, चौड़ी पत्ती घास			
क्लोरिमूरोन ईथाईल 25 डब्लूपी (रोपित धान में)	6	24	60
साईनमिथाईलिन 10 ईसी (रोपित धान में)	75–100	750–1000	60
मेटसल्फ्युरान मिथाइल 20 डब्लूजी (रोपित धान में)	4	20	71
पैराक्वाट डाईक्लोराईड 24 एसएल (बुआई के पहले)	300–800	125–350	–
बागानुल्ला / काना (*Cyanotis axillaris*) : एकवर्षिय, एकबीजपत्री, सकरी पत्ती घास			
2,4–डी ईथाईल ईस्टर 4.5 जीआर (रोपित धान में)	1000	25000	–
मेटसल्फ्युरान मिथाइल 10 + क्लोरीम्यूरान इथाइल 10 डब्लूपी	4	20	90 (रोपित धान)
दूब (Bermuda Grass : *Cynodon dactylon*) : बहुवर्षिय, एकबीजपत्री, सकरी पत्ती घास			
2,4–डी ईथाईल ईस्टर 4.5 जीआर (रोपित धान में)	1000	25000	–
बेनसल्फ्युरोन मिथाइल 0.6 + प्रेटिलाक्लोर 6 जी	60+600	10000	88 (रोपित धान)
गल मोथा (Rice flat sedge : *Cyperus iria*) : बहुवर्षिय, एकबीजपत्री, सकरी पत्ती घास			
अनिलोफास 30 ईसी (रोपित धान में)	0.30–0.45	1.00–1.50	30
एजिमसल्फूरोन 50 डीएफ (रोपित एवं सीधे बोये धान में)	35	70	59
बेन्सल्फूरॉनमिथाईल 60 डीएफ (प्रीइमरजेन्स)	60	100	88

क्रमशः...

बेन्सल्फूरॉनमिथाईल 60 डीएफ (पोस्टइमरजेन्स)	60	100	71
बिस्पाईरीबैक सोडियम 10 एससी (रोपित धान में)	20	200	78
ब्युटाक्लोर 50 ईसी (रोपित धान में)	1.25–2.00	2.5–4.00	90–120
ब्युटाक्लोर 50 ईडब्लू (रोपित धान में)	1.25–1.50	2.5–3.00	–
ब्युटाक्लोर 5 जी	1.25–2.00	25000–40000	90–120
साईनमिथाईलिन 10 ईसी (रोपित धान में)	75–100	750–1000	60
क्लोमेजोन 50 ईसी (रोपित धान में)	400–500	8000–10000	90
2,4–डी ईथाईल ईस्टर 4.5 जीआर (रोपित धान में)	1000	25000	–
इथोक्सीसल्फ्युरान 15 डब्लूडीजी (रोपित धान में)	12.5–15	83.3–100	110
फ्लूफेनासेट 60 डीएफ (रोपित धान में)	120	200	90–110
ऑरथोसल्फामूरॉन 50 डब्लूजी (रोपित धान में)	60–75	150	65 प्री
आक्साडायरगिल 80 डब्लूजी (रोपित धान में)	100	125	97
ओक्साडाईजोन 25 ईसी (रोपित धान में)	500	2000	–
आक्सीफ्लुओरफेन 0.35 जीआर (रोपित/सीधी बुआई)	100–150	30000–40000	–
आक्सीफ्लुओरफेन 23.5 ईसी (रोपित/सीधी बुआई)	150–240	650–1000	–
प्रेटिलाक्लोर 37 ईडब्लू (रोपित धान में)	600–750	1500–1875	90
प्रेटिलाक्लोर 30.7 ईसी (लेव लगा कर सीधी बुआई में)	450–600	1500–2000	110
प्रेटिलाक्लोर 50 ईसी (रोपित धान में)	500–750	1000–1500	75–90

क्रमशः...

पैराक्वाट डाईक्लोराईड 24 एसएल (बुआई के पहले)	300–800	125–350	–
पाईराजोसल्फूरॉन ईथाईल 10 डब्लूपी (रोपित धान में)	10–15	100–150	95
बेनसल्फ्यूरोन मिथाइल 0.6 + प्रेटिलाक्लोर 6 जी	60+600	10000	88 (रोपित धान)
क्लोमेजोन 20+2,4–डी ईथाईल ईस्टर 30 ईसी	250–375	1250	110 (रोपित धान)
मेटसल्फ्युरान मिथाइल 10 + क्लोरीम्यूरान इथाइल 10 डब्लूपी	4	20	90 (रोपित धान)
जल मोथा (Umbrella plant : *Cyperus difformis*) : एकवर्षिय, एकबीजपत्री, सकरी पत्ती घास			
अनिलोफास 30 ईसी (रोपित धान में)	0.30–0.45	1.00–1.50	30
एजिमसल्फूरोन 50 डीएफ (रोपित/ सीधे बोये धान में)	35	70	59
बेन्सल्फूरॉनमिथाईल 60 डीएफ (प्रीइमरजेन्स)	60	100	88
बेन्सल्फूरॉनमिथाईल 60 डीएफ (पोस्टइमरजेन्स)	60	100	71
बिस्पाईरीबैक सोडियम 10 एससी (रोपित धान में)	20	200	78
ब्युटाक्लोर 50 ईसी (रोपित धान में)	1.25–2.00	2.5–4.00	90–120
ब्युटाक्लोर 50 ईडब्लू (रोपित धान में)	1.25–1.50	2.5–3.00	–
ब्युटाक्लोर 5 जी	1.25–2.00	25000–40000	90–120
क्लोमेजोन 50 ईसी (रोपित धान में)	400–500	8000–10000	90
इथोक्सीसल्फ्युरान 15 डब्लूडीजी (रोपित धान में)	12.5–15.0	83.3–100.0	110
ऑरथोसल्फामूरॉन 50 डब्लूजी (रोपित धान में)	60–75	150	65 प्री

क्रमशः...

आक्साडायरगिल 80 डब्लूपी (रोपित धान में)	100	125	97
ओक्साडाईजोन 25 ईसी (रोपित धान में)	500	2000	–
पेन्डिमेथालिन 30 ईसी (रोपित/सीधी बुआई)	1–1.5	3300–5000	–
पेन्डिमेथालिन 5 जी (रोपित/सीधी बुआई)	1–1.5	20000–30000	–
प्रेटिलाक्लोर 37 ईडब्लू (रोपित धान में)	600–750	1500–1875	90
प्रेटिलाक्लोर 30.7 ईसी (लेव लगा कर सीधी बुआई में)	450–600	1500–2000	110
प्रेटिलाक्लोर 50 ईसी (रोपित धान में)	500–750	1000–1500	75–90
बेनसल्फ्यूरोन मिथाइल 0.6 + प्रेटिलाक्लोर 6 जी	60+600	10000	88 (रोपित धान)
क्लोमेजोन 20+2,4–डी ईथाईल ईस्टर 30 ईसी	250–375	1250	110 (रोपित धान)
मेटसल्फ्युरान मिथाइल 10 + क्लोरीम्यूरान इथाइल 10 डब्लूपी	4	20	90 (रोपित धान)
मोथा (Umbrella plant : *Cyperus rotundus*) : एकवर्षिय, एकबीजपत्री, सकरी पत्ती घास			
क्लोरिमूरोन ईथाईल 25 डब्लूपी (रोपित धान में)	6	24	60
2,4–डी ईथाईल ईस्टर 4.5 जीआर (रोपित धान में)	1000	25000	–
एमसीपीए एमाईनसाल्ट 40 डब्लूएससी (रोपित धान में)	800–2000	2000–5000	–
मेटसल्फ्युरान मिथाइल 20 डब्लूपी (रोपित धान में)	4	20	60
ऑरथोसल्फामूरॉन 50 डब्लूजी (रोपित धान में)	60–75	150	65 प्री

क्रमशः...

बेनसल्फ्यूरोन मिथाइल 0.6 + प्रेटिलाक्लोर 6 जी	60+600	10000	88 (रोपित धान)
कुन्द्रा (Bamboo grass : *Digitaria sanguinalis*) : एकवर्षिय, एकबीजपत्री, सकरी पत्ती घास			
प्रेटिलाक्लोर 37 ईडब्लू (रोपित धान में)	600–750	1500–1875	90
छोटी/बड़ी सांई (Jungle Rice : *Echinochloa colonum, E. crusgali*): एकवर्षिय, एकबीजपत्री, सकरी पत्ती घास			
अनिलोफास 30 ईसी (रोपित धान में)	0.30–0.45	1.00–1.50	30
अनिलोफास 18 ईसी (रोपित धान में)	0.30–0.45	1.66–2.50	–
अनिलोफास 2 जी (रोपित धान में)	0.40–0.50	20000–25000	30
बिस्पाईरीबैक सोडियम 10 एससी (नर्सरी में)	20	200	–
ब्युटाक्लोर 50 ईसी (रोपित धान में)	1.25–2.00	2.5–4.00	90–120
ब्युटाक्लोर 50 ईडब्लू (रोपित धान में)	1.25–1.50	2.5–3.00	–
ब्युटाक्लोर 5 जी	1.25–2.00	25000–40000	90–120
क्लोरिमूरोन ईथाईल 25 डब्लूपी (रोपित धान में)	6	24	60
क्लोमेजोन 50 ईसी (रोपित धान में)	400–500	8000–10000	90
2,4–डी ईथाईल ईस्टर 38 ईसी	850	2500	–
2,4–डी ईथाईल ईस्टर 4.5 जीआर (रोपित धान में)	1000	25000	–
फेनोक्साप्राप पी ईथाइल 9 ईसी (रोपित धान में)	56.25	625	70 पोस्ट
फेनोक्साप्राप पी ईथाइल 9 ईसी	56.6–60.38	812–875	61
फ्लूफेनासेट 60 डीएफ (रोपित धान में)	120	200	90–110
ऑरथोसल्फामूरॉन 50 डब्लूजी (रोपित धान में)	60–75	150	65 प्री
आक्साडायरगिल 80 डब्लूजी (रोपित धान में)	100	125	97

क्रमशः...

आक्साडायरगिल 6 ईसी (रोपित धान में)	100	1066	97
ओक्साडाईजोन 25 ईसी (रोपित धान में)	500	2000	–
आक्सीफ्लुओरफेन 0.35 जीआर (रोपित/सीधी बुआई)	100–150	30000–40000	–
आक्सीफ्लुओरफेन 23.5 ईसी (रोपित/सीधी बुआई)	150–240	650–1000	–
पेन्डिमेथालिन 30 ईसी (रोपित/सीधी बुआई)	1–1.5	3300–5000	–
पेन्डिमेथालिन 5 जी (रोपित/सीधी बुआई)	1–1.5	20000–30000	–
प्रेटिलाक्लोर 37 ईडब्लू (रोपित धान में)	600–750	1500–1875	90
प्रेटिलाक्लोर 30.7 ईसी (लेव लगा कर सीधी बुआई में)	450–600	1500–2000	110
प्रेटिलाक्लोर 50 ईसी (रोपित धान में)	500–750	1000–1500	75–90
एनिलीफोस 24+2,4–डी ईथाईल ईस्टर 32 ईसी	–	1000–1500	90 (रोपित धान)
बेनसल्फ्यूरोन मिथाइल 0.6 + प्रेटिलाक्लोर 6 जी	60+600	10000	88 (रोपित धान)
क्लोमेजोन 20+2,4–डी ईथाईल ईस्टर 30 ईसी	250–375	1250	110 (रोपित धान)
साईनमिथाईलिन 10 ईसी (रोपित धान में)	75–100	750–1000	60
पैराक्वाट डाईक्लोराईड 24 एसएल (बुआई के पहले)	300–800	125–350	–
भृंगराज (False Daisy : *Eclipta alba*) : एकवर्षिय, दोबीजपत्री, चौड़ी पत्ती घास			
अनिलोफास 30 ईसी (रोपित धान में)	0.30–0.45	1.00–1.50	30

क्रमशः...

एजिमसल्फूरोन 50 डीएफ (रोपित/सीधे बोये धान में)	35	70	59
बेन्सल्फूरॉनमिथाईल 60 डीएफ (प्रीइमरजेन्स)	60	100	88
बेन्सल्फूरॉनमिथाईल 60 डीएफ (पोस्टइमरजेन्स)	60	100	71
बिस्पाईरीबैक सोडियम 10 एससी (सीधे बोये धान में)	20	200	78
ब्युटाक्लोर 50 ईसी (रोपित धान में)	1.25–2.00	2.5–4.00	90–120
ब्युटाक्लोर 50 ईडब्लू (रोपित धान में)	1.25–1.50	2.5–3.00	–
ब्युटाक्लोर 5 जी	1.25–2.00	25000–40000	90–120
क्लोरिमूरोन ईथाईल 25 डब्लूपी (रोपित धान में)	6	24	60
क्लोमेजोन 50 ईसी (रोपित धान में)	400–500	8000–10000	90
इथोक्सीसल्फ्युरान 15 डब्लूडीजी (रोपित धान में)	12.5–15.0	83.3–100.0	110
मेटसल्फ्युरान मिथाइल 20 डब्लूजी (रोपित धान में)	4	20	71
आक्साडायरगिल 80 डब्लूजी (रोपित धान में)	100	125	97
ओक्साडाईजोन 25 ईसी (रोपित धान में)	500	2000	–
आक्सीफ्लुओरफेन 0.35 जीआर (रोपित/सीधी बुआई)	100–150	30000–40000	–
आक्सीफ्लुओरफेन 23.5 ईसी (रोपित/सीधी बुआई)	150–240	650–1000	–
पेन्डिमेथालिन 30 ईसी (रोपित/सीधी बुआई)	1–1.5	3300–5000	–
पेन्डिमेथालिन 5 जी (रोपित/सीधी बुआई)	1–1.5	20000–30000	–

क्रमशः...

प्रेटिलाक्लोर 37 ईडब्लू (रोपित धान में)	600–750	1500–1875	90
प्रेटिलाक्लोर 50 ईसी (रोपित धान में)	500–750	1000–1500	75–90
बेनसल्फ्यूरोन मिथाइल 0.6 + प्रेटिलाक्लोर 6 जी	60+600	10000	88 (रोपित धान)
क्लोमेजोन 20+2,4–डी ईथाईल ईस्टर 30 ईसी	250–375	1250	110 (रोपित धान)
मेटसल्फ्युरान मिथाइल 10 + क्लोरीम्यूरान इथाइल 10 डब्लूपी	4	20	90 (रोपित धान)
बनमडुआ, कोदई (Indian goosegrass : *Eleusine indica*) : एकवर्षिय, एकबीजपत्री, सकरी पत्ती घास			
ब्युटाक्लोर 50 ईसी (रोपित धान में)	1.25–2.00	2.5–4.00	90–120
ब्युटाक्लोर 5 जी	1.25–2.00	25000–40000	90–120
झिरूवा (Fimbry : *Fimbristylis miliacea*) : एकवर्षिय, एकबीजपत्री, सकरी पत्ती घास			
अनिलोफास 30 ईसी (रोपित धान में)	0.30–0.45	1.00–1.50	30
एजिमसल्फूरोन 50 डीएफ (रोपित/सीधे बोये धान में)	35	70	59
बेन्सल्फूरॉनमिथाईल 60 डीएफ (प्रीइमरजेन्स)	60	100	88
बेन्सल्फूरॉनमिथाईल 60 डीएफ (पोस्टइमरजेन्स)	60	100	71
बिस्पाईरीबैक सोडियम 10 एससी (सीधे बोये धान में)	20	200	78
ब्युटाक्लोर 50 ईसी (रोपित धान में)	1.25–2.00	2.5–4.00	90–120
ब्युटाक्लोर 50 ईडब्लू (रोपित धान में)	1.25–1.50	2.5–3.00	–
ब्युटाक्लोर 5 जी	1.25–2.00	25000–40000	90–120
साईनमिथाईलिन 10 ईसी (रोपित धान में)	75–100	750–1000	60
इथोक्सीसल्फ्युरान 15 डब्लूडीजी (रोपित धान में)	12.5–15.0	83.3–100.0	110

क्रमशः...

मेटसल्फ्युरान मिथाइल 20 डब्लूपी (रोपित धान में)	4	20	60
ऑरथोसल्फामूरॉन 50 डब्लूजी (रोपित धान में)	60–75	150	65 प्री
आक्सीफ्लुओरफेन 0.35 जीआर (रोपित/सीधी बुआई)	100–150	30000–40000	–
पेन्डिमेथालिन 30 ईसी (रोपित/सीधी बुआई)	1–1.5	3300–5000	–
पेन्डिमेथालिन 5 जी (रोपित/सीधी बुआई)	1–1.5	20000–30000	–
प्रेटिलाक्लोर 37 ईडब्लू (रोपित धान में)	600–750	1500–1875	90
प्रेटिलाक्लोर 50 ईसी (रोपित धान में)	500–750	1000–1500	75–90
एनिलीफोस 24+2,4–डी ईथाईल ईस्टर 32 ईसी	–	1000–1500	90 (रोपित धान)
बेनसल्फ्यूरोन मिथाइल 0.6 + प्रेटिलाक्लोर 6 जी	60+600	10000	88 (रोपित धान)
क्लोमेजोन 20+2,4–डी ईथाईल ईस्टर 30 ईसी	250–375	1250	110 (रोपित धान)
मेटसल्फ्युरान मिथाइल 10 + क्लोरीम्यूरान इथाइल 10 डब्लूपी	4	20	90 (रोपित धान)
Muraina grass/Wrinkle grass : *Ischaemumrugosum* : एकवर्षिय, एकबीजपत्री, सकरी पत्ती घास			
अनिलोफास 30 ईसी (रोपित धान में)	0.30–0.45	1.00–1.50	30
बिस्पाईरीबैक सोडियम 10 एससी (सीधे बोये धान में)	20	200	78
एनिलीफोस 24+2,4–डी ईथाईल ईस्टर 32 ईसी	–	1000–1500	90 (रोपित धान)

क्रमशः...

बनलौंग (False primrose : *Ludwigia parviflora*) : एकवर्षिय, दोबीजपत्री, चौड़ी पत्ती घास			
एजिमसल्फूरोन 50 डीएफ (रोपित/सीधे बोये धान में)	35	70	59
बेन्सल्फूरॉनमिथाईल 60 डीएफ (प्रीइमरजेन्स)	60	100	88
बेन्सल्फूरॉनमिथाईल 60 डीएफ (पोस्टइमरजेन्स)	60	100	71
बिस्पाईरीबैक सोडियम 10 एससी (सीधे बोये धान में)	20	200	78
ब्युटाक्लोर 50 ईसी (रोपित धान में)	1.25–2.00	2.5–4.00	90–120
ब्युटाक्लोर 50 ईडब्लू (रोपित धान में)	1.25–1.50	2.5–3.00	–
ब्युटाक्लोर 5 जी	1.25–2.00	25000–40000	90–120
क्लोमेजोन 50 ईसी (रोपित धान में)	400–500	8000–10000	90
मेटसल्फ्युरान मिथाइल 20 डब्लूपी (रोपित धान में)	4	20	60
मेटसल्फ्युरान मिथाइल 20 डब्लूजी (रोपित धान में)	4	20	71
ऑरथोसल्फामूरॉन 50 डब्लूजी (रोपित धान में)	60–75	150	65 प्री
आक्साडायरगिल 80 डब्लूपी (रोपित धान में)	100	125	97
ओक्साडाईजोन 25 ईसी (रोपित धान में)	500	2000	–
आक्सीफ्लुओरफेन 0.35 जीआर (रोपित/सीधी बुआई)	100–150	30000–40000	–
पेन्डिमेथालिन 30 ईसी (रोपित/सीधी बुआई)	1–1.5	3300–5000	–
पेन्डिमेथालिन 5 जी (रोपित/सीधी बुआई)	1–1.5	20000–30000	–

क्रमशः...

प्रेटिलाक्लोर 37 ईडब्लू (रोपित धान में)	600–750	1500–1875	90
प्रेटिलाक्लोर 50 ईसी (रोपित धान में)	500–750	1000–1500	75–90
बेनसल्फ्यूरोन मिथाइल 0.6 + प्रेटिलाक्लोर 6 जी	60+600	10000	88 (रोपित धान)
क्लोमेजोन 20+2,4–डी ईथाईल ईस्टर 30 ईसी	250–375	1250	110 (रोपित धान)
मेटसल्फ्युरान मिथाइल 10 + क्लोरीम्यूरान इथाइल 10 डब्लूपी	4	20	90 (रोपित धान)
चौपतिया (Dwarf waterclover: *Marsilea minuta*): एकवर्षिय, दोबीजपत्री, चौड़ी पत्ती घास			
साईनमिथाईलिन 10 ईसी (रोपित धान में)	75–100	750–1000	60
चौपतिया (Four Leaf Clover : *Marsilea quadrifoliata*) : एकवर्षिय, दोबीजपत्री, चौड़ी पत्ती घास			
अनिलोफास 30 ईसी (रोपित धान में)	0.30–0.45	1.00–1.50	30
एजिमसल्फूरोन 50 डीएफ (रोपित/सीधे बोये धान में)	35	70	59
बेन्सल्फूरॉनमिथाईल 60 डीएफ (प्रीइमरजेन्स)	60	100	88
बेन्सल्फूरॉनमिथाईल 60 डीएफ (पोस्टइमरजेन्स)	60	100	71
इथोक्सीसल्फ्युरान 15 डब्लूडीजी (रोपित धान में)	12.5–15.0	83.3–100.0	110
मेटसल्फ्युरान मिथाइल 20 डब्लूपी (रोपित धान में)	4	20	60
मेटसल्फ्युरान मिथाइल 20 डब्लूजी (रोपित धान में)	4	20	71
आक्सीफ्लुओरफेन 0.35 जीआर (रोपित/सीधी बुआई)	100–150	30000–40000	–

क्रमशः...

पेन्डिमेथालिन 30 ईसी (रोपित/सीधी बुआई)	1–1.5	3300–5000	–
पेन्डिमेथालिन 5 जी (रोपित/सीधी बुआई)	1–1.5	20000–30000	–
पैराक्वाट डाईक्लोराईड 24 एसएल (बुआई के पहले)	300–800	125–350	–
बेनसल्फ्यूरोन मिथाइल 0.6 + प्रेटिलाक्लोर 6 जी	60+600	10000	88 (रोपित धान)
क्लोमेजोन 20+2,4–डी ईथाईल ईस्टर 30 ईसी	250–375	1250	110 (रोपित धान)
मेटसल्फ्युरान मिथाइल 10 + क्लोरीम्यूरान इथाइल 10 डब्लूपी	4	20	90 (रोपित धान)
नन्का, इन्दिवर (Oval Leaf Pondweed: *Monochoria vaginalis*): एक–बहुवर्षिय, दोबीजपत्री, चौड़ी पत्ती जलिय घास			
बेन्सल्फूरॉनमिथाईल 60 डीएफ (प्रीइमरजेन्स)	60	100	88
बेन्सल्फूरॉनमिथाईल 60 डीएफ (पोस्टइमरजेन्स)	60	100	71
बिस्पाईरीबैक सोडियम 10 एससी (सीधे बोये धान में)	20	200	78
ब्युटाक्लोर 50 ईडब्लू (रोपित धान में)	1.25–1.50	2.5–3.00	–
साईनमिथाईलिन 10 ईसी (रोपित धान में)	75–100	750–1000	60
इथोक्सीसल्फ्युरान 15 डब्लूडीजी (रोपित धान में)	12.5–15.0	83.3–100.0	110
मेटसल्फ्युरान मिथाइल 20 डब्लूजी (रोपित धान में)	4	20	71
प्रेटिलाक्लोर 37 ईडब्लू (रोपित धान में)	600–750	1500–1875	90
प्रेटिलाक्लोर 50 ईसी (रोपित धान में)	500–750	1000–1500	75–90
मेटसल्फ्युरान मिथाइल 10 + क्लोरीम्यूरान इथाइल 10 डब्लूपी	4	20	90 (रोपित धान)

क्रमशः...

खट्टी मिठी घास (Creeping Wood Sorrel : *Oxalis comiculata*) : एक–बहुवर्षिय, दोबीजपत्री, चौड़ी पत्ती घास			
मेटसल्फ्युरान मिथाइल 20 डब्लूजी (रोपित धान में)	4	20	71
मुचमुच (Deergrass : *Scirpus roylei*) : एकवर्षिय, एकबीजपत्री, सकरी पत्ती घास			
बेन्सल्फूरॉनमिथाईल 60 डीएफ (प्रीइमरजेन्स)	60	100	88
बेन्सल्फूरॉनमिथाईल 60 डीएफ (पोस्टइमरजेन्स)	60	100	71
इथोक्सीसल्फ्युरान 15 डब्लूडीजी (रोपित धान में)	12.5–15.0	83.3–100.0	110
मिर्चबूटी (Goose weed : *Sphenoclea zeylanica*) : एकवर्षिय, दोबीजपत्री, चौड़ी पत्ती घास			
एजिमसल्फूरोन 50 डीएफ (रोपित / सीधे बोये धान में)	35	70	59
बेन्सल्फूरॉनमिथाईल 60 डीएफ (प्रीइमरजेन्स)	60	100	88
बेन्सल्फूरॉनमिथाईल 60 डीएफ (पोस्टइमरजेन्स)	60	100	71
बिस्पाईरीबैक सोडियम 10 एससी (सीधे बोये धान में)	20	200	78
ब्युटाक्लोर 50 ई0सी0 (रोपित धान में)	1.25–1.50	2.5–4.00	90–120
ब्युटाक्लोर 50 ई0डब्लू0 (रोपित धान में)	1.25–1.50	2.5–3.00	–
ब्युटाक्लोर 5 जी	1.25–2.00	25000–40000	90–120
मेटसल्फ्युरान मिथाइल 20 डब्लूपी (रोपित धान में)	4	20	60
मेटसल्फ्युरान मिथाइल 20 डब्लूजी (रोपित धान में)	4	20	71

क्रमशः...

बेनसल्फ्यूरोन मिथाइल 0.6 + प्रेटिलाक्लोर 6 जी	60+600	10000	88 (रोपित धान)
गेहूँ एवं जौ			
जंगली चौलाई (Green Amaranth : Amaranthus viridis, A. spinosus) एकवर्षिय, दोबीजपत्री, चौड़ी पत्ती घास			
2,4 डी सोडियम साल्ट टेकनिकल (80 डब्लूपी)	500–840	625–1000	90
कृष्णनील (Red chickweed : Anagalis arvensis) एकवर्शिय, दोबीजपत्री, चौड़ी पत्ती घास			
कार्फेनट्राजोन ईथईल 40 डीएफ	20	50	80
2,4 डी सोडियम साल्ट टेकनिकल (80 डब्लूपी)	500–840	625–1000	90
मिथाबेन्जथियाजूरॉन 70 डब्लूपी (पोई–30डीएस)	1050–1750	2000–2500	100
मेटसल्फ्युरान मिथाइल 20 डब्लूपी	4	20	80
मेटसल्फ्युरान मिथाइल 20 डब्लूजी	4	20	76
ट्रियाल्फ्यूरान 20 डब्लूजी	20	100	81
पेडिमेथालिन 30 ईसी (हल्की मृदा)	1000	3300	–
पेन्डिमेथालिन 30 ईसी (मध्यम मृदा)	1250	4200	–
क्लोडिनाफोप प्रोपेगाईल 15 + मेटसल्फूरान मिथाईल 1 डब्लूपी	60+4	400	100
मिजोसल्फ्युरान मिथाइल 3 + आइडोसल्फ्युरान मिथाइल 06. (3.6 डब्लुजी)	12+2.4	400	96
सल्फोसलफूरॉन 75 + मेटसलफूरॉन मिथाईल 5 डब्लूजी	30+2	40	110
सत्यानाशी (Mexican Prickly Poppy : *Argemone mexicana*) एकवर्षिय, दोबीजपत्री, चौड़ी पत्ती घास			
2,4 डी सोडियम साल्ट टेकनिकल (80 डब्लूपी)	500–840	625–1000	90

क्रमशः...

एमसीपीए एमाईन साल्ट 40 डब्लूएससी	1000	2500	–
वनप्याजी (Onion Weed : *Asphodelus tenuifolius*) एकवर्षिय, एकबीजपत्री, सकरी पत्ती घास			
2,4 डी डाईमिथाईल एमिन साल्ट 58 एसएल	500–700	860–1290	–
2,4 डी ईथाइल इस्टर 38 ईसी	450–750	1320–2200	–
एमसीपीए एमाईन साल्ट 40 डब्लूएससी	1000	2500	–
जंगली जई (Common Wild Oat : *Avena fatua*) एकवर्षिय, एकबीजपत्री, सकरी पत्ती घास			
डिक्लोफोप मेथाईल 28 ईसी	700–1000	2500–3500	90
आइसोप्रोट्युरान 50 डब्लूपी	1000	2000	–
आइसोप्रोट्युरान 75 डब्लूपी	1000	1330	60
मिथाबेन्जथियाजूरॉन 70 डब्लूपी (पीई : 2 डीएस)	1050–1400	1500–2000	100
मिथाबेन्जथियाजूरॉन 70 डब्लूपी (पोई : 16–18 डीएस)	700–870	1000–1250	100
ट्राईअलाटे 50 ईसी	1250	2500	150
क्लोडिनाफो प्रोपेगाईल 15 + मेटसल्फूरान मिथाईल 1 डब्लूपी	60+4	400	100
जंगली जई (Winter wild Oat : *Avena ludoviciana*) एकवर्षिय, एकबीजपत्री, सकरी पत्ती घास			
मिथाबेन्जथियाजूरॉन 70 डब्लूपी (पोई : 2 डीएस)	1050–1400	1500–2000	100
मिथाबेन्जथियाजूरॉन 70 डब्लूपी (पोई : 16–18 डीएस)	700–870	1000–1250	100
पाईनोक्सेडीन 5.1 ईसी (पोई : 30–35 डीएस)	40–45	800–900	90
फेनोक्साप्रोप–पी–ईथाईल 7.77 + मेट्रीब्यूजिन 13.6 (220 ईसी)	100+175	1250	110

क्रमशः...

बथुआ (Bathua/ Pigweed : *Chenopodium album*) एकवर्षिय, दोबीजपत्री, चौड़ पत्ती घास			
कार्फेनट्राजोन ईथईल 40 डीएफ	20	50	80
2,4 डी डाईमिथाईल एमिन साल्ट 58 एसएल	500—750	860—1290	—
2,4 डी ईथाइल इस्टर 38 ईसी	450—750	1320—2200	—
मिथाबेन्जथियाजूरॉन 70 डब्लूपी (पोई : 30 डीएस)	1050—1750	2000—2500	100
मिथाबेन्जथियाजूरॉन 70 डब्लूपी (पीई : 16—18 डीएस)	700—870	1000—1250	100
मेट्रिबुजिन 70 डब्लूपी (मध्य मृदा)	175	250	120
मेट्रिबुजिन 70 डब्लूपी (भारी मृदा)	210	300	120
मेटसल्फ्युरान मिथाइल 20 डब्लूपी	4	20	80
मेटसल्फ्युरान मिथाइल 20 डब्लूजी	4	20	76
ट्रियासल्फ्यूरान 20 डब्लूजी	20	100	81
पेडिमेथालिन 30 ईसी (हल्की मृदा)	1000	3300	—
पेन्डिमेथालिन 30 ईसी (मध्यम मृदा)	1250	4200	—
सल्फोसलफूरॉन 75 डब्लूजी	25	33.3	110
क्लोडिनाफोप प्रोपेगाईल 15 + मेटसल्फूरान मिथाईल 1 डब्लूपी	60+4	400	100
फेनोक्साप्रोप—पी—ईथाईल 7.77+मेट्रीब्यूजिन 13.6 (220 ईसी)	100+175	1250	110
मिजोसल्फ्युरान मिथाइल 3 + आइडोसल्फ्युरान मिथाईल 06 (3.6 डब्लुजी)	12+2.4	400	96
सल्फोसलफूरॉन 75 + मेटसलफूरॉन मिथाईल 5 डब्लूजी	30+2	40	110

क्रमशः...

कटीली (Creeping Thistle : *Cirsium arvense*) बहुवर्षिय, दोबीजपत्री, चौड़ पत्ती घास			
कार्फेनट्राजोन ईथाईल 40 डीएफ	20	50	80
मेटसल्फ्युरान मिथाइल 20 डब्लूपी	4	20	80
हिरनखुरी (Field Bindweed : *Convulvulus arvensis*) बहुवर्षिय, दोबीजपत्री, चौड़ पत्ती घास			
2,4 डी डाईमिथाईल एमिन साल्ट 58 एसएल	500–750	860–1290	–
मेटसल्फ्युरान मिथाइल 20 डब्लूजी	4	20	76
क्लोडिनाफापे प्रोपेगाईल 15 + मेटसल्फूरान मिथाईल 1 डब्लूपी	60+4	400	100
झिरूवा (Fimbry : *Fimbristylis miliacea*) एकवर्षिय, एकबीजपत्री, सकरी पत्ती घास			
2,4 डी सोडियम साल्ट टेकनिकल (80 डब्लूपी)	500–840	625–1000	90
गजरी / बनसोया (*Fumaria parviflora*) एकवर्शिय, दोबीजपत्री, चौड़ पत्ती घास			
2,4 डी डाईमिथाईल एमिन साल्ट 58 एसएल	500–750	860–1290	–
2,4 डी ईथाइल इस्टर 38 ईसी	450–750	1320–2200	–
एमसीपीए एमाईन साल्ट 40 डब्लूएससी	1000	2500	–
ट्रियासल्फ्यूरान 20 डब्लूजी	20	100	81
पेडिमेथालिन 30 ईसी (हल्की मृदा)	1000	3300	–
पेन्डिमेथालिन 30 ईसी (मध्यम मृदा)	1250	4200	–
क्लोडिनाफोप प्रोपेरगाईल 15 + मेटसल्फूरान मिथाईल 1 डब्लूपी	60+4	400	100
मिजोसल्फ्युरान मिथाइल 3 + आइडोसल्फ्युरान मिथाइल 06. (3.6 डब्लुजी)	12+2.4	400	96

क्रमशः...

चटरी मटरी/बन मटर/जंगली मटर (Grass Pea : *Lathyrus aphaca*) एकवर्षिय, दोबीजपत्री, चौड़ पत्ती घास			
कार्फेनट्राजोन ईथईल 40 डीएफ	20	50	80
मेटसल्फ्युरान मिथाइल 20 डब्लूपी	4	20	80
मेटसल्फ्युरान मिथाइल 20 डब्लूजी	4	20	76
क्लोडिनाफोप प्रोपेरगाईल 15 + मेटसल्फूरान मिथाईल 1 डब्लूपी	60+4	400	100
फेनोक्साप्रोप–पी–ईथाईल 7.77+मेट्रीब्यूजिन 13.6 (220 ईसी)	100+175	1250	110
मिजोसल्फ्युरान मिथाइल 3 + आइडोसल्फ्युरान मिथाइल 06 (3.6 डब्लुजी)	12+2.4	400	96
जंगली भिण्डी/सोनचाला (Common malow, Cheeseweed : *Malwa* sp.) एकवर्षिय, दोबीजपत्री, चौड़ पत्ती घास			
कार्फेनट्राजोन ईथाईल 40 डीएफ	20	50	80
मियाना/चन्दौसी (Bur Clover : *Medicago denticulate*) बहुवर्षिय, दोबीजपत्री, चौड़ पत्ती घास			
कार्फेनट्राजोन ईथाईल 40 डीएफ	20	50	80
मेटसल्फ्युरान मिथाइल 20 डब्लूजी	4	20	76
ट्रियासल्फ्यूरान 20 डब्लूजी	20	100	81
मिजोसल्फ्युरान मिथाइल 3 + आइडोसल्फ्युरान मिथाइल 06 (3.6 डब्लुजी)	12+2.4	400	96
सल्फोसलफूरॉन 75 + मेटसलफूरॉन मिथाईल 5 डब्लूजी	30+2	40	110
सफेद सेंजी/सफेद बन मेथी (White Sweet Clover : *Melilots alba*) एक–दोवर्षिय, दोबीजपत्री, चौड़ पत्ती घास			
कार्फेनट्राजोन ईथाईल 40 डीएफ	20	50	80
मेटसल्फ्युरान मिथाइल 20 डब्लूजी	4	20	76
ट्रियासल्फ्यूरान 20 डब्लूजी	20	100	81

क्रमशः...

पेडिमेथालिन 30 ईसी (हल्की मृदा)	1000	3300	–
पेन्डिमेथालिन 30 ईसी (मध्यम मृदा)	1250	4200	–
सल्फोसलफूरॉन 75 डब्लूजी	25	33.3	110
क्लोडिनाफोप प्रोपेरगाईल 15 + मेटसल्फूरान मिथाईल 1 डब्लूपी	60+4	400	100
फेनोक्साप्रोप–पी–ईथाईल 7.77+मेट्रीब्यूजिन 13.6 (220 ईसी)	100+175	1250	110
मिजोसल्फ्युरान मिथाइल 3 + आइडोसल्फ्युरान मिथाइल 06 (3.6 डब्लुजी)	12+2.4	400	96
सल्फोसलफूरॉन 75 + मेटसलफूरॉन मिथाईल 5 डब्लूजी	30+2	40	110
पीली सेंजी (Yellow sweetcover : *Melilotus indica*) एक–दोवर्षिय, दोबीजपत्री, चौड़ पत्ती घास			
कार्फेनट्राजोन ईथाईल 40 डीएफ	20	50	80
2,4 डी ईथाइल इस्टर 38 ईसी	450–750	1320–2200	–
मेट्रिबुजिन 70 डब्लूपी (मध्य मृदा)	175	250	120
मेट्रिबुजिन 70 डब्लूपी (भारी मृदा)	210	300	120
मेटसल्फ्युरान मिथाइल 20 डब्लूपी	4	20	80
मेटसल्फ्युरान मिथाइल 20 डब्लूजी	4	20	76
गुल्ली डंडा/गेहूँसा (Dwarf Canary Grass : *Phalaris minor*) एकवर्षिय, एकबीजपत्री, सकरी पत्ती घास			
क्लोडिनाफोप प्रोपेरगाईल 15 डब्लूपी	60	400	110
डिक्लोपोप मेथाईल 28 ईसी	700–1000	2500–3500	90
फेनोक्साप्रोप–पी–ईथाईल 10 ईसी	100–120	1000–1200	110
आइसोप्रोट्युरान 50 डब्लूपी	1000	2000	–
आइसोप्रोट्युरान 75 डब्लूपी	1000	1330	60
मिथाबेन्जथियाजूरॉन 70 डब्लूपी (पीई–2 डीएस)	1050–1400	1500–2000	100

क्रमशः...

मिथबेन्जथियाजूरॉन 70 डब्लूपी (पीई–16–18 डीएस)	700–870	1000–1250	100
मेट्रिबुजिन 70 डब्लूपी (मध्य मृदा)	175	250	120
मेट्रिबुजिन 70 डब्लूपी (भारी मृदा)	210	300	120
पेडिमेथालिन 30 ईसी (हल्की मृदा)	1000	3300	–
पेन्डिमेथालिन 30 ईसी (मध्यम मृदा)	1250	4200	–
पेडिमेथालिन 30 ईसी (भारी मृदा)	1500	5000	–
पाईनोक्सेडीन 5.1 ईसी (पोई : 30–35 डीएस)	40–45	800–900	90
सल्फोसलफूरॉन 75 डब्लूजी	25	33.3	110
क्लोडिनाफो प्रोपेरगाईल 15 + मेटसल्फूरान मिथाईल 1 डब्लूपी	60+4	400	100
फेनोक्साप्रोप–पी–ईथाईल 7.77+मेट्रीब्यूजिन 13.6 (220 ईसी)	100+175	1250	110
मिजोसल्फ्युरान मिथाइल 3 + आइडोसल्फ्युरान मिथाइल 06 (3.6 डब्लुजी)	12+2.4	400	96
सल्फोसलफूरॉन 75 + मेटसलफूरॉन मिथाईल 5 डब्लूजी	30–2	40	110
भूई आवंला/हजारदाना (Stone breaker : *Phyllanthus niruri*) एकवर्षिय, दोबीजपत्री, चौड़ पत्ती घास			
एमसीपीए एमाईन साल्ट 40 डब्लूएससी	1000	2500	–
पोआघास (Annual Bluegrass : *Poa annua*) एकवर्षिय, एकबीजपत्री, सकरी पत्ती घास			
आइसोप्रोट्युरान 50 डब्लूपी	1000	2000	–
आइसोप्रोट्युरान 75 डब्लूपी	1000	1330	60
मिथबेन्जथियाजूरॉन 70 डब्लूपी (पीई–2 डीएस)	1050–1400	1500–2000	100
पेडिमेथालिन 30 ईसी (हल्की मृदा)	1000	3300	–

क्रमशः...

पेन्डिमेथालिन 30 ईसी (मध्यम मृदा)	1250	4200	–
पेडिमेथालिन 30 ईसी (भारी मृदा)	1500	5000	–
नूरी (Annual beard grass : *Polypogom morspliensis*) एकवर्षिय, एकबीजपत्री, सकरी पत्ती घास			
मिथबेन्जथियाजूरॉन 70 डब्लूपी (पीई–30डीएस)	1050–1750	2000–2500	100
लूनिया (Purslane : *Portulaca oleracea*) एकवर्षिय, दोबीजपत्री, चौड़ पत्ती घास			
पेडिमेथालिन 30 ईसी (हल्की मृदा)	1000	3300	–
पेन्डिमेथालिन 30 ईसी (मध्यम मृदा)	1250	4200	–
पेडिमेथालिन 30 ईसी (भारी मृदा)	1500	5000	–
जंगली पालक / बन पालक (Toothed Dock : *Rumex dentatus*) एक–बहुवर्षिय, दोबीजपत्री, चौड़ पत्ती घास			
कार्फेनट्राजोन ईथईल 40 डीएफ	20	50	80
मेटसल्फ्युरान मिथाइल 20 डब्लूजी	4	20	76
क्लोडिनाफोप प्रोपेरगाईल 15 + मेटसल्फूरान मिथाईल 1 डब्लूपी	60+4	400	100
फेनोक्साप्रोप–पी–ईथाईल 7.77+मेट्रीब्यूजिन 13.6 (220 ईसी)	100+175	1250	110
मिजोसल्फ्युरान मिथाइल 3 + आइडोसल्फ्युरान मिथाइल 06 (3.6 डब्लुजी)	12+2.4	400	96
सल्फोसलफूरॉन 75 + मेटसलफूरॉन मिथाईल 5 डब्लूजी	30–2	40	110
ट्रियासल्फ्यूरान 20 डब्लूजी	20	100	81
अकरी (Common vetch: *Vicia sativa*) एकवर्षिय, दोबीजपत्री, चौड़ पत्ती घास			
कार्फेनट्राजोन ईथाईल 40 डीएफ	20	50	80
2,4 डी डाईमिथाईल एमिन साल्ट 58 एसएल	500–700	860–1290	–
ट्रियासल्फ्यूरान 20 डब्लूजी	20	100	81

क्रमशः...

मेटसल्फ्युरान मिथाइल 20 डब्लूपी	4	20	80
मेटसल्फ्युरान मिथाइल 20 डब्लूजी	4	20	76
क्लोडिनाफोप प्रोपेरगाईल 15 + मेटसल्फूरान मिथाईल 1 डब्लूपी	60+4	400	100
Grassy and Broad Leaf Weeds एकबीजपत्री, दोबीजपत्री, सकरी पत्ती एवं चौड़ पत्ती घास			
पैराक्वाट डाईक्लोराईड 24 एसएल (बुआई के पहले)	1000	4250	120–150
मक्का			
जंगली चौलाई (Green Amaranth : Amaranthus viridi) एकवर्षिय, दोबीजपत्री, चौड़ी पत्ती घास			
एट्राजिन 50 डब्लूपी	500–1000	1000–2000	–
2,4 डी डाईमिथाईल एमिन साल्ट 58 एसएल	500	860	50–60
2,4 डी ईथाइल इस्टर 38 ईसी	900	2650	50–60
डियुरान 80 डब्लूपी	800	1000	–
पैराक्वाट डाईक्लोराईड 24 एसएल (बुआई के पहले)	200–500	800–2000	90–120
जंगली सरसों (Red hogweed/Punamava: *Boerhaavia diffusa*) एक–बहुवर्षिय, दोबीजपत्री, चौड़ी पत्ती घास			
2,4 डी डाईमिथाईल एमिन साल्ट 58 एसएल	500	860	50–60
2,4 डी ईथाइल इस्टर 38 ईसी	900	2650	50–60
बसवट (Para grass/Signal grass : *Brachiaria* sp.) एकवर्षिय, एकबीजपत्री, सकरी पत्ती घास			
एट्राजिन 50 डब्लूपी	500–1000	1000–2000	–
बथुआ (Bathua/Pigweed : *Chenopodium album*) एकवर्षिय, दोबीजपत्री, चौड़ पत्ती घास			
एलाक्लोर 10 जीआर	1500–2500	15000–25000	–
डियुरान 80 डब्लूपी	800	1000	–

क्रमशः...

हुलहुल (Celandine Spider Flower : *Cleome chelidonii*) एकवर्षिय, दोबीजपत्री, चौड़ पत्ती घास			
2, 4 डी सोडियाम साल्ट टेक्निकल 80 डब्लूपी	1000	1250	90–120
हुलहुल (A Spider Flower : *Cleome chelidonii*) एकवर्षिय, दोबीजपत्री, चौड़ पत्ती घास			
एट्राजिन 50 डब्लूपी	500–1000	1000–2000	
केना (Long Leaved Dayflower : *Commelina bengalensis*) बहुवर्षिय, दोबीजपत्री, चौड़ पत्ती भााक			
पैराक्वाट डाईक्लोराईड 24 एसएल (बुआई के पहले)	200–500	800–2000	90–120
गल मोथा (Rice flat sedge : *Cyperus* sp.) एकवर्शिय, बहुवर्षिय, एकबीजपत्री, सकरी पत्ती घास			
2,4 डी डाईमिथाईल एमिन साल्ट 58 एसएल	500	860	50–60
2,4 डी ईथाइल इस्टर 38 ईसी	900	2650	50–60
पैराक्वाट डाईक्लोराईड 24 एसएल (बुआई के पहले)	200–500	800–2000	90–120
गल मोथा (Rice flat sedge : *Cyperus* iria) एकवर्षिय, बहुवर्षिय, एकबीजपत्री, सकरी पत्ती घास			
डियुरान 80 डब्लूपी	800	1000	–
पैराक्वाट डाईक्लोराईड 24 एसएल (बुआई के बाद)	200–500	800–2000	90–120

क्रमशः...

कुन्द्रा (Flase Amaranth/Latmahuria : *Digera arvensis*) एकवर्षिय, दोबीजपत्री, चौड़ी पत्ती घास			
एट्राजिन 50 डब्लूपी	500–1000	1000–2000	–
कुन्द्रा (Bamboo grass : Digitaria spp.) एकवर्षिय, एकबीजपत्री, सकरी पत्ती घास			
एलाक्लोर 10 जीआर	1500–2500	15000–25000	–
एट्राजिन 50 डब्लूपी	500–1000	1000–2000	–
डियुरान 80 डब्लूपी	800	1000	–
छोटी सांई (Jungle Rice : *Echinochloa* spp.) एकवर्षिय, एकबीजपत्री, सकरी पत्ती घास			
एलाक्लोर 50 ईसी	2500	5000	90
एलाक्लोर 10 जीआर	1500–2500	15000–25000	–
एट्राजिन 50 डब्लूपी	500–1000	1000–2000	–
डियुरान 80 डब्लूपी	800	1000	–
पैराक्वाट डाईक्लोराईड 24 एसएल (बुआई के पहले)	200–500	800–2000	90–120
बनमडुआ, कोदाई (Indian goosegrass : *Eleusine indic*) एकवर्षिय, एकबीजपत्री, सकरी पत्ती घास			
एलाक्लोर 50 ईसी	2500	5000	90
एट्राजिन 50 डब्लूपी	500–1000	1000–2000	–
डियुरान 80 डब्लूपी	800	1000	–
बड़ी दुधी (Asthma weed : *Euphorbia hirta*) एकवर्षिय, दोबीजपत्री, चौड़ पत्ती घास			
एलाक्लोर 50 ईसी	2500	5000	90
2,4 डी डाईमिथाईल एमिन साल्ट 58 एसएल	500	860	50–60
2,4 डी ईथाइल इस्टर 38 ईसी	900	2650	50–60

क्रमशः...

भूई आंवला/हजारदाना (Stone breaker : *Phyllanthus niruri*) एकवर्षिय, दोबीजपत्री, चौड़ पत्ती घास			
2,4 डी सोडियम साल्ट टेकनिकल (80 डब्लूपी)	1000	1250	90–120
डियुरान 80 डब्लूपी	800	1000	–
पंखुड़ी (Stone grass/Knotweed : *Polygonum* spp.) एकवर्षिय, दोबीजपत्री, चौड़ पत्ती घास			
एट्राजिन 50 डब्लूपी	500–1000	1000–2000	–
लूनिया (Purslane : *Portulaca oleracea*) एकवर्षिय, दोबीजपत्री, चौड़ पत्ती शाक			
2,4 डी डाईमिथाईल एमिन साल्ट 58 एसएल	500	860	50–60
2,4 डी ईथाइल इस्टर 38 ईसी	900	2650	50–60
पथरचटटा/विसखापरा (Giant pigweed : *Trianthema monogyna*) एकवर्षिय, दोबीजपत्री, चौड़ पत्ती घास			
एट्राजिन 50 डब्लूपी	500–1000	1000–2000	–
2,4 डी डाईमिथाईल एमिन साल्ट 58 एसएल	500	860	50–60
2,4 डी ईथाइल इस्टर 38 ईसी	900	2650	50–60
पैराक्वाट डाईक्लोराईड 24 एसएल (बुआई के पहले)	200–500	800–2000	90–120
पथरचटटा, विसखापरा (Giant pigweed : Trianthema portulacastrum) एकवर्षिय, दोबीजपत्री, चौड़ पत्ती घास			
2,4 डी सोडियम साल्ट टेकनिकल (80 डब्लूपी)	1000	1250	90–120
गोखरू (Goathead : *Tribulus terristeris*) बहुवर्शिय, दोबीजपत्री, चौड़ पत्ती शाक			
2,4 डी डाईमिथाईल एमिन साल्ट 58 एसएल	500	860	50–60

क्रमशः...

2,4 डी ईथाइल इस्टर 38 ईसी	900	2650	50–60
छोटा गोखरू (Common Cocklebur : *Xanthium strumerium*) एकवर्षिय, दोबीजपत्री, चौड़ पत्ती घास			
एट्राजिन 50 डब्लूपी	500–1000	1000–2000	–
ज्वार			
हिरनखुरी (Field Bindweed : *Convululvus arvensis*) बहुवर्षिय, दोबीजपत्री, चौड़ी पत्ती घास			
2,4 डी डाईमिथाईल एमिन साल्ट 58 एसएल	1800	3100	–
2,4 डी ईथाइल इस्टर 38 ईसी	1000	2940	–
गल मोथा (Rice flat sedge : *Cyperus iria*) एकवर्षिय, बहुवर्षिय, एकबीजपत्री, सकरी पत्ती घास			
2,4 डी डाईमिथाईल एमिन साल्ट 58 एसएल	1800	3100	–
2,4 डी ईथाइल इस्टर 38 ईसी	1000	2940	–
कुन्द्रा (False Amaranth / Latmahuria : *Digera arvensis*) एकवर्षिय, दोबीजपत्री, चौड़ पत्ती घास			
2,4 डी डाईमिथाईल एमिन साल्ट 58 एसएल	1800	3100	–
2,4 डी ईथाइल इस्टर 38 ईसी	1000	2940	–
बड़ी दुधी (Asthma weed : *Euphorbia hirta*) एकवर्षिय, दोबीजपत्री, चौड़ पत्ती घास			
2,4 डी डाईमिथाईल एमिन साल्ट 58 एसएल	1800	3100	–
2,4 डी ईथाइल इस्टर 38 ईसी	1000	2940	–
भूई आंवला, हजारदाना (Stone breaker : *Phyllnathus niruri*) एकवर्षिय, दोबीजपत्री, चौड़ पत्ती घास			
2,4 डी डाईमिथाईल एमिन साल्ट 58 एसएल	1800	3100	–

क्रमशः...

2,4 डी ईथाइल इस्टर 38 ईसी	1000	2940	–
पथरचटटा / विसखापरा (Giant pigweed: *Trianthema monogyna*) एकवर्षिय, दोबीजपत्री, चौड़ पत्ती घास			
2,4 डी डाईमिथाईल एमिन साल्ट 58 एसएल	1800	3100	–
2,4 डी ईथाइल इस्टर 38 ईसी	1000	2940	–
तुनकी / खलमुरिया (Coat Buttons : *Tridax procumbens*) एकवर्षिय, दोबीजपत्री, चौड़ पत्ती घास			
2,4 डी डाईमिथाईल एमिन साल्ट 58 एसएल	1800	3100	–
2,4 डी ईथाइल इस्टर 38 ईसी	1000	2940	–
मूँग			
मकड़ी (Four-finger grass : *Dactyloctenium aegypticum*) एकवर्षिय, एकबीजपत्री, सकरी पत्ती, घास			
फेनोक्साप्राप पी ईथाइल 9 ईसी (पोस्ट 15–20 डीएएस)	56–67	625–750	43
प्रोपेक्वीजाफोप 10 ईसी	75–100	750–1000	21
क्वीजालोफोप–पी–ईथाईल 5 ईसी	37.5–50	750–1000	52
कुन्द्रा (Bamboo grass : *Digitaria* spp.) एकवर्षिय, एकबीजपत्री, सकरी पत्ती घास			
फेनोक्साप्राप पी ईथइल 9 ईसी (पोस्ट 15–20 डीएएस)	56–67	625–750	43
क्वीजालोफोप–पी–ईथाईल 5 ईसी	37.5–50	750–1000	52
छोटी सांई (Jungle Rice : *Echinochloa colonum*) एकवर्षिय, एकबीजपत्री, सकरी पत्ती घास			
फेनोक्साप्राप पी ईथाइल 9 ईसी (पोस्ट 15–20 डीएएस)	56–67	625–750	43
प्रोपेक्वीजाफोप 10 ईसी	75–100	750–1000	21
क्वीजालोफोप–पी–ईथाईल 5 ईसी	37.5–50	750–1000	52

क्रमशः...

बड़ी सांई (Barnyard Grass : *Echinochloa crusgali*) एकवर्षिय, एकबीजपत्री, सकरी पत्ती घास			
फेनोक्साप्राप पी ईथाइल 9 ईसी (पोस्ट 15–20 डीएएस)	56–67	625–750	43
प्रोपेक्वीजाफोप 10 ईसी	75–100	750–1000	21
क्वीजालोफोप–पी–ईथाईल 5 ईसी	37.5–50	750–1000	52
बनमडुआ / कोदाई (Indian gossegrass : *Eleusine indica*) एकवर्षिय, एकबीजपत्री, सकरी पत्ती घास			
प्रोपेक्वीजाफोप 10 ईसी	75–100	750–1000	21
क्वीजालोफोप–पी–ईथाईल 5 ईसी	37.5–50	750–1000	52
कुस घास (Stink Grass : *Eragrostis major*) एकवर्षिय, एकबीजपत्री, सकरी पत्ती घास			
क्वीजालोफोप–पी–ईथाईल 5 ईसी	37.5–50	750–1000	52
नारू (*Paspalidium* sp.)			
क्वीजालोफोप–पी–ईथाईल 5 ईसी	37.5–50	750–1000	52
मटर			
कृष्णनील (Red chickweed : *Anagalis arvensis*) एकवर्षिय, दोबीजपत्री, चौड़ी पत्ती घास			
लिनूरॉन 50 डब्लूपी	625–1000	1250–2000	80–90
बथुआ (Bathua / Pigweed : *Chenopodium album, C. murale*) एकवर्षिय, दोबीजपत्री, चौड़ी पत्ती घास			
लिनूरॉन 50 डब्लूपी	625–1000	1250–2000	80–90
बड़ी सांई (Bamyard Grass : *Echinochloa crusgali*) एकवर्षिय, एकबीजपत्री, सकरी पत्ती घास			
लिनूरॉन 50 डब्लूपी	625–1000	1250–2000	80–90

क्रमशः...

गजरी / बनसोया (*Fumaria parviflora*) एकवर्षिय, दोबीजपत्री, चौड़ी पत्ती घास			
लिनूरॉन 50 डब्लूपी	625–1000	1250–2000	80–90
मियाना / चन्दौसी (Bur Clover : *Medicago denticulate*) बहुवर्षिय, दोबीजपत्री, चौड़ी पत्ती घास			
लिनूरॉन 50 डब्लूपी	625–1000	1250–2000	80–90
सफेद सेंजी / सफेद बन मेथी (White Sweet Clover : *Meliotus alba*) एक–दोवर्षिय, दोबीजपत्री, चौड़ी पत्ती घास			
लिनूरॉन 50 डब्लूपी	625–1000	1250–2000	80–90
पीली सेंजी (Yellow sweetclover : *Melilotus indica*) एक–दोवर्षिय, दोबीजपत्री, चौड़ी पत्त, घास			
लिनूरॉन 50 डब्लूपी	625–1000	1250–2000	80–90
पोआघास (Annual Bluegrass : *Poa annua*) एकवर्षिय, एकबीजपत्री, सकरी पत्ती घास			
लिनूरॉन 50 डब्लूपी	625–1000	1250–2000	80–90
लूनिया (Purslane : *Portulaca oleracea*) एकवर्षिय, दोबीजपत्री, चौड़ी पत्ती घास			
लिनूरॉन 50 डब्लूपी	625–1000	1250–2000	80–90
सरसों			
बथुआ (Bathua / Pigweed : *Chenopodium album*) एकवर्षिय, दोबीजपत्री, चौड़ी पत्ती घास			
आक्साडायरगिल 6 ईसी	90	1500	35
सफेद सेंजी / सफेद बन मेंथी (White Sweet Clover : *Melilotus alba*) एक–दोवर्षिय, दोबीजपत्री, चौड़ी पत्ती घास			
आक्साडायरगिल 6 ईसी	90	1500	35
पीली सेंजी (Yellow sweet clover : *Melilotus indica*) एक–दोवर्षिय, दोबीजपत्री, चौड़ी पत्ती घास			
आक्साडायरगिल 6 ईसी	90	1500	35

क्रमशः...

मूँगफली			
संदबुर (Bristly Starbur : *Acanthospermum hispidum*) एकवर्षिय, दोबीजपत्री, चौड़ी पत्ती घास			
एलाक्लोर 50 ईसी	2500	5000	120–150
जंगल चौलीई (Green Amaranth : *Amaranthus viridis*) एकवर्षिय, दोबीजपत्री, चौड़ी पत्ती भाक			
एलाक्लोर 50 ईसी	2500	5000	120–150
केना (Long Leaved Dayflower : *Commelina bengalensis*) बहुवर्षिय, दोबीजपत्री, चौड़ी पत्ती घास			
ईमाजाथापायर 10 एसएल	100–150	1000–1500	90
जल मेथा (Umbrella plant : *Cyperus difformis*) एकवर्षिय, एकबीजपत्री, सकरी पत्ती घास			
ईमाजाथापायर 10 एसएल	100–150	1000–1500	90
मकड़ा (Four-finger grass : *Dactyloctenium aegypticum*) एकवर्षिय, एकबीजपत्री, सकरी पत्ती घास			
क्वीजालोफोप–पी–ईथाईल 5 ईसी	37.5–50	750–1000	89
कुन्द्रा (Bamboo grass : *Digitaria* spp.) एकवर्षिय, एकबीजपत्री, सकरी पत्ती घास			
एलाक्लोर 50 ईसी	2500	5000	120–150
आक्सीफ्लुओरफेन 23.5 ईसी	100–200	425–850	–
छोटी सांई (Jungle Rice : *Echinochloa* spp.) एकवर्षिय, एकबीजपत्री, सकरी पत्ती घास			
एलाक्लोर 50 ईसी	2500	5000	120–150
क्वीजालोफोप–पी–ईथाईल 5 ईसी	37.5–50	750–1000	89
आक्सीफ्लुओरफेन 23.5 ईसी	100–200	425–850	–

क्रमशः...

कुल घास (Strink Grass : *Eragrostis pilosa*) एकवर्षिय, एकबीजपत्री, सकरी पत्ती घास			
ईमाजाथापायर 10 एसएल	100–150	1000–1500	90
बड़ी दुधी (Asthma weed : *Euphorbia hirta*) एकवर्षिय, दोबीजपत्री, चौड़ी पत्ती घास			
एलाक्लोर 50 ईसी	2500	5000	120–150
(Speedy weed : *Flaveria australasica*) एकवर्षिय, दोबीजपत्री, चौड़ी पत्ती घास			
एलाक्लोर 50 ईसी	2500	5000	120–150
भूई आंवला/हजारदाना (Stone breaker : *Phyllanthus niruri*) एकवर्षिय, दोबीजपत्री, चौड़ी पत्ती घास			
एलाक्लोर 50 ईसी	2500	5000	120–150
लूनिया (Purslane : *Portulaca oleracea*) एकवर्षिय, दोबीजपत्री, चौड़ी पत्ती घास			
एलाक्लोर 50 ईसी	2500	5000	120–150
पथरचटटा/विसखापरा (Giant pigweed : *Trianthema portulacastrum*) एकवर्षिय, दोबीजपत्री, चौड़ी पत्ती घास			
एलाक्लोर 50 ईसी	2500	5000	120–150
ईमाजाथापायर 10 एसएल	100–150	1000–1500	90
सोयाबीन			
कुप्पी, कुप्पीखोखली (Indian nettle : *Acalypha indica*) एकवर्षिय, दोबीजपत्री, चौड़ी पत्ती घास			
क्लोरिमूरोन ईथाईल 25 डब्लूपी	9	36	45
जंगली पुदीना (Goat weed : *Ageratum conyzoides*) एकवर्षिय, दोबीजपत्री, चौड़ी पत्ती घास			
अनिलोफास 30 ईसी	1250–1500	4200–5000	100–120
जंगली चौलाई (Green Amaranth : *Amaranthus viridis*) एकवर्षिय, दोबीजपत्री, चौड़ी पत्ती घास			
एलाक्लोर 50 ईसी	2500	5000	–

क्रमशः...

मेटोलाक्लोर 50 ईसी	1000	2000	–
पेन्डिमेथालिन 30 ईसी	750–1000	2500–3300	110
पेन्डिमेथालिन 38.7 सीएस	580–677	1500–1750	40
पेन्डिमेथालिन 30 + ईमाजाथापायर 2 ईसी	750+50	2500–3000	90
विस्खोपड़ा (Boerhaavia hispida) एक–बहुवर्षिय, दोबीजपत्री, चौड़ी पत्ती घास			
फ्लुक्लोरालिन 45 ईसी	1000–1500	2220–3330	120–150
बसवट (Para grass / Signal grass : *Brachiaria* sp.) एकवर्षिय, एकबीजपत्री, सकरी पत्ती घास			
फेनोक्साप्राप–पी–ईथाइल 9 ईसी	100	1111 (15–20 दिन बाद)	70 पोस्ट
पेन्डिमेथालिन 38.7 सीएस	580–677	1500–1750	40
ईमाजामोक्स 35 + ईमाजाथापायर 35 डब्लूजी	70	100	56
बथुआ (Pig weed : *Chenopodium album*) एकवर्षिय, दोबीजपत्री, चौड़ी पत्ती घास			
क्लोरिमूरोन ईथाईल 25 डब्लूपी	9	36	45
हुलहुल (Asian spider flower : *Cleome viscose*) एकवर्षिय, दोबीजपत्री, चौड़ी पत्ती घास			
एलाक्लोर 50 ईसी	2500	5000	–
पेन्डिमेथालिन 38.7 सीएस	580–677	1500–1750	40
केना (Long Leaved Dayflower : *Commelina bengalensis*) बहुवर्षिय, दोबीजपत्री, चौड़ी पत्ती घास			
अनिलोफास 30 ईसी	1250–1500	4200–5000	100–120
क्लोरिमूरोन ईथाईल 25 डब्लूपी	9	36	45
क्लोमेजोन 50 ईसी	750–1000	1500–2000	90
ईमाजाथापायर 10 एसएल	100	1000	75

क्रमशः...

ईमाजामोक्स 35 + ईमाजाथापायर 35 डब्लूजी	70	100	56
पेन्डिमेथालिन 30 + ईमाजाथापायर 2 ईसी	750+50	2500–3000	90
बागानुल्ला / काना (*Cyanotis axillaris*) एकवर्षिय, एकबीजपत्री, सकरी पत्ती घास			
अनिलोफास 30 ईसी	1250–1500	4200–5000	100–120
दूब (Bermuda Grass : *Cynodon dactylon*) बहुवर्षिय, एकबीजपत्री, सकरी पत्ती घास			
फ्लूआजिफॉप–पी–ब्यूटाईल 13.4 ईसी	125–250	1000–2000	90
क्वीजालोफोप–पी–ईथाईल 4.41 ईसी	30–40	750–1000	30
मोथा (Flat sedge : *Cyperus* sp.) एकवर्षीय, बहुवर्षिय, एकबीजपत्री, सकरी पत्ती घास			
मेटोलाक्लोर 50 ईसी	1000	2000	–
गल मोथा (Rice flat sedge : *Cyperus iria*) एकवर्षीय, बहुवर्षिय, एकबीजपत्री, सकरी पत्ती घास			
एलाक्लोर 50 ईसी	2500	5000	–
क्लोरिमूरोन ईथाईल 25 डब्लूपी	9	36	45
मोथा (Umbrella plant : *Cyperus compestris*) एकवर्षीय, एकबीजपत्री, सकरी पत्ती घास			
फ्लुक्लोरालिन 45 ईसी	1000–1500	2220–3330	120–150
मेट्रिबुजिन 70 डब्लूपी	350–525	500–750	30
मोथा (Umbrella plant : *Cyperus difformis*) एकवर्षीय, एकबीजपत्री, सकरी पत्ती घास			
ईमाजाथापायर 10 एसएल	100	1000	75
मकड़ा (Four-finger grass : *Dactylotenium aegypticum*) एकवर्षीय, एकबीजपत्री, सकरी पत्ती घास			
एलाक्लोर 50 ईसी	2500	5000	–
फ्लूआजिफॉप–पी–ब्यूटाईल 13.4 ईसी	125–250	1000–2000	90

क्रमशः...

पेन्डिमेथालिन 38.7 सीएस	580—677	1500—1750	40
प्रोपेक्वीजाफोपा 10 ईसी	50—75	500—750	21
कुन्द्रा (False Amaranth / Latmahuria : *Digera arvensis*) एकवर्षीय, दोबीजपत्री, चौड़ी पत्ती घास			
ईमाजाथापायर 10 एसएल	100	1000	75
पेन्डिमेथालिन 30 + ईमाजाथापायर 2 ईसी	750+50	2500—3000	90
कुन्द्रा (Bamboo grass : *Digitaria* spp.) एकवर्षीय, एकबीजपत्री, सकरी पत्ती घास			
क्लोमेजोन 50 ईसी	750—1000	1500—2000	90
फेनोक्साप्राप—पी—ईथाइल 9 ईसी	100	1111 (15—20 दिन बाद)	70 पोस्ट इमरजेन्स
फ्लूआजिफॉप—पी—ब्यूटाईल 13.4 ईसी	125—250	1000—2000	90
मेटोलाक्लोर 50 ईसी	1000	2000	
मेट्रिबुजिन 70 डब्लूपी	350—525	500—750	30
पेन्डिमेथालिन 38.7 सीएस	580—677	1500—1750	40
प्रोपेक्वीजाफोप 10 ईसी	50—75	500—750	21
क्वीजालोफोप—पी—ईथाईल 4.41 ईसी	30—40	750—1000	30
ईमाजामोक्स 35 + ईमाजाथापायर 35 डब्लूजी	70	100	56
छोटी सांई / बड़ी सांई (Jungle Rice : *Echinochloa* spp.) एकवर्षीय, एकबीजपत्री, सकरी पत्ती घास			
एलाक्लोर 50 ईसी	2500	5000	—
क्लोमेजोन 50 ईसी	750—1000	1500—2000	90
मेटोलाक्लोर 50 ईसी	1000	2000	—
पेन्डिमेथालिन 30 ईसी	750—1000	2500—3300	110
क्वीजालोफोप—पी—ईथाईल 4.41 ईसी	30—40	750—1000	30
ईमाजामोक्स 35 + ईमाजाथापायर 35 डब्लूजी	70	100	56

क्रमशः...

छोटी सांई (Jungle Rice : *Echinochloa colonum*) एकवर्षीय, एकबीजपत्री, सकरी पत्ती घास			
अनिलोफास 30 ईसी	1250–1500	4200–5000	100–120
फेनोक्साप्राप–पी–ईथाइल 9 ईसी	100	1111 (15–20 दिन बाद)	70 पोस्ट इमरजेन्स
फ्लूआजिफॉप–पी–ब्यूटाईल 13.4 ईसी	125–250	1000–2000	90
ईमाजाथापायर 10 एसएल	100	1000	75
प्रोपेक्वीजाफोपा 10 ईसी	50–75	500–750	21
क्वीजालोफोप–पी–ईथाईल 5 ईसी	37.5–50	750–1000	95
बड़ी सांई (Bamyard grass : *Echinochloa crusgali*) एकवर्षीय, एकबीजपत्री, सकरी पत्ती घास			
फेनोक्साप्राप–पी–ईथाइल 9 ईसी	100	1111 (15–20 दिन बाद)	70 पोस्ट इमरजेन्स
फ्लूआजिफॉप–पी–ब्यूटाईल 13.4 ईसी	125–250	1000–2000	90
ईमाजाथापायर 10 एसएल	100	1000	75
प्रोपेक्वीजाफोपा। 10 ईसी	50–75	500–750	21
क्वीजालोफोप–पी–ईथाईल 5 ईसी	37.5–50	750–1000	95
पेन्डिमेथालिन 30 + ईमाजाथापायर 2 ईसी	750+50	2500–3000	90
बनमडुआ / कोदाई (Indian goosegrass : *Eleusine indica*) एकवर्षीय, एकबीजपत्री, सकरी पत्ती घास			
एलाक्लोर 50 ईसी	2500	5000	–
फेनोक्साप्राप–पी–ईथाइल 9 ईसी	100	1111 (15–20 दिन बाद)	70 पोस्ट
फ्लूआजिफॉप–पी–ब्यूटाईल 13.4 ईसी	125–250	1000–2000	90
मेटोलाक्लोर 50 ईसी	1000	2000	–
पेन्डिमेथालिन 30 ईसी	750–1000	2500–3300	110
प्रोपेक्वीजाफोपा 10 ईसी	50–75	500–750	21
क्वीजालोफोप–पी–ईथाईल 4.41 ईसी	30–40	750–1000	30

क्रमशः...

कुस घास (Stink Grass : *Eragrostis major*) एकवर्षीय, एकबीजपत्री, सकरी पत्ती घास			
फ्लुक्लोरालिन 45 ईसी	1000–1500	2220–3330	120–150
मेट्रिबुजिन 70 डब्लूपी	350–525	500–750	30
क्वीजालोफोप–पी–ईथाईल 5 ईसी	37.5–50	750–1000	95
बड़ी दुधी (Asthma weed : *Euphorbia hirta*) एकवर्षीय, दोबीजपत्री, चौड़ी पत्ती घास			
ईमाजाथापायर 10 एसएल	100	1000	75
पेन्डिमेथालिन 30 ईसी	750–1000	2500–3300	110
पेन्डिमेथालिन 38.7 सीएस	580–677	1500–17500	40
ईमाजामोक्स 35 + ईमाजाथापायर 35 डब्लूजी	70	100	56
गाजर घास (Carrot Grass : *Parthenium hysterophorus*) एक–बहुवर्षीय, दोबीजपत्री, चौड़ी पत्ती घास			
क्लोरिमूरोन ईथाईल 25 डब्लूपी	9	36	45
क्लोमेजोन 50 ईसी	750–1000	1500–2000	90
भूई आवंला/हजारदाना (Stone breaker : *Phyllanthus niruri*) एकवर्षीय, दोबीजपत्री, चौड़ी पत्ती घास			
क्लोरिमूरोन ईथाईल 25 डब्लूपी	9	36	45
लूनिया (Purslane : *Portulaca oleracea*) एकवर्षीय, दोबीजपत्री, चौड़ी पत्ती घास			
पेन्डिमेथालिन 30 ईसी	750–1000	2500–3300	110
पेन्डिमेथालिन 38.7 सीएस	580–677	1500–17500	40
पेन्डिमेथालिन 30 + ईमाजाथापायर 2 ईसी	750+50	2500–3000	90
बंद्रा (Yellow Foxtail : *Setaria glauca*) एकवर्षीय, एकबीजपत्री, सकरी पत्ती घास			
एलाक्लोर 50 ईसी	2500	5000	–

क्रमशः...

फेनोक्साप्राप–पी–ईथाइल 9 ईसी	100	1111 (15–20 दिन बाद)	70 पोस्ट
फ्लूआजिफॉप–पी–ब्यूटाईल 13.4 ईसी	125–250	1000–2000	90
पथरचटटा / विसखापरा (Giant pigweed : *Trianthema monogyna*) एकवर्शीय, दोबीजपत्री, चौड़ पत्ती घास			
पेन्डिमेथालिन 30 ईसी	750–1000	2500–3300	110
पथरचटटा / विसखापरा (Giant pigweed : *Trianthema portulacastrum*) एकवर्शीय, दोबीजपत्री, चौड़ पत्ती घास			
क्लोरिमूरोन ईथाईल 25 डब्लूपी	9	36	45
गन्ना			
जंगली चौलाई (Green Amaranth : *Amaranthus spinosus, viridis*) एकवर्षिय, दोबीजपत्री, चौड़ी पत्ती घास			
2,4 डी सोडियम साल्ट टेकनिकल (80 डब्लूपी)	2000–2600	2500–3250	300
डियुरान 80 डब्लूपी	1600–3200	2000–4000	–
मेटसल्फ्युरान मिथाइल 20 डब्लूपी	6	30	346
हैक्साजिनोन 13.2 + डायुरान 46.8 डब्लूपी	1200	2000	282–306
जंगली सरसों (Red hogweed / Punamava : *Boerhaavia diffusa*) एक–बहुवर्षिय, दोबीजपत्री, चौड़ी पत्ती घास			
2,4 डी सोडियम साल्ट टेकनिकल (80 डब्लूपी)	2000–2600	2500–3250	300
बथुआ (Bathua / Pigweed : *Chenopodium album*) एकवर्षिय, दोबीजपत्री, चौड़ी पत्ती घास			
2,4 डी सोडियम साल्ट टेकनिकल (80 डब्लूपी)	2000–2600	2500–3250	300
हुलहुल (Asian spider flower : *Cleome viscose*) एकवर्षिय, दोबीजपत्री, चौड़ी पत्ती घास			
मेटसल्फ्युरान मिथाइल 20 डब्लूपी	6	30	346

क्रमशः...

सफेद मुर्ग (*Celosia argentina*) एकवर्षिय, दोबीजपत्री, चौड़ी पत्ती घास			
2,4 डी सोडियम साल्ट टेकनिकल (80 डब्लूपी)	2000–2600	2500–3250	300
केना (Long Leaved Dayflower : *Commelina bengalensis*) बहुवर्षिय, दोबीजपत्री, चौड़ी पत्ती घास			
2,4 डी डाईमिथाईल एमिन साल्ट 58 एसएल	3500	6300	–
2,4 डी ईथाइल इस्टर 38 ईसी	1200–1800	3530–5290	300–330
मेटसल्फ्युरान मिथाइल 20 डब्लूपी	6	30	346
हिरनखुरी (Field Bindweed : *Convulvulus arvensis*) बहुवर्षिय, दोबीजपत्री, चौड़ी पत्ती घास			
2,4 डी डाईमिथाईल एमिन साल्ट 58 एसएल	3500	6300	–
2,4 डी सोडियम साल्ट टेकनिकल (80 डब्लूपी)	2000–2600	2500–3250	300
2,4 डी ईथाइल इस्टर 38 ईसी	1200–1800	3530–5290	300–330
डियुरान 80 डब्लूपी	1600–3200	2000–4000	–
बागानुल्ला/काना (*Cyanotis axillaris*) एकवर्षिय, दोबीजपत्री, सकरी पत्ती घास			
डियुरान 80 डब्लूपी	1600–3200	2000–4000	–
गल मोथा (Rice flat sedge : *Cyperus iria*) एकवर्षिय, बहुवर्षिय, एकबीजपत्री, सकरी पत्ती घास			
2,4 डी डाईमिथाईल एमिन साल्ट 58 एसएल	3500	6300	–
2,4 डी ईथाइल इस्टर 38 ईसी	1200–1800	3530–5290	300–330
डियुरान 80 डब्लूपी	1600–3200	2000–4000	–

क्रमशः...

जल मोथा (Umbrella : *Cyperus difformis, C. esculentus*) एकवर्शिय, एकबीजपत्री, सकरी पत्ती घास			
मेटसल्फ्युरान मिथाइल 20 डब्लूपी	6	30	346
हैक्साजिनोन 13.2 + डायुरान 46.8 डब्लूपी	1200	2000	282–306
मकड़ा (Four-finger grass : *Dactyloctenium aegypticum*) एकवर्षिय, एकबीजपत्री, सकरी पत्ती घास			
2,4 डी डाईमिथाईल एमिन साल्ट 58 एसएल	3500	6300	–
2,4 डी ईथाइल इस्टर 38 ईसी	1200–1800	3530–5290	300–330
हैक्साजिनोन 13.2 + डायुरान 46.8 डब्लूपी	1200	2000	282–306
कुन्द्रा (False Amaranth / Latmahuria : *Digera arvensis*) एकवर्षिय, दोबीजपत्री, चौड़ी पत्ती घास			
2,4 डी डाईमिथाईल एमिन साल्ट 58 एसएल	3500	6300	–
2,4 डी सोडियम साल्ट टेकनिकल (80 डब्लूपी)	2000–2600	2500–3250	300
2,4 डी ईथाइल इस्टर 38 ईसी	1200–1800	3530–5290	300–330
मेटसल्फ्युरान मिथाइल 20 डब्लूपी	6	30	346
कुन्द्रा (Bamboo grass : *Digera* spp.) एकवर्षिय, एकबीजपत्री, सकरी पत्ती घास			
2,4 डी डाईमिथाईल एमिन साल्ट 58 एसएल	3500	6300	–
2,4 डी ईथाइल इस्टर 38 ईसी	1200–1800	3530–5290	300–330
डियुरान 80 डब्लूपी	1600–3200	2000–4000	–
छोटी सांई (Jungle Rice : *Echinochloa colonum*) एकवर्शिय, एकबीजपत्री, सकरी पत्ती घास			
हैक्साजिनोन 13.2 + डायुरान 46.8 डब्लूपी	1200	2000	282–306

क्रमशः...

बड़ी सांई (Bamyard Grass : *Echinochloa crusgali*) एकवर्षिय, एकबीजपत्री, सकरी पत्ती घास			
डियुरान 80 डब्लूपी	1600–3200	2000–4000	–
बड़ी दुधी (Asthma weed: *Euphorbia hirta*) एकवर्षिय, दोबीजपत्री, चौड़ी पत्ती घास			
मेटसल्फ्युरान मिथाइल 20 डब्लूपी	6	30	346
हैक्साजिनोन 13.2 + डायुरान 46.8 डब्लूपी	1200	2000	282–306
आइपोमिया स्पेसीज एकवर्षिय, दोबीजपत्री, चौड़ी पत्ती घास			
हैक्साजिनोन 13.2 + डायुरान 46.8 डब्लूपी	1200	2000	282–306
गाजर (Carrot Grass : *Pathenium hysterophorus*) एक–बहुवर्षिय, दोबीजपत्री, चौड़ी पत्ती घास			
मेटसल्फ्युरान मिथाइल 20 डब्लूपी	6	30	346
हैक्साजिनोन 13.2 + डायुरान 46.8 डब्लूपी	1200	2000	282–306
लूनिया (Purslane : *Portulaca oleracea*) एकवर्शिय, दोबीजपत्री, चौड़ी पत्ती घास			
2,4 डी डाईमिथाईल एमिन साल्ट 58 एसएल	3500	6300	–
2,4 डी सोडियम साल्ट टेकनिकल (80 डब्लूपी)	2000–2600	2500–3250	300
2,4 डी ईथाइल इस्टर 38 ईसी	1200–1800	3530–5290	300–330
डियुरान 80 डब्लूपी	1600–3200	2000–4000	–
मेटसल्फ्युरान मिथाइल 20 डब्लूपी	6	30	346
बंद्रा (Yellow Foxtail : *Setaria glauca*) एकवर्षिय, एकबीजपत्री, सकरी पत्ती घास			
हैक्साजिनोन 13.2 + डायुरान 46.8 डब्लूपी	1200	2000	282–306

क्रमशः...

मकोय (Silverleaf hightshade : *Solanum elaegnifolium*) बहुवर्षिय, दोबीजपत्री, चौड़ी पत्ती घास			
मेटसल्फ्युरान मिथाइल 20 डब्लूपी	6	30	346
पथरचटटा/विसखापरा (Giant pigweed : Trianthema monogyna) एकवर्शिय, दोबीजपत्री, चौड़ी पत्ती घास			
मेटसल्फ्युरान मिथाइल 20 डब्लूपी	6	30	346
हैक्साजिनोन 13.2 + डायुरान 46.8 डब्लूपी	1200	2000	282–306
गोखरू (Goathead: Tribulus terristeris) बहुवर्षिय, दोबीजपत्री, चौड़ी पत्ती घास			
2,4 डी सोडियम साल्ट टेकनिकल (80 डब्लूपी)	2000–2600	2500–3250	300
छोटा गोखरू (Common Cocklebur: *Xanthium strumerium*) एकवर्षिय, दोबीजपत्री, चौड़ी पत्ती घास			
2,4 डी सोडियम साल्ट टेकनिकल (80 डब्लूपी)	2000–2600	2500–3250	300
आलू			
कृष्णानील (Red chickweed: *Anagalis arvensis*) एकवर्षिय, दोबीजपत्री, चौड़ी पत्ती घास			
2,4 डी डाईमिथाईल एमिन साल्ट 58 एसएल	3500	6300	–
पैराक्वाट डाईक्लोराईड 24 एसएल (पोस्ट ईमरजेन्स)	500	2000	100
वनप्याजी (Onion-Weed : *Asphodelus tenuifolius*) एकवर्षिय, एकबीजपत्री, चौड़ी पत्ती घास			
2,4 डी डाईमिथाईल एमिन साल्ट 58 एसएल	2000	3440	–
बथुआ (Bathua, Pigweed : *Chenopodium album*) एकवर्षिय, दोबीजपत्री, चौड़ी पत्ती घास			
2,4 डी डाईमिथाईल एमिन साल्ट 58 एसएल	2000	3440	–

क्रमशः...

आक्सीफ्लुओरफेन 23.5 ईसी	100–200	425–850	–
हिरनखुरी (Field Bindweed : *Convulvulus arvensis*) बहुवर्षिय, दोबीजपत्री, चौड़ी पत्ती घास			
2,4 डी डाईमिथाईल एमिन साल्ट 58 एसएल	2000	3440	–
क्रोनोपस स्पेसीज *(Cronopus sp.)*			
आक्सीफ्लुओरफेर 23.5 ईसी	100–200	425–850	–
गल मोथा (Rice flat sedge : *Cyperus iria*) एकवर्षिय, बहुवर्षिय, एकबीजपत्री, सकरी पत्ती घास			
2,4 डी डाईमिथाईल एमिन साल्ट 58 एसएल	2000	3440	–
आक्सीफ्लुओरफेन 23.5 ईसी	100–200	425–850	–
हेलियोट्रोपियम स्पेसीज *(Heliotropium sp.)*			
आक्सीफ्लुओरफेन 23.5 ईसी	100–200	425–850	–
गजरी / बनसोया (*Fumaria parviflora*) एकवर्षिय, दोबीजपत्री, चौड़ी पत्ती घास			
पैराक्वाट डाईक्लोराईड 24 एसएल (पोस्ट ईमरजेन्स)	500	2000	100
लूनिया (Purslane : *Portulaca oleracea*) एकवर्षिय, दोबीजपत्री, चौड़ी पत्ती घास			
2,4 डी डाईमिथाईल एमिन साल्ट 58 एसएल	2000	34400	–
पथरचटटा / विसखापरा (Giant pigweed : *Trianthema monogyna*) एकवर्षिय, दोबीजपत्री, चौड़ी पत्ती घास			
आक्सीफ्लुओरफेन 23.5 ईसी	100–200	425–850	–
पैराक्वाट डाईक्लोराईड 24 एसएल (पोस्ट ईमरजेन्स)	500	2000	100
प्याज			
जंगली चौलाई (Green Amaranth : *Amaranthus viridis*) एकवर्षिय, दोबीजपत्री, चौड़ी पत्ती घास			
आक्सीफ्लुओरफेन 23.5 ईसी	100–200	425–850	–

क्रमशः...

बथुआ (Bathua, Pigweed : *Chenopodium album*) एकवर्षिय, दोबीजपत्री, चौड़ी पत्ती घास			
आक्सीफ्लुओरफेन 23.5 ईसी	100–200	425–850	–
मकड़ा (Four-finger grass : *Dactylocteniuma egyptiucm*) एकवर्षिय, एकबीजपत्री, सकरी पत्ती घास			
कवीजालोफोप–पी–ईथाईल 5 ईसी	37.5–500	750–1000	7
कुन्द्रा (Bamboo grass : *Digtaria* sp.) एकवर्षिय, एकबीजपत्री, सकरी पत्ती घास			
कवीजालोफोप–पी–ईथाईल 5 ईसी	37.5–500	750–1000	7
बनमडुआ / कोदाई (Indian goosegrass : *Eleusine indica*) एकवर्षिय, एकबीजपत्री, सकरी पत्ती घास			
कवीजालोफोप–पी–ईथाईल 5 ईसी	37.5–500	750–1000	7
कुस घास (Stink Grass : *Eragrostis* sp.) एकवर्षिय, एकबीजपत्री, सकरी पत्ती घास			
कवीजालोफोप–पी–ईथाईल 5 ईसी	37.5–500	750–1000	7
नींबू			
जंगली चौलीई (Green Amaranth : *Amaranthus virids*) एकवर्षिय, दोबीजपत्री, चौड़ी पत्ती घास			
2,4 डी सोडियम साल्ट टेकनिकल (80 डब्लूपी)	1000–2500	1250–3200	180
कोसकुमीस ट्राइगोस *(Cocumis trigonus)*			
डियुरान 80 डब्लूपी	2000–4000	2500–5000	–
केना (Long Leaved Dayflower : *Commelina Nudiflora*) बहुवर्षिय, दोबीजपत्री, चौड़ी पत्ती घास			
डियुरान 80 डब्लूपी	2000–4000	2500–5000	–
हिरनखुरी (Field Bindweed : *Convulvulus arvensis*) बहुवर्षिय, दोबीजपत्री, चौड़ी पत्ती घास			
2,4 डी सोडियम साल्ट टेकनिकल (80 डब्लूपी)	1000–2500	1250–3200	180

क्रमशः...

क्रोनोपस डिडाइमस *(Coronopus didymus)*			
2,4 डी सोडियम साल्ट टेकनिकल (80 डब्लूपी)	1000–2500	1250–3200	180
गल मोथा (Rice flat sedge : *Cyperus iria*) एकवर्षिय, बहुवर्षिय, एकबीजपत्री, सकरी पत्ती घास			
डियुरान 80 डब्लूपी	2000–4000	2500–5000	–
कुन्द्रा (False Amaranth/Lathmahuria : *Digera arensis*) एकवर्षिय, दोबीजपत्री, चौड़ी पत्ती घास			
डियुरान 80 डब्लूपी	2000–4000	2500–5000	–
बड़ी दुधी (Asthma weed : *Euphorbia hirta*) एकवर्षीय, दोबीजपत्री, चौड़ी पत्ती घास			
2,4 डी सोडियम साल्ट टेकनिकल (80 डब्लूपी)	1000–2500	1250–3200	180
गजरी / बनसोया (*Fumaria parviflora*) एकवर्षीय, दोबीजपत्री, चौड़ी पत्ती घास			
2,4 डी सोडियम साल्ट टेकनिकल (80 डब्लूपी)	1000–2500	1250–3200	180
खट्टी मिठी घास (Creeping Wood Sorrel : *Exalis comiculata*) एक–वर्षीय, दोबीजपत्री, चौड़ी पत्ती घास			
2,4 डी सोडियम साल्ट टेकनिकल (80 डब्लूपी)	1000–2500	1250–3200	180
चोपालू (Gutweed : *Sonchus arvensis*) बहुवर्षीय, दोबीजपत्री, चौड़ी पत्ती घास			
2,4 डी सोडियम साल्ट टेकनिकल (80 डब्लूपी)	1000–2500	1250–3200	180
गोखरू (Goathead : *Tribulus terristeris*) बहुवर्षीय, दोबीजपत्री, चौड़ी पत्ती घास			
2,4 डी सोडियम साल्ट टेकनिकल (80 डब्लूपी)	1000–2500	1250–3200	180
डियुरान 80 डब्लूपी	2000–4000	2500–5000	–

क्रमशः...

सेव			
Rosa moschata, Rosa elganturia, Rubus ellepicus			
पैराक्वाट डाईक्लोराईड 24 एसएल (पोस्ट ईमरजेन्स)	750	3250	–
अंगूर			
गुद्रीसाग (Dwarf copper leaf : *Alternanthera sessillis*) बहुवर्षिय, दोबीजपत्री, चौड़ी पत्ती घास			
डियुरान 80 डब्लूपी	1600	2000	–
जंगली चौलाई (*Amaranthus* spp.) एकवर्षिय, दोबीजपत्री, चौड़ी पत्ती घास			
डियुरान 80 डब्लूपी	1600	2000	–
सत्यानाशी (Mexican Prickly Poppy: *Argemone mexicana*) एकवर्षिय, दोबीजपत्री, चौड़ी पत्ती घास			
डियुरान 80 डब्लूपी	1600	2000	
वनप्याजी (Onion-Weed : *Asphodelus tenuifolius*) एकवर्षिय, एकबीजपत्री, सकरी पत्ती घास			
डियुरान 80 डब्लूपी	1600	2000	–
बथुआ (Bathua/Pigweed : *Chenopodium album*) एकवर्षिय, दोबीजपत्री, चौड़ी पत्ती घास			
डियुरान 80 डब्लूपी	1600	2000	–
हुलहुल (Asian spider flower : *Cleome viscose*) एकवर्षिय, दोबीजपत्री, चौड़ी पत्ती घास			
डियुरान 80 डब्लूपी	1600	2000	–
हिरनखुरी (Field Bindweed : *Convulvulus* spp.) बहुवर्षिय, दोबीजपत्री, चौड़ी पत्ती घास			
2,4 डी सोडियम साल्ट टेकनिकल (80 डब्लूपी)	2000	500	90
पैराक्वाट डाईक्लोराईड 24 एसएल (पोस्ट ईमरजेन्स)	500	2000	90

क्रमशः...

दूब (Bermuda Grass : *Cynodon dactylon*) बहुवर्षिय, एकबीजपत्री, सकरी पत्ती घास			
पैराक्वाट डाईक्लोराईड 24 एसएल (पोस्ट ईमरजेन्स)	500	2000	90
गल मोथा (Rice flat sedge : *Cyperus iria*) एकवर्षिय, बहुवर्षिय, एकबीजपत्री, सकरी पत्ती घास			
डियुरान 80 डब्लूपी	1600	2000	–
मोथा (Umbrella plant : *Cyperus rotundus*) एकवर्षिय, एकबीजपत्री, सकरी पत्ती घास			
पैराक्वाट डाईक्लोराईड 24 एसएल (पोस्ट ईमरजेन्स)	500	2000	90
बनमडुआ/कोदई (Indian goosegrass : *Eleusine indica*) एकवर्षिय, एकबीजपत्री, सकरी पत्ती घास			
डियुरान 80 डब्लूपी	1600	2000	–
बड़ी दुधी (Asthma weed : *Euphorbia hirta*) एकवर्शीय, दोबीजपत्री, चौड़ी पत्ती घास			
डियुरान 80 डब्लूपी	1600	2000	–
गजरी/बनसोया (Fumaria parviflora) एकवर्षीय, दोबीजपत्री, चौड़ी पत्ती घास			
डियुरान 80 डब्लूपी	1600	2000	–
(Bur Clover : *Medicagro denticulata*) बहुवर्षीय, दोबीजपत्री, चौड़ी पत्ती घास			
डियुरान 80 डब्लूपी	1600	2000	–
लूनिया (Purshlane : *Portulaca oleracea*) एकवर्शीय, दोबीजपत्री, चौड़ी पत्ती घास			
पैराक्वाट डाईक्लोराईड 24 एसएल (पोस्ट ईमरजेन्स)	500	2000	90
तुनकी/खलमुरिया (Coat Buttons : *Tridax procumbens*) एकवर्षीय, दोबीजपत्री, चौड़ी पत्ती घास			
2,4 डी सोडियम साल्ट टेकनिकल (80 डब्लूपी)	2000	500	90

क्रमशः...

पैराक्वाट डाईक्लोराईड 24 एसएल (पोस्ट ईमरजेन्स)	500	2000	90
छोटा गोखरू (Common Cocklebur : *Xanthium strumerium*) एकवर्शीय, दोबीजपत्री, चौड़ी पत्ती घास			
डियुरान 80 डब्लूपी	1600	2000	–
चाय			
ग्लाइफोसेट 41 एसएल आईपीए साल्ट	820–1230	2000–3000	21
जंगली पुदीना (Goat weed : *Ageratum conyzoides*) एकवर्षीय, दोबीजपत्री, चौड़ी पत्ती घास			
ग्लुफोसिनेट अमोनियम 13.5 एसएल	375–500	2500–3300	15
ग्लाईफोसेट अमोनियम साल्ट 5 एसएल	1500	30000	7
कारपेटघास (Broad leaf carpet grass : *Axonopus compressus*) बहुवर्षीय, एकबीजपत्री, सकरी पत्ती घास			
ग्लाईफोसेट 41 एसएल आईपीए साल्ट	820–1230	2000–3000	21
(*Biders pilcsa*)			
ग्लाईफोसेट अमोनियम साल्ट 5 एसएल	1500	30000	7
(Broad leaf Buttonweed : *Bomeria hispida*) एकवर्षीय, दोबीजपत्री, चौड़ी पत्ती घास			
ग्लुफोसिनेट अमोनियम 13.5 एसएल	375–500	2500–3300	15
आक्सीफ्लुओरफेन 23.5 ईसी	150–250	650–1000	15
पैराक्वाट डाईक्लोराईड 24 एसएल (पोस्ट ईमरजेन्स)	200–1000	800–4250	–
(Broad leaf Button weed : *Bomeria hispida*) एकवर्षीय, दोबीजपत्री, चौड़ी पत्ती घास			
ग्लाईफोसेट अमोनियम साल्ट 5 एसएल	1500	30000	7
केना (Long Leaved Dayflower : *Commelina bengalensis*) बहुवर्षीय, दोबीजपत्री, चौड़ी पत्ती घास			
ग्लुफोसिनेट अमोनियम 13.5 एसएल	375–500	2500–3300	15

क्रमशः...

पैराक्वाट डाईक्लोराईड 24 एसएल (पोस्ट ईमरजेन्स)	200–1000	800–4250	–
दूब (Bermuda Grass : *Cynodon dactylon*) बहुवर्षीय, एकबीजपत्री, सकरी पत्ती घास			
ग्लाईफोसेट 41 एसएल आईपीए साल्ट	820–1230	2000–3000	21
ग्लाईफोसेट अमोनियम साल्ट 5 एसएल	1500	30000	7
मोथा (Umbrella plant: *Cyperus rotundus*) एकवर्षीय, एकबीजपत्री, सकरी पत्ती घास			
ग्लाईफोसेट अमोनियम साल्ट 5 एसएल	1500	30000	7
कुन्द्रा (Bamboo grass : *Digitaria sanguinalis*) एकवर्षीय, दोबीजपत्री, सकरी पत्ती घास			
ग्लुफोसिनेट अमोनियम 13.5 एसएल	375–500	2500–3300	15
ग्लाईफोसेट अमोनियम साल्ट 5 एसएल	1500	30000	7
आक्सीफ्लुओरफेन 23.5 ईसी	150–250	650–1000	15
बनमडुआ / कोदई (Indian goosegrass : *Eleusine indica*) एकवर्षीय, दोबीजपत्री, सकरी पत्ती घास			
ग्लुफोसिनेट अमोनियम 13.5 एसएल	375–500	2500–3300	15
बड़ी दुधी (Asthma weed : *Euphorbia hirta*) एकवर्षीय, दोबीजपत्री, चौड़ी पत्ती घास			
ग्लाईफोसेट अमोनियम साल्ट 5 एसएल	1500	30000	7
इम्पेरटा सिलेन्डिरीकल			
ग्लुफोसिनेट अमोनियम 13.5 एसएल	375–500	2500–3300	15
ग्लाईफोसेट 41 एसएल आईपीए साल्ट	820–1230	2000–3000	21
ग्लाईफोसेट अमोनियम साल्ट 5 एसएल	1500	30000	7
आक्सीफ्लुओरफेन 23.5 ईसी	150–250	650–1000	15
पैराक्वाट डाईक्लोराईड 24 एसएल (पोस्ट ईमरजेन्स)	200–1000	800–4250	–
पेनीकम रिपेन्स (Penicum-ripens)			
ग्लुफोसिनेट अमोनियम 13.5 एसएल	375–500	2500–3300	15

क्रमशः...

नारू (Buffalo grass/Hilo grass : *Paspalum conjugatum*) बहुवर्षीय, एकबीजपत्री, सकरी पत्ती घास			
ग्लुफोसिनेट अमोनियम 13.5 एसएल	375–500	2500–3300	15
ग्लाईफोसेट 41 एसएल आईपीए साल्ट	820–1230	2000–3000	21
ग्लाईफोसेट अमोनियम साल्ट 5 एसएल	1500	30000	7
आक्सीफ्लुओरफेन 23.5 ईसी	150–250	650–1000	15
पैराक्वाट डाईक्लोराईड 24 एसएल (पोस्ट ईमरजेन्स)	200–1000	800–4250	–
पेलिगौम परफोलियेटम (Polygoum perfoliatum)			
ग्लाईफोसेट 41 एसएल आईपीए साल्ट	820–1230	2000–3000	21
बंद्रा (Yellow Foxtail : *Setaria glauca*) एकवर्षीय, एकबीजपत्री, सकरी पत्ती घास			
पैराक्वाट डाईक्लोराईड 24 एसएल (पोस्ट ईमरजेन्स)	200–1000	800–4250	–
कपास			
कुप्पी / कुप्पीखोखली (Indian nettle : *Acalypha indica*) एकवर्षिय, दोबीजपत्री, चौड़ी पत्ती घास			
फ्लुक्लोरालिन 45 ईसी	900–1200	2000–2680	180
संदबुर (Bristly Starbur : *Acanthospermum hispidum*) एकवर्षिय, दोबीजपत्री, चौड़ी पत्ती घास			
फ्लुक्लोरालिन 45 ईसी	900–1200	2000–2680	180
लटजीरा / चिरचिरी (Prickly Chaff Flower : *Achyranthus aspera*) एकवर्शिय, दोबीजपत्री, चौड़ी पत्ती घास			
फ्लुक्लोरालिन 45 ईसी	900–1200	2000–2680	180
जंगली चौलाई (*Amaranthus* spp.) एकवर्षीय, दोबीजपत्री, चौड़ी पत्ती घास			
डियुरान 80 डब्लूपी	750–1500	1000–2200	–
फ्लुक्लोरालिन 45 ईसी	900–1200	2000–2680	180
पाईरीथियोबेक सोडियम 10 ईसी	62.5–75	625–750	160

क्रमशः...

जंगली चौलाई (Green Amaranth : *Amaranthus viridis*) एकवर्षीय, दोबीजपत्री, चौड़ी पत्ती घास			
पेन्डिमेथालिन 30 ईसी	750–1000	2500–4165	150
कृष्णनील (Red chick weed : *Anagalis arvensis*) एकवर्षीय, दोबीजपत्री, चौड़ी पत्ती घास			
डियुरान 80 डब्लूपी	750–1500	1000–2200	–
वनप्याजी (Onion-Weed : *Asphodelus tenuifolius*) एकवर्षीय, एकबीजपत्री, सकरी पत्ती घास			
डियुरान 80 डब्लूपी	750–1500	1000–2200	–
बथुआ (Bathua/Pigweed : *Chenopodium album*) एकवर्षीय, दोबीजपत्री, चौड़ी पत्ती घास			
डियुरान 80 डब्लूपी	750–1500	1000–2200	–
पाईरीथियोबेक सोडियम 10 ईसी	62.5–75	625–750	160
हुलहुल (Asian spider flower : *Cleome viscose*) एकवर्षिय, दोबीजपत्री, चौड़ी पत्ती घास			
फ्लुक्लोरालिन 45 ईसी	900–1200	2000–2680	180
हिरनखुरी (Field Bind weed : *Convulvulus arvensis*) बहुवर्षिय, दोबीजपत्री, चौड़ी पत्ती घास			
डियुरान 80 डब्लूपी	750–1500	1000–2200	–
दूब (Bermuda Grass : *Cynodon dactylon*) बहुवर्षीय, एकबीजपत्री, सकरी पत्ती घास			
फ्लुक्लोरालिन 45 ईसी	900–1200	2000–2680	180
ग्लुफोसिनेट अमोनियम 13.5 एसएल	375–450	2500–3000	96
गल मोथा (Rice flat sedge : *Cyperus iria*) एकवर्षिय, बहुवर्षिय, एकबीजपत्री, सकरी पत्ती घास			
पैराक्वाट डाईक्लोराईड 24 एसएल (पोस्ट ईमरजेन्स)	300–500	1250–2000	150–180
मोथा (Umbrella plant: *Cyperus rotundus*) एकवर्षीय, एकबीजपत्री, सकरी पत्ती घास			
ग्लुफोसिनेट अमोनियम 13.5 एसएल	375–450	2500–3000	96

क्रमशः...

मकड़ा (Four-finger grass : *Dactyloctenium aegyptiucm*) एकवर्षिय, एकबीजपत्री, सकरी पत्ती घास			
एलाक्लोर 10 जीआर	2000–2500	20000–25000	–
फेनोक्साप्राप पी ईथाईल 9 ईसी	67.5	750 (20–25 दिन बाद)	87 पोस्ट
ग्लुफोसिनेट अमोनियम 13.5 एसएल	375–450	2500–3000	96
धतूरा (*Dhatura* spp.) एकवर्षिय, बहुवर्षीय, दोबीजपत्री, चौड़ी पत्ती घास			
फ्लुक्लोरालिन 45 ईसी	900–1200	2000–2680	180
कुन्द्रा (False Amaranth/latmahuria : *Digera arvensis*) एकवर्षीय, दोबीजपत्री, चौड़ी पत्ती घास			
एलाक्लोर 50 ईसी	2000–2500	4000–5000	210–240
पाईरीथियोबेक सोडियम 10 ईसी	62.5–75	625–750	160
पैराक्वाट डाईक्लोराईड 24 एसएल (पोस्ट ईमरजेन्स)	300–500	1250–2000	150–180
कुन्द्रा (Bamboo grass : *Digitaria* spp.) एकवर्षीय, एकबीजपत्री, सकरी पत्ती घास			
डियुरान 80 डब्लूपी	750–1500	1000–2200	–
फ्लुक्लोरालिन 45 ईसी	900–1200	2000–2680	180
ग्लुफोसिनेट अमोनियम 13.5 एसएल	375–450	2500–3000	96
क्वीजालोफोप–पी–ईथाईल 5 ईसी	50.5	1000	94
छोटी सांई (Jungle Rice : *Echinochloa col ionum*) एकवर्षीय, एकबीजपत्री, सकरी पत्ती घास			
एलाक्लोर 50 ईसी	2000–2500	4000–5000	210–240
फेनोक्साप्राप पी ईथाईल 9 ईसी	67.5	750 (20–25 दिन बाद)	87 पोस्ट
ग्लुफोसिनेट अमोनियम 13.5 एसएल	375–450	2500–3000	96
पेन्डिमेथालिन 30 ईसी	750–1250	2500–4165	150
क्वीजालोफोप–पी–ईथाईल 5 ईसी	50.5	1000	94
बड़ी सांई (Barnyard Grass : *Echinochloa crusgali*) एकवर्षीय, एकबीजपत्री, सकरी पत्ती घास			
क्वीजालोफोप–पी–ईथाईल 5 ईसी	50.5	1000	94

क्रमशः...

बनमडुआ/कोदई (Indian goose grass : *Eleusine indica*) एकवर्षीय, एकबीजपत्री, सकरी पत्ती घास			
फेनोक्साप्राप पी ईथाईल 9 ईसी	67.5	750 (20–25 दिन बाद)	87 पोस्ट
फ्लुक्लोरालिन 45 ईसी	900–1200	2000–2680	180
पेन्डिमेथालिन 30 ईसी	750–1250	2500–4165	150
कुस घास (Stink Grass : *Eragrostis major*) एकवर्षीय, एकबीजपत्री, सकरी पत्ती घास			
एलाक्लोर 50 ईसी	2000–2500	4000–5000	210–240
फेनोक्साप्राप पी ईथाईल 9 ईसी	67.5	750 (20–25 दिन बाद)	87 पोस्ट
बड़ी दुधी (Asthma weed : *Euphorbia hirta*) एकवर्षीय, दोबीजपत्री, चौड़ी पत्ती घास			
एलाक्लोर 50 ईसी	2000–2500	4000–5000	210–240
डियुरान 80 डब्लूपी	750–1500	1000–2200	–
पेन्डिमेथालिन 30 ईसी	750–1250	2500–4165	150
पैराक्वाट डाईक्लोराईड 24 एसएल (पोस्ट ईमरजेन्स)	300–500	1250–2000	150–180
स्पिडी वीड (*Flaveria australasica*) एकवर्षीय, दोबीजपत्री, चौड़ी पत्ती घास			
एलाक्लोर 50 ईसी	2000–2500	4000–5000	210–240
हुरहुर/सादा हुलहुल (*Gynadropsis pentaphylla*) एकवर्षीय, दोबीजपत्री, चौड़ी पत्ती घास			
एलाक्लोर 50 ईसी	2000–2500	4000–5000	210–240
फ्लुक्लोरालिन 45 ईसी	900–1200	2000–2680	180
गुमा/गोफा/थुम्बई (Common Leucas : *Leucas aspera*) एकवर्षीय, दोबीजपत्री, चौड़ी पत्ती घास			
पैराक्वाट डाईक्लोराईड 24 एसएल (पोस्ट ईमरजेन्स)	300–500	1250–2000	150–180

क्रमशः...

नारू (Buffalo grass/Hilograss : *Paspalum conjugatum*) बहुवर्षीय, एकबीजपत्री, सकरी पत्ती घास			
डियुरान 80 डब्लूपी	750–1500	1000–2200	
भूई आंवला / हजारदाना (Stone breaker : *Phylanthus niruri*) एकवर्शीय, दोबीजपत्री, चौड़ी पत्ती घास			
एलाक्लोर 50 ईसी	2000–2500	4000–5000	210–240
लूनिया (Purslane : *Portulaca oleracea*) एकवर्षीय, दोबीजपत्री, चौड़ी पत्ती घास			
एलाक्लोर 50 ईसी	2000–2500	4000–5000	210–240
डियुरान 80 डब्लूपी	750–1500	1000–2200	–
फ्लुक्लोरालिन 45 ईसी	900–1200	2000–2680	180
पेन्डिमेथालिन 30 ईसी	750–1250	2500–4165	150
बंद्रा (Yellow Foxtail : *Setaria glauca*) एकवर्षीय, एकबीजपत्री, सकरी पत्ती घास			
डियुरान 80 डब्लूपी	750–1500	1000–2200	–
पथरचटटा / विसखापरा (Giant pig weed : *Trianthema monogyna*) एकवर्षीय, दोबीजपत्री, चौड़ी पत्ती घास			
फ्लुक्लोरालिन 45 ईसी	900–1200	2000–2680	180
पाईरीथियोबेक सोडियम 10 ईसी	62.5–75	625–750	160
पैराक्वाट डाईक्लोराईड 24 एसएल (पोस्ट ईमरजेन्स)	300–500	1250–2000	150–180
पथरचटटा / विसखापरा (Giant pigweed : *Trianthema portulacastrum*) एकवर्षीय, दोबीजपत्री, चौड़ी पत्ती घास			
एलाक्लोर 50 ईसी	2000–2500	4000–5000	210–240
पाईरीथियोबेक सोडियम 10 ईसी	62.5–75	625–750	160
तुनकी / खलमुरिया (Coat Buttons : *Tridax procumbens*) एकवर्षीय, दोबीजपत्री, चौड़ी पत्ती घास			
फ्लुक्लोरालिन 45 ईसी	900–1200	2000–2680	180
अकरी (Comon vetch : *Vicia sativa*) एकवर्षीय, दोबीजपत्री, चौड़ी पत्ती घास			
डियुरान 80 डब्लूपी	750–1500	1000–2200	–

क्रमशः...

छोटा गोखरू (Comon Cocklebur : *Xanthium strumerium*) एकवर्षीय, दोबीजपत्री, चौड़ी पत्ती घास			
डियुरान 80 डब्लूपी	750–1500	1000–2200	–

खरपतवारनाशक रसायन के प्रयोग करते समय सावधनियाँ :

- खरपतवारनाशक रसायन फसलों के उपर भी अत्यन्त हानिकारक प्रभाव डाल सकते हैं, इसलिए किसी फसल विशेष में किसी खरपतवार विशेष के लिए उसी खरपतवारनाशक का प्रयोग करना चाहिए जिसकी संस्तुति केन्द्रीय कीटनाशक रसायन बोर्ड द्वारा की गयी है।
- खरपतवारनाशक रसायनों का छिड़काव करने से पहले डब्बे पर लिखे निर्देशों को अच्छी तरह पढ़कर उसका पालन करें।
- छिड़काव करने के पहले यह पता कर लें कि इसका प्रयोग घास निकलने के पहले करना है या बाद में करना है। यदि बाद में करना है तो कितने दिनों बाद या फसल की कितनी पत्ती की अवस्था में करनी चाहिए।
- खरपतवारनाशक रसायनों का छिड़काव करते समय सालिडकोन नाजिल या कट नाजिल या फ्लैटफैन नाजिल का प्रयोग करें।
- कीटनाशक रसायनों के छिड़काव में प्रयुक्त होने वाले नाजिल से खरपतवारनाशक का छिड़काव नहीं करना चाहिए।
- खरपतवारनाशक रसायनों का छिड़काव करते समय खेत में पर्यापत नमी होनी चाहिए।
- खरपतवानाशक रसायन के प्रयोग हेतु घोल बनाते समय प्रपत्र पर लिखित रसायन तथा पानी की मात्रा का प्रयोग करना चाहिए अन्यथा सान्द्र घोल का प्रयोग करने से फसल बुरी तरह प्रभावित हो सकती है।

परिशिष्ट - 7

भारत सरकार द्वारा निषिद्ध कृषि रक्षा रसायनों की सूची

क्र. सं.	रसायन के नाम	नोटिफिकेशन संख्या एवं दिनांक
(अ) रसायन–जो उत्पादन आयात एवं प्रयोग हेतु निषिद्ध है		
1.	डाइ ब्रोमो क्लोरो प्रोपेन (डी.वी.सी.पी.)	569 (ई), दिनांक 25.7.89
2.	पेन्टा क्लोरो नाइट्रो बेन्जीन (पी.सी. एन.वी.)	569 (ई), दिनांक 25.7.89
3.	नाइट्रोफेन	एस.पी. 325 (ई), दिनांक 11.5.92
4.	कैल्शियम सायनाइड	873 (ई), दिनांक 03.11.95
5.	मेनाजोन	873 (ई), दिनांक 03.11.95
6.	सोडियम मीथेन आर्सेनेट (एस.एम.ए.)	873 (ई), दिनांक 03.11.95
7.	कॉपर एसीटो आर्सेनाइट	873 (ई), दिनांक 03.11.95
8.	बेन्जिन हेक्सा क्लोराइड (बी.एच.सी.)	एस.ओ. 15 (ई), दिनांक 1.1.96
9.	आल्ड्रिन	एस.ओ. 648 (ई), दिनांक 20.9.96
10.	हेप्टा क्लोर	एस.ओ. 648 (ई), दिनांक 20.9.96
11.	एन्ड्रिन	एस.ओ. 648 (ई), दिनांक 20.9.96
12.	क्लोरडेन	एस.ओ. 648 (ई), दिनांक 20.9.96
13.	फिनाइल मर्करी एसिटेट (पी.एम.ए.)	एस.ओ. 191 (ई), दिनांक 26.3.96
14.	टेट्राडिफान	सं.–485 नई दिल्ली, दिनांक 17.7.01
15.	टोक्जाफेन	सं.–485 नई दिल्ली, दिनांक 17.7.01
16.	एल्डीकार्ब	सं.–485 नई दिल्ली, दिनांक 17.7.01
17.	क्लोरोबेन्जाइलेट	सं.–485 नई दिल्ली, दिनांक 17.7.01

क्रमशः...

18.	डाइ एल्ड्रिन	सं.–485 नई दिल्ली, दिनांक 17.7.01
19.	मैलिक हाइड्राजाइड	सं.–485 नई दिल्ली, दिनांक 17.7.01
20.	इथाइलीन डाई ब्रोमाइड (ई.डी.बी.)	सं.–485 नई दिल्ली, दिनांक 17.7.01
21.	ट्राई क्लोरो एसिटिक एसिड (टीसीए)	सं.–485 नई दिल्ली, दिनांक 17.7.01
22.	इथाइल मर्करी क्लोराइड	सं.–485 नई दिल्ली, दिनांक 17.7.01
23.	इथाइल पैराथियान	–
24.	पैराक्वाट डाइमिथाइल सल्फेट	–
25.	पेन्टा क्लोरोफिनाल (पी.सी.एफ.)	–
26.	मेटोक्सुरान	–
27.	क्लोरोफेनविनफास	–
28.	लिण्डेन	सं.–522 नई दिल्ली, दिनांक 25.3.11
(ब) कृषि रक्षा रसायन जो प्रयोग हेतु निषद्ध है, परन्तु निर्यात हेतु उत्पादन की अनुमति		
1.	निकोटन सल्फेट	सं.–485 नई दिल्ली, दिनांक 17.7.01
2.	कैप्टाफाल 80 प्रतिशत चूर्ण	सं.–485 नई दिल्ली, दिनांक 17.7.01
(स) कृषि रक्षा रसायन फार्मुलेशन जो आयात, उत्पादन एवं प्रयोग हेतु निषिद्ध है		
1.	फास्फेमिडान 85 प्रतिशत एस. एल.	एस.ओ. 191 (ई), दिनांक 26.3.99
2.	मेथोमिल 12.5 प्रतिशत एल.	एस.ओ. 191 (ई), दिनांक 26.3.99
3.	मेथोमिल 24 प्रतिशत एल.	एस.ओ. 191 (ई), दिनांक 26.3.99
4.	कार्बोफ्यूरान 50 प्रतिशत एस.पी.	सं.–485 नई दिल्ली, दिनांक 17.7.01
(द) कृषि रक्षा रसायन जिसका पंजीकरण वापस लिया गया		
1.	डालापान	–
2.	फेरबम	–
3.	फार्मोथियान	–
4.	निकिल क्लोराइड	–
5.	पैराडाई क्लोरो बेन्जीन (पी.डी.सी.बी.)	–
6.	सिमैजिन	–
7.	वारफेरिन	–

क्रमशः...

भारत सरकार द्वारा प्रतिबन्धित कृषि रक्षा रसायनों की सूची

क्र. सं.	रसायन के नाम	किस पर प्रतिबन्धित	नोटिफिकेशन संख्या व दिनांक
(अ) रसायन–जो उत्पादन आयात एवं प्रयोग हेतु निषिद्ध है			
1.	एल्यूमिनियम फास्फाइड	3 ग्राम की 10 अथवा 20 टिकियों वाले ट्यूबों का उत्पादन विपणन एवं प्रयोग प्रतिबन्धि।	सं.–485 दिनांक 17.7.01
2.	डी.डी.टी.	जन स्वास्थ्य कार्यक्रम को छोड़कर कृषि संबंधी समस्त फसलो पर प्रतिबन्धित।	378 (ई.) दिनांक 26.5.89
3.	मिथाइल ब्रोमाइड	भारत सरकार के वनस्पति रक्षा सलाहकार द्वारा विशेषज्ञता प्राप्त एक्सपर्ट पेस्ट कन्ट्रोल ऑपरेटर द्वारा ही उपयोग किया जायेगा।	–
4.	मिथाइल पैराथियान	2 प्रतिशत धूल एवं 50 प्रशित ई.सी., फलों एवं सब्जियों पर प्रतिबन्धित।	सं.–485 दिनांक 17.7.01
5.	सोडियम साइनाइड	कपास के गूलर में वनस्पति रक्षा विशेषज्ञ की देख–रेख में धूनीकरण के अतिरिक्त अन्य में प्रतिबन्धित।	–
6.	मेथाक्सी इथाइल मर्करी क्लोराइड (एम.ई.एस.सी.)	आलू एवं गन्ने के बीजशोधन को छोड़कर शेष पर प्रतिबन्धित।	सं.–485 दिनांक 17.7.01
7.	मोनोक्रोटोफास	सब्जियों पर प्रतिबन्धित।	सं.–462 दिनांक 06.5.05
8.	इण्डोसफान	पूर्ण प्रतिबन्धित।	–
9.	फेनेट्रोथियान	घरेलू उपयोग के अतिरिक्त अन्य पर प्रतिबन्धित।	–

क्रमशः...

10.	डायाजियान	घरेलू उपयोग के अतिरिक्त अन्य पर प्रतिबन्धित।	–
11.	फेन्थियान	टिड्डी नियंत्रण, घरेलू एवं लोक स्वास्थ्य में उपयोग के अतिरिक्त अन्य पर प्रतिबन्धित।	–
12.	डाजोमेट	चाय पर प्रतिबन्धित।	–

मा. सर्वोच्च न्यायालय के अन्तरिम आदेश दिनांक 13 मई, 2011 द्वारा इण्डोसल्फान 35 ई.सी. का उत्पादन, प्रयोग एवं बिक्री को अन्तिम आदेशों तक निषिद्ध किया गया।

परिशिष्ट - 8

पंजीकरण अस्वीकृत किये गये कृषि रक्षा रसायनों की सूची

क्र. सं.	रसायन का नाम
1.	कैल्शियम आर्सोनेंट
2.	ई.पी.एम.
3.	एजिनफास मिथाईल
4.	लेड आर्सोनेंट
5.	मेविनफास (फासड्रिन)
6.	2, 4, 5—टी
7.	कार्बोफेनोथियान
8.	वैमिडोथियान
9.	मेफोसफोलान
10.	एजिनफास इथाईल
11.	बिनापैक्रिल
12.	डाइक्रोटोफास
13.	थायोडेमिटान / डाइसल्फोटान
14.	फेन्टिन एसिटेट
15.	फेन्टिन हाइड्रोक्साइड
16.	चिनोमेथायोनेट (मोरेस्टान)
17.	अमोनियम सल्फामेट
18.	लेप्टोफास (फासवेल)

नोट : सर्वोच्च न्यायालय के अन्तरिम आदेश दिनांक 13 मई, 2011 द्वारा इण्डोसल्फान 35 ई.सी. का उत्पादन, प्रयोग एंव बिक्री को अन्तिम आदेशों तक निषिद्ध किया गया।

परिशिष्ट - 9

MAXIMUM RESIDUE LIMITS (MRL) OF PESTICIDES ON FOOD COMMODITIES

S. No.	Name of pesticides	Food commodities	MRL (mg/kg)
1.	Acephate	Sunflower seed	2.0
		Cotton seed	2.0
2.	Alachlor	Cotton seed	0.05
		Groundnut	0.05
		Maize	0.10
		Soybeans	0.10
3.	Aldicrab	Potato	0.5
		Chewing tobacco	0.1
4.	Aldrin, dieldrin	Foodgrains	0.01
		Milk & milk products	0.15
		Fruits & vegetables	0.1
		Meat	0.2
		Eggs	0.1
5.	Alpha naphthyl acetic acid (NAA)	Pineapple	0.50
6.	Atrazine	Maize	Nil
		Sugarcane	0.25
7.	Benomyl	Food grains	0.5
		Milled foodgrains	0.12
		Vegetables	0.50

contd...

S. No.	Name of pesticides	Food commodities	MRL (mg/kg)
		Mango	2.0
		Banana (whole)	1.0
		Other fruits	5.0
		Cotton seeds	0.10
		Groundnut	0.10
		Sugarbeet	0.10
		Dry fruits	0.10
		Eggs	0.10
		Meat & poultry	0.10
		Milk & mil products	0.10
8.	Bitertanol	Wheat	0.05
		Groundnut	0.10
9.	Captafol	Tomato	5.0
10.	Captan	Fruits & vegetables	15.00
11.	Carbaryl	Foodgrains	0.5
		Okra & leafy vegetables	10.0
		Potatoes	0.2
		Cotton seed (whole)	1.0
		Maize cob	1.0
12.	Carbendazim	Foodgrains	0.5
		Milled fooodgrains	0.12
		Vegetables	0.50
		Mango	2.0
		Banana (whole)	1.0
		Other fruits	5.0
		Cotton seeds	0.10
		Groundnut	0.10
		Sugarbeet	0.10
		Dry fruits	0.10
		Eggs	0.1
		Meat & poultry	0.1
		Milk & milk products	0.1

contd...

S. No.	Name of pesticides	Food commodities	MRL (mg/kg)
13.	Carbofuran	Foodgrains	0.10
		Milled fooodgrains	0.03
		Fruits & vegetables	0.10
		Oilseeds	0.10
		Sugarcane	0.10
		Meat & poultry	0.10
		Milk & milk products	0.05
14.	Cartap hydrochloride	Rice	0.05
15.	Chlordane	Foodgrans	0.05
		Milk & milk products	0.05
		Vegetables	0.2
		Fruits	0.1
		Sugarbeet	0.3
16.	Chlorfenvinphos	Foodgrains	0.025
		Milled foddgrains	0.006
		Milk & milk products	0.2
		Meat & poultry	0.2
		Vegetables	0.05
		Groundnuts	0.005
		Cotton seed	0.05
17.	Chlormequat chloride	Grape	1.00
		Cotton seed	1.00
18.	Chlorobenzilate	Fruits	1.00
		Dry fruits, almonds & walnuts	0.2
19.	Chlorothalonil	Groundnuts	0.10
		Potato	0.10

contd...

S. No.	Name of pesticides	Food commodities	MRL (mg/kg)
20.	Chlorpyriphos	Foodgrains	0.05
		Milled foodgrains	0.01
		Fruits	0.5
		Potatoes & onions	0.01
		Cauliflower & cabbage	0.01
		Other vegetables	0.2
		Meat & poultry	0.1
		Milk & milk products	0.01
		Cotton seed	0.05
		Cotton seed oil (crude)	0.25
21.	Copper oxychloride	Fruits	20.0
		Potatoes	1.0
		Other vegetables	20.0
22.	Cypermethrin	Wheat grain	0.05
		Milled wheat grains	0.01
		Brinjal	0.20
		Cabbage	2.00
		Okra	0.20
		Oilseeds except groundnut	0.20
		Meat & poultry	0.20
		Milk & milk products	0.01
23.	2,4-D	Foodgrains	0.01
		Milled foodgrains	0.03
		Potatoes	0.2
		Milk & milk products	0.5
		Meat & poultry	0.05
		Eggs	0.05

contd...

S. No.	Name of pesticides	Food commodities	MRL (mg/kg)
24.	DDT	Fruits	2.0
		Milk & milk products	1.25
		Fruits & vegetables	3.5
		Meat, poultry & fish	7.0
		Eggs	0.5
25.	Decamethrin/ Deltamethrin	Cotton seed	0.1
		Fruits with edible peel	0.1
		Bananas	0.05
		Brassica leafy vegetables	0.05
		Bulb vegetables	0.1
		Cereals grains	2.0
		Grapes	0.05
		Leafy vegetable	0.2
		Oilseeds	0.1
		Sweet oranges	0.05
		Root & tuber vegetables	0.01
26.	Diazinon	Soybean	0.05
		Cauliflower	0.5
27.	Dichiorvos	Foodgrains	1.0
		Milled foodgrains	0.25
		Vegetables	0.15
		Fruits	0.1
28.	Dicofol	Fruits & vegetables	5.0
		Tea	5.0
29.	Diflubenzuron	Cotton seed	0.20
30.	Dimethoate	Fruits & vegetables	2.0

contd...

S. No.	Name of pesticides	Food commodities	MRL (mg/kg)
31.	Dithiocarbamates	Food grains	0.2
		Milled food grains	0.05
		Potatoes	0.1
		Tomatoes	3.0
		Cherries	1.0
		Other fruits	3.0
32.	Diuron	Cotton seed	1.00
		Banana	0.10
		Maize	0.50
		Citrus (Sweet orange)	1.00
		Grapes	1.00
33.	Dodine	Apple	5.0
34.	Edifenphos	Rice	0.02
		Rice bran	1.0
		Eggs	0.01
		Meat & poultry	0.02
		Milk & milk products	0.01
35.	Endosulfan	Fruits & vegetables	2.0
		Cotton seed	0.5
		Cotton seed oil	0.2
36.	Ethephon	Pineapple	2.00
		Coffee	0.10
		Tomato	2.00
		Mango	2.00
37.	Ethion	Tea	5.0
		Cuccumber & squash	0.5
		Other vegetables	1.0

contd...

S. No.	Name of pesticides	Food commodities	MRL (mg/kg)
		Cotton seed	0.5
		Milk & milk products	0.5
		Meat & poultry	0.2
		Eggs	0.2
		Foodgrains	0.025
		Milled foodgrains	0.006
		Peaches	1.0
		Other fruits	2.0
		Dry fruits	0.1
38.	Penitrothion	Foodgrains	0.02
		Milled foodgrains	0.005
		Milk & milk products	0.05
		Fruits	0.5
		Vegetables	0.3
		Meat	0.03
39.	Fenthion	Foodgrains	0.10
		Milled foodgrains	0.03
		Onion	0.1
		Potatoes	0.05
		Beans	0.10
		Peas	0.50
		Tomatoes	0.50
		Other vegetables	1.0
		Musk melon	2.0
		Meat & poultry	2.0
		Milk & milk products	0.05

contd...

S. No.	Name of pesticides	Food commodities	MRL (mg/kg)
40.	Fenvalerate	Cauliflower	2.00
		Brinjal	2.00
		Okra	2.00
		Cotton seed	0.20
		Cotton seed oil	0.10
		Meat & poultry	1.00
		Milk & milk products	0.01
41.	Fluchloralin	Cotton seed	0.05
		Soybeans	0.05
42.	Formothion	Citrus fruits	0.2
		Other fruits	1.0
		Vegetables	2.0
		Pepper & tomatoes	1.0
43.	Heptachlor	Foodgrains	0.01
		Milled foodgrains	0.002
		Milk & milk products	0.15
		Vegetables	0.055
44.	Hexachloro cyclohexane		
	(a) Alpha-isomer	Rice grains unpolished	1.0
		Rice grains polished	0.05
		Milk (Whole)	0.05
	(b) Beta-isomer	Rice grains unpolished	0.10
		Rice grains polished	0.5
		Milk (Whole)	0.02
	(c) Gamma-isomer	Food grains except rice	0.10
		Milled foddgrains	Nil
		Rice grains unpolished	0.10

contd...

S. No.	Name of pesticides	Food commodities	MRL (mg/kg)
		Rice grains polished	0.05
		Milk (Whole)	0.01
		Milk products	0.20
		Fruits & vegetables	3.00
		Egg (Shell free)	0.10
		Meat & poultry	2.00
	(d) Delta-isomer	Rice grains unpolished	0.10
		Rice grains polished	0.05
		Milk (Whole)	0.2
45.	Hydrogen cyanide	Food grains	37.5
		Milled foodgrans	3.0
46.	Hydrogen phospide	Milled foodgrains	0.1
		Milled foodgrains	0.1
47.	Inorganic bromide	Foodgrains	25.0
		Milled foodgrains	25.0
		Fruits	30.0
		Dired fruits & spices	100.0
48.	Lindane	Food grains	2.25
		Milk & milk products	0.2
		Fruit & vegetables	3.0
		Eggs	0.1
		Meat & poultry	2.0
49.	Malathion	Foodgrains	4.0
		Milled foodgrains	1.0
		Fruits	4.0
		Vegetables	3.0
		Dired fruits	8.0

contd...

S. No.	Name of pesticides	Food commodities	MRL (mg/kg)
50.	Malic hydrazide	Onions	15.00
		Potatoes	50.00
51.	Metalaxyl	Bajra	0.05
		Maize	0.05
		Sorghum	0.05
52.	Methamidophos	Sunflower seeds	0.1
		Cotton seed	0.1
		Sugarcane	0.25
53.	Methomyl	Cotton seed	0.1
54.	Methyl chlorophenoxyacetic acid (MCPA)	Rice	0.05
		Wheat	0.05
		Foodgrains	0.025
		Milled foodgains	0.006
		Citrus fruits	0.2
		Other fruits	1.0
		Carrot, turnip, potatoes & sugar beet	0.05
		Onion & peas	0.1
		Other vegetables	0.2
		Cotton seed	0.1
		Cotton seed oil (raw)	0.05
		Meat & poultry	0.02
		Eggs	0.02
		Coffee (Raw beans)	0.1
56.	Oxydemeton	Rice	0.03
57.	Oxydemeton methyl	Foodgrains	0.02

contd...

S. No.	Name of pesticides	Food commodities	MRL (mg/kg)
58.	Paraquat	Foodgrains	0.1
		Milled foodgrains	0.025
		Potatoes	0.2
		Other vegetables	0.05
		Cotton seeds	0.2
		Cotton seed oil	0.05
		Milk (Whole)	0.01
		Fruits	0.05
59.	Parathion	Fruits & vegetables	0.5
60.	Parathion (methyl)	Fruits	0.2
		Vegetables	1.0
61.	Permethrin	Cucumber	0.50
		Cotton seed	0.50
		Soybean	0.05
		Sunflower seed	1.0
62.	Phenthioate	Foodgrains	0.05
		Milled foodgrains	0.01
		Tomatoes	0.10
		Other vegetables	0.05
		Fruits	0.05
		Oilseeds	0.05
		Edible oils	0.03
		Sugarcane	0.05
		Eggs	0.05
		Meat & poultry	0.05
		Milk & milk products	0.05

contd...

S. No.	Name of pesticides	Food commodities	MRL (mg/kg)
63.	Phosalone	Pears	2.0
		Citrus fruits	1.0
		Other fruits	5.0
		Potatoes	0.1
		Other vegetables	1.0
		Rapeseed/Mustard oil	0.05
64.	Phosphamidon	Foodgrains	0.05
		Fruits & vegetables	0.2
65.	Primiphos methyl	Rice	0.50
		Wheat grains	5.00
		Milled wheat grains	1.25
		Eggs	0.05
		Meat & poultry	0.05
		Milk & milk products	0.05
66.	Pyrethrins	Foodgrains	1.5
		Milled foodgrains	0.5
		Fruits & vegetables	1.0
67.	Quinalphos	Rice	0.01
		Pigeonpea	0.01
		Cardmom	0.01
		Tea	0.01
		Fish	0.01
68.	Simazine	Maize	Nil
		Sugarcane	0.25

contd...

S. No.	Name of pesticides	Food commodities	MRL (mg/kg)
69.	Thiometon	Foodgrains	0.025
		Milled foodgrains	0.006
		Fruits	0.5
		Potatoes, carrots & sugarbeets	0.05
		Other vegetables	0.5
70.	Thiophanate-methyl	Apple	5.00
		Papaya	7.00
71.	Trichlorofom	Foodgrains	0.05
		Milled foodgrains	0.125
		Sugar beet	0.05
		Fruits & vegetables	0.1
		Oilseeds	0.1
		Edible oil (refined)	0.05
		Meat & poultry	0.1
		Milled food grains	0.006
		Fruits	0.5
		Potatoes, carrots & sugarbeets	0.05
		Other vegetables	0.5
72.	Triazophos	Chillies	0.2
		Rice	0.05
		Cotton seed oil	0.1
		Soybean oil	0.05
73.	Profenophos	Cotton seed oil	0.05
74.	Fenpropathrin	Cotton seed oil	0.05
75.	Fenarimol	Apple	5.0
76.	Hexaconazole	Apple	0.1

contd...

S. No.	Name of pesticides	Food commodities	MRL (mg/kg)
77.	Iprodione	Rapeseed	0.5
		Mustard seed	0.5
		Rice	10.0
		Tomato	5.0
		Grapes	10.0
78.	Tridemorph	Wheat	0.1
		Grapes	0.5
		Mango	0.05
79.	Penconazole	Grapes	0.2
80.	Propiconazole	Wheat	0.05
81.	Myclobutanil	Groundnut seed	0.1
		Grapes	1.0
82.	Sulfosulfuron	Wheat	0.02
83.	Trifluralin	Wheat	0.05
84.	Ethoxysulfuron	Rice	0.01
85.	Metolachlor	Soybean oil	0.05
86.	Glyphosate	Tea	1.0
87.	Linuron	Pea	0.05
88.	Oxyfluorfen	Rice	0.05
		Groundnut oil	0.05
89.	Carbosulfan	Rice	0.02
90.	Tricyclazole	Rice	0.02
91.	Imidacloprid	Cottonseed oil	0.05
		Rice	0.05
92.	Butachlor	Rice	0.05
93.	Chlorimuronethyl	Wheat	0.05
94	Diclofop-methyl	Wheat	0.1

contd...

S. No.	Name of pesticides	Food commodities	MRL (mg/kg)
95.	Metribuzon	Soybean oil	0.1
96.	Lambda-cyhalothrin	Cotton seed oil	0.05
97.	Fenazaquin	Tea	3.0
98.	Pendimethalin	Wheat	0.05
		Rice	0.05
		Soybean oil	0.05
		Cotton seed oil	0.05
99.	Pretilachlor	Rice	0.05
100.	Fluvalinate	Cotton seed oil	0.05
101.	Metasulfuran methyl	Wheat	0.1
102.	Methabenzthia-zuron	Wheat	0.5
103.	Imazethapyr	Soybean oil	0.1
		Groundnut oil	0.1
104.	Cyhalofop butyl	Rice	0.5
105.	Triallate	Wheat	0.05
106.	Spinosad	Cotton seed oil	0.02
		Cabbage	0.02
		Cauliflower	0.02
107.	Thiamethoxam	Rice	0.02
108.	Thiodicarb	Cotton seed oil	0.02
109.	Anilophos	Rice	0.1
110.	Fenoxy-prop-p-ethyl	Wheat	0.02
		Soybean seed	0.02
111.	Glufosinate-ammonium	Tea	0.01
112.	Clodinafop-propanyl	Wheat	0.1
113.	Dithianon	Apple	0.1
114.	Kitazin	Rice	0.2

contd...

S. No.	Name of pesticides	Food commodities	MRL (mg/kg)
115.	Isoprothiolane	Rice	0.1
116.	Acetampirid	Cotton seed oil	0.1
117.	Cymoxanil	Grapes	0.1
118.	Triadimefon	Wheat	0.5
		Pea	0.1
		Grapes	2.0
119	Fosetyl-Al	Grapes	10.0
		Cardamom	0.2
120.	Isoproturon	Wheat	0.1
121.	Phorate	Food grains	0.05
		Milled food grains	0.01
		Tomatoes	0.10
		Other vegetables	0.05
		Fruits	0.05
		Oil Seeds	0.05
		Edible oils	0.03
		Sugarcane	0.05
		Eggs	0.05
		Meat & Poultry	0.05
		Milk & Milk products	0.05

Foot note : The principal rules were published vide No. S.R.O. 2106, dated the 12th September, 1955 and were last amended vide G.S.R. 451 (E) dated 15th July, 2004.

Source : P. Dureja and V.T. Gajbhiye (2004) Pestic. Res. J. 16 (2) : 88-96

परिशिष्ट - 10

Insecticides and availability

Sl. No.	Common Name	Trade Name	Mode of Actin	Formulations	TOXICITY LD 50 to rat in mg/kg		Tolerance Limit in ppm	Trading Firms
					Oral	Dermal		
1.	Aldrin	Aidrix	Stomach and Contact poison	5% dust 30% EC	50	98	0-0-75	Sandoz India Limited National organic insecticide Ltd. Pecticide India Limited
2.	BHC	Garmaxin, Haxidol, intox Starless	-do-	5 and 10% dust 50% WP	700-1250	-	-	Alkalies and Chemical Company of India Ltd. Rallis India Limited Bharat Pulverising Mills
3.	Chlordance		-do-	5 and 10% dust, 20% EC	335-430	530	0.3	Singhal Pesticides India Ltd. Pesticides India Ltd. Sandoz India Ltd.
4.	DDT		-do-	5 and 10% dust, 25% EC and 50% WP	118	2510	7	Rallis India Ltd. Bharat Pulverising Mills Pecticide India Limited
5.	Dieldrin	Dieldrex	-do-	18% EC and 50% WP	46	60	-	Shaw Wallace and Co. Pecticides India Ltd.

क्रमशः...

Sl. No.	Common Name	Trade Name	Mode of Actin	Formulations	TOXICITY LD 50 to rat in mg/kg		Tolerance Limit in ppm	Trading Firms
					Oral	Dermal		
6.	Endrin	Index	-do-	20% EC and 2% granule	13	15	0	Singhal Pesticides India Ltd. Sandoz India Ltd.
7.	Endosulfan	Thidoan, Hildan	-do-	4% dust, 4% granule and 35% EC	110	350	2	Hoechst Pharmaceuticals Ltd. Hindustan Insecticides Ltd. Pesticidies India Ltd.
8.	Heptachlor	-	-do-	5% dust and 20% EC	100-162	195-250	0	Shaw Wallace and Co. Pesticides India Ltd. Hindustan Insecticides Ltd.
9.	Lindane	Hexane	-do-	10% granule and 20% EC	88-91	1,000	10	Hindustan Insecticides Ltd. Pesticidies India Ltd.
10.	Toxaphene	Starphene	-do-	10% dust, 20% EC and 95% ULV	80-90	780-1075	7	Rallis India Ltd. Bharat Pulverising Mills
11.	Diazinen	Basudin, Bajaeun	-do-	2% dust and 5% granule and 20% EC	76-108	455-900	0.75-10	Motilal Pesticides India Pvt. Ltd.
12.	Trichlorfon	Dipterex	-do-	5% dust and 5% granule	560-630	2,000	-	Byer India Ltd.
13.	Dichlorvos	DDVP, Nuvan, Vapona and Dibom	-do-	100 EC, 76 EC	56-88 75-107	-	-	Ciba India Ltd. National Organic Chemical Industries ltd.

क्रमशः...

14.	Fenthion	Lebaycid	-do-	100 EC	200	-	-	Byer India Ltd.
Sl. No.	Common Name	Trade Name	Mode of Actin	Formulations	TOXICITY LD 50 to rat in mg/kg		Tolerance Limit in ppm	Trading Firms
					Oral	Dermal		
15.	Fenitrothion	Folithion, sumithion	-do-	5% dust and 50% EC	-	-	-	Byer India Ltd. Rallis India Ltd. Sandoz India Ltd.
16.	Formothion	Anthio	Contect and systemic poison	25% AC	1320-1600	2800-3200	-	Cynamid India Ltd.
17.	Malathion	Malamar, Cythion	Contact and stomach poison	5% dust, 50% EC and WP, 96% ULV	1000-1375	4,444	8	Pesticides India Ltd. National pesticides India Ltd. Byer India Ltd.
18.	Methyl Parathion	Folidol	-do-	2% dust and 50% EC	14-24	67	-	Sandoz India Ltd. Bharat Pulverising Mills
19.	Carbofenthion	Trithion, hexathion	-do-	20% EC	10-30	27-45	-	Bharat Pulverising Mills
20.	Chlorfenvin-phos	Birlane	-do-	24% EC, 25% WP and 10% granule	19-20	31-108	-	Shell Chemicals
21.	Tetrachlorvin-phos	Gardona	Contact and stomach poison	24% EC, 50% WP and 5% granule	4000-5000	-	-	Shell Chemicals
22.	Mevinphos	Phosdrin	-do-	24% EC and 50% WP	3.70-12.00	4.20-900	0.25-1.0	-do-

क्रमशः...

23.	Athoprop	Mocap	-do-	10% granule	3.55	510	-	Indofil Chemicals Ltd.
Sl. No.	**Common Name**	**Trade Name**	**Mode of Actin**	**Formulations**	**TOXICITY LD 50 to rat in mg/kg**		**Tolerance Limit in ppm**	**Trading Firms**
					Oral	**Dermal**		
24.	Quinalphos	Ekalux	-do-	25% EC and 5% granule	1.37	1400	-	Sandoz India Ltd.
25.	Chlorpyrifos	Danusban	-do-	20% EC	165-183	2000	-	Motilal Pesticides (India) Pvt. Ltd.
26.	Penthoat	Elsan	-do-	2% dust and 50% EC	250-300	-	-	-do-
27.	Carbaryl	Sevin, Hexavin	-do-	5 and 10% dust 50% WP and 10% granule as sevidel	500-850	4000	5.25	Union Carbide India Limited
28.	Methyl demeton	Metasystox	Contact and systemic	25% EC	35-70	250	0.3-1.25	Byer India Ltd.
29.	Disufloton or Thiodemeton	Disyston Solvirex	-do-	5% granule	2.6-12.5	20-57	-	Byer India Ltd. Sandoz India Ltd.
30.	Dimethoate	Rogor	-do-	30% EC	245	-	-	Rallis India Ltd.
31.	Phospharmidon	Dimecron	-do-	100% EC	17-30	640	-	Ciba India Pvt. Ltd.
32.	Thiometon	Ekatin	-do-	25% EC	400	2900	-	Sandoz India Ltd. Bharat Pulverising Mills
33.	Phorate	Thimet, Phortox	-do-	10% granule	2-4	20-30	-	Cynamid India Ltd. Pesticides India Ltd.

क्रमशः...

Sl. No.	Common Name	Trade Name	Mode of Actin	Formulations	TOXICITY LD 50 to rat in mg/kg		Tolerance Limit in ppm	Trading Firms
					Oral	Dermal		
34.	Moncrotophos	Azodrin, Nuvacron	-do-	36 SL	4.5-2.3	80-100	-	Shell Chemicals Ciba India Ltd.
35.	Dicrotophos	Bidrin	Contact and systemic	24 and 85% EC, 5% granule	17-30	148-181	0.01-0.05	Shell Chemicals
36.	Fensulfothion	Dasanit	-do-	5% granule	2-10	13-30	-	Byer India Ltd.
37.	Mephesfolon	Cytrolane	-do-	5% granule	8-9	20-48	-	Cynamid India Ltd.
38.	Aldicarb	Temik	-do-	10% granule	0.93	-	-	Union Carbide India Ltd.
39.	Carbofuran	Furadan	-do-	3% granule and 50% SP	11	-	-	Rallis India ltd.
40.	Sofenphos	Oftanl	Contact poison	5% granule	000 ml	28-38.7	-	Byer India Ltd.
41.	Fenvalerate	Sumicidin	-do-	50 EC	-	-	-	Rallis India ltd.
42.	Permethrin	Ambush	-do-	60 EC	11	29	-	Alkalis Chemicals
43.	Cypermethrin	Cymbush	-do-	20 EC	74000	-	-	-do-
44.	Phoxin	Volaton	Stomach and contact	20 EC	-	310-400	-	Byer India Ltd.
45.	Methamonophos	Tamaron	Systemic	50 EC	1680-1845 ml	71000	-	-do-

क्रमशः...

Sl. No.	Common Name	Trade Name	Mode of Actin	Formulations	TOXICITY LD 50 to rat in mg/kg		Tolerance Limit in ppm	Trading Firms
					Oral	Dermal		
46.	Alminium phosphide	Celphos, phostoxin	Fumigant	3g tablet	-	-	-	Bharat Pulverising Mills Pesticides India Ltd.
47.	EDCT mixture	Killoptera	-do-	Liquid	-	-	-	Industrial Chemicals and Mines
48.	EDB	-	-do-	Ampoul	-	-	-	-do-
49.	HCN	-	-do-	Liquid	-	-	-	-do-
50.	Methyl bromide	-	-do-	Liquid	-	-	-	-do-
51.	Phenamiphos	Nemecur	Systemic	10% granule	15	-	-	Byer India Ltd.